建筑结构设计规范应用书系

建筑结构设计问答及分析

（第二版）

朱炳寅 编著

● 网上问答荟萃
● 规范应用建议
● 注册结构工程师备考

中国建筑工业出版社

图书在版编目（CIP）数据

建筑结构设计问答及分析/朱炳寅编著. —2版. —北京：中国建筑工业出版社，2013.4
（建筑结构设计规范应用书系）
ISBN 978-7-112-15278-0

Ⅰ.①建… Ⅱ.①朱… Ⅲ.①建筑结构-结构设计 Ⅳ.①TU318

中国版本图书馆CIP数据核字（2013）第055563号

《建筑结构设计新规范综合应用手册》（第二版）、《建筑结构设计规范应用图解手册》、《建筑地基基础设计方法及实例分析》、《建筑抗震设计规范应用与分析》、《高层建筑混凝土结构技术规程应用与分析》的相继出版发行、博客（http：//blog.sina.com.cn/zhubingyin）的开通；及在国内主要城市的巡回宣讲，作者有机会通过博客、邮件、电话与网友和读者交流，就大家感兴趣的工程问题进行讨论，现将作者对这类问题的理解和解决问题的建议归类成册，以回报广大网友和读者的信任与厚爱。其目的是对建筑结构设计人员遵从规范解决问题时有所帮助；也希望对备考注册结构工程师的考生有所启发。

本书所根据的主要结构设计规范是：《建筑结构荷载规范》GB 50009、《建筑抗震设计规范》GB 50011、《高层建筑混凝土结构技术规程》JGJ 3、《混凝土结构设计规范》GB 50010、《建筑地基基础设计规范》GB 50007和《砌体结构设计规范》GB 50003。

本书可供建筑结构设计人员（尤其是备考注册结构工程师的考生）和大专院校土建专业师生应用。

* * *

责任编辑：赵梦梅
责任设计：董建平
责任校对：陈晶晶 赵 颖

建筑结构设计规范应用书系
建筑结构设计问答及分析
（第二版）
朱炳寅 编著
*
中国建筑工业出版社出版、发行（北京西郊百万庄）
各地新华书店、建筑书店经销
北京红光制版公司制版
北京中科印刷有限公司印刷
*
开本：787×1092毫米 1/16 印张：26½ 字数：658千字
2013年5月第二版 2015年5月第十三次印刷
定价：**63.00**元
ISBN 978-7-112-15278-0
（23298）
版权所有 翻印必究
如有印装质量问题，可寄本社退换
（邮政编码100037）

前　言

《建筑结构设计新规范综合应用手册》（第二版）、《建筑结构设计规范应用图解手册》、《建筑地基基础设计方法及实例分析》、《建筑抗震设计规范应用与分析》、《高层建筑混凝土结构技术规程应用与分析》的相继出版发行、博客的开通及在国内主要城市的巡回宣讲，笔者收集到了不少读者和网友提出的问题，这些问题都是读者和网友在工程实践中与工程实际最为紧密的问题，现将这些问题及笔者对这类问题的理解和解决问题的建议归类成册，其目的拟使结构设计过程中，在遵守规范规定和解决具体问题方面对建筑结构设计人员有所帮助，也希望对备考注册结构工程师的考生在理解规范的过程中以有益的启发。

现就本书的适用范围、编制依据、编制意图和方式等方面作如下说明：

一、适用范围

本书的内容主要适用于非预应力钢筋混凝土多层和高层建筑结构、砌体结构、钢结构及钢-混凝土混合结构等。

二、编制依据

本书以以下结构设计规范、规程和有关文件为主要依据：

[1]《建筑结构荷载规范》GB 50009——以下简称《荷载规范》；

[2]《建筑抗震设计规范》GB 50011——以下简称《抗震规范》；

[3]《高层建筑混凝土结构技术规程》JGJ 3——以下简称《高规》；

[4]《混凝土结构设计规范》GB 50010——以下简称《混凝土规范》；

[5]《建筑地基基础设计规范》GB 50007——以下简称《地基规范》；

[6]《砌体结构设计规范》GB 50003——以下简称《砌体规范》；

[7]《建筑桩基技术规范》JGJ 94——以下简称《桩基规范》。

三、特点

本书拟在理解规范规定及执行规范条文确有困难时，采用其他变通手段满足规范的要求等方面对结构设计人员有所帮助。

四、本书的编写方式说明

书中对读者和网友提出的问题进行适当的归类，在同一类问题中以【说明】、【要点】、【问】、【答】及【问题分析】的顺序编写。

将读者和网友提出问题逐一列出并进行对应回答，最后对这类问题出现的原因及工程设计中的要点进行分析。

（一）关于"【说明】"

每一章的开头在【说明】中指出本章的主要问题及注意事项。

（二）关于"【要点】"

每一节的开头在【要点】中指出本节问题的关键点。

（三）关于"【问】"

前　言

在"【问】"中列出读者和网友提出的问题，对问题有误或不明确的地方，编者稍有修改。

（四）关于"【答】"

此部分内容是编者对【问】中所提问题的简要解答，涉及对规范的理解及对具体问题的把握和处理。

（五）关于"【问题分析】"

此部分内容是编者对上述【问】与【答】所作的补充说明，着重说明规范规定的主要依据，重要的设计原则，设计中的注意事项等问题，以使读者在工程实践中能准确把握规范并灵活应用之，同时对执行规范过程中遇到的问题提出编者的设计建议。需要说明的是，此部分内容为编者依据相关规范、资料及设计经验而得出的，读者应根据工程的具体情况结合当地经验参考采用，当相关规范、规程有新的补充规定时应以规范、规程的新规定为准。

五、特别说明

（一）工程问题涉及众多复杂因素，一般很难表述完整，编者基于网友自我表述而提出的建议，只可作为设计参考。

（二）执行规范的关键是正确理解规范的规定，因此精读规范原文十分重要。

（三）规范中较多地提出难以定量把握的要求（如：适当增加、适当提高、刚度较大等），读者应根据工程经验加以判断和把握。由于对规范认识的不同可能会造成定量把握程度的偏差，但总体应在规范要求的同一宏观控制标准上。在本书中，编者结合工程实践提出相关定量控制的大致要求，供读者分析比较选用。

（四）结构设计工作责任重压力大，但苦中有乐，因此只有热爱结构设计，享受结构成就且获得快乐的人才适合结构设计工作。

（五）结构设计与建筑科研相比有很大的不同，结构设计不能等，对于复杂的工程问题，不可能等彻底研究透了再设计，结构设计重在及时解决工程问题。因此，在概念清晰、技术可靠的前提下合理进行包络设计，可作为解决复杂技术问题的基本办法。

自编者的几本册子发行以来，热心读者和网友提出了在规范应用中方方面面的具体问题，给编者以写作整理的激情和动力。书中引用的工程实例来自工作室（中国建筑设计研究院第四结构设计研究室）最近几年的实际工程，感谢工作室全体同仁的辛勤劳动。本书的出版还得到东南大学徐嵘老师的帮助，深表谢意。

限于编者水平，不妥之处请予指正。

编者　于中国建筑设计研究院
电话：010-88327500
邮箱：zhuby@cadg.cn
博客：搜索"朱炳寅"进入

目 录

1 荷载 ··· 1
  1.1 等效均布荷载 ··· 1
    1.1.1 等效均布活荷载的概念 ·· 1
    1.1.2 等效均布活荷载的取值原则，实际工程中等效均布活荷载的计算 ········ 2
  1.2 汽车荷载 ··· 6
    1.2.1 汽车等效均布活荷载与板跨度的关系 ······································ 6
    1.2.2 汽车荷载的动力系数 ·· 6
    1.2.3 足够的覆土层厚度 ··· 7
    1.2.4 消防车等效均布活荷载的简化计算 ·· 9
    1.2.5 为什么《荷载规范》表 5.1.1 中对汽车荷载要限定板跨 ················ 13
    1.2.6 复杂形状的楼板是否可以直接按《荷载规范》确定消防车的
          等效均布活荷载 ·· 14
    1.2.7 消防车荷载取值的合理性问题 ··· 15
    1.2.8 汽车轮压对地下室外墙的侧压力计算 ··································· 17
  1.3 楼面活荷载的折减 ··· 21
    1.3.1 关于主、次梁的活荷载折减系数 ··· 21
    1.3.2 活荷载折减系数与楼层数的关系 ··· 23
    1.3.3 计算程序对活荷载的折减 ·· 24
    1.3.4 梁的从属面积与竖向导荷 ·· 25
    1.3.5 对荷载效应的等效与对活荷载的折减 ··································· 26
  1.4 其他 ·· 26
    1.4.1 关于悬挂荷载 ··· 26
    1.4.2 地下室顶面覆土属于恒荷载还是活荷载？ ···························· 28
    1.4.3 关于吊车荷载 ··· 28
    1.4.4 关于风、雪荷载 ··· 28
    1.4.5 关于荷载组合 ··· 29
  参考文献 ·· 29

2 结构设计的基本要求 ·· 30
  2.1 结构抗震设防要求 ··· 30
    2.1.1 关于抗震设防目标 ··· 32
    2.1.2 关于性能设计问题 ··· 33
    2.1.3 关于抗震设防分类 ··· 42
    2.1.4 关于地震动参数的确定 ··· 49
    2.1.5 关于本地区设防烈度和抗震设防标准 ··································· 51
    2.1.6 关于Ⅲ、Ⅳ类场地 0.15g 和 0.30g 地区建筑的抗震构造措施 ········ 54
    2.1.7 关于抗震建筑的地基和基础设计 ··· 56
    2.1.8 关于有效楼板宽度和典型楼板宽度 ······································ 57

  2.1.9　关于楼层位移比和扭（转）平（动）周期比 …………………………… 58
  2.1.10　关于结构两个主轴方向的动力特性 ………………………………… 61
  2.1.11　关于楼梯对结构设计计算的影响问题 ……………………………… 63
  2.1.12　关于在复杂结构中采用不同力学模型程序的分析比较问题 ………… 65
  2.1.13　关于框架结构中钢筋的性能要求 …………………………………… 66
  2.1.14　关于钢板的 Z 向性能问题 …………………………………………… 67
  2.1.15　关于少量剪力墙的框架结构的抗震性能分析和论证 ………………… 67
  2.1.16　对超限高层建筑工程的判别 ………………………………………… 71
2.2　结构分析 …………………………………………………………………………… 75
  2.2.1　关于刚性楼板假定 …………………………………………………… 76
  2.2.2　关于空间分析模型 …………………………………………………… 77
  2.2.3　关于计算程序的合理选用 …………………………………………… 78
  2.2.4　关于填充墙刚度对结构计算周期的影响 …………………………… 79
  2.2.5　关于框架-剪力墙结构中框架部分地震力调整系数 ………………… 80
  2.2.6　关于地震作用调整系数 ……………………………………………… 82
  2.2.7　关于计算振型数 ……………………………………………………… 83
  2.2.8　关于梁端弯矩调幅系数 ……………………………………………… 83
  2.2.9　关于梁跨中弯矩放大系数 …………………………………………… 84
  2.2.10　关于梁刚度增大系数 ………………………………………………… 85
  2.2.11　关于梁扭矩折减系数 ………………………………………………… 86
  2.2.12　关于连梁刚度折减系数 ……………………………………………… 87
  2.2.13　结构的包络设计方法 ………………………………………………… 87
2.3　场地、地基基础 …………………………………………………………………… 90
  2.3.1　地震的传播与地震作用的特点 ……………………………………… 90
  2.3.2　关于场地和场地土 …………………………………………………… 92
  2.3.3　关于建筑场地的有利、不利和危险地段划分 ……………………… 92
  2.3.4　关于地震区的坡地建筑问题 ………………………………………… 93
  2.3.5　关于场地类别的确定 ………………………………………………… 94
  2.3.6　关于桩基础（或地基处理）对建筑场地类别的影响 ……………… 96
  2.3.7　高层建筑深基坑对场地地震加速度的影响问题 …………………… 97
  2.3.8　关于基础的抗震承载力验算 ………………………………………… 98
  2.3.9　关于基础底面零应力区的问题 ……………………………………… 99
  2.3.10　关于地基液化的处理问题 …………………………………………… 102
2.4　地震作用和结构抗震验算 ………………………………………………………… 103
  2.4.1　关于偶然偏心 ………………………………………………………… 103
  2.4.2　什么情况下需要考虑双向地震？…………………………………… 104
  2.4.3　关于三向地震作用 …………………………………………………… 105
  2.4.4　关于超长结构的多点激励问题 ……………………………………… 107
  2.4.5　关于弹性时程分析 …………………………………………………… 107
  2.4.6　关于结构共振问题 …………………………………………………… 115
  2.4.7　关于结构剪重比问题 ………………………………………………… 116
  2.4.8　关于"中震"、"大震"设计问题 …………………………………… 116
  2.4.9　关于地震作用方向问题 ……………………………………………… 118
  2.4.10　关于地震倾覆力矩比的取值问题 …………………………………… 119

目 录

    2.4.11 关于薄弱层的效应增大问题 ······ 119
    2.4.12 关于大跨度长悬臂问题 ······ 121
  2.5 防止结构连续倒塌设计 ······ 121
    2.5.1 什么是结构的防连续倒塌设计 ······ 122
    2.5.2 关于结构的整体牢固性 ······ 123
    2.5.3 国外防止结构连续倒塌设计的要求 ······ 123
    2.5.4 防止结构连续倒塌设计实例 ······ 126
    2.5.5 我国防止结构连续倒塌设计的要求 ······ 131
  参考文献 ······ 136

3 钢筋混凝土结构设计 ······ 137
  3.1 钢筋混凝土结构设计的基本要求 ······ 137
    3.1.1 钢筋混凝土结构体系及房屋的最大适用高度 ······ 138
    3.1.2 房屋抗震等级的确定 ······ 139
    3.1.3 防震缝宽度的确定原则 ······ 143
    3.1.4 剪力墙的底部加强部位高度的确定 ······ 145
    3.1.5 上部结构嵌固部位的确定 ······ 146
    3.1.6 抗侧力结构布置的基本要求 ······ 152
    3.1.7 后浇带的设置 ······ 154
    3.1.8 关于混凝土结构设计的经济指标问题 ······ 160
  3.2 钢筋混凝土框架结构设计 ······ 162
    3.2.1 关于单跨框架问题 ······ 162
    3.2.2 框架结构房屋的最大适宜高度 ······ 163
    3.2.3 关于少量剪力墙的框架结构 ······ 164
    3.2.4 影响强柱弱梁的主要因素 ······ 165
    3.2.5 框架柱纵向钢筋的计算与配置 ······ 169
    3.2.6 框架柱的体积配箍率计算 ······ 170
    3.2.7 框架柱的轴压比 ······ 171
    3.2.8 框架梁悬挑端的抗震构造要求 ······ 173
    3.2.9 在抗震房屋中的次梁设计 ······ 174
    3.2.10 提高梁柱节点区抗剪承载力的有效途径 ······ 175
    3.2.11 基础埋深较大时的地下柱处理 ······ 177
    3.2.12 框架结构的填充墙 ······ 180
  3.3 钢筋混凝土剪力墙结构设计 ······ 181
    3.3.1 对剪力墙的认识 ······ 181
    3.3.2 剪力墙边缘构件的设置 ······ 186
    3.3.3 对剪力墙的开洞处理 ······ 193
    3.3.4 楼面梁与墙平面外的连接处理 ······ 195
    3.3.5 对剪力墙连梁的处理 ······ 196
    3.3.6 对双连梁的认识 ······ 201
    3.3.7 剪力墙结构中设置转角窗的处理 ······ 203
    3.3.8 少量框架柱的剪力墙结构 ······ 204
  3.4 钢筋混凝土框架-剪力墙结构设计 ······ 205
    3.4.1 剪力墙周边的边框设置 ······ 205
    3.4.2 端柱的设计计算 ······ 206

		3.4.3 框架与剪力墙的基础设计	208
	3.5	框架-核心筒结构、板柱-剪力墙结构	209
		3.5.1 框架-核心筒结构与板柱-剪力墙结构的异同	209
		3.5.2 框架-核心筒结构与框架-剪力墙结构的区别	212
		3.5.3 核心筒连梁的暗撑设置	214
	3.6	复杂高层建筑结构	215
		3.6.1 对转换层结构的认识与把握	216
		3.6.2 加强层的设置	221
		3.6.3 对错层的处理	225
		3.6.4 对大底盘多塔楼结构的判别	227
	3.7	钢筋混凝土构件设计	229
		3.7.1 楼屋、盖结构的整体牢固性要求	229
		3.7.2 楼板的配筋	229
		3.7.3 考虑塑性内力重分布的分析方法	232
		3.7.4 结构构件裂缝宽度的计算与控制	235
		3.7.5 局部受压承载力计算	238
		3.7.6 混凝土保护层	240
		3.7.7 悬臂梁的纵向钢筋设置	243
		3.7.8 简支梁端的负钢筋设置	243
		3.7.9 梁集中荷载处附加钢筋的设置	244
		3.7.10 梁宽大于柱宽的宽扁梁钢筋在边柱的锚固	247
	参考文献		248
4	砌体结构设计		249
	4.1	砌体结构的非抗震设计	249
		4.1.1 关于砌体强度设计值的调整	249
		4.1.2 带壁柱墙的计算截面翼缘宽度 b_f 的取值	251
		4.1.3 受压构件的计算高度 H_0	252
		4.1.4 墙、柱高厚比验算	253
		4.1.5 关于墙梁	257
		4.1.6 关于挑梁	257
		4.1.7 关于构造柱的抗剪	258
		4.1.8 同一结构单元中上、下楼层采用不同砌体材料	259
	4.2	砌体结构的抗震设计	259
		4.2.1 砌体结构的材料强度、层高及总高度	260
		4.2.2 关于地震区墙梁设计	262
		4.2.3 关于底框结构	263
		4.2.4 构造柱的抗剪作用	266
	4.3	砌体房屋的裂缝防治措施	269
		4.3.1 砌体房屋的主要裂缝类型	269
		4.3.2 砌体房屋的裂缝控制标准	270
		4.3.3 防止或减轻墙体裂缝的主要措施	271
	参考文献		272
5	钢结构设计		273
	5.1	楼盖结构设计	273

5.1.1 楼盖结构的选择 …………………………………………… 273
5.1.2 楼层水平支撑的设置 ……………………………………… 275
5.1.3 隅撑的设置 …………………………………………………… 276
5.1.4 钢结构的用钢量估算 ……………………………………… 278
5.2 主体结构设计 ………………………………………………………… 280
5.2.1 支撑的设置 …………………………………………………… 281
5.2.2 框架-核心筒结构中的加强层 …………………………… 284
5.2.3 钢结构的节点域 …………………………………………… 285
5.2.4 钢结构的阻尼比 …………………………………………… 286
5.3 钢结构的连接设计 …………………………………………………… 287
5.3.1 钢梁与钢柱的连接 ………………………………………… 287
5.3.2 骨形连接 ……………………………………………………… 288
5.3.3 对刚接柱脚的把握 ………………………………………… 288
参考文献 ………………………………………………………………………… 294

6 钢-混凝土混合结构设计 …………………………………………………… 295
6.1 钢-混凝土混合结构的特点 ………………………………………… 295
6.1.1 混合结构的基本类型 ……………………………………… 295
6.1.2 混合结构与钢筋混凝土结构 …………………………… 296
6.1.3 混合结构与钢结构 ………………………………………… 297
6.2 钢-混凝土混合结构的整体设计 …………………………………… 299
6.2.1 混合结构体系的设计 ……………………………………… 299
6.2.2 组合构件的选用 …………………………………………… 300
6.2.3 混合结构中的框架梁选用 ……………………………… 303
6.3 钢-混凝土混合结构的节点设计 …………………………………… 303
6.3.1 钢管混凝土柱框架节点 ………………………………… 303
6.3.2 型钢混凝土柱框架节点 ………………………………… 306
6.3.3 型钢混凝土柱与钢柱及钢筋混凝土柱的连接 …… 309
6.3.4 钢梁与钢筋混凝土剪力墙的连接 …………………… 311
参考文献 ………………………………………………………………………… 312

7 建筑地基基础设计 …………………………………………………………… 314
7.1 建筑工程的地基勘察要求 …………………………………………… 314
7.1.1 如何确定场地勘察要求 ………………………………… 315
7.1.2 对勘察报告的核查 ………………………………………… 318
7.2 天然地基 ………………………………………………………………… 318
7.2.1 地基的主要受力层 ………………………………………… 318
7.2.2 关于地基承载力的修正 ………………………………… 322
7.2.3 关于地基的长期压密作用 ……………………………… 328
7.2.4 关于软弱下卧层 …………………………………………… 328
7.2.5 关于地基沉降 ………………………………………………… 330
7.2.6 基础的调平设计 …………………………………………… 335
7.3 地基处理 ………………………………………………………………… 336
7.3.1 CFG桩的地基承载力 ……………………………………… 336
7.3.2 CFG桩地基处理中桩顶与基础之间褥垫层的作用 … 337
7.4 独立基础及条形基础 ………………………………………………… 337

目 录

    7.4.1 关于基础的抗剪验算问题 ………………………………………… 338
    7.4.2 关于素混凝土基础的高度问题 ……………………………………… 340
    7.4.3 独立柱基加防水板基础 ……………………………………………… 340
    7.4.4 基础拉梁的设计原则 ………………………………………………… 349
    7.4.5 关于独立基础台阶的宽高比问题 …………………………………… 350
    7.4.6 关于独立基础的最小配筋率问题 …………………………………… 350
  7.5 箱形及筏形基础 ………………………………………………………… 351
    7.5.1 梁板式筏基与平板式筏基的异同 …………………………………… 352
    7.5.2 "柱墩"与变厚度筏板的区别 ……………………………………… 353
    7.5.3 独基加防水板基础与变厚度筏板基础的区别 ……………………… 355
    7.5.4 地下结构的裂缝验算与控制 ………………………………………… 355
    7.5.5 箱形基础基底反力的分布规律 ……………………………………… 356
    7.5.6 关于地下工程的混凝土抗渗等级问题 ……………………………… 359
    7.5.7 关于地下室的抗浮验算 ……………………………………………… 359
    7.5.8 减少主、裙楼差异沉降的技术措施 ………………………………… 362
  7.6 桩基础及墩基础 ………………………………………………………… 365
    7.6.1 嵌岩灌注桩的桩身尺寸效应问题 …………………………………… 365
    7.6.2 墩的概念及设计 ……………………………………………………… 366
    7.6.3 桩基础拉梁的设计原则 ……………………………………………… 369
    7.6.4 桩基础的调平设计原则 ……………………………………………… 370
    7.6.5 关于减沉复合桩基 …………………………………………………… 371
    7.6.6 钻孔灌注桩的后注浆技术 …………………………………………… 372
    7.6.7 单桩竖向极限承载力标准值的确定 ………………………………… 375
    7.6.8 预应力混凝土管桩作为抗拔桩使用时应采取的措施 ……………… 376
  7.7 挡土墙 …………………………………………………………………… 380
    7.7.1 挡土墙的土压力及变形特征 ………………………………………… 380
    7.7.2 地下室挡土墙土压力的确定 ………………………………………… 382
    7.7.3 有限土压力的简化计算 ……………………………………………… 385

参考文献 ……………………………………………………………………………… 386

附录 A 中国地震局文件（中震防发 [2009] 49 号）
       关于学校、医院等人员密集场所建设工程抗震设防要求确定
       原则的通知 ……………………………………………………………… 388

附录 B 国务院办公厅文件（国办发 [2009] 34 号）
       国务院办公厅关于印发全国中小学校舍安全工程实施方案的通知 ………… 390

附录 C 住房和城乡建设部文件（建质 [2009] 77 号）
       关于切实做好全国中小学校舍安全工程有关问题的通知 ………………… 394

附录 D 山东省人民政府令（第 207 号）
       山东省地震重点监视防御区管理办法 ………………………………… 396

附录 E 关于学校医院等人员密集场所抗震设防的复函（建标标函 [2009] 50 号） … 400

附录 F 超限高层建筑工程抗震设防专项审查技术要点（建质 [2010] 109 号） …… 401

丛书介绍 ……………………………………………………………………………… 412

1 荷　　载

【说明】

荷载是结构设计的基本要素，荷载准确与否将直接影响到结构计算的可信度，准确把握荷载取值是结构设计对设计人员的基本要求。网友的问题主要集中在对等效均布荷载的认识与把握、对消防车活荷载的合理取值及对楼面活荷载的折减等方面。

本章涉及的主要结构设计规范为《建筑结构荷载设计规范》GB 50009，以下简称《荷载规范》。

1.1　等效均布活荷载

【要点】

等效均布活荷载的问题是网友提问最多的问题之一，也是结构设计中首先遇到的且必须解决的问题。当结构设计中遇有复杂荷载或无规律分布荷载（如汽车、消防车的轮压等）时，就有等效均布活荷载的问题，关于等效均布活荷载的问题主要集中在对等效均布活荷载概念的把握、对等效均布活荷载实际计算方法的灵活运用以及与覆土厚度的关系等问题上。

1.1.1　等效均布活荷载的概念

【问】 什么是等效均布活荷载？为什么要采用等效均布活荷载？

【答】 这里首先应注意把握"等效"与"均布"的概念及要求，"效"指效应，"等效"就是指效应相等。在结构设计控制部位，将复杂荷载或无规律分布活荷载，根据其荷载效应与"假想的均布活荷载"效应相等的原则来确定这一"假想均布活荷载"的数值，其中的"假想均布活荷载"就是等效均布活荷载，一般情况下可按内力相等的原则确定。

采用等效均布活荷载的目的在于将复杂的荷载作用情况予以简化，在保证荷载效应总值不变的情况下，用等效均布活荷载来替代实际的复杂荷载，以解决结构设计中的复杂计算问题，简化设计。

【问题分析】

实际工程中，荷载情况千变万化，要完全真实地计算每个荷载的效应是很困难的，而从工程角度看也没有必要。因此，对于某些特殊的荷载，根据效应相等的原则对其进行近似计算，以等效均布荷载代替，可简化计算。

注意：这里的等效一定是等效成均布活荷载，而不是等效成其他类型的荷载。等效，一定是针对某个特定的效应（如跨中弯矩）进行，效应不同时，等效均布活荷载的数值也不同。如按剪力相等的原则确定的等效均布活荷载，与按弯矩相等的原则确定的等效均布活荷载不同。不同效应之间，等效均布活荷载的数值一般不能通用。如进行剪力计算时，原则上不能采用弯矩计算的等效均布活荷载，如果采用，也只能是近似计算。

采用等效均布活荷载进行的结构计算属于近似计算的范畴，等效均布活荷载不是真实的荷载，可以将其认为是一种虚拟荷载或荷载近似数值。在按等效均布活荷载进行结构近似计算时，以满足工程精度为宜，过分追求结构计算的精度意义不大。

1.1.2 等效均布活荷载的取值原则，实际工程中等效均布活荷载的计算

【问】 结构设计中如何确定等效均布活荷载？

【答】 结构设计中荷载作用情况千变万化，对其等效应把握住等效的最基本原则，弄清实际荷载的效应情况，找出其中最不利的效应数值，将其与在等效均布活荷载（满布）作用下，简支情况时构件相应的效应数值相等，即可求出等效均布活荷载。

【问题分析】

1. 等效均布活荷载的适用范围

在计算集中荷载或局部荷载的效应时，将集中荷载或局部荷载按效应相等的原则，等效为满布的均布荷载，用以解决复杂荷载或无规律分布荷载（如移动的汽车轮压等）作用下结构的效应计算问题。

2. 等效的原则

等效均布活荷载的效应与集中荷载或局部荷载的效应相等。注意：此处的效应包括计算部位的内力（如：弯矩、剪力等）和变形（如：挠度、裂缝等）等，此外，效应还与结构计算的部位有关。

1) 相同荷载时，效应不同，等效均布活荷载的数值也不同。

以受集中荷载 P 作用的简支梁为例（图 1.1.2-1），当按跨中弯矩相等的原则确定等效均布荷载时，$q_e^M = 2P/l$，而按支座剪力相等的原则确定等效均布荷载时，$q_e^V = P/l$，两者数值不同。

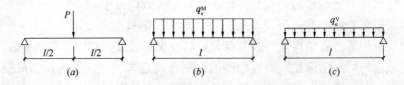

图 1.1.2-1 受集中荷载作用的简支梁
(a) 计算简图；(b) 按跨中弯矩相等的等效；(c) 按支座剪力相等的等效

2) 相同荷载时，计算部位不同，等效均布活荷载的数值也不同。

以受局部均布荷载 q 作用的简支双向板为例（图 1.1.2-2），$l_x = 2l_y$，$a_x = 0.2l_x$，$a_y = 0.2l_y$，$a_x a_y = 0.08l_y^2$。

(1) 在局部荷载作用下板的跨中弯矩计算

查《建筑结构静力计算手册》（第二版），表 4-29 得：$M_x = 0.1403 q a_x a_y = 0.011224 q l_y^2$；$M_y = 0.2116 q a_x a_y = 0.016928 q l_y^2$；

(2) 在等效均布活荷载作用下板的跨中弯矩计算

查《建筑结构静力计算手册》（第二版），表 4-16 得：$M_x = 0.0174 q_e l_y^2$；$M_y = 0.0965 q_e l_y^2$；

(3) 按跨中弯矩 M_x 相等确定的等效均布活荷载 $q_e^{Mx} = 0.6451 q$；而按跨中弯矩 M_y 相

1.1 等效均布活荷载

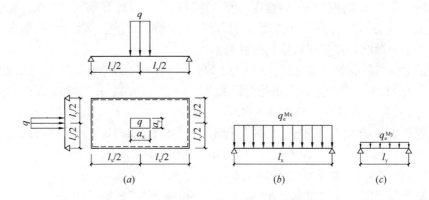

图 1.1.2-2 受集中荷载作用的双向简支板
(a) 计算简图;(b) 按 x 向跨中弯矩相等的等效;(c) 按 y 向跨中弯矩相等的等效

等的原则等效时,$q_e^{My}=0.1754q$;两者数值相差很大($q_e^{Mx}/q_e^{My}=3.68$)。

3. 等效均布活荷载计算应把握住以下关键步骤(此处以弯矩相等为例)

1) 简支单向板绝对最大弯矩 M_{max} 的计算。注意,在等效均布活荷载计算中,无论构件的实际支承情况如何,其效应均按简支计算,且是跨中最大弯矩值。即当荷载为可移动荷载时(如汽车轮压等),应按荷载的最不利位置,确定跨中的最大弯矩值;当荷载的位置固定时,应按其荷载布置求出跨中的最大弯矩值;

2) 板上荷载的有效分布宽度按《荷载规范》附录 C.0.5 确定,注意,应根据荷载的作用情况和板的支承情况综合确定。

3) 按效应相等原则确定等效均布活荷载 q_e 的数值。对简支板 $q_e=8M_{max}/(bl^2)$;对双向板,可按局部荷载作用下简支双向板的跨中弯矩 M_{max} 与等效均布活荷载 q_e(满布)作用下简支双向板的跨中弯矩 M_{emax} 相等的原则,求出 q_e 的数值。

4) 对双向板进行等效均布活荷载计算时,受荷载作用面积、最大效应位置及双向板支承情况的影响,一般计算精度较低,其计算数值常与规范给出的单向板等效均布荷载数值相矛盾,因此,对双向板的等效均布荷载计算,应充分考虑双向板受力的复杂性及其等效均布荷载的不准确性(见例 1.1.2-2),在汽车轮压作用下双向板的等效活荷载宜按表 1.2.4-4 确定。

5) 对等效均布活荷载 q_e 的计算可借助电算程序完成。

6) 对 q_e 的计算举例如下:

例 1.1.2-1 简支单向板,跨度 $l=2\text{m}$,板厚 $h=150\text{mm}$,板顶面建筑做法 $s=250\text{mm}$ 厚,其上作用有 300kN 级消防车,已知后轴轮压 $P=60\text{kN}$,轮压着地面积为 $0.2\text{m}\times0.6\text{m}$,动力系数 1.3,求 q_e。

解:依据后轴轮压作用方向不同,分两种情况计算(按《荷载规范》附录 C):

(1) 轮压着地面积的长度方向与板跨度方向垂直时(图 1.1.2-3b),$b_{tx}=0.2\text{m}$,$b_{ty}=0.6\text{m}$,

$b_{cx}=b_{tx}+2s+h=0.2+2\times0.25+0.15=0.85\text{m}<l=2\text{m}$,$b_{cy}=b_{ty}+2s+h=0.6+2\times0.25+0.15=1.25\text{m}<2.2l=2.2\times2=4.4\text{m}$,$b_{cx}<b_{cy}$

【注意】《荷载规范》附录 C 在荷载作用面的计算宽度 b_{cx}、b_{cy} 的计算中考虑板厚的影

1 荷 载

响，计算的是荷载扩散到板底面的宽度。而"建筑结构静力计算手册"（第二版）表 4-29 中的荷载宽度 a_x 及 a_y 为荷载作用宽度，计算时可按《荷载规范》附录 C 的要求，考虑板厚及板顶垫层的影响，并相应调整其荷载值 q。

单向板上荷载的有效分布宽度 $b=2b_{cy}/3+0.73l=2\times1.25/3+0.73\times2=2.29\mathrm{m}$，

考虑动力系数后，简支单向板的绝对最大弯矩 $M_{max}=Pl/4=1.3\times60\times2/4=39\mathrm{kN\cdot m}$，$q_{e1}=8M_{max}/(bl^2)=8\times39/(2.29\times4)=34.1\mathrm{kN/m^2}$；

（2）轮压长度方向与板跨度方向平行时（图 1.1.2-3c），$b_{tx}=0.6\mathrm{m}$，$b_{ty}=0.2\mathrm{m}$，$b_{cx}=b_{tx}+2s+h=0.6+2\times0.25+0.15=1.25\mathrm{m}<l=2\mathrm{m}$，$b_{cy}=b_{ty}+2s+h=0.2+2\times0.25+0.15=0.85\mathrm{m}<0.6l=0.6\times2=1.2\mathrm{m}$，$b_{cx}>b_{cy}$

单向板上荷载的有效分布宽度 $b=b_{cy}+0.7l=0.85+0.7\times2=2.25\mathrm{m}$，

考虑动力系数后，简支单向板的绝对最大弯矩 $M_{max}=Pl/4=1.3\times60\times2/4=39\mathrm{kN\cdot m}$，$q_{e2}=8M_{max}/(bl^2)=8\times39/(2.25\times4)=34.7\mathrm{kN/m^2}>34.1\mathrm{kN/m^2}$；

取 $q_e=q_{e2}=34.7\mathrm{kN/m^2}$

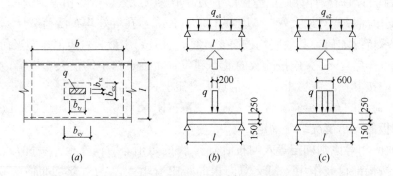

图 1.1.2-3 受轮压作用的简支单向板
(a) 计算简图；(b) 轮压长度方向与板跨度方向垂直时；
(c) 轮压长度方向与板跨度方向平行时

4. 注意事项

1）等效均布活荷载的数值与构件的跨度直接相关

在荷载作用下，效应与结构或构件的支承情况有关，因此，构件跨度是决定等效均布荷载数值的重要因素，应注意《荷载规范》第5.1.1条中汽车荷载使用的跨度要求（相关讨论见本章第1.2.5条）。

2）等效均布活荷载和结构效应具有一一对应的关系

（1）不同效应应采用不同的等效均布活荷载，不同效应之间等效均布活荷载不能通用。如：构件弯矩计算时的等效均布活荷载与构件剪力计算时的等效均布活荷载不同。

（2）不同结构构件计算时的等效均布活荷载不能通用。如：楼板计算时应采用与楼板效应计算相对应的等效均布活荷载值，而主梁、柱及基础等计算时，则应采用与各构件相应的等效均布活荷载，或依据《荷载规范》对等效均布活荷载进行折减（详见本章第1.3节）。

3）荷载的效应与结构或构件的支承情况有关。目前进行的荷载等效一般只是对简支构件跨中弯矩的等效，未考虑其他效应（如：剪力等其他内力及位移和裂缝等效应）及其他支座情况，是一种近似的计算方法。

4）等效均布活荷载不是实际荷载，它是一种实际并不存在的假想荷载，采用等效均布活荷载本身就是对实际荷载作用的一种简化分析过程，是一种简化和近似。因此，在实际工程中对等效均布活荷载进行所谓精确计算，从工程设计角度看既无意义也无必要，只要概念清晰，计算数值上可允许有一定的误差，达到大致合理即可，以满足工程精度为宜。

特殊情况下（如双向板等），等效均布活荷载的计算结果不合理，当支承情况越复杂、局部荷载的作用面积越小、板顶面层或覆土层很薄时，等效均布活荷载的数值偏差幅度越大，因此，应注意对等效均布活荷载的比较并合理取值。举例说明如下：

例 1.1.2-2 某简支双向板，跨度 $l_x=l_y=3m$，板厚 $h=200mm$，其上作用有 300kN 级消防车，已知后轴轮压 $P=60kN$，轮压着地面积为 $0.2×0.6m$，动力系数 1.3，板顶面混凝土面层 $s=100mm$ 厚，求 q_e。

解：考虑板顶混凝土面层对轮压的扩散作用，在混凝土内的轮压扩散角按 45°考虑（见图 1.1.2-4），查《建筑结构静力计算手册》（第二版）表 4-29，$a_x=0.2+2×0.1+0.2=0.6m$，$a_y=0.6+2×0.1+0.2=1.0m$，$a_x/l_x=0.6/3=0.2$，$a_y/l_x=1.0/3=0.3$，考虑动力系数后 $q=1.3P/(a_x a_y)=1.3×60/(0.6×1.0)=130kN/m^2$

简支双向板的绝对最大弯矩 $M_{xmax}=0.1504×130×0.6×1.0=11.73kN·m$，
$M_{ymax}=0.1336×130×0.6×1.0=10.42kN·m<M_{xmax}=11.73kN·m$，
取 $M_{max}=M_{xmax}=11.73kN·m$

简支双向板在等效均布活荷载作用下的跨中弯矩值查《建筑结构静力计算手册》（第二版）表 4-16，$M_{emax}=0.0368q_e l^2=0.3312q_e$ 则，$q_e=11.73/0.3312=35.4kN/m^2$，略大于规范给定的简支双向板等效均布活荷载值（$35kN/m^2$），取 $35kN/m^2$（相关问题分析见第 1.2.4 条）。

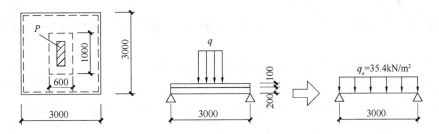

图 1.1.2-4 简支双向板在汽车轮压作用下的等效均布荷载计算

5）"等效"和"均布"的不可分割性，等效一定是等效成均布活荷载，而且是满跨布置的均布荷载。

6）实际荷载的效应应考虑构件的实际支承情况（即支座条件）及荷载分布情况，而等效均布活荷载则统一考虑简支情况、荷载按满跨均布情况考虑。

7）通常情况下，可按跨中弯矩相等的原则进行等效。

5. 相关讨论

1）关于汽车荷载的讨论见 1.2 节。

2）关于荷载折减的讨论见 1.3 节。

3) 关于等效均布活荷载的其他问题可参见文献 [3] 第一篇第 4.1.3 条。

1.2 汽车荷载

【要点】
汽车（消防车）轮压以其荷载数值大、作用位置不确定及一般作用时间较短而倍受结构设计者关注。结构设计的关键问题在于汽车轮压等效均布活荷载数值的确定。轮压荷载作用位置的不确定性，给等效均布活荷载的确定带来了相当的困难，一般情况下，要精确计算轮压的等效均布活荷载是比较困难的，且从工程设计角度看，也没有必要。本节提出满足工程设计精度需要的汽车轮压等效均布荷载的简化计算方法，供读者参考。

1.2.1 汽车等效均布活荷载与板跨度的关系
【问】《荷载规范》表 5.1.1 中第 8 项所规定的汽车荷载为什么与板跨有关？
【答】《荷载规范》表 5.1.1 中第 8 项所规定的汽车荷载，是轮压直接作用在楼板上的等效均布活荷载（等效均布活荷载与构件的跨度有关，相关分析见本章第 1.1 节），因此与板的跨度有直接关系，对在相同等级的汽车轮压作用下，板的跨度越小，则等效均布活荷载越大，而板的跨度越大，则等效均布活荷载越小。

【问题分析】
对汽车荷载，一定要注意"轮压直接作用在楼板上"和"等效均布活荷载"的特点，汽车轮压荷载具有荷载作用位置变化的特性，是移动的活荷载，因此，结构计算分析中应采用等效均布活荷载，等效均布活荷载有其特殊性和使用的局限性（相关分析见本章第 1.1 节）。

1.2.2 汽车荷载的动力系数
【问】汽车荷载如何考虑动力系数？《荷载规范》表 5.1.1 中的消防车荷载是否考虑过动力系数？
【答】汽车尤其是消防车荷载对楼面的作用，应考虑车辆满载重量及汽车轮压的动荷载效应。动力系数与楼面覆土厚度等因素有关，见表 1.2.2-1。《荷载规范》表 5.1.1 中给出的车辆荷载，是一种直接作用在楼板上的等效均布荷载，已考虑了动力系数，可直接采用。

汽车轮压荷载传至楼板及梁的动力系数　　　　表 1.2.2-1

覆土厚度（m）	0.25	0.30	0.35	0.40	0.45	0.50	0.55	0.60	0.65	≥0.70
动力系数	1.30	1.27	1.24	1.20	1.17	1.14	1.10	1.07	1.04	1.00

注：1. 覆土厚度不为表中数值时，其动力系数可按线性内插法确定；
　　2. 当直接采用《荷载规范》表 5.1.1 中第 8 项规定的数值时，可不再乘以表中数值。

【问题分析】
1. 汽车荷载属于动力荷载，板顶覆土或面层对汽车动力荷载起缓冲和扩散作用，板顶覆土或面层太薄（≤0.25m）时，一般可不考虑其有利影响，而当板顶覆土厚度较大（≥0.70m）时，轮压荷载的动力影响已经不明显，可取动力系数为 1.0。
2. 汽车的动力系数只用于楼板和梁（包括次梁和直接承受楼板荷载的主梁）。

1.2 汽车荷载

3. 对梁板整体结构，汽车轮压荷载在地下结构顶板及顶板梁内都有分布和传递，结构设计时可将轮压荷载按：楼板→次梁→主梁的路径传递，以简化设计过程。楼板传递给相应支承构件（次梁、主梁、柱或墙等）的荷载（无论是否考虑动力系数）应按《荷载规范》第5.1.2条的要求进行相应的折减。如果读者注意到等效均布活荷载与其效应具有一一对应的关系时，可以发现，此处的荷载折减又是一次更大的近似过程。因此，从某种意义上再次说明，对等效均布活荷载进行所谓精细计算是没有意义的，以满足工程精度为宜。

1.2.3 足够的覆土层厚度

【问】 什么情况下汽车轮压荷载可近似按均布荷载考虑？

【答】 当覆土层厚度足够时，可按汽车在合理投影面积范围内的平均荷重计算汽车的轮压荷载。足够的覆土层厚度见表1.2.3-1，汽车在合理投影面积范围内的平均荷重见表1.2.3-2。

覆土厚度足够时汽车的轮压荷载 $\bar{p}$（kN/m²） 表1.2.3-1

汽车类型	100kN汽车	150kN汽车	200kN汽车	300kN汽车	550kN汽车
$\bar{p}$	4.3	6.4	8.5	11.3	11.4
覆土厚度最小值 h_{min}（m）	2.6	2.5	2.4	2.3	2.6

【问题分析】

1. 关于汽车的排列规定

《荷载规范》条文说明中指出，对20～30t的消防车，可按最大轮压为60kN作用在0.6m×0.2m的局部面积上的条件确定，为此，应按图1.2.3-1和图1.2.3-2确定汽车纵

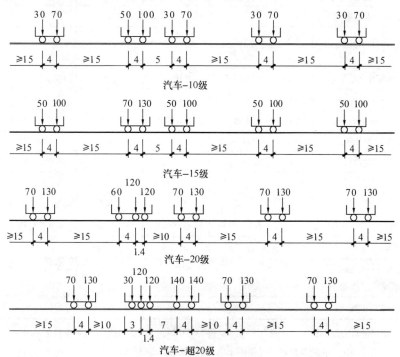

图1.2.3-1 各级汽车车队的纵向排列规定（轴重力单位 kN；尺寸单位 m）

横方向正常情况下的排列间距。

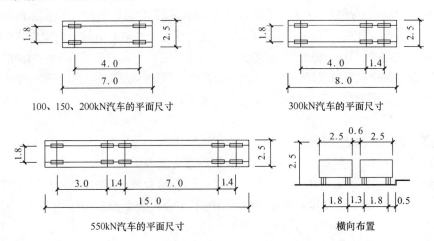

图 1.2.3-2　各级汽车的平面尺寸和横向布置规定（单位：m）

2．各级汽车技术指标

各类汽车在其合理投影面积范围（考虑汽车之间的纵向及横向最小间距均为 600mm）内的平均荷重见表 1.2.3-2。

各级汽车荷载的主要技术指标　　　　　　　表 1.2.3-2

主要指标		单位	汽车-10级	汽车-超10级	汽车-20级	汽车-超20级	
			主车	主车	主车	主车	重车
一辆汽车总重力		kN	100	150	200	300	550
一行汽车车队中重车数量		辆	—	1	1	1	1
前轴重力		kN	30	50	70	60	30
中轴重力		kN	—	—	—	—	2×120
后轴重力		kN	70	100	130	2×120	2×140
轴距		m	4.0	4.0	4.0	4.0+1.4	3+1.4+7+1.4
轮距		m	1.8	1.8	1.8	1.8	1.8
前轮着地宽度及长度		m	0.25×0.20	0.25×0.20	0.3×0.2	0.3×0.2	0.3×0.2
中、后轮着地宽度及长度		m	0.5×0.2	0.5×0.2	0.6×0.2	0.6×0.2	0.6×0.2
车辆外形尺寸（长×宽）		m	7.0×2.5	7.0×2.5	7.0×2.5	8.0×2.5	15.0×2.5
车身投影范围的平均重量		kN/m²	5.7	8.6	11.4	15.0	14.7
考虑汽车合理间距时	外形尺寸（长×宽）	m	7.6×3.1	7.6×3.1	7.6×3.1	8.6×3.1	15.6×3.1
	实际占地面积	m²	23.56	23.56	23.56	26.66	48.36
	按后轴重量比确定的后轴轮压扩散面积	m²	16.49	15.71	15.31	21.33	24.62
	汽车的平均重量	kN/m²	4.3	6.4	8.5	11.3	11.4

注：1. 上表指标摘自交通部标准《公路工程技术标准》JTJ 01，其中后两行是编者推算的结果。

2. 表中车辆的轴距、轮距及外形尺寸见图 1.2.3-1 及图 1.2.3-2。

3. 合理间距指考虑汽车之间的纵向及横向最小间距均为 600mm。

3. 关于足够的覆土层厚度

结构板面的覆土及面层对汽车轮压具有扩散作用（车轮压力扩散角，在混凝土中按45°考虑，在土中可按30°考虑），覆土越厚，汽车轮压扩散越充分，当覆土层厚度足够厚，轮压扩散足够充分时，汽车轮压荷载可按均布荷载考虑。

足够的覆土厚度指：汽车轮压通过土层的扩散、交替和重叠，达到在某一平面近似均匀分布时的覆土层厚度。

足够的覆土厚度数值应根据工程经验确定，当无可靠设计经验时，可按后轴轮压的扩散面积不小于按荷重比例划分的汽车投影面积（图 1.2.3-3）确定相应的覆土厚度为 h_{min}，当实际覆土厚度 $h \geqslant h_{min}$ 时，可认为覆土厚度足够（取表 1.2.3-1 中 h_{min} 数值）。

以 300kN 级汽车为例（图 1.2.3-3）：

汽车的合理投影面积为 $(8+0.6)\times(2.5+0.6)=26.66m^2$

后轴轮压占全车重量的比例为 $240/300=0.8$

取后轴轮压的扩散面积为 $0.8\times26.66=21.33m^2$

根据后轴轮压的扩散面积不小于按荷重比例划分的汽车投影面积有：

$$(2.4+2h\tan30°)(1.6+2h\tan30°)\geqslant 21.33m^2$$

则：$h\geqslant 2.28m$，取 $h=2.3m$，此时可确定为覆土层厚度足够，车身合理投影范围内的平均重量为 $300/26.66=11.3kN/m^2$。

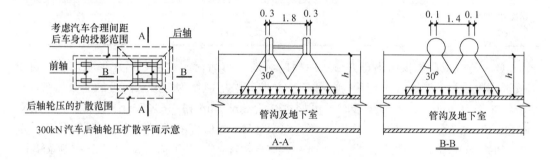

图 1.2.3-3 足够的覆土层厚度计算示意（单位：m）

1.2.4 消防车等效均布活荷载的简化计算

【问】 受板的支承情况、板跨度及板顶覆土厚度的影响，消防车轮压等效均布活荷载计算困难，能否提供简单方法解决实际工程中的问题呢？

【答】 规范明确规定了等效均布活荷载的计算原则，但由于消防车轮压位置的不确定性，实际计算复杂且计算结果有时与规范数值出入很大，对双向板问题更加突出，为方便设计，此处提供满足工程设计要求的等效均布活荷载计算表（表 1.2.4-3～表 1.2.4-4），供设计者选择使用。

【问题分析】

1. 不同板跨时，双向板等效均布活荷载的简化计算表格

1) 不同跨度的单向板在消防车（300kN 级）轮压直接作用下，其等效均布活荷载可按下列原则简化计算（见表 1.2.4-1）：

1 荷 载

(1) 板跨 2m 时，取 35kN/m² （注意，当板跨小于 2m 时，应按汽车轮压换算，且取不小于 35kN/m² 的数值）；

(2) 板跨不小于 4m 时，取 25kN/m²；

(3) "当单向板楼盖板跨介于 2~4m 之间时，活荷载可按跨度在（35~25）kN/m² 的范围内线性插值确定"。

消防车轮压直接作用下单向板的等效均布活荷载　　　　　　　　表 1.2.4-1

板跨 (m)	2.0	2.5	3.0	3.5	≥4.0
等效均布活荷载 (kN/m²)	35	32.5	30.0	27.5	25.0

2) 不同跨度的双向板在消防车（300kN级）轮压直接作用下，其等效均布活荷载可按下列原则简化计算（见表 1.2.4-2）：

(1) 板跨 3m×3m 时，取 35kN/m²（注意，当板跨小于 3m 时，应按汽车轮压换算，且取不小于 35kN/m² 的数值）；

(2) 板跨不小于 6m×6m 时，取 20kN/m²；

(3) 板跨在 3m×3m~6m×6m 时，可按线性关系确定；

消防车轮压直接作用下双向板的等效均布活荷载　　　　　　　　表 1.2.4-2

板跨 (m)	3.0×3.0	3.5×3.5	4.0×4.0	4.5×4.5	5.0×5.0	5.5×5.5	≥6.0×6.0
等效均布活荷载 (kN/m²)	35	32.5	30	27.5	25	22.5	20.0

(4)《荷载规范》仅给出正方形双向板的等效均布活荷载数值，对矩形双向板，可分别按短边边长和长边边长确定相应的数值，并取其平均值作为矩形双向板的等效均布活荷载值，如当为 3m×5m 的矩形板时，可按边长为 3m×3m 和 5m×5m 分别确定为 35kN/m² 和 25kN/m²，取其平均值 30kN/m² 作为 3m×5m 矩形板的等效均布活荷载；当为 4m×7m 的矩形板时，可按边长为 4m×4m 和 7m×7m 分别确定为 30kN/m² 和 20kN/m²（板跨大于 6m×6m 时，取 6m×6m 时的数值）取其平均值 25kN/m² 作为 4m×7m 矩形板的等效均布活荷载。

2. 不同覆土厚度时，消防车轮压等效均布活荷载的简化计算

不同覆土厚度时，按《荷载规范》附录 B 规定的折减系数确定等效均布活荷载数值。

3. 综合考虑板跨和不同覆土层厚度时，消防车轮压等效均布活荷载的确定

1) 考虑单向板跨度和不同覆土层厚度等情况，确定消防车轮压作用下的等效均布活荷载数值见表 1.2.4-3。

考虑板顶覆土厚度及板跨影响时单向板楼盖楼面消防车等效均布活荷载（kN/m²）　　　　　　　　表 1.2.4-3

折算覆土厚度 $\bar{s}$ (m)	楼板跨度 (m)				
	2.0	2.5	3.0	3.5	≥4.0
0	35.0	32.5	30.0	27.5	25.0
0.5	32.9	30.6	28.2	25.9	23.5

1.2 汽车荷载

续表

折算覆土厚度 $\bar{s}$ (m)	楼板跨度 (m)				
	2.0	2.5	3.0	3.5	≥4.0
1.0	30.8	28.6	26.4	24.2	22.0
1.5	28.7	26.4	24.0	22.2	20.3
2.0	24.5	22.8	21.0	19.4	17.8
2.5	19.6	18.8	18.0	16.8	15.5
3.0	16.1	15.7	15.3	14.4	13.5

2) 考虑双向板跨度和不同覆土层厚度等情况，确定消防车轮压作用下的等效均布活荷载数值见表1.2.4-4。

考虑板顶覆土厚度及板跨影响时双向板楼盖楼面消防车等效均布活荷载（kN/m²）

表 1.2.4-4

折算覆土厚度 $\bar{s}$ (m)	楼板跨度 (m)			
	3×3	4×4	5×5	≥6×6
0	35.0	30.0	25.0	20.0
0.5	33.3	28.8	24.8	20.0
1.0	30.8	27.9	24.5	20.0
1.5	27.7	24.9	23.3	20.0
2.0	23.5	21.6	20.3	18.4
2.5	20.0	18.6	17.5	16.2
3.0	16.8	16.2	15.3	14.2

3) 在表1.2.4-3及1.2.4-4中，$\bar{s}=1.43s\tan\theta$，其中 s 为覆盖层厚度（m），θ 为覆盖层的压力扩散角，对土层可取35°（此时，$1.43\tan\theta=1$），对混凝土层可取45°，当同时存在土层和混凝土层时，可分别计算各自的折算覆土厚度，总的折算厚度取两部分之和（如地下室顶板的覆土层由混凝土面层和回填土层组成时，当混凝土层厚度为0.5m，填土层厚度为2m时，其折算覆土厚度 $\bar{s}=1.43\times0.5\times\tan45°+2=2.715$m）。

4) 表1.2.4-3及1.2.4-4中，不包括覆土重量。当直接采用表1.2.4-3及1.2.4-4中数值时，可不再考虑汽车轮压的动力系数。

4. 在消防车的等效均布活荷载的计算过程中，等效的效应（《荷载规范》按简支情况的跨中弯矩相等原则等效）不同时，其等效均布活荷载的数值也不同，实际工程中应注意效应的统一性问题，即注意在不同效应计算时，等效均布活荷载不可通用。

5. 《荷载规范》对消防车荷载的相关规定汇总

1) 板荷载取值时，按《荷载规范》表5.1.1第8项（可直接查表1.2.4-3、1.2.4-4）。

2) 频遇值系数为0.5，准永久值系数为0.0，见《荷载规范》表5.1.1第8项。

3) 对梁活荷载的折减时,执行《荷载规范》第5.1.2条第1款第3)的规定(可参照本书第1.3.1条)。

4) 墙、柱设计时,按《荷载规范》第5.1.3条的规定,消防车活荷载可按实际情况考虑,注意这里的"实际情况"主要指消防车出现的概率(可参照本书第1.2.7条确定)。

5) 基础设计时,按《荷载规范》第5.1.3条的规定,可不考虑消防车活荷载(见第1.2.7条)。

6. 汽车等效均布活荷载计算中若干问题的思考

《荷载规范》规定的单向板和双向板的等效均布活荷载数值存在矛盾,以板跨3m的单向板和板跨为3m×3m的双向板为例,当板顶面无覆土时,单向板的等效均布活荷载为30kN/m^2,双向板的等效均布活荷载为35kN/m^2。汽车的重量没有变化,覆土情况也相同,采用的结构布置不同时,其等效均布活荷载的数值却不同,且双向板的等效均布活荷载要明显大于相同跨度的单向板的等效均布活荷载,有悖于结构设计的基本原理,明显不合理。出现上述问题的主要原因有:

1) 等效原则的合理性问题

(1) 影响构件效应的因素很多,如跨度、支承情况等,等效均布活荷载确定过程中统一采用简支情况的单跨板计算,其"效应相等"原则很粗放,按《荷载规范》规定的方法确定等效均布荷载属于估算的范畴并且是有缺陷的,对双向板,等效原则的适用性值得思考。

(2) 同样是跨中弯矩,但单向板的跨中弯矩与双向板的跨中弯矩有差异,单向板为计算截面的弯矩值(简支单向板的跨中弯矩为跨中全截面的弯矩),符合承载能力极限状态设计中的截面设计原则,而双向板的最大弯矩为跨中某一点的弯矩值(如四边简支双向板的跨中弯矩为跨中截面中的点弯矩值,有限元分析得出的也是相应于某点的弯矩值),某一点的弯矩数值变化是否能完全代表截面的弯矩变化规律(受荷载情况及支承关系对双向板的影响很大),值得探讨。只有弄清了点弯矩与计算截面弯矩的关系问题,等效原则才能较为合理地在双向板中采用。

2) 等效均布活荷载计算的合理性问题

《荷载规范》指出,在消防车等效均布活荷载的确定过程中,"采用有限元软件分析",给人以计算结果高精度的错觉。事实上,等效均布活荷载不是一种实际存在的荷载,属于工程设计中的一种近似计算方法,在很粗前提下进行所谓的"精细分析"其计算结果的可信度并不高,在工程设计中也没有太大的实际意义,有时还会得出自相矛盾的结果。相比之下,以往各版《荷载规范》只给出了板跨2m的单向板和板跨为6m×6m的双向板的等效均布活荷载数值,回避了单向板与双向板等效均布活荷载数值的矛盾,在单向板与双向板等效均布活荷载关系没有完全理顺之前,不失为解决工程问题的过渡办法。

3) 等效均布活荷载的简化计算建议:

(1) 为避免矛盾,依据2001版《荷载规范》的规定,板跨不小于2m的单向板的等效均布活荷载取35kN/m^2,板跨不小于为6m×6m的双向板的等效均布活荷载取20kN/m^2。

(2) 板跨相同的单向板和双向板取用相同的等效均布活荷载数值,板跨在2m(2m×2m)~6m(6m×6m)之间的等效均布活荷载按线性关系确定。

(3) 考虑板顶覆土厚度及板跨影响的等效均布活荷载数值汇总见表1.2.4-5。

考虑板顶覆土厚度及板跨影响时楼面消防车等效均布活荷载（kN/m²） 表1.2.4-5

单向板（双向板）板跨（m）	等效覆土厚度 $\bar{s}$(m)								
	≤0.25	0.50	0.75	1.00	1.25	1.50	1.75	2.00	2.25	≥2.50
2.0 (2.0×2.0)	35.0	32.4	29.7	27.1	24.5	21.8	19.2	16.6	13.9	11.3
2.5 (2.5×2.5)	33.1	30.7	28.3	25.8	23.4	21.0	18.6	16.1	13.7	11.3
3.0 (3.0×3.0)	31.3	29.1	26.9	24.6	22.4	20.2	18.0	15.7	13.5	11.3
3.5 (3.5×3.5)	29.4	27.4	25.4	23.4	21.4	19.3	17.3	15.3	13.3	11.3
4.0 (4.0×4.0)	27.5	25.7	23.9	22.1	20.3	18.5	16.7	14.9	13.1	11.3
4.5 (4.5×4.5)	25.6	24.0	22.4	20.8	19.2	17.7	16.1	14.5	12.9	11.3
5.0 (5.0×5.0)	23.8	22.4	21.0	19.6	18.2	16.9	15.5	14.1	12.7	11.3
5.5 (5.5×5.5)	21.9	20.7	19.5	18.4	17.2	16.0	14.8	13.7	12.5	11.3
6.0 (6.0×6.0)	20.0	19.0	18.1	17.1	16.1	15.2	14.2	13.2	12.3	11.3

1.2.5　为什么《荷载规范》表5.1.1中对汽车荷载要限定板跨

【问】　对于汽车通道及停车库荷载，《荷载规范》提出了对板跨（而不是柱网）的限制要求，为什么？

【答】　《荷载规范》表5.1.1第8项给出的是汽车轮压直接作用在楼板上时的等效均布活荷载（等效均布活荷载的相关概念见本章第1.1节），等效均布活荷载是根据效应相等的原则计算出来的，而效应又与构件的跨度有直接的关系。实际上《荷载规范》给出的双向板等效均布活荷载的数值，就是对应于四边简支的、特定跨度的正方形双向板的计算结果，因此，相应的等效均布活荷载数值只适用于特定板跨的情况。而板跨与柱网是两个不同的概念，限定柱网并不能限定板跨，因此，《荷载规范》的规定是合理的。

【问题分析】

1. 对双向板和无梁楼盖确定等效均布活荷载时，仅提出柱网尺寸的限制要求是不严密的，只适用于柱网尺寸与板跨一致的无梁楼盖，而对双向板，应根据板跨和柱网尺寸的关系区别对待。对只设主梁的大板结构，板跨等于柱网尺寸，可按柱网尺寸确定相应的等效均布荷载。对于设置次梁的双向板，板跨与柱网尺寸不同，不能按柱网尺寸确定等效均布活荷载，否则，等效均布活荷载取值偏小。不少结构设计人员由于没有弄清等效均布活荷载的概念，对带次梁的双向板按柱网尺寸确定汽车的等效均布活荷载。如柱网尺寸8m×8m，主梁中间设十字次梁，双向板的板跨尺寸为4m×4m，当按8m×8m柱网尺寸（不是板跨尺寸）来确定双向板的等效均布荷载值，取值20kN/m²，当按表1.2.4-2确定时，应取30kN/m²，比较可以发现，其取值偏小许多（差50%）。

2. 对《荷载规范》的板跨要求，常有糊涂认识，如有网友问："符合《荷载规范》给定值20kN/m²要求的双向板，其板跨（梁距、或区格）应≥6m×6m，是不是要求相应的柱网尺寸：井字梁格需≥18m×18m；十字梁格需≥12m×12m，可实际工程中很少有这样的结构布置呀？"之所以产生上述疑问并得出有悖于工程设计常理的结论，是因为对等效均布活荷载的概念（相关概念见本章第1.1节）认识不清。

《荷载规范》对双向板的板跨要求，只是明确了可以直接采用规范给定之等效均布活

1 荷　载

荷载数值的双向板的最小跨度，而不是要求双向板的跨度都不小于3m～6m。对于板跨小于3m者，需根据轮压荷载效应另行计算。

3. 当板跨小于《荷载规范》的规定时，应按荷载效应相等的原则去求等效均布活荷载。注意：此处所说的荷载效应等效不是和《荷载规范》中的等效均布活荷载的效应去等效（应该和汽车的轮压荷载效应去等效，不可以直接取用《荷载规范》的数值）。因为，等效本身就是近似，每等效一次就是近似一次，等效次数越多，则等效均布活荷载的误差也越大。当板跨与《荷载规范》限定数值差别不大时，在进行近似计算时也可取《荷载规范》的数值。

4. 当板跨尺寸大于《荷载规范》规定的数值（双向板大于6m×6m，单向板大于4m）时，满足《荷载规范》对等效均布活荷载取值的基本要求，可以直接取用《荷载规范》的数值。但当板跨尺寸比《荷载规范》大许多时，汽车轮压作用的实际效应将小于按《荷载规范》等效均布活荷载数值计算的效应。为优化结构设计，可按汽车轮压效应相等的原则，确定板跨尺寸大于《荷载规范》限值较多时的等效均布活荷载的数值。

1.2.6　复杂形状的楼板是否可以直接按《荷载规范》确定消防车的等效均布活荷载

【问】　《荷载规范》表5.1.1中的双向楼板其支承边是指几边（1～4）？对复杂形状的多边支承（大于四边）的楼板，是否可以直接按《荷载规范》确定消防车的等效均布活荷载？

【答】　双向板一般指矩形板，四边支承。对复杂形状的多边支承（大于四边）的楼板，一般不宜直接按《荷载规范》的板跨来确定其等效均布荷载的数值，宜优先考虑采用有限元分析程序进行复杂楼板计算。一般情况下，不应直接采用《荷载规范》给定的等效均布活荷载数值。

【问题分析】

对于复杂形状的楼板，等效均布活荷载的基本原理仍然适用，但是复杂楼板的效应计算相当复杂，一般情况下很难通过手工计算完成，必须借助电算程序。同时对复杂楼板也不应直接采用《荷载规范》给定的等效均布活荷载数值。

在结构方案设计或初步设计中，对变化较有规律的复杂楼板可采用简化方法进行等效均布活荷载的估算（见图1.2.6-1）。对比较容易确定主要受力方向的复杂楼板，可保持主要受力方向的板跨度不变，按面积相等的原则确定次要受力方向的板跨度，并按等效后

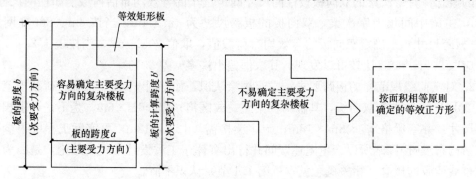

图1.2.6-1　复杂楼板等效均布荷载的简化计算

的矩形板计算相应的等效均布活荷载。对不易确定主要受力方向且为周边支承（大于四边）的复杂楼板，可按面积相等的原则折算成正方形双向板，并按折算后的正方形板确定等效均布活荷载的数值。

1.2.7 消防车荷载取值的合理性问题

【问】 对消防车经常出现的地方（比如消防中心等）与不经常出现的地方（如住宅小区等）结构设计时应如何把握？基础设计时消防车荷载应如何考虑？火灾时，很少有消防车在同一柱跨内满布，所以消防车的荷载究竟应该如何取值？构件的挠度和裂缝验算时是否需要考虑消防车荷载？

【答】 在结构设计时，可考虑消防车出现的概率，适当降低消防车荷载的准永久值系数。对一般的民用建筑可执行《荷载规范》第5.1.3条的规定："设计基础时可不考虑消防车荷载"。对消防车的排列问题，要限制紧急情况下消防车的位置很不现实。只有采取如设置花台等限制措施，否则，还是应考虑消防车多辆同时可能出现的最不利情况。

【问题分析】

1. 关于基础设计时是否要考虑消防车荷载的问题

结构设计时，应注意正确理解《荷载规范》第5.1.3条的规定，针对工程的不同情况确定基础设计时是否考虑消防车荷载的问题：

1）对消防车经常出现的场所（如主要消防通道、消防中心等），消防车荷载作为一种经常出现的活荷载，基础设计时仍应考虑消防车荷载的影响，建议准永久值系数可取0.5；

2）对于消防车偶然出现的场所（一般民用建筑，如住宅小区等），消防车荷载作为一种极少出现的活荷载，按《荷载规范》第5.1.3条的规定，设计基础时可不考虑消防车荷载的影响。

2. 关于消防车荷载的作用区域问题

消防车的作业区域应该包括消防车可能到达的任何区域，对一般绿化区域只有当采取有效措施（如设置限行措施等）后，才可不考虑消防车荷载。

3. 关于消防车荷载对构件挠度和裂缝的影响问题

是否要考虑消防车荷载对构件挠度及裂缝宽度的影响，关键还是要看消防车出现的概率大小。

1）对消防车经常出现的场所（如主要消防通道、消防中心等），消防车荷载作为一种经常出现的活荷载，应考虑其对构件挠度和裂缝宽度的影响，建议准永久值系数可取0.5；

2）而对于消防车偶然出现的场所（一般民用建筑，如住宅小区等），消防车荷载作为一种极少出现的活荷载，可不考虑消防车荷载对构件挠度及裂缝宽度的影响。注意，此时应适当考虑其他经常出入的车辆荷载（通常情况下控制首层地面活荷载不小于$5kN/m^2$）的影响，相应的准永久值系数可取0.5。

3）构件的挠度和裂缝验算时，应注意计算截面位置与效应取值位置的一致性，一般情况下可按净跨计算。

4. 关于多辆消防车、多个轮压的不利布置问题确定消防车轮压的等效均布活荷载,当有可能出现多辆消防车时,应考虑多辆消防车、多个轮压的不利布置,但计算相当复杂,一般情况下可直接按表1.2.4-3和表1.2.4-4确定。

5. 其他相关问题

1)《荷载规范》表5.1.1中的均布活荷载为直接作用在楼面上的等效均布活荷载(按周边简支板及跨中弯矩相等的原则等效),仅可用于楼面板设计计算,用于楼面梁、柱、墙及基础计算时的荷载需按《荷载规范》第5.1.2条要求折减。

2)《荷载规范》第5.1.1条注3规定:"客车活荷载仅适用于停放载人少于9人的客车;消防车活荷载是适用于满载重量为300kN的大型车辆",只有符合上述规定时,才可按《荷载规范》表5.1.1中数值取用。不符合《荷载规范》表5.1.1注3规定(如汽车总重量大于300kN等)时,应按构件效应等效原则,将车轮的局部荷载换算为等效均布活荷载(等效均布活荷载的相关问题详见本章第1.1节)。

3) 对客车荷载,不能将客车车库的楼面等效荷载(《荷载规范》表5.1.1中第8项数值)与其楼面实际荷载混为一谈,当楼板的形式及支承情况不同时,楼面等效均布活荷载的计算数值也不相同,等效均布活荷载数值的不同不是楼面实际荷载的不同,而是在相同楼面荷载(客车荷载)下,不同形式楼板按跨中弯矩相等换算出的等效均布活荷载数值的不同,因此,结构设计中将客车荷载按规范的等效均布活荷载数值限制是不恰当的,且容易得出同一客车停车库(场)有两种不同荷载限值(对应于单向板和双向板)的错误结论。

对客车车库的活荷载应以限定客车的种类为宜,如限定停放载人少于9人的客车(每一车位最小范围2.5m×4.5m)等。

4) 对消防车荷载,当地下室顶板顶面覆土厚度较厚时,若不考虑板顶的覆土厚度对消防车轮压的影响,而统一取用《荷载规范》表5.1.1中的数值,显然是不合适的,现举例说明之。

例1.2.7-1 某工程纯地下室(顶板为板跨2m的单向板)顶面为覆土厚度3m的绿化地面,消防车(300kN级)道贯穿其中,覆土已将消防车轮压局部荷载基本扩散为均布荷载,由表1.2.3-2可知:300kN消防车在车身合理间距(车辆净距600mm)范围内的平均荷载仅为11.3kN/m^2,显然消防车的任何排列方式均不可能达到《荷载规范》表5.1.1中35kN/m^{2}的荷载数值。

6. 设计建议

1) 消防车等效均布活荷载的确定

(1) 对于直接承受消防车荷载的结构楼面(屋面)板,当符合《荷载规范》规定(汽车的级别不超过300kN级、板跨符合《荷载规范》的规定、汽车轮压直接作用在楼面上或楼面上的面层厚度很小)时,可进行简化计算,即直接采用《荷载规范》表5.1.1中等效均布活荷载数值;

(2) 当不符合《荷载规范》规定时,应计算汽车轮压的局部荷载效应。实际工程中可采用简化计算方法确定。

2) 楼板和梁的设计计算中,当按汽车轮压确定等效均布活荷载(即不采用《荷载规范》给定的等效均布活荷载计算)时,应考虑汽车轮压的动力系数,可按表1.2.2-1考虑板顶以上覆土对汽车轮压动力系数的降低作用。

1.2.8 汽车轮压对地下室外墙的侧压力计算

【问】 地下室外墙侧压力计算时，如何考虑汽车荷载的影响？对于地面活荷载直接取用《荷载规范》表 5.1.1 中 20kN/m² 是否合适？

【答】 地下室外墙侧压力计算中，应考虑覆土对汽车轮压的扩散作用，当覆土厚度足够时，其地面荷载可按表 1.2.3-1 确定。一律取用 20kN/m² 是不合适的。

【问题分析】
1. 考虑汽车轮压压力扩散的计算方法
1) 汽车、履带车活荷载下土中竖向压力计算见表 1.2.8-1。

汽车、履带车活荷载下土中竖向压力　　　　　　表 1.2.8-1

名称	汽车、履带车活荷载下土中均布压力 p 值（kN/m²）	最不利汽车、履带车活荷载下土中均布压力（p）值（kN/m²）
示意图	（示意图）	（示意图）

深度（m）	100kN 汽车	150kN 汽车	200kN 汽车	300kN 汽车	500kN 履带车	100kN 汽车	150kN 汽车	200kN 汽车	300kN 汽车	500kN 履带车
0.3	76.1	108.6	126.2	116.5	53.6	111.1	158.7	184.7	170.2	64.1
0.4	55.2	78.9	92.9	85.8	48.3	84.5	120.8	142.2	131.4	60.2
0.5	42.0	60.0	71.4	65.9	43.9	66.7	95.2	113.1	104.5	56.7
0.6	33.0	47.2	56.6	52.2	40.3	53.8	76.9	92.2	85.2	53.5
0.7	26.7	38.2	47.8	44.1	37.2	44.5	63.5	79.5	73.4	50.7
0.8	23.0	32.9	41.1	38.0	34.6	38.8	55.5	69.6	64.2	48.2
0.9	20.0	28.6	35.8	33.1	32.3	34.3	49.0	61.4	56.8	45.9
1.0	17.6	25.1	31.5	29.1	30.3	30.5	43.6	54.8	50.6	43.9
1.1	15.6	22.2	28.6	27.0	28.5	27.3	39.0	50.2	48.5	42.0
1.2	14.3	20.4	26.5	26.0	26.9	25.3	36.2	47.0	47.0	40.2
1.4	12.5	17.8	23.2	24.1	24.2	22.4	32.0	41.7	44.6	37.2
1.6	11.1	15.8	20.6	22.5	22.2	20.1	28.7	37.4	42.6	34.5

续表

深度(m)	100kN汽车	150kN汽车	200kN汽车	300kN汽车	500kN履带车	100kN汽车	150kN汽车	200kN汽车	300kN汽车	500kN履带车
1.8	10.0	14.2	18.5	21.1	21.2	18.2	26.1	33.9	41.0	33.8
2.0	9.0	12.9	16.8	19.9	20.3	16.7	23.8	31.0	39.7	33.1
2.2	8.3	11.8	15.4	18.8	19.5	15.4	22.0	28.5	38.4	32.4
2.4	7.6	10.8	14.2	17.7	18.8	14.2	20.3	26.5	37.5	31.8
2.6	7.1	10.1	13.1	16.9	18.1	13.3	19.0	24.7	35.3	31.3
2.8	6.6	9.4	12.3	16.0	17.4	12.5	17.8	23.1	33.4	30.8
3.0	6.2	8.8	11.5	15.3	16.8	11.7	16.7	21.7	31.8	30.4
3.2	5.8	8.3	10.8	14.6	16.2	11.0	15.8	20.5	30.2	30.0
3.3	5.7	8.1	10.5	14.3	16.0	10.7	15.3	19.9	29.5	29.7
3.5	5.7	8.1	10.5	14.3	15.5	10.2	14.6	18.9	28.1	29.4

注：1. 表中数值为考虑轮压扩散后的轮压最大值，当深度超过0.8m后，多个轮压应力叠加，其最大值将大于轮压平均值；
    2. 表中数值为标准值（未考虑动力系数），动力系数见表1.2.2-1。

2) 主动土压力系数 $\tan^2(45°-\varphi/2)$ 见表1.2.8-2；静止土压力系数取0.5；

3) 在汽车荷载作用下，管沟壁或地下室外墙的侧向土压力如图1.2.8-1。

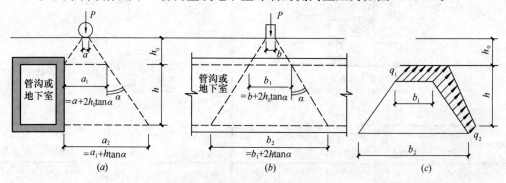

图 1.2.8-1 管沟壁或地下室外墙的侧向土压力
(a) 土压力的横向扩散；(b) 土压力的纵向扩散；(c) 侧向土压力图

(1) 当上端自由下端固定时，在宽度 b_2 范围内，墙底总弯矩：

$$M = (q_1 b_1/3 + q_2 b_2/6)h^2 \tag{1.2.8-1}$$

(2) 当上端简支下端固定时，在宽度 b_2 范围内，墙底总弯矩：

$$M = (7q_1 b_1 + 8q_2 b_2)h^2/120 \tag{1.2.8-2}$$

式中：q_1、q_2——汽车荷载在深度为 h_0 及 h_0+h 处的水平侧压力；依据轮压荷载 P 及其扩散的面积（$a_1 b_1$ 及 $a_2 b_2$）和土压力系数 k（k_a 或 k_0）确定。$q_1 = \dfrac{P}{a_1 b_1}k$，$q_2 = \dfrac{P}{a_2 b_2}k$，且 q_1、q_2 均应 $\geqslant \bar{p}k$，其中 $\bar{p}$ 为覆土层厚度足够时汽车的轮压荷载，按表1.2.3-1取值。

a_1、b_1——汽车荷载在深度为 h_0 的水平侧压力分布宽度,其值=轮宽+两侧各按 35°角向下扩散的宽度,$a_1=a+2h_0\tan35°$,$b_1=b+2h_0\tan35°$。

a_2——汽车荷载在深度为 h_0+h 处的水平侧压力分布宽度,需考虑地下室外墙对扩散的影响,$a_2=a_1+h\tan35°$。

b_2——汽车荷载在深度为 h_0+h 处的水平侧压力分布宽度,其值=轮宽+两侧各按 35°角向下扩散的宽度,$b_2=b_1+2h\tan35°$。

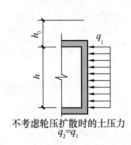

图 1.2.8-2 不考虑轮压扩散时的土压力 ($q_2=q_1$)

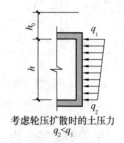

图 1.2.8-3 考虑轮压扩散时的土压力 ($q_2<q_1$)

主动土压力系数 k_a 表 1.2.8-2

土的内摩擦角 φ	15°	20°	25°	30°	35°	40°	45°
$k_a=\tan^2(45°-\varphi/2)$	0.589	0.490	0.406	0.333	0.271	0.217	0.172

2. 依据《城市供热管网结构设计规范》CJJ 105 的规定,轮压在土中的扩散按深度每增加 1.0m,单边扩散宽度增加 0.7m 考虑,即相当于取图 1.2.8-1 中扩散角 $\alpha=35°$。在混凝土中的扩散按深度每增加 1.0m,单边扩散宽度增加 1.0m 考虑,即相当于取图 1.2.8-1 中扩散角 $\alpha=45°$。

3. 静止土压力系数 k_0 随土体密实度、固结程度的增加而增加,对正常固结土取值见表 1.2.8-3。结构设计中习惯取 $k_0=0.5$,是对静止土压力系数 k_0 的近似取值。

静止土压力系数 k_0 表 1.2.8-3

土类	坚硬土	硬—可塑黏性土粉质黏土、砂土	可—软塑黏性土	软塑黏性土	流塑黏性土
k_0	0.2~0.4	0.4~0.5	0.5~0.6	0.6~0.75	0.75~0.8

自然状态下的土体内水平向有效应力,可以认为与静止土压力相等,土体侧向变形会改变其水平应力状态,最终的水平应力,随着变形的大小和方向而呈现出主动极限平衡和被动极限平衡两种极限状态。事实上,地下室的施工工艺决定了其周围的土只能是回填土,应取用相应的主动土压力系数,而静止土压力一般只可用在不允许有位移的支护结构,并不适合用于地下室外墙或挡土墙的设计计算中。

现阶段地下室外墙或挡土墙的设计计算中,可结合设计现状及其墙外肥槽回填的实际情况进行适当的调整,即考虑地震往复作用对接近地表之地下室土压力的增大作用,建议承载能力极限状态计算时,地下室顶部土压力可按静止土压力系数 k_0 计算,单层地下室底部（或多层地下室的地下二层及其以下部位）土压力系数可按主动土压力系数 k_a 计算（见图 1.2.8-4）；而在地下室外墙或挡土墙的正常使用极限状态计算中，地下室的土压力均宜按表 1.2.8-2 取用主动土压力系数 k_a（见图 1.2.8-5）。

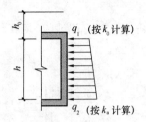
图 1.2.8-4 承载能力极限状态
计算时的土压力取值

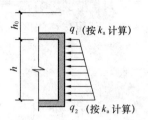
图 1.2.8-5 正常使用极限状态
计算时的土压力取值

4. 地下室外墙或挡土墙土压力计算方法不同时，结构设计差异很大，设计中应予以重视，举例说明如下：

例 1.2.8-1 以 300kN 级汽车为例，对应于图 1.2.8-6，取 $h_0=1.4m$，$h=4m$，取 $k=0.5$，按墙底固定、墙顶简支计算不同荷载取值时的墙底弯矩。

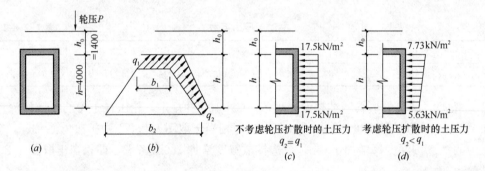

图 1.2.8-6 算例

1) 当按地面均布荷载 35kN/m² 计算时（对应于图 1.2.8-6c），则 $q_1=q_2=35\times0.5=17.5$ kN/m²，相应墙底弯矩 $M=\dfrac{17.5\times4^2}{8}=35$ kN·m/m。

2) 考虑汽车轮压荷载扩散，$h_0=1.4m$（<2.5m 不满足表 1.2.3-1 中足够覆土层厚度的要求），轮压两侧的扩散宽度为 $2\times1.4\times\tan35°=1.96m$，超过轮间净距（1.8−0.6=1.2m），轮压交叉重叠，应按后轴 4 个轮压共同作用计算，轮压扩散可按正方四角锥计算，轮压着地面积取 2.4m×1.6m，$a_1=1.6+1.96=3.56m$，$b_1=2.4+1.96=4.36m$，则 $q_1=0.5\times240/(3.56\times4.36)=7.73$ kN/m²；而 $h_0+h=1.4+4=5.4m$（>2.3m，满足表 1.2.3-1 中足够覆土层厚度的要求），$q_2=0.5\times11.3=5.63$ kN/m²。

3) 当考虑轮压扩散后的梯形荷载，并取 b_2 宽度（$b_2=b_1+2h\tan35°=4.36+2\times4\times\tan35°=9.96m$）范围内的单向板条计算（对应图 1.2.8-6b 中 b_2 宽度范围）时，$q_1=7.73$ kN/m²，$q_2=5.63$ kN/m²，则按式（1.2.8-2）计算的相应墙底弯矩 $M=9.16$ kN·m/m。

4) 当考虑轮压扩散后的梯形荷载，并取 b_1 宽度范围内的单向板条计算（对应图 1.2.8-6b 中 b1 宽度范围），$q_1=7.73$ kN/m²，$q_2=5.63$ kN/m²（对应于图 1.2.8-6d），则

相应墙底弯矩 $M=13.22\text{kN}\cdot\text{m/m}$。

本例情况下的计算结果比较见表1.2.8-4。

轮压土压力不同取值时墙底弯矩计算结果比较表 　　　　　表1.2.8-4

情况	(1)（图1.2.8-6c）		(2)（图1.2.8-6b）		(3)（图1.2.8-6d）	
比值	(1)/(2)	(1)/(3)	(2)/(1)	(2)/(3)	(3)/(1)	(3)/(2)
	382%	265%	26%	69%	38%	144%

5.《全国民用建筑工程设计技术措施》（结构）第2.1节第4款之7规定"计算地下室外墙时，其室外地面荷载取值不应低于10kN/m^2，如室外地面为通行车道则应考虑行车荷载"。上述规定中的10kN/m^2是工程设计的经验值。当计算位置离地表距离较小时，在汽车轮压作用下地下室外墙上部的土压力值将有可能大于10kN/m^2，因此，《全国民用建筑工程设计技术措施》（结构）规定对汽车通道应按汽车荷载验算。

1.3　楼面活荷载的折减

【要点】
之所以考虑楼面活荷载折减，是因为要考虑楼面活荷载同时出现的概率问题。在这里活荷载出现的概率大小主要体现在下列两方面：一是同一平面内同时达到活荷载设计值的概率大小，如消防车同时出现的可能性问题；还有就是对多、高层建筑，上下楼层同时达到活荷载设计值的可能性。因此，把握活荷载出现的规律，合理确定其折减系数，可避免结构设计的浪费。对不同类型的荷载或作用（如消防车荷载、人防爆炸荷载、地震作用等）还应注意同时出现的可能性。

1.3.1　关于主、次梁的活荷载折减系数

【问】《荷载规范》第5.1.2条1中3）单向板楼盖次梁的折减系数是0.8，单向板楼盖主梁的折减系数是0.6，主梁的折减系数比次梁小，为什么？

【答】　这里考虑的是在同一平面内同时达到活荷载设计值的概率大小，也就是活荷载同时出现的可能性问题。楼层活荷载的折减系数与从属面积有关，即：构件承担的面积越大，其活荷载同时出现的概率就越小。一般情况下，次梁的从属面积较小而主梁的从属面积较大，且荷载的传递路径一般从板到次梁再到主梁。所以主梁的折减系数要比次梁小。

【问题分析】

1. 活荷载折减系数数值的大和小实际上就是活荷载同时出现的概率大与小的问题，折减系数的数值越大，说明活荷载出现的频率高，反之，则说明活荷载出现的频率低。按一般的传力途径为板→次梁→主梁，对于主梁和次梁显然主梁的荷载折减得要比次梁多（即折减系数小）。

2. 楼面梁活荷载折减系数的大小与该梁从属面积的大小有关，从属面积较大时，应确定为"主梁"，楼面活荷载同时达到设计值的概率较小，对楼面活荷载折减较多，即可采用较小的折减系数（如0.6），而当从属面积较小时，应确定为"次梁"，楼面活荷载同时达到设计值的概率较大，对楼面活荷载折减较少，即可采用较大的折减系数（如0.8）。

3. 应注意对"**单向板楼盖的主梁**"的正确理解（见图1.3.1-1），在这里"主梁"不完全等同于"框架梁"，"主梁"指承受次梁荷载的梁（如承受次梁荷载的主次梁、承受次梁及主次梁荷载的框架梁等），该楼面梁的从属面积较大，其活荷载折减系数取0.6，而对于不承受次梁荷载的框架梁，其活荷载的折减系数仍应按次梁对待（取0.8）。

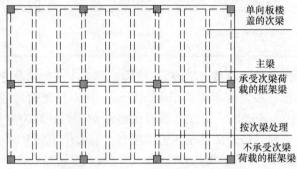

图1.3.1-1 单向板楼盖的主次梁

4. 对双向板楼盖，也应按从属面积确定楼面梁的活荷载折减系数，《荷载规范》"**对双向板楼盖的梁应取0.8**"的规定，属于一种简化计算要求。

5. 实际工程中，应注意结构布置对梁（尤其是主梁）荷载折减系数的影响，机械套用规范的规定将出现计算不合理情况，举例说明如下：

1) **例1.3.1-1** 某工程柱网尺寸6m×6m，地下室顶板考虑消防车荷载，顶板上无覆土，比较采用主梁+十字次梁布置与采用主梁+大板布置时主梁的等效均布荷载。

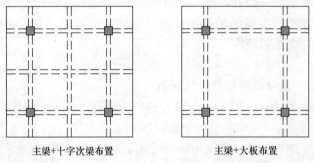

图1.3.1-2 梁板布置对主梁等效均布荷载的影响

【解】

(1) 采用主梁+十字次梁布置时，双向板的跨度为3m×3m，楼板的消防车等效均布活荷载为35kN/m²，主梁荷载按楼板等效均布活荷载的0.8倍计算，即35×0.8=28kN/m²；

(2) 采用主梁+大板布置时，双向板板跨为6m×6m，楼板的消防车等效均布活荷载为20kN/m²，主梁荷载按楼板荷载的0.8倍计算，即20×0.8=16 kN/m²。

2) 比较可以发现：

(1) 采用框架主梁+大板布置时，主梁承担的等效均布活荷载仅为主梁+十字次梁布置时的57%。

(2) 对主梁而言，次梁布置的不同并没有改变主梁的受力关系，在上述两种梁板布置方案中，主梁的从属面积是相同的，其对应的等效均布活荷载也应相同。

（3）不同的梁板布置，楼板等效均布活荷载不同，导致主梁荷载的很大变化，不合理。

3）消防车荷载作用下，关于主、次梁等效均布活荷载的取值建议

（1）主、次梁的等效均布活荷载，应根据梁的从属面积确定（用于梁等效均布活荷载计算时，正方形楼板的面积可取 2 倍梁的受荷面积，计算楼板的等效均布活荷载）。

（2）采用主梁＋大板结构布置时，沿柱网布置的主梁，其等效均布活荷载可按《荷载规范》的规定计算；

（3）采用主、次梁＋楼板的结构布置时，沿柱网布置的主梁，可按柱网跨度确定楼板的等效均布活荷载，主梁的等效均布活荷载按楼板等效均布活荷载的 0.8 倍计算，即：

① 当方形柱网尺寸不小于 6m×6m 时，用于主梁计算的，楼板消防车等效活荷载为 $20kN/m^2$，主梁的等效均布活荷载为 $20×0.8=16\ kN/m^2$。

② 对其他平面形状的柱网，当柱网面积不小于 36 m^2，可按上述（1）的原则计算，也可用①的方法进行简化计算，如柱网尺寸 5m×8m 时，等效正方形的跨度为 6.3m×6.3m，楼板的等效均布活荷载可按表 1.2.4-2 确定为 $20kN/m^2$，主梁的等效均布活荷载为 $20×0.8=16\ kN/m^2$。

③ 当方形柱网尺寸小于 6m×6m 时，用于主梁计算的，楼板消防车等效活荷载可根据楼板的等效跨度（将柱网尺寸确定为等效正方形的跨度）确定，如柱网为 5m×5m 时，等效正方形楼板的跨度为 5m×5m，相应的等效均布活荷载可按表 1.2.4-2 确定为 $25kN/m^2$，主梁的等效均布活荷载为 $25×0.8=20\ kN/m^2$。

④ 对其他平面形状的柱网，当柱网面积不大于 36 m^2，可按上述（1）的原则计算，也可用③的方法进行简化计算，如柱网尺寸 4m×8m 时，等效正方形楼板的跨度为 5.66m×5.66m，楼板的等效均布活荷载可按表 1.2.4-2 确定为 $21.75kN/m^2$，主梁的等效均布活荷载为 $21.75×0.8=17.4\ kN/m^2$。

（4）次梁的等效均布活荷载也可按上述（1）的原则确定，但次梁的情况相对主梁较为复杂，当次梁的从属面积较小时，也可直接按规范方法计算（荷载偏大，偏于安全）。

1.3.2　活荷载折减系数与楼层数的关系

【问】《荷载规范》表 5.1.2 中，墙、柱、基础的活荷载折减系数为什么和楼层数量有关？

【答】　这里考虑的是在多层或高层建筑中，上、下楼层同时达到活荷载设计值的可能性，也就是活荷载同时出现的概率的大小问题，一般情况下，楼层数量越多，各层活荷载同时出现的可能性就越小。因此，从《荷载规范》表 5.1.2 中可以看出，计算截面以上的楼层数越多，相应的折减系数的数值就越小。

【问题分析】

1. 设计墙、柱和基础时，《荷载规范》规定的折减要求如下：

1) 对《荷载规范》表 5.1.1 中的第 1（1）项荷载，考虑楼层因素按其表 5.1.2 折减，也就是说《荷载规范》表 5.1.2 不能用于第 1（1）项以外的其他荷载。

2)《荷载规范》表 5.1.1 中的第 1（2）～7 项荷载，应采用与其楼面梁相同的折减

系数。

3）对于《荷载规范》表 5.1.1 中第 8 项的客车荷载（注意：不包含消防车），当为单向板楼盖时应取 0.5，当为双向板楼盖或无梁楼盖时，应取 0.8。

4）《荷载规范》表 5.1.1 中的第 9～13 项，应采用与其所属房屋类别相同的折减系数，如：办公楼的楼梯荷载按办公楼确定折减系数，医院的走廊按医院确定折减系数。

2. 采用《荷载规范》表 5.1.2 时还应注意，在楼层数为 20 和 21 时，表中数值不连续，折减后出现 21 层时的总活荷载值小于 20 层的情况。如当各层活荷载数值相同，楼层总数为 20 层时，首层柱底（即计算截面位置）经折减后的活荷载总值系数为 $20 \times 0.6 = 12$，而当楼层总数为 21 层时，首层柱底（即计算截面位置）经折减后的活荷载总值系数为 $21 \times 0.55 = 11.5 < 12$，不合理。因此，当计算截面以上层数为 21 层时，建议可调整相应的活荷载折减系数，并取大值计算。

3. 常有网友问及为什么楼层活荷载折减只与计算截面以上的楼层有关。其实道理很简单，计算截面以下楼层对上部的计算截面荷载无直接影响。

4. 应注意区别"计算截面以上的楼层数"与"构件所在的楼层数"，如房屋总层数为 10 层（无地下室），计算截面为地面以上第 5 层柱底，则"计算截面以上的楼层数"为 6（即 5～10 层，应按计算截面以上楼层数为 6 层确定相应的荷载折减系数），"构件所在的楼层数"为 5。活荷载的折减系数随计算截面位置的不同而改变，不同的计算截面位置，活荷载的折减系数也不相同。

1.3.3 计算程序对活荷载的折减

【问】 计算程序是如何满足规范要求，实现对各类活荷载的折减的呢？

【答】 《荷载规范》根据楼面活荷载的不同种类，考虑从属面积和楼层数量两大因素而采用不同的折减系数，应该说计算程序实现规范的要求并不困难，只要对各类活荷载进行适当分类，并根据不同种类的活荷载采用《荷载规范》规定的相应折减系数就可以解决问题。

【问题分析】

1. 现行结构计算程序中，有些程序不具备活荷载分类的功能，无法区分《荷载规范》表 5.1.1 中第 1（1）项与第 1（2）～13 项，也就不可能真正按《荷载规范》要求实现对不同活荷载的折减，《荷载规范》5.1.2 条的要求原则上只适合于手算。

多数程序不具有完全按《荷载规范》第 5.1.2 条的要求对楼面荷载折减的功能，程序中不区分不同的楼面活荷载类型，一般均按《荷载规范》表 5.1.1 中第 1（1）项的楼面活荷载类型考虑并取相应的折减系数，因此，到目前为止，结构计算程序对楼面活荷载的折减是粗略的和不全面的。

2. 程序应用时的注意事项

1）使用程序计算时，应仔细了解所用程序的荷载折减功能，对于楼板的支承构件（如梁、柱、剪力墙及基础等），应按《荷载规范》第 5.1.2 条的规定考虑活荷载的折减系数。当程序无法直接计算时，应考虑区分不同构件进行分步骤计算，并在荷载输入时将楼面活荷载折减。

2）使用程序计算时，对不同的楼面支承构件应按《荷载规范》第 5.1.2 条的规定，取用不同的楼面活荷载折减系数，且相应的计算结果只适合于特定构件本身，此时应特别注意其他相关结构构件内力的不真实性，避免误用。例如设计楼面梁时，当取用相应的楼面荷载折减系数，并将调整后的楼面荷载值作为新的楼面荷载输入计算时，此时的计算内力及配筋仅可用于楼面梁，对楼板、柱、墙等其他构件则内力不真实，故不能取用。

3) 当程序按《荷载规范》表 5.1.2 的规定取用活荷载折减系数时，应特别注意在裙房与主楼整体计算的高层建筑中，避免裙房部分的框架柱按主楼的层数取用相应的折减系数。例如图 1.3.3-1 中，当计算裙房框架底层柱底内力时，应按楼层数为 3 进行活荷载折减（取折减系数 0.85），而不能按楼层数为 12 进行活荷载折减（不能取折减系数 0.6）。

4) 当程序按《荷载规范》表 5.1.2 的规定取用活荷载折减系数时，还应注意计算楼层（计算机认定的楼层数）与实际楼层的区别，当计算楼层与实际楼层层数相差较多时（如错层结构等）应特别注意。例如错层常按一个新的楼层输入，在图 1.3.3-2 中，实际输入的结构计算层数为 23 层，当计算底层错层处柱底内力时，应按楼层数为 12 确定活荷载的折减系数（折减系数为 0.6），而不能按楼层数为 23 来确定活荷载的折减系数（不能取折减系数 0.55）。

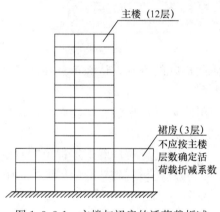

图 1.3.3-1　主楼与裙房的活荷载折减

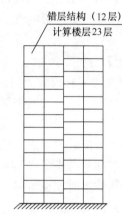

图 1.3.3-2　错层结构的活荷载折减

1.3.4　梁的从属面积与竖向导荷

【问】梁的从属面积与竖向导荷有什么区别？

【答】梁的从属面积与竖向导荷概念相近，但计算方法不同。楼面梁从属面积应按梁两侧各 1/2 梁间距范围内的实际面积确定（见图 1.3.4-1a、b）；而竖向荷载分配模式是根据楼板传递竖向荷载的方式确定的，分为单向板传力、双向板传力和按周边均匀传力等多种模式（见图 1.3.4-1c）。

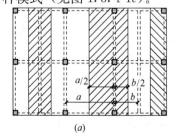
(a)

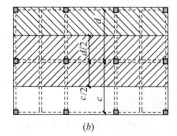
(b)

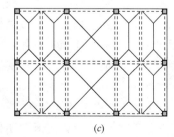
(c)

图 1.3.4-1　梁的从属面积与竖向导荷模式

(a) 横向梁的从属面积；(b) 纵向梁的从属面积；(c) 梁的竖向导荷模式

1 荷　　载

【问题分析】

1. 经常使用电算程序并习惯于梁的竖向导荷模式后，结构设计中常把其与梁的从属面积概念混淆。

2. 梁的从属面积在荷载折减时需考虑。此外，在结构抗震设计中也需要（如砌体结构中对砌体墙段的抗震承载力验算时），详见本书第 4 章相关内容。

1.3.5　对荷载效应的等效与对活荷载的折减

【问】　对荷载效应的等效与对活荷载的折减是同一回事吗？

【答】　等效均布荷载是为解决集中荷载或移动荷载的效应计算问题，采用的是效应相等的原则，一般只适合于板类构件的计算。而对楼板的支承类构件如次梁、主梁、柱及墙等，则不能直接采用用于楼板计算的等效均布活荷载数值。现行《荷载规范》采用对楼面活荷载折减的办法，来考虑活荷载同时出现的概率大小，在计算楼板的支承类构件时，应按《荷载规范》第 5.1.2 条的规定，根据构件性质及其从属面积的不同，采用经折减后的楼面活荷载，以实现对楼板的支承构件（次梁、主梁、柱、钢筋混凝土墙及基础等）活荷载的近似计算。

【问题分析】

1. 常有网友混淆对荷载效应的等效与对活荷载折减的概念，认为都是在对荷载进行折减。其实这是完全不同的两个概念。

2. 对楼板的支承类构件进行分析计算时，采用的是对楼板的等效均布活荷载折减后的数值，这种对活荷载"等效"以后的再"折减"过程（所谓"折减"就是近似），属于近似的计算，可理解为满足工程精度要求的计算，追求过高的精度从工程角度看毫无意义。因此，结构估算时，也可以直接对支承类构件的效应进行折减，如计算柱底内力时，可不用折减楼面活荷载的数值进行重新计算，而直接对按未折减的楼面活荷载计算出的柱底轴力乘以适当的荷载折减系数（注意，这里的折减是对包含静荷载及活荷载在内的全部荷载效应的折减，而不仅仅是对活荷载效应的折减，其折减系数应综合考虑）。

1.4　其　　他

【要点】

荷载的种类很多，除本章前几节已讨论的荷载外，还有风荷载、雪荷载，对工业建筑还有吊车荷载、设备荷载、积灰荷载及其他特殊荷载等。当遇到以前未曾碰到过的一种新荷载时，应要求相关工艺提供相应的荷载数值，然后对荷载的作用过程进行调查，对作用机理加以分析，并加强对其效应的分析判断，从中找出对结构设计有利和不利的因素后，就能很容易根据规范要求对其进行恰当的分类和取值。

1.4.1　关于悬挂荷载

【问】　悬挂荷载按恒载还是活载考虑？如何考虑不利布置？

在工业与民用建筑中有空调管道、电缆桥架、给排水管道以及吊顶等一些悬挂荷载，其中空调管道所占的荷载比重较大。在《钢结构设计手册》以及轻型屋面钢屋架图集中都是按照满布恒载考虑的。但实际却存在更不利的情况：厂家有可能一跨全部预留，另一跨全部做悬挂。另外还有雪荷载，对于这些是否应该按活载输入并考虑不利布置呢？

【答】 对涉及工艺特殊情况的荷载数值应由相关工艺提供，是按恒载还是按活载考虑，应具体分析，经判别后确定。

【问题分析】

1. 对设备荷载（包括运行荷载）应要求工艺提供，当工艺无法提供时，可对同类厂房进行实地荷载调查，并将统计后的荷载值交由工艺及建设单位确认，以此作为工程的设备荷载设计值。

2. 对于是否考虑活荷载不利组合，这要看荷载不利组合出现的可能性的大小，换言之，有些荷载被定义为活荷载，其实它不十分"活"。如上面提到的吊挂荷载，一旦其安装结束，其荷载基本不变，或者说它的自重不变，所变化的可能就是其运行需要的那部分重量。如给排水管道里的水的重量，这部分随运行而有可能变化的重量，才真正称为"活荷载"。对吊挂荷载中大量的无活动可能的荷载应加以区分，主要看真正活动的部分所占的比例，若比例很小，则可不考虑活荷载的不利组合。同时应重视工程经验，多听听专业人员的意见，多了解工艺流程对结构设计大有好处。

3. 雪荷载一般按活荷载考虑，并根据雪荷载分区确定相应的准永久值系数。对有可能引起积雪严重堆积的结构及部位（见例1.4.1-1）、对积雪有可能反复冻融形成冻冰荷载的地区等，应适当加大雪荷载设计值，以确保结构安全（注意，考虑不上人屋面活荷载与积雪荷载、风荷载同时达到设计值的可能性很小，因此，《荷载规范》第5.3.3条规定："对不上人的屋面均布活荷载，可不与雪荷载和风荷载同时组合"）。

例 1.4.1-1 北京某钢框架结构房屋，盆形屋顶，两侧有楼房，屋顶积雪分布系数取值如图 1.4.1-1，说明如下：

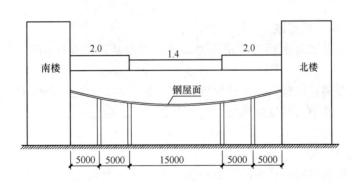

图 1.4.1-1 屋顶积雪系数分布图

1) 两侧楼房高出本楼屋顶 10m，考虑两侧楼房影响的积雪系数按《荷载规范》中"高低屋面"情况确定，取两边各 10m 范围内 $\mu_r = 2.0$。

2) 盆形屋面中部区域的积雪系数，按《荷载规范》中"双跨双坡或拱形屋面"的中间区域取值 $\mu_r = 1.4$。

4. 应特别注意屋面积水荷载，当屋面排水不畅时，应按可能的积水深度确定活荷载。

5. 《荷载规范》的相关规定见其第 8.3 节。

1 荷 载

1.4.2 地下室顶面覆土属于恒荷载还是活荷载？

【问】 地下室顶面覆土，应该按恒载考虑还是按活载考虑？

【答】 地下室顶面覆土，是按恒载考虑还是按活载考虑要看覆土变动是否频繁，当因覆土层内埋设有设备管线，而需要经常破土维修（主要是工业建筑）时，可确定为活荷载，一般情况下的覆土可按恒载考虑。

【问题分析】

地下室顶面覆土具有荷重大、使用过程中更换频率小的特点，一般情况下可按恒载考虑。而对于设备功能要求存在频繁更换管道或定期检修可能时，应尽量设置设备管廊（即地下管沟），以避免对地下室覆土长期反复开挖。

1.4.3 关于吊车荷载

【问】 轻钢结构厂房，24m跨带5T单车单梁吊车的门式刚架厂房已完工。现在两家合用，从中间隔开一分为二，各安置了一台5T吊车。考虑到两台吊车不会同时在同一跨工作，因而未对结构采取加固措施，这样做是否合理？

【答】 这种情况下，两台吊车同时出现的可能性还是很大的，且从使用角度看，无法控制两台吊车在同一跨同时出现。因此，一定要慎重。如有必要可沿中间分隔墙设置竖向支承构件。

【问题分析】

当房屋的使用功能或使用方式与原设计变化较大时，应特别注意采取相应的结构措施，确保原结构设计构想的实现。当无法按原结构设计构想使用时，应采取相应的加固措施，确保结构设计的安全。上例中，原按一台吊车设计，实际使用中当无法阻止在同一跨内同时出现两台吊车时，设置隔断并加设竖向支承构件是较为合理而稳妥的选择。

1.4.4 关于风、雪荷载

【问】 厂房女儿墙高度超过厂房屋面高度，屋面是否还存在风吸力？设计中该如何处理？

【答】 首先要清楚风吸力产生的原因，屋顶女儿墙顶面风速大于屋顶面风速时就会产生风吸力。加高女儿墙后屋顶的风吸力仍然存在。可以根据工程的具体情况，进行简化处理，偏安全取值。

【问题分析】

风荷载的问题是结构设计中的常见问题，在沿海（湖）、山口地区等尤其要注意，同时对抗震设计的低烈度地区，也要注意不要因为抗震设计而忽视对风荷载的重视。风荷载作为一种出现频率很高的荷载，应注意结构承载力和使用舒适度的验算。风荷载属于低频荷载，与结构的动力性能有关，对结构自振周期较长的建筑（如钢结构、索膜结构等）更应该注意风荷载的影响。一般情况下，结构自振周期越长，其受风荷载的影响越大。对轻屋顶结构、玻璃幕墙及建筑轻屋面材料，应特别注意其风致破坏的可能性，必要时加强与结构的连接件设计。

雪荷载对结构的影响与结构体系密切相关，半跨雪荷载、"布袋效应"等对轻型结构、非刚性屋面结构的影响很大，不可大意。

1.4.5 关于荷载组合

【问】 检修吊车荷载与工作平台检修活载组合，吊车竖向与水平荷载组合都没乘组合值系数，是否其被当作一个活载来考虑？

【答】 当为由可变荷载效应控制的组合时，第 2 个及以后的可变荷载才需要乘组合值系数。这里的检修荷载要看是不是同一组，如果都为吊车检修的荷载，可认为是同一组。而"吊车竖向与水平荷载组合"，如果只有这两个荷载，则不用乘组合值系数，如果还有其他活荷载则应根据活荷载效应的大小，确定乘组合值系数。

【问题分析】

按《荷载规范》的规定，对于基本组合，在由可变荷载效应控制的组合中，当有两个及两个以上的可变荷载时，除第一个活荷载外，第二个及其以后各可变荷载的效应应考虑组合值系数，这里的第一个可变荷载指荷载效应最大的那一个，一般情况下，需对主要的几个活荷载进行逐个试算才能确定；在由永久荷载效应控制的组合中，所有可变荷载的效应均应考虑组合值系数。

参考文献

[1] 《建筑结构荷载规范》(GB 50009—2012). 北京：中国建筑工业出版社，2012
[2] 朱炳寅、陈富生.《建筑结构设计新规范综合应用手册》. 北京：中国建筑工业出版社，2004
[3] 朱炳寅.《建筑结构设计规范应用图解手册》. 北京：中国建筑工业出版社，2005
[4] 朱炳寅.《建筑抗震设计规范应用与分析》. 北京：中国建筑工业出版社，2011
[5] 朱炳寅.《高层建筑混凝土结构技术规程应用与分析》. 北京：中国建筑工业出版社，2012

2 结构设计的基本要求

【说明】

我国是个多地震的国家，唐山地震、汶川地震等大地震及特大地震给人民生命和财产带来重大损失。抗震设计工作已成为结构设计的重中之重，切实把握好结构抗震设计的基本原则，在结构设计中真正体现均匀对称的原则，并把握好对结构规则性的判别，选择合适的结构体系尤为重要。准确的结构分析计算是结构抗震设计的基础。正确处理好薄弱层与软弱层，在复杂多变的情况下找出结构抗震设计的基本规律。

本章涉及的主要设计规范有：

[1]《建筑工程抗震设防分类标准》GB 50223——以下简称《分类标准》；
[2]《建筑抗震设计规范》GB 50011——以下简称《抗震规范》；
[3]《高层建筑混凝土结构技术规程》JGJ 3——以下简称《混凝土高规》；
[4]《混凝土结构设计规范》GB 50010——以下简称《混凝土规范》；
[5]《建筑地基基础设计规范》GB 50007——以下简称《地基规范》；
[6]《砌体结构设计规范》GB 50003——以下简称《砌体规范》。

2.1 结构抗震设防要求

【要点】

1. 我国抗震设计应遵循三水准两阶段设计总原则，结构抗震设计应把握好结构的规则性问题，选择合适的结构体系，正确运用分析计算程序，使结构具有明确的计算简图，合理的地震作用传递途径。

2. 影响建筑抗震设计的因素很多，限于地震研究的现状，结构的抗震设计应重概念轻精度，把握抗震设计存在的主要问题（表2.1.0-1），对做好抗震设计十分重要。

影响建筑结构抗震设计的主要因素 表 2.1.0-1

影响因素		原因分析	设计措施及设计建议
地震的不确定性	震源问题	实际地震的不可预知性	采用三水准及抗震性能设计方法
	地震的传播问题	地震传播的复杂性	对特殊工程考虑多向多维地震作用
	场地问题	场地对地震的放大和滤波作用	考虑场地特性及其对基岩波的放大作用
计算假定及计算方法问题	刚性楼板假定	实际工程楼板的缺失与削弱	采用弹性楼板或分块刚性楼板假定进行补充计算
	空间分析模型的适应性问题	楼板缺失严重时结构的整体工作能力降低	采用弹性楼板模型或平面结构分析程序进行补充计算

2.1 结构抗震设防要求

续表

影响因素		原因分析	设计措施及设计建议
计算假定及计算方法问题	倾覆力矩比问题	计算方法不同，计算结果也不同，结构体系也受影响	采用不同方法比较计算，对少量剪力墙的框架结构中的框架和剪力墙采用性能设计方法
	刚度比问题	不同结构不同部位计算方法不同，计算结果也不同	采用不同方法比较计算
	上部结构嵌固部位的确定	涉及刚度比的计算及回填土对地下室的约束问题	合理选用刚度比的计算方法，注重地下室周围填土对地下室刚度的影响
	上部结构与地基基础对嵌固端的计算假定问题	上部结构计算时下端假定为嵌固端，地基基础设计时基础有差异沉降	地基基础采用调平设计方法，对受地基沉降影响较大的楼层（如地面以上5层以下的楼层），适当考虑地基不均匀沉降的影响并采取相应的结构措施
	嵌固端的计算模型问题	地下室顶面的绝对嵌固和相对嵌固问题	合理确定不同嵌固计算模型时上部结构首层与二层的侧向刚度比
	竖向加载模型	加载模型与混凝土构件实际强度形成的关系问题，未考虑地基的不均匀沉降的影响	综合考虑影响加载及竖向变形的各种因素，合理取用竖向加载计算模型
	计算的刚域问题	影响梁端内力及强柱弱梁的实现	地震区建筑应考虑刚域的影响，有条件时应将梁柱节点全部取为刚域计算
	二阶效应及倾覆稳定计算	未考虑基础倾斜的影响	对高宽比较大的工程，二阶效应、刚重比及倾覆稳定验算时应适当留有余地
	地震作用的计算	单向地震和双向地震作用问题	扭转效应明显时应考虑双向地震作用
	偶然偏心与双向地震作用	单向地震作用计算应考虑偶然偏心，双向地震作用计算可不考虑偶然偏心	对长矩形平面，当采用5%偶然偏心计算明显不合理时，可按双向地震作用进行比较计算
	框架柱的单偏压与双偏压	计算方法不同，计算结果差异较大	考虑单向地震作用时，按双偏压计算，考虑双向地震作用时，按单偏压计算，角柱应按双偏压计算
计算参数的选取问题	填充墙的刚度影响	填充墙对主体结构的影响有刚度及扭转等诸多问题	对刚度的考虑属于估算的范畴，还要注意填充墙平面和立面布置的均匀对称性问题
	梁端弯矩的调幅	影响延性及强柱弱梁	抗震设计的工程应考虑梁端弯矩调幅
	梁刚度放大系数	考虑现浇楼板对梁刚度的影响	是对梁刚度的估算，宜按规范的规定，对中梁和边梁采用相应的刚度放大系数，不宜采用程序自动计算的梁刚度放大系数

续表

影 响 因 素		原 因 分 析	设计措施及设计建议
计算配筋与实配的失衡问题	梁端负弯矩配筋	梁端计算截面和实际控制截面不一致，造成梁端实际配筋过大	加大了强柱弱梁实现的难度，建议可按梁净跨设计计算，并适当考虑梁端弯矩调幅
	梁端正弯矩钢筋配置过大	跨中配筋直通支座，造成梁端正弯矩配筋过大，程序在强柱弱梁验算中未能考虑	加大了强柱弱梁实现的难度，建议一般情况下，可按规范规定的梁端顶、底钢筋比例关系，确定梁端底钢筋进入支座的数量，在计算程序中可人工设定梁端正弯矩钢筋的配筋值
	梁端裂缝验算问题	以计算长度确定的梁端弯矩对梁端截面（柱边）进行裂缝验算，夸大了梁端的实际弯矩，加大了梁端配筋	不利于强柱弱梁的实现，建议梁的正常使用极限状态验算时，采用梁净跨单元

2.1.1 关于抗震设防目标

【问】 汶川地震前，汶川的抗震设防烈度为 7 度，设计基本地震加速度为 $0.1g$，而实际地震时震中为 11 度，如何看待我国抗震设防烈度的准确性？

【答】 历次地震证明，我国地震区划图所规定的烈度有很大的不确定性，抗震设计还处在摸索阶段，地震理论还有待完善，地震是对结构抗震设防的最好检验。汶川地震表明，严格按现行规范进行设计、施工和使用的建筑，在遭遇比当地设防烈度高一度的地震作用下，没有出现倒塌破坏，也验证了"大震"不倒设防目标是正确的。

【问题分析】

1.《抗震规范》规定的抗震性能设计目标是：当遭受低于本地区抗震设防烈度的多遇地震影响时，一般不受损坏或不需修理可继续使用（即小震不坏）；当遭受相当于本地区抗震设防烈度的地震影响时，可能损坏，经一般修理或不需修理仍可继续使用（即中震可修）；当遭受高于本地区抗震设防烈度预估的罕遇地震影响时，不致倒塌或发生危及生命的严重破坏（即大震不倒）。

要注意，"大震"指在高于罕遇地震（比当地设防烈度高一度）作用下不倒塌——实现生命安全的目标。此处的"高于"指的是"比设防烈度大于等于一度"，而不仅仅指一度。罕遇地震是一个只有最低限（就是比本地区设防烈度高一度）的区间。以本地区设防烈度 7 度为例，"大震不倒"的要求是在遭遇比 8 度及更高的地震作用时，不出现倒塌破坏。汶川地震中，震中区烈度达 11 度，远高于本地区设防烈度 $7+1=8$ 度的罕遇地震之最低限要求，即使这样，按"大震不倒"的要求，仍应做到"不倒"。但这个"不倒"的程度可能是"极大的变形或接近倒塌"，也就是"缓倒"——给逃生留出足够的时间。

2. 理论研究和震害调查表明，地震的不可预知性或难以预知性是不争的事实，多次强烈地震均发生在抗震设防的低烈度地区。因此，对设防烈度较低地区的房屋，切不可放松抗震设防要求，从某种意义上说，更应加强抗震概念设计和采取有效的抗震措施，确保"大震不倒"性能目标的实现。

3. 以破坏程度为基础的传统烈度划分也存在明显的不科学之处，如：依据破坏程度，

9度才出现倒塌,换言之,9度以下均不应该出现倒塌,即本地区抗震设防烈度为6、7度的地区,所有建筑只要进行抗震设计就都应自动满足大震不倒的要求,至少在9度以下时,不应该出现倒塌。而以地震加速度确定地震烈度的办法比较科学。

4. 实际工程中经常遇到设计使用年限不为50年的情况(如设计使用年限为40年、75年或100年等),不同的设计使用年限、不同的安全等级、不同的设防目标时,地震作用的取值也不相同,实际工程中可在《抗震规范》规定的地震作用基础上乘以适当的比例系数。

1)多遇地震作用时,不同使用年限的地震作用与50年地震作用的比值关系见表2.1.1-1。

不同使用年限时的地震作用与50年地震作用的比值　　　表2.1.1-1

设计使用年限	30	40	50	60	75	100
多遇地震的比例系数	0.75	0.90	1.00	1.10	1.25	1.45

2)罕遇地震作用时,不同使用年限的地震作用与50年地震作用的比值关系见表2.1.1-2。

不同使用年限时的地震作用与50年地震作用的比值　　　表2.1.1-2

设计使用年限	30	40	50	60	75	100
罕遇地震的比例系数	0.70	0.85	1.00	1.05	1.15	1.30

2.1.2　关于性能设计问题

【问】 在复杂高层建筑及超限工程设计审查中经常提到结构的性能设计问题,如何合理确定结构或重要部位的性能设计指标?

【答】 性能设计是结构抗震设计的精髓,由于房屋的重要性程度及建筑使用功能不同,结构或结构部位及结构构件的抗震设防目标也不完全相同,应根据具体情况采取相应的抗震措施。

【问题分析】

1. "性能设计"(Performance Based Design)的意义

近年来大地震的震害表明,由于城市的发展和城市人口密度的增加,城市设施复杂,经济生活节奏加快,地震灾害所引起的经济损失急剧增加,因此,以生命安全为抗震设防惟一目标的单一设防标准是不全面的,应考虑控制建筑和设施的地震破坏,保持地震时正常的生产、生活功能,减少地震对社会经济生活所带来的危害,有必要考虑性能目标的抗震设防要求。

2. "性能设计"的要点

建筑的抗震性能设计,立足于承载力和变形能力的综合考虑,具有很强的针对性和灵活性。针对工程的需要和可能,可以对整个结构,也可以对某些部位或关键构件,灵活运用各种措施达到预期的抗震性能目标,以提高抗震安全性或满足使用功能的专门要求。

抗震性能目标依据地震时建筑允许破坏的程度(即地震破坏的等级)确定。

1)地震破坏等级的划分见表2.1.2-1及图2.1.2-1。

2 结构设计的基本要求

地震破坏等级的划分　　　　表 2.1.2-1

名称	破坏描述	继续使用的可能性	变形参考值
基本完好（含完好）	承重构件完好；个别非承重构件轻微损坏；附属构件有不同程度破坏	一般不需修理即可继续使用	$<[\Delta u_e]$
轻微破坏	个别承重构件轻微裂缝（对钢结构构件指残余变形），个别非承重构件明显破坏；附属构件有不同程度破坏	不需要修理或需稍加修理，仍可继续使用	$(1.5\sim2)[\Delta u_e]$
中等破坏	多数承重构件轻微裂缝（或残余变形），部分明显裂缝（或残余变形）；个别非承重构件严重破坏	需一般修理，采取安全措施后可适当使用	$(3\sim4)[\Delta u_e]$
严重破坏	多数承重构件严重破坏或部分倒塌	应排险大修，局部拆除	$<0.9[\Delta u_p]$
倒塌	多数承重构件倒塌	需拆除	$>[\Delta u_p]$

注：个别指 5% 以下，部分指 30% 以下，多数指超过 50%。

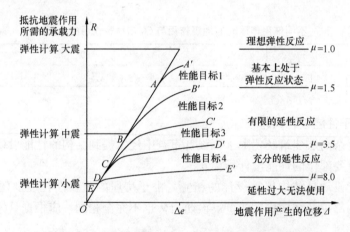

图 2.1.2-1 抗震性能目标、承载力与延性之间的关系

（1）完好（图 2.1.2-1 中 OAA'），即所有结构构件均保持弹性状态。在地震下必须满足规范规定的承载力和弹性变形的要求，即：各种承载力设计值（拉、压、弯、剪、压弯、拉弯、稳定等）满足规范对抗震承载力的要求 $S<R/\gamma_{RE}$，层间变形满足规范多遇地震下的位移角限值 $[\Delta u_e]$。

（2）基本完好（图 2.1.2-1 中 OBB'），即结构构件基本保持弹性状态，各种承载力设计值基本满足规范对抗震承载力的要求 $S<R/\gamma_{RE}$，其中的效应 S 不含抗震等级的调整系数，也即各抗震等级的调整系数取 1.0。

（3）轻微破坏（图 2.1.2-1 中 OCC'），即结构构件可能出现轻微的塑性变形，但未达到屈服状态，按材料标准值计算的承载力 R_k 大于作用标准组合的效应 S_k，即 $S_k<R_k$。

（4）中等破坏（图 2.1.2-1 中 ODD'），即结构构件出现明显的塑性变形，但控制在一般加固即可恢复使用的范围内。

（5）接近严重破坏（图 2.1.2-1 中 OEE'），为结构抗震设计的一般情况（一般情况指：满足《抗震规范》的最基本要求的三水准设防目标），结构关键的竖向构件出现明显的塑性变形,部分水平构件可能失效需要更换,经过大修加固后可恢复使用。

2) 性能目标的确定

(1) 对照表 2.1.2-1,可选定高于一般情况的预期性能目标,见表 2.1.2-2 及图 2.1.2-1。

建筑性能目标的分类 表 2.1.2-2

地震水准	建筑性能目标			
	性能目标 1	性能目标 2	性能目标 3	性能目标 4
多遇地震	完好	完好	完好	完好
设防烈度地震	完好,正常使用	基本完好,检修后继续使用	轻微损坏,简单修理后继续使用	轻微至中等损坏,变形 $<2.5[\Delta u_e]$
罕遇地震	基本完好,检修后继续使用	轻微至中等损坏,修复后继续使用	其破坏需加固后继续使用	接近严重损坏,大修后继续使用

(2) 从表 2.1.2-2 中不难看出,建筑的性能目标一般可分为四个等级,即从性能目标 1 至性能目标 4,其中以性能目标 1 的承载力要求最高而延性要求最低,性能目标 4 的承载力要求最低但延性要求最高。对照图 2.1.2-1 可以看出:结构抗震设计时不需要达到大震完全弹性的要求。

(3) 实现上述性能目标,需要落实各个地震水准下构件的承载力、变形和细部构造的具体指标。仅提高承载力时,安全性有相应的提高,但使用上变形要求不一定能满足;仅提高变形能力,则结构在小震、中震下的损坏情况大致没有改变,但抵御大震倒塌的能力提高。因此,性能设计往往侧重于通过提高承载力,推迟结构进入塑性工作阶段并减少塑性变形,必要时还需同时提高刚度以满足使用功能的变形要求,而变形能力的要求可根据结构及其构件在中震、大震下进入弹塑性的程度加以调整。

性能设计寻求的是结构或构件在承载力及变形能力的合理平衡点,当承载能力提高幅度较大时,可适当降低延性要求;而当承载力水平提高幅度较小时,可相应提高结构或构件的延性(也即当延性指标的实现有困难时,可通过提高结构或构件的承载力加以弥补;而当提高结构或构件的承载力有困难时,可通过提高结构或构件的延性加以弥补)。

对各项性能目标,结构的楼盖体系必须有足够安全的承载力,以保证结构的整体性,一般应使楼板在地震中基本处于弹性状态,否则,应采取适当的加强措施。为避免发生脆性破坏,设计中应控制混凝土结构构件的受剪截面面积,满足规范对剪压比的限值要求。性能目标中的抗震构造"基本要求"相当于混凝土结构中四级抗震等级的构造要求,低、中、高和特种延性要求,大致相当于混凝土结构中三、二、一和特一级抗震等级的构造要求。考虑地震作用的不确定性,对工程设计中的延性要求宜适当提高。

(4) 对性能目标 1,结构构件在预期大震下仍基本处于弹性状态,最多只产生一些不明显的非弹性变形(图 2.1.2-1 中 OAA' 至 OBB' 之间)。对应于性能目标 1 要求建筑在多遇地震下完好(即小震弹性),设防烈度地震下完好并能正常使用(即中震弹性或基本弹性)罕遇地震作用下能基本完好,经检修后可继续使用(即大震基本弹性或大震不屈服)。

某些特别重要的建筑,需要结构具有足够的承载力,从而保证其在中震、大震下始终处于基本弹性状态;也有一些建筑虽然不特别重要,但其设防烈度较低(如6度)或结构的地震反应较小,也可以保证其在中震、大震下始终处于基本弹性状态;某些特别不规则的结构,业主愿意付出经济代价,也能使其在中震、大震下始终处于基本弹性状态。因此,对特殊工程及采用隔振、减震技术或低烈度设防且风力很大时,可对某些关键构件提出此项性能要求,其房屋的高度和不规则性一般不需要专门限制。

结构满足大震下弹性或基本弹性设计要求,大震下结构可不考虑地震内力调整系数,但应采用作用分项系数。各构件的细部抗震构造仅需满足最基本的构造要求(如采取抗震等级为四级的构造措施),结构具有一些延性性能。

(5) 对性能目标2(图2.1.2-1中OBB'至OCC'之间),结构构件在中震下完好,在预期大震下可能屈服。例如:某6度设防的钢筋混凝土框架-核心筒结构,其风力是小震的2.4倍,在风荷载作用下的层间位移是小震的2.5倍。结构的层间位移和所有构件的承载力均可满足按中震(不计风荷载效应)的设计要求。考虑水平构件在大震下的损坏使刚度降低和阻尼加大,竖向构件的最小极限承载力仍可满足大震下的验算要求。因此,总体结构可达到性能目标2的要求。

结构的薄弱部位或重要部位构件的抗震承载力满足大震弹性设计要求,整个结构按非线性分析计算,允许某些选定的部位接近屈服(如部分受拉钢筋屈服),但不发生如剪切等脆性破坏。各构件的细部抗震构造需满足低延性要求(相当于混凝土结构中三级抗震等级的构造要求)。

(6) 对性能目标3(图2.1.2-1中OCC'至ODD'之间),在中震下已有轻微塑性变形,大震下有明显塑性变形。

结构的薄弱部位或重要部位构件的抗震承载力满足大震不屈服的设计要求,即不考虑内力调整的地震作用效应S_k(作用分项系数及内力调整系数均取1.0)与按强度标准值计算(材料分项系数及抗震承载力调整系数均取1.0)的抗震承载力R_k满足$S_k \leqslant R_k$的要求。整个结构应进行非线性分析计算,允许某些选定的部位接近屈服,但不发生如剪切等脆性破坏。各构件的细部抗震构造需满足中等延性要求(相当于混凝土结构中二级抗震等级的构造要求)。

(7) 对性能目标4(图2.1.2-1中ODD'至OEE'之间),在中震下的损坏已大于性能目标3,结构总体的承载力略高于一般情况。

结构应进行非线性分析,结构的薄弱部位或重要部位构件在大震下允许达到屈服阶段,但满足选定的变形限值(如混凝土结构在大震下的层间弹塑性变形控制在1/500～1/300),竖向构件不发生剪切等脆性破坏。各构件的细部抗震构造应满足高延性的要求(相当于混凝土结构中一级抗震等级的构造要求)。

对应于图2.1.2-1中OEE',结构应进行非线性分析,结构的薄弱部位或重要部位构件在大震下允许达到屈服阶段,满足现行规范在大震下的弹塑性变形要求,竖向构件不发生剪切等脆性破坏。各构件的细部抗震构造应满足特种延性的要求(相当于混凝土结构中特一级抗震等级的构造要求)。

3.《抗震规范》与"性能设计"的关系
1)《抗震规范》规定的"三水准的设防目标"的性能指标:
第一水准——当建筑遭受低于本地区抗震设防烈度的多遇地震影响时,一般不受损坏或不需修理可继续使用；

第二水准——当建筑遭受相当于本地区抗震设防烈度的地震影响时，可能损坏，经一般修理或不需修理仍可继续使用；

第三水准——当建筑遭受本地区抗震设防烈度的预估的罕遇地震影响时，不致倒塌或发生危及生命的严重破坏。

三水准设防目标的通俗说法为：小震不坏、基本地震（设防烈度地震）可修、大震不倒。

三水准的地震作用水平的三个不同超越概率（或重现期） 表 2.1.2-3

水　准	50年的超越概率	重现期（年）
多遇地震（小震）	63.2%	50
设防烈度地震（基本地震）	10%	475
罕遇地震（大震）	2%～3%	1641～2475

2）各水准的建筑性能要求

"小震不坏"——要求建筑结构在多遇地震作用下满足承载力极限状态验算要求和建筑的弹性变形不超过规定的弹性变形值；即：保障人的生活、生产、经济和社会活动的正常进行；

"基本地震可修"——要求建筑结构具有相当的变形能力，不发生不可修复的脆性破坏，用结构的延性设计（满足规范的抗震措施和抗震构造措施）来实现；即：保障人身安全和减小经济损失；

"大震不倒"——要求建筑具有足够的变形能力，其弹塑性变形不超过规定的弹塑性变形限值；即：避免倒塌，以保障人身安全。

3）为实现"三水准的设防目标"而采取的"两阶段设计步骤"如下：

两阶段设计步骤的内容 表 2.1.2-4

阶　段	内　　容
第一阶段	要求建筑结构具有相当的变形能力，不发生不可修复的脆性破坏，用结构延性设计来解决。也就是在多遇地震作用下，通过对结构（弹性）的承载力及变形验算，隐含着对设防烈度地震作用下结构（弹塑性）的变形验算，保证小震不坏、中震可修
第二阶段	要求结构具有足够的变形能力，其弹塑性变形不超过规定的弹塑性变形限值。就是通过对罕遇地震作用下结构薄弱部位的弹塑性变形验算，并采取相应的构造措施，保证大震不倒

4）比较可以看出《抗震规范》的"三水准设防"目标与"性能设计"的设防目标是相似的。

5）2008年5月28日中国工程院对汶川地震的灾害评估报告指出，震中区砌体结构的完好率10%。非正规设计的倒塌率100%。89规范以前的建筑倒塌率接近100%；89规范以后的建筑：规则结构较完好、底框结构破坏严重、框架结构的完好率40%、框架-剪力墙结构及剪力墙结构基本完好。上述评估报告可反映出相应建筑的性能水准。

4. 抗震性能设计的实际应用

1）抗震性能设计贯穿于结构抗震设计的始终，其并不神秘。我们结构设计中的许多工作其实就是抗震性能设计的具体内容，此处举例说明如下：

（1）《抗震规范》中的三水准设防目标，就是一种性能目标。明确要求大震下不发生

危及生命的严重破坏即"大震不倒",就是最基本的抗震性能目标;

(2) 对起疏散作用的楼梯,提出采取加强措施,使之成为"抗震安全岛"的要求,确保大震下能具有安全避难和逃生通道的具体目标和性能要求;

(3) 对特别不规则结构、复杂建筑结构,根据具体情况对抗侧力结构的水平构件和竖向构件提出相应的性能目标要求,提高结构或关键部位结构的抗震安全性;对水平转换构件,为确保大震下自身及相关构件的安全提出大震下的性能目标等,如:

①对框框支柱按"中震"设计。由于框支柱承托上部结构,为重要的结构构件,因此按"中震"弹性或"中震"不屈服设计。对应的性能目标就是在设防烈度地震("中震")作用下,框支柱仍处于弹性(或不屈服)状态。

②重要结构的门厅柱按"中震"设计。由于门厅柱数层通高,且作为上部楼层竖向荷载的主要支承构件,属于重要的结构构件,因此按"中震"弹性或"中震"不屈服设计。对应的性能目标就是在设防烈度地震("中震")作用下,门厅柱仍处于弹性(或不屈服)状态。

③对错层处的错层框架柱和错层剪力墙按"中震"设计。由于错层的影响,错层处的框架柱成为短柱,错层处的剪力墙成为短墙,其延性大为降低并承担很多的地震作用,因此,需要适当提高错层框架柱及错层剪力墙的承载力,满足强剪弱弯要求并采取更严格的抗震措施,一般按抗剪满足中震弹性要求,抗弯满足中震不屈服要求设计。对应的性能目标就是在设防烈度地震("中震")作用下,错层框架柱及错层剪力墙仍处于抗剪弹性、抗弯不屈服的状态。

④对水平转换构件按"大震"不屈服设计。由于转换构件承托上部结构重量,为重要的结构构件,因此,常需要按"大震"不屈服设计,并应采用在重力荷载下不考虑上部墙体共同工作的计算模型复核。对应的性能目标就是在罕遇地震("大震")作用下,水平转换构件仍处于不屈服状态。

⑤对承受较大拉力的楼面梁按"中震"设计。受斜柱的影响楼面梁常承受较大水平力,考虑钢筋混凝土楼板开裂后承载能力的降低,按"零刚度"楼板假定并按"中震"设计。当梁承受的拉力较大时,可考虑采用型钢混凝土梁、或钢梁。

⑥对特别重要的结构,当采用双重抗侧力结构时,如钢框架-钢筋混凝土核心筒结构中,在底部加强部位的剪力墙截面按大震剪力不超过 $0.15 f_c b_w h_w$ 确定。

⑦对少量剪力墙的框架结构,当考虑框架和剪力墙协同工作,计算的弹性层间位移角不满足规范对框架-剪力墙结构的位移限值时,应按照抗震性能化设计的要求,对框架和剪力墙依据抗震设防的三水准目标进行细化。实现的就是在罕遇地震("大震")作用下,结构不倒塌的最基本抗震性能目标。

2) 建筑抗震性能指标应根据建筑物的重要性、房屋高度、结构体系、不规则程度等情况灵活把握,确定的一般原则可见表 2.1.2-5。

抗震性能指标确定的一般原则 表 2.1.2-5

序号	工程情况	结构关键部位设计建议	说 明
1	超 B 级高度的特别不规则结构	性能目标 1	应进行抗震超限审查
2	超 B 级高度的一般不规则结构	性能目标 2	应进行抗震超限审查

2.1 结构抗震设防要求

续表

序号	工程情况	结构关键部位设计建议	说明
3	超 B 级高度的规则结构	性能目标 3	应进行抗震超限审查
4	超 A 级高度但不超 B 级高度的特别不规则结构	性能目标 2	应进行抗震超限审查
5	超 A 级高度但不超 B 级高度的一般不规则结构	性能目标 3	应进行抗震超限审查
6	超 A 级高度但不超 B 级高度的规则结构	性能目标 4	应进行抗震超限审查
7	A 级高度的特别不规则结构	性能目标 4	应进行专门研究
8	A 级高度的一般不规则结构	按一般情况设计	可直接按《抗震规范》设计
9	大跨度复杂结构	根据复杂情况确定相应的性能指标	应进行抗震超限审查

3) 抗震性能设计中的常见做法见表 2.1.2-6。一般情况下，抗剪要求不应低于抗弯要求。

抗震性能设计的常见做法 表 2.1.2-6

情况分类		要 求	说 明
抗 剪	大震剪应力控制	大震下剪力墙的剪压比≤0.15	确保大震下剪力墙不失效
	中震弹性	按中震要求进行抗侧力结构的抗剪控制，与抗震等级相对应的调整系数均取 1.0	$S \leqslant R/\gamma_{RE}$
	中震不屈服	按中震不屈服要求进行抗侧力结构的抗剪控制，抗力及效应均采用标准值，与抗震等级相对应的调整系数均取 1.0 $S_k \leqslant R_k$	由于抗力和效应均采用标准值，及与抗震等级相对应的调整系数均取 1.0，其计算结果需与小震弹性设计比较取大值设计
抗 弯	大震不屈服	按大震不屈服要求进行结构的抗弯设计，抗力及效应均采用标准值，与抗震等级相对应的调整系数均取 1.0 $S_k \leqslant R_k$	一般不要求大震完全弹性
	中震弹性	按中震弹性要求进行结构的抗弯设计，与抗震等级相对应的调整系数均取 1.0	$S \leqslant R/\gamma_{RE}$
	中震不屈服	按中震不屈服要求进行结构的抗弯设计，抗力及效应均采用标准值，与抗震等级相对应的调整系数均取 1.0 $S_k \leqslant R_k$	由于抗力和效应均采用标准值，及与抗震等级相对应的调整系数均取 1.0，其计算结果需与小震弹性设计比较取大值设计
其 他	剪力调整应根据不同结构体系确定相应目标	取 $0.25Q_0$ 及 $1.8V_{fmax}$ 的较大值	多用于钢框架-支撑结构，且较不容易实现
		取 $0.2Q_0$ 及 $1.5V_{fmax}$ 的较大值	用于钢筋混凝土框架-核心筒结构，且较不容易实现
		取 $0.25Q_0$ 及 $1.8V_{fmax}$ 的较小值	用于混合结构，且较容易实现
	提高抗震等级	根据抗震性能目标确定适当提高结构的抗震等级	提高抗震构造措施
	延性要求	设置型钢、芯柱等	提高抗震构造措施

4) 例 2.1.2-1

(1) 工程概况：抗震设防烈度 7 度（0.15g），场地类别为 Ⅳ 类。主楼房屋高度 186m，地上 44 层，采用带钢斜撑的钢管混凝土外框架与钢筋混凝土核心筒组成的混合结构体系，钢框架梁，现浇混凝土楼板。裙楼房屋高度 36m，地上 9 层，采用现浇钢筋混凝土框架结构，楼盖采用梁板结构。

(2) 主楼不规则情况见表 2.1.2-7 及表 2.1.2-8。

例 2.1.2-1 主楼不规则情况表 1　　　　　　　　　　　　　　　表 2.1.2-7

序	不规则类型	涵义	计算值	是否超限	备注
1	扭转不规则	考虑偶然偏心的扭转位移比大于 1.2	1.20	否	GB 50011—3.4.3
2	偏心布置	偏心距大于 0.15 或相邻层质心相差较大	无	否	JGJ 99—3.2.2
3	凹凸不规则	平面凹凸尺寸大于相应边长 30%等	无	否	GB 50011—3.4.3
4	组合平面	细腰形或角部重叠形	无	否	JGJ 3—3.4.3
5	楼板不连续	有效宽度小于 50%，开洞面积大于 30%，错层大于梁高	2～3、6～9 层局部楼板不连续，开洞面积大于 30%	是	GB 50011—3.4.3
6	刚度突变	相邻层刚度变化大于 70%或连续三层变化大于 80%	无	否	GB 50011—3.4.3
7	立面尺寸突变	缩进大于 25%，外挑大于 10%和 4m（仅楼面梁悬挑除外），多塔	无	否	JGJ 3—3.5.5
8	构件间断	上下墙、柱、支撑不连续，含加强层	首层以下部分支撑不连续	是	GB 50011—3.4.3
9	承载力突变	相邻层受剪承载力变化大于 80%	0.95	否	GB 50011—3.4.3

例 2.1.2-1 主楼不规则情况表 2　　　　　　　　　　　　　　　表 2.1.2-8

序	简称	涵义	计算值	是否超限
1	扭转偏大	不含裙房的楼层，较多楼层考虑偶然偏心的扭转位移比大于 1.4	1.2	否
2	抗扭刚度弱	扭转周期比大于 0.9，混合结构扭转周期比大于 0.85	0.55	否
3	层刚度偏小	本层侧向刚度小于相邻上层的 50%	无	否
4	剪力墙及大量框架柱的高位转换	框支转换构件位置：7 度超过 5 层，8 度超过 3 层	无	否
5	厚板转换	7～9 度设防的厚板转换	无	否
6	塔楼偏置	单塔或多塔与大底盘的质心偏心距大于底盘相应边长 20%	无	否
7	复杂连接	各部分层数、刚度、布置不同的错层或连体结构	无	否
8	多重复杂	结构同时具有转换层、加强层、错层、连体和多塔类型的 2 种以上	无	否

(3) 主楼超限情况分析：主楼在 2～4 层、6～9 层局部楼板不连续，有效宽度小于 50%。房屋高度超过 7 度 Ⅳ 类场地时混合结构的最大高度限值 190m，属于一般不规则的高度超限的高层建筑。

(4) 主楼超限结构性能目标见表 2.1.2-9。

2.1 结构抗震设防要求

例 2.1.2-1 主楼性能目标　　　　　　表 2.1.2-9

地震烈度		多遇地震	设防烈度地震	罕遇地震
整体结构抗震性能		完好	可修复	不倒塌
允许层间位移		1/659	—	1/100
底部加强区及上下层构件性能	核心筒墙体抗剪	弹性	弹性	允许进入塑性，控制塑性变形
	核心筒墙体抗弯	弹性	不屈服	
	跨层柱、钢斜撑	弹性	弹性	不屈服
	其他外框柱、钢斜撑	弹性	不屈服	允许进入塑性，控制塑性变形
	框架梁	弹性	不屈服	允许进入塑性，控制塑性变形
5～9层跨层柱		弹性	弹性	不屈服
其余各层构件性能		弹性	允许进入塑性，控制塑性变形	允许进入塑性，控制塑性变形

(5) 主楼的主要设计措施

①外框架柱的地震剪力取总地震剪力的 20% 和框架按刚度分配最大层剪力的 1.5 倍二者的较大值；

②底部加强区混凝土筒体的受剪承载力满足中震弹性和大震下截面剪压比不大于 0.15 的要求；

③底部加强区混凝土筒体的抗震等级按特一级（即提高一级）采取抗震构造措施，核心筒四角沿房屋全高设置约束边缘构件，其他约束边缘构件向上延伸至轴压比不大于 0.25 处；

④在核心筒四角处设置通高钢骨；

⑤在楼层大开洞的顶层即 5 层、10 层的楼板下设置水平交叉钢支撑（按大震楼层剪力设计），以增强楼层的整体刚度，确保楼层在大震下的整体性及传递水平力的有效性。同时适当加厚混凝土楼板至不小于 150mm，并按双层双向配筋，每层每方向的配筋率不小于 0.3%；

⑥与裙楼的连桥采用钢结构，连桥与主楼采用滑动连接，其支座按大震下位移量设计，并采取防跌落措施。连接部位按大震不屈服计算。

(6) 裙楼不规则情况见表 2.1.2-10 及表 2.1.2-11。

例 2.1.2-1 裙楼不规则情况表 1　　　　　表 2.1.2-10

序	不规则类型	涵 义	计算值	是否超限	备 注
1	扭转不规则	考虑偶然偏心的扭转位移比大于 1.2	1.40	是	GB 50011—3.4.3
2	偏心布置	偏心距大于 0.15 或相邻层质心相差较大	无	否	JGJ 99—3.2.3
3	凹凸不规则	平面凹凸尺寸大于相应边长30%等	无	否	GB 50011—3.4.3
4	组合平面	细腰形或角部重叠形	无	否	JGJ 3—3.4.3
5	楼板不连续	有效宽度小于 50%，开洞面积大于 30%，错层大于梁高	2、6～8层大开洞	是	GB 50011—3.4.3
6	刚度突变	相邻层刚度变化大于 70% 或连续三层变化大于 80%	无	否	GB 50011—3.4.3
7	立面尺寸突变	缩进大于 25%，外挑大于 10% 和 4m（仅楼面梁悬挑除外），多塔	斜柱挑出 9m	是	JGJ 3—3.5.5
8	构件间断	上下墙、柱、支撑不连续，含加强层	2层局部梁托柱	是	GB 50011—3.4.3
9	承载力突变	相邻层受剪承载力变化大于 80%	0.90	否	GB 50011—3.4.3

例 2.1.2-1 裙楼不规则情况表 2 表 2.1.2-11

序	简称	涵义	计算值	是否超限
1	扭转偏大	不含裙房的楼层,较多楼层考虑偶然偏心的扭转位移比大于1.4	1.40	否
2	抗扭刚度弱	扭转周期比大于0.9,混合结构扭转周期比大于0.85	0.66	否
3	层刚度偏小	本层侧向刚度小于相邻上层的50%	无	否
4	剪力墙及大量框架柱的高位转换	框支转换构件位置:7度超过5层,8度超过3层	无	否
5	厚板转换	7~9度设防的厚板转换	无	否
6	塔楼偏置	单塔或多塔与大底盘的质心偏心距大于底盘相应边长20%	无	否
7	复杂连接	各部分层数、刚度、布置不同的错层或连体结构	无	否
8	多重复杂	结构同时具有转换层、加强层、错层、连体和多塔类型的2种以上	无	否

(7) 裙楼超限情况分析：裙楼为扭转不规则、立面尺寸有突变及个别竖向构件不连续的工程，属于一般不规则的超限高层建筑。

(8) 裙楼超限结构性能目标见表 2.1.2-12。

例 2.1.2-1 裙楼性能目标 表 2.1.2-12

地震烈度	多遇地震	设防烈度地震	罕遇地震
整体结构抗震性能	完好	可修复	不倒塌
允许层间位移	1/550	—	1/50
地下一层柱、一层框架及斜框架柱	弹性	不屈服,不发生剪切等脆性破坏	允许进入塑性,控制塑性变形
其余各层构件性能	弹性	允许进入塑性,控制塑性变形	允许进入塑性,控制塑性变形

(9) 裙楼的主要设计措施

①对地下一层柱、一层框架及斜框架柱等重要构件进行中震不屈服验算；

②底层柱的抗震等级按一级（即提高一级）采取抗震构造措施；

③对大开洞周边的楼板采取加强措施，楼板厚度不小于150mm，并按双层双向配筋，每层每方向的配筋率不小于0.3%；

④对大开洞周边的梁、各层房屋周边的梁及开洞形成的无楼板梁，采取加大通长钢筋及腰筋等加强措施。

(10) 超限审查的申报，超限工程应按规定进行抗震超限审查，需填写超限申报表。当进行超限审查申报时，应根据当地建设行政主管部门制定的表格申报，此处列出某工程的超限申报表（由王春光博士提供），供读者参考。

2.1.3 关于抗震设防分类

【问】 对商业建筑，《建筑工程抗震设防分类标准》GB 50223规定"人流密集的大型的多层商场抗震设防类别应划为重点设防类"，对其中"人流密集的"、"大型的"条文解释为"一个区段人流5000人，换算的建筑面积17000m² 或营业面积7000m² 以上的商业建筑"，其中的"一个区段"该如何理解？以防震缝作为区段的界限是否合适？

2.1 结构抗震设防要求

表 2.1.2-13

超限高层建筑工程抗震设防专项审查申报表

申报日期：2011.5.18

建设单位	××公司		工程名称	××工程（主楼）		联系人		电话		建设地址		××市	
勘察单位	××市地质工程勘察院		资质	甲级		联系人		电话					
设计单位	中国建筑设计研究院		资质	甲级			地上	196m	地上	44	建筑面积	主体	114156m²
结构体系	带钢斜撑的钢管混凝土框架-核心筒结构		主楼高度	地下	14.45m	主楼层数	地下	3			裙房	13231m²
	裙房	数量	2	抗震设防标准	多遇地震	烈 度	7度	抗震设防类别	主楼乙类，裙房丙类		地下	33487m²
场地特征周期	深度	20m		罕遇地震		基本加速度	0.15g	地震影响系数	多遇地震	0.12
		310		多遇地震	0.65				罕遇地震	0.72
实测剪切波速	多遇地震	55		罕遇地震	0.65	场地类别	IV类	实测等效剪切波速(20m)		130m/s
采用峰值加速度(cm/s²)						覆盖层厚度	>80m			
是否液化场地土层部位		否		地基承载力	9-1层 180kPa		约70m	基础类型	主楼	钻孔灌注桩+筏板基础
				桩端持力层岩性	9-1粉质黏土	泥浆护壁钻孔灌注桩			裙房	钻孔灌注桩+筏板基础
单桩承载力	计算	5300kN		建筑物沉降	总沉降量	95mm	顶板厚度	180mm	上部结构嵌固位置	地下室顶板
	试桩	—			差异沉降量	15mm	底板厚度	2700mm		
主楼高度	地上	196m		主楼层数	地上	44	高 度	—	裙房	36m
	地下	14.45m			地下	3	层 数	—		8层
结构高宽比		5		单塔或多塔各质心与底盘刚度中心距离	X=4.9m，Y=1.6m（首层）		建筑平面不规则性特征		主楼2～4层，6～9层短向部分楼板不连续
建筑立面不规则性特征		规 则		楼板计算假定	计算周期位移为刚性楼板假定		结构总重量	2046851kN	计算振型数是否考虑扭转耦连	考 虑

2 结构设计的基本要求

续表

抗震等级	地上	特一级	抗震横墙间距	6m	7m		纵向	横向
	地下	地下一层特一级，其余三级						
基底剪力	X=51715kN	Y=48180kN	周期调整系数	0.9		计算软件名称	PMSAP	ETABS
						基本周期	4.04s	2.99s
最大层间位移	X=1/1201	Y=1/717	层间平均位移	X=1/1215	Y=1/734	剪重比	X=3.15%	Y=2.93%
						扭转基本周期	2.22s	
						周期比 (T_t/T_1)		0.55
框架柱最大轴压比	0.61		最大扭转位移比	1.09	1.20	墙体承担的倾覆力矩比	无	
			框架梁最大剪压比			剪力墙最大轴压比		0.44
			转换层上下刚度比			剪力墙底部加强区高度及层数	21米, 4层	
			薄弱层部位			有效质量系数 %	X=98.8%	Y=98.5%
地震波名称（弹性、弹塑性）	RH1TG06, TH1TG06, RH4TG06		输入地震波计算的基底剪力	最大值	X=52650, Y=40532	时程分析与反应谱法底部剪力比	各波最小值	X=0.89, Y=0.90
				最小值	X=39083, Y=39585		多条波平均值	X=0.96, Y=0.99
输入波数量	3					水平加强层上下刚度比	—	
混凝土强度	最高	C60	钢筋强度	最高	HRB400	关键部位梁	最大截面	□1200×1200×70 I1600×200×12×16
	最低	C30		最低	HPB235		最小截面	I600×650×20×30
墙体厚度	最大	800mm				关键部位柱	最大截面	□1200×1200×70
	最小	200mm	筒体厚度	800mm			最小截面	□1000×1000×35
				200mm		楼盖厚度	120mm	
超限内容	高度超限，主楼高度186m，超过7度区Ⅳ类场地钢土钢-混凝土混合结构的最大适用高度190×0.8=152m							
主要构造措施	核心筒按特一级，角部及其他适当部位放置型钢构件							
超限及有待解决的问题措施及有待解决的问题	1. 结构性能化设计：a) 底部加强区核心筒墙体中震不屈服，b) 跨层柱、钢斜撑大震弹性，钢斜撑中震不屈服，c) 底部加强区其他构件中震不屈服 2. 对典型节点进行有限元分析，采取相应措施确保节点设计合理安全 3. 在5、10层楼板的下部对应设置交叉支撑，适当增加厚度及配筋率 4. 对外框斜撑相交位置的楼层梁板适当加强，增加梁板截面及配筋率							

2.1 结构抗震设防要求

表 2.1.2-14　超限高层建筑工程抗震设防专项审查申报表

申报日期：2011.5.18

建设单位	××公司	工程名称	××工程（裙楼）	联系人	电话	建设地址	××市		
勘察单位	××市地质工程勘察院	资质	甲级	联系人	电话	建筑面积	主体		114156m²
设计单位	中国建筑设计研究院	资质					裙房		13231m²
结构体系	主体	带钢斜撑的钢管混凝土框架-核心筒	主楼高度	196m	地上			地下	33487m²
	裙房	框架结构			14.45m	抗震设防类别	主楼乙类，裙房丙类		
抗震设防标准	数量	2	烈度	7度	多遇地震		地震影响系数	多遇地震	0.12
	深度	20m	基本加速度	0.15g	罕遇地震			罕遇地震	0.72
实测剪切波速	55	场地特征周期	地基承载力	6层 260kPa	场地类别	IV类	实测等效剪切波速(20m)	130m/s	
	310		桩端持力层岩性	6粉砂	覆盖层厚度	>80m			
采用峰值加速度 (cm/s²)	多遇地震		建筑物沉降	总沉降量	32mm	桩端持力层深度	约41m	基础类型	主楼	泥浆护壁钻孔灌注桩	钻孔灌注桩+筏板基础
	罕遇地震			差异沉降量	13mm	桩型			裙房		钻孔灌注桩+筏板基础
是否液化场地土层部位	否		主楼层数	地上	44	地下室出屋面		上部结构嵌固位置		地下室顶板
				地下	3					
单桩承载力	计算	1500kN	顶板厚度	180mm				高度		36m
	试桩	—	底板厚度	1000mm				层数		8层
主楼高度	地上	196m	单塔或多塔各塔质心与底盘刚度中心距离	—	X=3.7m, Y=3.6m（首层）	建筑平面不规则性特征	—	2、6~8层部分楼板不连续		
	地下	14.45m								
结构高宽比	0.97	楼板计算假定	计算周期位移时为刚性楼板假定	结构总重量	950445kN	计算振型数是否考虑扭转耦连	考 虑		
建筑立面不规则性特征	规 则								

45

2 结构设计的基本要求

续表

抗震等级	地上	二级	抗震墙间距	—	计算软件名称	PMSAP ETABS	基本周期	纵向	0.86s
							横向	1.12s
	地下	地下一层一级，其余三级					周期比 (T_t/T_1)	0.66
基底剪力	$X=26609$kN $Y=30463$kN	周期调整系数	0.7	剪重比	$X=8.1\%$ $Y=9.3\%$	墙体承担的倾覆力矩比	—	剪力墙底部加强区高度及层数	—
最大层间位移	$X=1/663$ $Y=1/832$	层间平均位移	$X=1/746$ $Y=1/1082$	最大扭转位移比	$X=1.15$ $Y=1.41$	薄弱层部位	无	有效质量系数%	$X=99.8\%$ $Y=97.7\%$
框架柱最大轴压比	0.73 (D1层)	框架梁最大剪压比	0.13	转换层上下刚度比	—	水平加强层上下刚度比	—		
地震波名称（弹性、弹塑性）	RH1TG06, TH3TG06, TH4TG06			输入人地震波计算的基底剪力	最大值	$X=25034$kN $Y=38083$kN	时程分析法反应谱法底部剪力比	各波中最小值	$X=0.80$ $Y=0.077$
					最小值	$X=21460$kN $Y=23541$kN		多条波平均值	$X=0.86$ $Y=0.96$
输入波数量	3								
混凝土强度	最高	C50	钢筋强度	最高	HRB400	关键部位梁	最大截面	关键部位柱	最大截面	1000×1200
							最小截面		最小截面	1000×2000
	最低	C30		最低	HPB235		最大		最大	800×800
							最小		最小	600×800
墙体厚度	最大				筒体厚度	—	楼盖厚度	120mm
	最小					—		
超限内容	1. 扭转不规则（即扭转位移比>1.2） 2. 2、6~8层部分楼板不连续 3. 立面尺寸突变（10轴处斜柱挑出9m） 4. 竖向构件不连续（2层A轴2处梁托柱）
主要构造措施	地下一层反一层框架柱一级（即提高一级）采取抗震构造措施 1) 严格控制框架柱的轴压比满足规范要求 2) 在斜撑、与斜撑相连的竖柱及斜撑及斜撑的顶层梁内设钢骨 3) 对大开洞的周边楼板适当加厚，采用双向双层配筋，并适当提高配筋率 4) 对大开洞的周边梁、各楼层的外圈框架梁框架柱适当增加截面并加强配筋 5) 采用轻质填充墙，尽量减轻结构的自重，减小地震作用
超限工程的主要措施及有待解决的问题	

2.1 结构抗震设防要求

【答】 对包括商业建筑在内的所有建筑工程,"一个区段"指:具有同一建筑功能的相关范围,考察的是人员的聚集程度,与建筑功能分区及不同区段出口有关,而与结构是否分缝无直接的关系。分区示意见图 2.1.3-1。

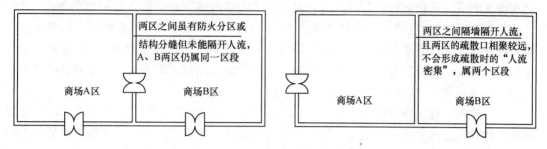

图 2.1.3-1 同一区段的概念示意

【问题分析】

1. 建筑工程抗震设防的分类标准及各抗震设防类别建筑的抗震设防标准见表 2.1.3-1。

建筑工程抗震设防的分类标准及各抗震设防类别建筑的抗震设防标准 表 2.1.3-1

抗震设防类别	分类标准	抗震设防标准		
		地震作用	抗震措施	其他
特殊设防类 (甲类)	使用上有特殊设施,涉及国家公共安全的重大建筑工程和地震时有可能发生严重次生灾害等特别重大灾害后果,需要进行特殊设防的建筑	按批准的地震安全性评价的结果且高于 I 确定	按 (I+1) 度确定;I=9 时,按比 9 度更高的要求确定	1. I 为本地区抗震设防烈度 2. 当遭遇高于 I 的预估罕遇地震影响时,不致倒塌或发生危及生命及生命安全的严重破坏
重点设防类 (乙类)	地震时使用功能不能中断或需尽快恢复的生命线相关建筑,以及地震时可能导致大量人员伤亡等重大灾害后果,需要提高设防标准的建筑	按 I 确定	按 (I+1) 度确定;I=9 时,按比 9 度更高的要求确定	
标准设防类 (丙类)	除甲、乙、丁类以外的大量的按标准要求进行设防的建筑	按 I 确定	按 I 确定	
适度设防类 (丁类)	使用上人员稀少且震损不致产生次生灾害,允许在一定条件下适度降低要求的建筑	按 I 确定	允许按 I 的要求适当降低,但不低于 6 度	

2. 只提高地震作用或只提高抗震措施,二者的效果有所不同,但均可认为满足提高抗震安全性的要求;当即提高地震作用又提高抗震措施时,则结构抗震安全性可有较大程度的提高。

3. 仅耐久性按 100 年要求进行设计的工程,抗震设防类别和相应的设防标准仍按表 2.1.3-1 确定。

4. 设计使用年限少于设计基准期时,抗震设防要求可相应降低。临时性建筑可不设防。

5. 包括商业建筑在内的所有各类建筑工程中，抗震设防分类时的"一个区段"主要考察的是建筑使用中的"同一功能"的区域，不完全是一个结构区段或一个结构单元。以商场为例，主要把握的是其是否属于"人流密集"。人流密集时疏散有一定的难度，地震破坏造成的人员伤亡和社会影响很大。在这里"大型商场"是产生人流密集的条件。"人流密集"和"大型商场"不会因为结构设缝或增加结构单元而消失（很明显，如果通过结构分缝能减少人流密集，那对结构设计而言，一般就不会出现乙类建筑）。只有通过建筑手段，对人流进行合理分隔和疏导，使每一区段内商业面积达不到大型商场的规模、不会出现"人流密集"，从而无需再按乙类建筑进行抗震设防。

1)《建筑工程抗震设防分类标准》GB 50223 第 3.0.1 条中将"由防震缝分开的结构单元"作为确定区段的标准之一，使不少设计人员误以为这里的"一个区段"就是一个结构单元，造成结构抗震设防分类错误。

"一个区段"应该是具有同一建筑功能的相关范围，考察的是人员的聚集程度（注意，人流是否密集是关键），与建筑功能分区及不同区段出口设置有关（分区示例可见图 2.1.3-1），而与结构是否分缝无直接关系（只有当防震缝两侧的结构单元被不同建筑功能分隔时，由防震缝分开的结构单元才碰巧与建筑分隔一致）。很显然，《建筑工程抗震设防分类标准》GB 50223 不加限制地直接将"由防震缝分开的结构单元"列为确定区段的标准并不恰当。

2)《建筑工程抗震设防分类标准》GB 50223 第 6.0.11 条规定"高层建筑中，当结构单元内经常使用的人数超过 8000 人时，抗震设防类别宜划分为重点设防类"。上述规定中，以"结构单元"内使用人数的多少作为划分重点设防类别的依据，不仅不合理，同时也混淆了"区段"与"结构单元"的概念，使设计人员误以为"区段"就是"结构单元"，并导致上述 1) 的错误分类。

对高层建筑的抗震设防分类，仍然应该以是否"人流密集"作为判别标准，而房屋的层数多、面积大等，均是造成"人流密集"的条件，但人流是否密集与结构单元关系不大。以高层住宅为例，一般情况下，一个结构单元可以有多个建筑户型，不同户型之间可以是互不相干的，而不同的建筑分区及出入口设置有可能造成局部人流集中（见图 2.1.3-2）。通过设置防震缝往往不能改变人流集中现象（见图 2.1.3-3），可见以结构单元作为判别乙类建筑的最基本要素，并不科学。

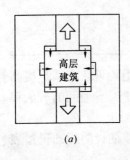
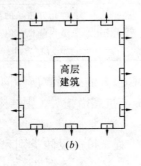
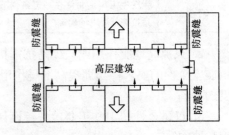

图 2.1.3-2 造成高层建筑人流密集的主要因素
(a) 集中疏散时人流密集；(b) 分散疏散时人流不密集

图 2.1.3-3 设置防震缝与人流密集无关

6. 在较大的建筑中，若不同区段的重要性及使用功能有显著不同，应区别对待，可只提高某些重要区段的抗震设防类别，而对其他区段可不提高，但应注意位于下部的区段，其抗震设防类别不应低于上部区段，即不应头重脚轻（见图2.1.3-4）。

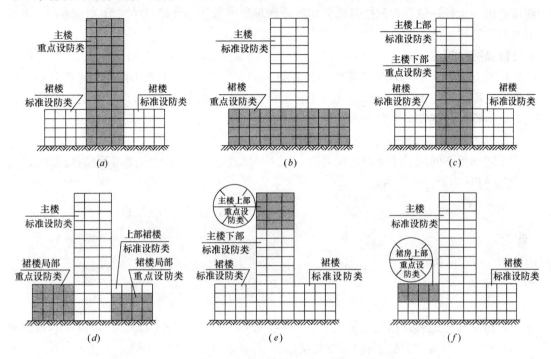

图 2.1.3-4 抗震设防分类的基本原则
(a)～(d) 合理分类；(e)、(f) 不合理分类

7. 现行规范对某些相对重要的房屋建筑的抗震设防有具体的提高要求，如：《抗震规范》表6.1.2中，对房屋高度大于24m的框架结构、大于60m的框架-抗震墙结构、大于80m的抗震墙结构等，其抗震等级比一般多层混凝土房屋有明显的提高；钢结构中房屋高度超过50m的房屋，其抗震措施也高于一般多层钢结构房屋。因此，划分建筑抗震设防类别时，还应注意与相关规范规程的设计要求配套，对按规定需要多次提高抗震设计要求的工程，应在某一基本提高要求的基础上适当提高，以避免机械地重复提高抗震设计要求。

8. 实际工程中应特别注意对局部乙类建筑的把握，区分全楼乙类建筑和局部乙类建筑（如裙房乙类主楼丙类等），在确定结构的抗震性能目标、抗震等级及抗震措施时，对局部乙类建筑应结合其他情况综合考虑。

2.1.4 关于地震动参数的确定

【问】 地震安全性评价报告中的地震动参数与《抗震规范》数值不一致时应如何考虑？如：某工程场地类别为Ⅲ类，本地区设防烈度为7度（0.15g），而地震安全性评价报告给出的工程建筑场地50年超越概率为63%的地震动峰值加速度为0.060g，地震动反应谱特征周期为0.50s。

【答】 多遇地震参数应根据地震安全性评价报告与《抗震规范》合理确定，并不小于规范数值;设防烈度地震及罕遇地震参数取《抗震规范》的数值。就上述问题而言,进行多遇地震作用分析时,除按规范规定计算外,还应结合地震安全性评价报告进行补充计算:地震动峰值加速度 A_{max} 取地震安全性评价报告数值（0.060g),地震动反应谱特征周期取地震安全性评价报告依据等效剪切波速和场地覆盖层厚度确定的数值（0.50s),动力放大系数取规范值,即 $\beta_{max}=2.25$。则 $\alpha_{max}=2.25A_{max}/980$。

【问题分析】

1. 房屋建筑所处场地的地震安全性评价,通常包括给定年限内不同超越概率的地震动参数(即设计地震动峰值加速度及加速度反应谱基本参数),应由具有资质的单位按相关规定执行。地震安全性评价的结果需按规定的权限审批。

2. 天津某工程地震安全性评价报告摘录如下:

工程场地不同阻尼比 ζ 时,设计地震动绝对加速度反应谱的地震影响系数曲线,在《抗震规范》中通常表示为:

$$\alpha(T,\zeta)=\begin{cases} PGA+10(\alpha_{max}\eta_2-PGA)T & 0 \leqslant T \leqslant T_1 \\ \alpha_{max}\eta_2 & T_1 \leqslant T \leqslant T_g \\ \alpha_{max}\eta_2\left(\dfrac{T_g}{T}\right)^{\gamma} & T_g \leqslant T \leqslant 5T_g \\ \alpha_{max}[\eta_2 0.2^{\gamma}-\eta_1(T-5T_g)] & 5T_g \leqslant T \leqslant 6s \end{cases} \quad (2.1.4\text{-}1)$$

式中:PGA——地表加速度峰值（m/s²),$\alpha_0=PGA/G=\alpha_{max}/\beta_{max}$;$\alpha_{max}$ 为地震影响系数最大值;β_{max} 为动力放大系数。

结合工程场地地表采用上述公式,按50年超越概率为63%、10%及2%,阻尼比为5%的覆盖土层地震反应分析计算的地震动水平向加速度反应谱结果,得到相应的拟合设计谱曲线如图2.1.4-1。工程场地设计地震影响系数主要参考值(阻尼比5%)见表2.1.4-1,其他阻尼比的设计反应谱参数可采用《抗震规范》式（5.1.5-1)~式（5.1.5-3)计算。

工程场地设计地震影响系数主要参考值（阻尼比5%） 表2.1.4-1

谱类型	50年超越概率	PGA (g)	α_{max}	T_1 (s)	T_g (s)
水平向地面	63%	0.057	0.14	0.15	0.65
	10%	0.152	0.38	0.15	0.80
	2%	0.263	0.72	0.20	0.95
水平向地下19m	63%	0.047	0.12	0.15	0.70
	10%	0.143	0.36	0.15	0.85
	2%	0.259	0.65	0.20	0.99

3. 结构设计中,应分清标准反应谱、一般反应谱和规准化反应谱之间的差别。《抗震规范》第5.1.5条给出的反应谱是标准反应谱(以地震影响系数曲线的形式给出);一般反应谱为随周期变化的复杂曲线(图2.1.4-1给出的是一般反应谱的平均谱曲线),常受

随机因素的影响，变化剧烈而出现明显的不合理性，在实际工程中难以直接应用；规准化反应谱就是将复杂形状的一般反应谱用有规律的曲线（根据《抗震规范》的要求）表达，以方便工程抗震设计使用（图2.1.4-2）。

4. 人工合成地震波

地震动的人工合成，即根据输入地震反应谱，模拟地震动的时间过程。多用加速度图表示。加速度时程为一非平稳的随机过程，一般可用三角级数迭加法或自回归滑动平均模型模拟。

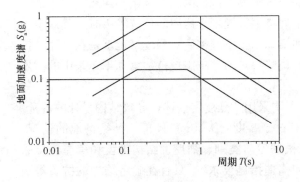

图2.1.4-1 水平加速度设计地震动反应谱平均谱曲线　　图2.1.4-2 地面规准加速度谱曲线

5. 土层等效剪切波速和场地覆盖层厚度是影响建筑场地类别的重要因素，而土层剪切波速试验结果的准确性与试验是否规范有很大的关系。地质条件基本相同的相邻工程，由不同单位所做出的土层波速差异很大，导致地震安全性评价报告中的地震动参数与《抗震规范》数值相差很大。因此，在结构设计时应对地震安全性评价报告中的地震动参数与《抗震规范》数值进行比较和判别。一般情况下，当安评报告提供的数值符合工程周围场区的一般规律时，可按安评报告的数值确定，否则应进行专门研究经综合分析判断后确定（注意：此处的"专门研究"指建设行政主管部门举行或委托举行的专题研讨会议），但均不得小于《抗震规范》规定的数值。

2.1.5 关于本地区设防烈度和抗震设防标准

【问】 在确定地震作用和抗震措施时，经常遇到要提高一度或适当降低的问题，这种提高或降低是对本地区设防烈度的调整吗？

【答】 这里的提高或降低是对抗震设防标准的调整，是衡量抗震设防要求高低的尺度，由抗震设防烈度（即本地区设防烈度）或设计地震动参数及建筑抗震设防类别确定，不是对本地区设防烈度的提高或降低。

【问题分析】

1. 对于某一特定的工程，本地区设防烈度是基本固定不变的，一般是不可调整的（特殊情况经审批可提高或降低）；而抗震设防的标准是可调整的，这种调整需考虑建筑物的抗震设防分类（见《抗震规范》第3.1.1条）及场地类别（见《抗震规范》第3.3.3条）等情况。

2. 由《抗震规范》可以发现，对钢筋混凝土结构、钢结构和砌体结构，相应的"烈度"的概念各不相同，此处分述如下：

1）对钢筋混凝土结构房屋，《抗震规范》采用以本地区设防烈度为基本出发点，用抗震等级作为主要设计手段（但也有少量规定仍与"烈度"有关，且未明确这些规定中的烈度的具体含义），根据建筑物设防类别及场地类别等情况，确定抗震措施和抗震构造措施。

（1）在按《抗震规范》表6.1.1条确定现浇钢筋混凝土房屋适用的最大高度时，其规定中的"烈度"为本地区设防烈度（注意：与《抗震规范》第6.1.2条不同）。

（2）在按《抗震规范》表6.1.2条确定现浇钢筋混凝土房屋的抗震等级时，其规定中的"烈度"为按《抗震规范》第3.1.1条和第3.3.3条调整后的烈度（也就是在《建筑抗震设计规范应用与分析》中的"设防标准的调整"），与《抗震规范》第6.1.1条中的"烈度"意义不同。

（3）《抗震规范》第6.1.1条及6.1.2条均采用"烈度"表述，导致结构设计的混乱。混乱主要出现在甲、乙类建筑及7度（0.15g）、8度（0.30g）且Ⅲ、Ⅳ类场地的情况。依据《抗震规范》第6.1.2条的规定，"应根据设防类别、烈度、结构类型和房屋高度采用不同的抗震等级，并应符合相应的计算和构造措施要求"，只有在确定结构的抗震等级时，才需要采用"调整后的烈度"，即抗震设防标准，其他规定中的"烈度"均指"本地区抗震设防烈度"。举例说明如下：

例2.1.5-1 某工程，本地区设防烈度为7度（0.1g），乙类建筑，场地类别Ⅱ类，房屋高度110m，钢筋混凝土抗震墙结构。判别其房屋高度是否超限及确定其抗震等级并确定抗震措施的执行标准。

由于工程的本地区设防烈度为7度，按《抗震规范》表6.1.1，可知7度区抗震墙结构房屋适用的最大高度为120m>110m，本工程为A级高度的高层建筑，房屋高度不超限。按《抗震规范》第3.1.1条要求，本工程为乙类建筑，地震作用按7度0.1g计算，抗震措施应符合比本地区设防烈度（7度）提高一度（8度）的要求，依据《抗震规范》6.1.2确定剪力墙的抗震等级为一级。执行其他抗震措施规定时，凡涉及"烈度"者，均可按"本地区设防烈度"（即7度）确定。

2）对钢结构房屋，《抗震规范》第8.1.3条规定："应根据设防分类、烈度和房屋高度，采用不同的抗震等级，并应符合相应的计算和构造措施要求。"

（1）执行《抗震规范》第8.1.1条时，其中的"烈度"按本地区抗震设防烈度确定。

（2）由于钢结构也采用抗震等级的概念（相比钢筋混凝土结构，钢结构的抗震等级划分更加简单），只有在执行《抗震规范》第8.1.3条确定抗震等级时，其"烈度"为按《抗震规范》第3.1.1条和第3.3.3条调整以后的烈度，其他规定中的"烈度"均指"抗震设防烈度"。举例说明如下：

例2.1.5-2 某高层钢框架-偏心支撑结构，本地区设防烈度为8度（0.2g），乙类建筑，场地类别Ⅱ类。判别其房屋高度限值和抗震措施执行标准。

由于工程的本地区设防烈度为8度，该钢框架-偏心支撑结构房屋适用的最大高度为200m。由于是乙类建筑，故其地震作用按8度（0.2g）计算，抗震措施应符合比本地区抗震设防烈度（8度）提高一度（9度）的要求，并查《抗震规范》表8.1.3确定钢结房屋的抗震等级。执行其他抗震措施规定时，凡涉及"烈度"者，均指"本地区抗震设防烈度"（即8度）。

3）对砌体结构房屋，受材料性能和抗震性能的影响，抗震设计的主要内容是抗震措施和抗震构造措施。

(1) 执行《抗震规范》第7.1.2条时，其中的"烈度"按本地区设防烈度确定。而对于"**乙类的多层砌体房屋仍按本地区设防烈度查表，其层数应减少一层且总高度降低3m**"。

(2) 由于没有采用抗震等级的概念，因而规范其他条款中的烈度均指按《抗震规范》第3.1.1条和第3.3.3条调整以后的烈度。举例说明如下：

例2.1.5-3 某多层烧结普通砖砌体结构，本地区抗震设防烈度为7度（0.1g），乙类建筑，场地类别Ⅱ类。判别其房屋高度及层数限值和抗震措施执行标准。

由于工程的本地区抗震设防烈度为7度，且为乙类建筑，故其地震作用按7度（0.1g）计算，抗震措施应符合比本地区设防烈度（7度）提高一度（8度）的要求，依据《抗震规范》7.1.2确定该房屋的总层数及总高度时，按7度查表，但总层数及总高度应按规范要求降低，即层数不应超过7－1＝6层，总高度不应超过21－3＝18m。执行其他抗震措施规定时，凡涉及"烈度"者，均应按"调整以后的烈度"（即8度）确定。

3. 《抗震规范》针对不同结构体系采用不同的抗震设计方法，增加了结构设计的复杂性，其实对砌体结构完全可以按钢筋混凝土结构的设计思路，采用抗震等级的概念，既有利于抗震设计思路的统一，也有利于避免问题的出现。

不同结构体系抗震设计方法比较 表2.1.5-1

结构形式	控制指标	影响因素	规范规定	可操作性评价
钢筋混凝土结构	房屋适用的最大高度	结构类型	《抗震规范》第6.1.1条	可操作性强
		本地区抗震设防烈度		
	抗震等级	结构类型	《抗震规范》第6.1.2条；《抗震规范》表6.1.2中的"烈度"，应理解为"抗震设防标准"而非"本地区抗震设防烈度"	抗震设防标准依据房屋的抗震设防分类、本地区抗震设防烈度及场地条件综合确定。确定了抗震等级，就确定了抗震措施和抗震构造措施。应明确规范规定中"烈度"的意义，避免结构设计混乱
		房屋高度		
		抗震设防标准		
	抗震措施	抗震等级	《抗震规范》第6.2节中效应计算的内容；此处"9度"应理解为本地区抗震设防烈度9度	明确"9度"的意义，避免结构设计混乱
		烈度（9度）		
	抗震构造措施	抗震等级	《抗震规范》第6.3、6.4、6.5节及6.6、6.7节中的相关内容；此处"8、9度"应理解为本地区抗震设防烈度8度或9度	明确"8、9度"的意义，避免结构设计混乱
		烈度（8、9度）		

续表

结构形式	控制指标	影响因素	规范规定	可操作性评价
砌体结构	房屋适用的最大高度	房屋类别	《抗震规范》第7.1.2条	可操作性强
		本地区抗震设防烈度		
	地震作用及抗震措施	房屋类别	《抗震规范》第7章除第7.1.2条的其他规定,其中的"烈度"应理解为"抗震设防标准"而非"本地区抗震设防烈度";涉及钢筋混凝土结构时,应执行钢筋混凝土结构设计规定	与钢筋混凝土结构的抗震设计思路不同,且对"烈度"未予以明确,易造成设计混乱
		抗震设防标准		
		房屋层数		
		房屋高度		
		房屋的层高、跨度及局部尺寸等		
钢结构	房屋适用的最大高度	结构类型	《抗震规范》第8.1.1条	可操作性强
		本地区抗震设防烈度		
	地震作用及抗震措施	抗震设防标准	《抗震规范》第8章除第8.1.1条的其他规定,其中的"烈度"应理解为"本地区抗震设防烈度"	与钢筋混凝土结构的抗震设计思路相同,对"烈度"应予以明确,避免造成设计混乱
		结构类型		
		房屋高度		
混合结构	房屋适用的最大高度	结构类型	《混凝土高规》第11.1.2条	可操作性强
		本地区抗震设防烈度		
	地震作用及抗震措施	钢结构及构件	按"钢结构"要求	关系错综复杂相互衔接困难
		型钢混凝土部分	按型钢混凝土规范要求	
		钢筋混凝土部分	按"钢筋混凝土结构"要求	
单层工业厂房	地震作用及抗震措施	房屋类型	《抗震规范》第9章相关内容。	单层厂房包括:单层钢筋混凝土柱厂房、单层钢结构厂房、单层砖柱厂房。单层钢筋混凝土柱厂房与钢筋混凝土结构规定不同
		抗震设防标准		
土、木、石结构	石结构房屋适用的最大高度	砌体类型	《抗震规范》第11.4.1、11.4.2条	与砌体结构相同,可操作性强
		抗震设防标准		
	木结构房屋适用的最大高度	柱子的接头	《抗震规范》第11.3.3条	规定明确,可操作性强
	抗震构造措施	房屋类型	《抗震规范》第11章的相关规定	具体规定,方便执行
		抗震设防标准		

2.1.6 关于Ⅲ、Ⅳ类场地0.15g和0.30g地区建筑的抗震构造措施

【问】 Ⅲ、Ⅳ类场地0.15g和0.30g地区建筑的抗震构造措施如何确定?

【答】《抗震规范》第3.3.3条规定,7度(0.15g)和8度(0.3g)且Ⅲ、Ⅳ类场地的结构,宜分别按抗震设防烈度8度(0.20g)和9度(0.40g)时的各抗震设防类别建筑的要求采取抗震构造措施。注意:上述规定属于规范要求加强的特殊情况,这里有两个基本条件,一是设防烈度,只考虑7度(0.15g)和8度(0.3g);二是场地条件,只考

虑Ⅲ、Ⅳ类场地。这两个条件缺一不可,当缺少其中一个条件时就可以不执行此条规定。还应注意只是对抗震构造措施的加强,对地震作用及抗震措施并不调整。

【问题分析】

1. 对抗震措施和抗震构造措施,不少网友把握不清。抗震构造措施在《抗震规范》中规定得很详细(如第 6.3、6.4、6.5、7.3、7.4、7.5、8.3、8.4、8.5 节等)。《抗震规范》第 2.1.10 条指出:抗震措施是指"除地震作用计算和抗力计算以外的抗震设计内容,包括抗震构造措施",现分述如下:

1) 地震作用计算指按《抗震规范》第 5.1~5.3 节的内容,是地震作用效应 S_E 的计算过程,其不属于抗震措施的内容;

2) 抗力计算就是抗震规范第 5.4、5.5 节的内容,对于不同的结构材料还包括其他相应计算。如:钢筋混凝土结构还需按《混凝土规范》的规定计算;钢结构还需按《钢结构设计规范》的规定计算,对砌体结构还需按《砌体结构设计规范》的规定计算等。抗力计算的内容不属于抗震措施;

3) 除抗震构造措施外,抗震措施主要包括各种效应的放大、措施的提高之规定,如:《抗震规范》第 6.2 节、7.2.4 条、7.2.5 条及 8.2.3 条等。

2. 对《抗震规范》第 3.3.3 条的规定举例说明如下:

1) 7 度(0.15g)且Ⅲ、Ⅳ类场地的结构,其抗震措施仍执行规范对抗震设防烈度 7 度的要求,而抗震构造措施应按规范对抗震设防烈度 8 度(0.20g)的要求确定;

2) 8 度(0.30g)且Ⅲ、Ⅳ类场地的结构,其抗震措施仍执行规范对抗震设防烈度 8 度的要求,而抗震构造措施应按规范对抗震设防烈度 9 度(0.40g)的要求确定。

3. 在执行《抗震规范》第 3.3.3 条时,可先依据场地类别(Ⅲ、Ⅳ类)和设计基本地震加速度(0.15g、0.30g)情况,确定抗震构造措施是否需要调整,然后再根据建筑物抗震设防类别(甲、乙、丙、丁类)情况确定相应的抗震等级。说明如下:

1) 当工程为《抗震规范》第 3.3.3 条所列情况的丙类建筑时,如:7 度(0.15g)且Ⅲ、Ⅳ类场地的丙类建筑,则抗震措施应执行规范对抗震设防烈度 7 度的要求,抗震构造措施应执行规范对抗震设防烈度 8 度的要求。

2) 当工程为《抗震规范》第 3.3.3 条所列情况的甲、乙类建筑时,如:7 度(0.15g)且Ⅲ、Ⅳ类场地的乙类建筑,则:

(1) 抗震措施应执行规范对抗震设防烈度 7 度乙类建筑的要求,即按抗震设防烈度 8 度的丙类建筑确定抗震措施;

(2) 抗震构造措施则属于提高了再提高的特殊情况,即根据场地类别(Ⅲ、Ⅳ类)和抗震设防烈度 7 度(0.15g),先按《抗震规范》第 3.3.3 条的规定提高至 8 度(0.20g),然后应经专门研究采取比 8 度更有效(可描述为 8+)的抗震构造措施;

3) 当工程为 8 度(0.30g)且Ⅲ、Ⅳ类场地的乙类建筑时,其抗震措施应执行规范对抗震设防烈度 9 度(0.40g)的要求,同时应经专门研究采取比 9 度更有效(可描述为 9+)的抗震构造措施;

4) 注意,对抗震构造措施提高了再提高的情况,应适当控制总提高的幅度,在上述 8+及 9+中,增加的幅度应根据工程经验结合工程的具体情况经专门研究确定;

5) 甲类建筑的抗震措施及抗震构造措施,应经专门研究确定。

4. 在执行《抗震规范》第3.3.3条的过程中,需要区分抗震措施的抗震等级和抗震构造措施的抗震等级,当计算程序无法实现时,设计过程相当繁琐,说明如下:

例2.1.6-1 某丙类建筑,抗震设防烈度为7度(0.15g),Ⅲ类场地,房屋高度20m,钢筋混凝土框架结构,分析说明抗震等级及使用范围。

1) 地震作用按7度(0.15g)计算。

2) 与抗震措施相对应的抗震等级为三级,用于执行《抗震规范》第6.2节内的一系列调整计算,电算按抗震等级三级输入。

3) 与抗震构造措施相对应的抗震等级为二级,用来执行《抗震规范》第6.3节内的一系列构造要求。施工图设计时的构造都应对应于抗震等级二级的要求。

4) 事实上,当抗震措施与抗震构造措施两者的抗震等级不同时,构造要求靠手算是很难调整到位的,如:对应于《抗震规范》第6.3.3条的梁端受压区高度问题等。因此,编者建议:计算程序应适应结构设计的需求,实行两个抗震等级控制,即将抗震措施的抗震等级与抗震构造措施的抗震等级分别输入,以彻底解决不同抗震等级时的设计计算问题。

5) 当抗震措施与抗震构造措施两者的抗震等级不同时,还应注意下列问题:

(1) 在结构设计总说明中对抗震等级应分别表述清楚。注意:抗震措施的抗震等级基本上只涉及结构设计的内部作业,即结构计算。而抗震构造措施的抗震等级涉及设计与施工的全过程;

(2) 目前情况下,不能完全采用程序自动绘制的施工图;

(3) 标准图集中主要涉及的是抗震构造措施,因此,引用标准图时应采用与抗震构造措施对应的抗震等级,即本例中的抗震等级二级。

2.1.7 关于抗震建筑的地基和基础设计

【问】《建筑桩基技术规范》JGJ 94提出了变刚度调平设计理念,请问对抗震建筑是否还要执行《抗震规范》第3.3.4条第2款的规定?

【答】 对抗震建筑,当采取减少地基差异沉降的有效措施后,可适当放宽对地基基础形式的限制,对主、裙楼一体(或主、裙楼之间设置沉降缝)的建筑(图2.1.7-1),可采用不同的地基基础形式,如:主、裙楼采用不同的地基形式(如:主楼采用CFG桩、裙楼采用天然地基);主、裙楼采用不同的基础形式(如:主楼采用桩基础、裙楼则采用

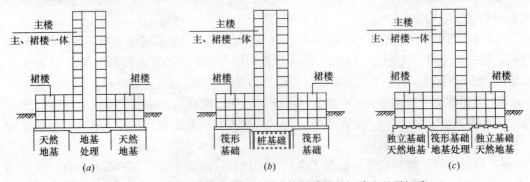

图2.1.7-1 采用不同地基基础形式控制建筑的沉降和差异沉降
(a) 地基形式不同;(b) 基础形式不同;(c) 地基及基础形式不同

2.1 结构抗震设防要求

天然地基上的筏形基础);及综合考虑不同的地基基础形式(如:主楼采用经CFG桩处理的人工地基上的筏形基础、裙楼采用天然地基上的独立柱基加防水板基础)等,以控制建筑的沉降和差异沉降。

【问题分析】

《抗震规范》第3.3.4条第2款规定:"同一结构单元不宜部分采用天然地基部分采用桩基",规范上述规定的根本目的在于当建筑物受到地震作用时,地基与基础之间受力均匀,避免地基及基础抗侧刚度的严重不均(如局部采用桩基而大部分采用天然地基时,由于抗剪刚度较大的桩基总是首先承受了较大的地震剪力)引起基础抗剪的各个击破。因此,一般情况下应满足规范的规定,避免采用抗剪刚度差异很大的基础形式。

而在主、裙楼一体(或主、裙楼之间设置沉降缝)的高层建筑中,<u>当采取减少地基的差异沉降措施</u>(如:变刚度调平设计、主楼和裙楼采用不同的地基基础形式等)后,尽管地基基础的抗剪刚度不很均匀,但差异沉降的减少同样有利于结构内力的均衡,也有利于地基和基础抗剪能力的均衡发挥。因此,可不考虑《抗震规范》的本条规定。

2.1.8 关于有效楼板宽度和典型楼板宽度

【问】《抗震规范》表3.4.3-1中规定"有效楼板宽度小于该层楼板典型宽度的50%"属于楼板局部不连续。那么什么是"有效楼板宽度",什么是"楼板典型宽度"?它们与《混凝土规范》表5.2.4中的有效翼缘宽度是什么关系?

【答】"有效楼板宽度"指楼板实际传递水平地震作用时的有效宽度,就是楼板的实际宽度,应扣除楼板实际存在的洞口宽度和楼、电梯间(楼、电梯周边无钢筋混凝土剪力墙时)在楼面处的开口尺寸等。"有效楼板宽度"与考察的位置(即楼板剖面)有关。

"楼板典型宽度"指被考察楼层的楼板代表性宽度。对平面形状比较规则的楼层,可以是楼板面积占大多数区域的楼板宽度;对抗侧力结构布置不均匀的结构,可以是主要抗侧力结构所在区域的楼板宽度(图2.1.8-1)。

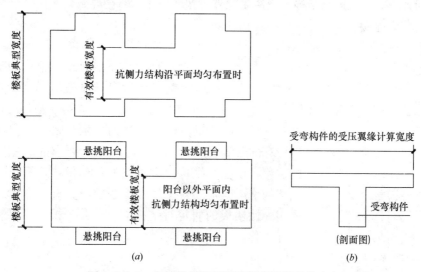

图2.1.8-1 有效楼板宽度及楼板典型宽度的确定
(a) 有效楼板宽度及楼板典型宽度;(b) 受弯构件的受压翼缘计算宽度

"有效楼板宽度"和"楼板典型宽度"都是从楼板传递水平地震作用的角度来度量的，它考察的是楼板传递水平地震作用的有效性和完整性。而《混凝土规范》表5.2.4中受弯构件的有效翼缘宽度则主要考虑楼板（受压翼缘）对梁抗弯刚度的贡献，两者有本质的差别。

【问题分析】

1. 当楼、电梯间周围有剪力墙时，尽管楼、电梯开洞造成楼板不连续，但由于周边围合的剪力墙具有很大的侧向刚度，有利于水平地震作用的传递，因此，可不按楼板开洞考虑。但应注意，当楼、电梯间周围的剪力墙分散布置或其整体较差时，则楼、电梯间仍应按楼板开洞计算洞口面积。

2. 结构设计中经常遇到有效宽度问题，有梁受压翼缘的有效宽度（《混凝土规范》表5.2.4），剪力墙的有效翼缘宽度（内力和变形计算时见《抗震规范》第6.2.13条；承载力计算时见《混凝土规范》第10.5.3条）及本条所提及的"有效楼板宽度"和"楼板典型宽度"等，结构设计时应把握其相关概念，以免混淆。

2.1.9 关于楼层位移比和扭（转）平（动）周期比

【问】 楼层位移比是限制结构的扭转，扭转平动周期比也是控制结构扭转，二者在限制结构的扭转方面有什么不同？

【答】 限制楼层位移比关注的是结构实际存在的扭转量值；而限制扭转平动周期比，关注的是结构的抗扭能力。两者虽然都和结构的抗扭有关，但关注的角度不同。

【问题分析】

1. 结构实际存在的扭转与结构的抗扭能力是不完全相同的两个问题。对楼层位移比的限制，关注的是结构实际承受的扭转效应；而限制结构扭转周期和平动周期的比值，其目的是对结构的抗扭能力大小做出判断。扭转周期过大，说明该结构的抗扭能力弱（注意，结构不一定有扭转，可能是完全对称的结构，如抗侧刚度过于集中在平面中部的框架-核心筒结构等），这类结构一旦遭受意外的扭转作用，将会导致较大的扭转破坏，结构设计中应尽量避免。

2. 关于楼层位移比的计算

1) 楼层位移比按式（2.1.9-1）计算，见图2.1.9-1，考察的是楼层结构的整体扭转效应，因此，应按刚性楼板假定计算（注意：刚性楼盖指楼盖周边两端位移不超过平均位移2倍的情况，并不意味着刚度无穷大）。当采用弹性楼板的假定计算（尤其当楼盖有大开洞）时，应注意对楼层位移的甄别。因为，弹性楼板假定计算的最大位移，不一定是规范所要求的房屋边角点处的位移，可能是结构内部某点的局部位移，不能代表主体结构的地震效应。对刚性楼板假定不完全适用的结构，可采用弹性楼板的假定对结构进行补充分析，以限制结构的局部位移。

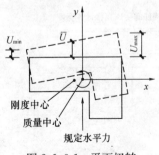

图2.1.9-1 平面扭转不规则计算要求

$$\mu = \frac{U_{max}}{\overline{U}} \quad (2.1.9-1)$$

2) 楼层位移比计算式（2.1.9-1）中的分母应采用楼层

2.1 结构抗震设防要求

两端弹性水平位移（或层间位移）的平均值 $\overline{U}$，按式（2.1.9-2）计算。注意：不是质心位移，也不应采用楼层内各抗侧构件的水平位移平均值。

$$\overline{U} = \frac{U_{\max} + U_{\min}}{2} \qquad (2.1.9\text{-}2)$$

3）楼层位移比 μ、楼层最大位移 $U_{\max}$、最小位移 $U_{\min}$ 及楼层平均位移 $\overline{U}$ 的相互关系见式（2.1.9-3）及表 2.1.9-1 和图 2.1.9-2。由表 2.1.9-1 及图 2.1.9-1 中可以看出，当 $\mu=1.2$ 时，最大位移是最小位移的 1.5 倍，而当 $\mu=1.5$ 时，最大位移变为最小位移的 3 倍，随着 μ 数值的增加，$U_{\max}/U_{\min}$ 的数值急增，结构的不均匀性急剧增加，在强烈地震作用下极易由一点破坏而导致结构的整体破坏。

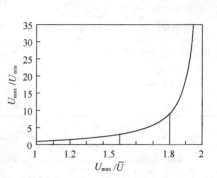

$$\frac{U_{\max}}{U_{\min}} = \frac{\mu}{2-\mu} \qquad (2.1.9\text{-}3)$$

图 2.1.9-2 $U_{\max}/U_{\min}$ 与 $U_{\max}/\overline{U}$ 的相互关系

楼层位移比 μ、楼层最大位移 $U_{\max}$、最小位移 $U_{\min}$ 及楼层平均位移 $\overline{U}$ 的相互关系　　表 2.1.9-1

$\mu=U_{\max}/\overline{U}$	1.0	1.1	1.2	1.3	1.4	1.5	1.6	1.7	1.8	1.9	2.0
$U_{\max}/U_{\min}$	1.00	1.22	1.50	1.86	2.33	3.00	4.00	5.67	9.00	19.00	∞

4）抗震设计的建筑结构的楼层位移比计算，应考虑结构的偶然偏心的影响。

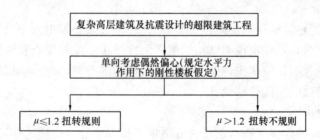

图 2.1.9-3　楼层位移比计算框图

3. 楼层位移比与扭转不规则的关系

1）对扭转不规则程度，可根据结构的弹性层间位移角 θ_E 及扭转位移比值 μ 按表 2.1.9-2、表 2.1.9-3 进行分类（"一般建筑"指不包括《高规》第 10 章的 A 级高度建筑；"特殊建筑"指 B 级高度高层建筑、超过 A 级高度的混合结构及《高规》第 10 章的复杂高层建筑），当弹性水平位移数值较小时，可适当放宽对楼层位移比的限制。

一般建筑的扭转不规则程度的分类及限值　　表 2.1.9-2

结构类型	地震作用下的最大层间位移角 θ_E 范围	相应于该层的扭转位移比 μ				
		$\mu \leqslant 1.2$	$1.2 < \mu \leqslant 1.35$	$1.35 < \mu \leqslant 1.5$	$1.5 < \mu \leqslant 1.6$	$\mu > 1.6$
框　架	$\theta_E \leqslant 1/1100$	规则	I 类	I 类	II 类	不允许
	$1/1100 < \theta_E \leqslant 1/550$	规则	I 类	II 类	不允许	不允许

续表

结构类型	地震作用下的最大层间位移角 θ_E 范围	相应于该层的扭转位移比 μ				
		$\mu \leqslant 1.2$	$1.2 < \mu \leqslant 1.35$	$1.35 < \mu \leqslant 1.5$	$1.5 < \mu \leqslant 1.6$	$\mu > 1.6$
框架-剪力墙 框架-核心筒	$\theta_E \leqslant 1/1600$	规则	Ⅰ类	Ⅰ类	Ⅱ类	不允许
	$1/1600 < \theta_E \leqslant 1/800$	规则	Ⅰ类	Ⅱ类	不允许	
框支层、筒中筒、剪力墙	$\theta_E \leqslant 1/2000$	规则	Ⅰ类	Ⅰ类	Ⅱ类	
	$1/2000 < \theta_E \leqslant 1/1000$	规则	Ⅰ类	Ⅱ类	不允许	

特殊建筑的扭转不规则程度的分类及限值　　表 2.1.9-3

结构类型	地震作用下的最大层间位移角 θ_E 范围	相应于该层的扭转位移比 μ				
		$\mu \leqslant 1.2$	$1.2 < \mu \leqslant 1.3$	$1.3 < \mu \leqslant 1.4$	$1.4 < \mu \leqslant 1.5$	$\mu > 1.5$
框架	$\theta_E \leqslant 1/1100$	规则	Ⅰ类	Ⅰ类	Ⅱ类	不允许
	$1/1100 < \theta_E \leqslant 1/550$	规则	Ⅰ类	Ⅱ类	不允许	
框架-剪力墙 框架-核心筒	$\theta_E \leqslant 1/1600$	规则	Ⅰ类	Ⅰ类	Ⅱ类	
	$1/1600 < \theta_E \leqslant 1/800$	规则	Ⅰ类	Ⅱ类	不允许	
框支层、筒中筒、剪力墙	$\theta_E \leqslant 1/2000$	规则	Ⅰ类	Ⅰ类	Ⅱ类	
	$1/2000 < \theta_E \leqslant 1/1000$	规则	Ⅰ类	Ⅱ类	不允许	

2) 除表 2.1.9-2 及表 2.1.9-3 中对平面不规则程度分为Ⅰ、Ⅱ类外，对竖向抗侧力构件不连续情况也可分为分Ⅰ、Ⅱ类[8]：Ⅰ类——框架柱不连续；Ⅱ类——剪力墙（或筒体）、支撑不连续。

3) 需要指出的是，楼层的层间位移角 θ_E 受楼层扭转位移比 μ 的影响很大，当 θ_E 数值不满足规范要求时，不一定说明结构的侧向刚度过小，此时应查验楼层位移比 μ 的计算结果。当 μ 数值较大时，应优先调整主要抗侧力结构的布置，减小结构的扭转效应，同时也可明显地减小楼层的层间位移角 θ_E。

4. 不规则项的确定

1) 依据超限高层建筑工程抗震设防专项审查技术要点（建质［2010］109号）（见附录F）的规定，对不规则的类型可以"合并同类项"：

（1）附录F之表2中的1a、1b项，即"考虑偶然偏心的扭转位移比大于1.2"（《抗震规范》第3.4.3条）与"偏心率大于0.15或相邻层质心相差大于相应边长15%"（《高钢规》第3.2.2条）可合并考虑；

（2）附录F之表2中的2a、2b项，即"平面凹凸尺寸大于相应边长的30%等"（《抗震规范》第3.4.3条，注意，宜执行《高规》第3.4.3条的规定，按不同设防烈度确定平面凹凸的尺寸限值，6、7度大于35%，8、9度大于30%）与"细腰形或角部重叠形"（《高规》第4.3.3条）可合并考虑；

（3）附录F之表2中4a、4b项，即"相邻层刚度变化大于70%或连续三层变化大于80%"（《抗震规范》第3.4.3条）与"竖向构件缩进大于25%，或外挑大于10%和4m，多塔"（《高规》第3.5.5条）可合并考虑（注意：此处的悬挑指结构的悬挑，即悬挑部分有框架柱等抗侧力构件，不包括仅悬挑梁自身的悬挑）。

(4) 附录F中的第7项，即"局部穿层柱、斜柱、夹层、个别构件错层或转换"，可根据其位置、影响范围等具体情况综合判断。当其影响已在上述各项不规则指标（第1~6项）中体现时，可不再计入新的不规则项（如局部夹层的影响已计入刚度突变不规则时，可不再重复统计；楼板开大洞形成局部穿层柱时，可不重复统计等）。

2) 对扭转不规则（附录F表中的第1a项），应按表2.1.9-2和表2.1.9-3进行细分，区分Ⅰ、Ⅱ类扭转不规则情况。

3) 对竖向构件不连续（附录F表中的第5项），也应进行细分，区分框架柱不连续（Ⅰ类）和剪力墙或筒体及支撑不连续（Ⅱ类）。

5. 对超限的把握

1) 对结构进行超限判别时，应结合工程具体情况确定不规则的类型数，当某项不规则程度较轻（如为Ⅰ类不规则）时，是否将其确定为一项主要不规则项，要结合其他不规则情况综合确定。实际工程中可考虑将两项或多项不规则程度较轻的一般不规则合并，而不是机械地数数。

2) 高层建筑存在以下不规则情况时可判定为超限建筑工程：

（1）扭转不规则属Ⅱ类，同时存在另外2项不规则（即附录F表2中除第1项以外的不规则类型，其中构件间断不规则为Ⅱ类）；

（2）竖向抗侧力构件不连续属Ⅱ类，同时存在另外2项不规则（即附录F表2中除第5项以外的不规则类型，其中扭转不规则为Ⅱ类）；

（3）3项及3项以上不规则（即附录F表2中除第1、5项以外的不规则类型）；

3) 一般情况下，多层建筑可不判定为超限工程，不需要进行超限审查，但也应进行不规则判别并采取相应的结构措施，必要时应进行专门论证分析。

6. 结构设计中应严格控制不规则程度，避免采用严重不规则的结构方案，对高层建筑严重不规则的判别如下：

1) 5项不规则，其中扭转不规则及竖向构件不连续属Ⅱ类；

2) 6项不规则；

3) 同时采用4种及以上的多塔楼、连体、错层、带转换层、带加强层等类型的复杂结构形式；

4) 扭转不规则程度属于表2.1.9-2及2.1.9-3中的不允许数值时；

5) 楼层层间受剪承载力小于其上一层受剪承载力的65%（A级高度）或75%（B级高度）。

7. 双向地震的相关问题，详见本章第2.4.2及2.4.3条。

2.1.10 关于结构两个主轴方向的动力特性

【问】《抗震规范》第3.5.3条第3款规定"结构在两个主轴方向的动力特性宜相近"，结构设计中应如何把握？

【答】 要求结构在两个主轴方向的动力特性相近的根本目的就是要求抗侧力结构布置均匀，避免结构的侧向刚度和承载力在两个方向出现明显的强弱分布，以符合抗震结构均匀对称的基本设计原则。对结构在两个主轴方向的动力特性的把握应结合工程经验确定。

【问题分析】

1. "均匀对称"是抗震设计的基本原则，其含义相当丰富，均匀对称应贯穿于结构设计的方方面面，在结构体系中更应该体现这一基本原则。

2. 结构设计中应注意对结构两个主轴方向动力特性的判别，可通过结构的位移曲线判别结构的变形特征（剪力墙结构呈现弯曲变形特征，框架结构呈现剪切变形特征，框架-剪力墙结构的变形特征介于框架与剪力墙之间，见图2.1.10-1），通过剪力分配关系判别相应的结构体系（图2.1.10-2），当结构两个主轴方向的周期、位移等存在过大差异时，应对结构体系及主要抗侧力结构进行调整或采取相应的结构措施。结构两向动力特性差异的主要情况有：

1）一个方向表现为明显的剪力墙结构之弯曲变形特征，而另一个方向表现为明显的框架结构之剪切变形特征。此时，应调整结构布置，在框架方向增设适当数量的剪力墙。

2）一个方向表现为明显的剪力墙结构之弯曲变形特征，而另一个方向表现为明显的框架-剪力墙结构的变形特征。在剪力墙住宅中当横墙较多，而纵墙较少时经常出现这种情况，结构设计时，应在框架-剪力墙方向增设适当数量的剪力墙，当确有困难无法增加剪力墙时，应按框架-剪力墙结构确定该方向剪力墙的抗震等级（图2.1.10-3）。

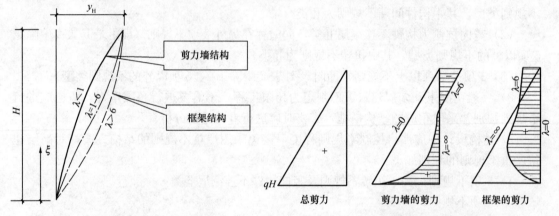

图2.1.10-1 框架-剪力墙结构变形曲线和刚度特征值的关系

图2.1.10-2 框架-剪力墙结构的剪力关系

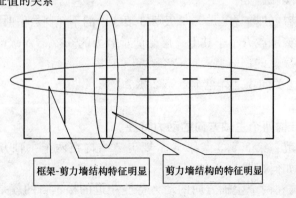

图2.1.10-3 剪力墙住宅的剪力墙布置问题

3. 一般情况下，结构在两个主轴方向的第一平动周期数值相差不宜大于20%。

2.1.11 关于楼梯对结构设计计算的影响问题

【问】《抗震规范》第3.6.6条第1款规定"计算中应考虑楼梯构件的影响",结构设计中该如何考虑？

【答】 楼梯作为重要的疏散工具,在抗震防灾中起着重要的作用。对抗震建筑中的楼梯设计应把握以下两点：一方面,楼梯结构对主体结构的抗震能力影响很大,楼梯的梯跑作为传递水平地震作用的重要构件,往往对主体结构的墙和柱产生重大的影响,使结构柱变成短柱或错层柱,因此在结构分析时应予以充分的重视；另一方面,楼梯的梯跑与普通楼板一样传递水平地震作用,因此,需对梯板予以适当的加强,一般情况下,应在梯跑顶面配置跨中通长钢筋（与两端负筋拉通或与两端负筋满足受力搭接要求）,其配筋率不宜小于0.1%。

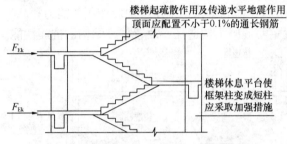

图 2.1.11-1 楼梯的抗震作用及加强措施

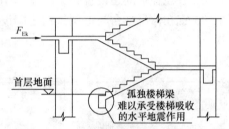

图 2.1.11-2 地震时底部孤独楼梯梁的破坏

【问题分析】

1. 汶川地震震害表明,楼梯对结构安全及人身安全影响重大,《抗震规范》要求"计算中应考虑楼梯构件的影响"。"考虑楼梯构件的影响"应注意下列两方面：一是,楼梯对主体结构竖向构件的影响（使主体结构竖向构件中间受力,形成短柱或局部错层等）；二是,要考虑楼梯的传力需要（楼梯作为水平传力构件之一,应确保其传力及疏散功能的实现）。

2. 理论研究及震害调查表明,楼梯对主体结构的影响,取决于楼梯与主体结构的相对刚度之比。楼梯对主体结构影响的程度取决于主体结构的结构体系,主体结构的刚度越大、整体性越好（如采用剪力墙结构、框架-剪力墙结构等）,楼梯对主体结构的影响越小；而主体结构的刚度越小、整体性越差（如框架结构、装配式楼盖结构、砌体结构等）,楼梯对主体结构的影响就越大。

1) 楼梯对主体结构的影响主要集中在砌体结构、框架结构和装配式结构中。在多遇地震作用下,由于结构基本处于弹性工作状态,填充墙、砌体承重墙开裂程度较低,刚度退化不严重,装配式楼盖的整体性尚可,楼梯刚度在主体结构刚度中的比值很小,楼梯对主体结构的影响不大。而在设防烈度地震及罕遇地震作用下,结构进入弹塑性状态,填充墙、砌体承重墙开裂严重,刚度急剧降低,装配式楼盖的整体性很差,楼梯刚度在主体结构刚度中的比值逐步加大,楼梯对主体结构的影响也随之加大。现浇梯板起局部刚性楼板的作用,传递水平地震剪力,导致梯板拉裂,框架柱形成短柱及错层柱而破坏。

2) 在剪力墙结构、框架-剪力墙结构、筒体结构中,由于结构刚度大,整体性好,楼梯自身刚度在主体结构中的刚度比值不大,楼梯受主体结构的"呵护"而很少破坏。

3. 考虑楼梯对主体结构的影响及主体结构对楼梯的影响时,应根据主体结构与楼梯的侧向刚度大小,采取相应的设计措施：

1) 楼梯采用现浇或装配整体式钢筋混凝土结构,不应采用装配式楼梯。

2）对框架结构中起疏散作用的楼梯，应优先考虑在楼梯间周边设置剪力墙（采用少量剪力墙的框架结构，对框架及剪力墙采用性能设计方法设计，见 2.1.15 条）。

3）对框架结构中起疏散作用的楼梯，当楼梯间周边无法设置剪力墙时，应根据不同情况采取楼梯休息平台与主体结构的隔离措施，否则应采取必要的计算措施及加强措施。

（1）应考虑在楼梯间周边设置落地框架柱，以形成周围框架对楼梯的有效呵护（见图 2.1.11-3）。

（2）实际工程中，避免或减小楼梯对主体结构影响的主要隔离措施有：

① 将楼梯休息平台与主体结构脱开（图 2.1.11-4）或采取梯段下端滑动措施（图 2.1.11-5）；

② 宜在梯板周边设置暗梁（图 2.1.11-6），提高楼梯抵抗水平地震作用的能力；

③ 宜在休息平台与上层结构之间设置钢筋混凝土构造柱，改善楼梯结构的抗震性能。

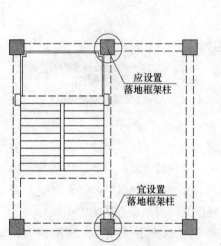

图 2.1.11-3 楼梯间周边设置落地框架柱

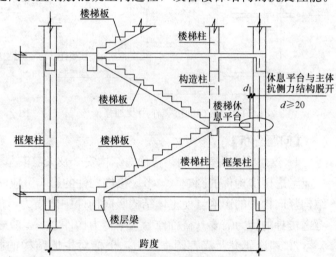

图 2.1.11-4 楼梯平台与主体结构脱开

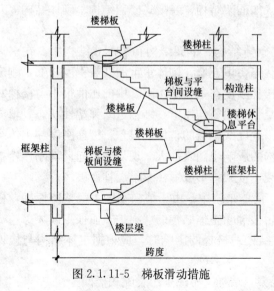

图 2.1.11-5 梯板滑动措施

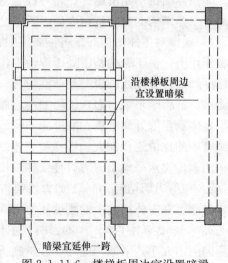

图 2.1.11-6 楼梯板周边宜设置暗梁

（3）当无法采取隔离措施时，在结构计算中应考虑楼梯对主体结构的影响及主体结构对楼梯的影响，并宜进行包络设计。

① 现阶段，在对结构进行扭转不规则判别及位移计算时，尚无法准确考虑楼梯对主体结构的影响，结构设计时除计算时应考虑楼梯的影响外，还应特别注重抗震概念设计，避免楼梯对主体结构造成的过大扭转并应采取相应的抗震措施；

② 构件设计时，应考虑楼梯的影响，对相关构件按考虑与不考虑楼梯的影响进行分别计算，包络设计。

4）对剪力墙结构、框架-剪力墙结构等主体结构侧向刚度大、楼盖整体性好的结构，当楼梯周围有剪力墙围合时，计算中可不考虑楼梯的影响，而采取有效的构造措施（加配梯跑跨中板顶通长钢筋、框架柱箍筋加密等）确保楼梯及相应框架柱的安全。

5）楼梯对主体结构的影响及主体结构对楼梯的反作用主要集中在结构的底部，因此应加强楼梯底部的抗震措施，如：明确楼梯梯板的传力途径，加强梯板的配筋，同时应加强与梯板相连之框架柱的受剪承载力。

6）无地下室时，当楼梯在底层直接支承在孤独楼梯梁上（见图2.1.11-2）时，地震时楼梯板吸收的水平地震作用在楼梯梁处的水平传递路径被截断，而梯板外的孤独楼梯梁将无法承担梯板传来的水平推力，破坏常发生在梯板边缘的孤独梁截面处，因此应避免采用此做法。必须采用时，应适当加大楼梯梁的平面外配筋并加密箍筋。

7）应特别注意设置楼梯形成的框架短柱，柱箍筋除应满足计算要求外，宜按抗震等级提高一级配置。

8）结构设计中，常设置支承楼梯的梁上小柱，该小柱也应按框架柱要求设计，其抗震等级应根据梯柱支承楼梯平台的数量来确定，当支承的楼梯平台数量不超过2个时取四级，否则应取不低于三级。应确保梯柱截面面积不小于300mm×300mm，梯柱最小边长不应小于200mm，并相应增加另一方向的梯柱截面长度。

9）与框架柱、楼梯小柱相连的楼梯平台梁应满足《抗震规范》对框架梁的构造要求（抗震等级可取四级）。

10）对砌体结构房屋，应按《抗震规范》的规定加强楼梯间周边构造柱、圈梁的设置，并应采用钢丝网砂浆面层加强。

2.1.12 关于在复杂结构中采用不同力学模型程序的分析比较问题

【问】 复杂高层建筑混凝土结构，为什么要采用不同力学模型的程序进行分析比较？

【答】 高层建筑混凝土结构，当体型复杂、结构布置复杂及房屋高度较高时，应采用至少两个不同力学模型的结构分析软件进行整体计算。

由于计算假定和计算模型处理手段及简化方法的不同，任何分析程序都有其特定的适用范围，计算程序不同，分析计算结果也不完全相同。对规则结构，这种误差相对小些，而对复杂结构则由程序模型不同所带来的误差较大，为避免计算模型的选取与结构的实际工作情况有较大的误差，程序的计算假定与工程实际及规范标准有较大的出入，应采用不同力学模型的计算程序进行分析比较，并对所有计算结果进行判别，确认其合理有效后方可在设计中应用。

这里要注意：规范强调的是两个不同力学模型的程序，不是任意的两个程序，表

2.1.12-1 中列出不同力学模型的代表性程序，供参考选择。

不同力学模型的代表性程序　　　　表 2.1.12-1

序号	1	2	3	4	5
计算模型	平面结构空间协同	空间杆系	空间杆-薄壁杆系	空间杆-墙板元	组合有限元
代表性计算程序	TBDG	PKPM	TBSA	SATWE	SAP 系列

【问题分析】

1. 当房屋高度接近 A 级高度限值时，可判定为房屋高度较高的高层建筑结构。复杂高层建筑结构即《高规》第 10 章规定的高层建筑结构。

2. 结构分析计算模型的选取问题，对杆系模型（如框架结构等），目前程序有较好的适应性，其计算的准确性较高。

3. 对剪力墙及剪力墙与杆件组合（如带端柱的剪力墙等）的模拟时，由于模型的不同计算结果差异较大，而计算模型的误差有时很难察觉，必须通过多模型比较才能发现。从结构计算分析角度看，所谓复杂结构，主要指有剪力墙的结构，而对复杂结构的多模型程序分析，其本质也就是对剪力墙的多模型比较，以发现并消除计算中的模型化误差。

4. 对复杂结构、超高层结构采用不同力学模型的程序进行分析比较是必要的。且采用不同力学模型的计算分析程序，其计算结果也必然不完全相同，从某种意义上说，对复杂结构的多模型分析，也就是分析计算模型的包络。

5. 需要指出的是，《建筑工程设计文件编制深度规定》（2008 年版）第 3.5.2 条的条文说明中，将"两种不同的计算程序"解释为"两个不同软件编制单位编制的程序，同时应尽可能选择两种计算模型不同的程序"。这是对规范规定的曲解，是不正确的。《高规》第 5.1.12 条明确指出了是"两个不同力学模型的结构分析软件"，强调的是计算模型的不同，而非编制单位的异同。

2.1.13　关于框架结构中钢筋的性能要求

【问】《抗震规范》第 3.9.2 条第 2 款提出了对普通钢筋的性能要求，现行设计中对所有抗震建筑是否都应该执行此条规定？

【答】《抗震规范》第 3.9.2 条第 2 款对普通钢筋的性能要求，只适用于规范规定的**"抗震等级为一、二、三级的框架和斜撑构件（含梯段）"**，应注意这里对抗震等级和结构构件的要求，即对于抗震等级为四级时没有要求；适用于所有各类框架，既包含框架结构中的框架，也包括框架-剪力墙结构、框架-筒体结构等其他各类结构中的框架，还包括一、二、三级抗震等级的斜撑构件（包含楼梯的梯段）。

对抗震等级为一、二、三级的框架提出上述要求，是为了保证当构件某个部位出现塑性铰后，塑性铰处有足够的转动能力和耗能能力，同时也为了保证强柱弱梁、强剪弱弯的实现。

对抗震等级为一、二、三级的斜撑构件（含梯段）提出上述要求，是为了保证地震时结构构件具有恰当的承载力和足够的延性。

抗震结构中的其他构件应按《抗震规范》第 3.9.3 条第 1 款的规定，优先采用符合抗震性能指标的普通钢筋，以提高结构的抗震性能。

【问题分析】

1. 框架结构由于其侧向刚度一般较小,在地震作用下往往出现较大的侧向变形,要保证框架结构在大震(罕遇地震)下的抗震性能,需满足强柱弱梁、强剪弱弯、强节点弱杆件及强柱根等特殊要求。而对抗震等级为一、二级的框架结构要求更为严格,因此,对其提出普通钢筋的性能要求,其目的就是确保结构抗震性能目标的实现。

2. 为保证构件在出现塑性铰后其塑性铰处有足够的转动能力和耗能能力而要求:纵向受力钢筋的抗拉强度实测值与屈服强度实测值的比值不应小于1.25;

3. 为确保强柱弱梁、强剪弱弯所规定的内力调整的实现而要求:纵向受力钢筋的屈服强度实测值与强度标准值的比值不应大于1.3,且钢筋在最大拉应力下的总伸长率实测值不应小于9%。

4. "符合抗震性能指标的热轧带肋钢筋"指满足产品标准《钢筋混凝土用钢第2部分:热轧带肋钢筋》GB 1499.2中抗震钢筋的性能指标要求的钢筋,其中的"抗震性能指标"就是指满足《抗震规范》第3.9.2条第2款2)规定中三项性能指标。

2.1.14 关于钢板的Z向性能问题

【问】《抗震规范》对板厚不小于40mm的钢板提出了Z向性能要求,在抗震建筑中,是否所有板厚不小于40mm的钢板都要满足此项规定?

【答】《抗震规范》第3.9.5条对厚钢板的性能要求也是有条件的:首先,是在焊接连接的钢结构中;其次,是钢板厚度不小于40mm;第三,是承受沿板厚方向的拉力。这三个条件同时满足时才需执行规范的上述规定。如果仅出现上述一、二种情况时,均可不执行规范的上述规定。

【问题分析】

焊接结构、板厚及沿板厚方向受力,是对钢板提出了Z向性能要求的三大基本要素,缺少其中一项或两项,对钢板可不提出Z向性能要求。但对于特别重要的结构及部位,可根据工程的具体情况从严掌握。

2.1.15 关于少量剪力墙的框架结构的抗震性能分析和论证

【问】《高规》第8.1.3条第4款规定:"当框架部分承受的地震倾覆力矩大于结构总地震倾覆力矩的80%时,按框架-剪力墙结构进行设计,但其最大适用高度宜按框架结构采用,框架部分的抗震等级和轴压比限值应按框架结构的规定采用。当结构的层间位移角不满足框架-剪力墙结构的规定时,可按本规程第3.11节的有关规定进行结构抗震性能分析和论证",实际工程中该如何设计?

【答】《高规》第8.1.3条第4款对少量剪力墙的框架结构的设计提出了明确的要求,即:

1. 当按框架和剪力墙协同工作模型计算的结构层间位移角,可满足框架-剪力墙结构的规定(即弹性层间位移角 θ_e 不大于1/800,这种情况多出现在抗震设防的低烈度地区工程中)时,按框架-剪力墙结构进行设计(应理解为按框架和剪力墙协同工作模型计算,在程序计算中的结构体系可直接点选框架-剪力墙结构),但房屋的最大适用高度、框架的抗震等级、框架柱的轴压比应按框架结构采用。

2. 当按框架和剪力墙协同工作模型计算的结构层间位移角，不满足规范对框架-剪力墙结构的要求（即弹性层间位移角 θ_e 大于 1/800，这种情况多出现在抗震设防烈度较高地区的工程中）时，应按规范抗震性能化设计的有关规定进行结构抗震性能化分析论证。

1）性能目标：基本抗震性能目标，即："小震不坏、中震可修、大震不倒"。

2）按"小震不坏、中震可修、大震不倒"的要求，对框架和剪力墙进行设计。

（1）在少量剪力墙的框架结构中，框架柱应均匀布置，少量剪力墙宜在框架柱间设置并以框架柱为端柱。

（2）框架应满足"小震不坏"和"大震不倒"要求，即：

① 应按框架和剪力墙协同工作模型验算结构的整体抗震性能，如弹性层间位移角、扭转不规则判别、倾覆力矩比、轴压比（注意：轴压比限值应按纯框架结构确定）的确定等。

② 应分别按框架和剪力墙协同工作模型、按纯框架模型（去除剪力墙）进行多遇地震作用下结构的承载力计算，包络设计，实现"小震不坏"的要求。

③ 应按纯框架模型（去除剪力墙）验算框架的弹塑性变形，满足框架的"大震不倒"要求。

（3）由于剪力墙较少，不是主要的抗侧力结构，不能成为第一道抗震防线，故剪力墙只需满足"小震不坏"的要求，对剪力墙按框架和剪力墙协同工作设计，剪力墙的抗震等级同纯框架结构中框架的抗震等级，对剪力墙和连梁进行超筋处理。

【问题分析】

1. 对少量剪力墙的框架结构的基本认识

1）设置少量剪力墙并没有改变结构体系，是带有少量剪力墙的框架结构，属于一种特殊的框架结构形式，但仍是框架结构（明确结构体系的目的在于分清框架及剪力墙在结构中的地位，其中框架是主体，是承受竖向荷载的主体，也是主要的抗侧力结构）。在风载或地震作用较小（不高于多遇地震作用）时，剪力墙辅助框架结构满足规范对框架结构的弹性层间位移角要求，提供的是剪力墙的弹性刚度 $E_w I_w$；在设防烈度地震及罕遇地震时，剪力墙塑性开展，刚度退化。

2）需要说明的是，规范虽未明确要按纯框架结构计算，但对这一特殊的框架结构，现行规范和规程对钢筋混凝土框架结构的承载力要求、弹塑性变形限值要求等均应满足，因此，按纯框架结构的要求进行补充设计计算是必要的，对这类框架结构按纯框架结构和按框架与剪力墙协同工作（即按框架-剪力墙结构）分别计算，包络设计也是必须的。

3）在钢筋混凝土框架结构中，下列三种情况下需要设置少量的钢筋混凝土剪力墙：

（1）在多遇地震（或风荷载）作用下，当纯框架结构的弹性层间位移角 θ_e 不能满足规范 $\theta_e \leqslant 1/550$ 的要求时，通过布置少量剪力墙，使结构的弹性层间位移角满足相应的限值要求。

（2）当纯框架的地震位移满足规范要求，即纯框架结构的弹性层间位移角能满足 $\theta_e \leqslant 1/550$ 的要求时，为适当减小结构在多遇地震作用下的侧向变形，而设置少量钢筋混凝土剪力墙。在这里，设置少量剪力墙的目的在于适当改善框架结构的抗震性能。

（3）按《抗震规范》第 6.1.4 条第 2 款规定在防震缝两侧设置抗撞墙的钢筋混凝土框架结构房屋，其本质就是少量剪力墙的框架结构。

2. 自 2000 版《高规》提出少量剪力墙的框架结构以来，由于规范对其设计未提出具体的要求，导致设计和施工图审查均没有明确的规定可依，造成这一结构体系处于事实上的停用状态。

1)《抗震规范》第 6.1.3 条对少量剪力墙的框架结构做出了新的规定，使少量剪力墙的框架结构的范围进一步扩大（《抗震规范》扩大了少量剪力墙的框架结构的范围，体现了《抗震规范》加大剪力墙设置要求的基本精神，但这一特定的结构体系需要在工程中得以顺利应用，尚需规范做出相应的补充规定），且在实际工程中更难以准确把握和直接应用。实际工程中，可不执行《抗震规范》第 6.1.3 条第 1 款的相关规定。

2)《高规》第 8.1.3 条第 4 款的规定，缩小"少量剪力墙的框架结构"的范围，并规定少量剪力墙的框架结构设计的基本原则。实际工程中，对少量剪力墙的框架结构（多层和高层）均可执行《高规》第 8.1.3 条第 4 款的相关规定。

3. 当框架部分承受的地震倾覆力矩大于结构总倾覆力矩的 80% 时，意味着结构中剪力墙的数量极少（结合《抗震规范》第 6.1.3 条的规定，可称其为"少量剪力墙的框架结构"），此时，框架的抗震等级和轴压比应按框架结构的规定执行，剪力墙的抗震等级与框架的抗震等级相同，房屋的最大适用高度宜按框架结构采用。对于这种少墙框架结构，由于其抗震性能较差，不主张采用（<u>注意：这里的"抗震性能较差，不主张采用"，是指与框架-剪力墙结构比较，也即"少量剪力墙的框架结构"的抗震性能要比"框架-剪力墙结构"差，但合理采用包络设计原则后，其抗震性能将比纯"框架结构"仍有明显的提高</u>），以避免剪力墙受力过大、过早破坏。不可避免时，宜采取将此种剪力墙减薄、开竖缝、开结构洞、配置少量单排钢筋等措施，减小剪力墙的作用。

4.《高规》第 8.1.3 条第 4 款规定："按框架-剪力墙结构进行设计"，高烈度区的建筑结构，当采用"少量剪力墙的框架结构"时，结构的弹性层间位移角很难满足规范对框架-剪力墙结构的要求（1/800），剪力墙超筋现象明显，难以按"框架-剪力墙"结构进行设计，同时，规范对框架结构的包络设计问题、框架结构的大震位移控制问题等均未明确。

5. 对少量剪力墙的框架结构的抗震性能分析和论证，可按以下步骤进行：

1) 房屋的最大适用高度可按框架结构确定。当按纯框架结构计算的弹性层间位移角不满足《高规》及《抗震规范》$\theta_e \leqslant 1/550$ 限值时，其最大适用高度还应比框架结构再适当降低（如降低 10%）。

2) 按框架和剪力墙协同工作验算层间位移角，计算的层间位移角不应大于 1/550。

3) 防震缝的宽度应按框架结构确定。

4) 框架的设计原则：

(1) 按纯框架结构（不计入剪力墙）和框架-剪力墙结构分别计算，包络设计。

(2) 对纯框架结构进行大震弹塑性位移验算。

(3) 框架的抗震等级及轴压比限值按纯框架结构确定。

5) 剪力墙的设计原则：

(1) 剪力墙抗震等级可取框架的抗震等级。

(2) 剪力墙的配筋设计：

① 对计算不超筋的剪力墙按计算配筋。

② 对抗剪不超筋而抗弯超筋的剪力墙，按计算要求配置剪力墙的水平及竖向分布钢筋，按剪力墙端部最大配筋要求（配筋率不超过 5%）配置端部纵向钢筋。

③ 对抗剪超筋的剪力墙按以下原则进行近似计算：

■ 按剪力墙的剪压比 $\lambda = 2.2$ 确定剪力墙的抗剪承载力（按《混凝土规范》公式（11.7.3-1）在剪力墙其他条件已知时，可求得剪力设计值 V_w）并确定墙的水平钢筋（按《混凝土规范》公式（11.7.4）在剪力墙其他条件已知时，可求得 A_{sh}）；

■ 按强剪弱弯要求确定墙的竖向钢筋（剪力墙的弯矩设计值取 $M_w \approx \lambda V_w h_0 / \eta_{vw}$，为有利于实现强剪弱弯，此处取 $\lambda = 1.5$ 计算，并按 $M_w = \dfrac{1}{\gamma_{RE}}(f_y A_s (h_0 - b))$ 计算，同时按构造要求配置剪力墙的竖向分布钢筋）。举例说明如下：

例 2.1.15-1 某抗剪超筋的矩形截面偏心受压剪力墙，混凝土强度等级 C30（$f_c = 14.3\text{N/mm}^2$、$f_t = 1.43\text{N/mm}^2$），$b = 200\text{mm}$，$h = 2000\text{mm}$，$h_0 = 1800\text{mm}$，$N = 1200\text{kN}$，$\eta_{vw} = 1.6$，采用 HRB400 级钢筋，确定其水平分布钢筋 A_{sh} 和纵向钢筋 A_s。

根据《混凝土规范》公式（11.7.3-1）得：

$$V_w = \dfrac{1}{\gamma_{RE}}(0.2\beta_c f_c b h_0) = \dfrac{1}{0.85} \times 0.2 \times 1 \times 14.3 \times 200 \times 1800 = 1211294\text{N}$$

$$N = 1200\text{kN} > 0.2 f_c b h = 1144\text{kN}，取 1144\text{kN}$$

根据《混凝土规范》公式（11.7.4）得：

$$A_{sh}/s = \left(\gamma_{RE} V_w - \dfrac{1}{\lambda - 0.5}\left(0.4 f_t b h_0 + 0.1 N \dfrac{A_w}{A}\right)\right)/(0.8 f_{yv} h_0)$$

$$= \left(0.85 \times 1211294 - \dfrac{1}{2.5 - 0.5} \times (0.4 \times 1.43 \times 200 \times 1800 + 0.1 \times 1800000 \times 1)\right)\bigg/$$

$$(0.8 \times 360 \times 1800)$$

$$= (1029600 - 160160)/518400 = 1.68\text{mm}^2/\text{mm}，配直径 12@125（A_{sh}/s = 1.81）$$

$$M_w \approx \lambda V_w h_0 / \eta_{vw} = 1.5 \times 1211294 \times 1800/1.6 = 2044\text{kN}\cdot\text{m}$$

$$A_s = \dfrac{\gamma_{RE} M_w}{f_y (h_0 - b)} = \dfrac{0.75 \times 3270 \times 10^6}{360 \times (1800 - 200)} = 4258\text{mm}^2，配 8 根直径 22\text{mm} 的钢筋。$$

④ 有施工图审查单位要求，对少量剪力墙的框架结构中的剪力墙，必须按框架-剪力墙协同工作（即按框架-剪力墙结构计算）的计算结果配筋设计。其实这种做法并不妥当，因为，少量剪力墙的框架结构与框架-剪力墙结构有本质的区别，并不是只要有剪力墙就都能成为框架-剪力墙结构，也并不是所有的剪力墙都能成为第一道防线。在剪力墙很少的框架结构中，剪力墙成不了第一道防线（注意：由于剪力墙自身的刚度大，这就决定了剪力墙（不管结构体系如何）均不可能成为第二道防线）。

⑤ 对剪力墙连梁的超筋处理，见本书第 3.3.5 条。

6）需要注意的是，剪力墙下的基础应按上部为框架和剪力墙协同工作时的计算结果设计。但当按地震作用标准组合效应确定基础面积或桩数量时，应充分考虑地基基础的各种有利因素，避免基础面积过大或桩数过多。以桩基础为例，设计时宜考虑桩土共同工作等因素，以适当减少剪力墙下桩的数量，并使剪力墙下桩数与正常使用状态下需要的桩数相差不能太多，否则，会加大剪力墙与框架柱的不均匀沉降。

7）特别建议

由于布置少量剪力墙的框架结构在设计原则及具体设计中存在诸多不确定因素，给结构设计和施工图审查带来相当的困难，结构设计中应尽量避免采用，尽可能采用概念清晰、便于操作且抗震性能更好的框架-剪力墙结构。必须采用时，应提前与施工图审查单位沟通，以利于设计顺利进行，避免返工。

2.1.16 对超限高层建筑工程的判别

【问】 依据建质［2010］第109号文件规定，超限高层建筑工程应进行抗震设防专项审查，实际工程中，对超限高层建筑应如何把握？

【答】 结构设计时，应根据工程的具体情况，对照表2.1.16-1、表2.1.16-2和表2.1.16-3逐项排查：

1. 多层建筑结构一般不属于超限高层建筑，不需要进行抗震设防专项审查，必要时，对特别不规则的多层建筑，可进行专门研究。
2. 房屋高度超过表2.1.16-1的高层建筑工程应进行抗震设防专项审查。
3. 属于表2.1.16-4情况的特殊高层建筑工程应进行抗震设防专项审查。
4. 同时具有表2.1.16-2中三项及三项以上不规则情况的高层建筑工程（不论房屋高度是否超过表2.1.16-1），应进行抗震设防专项审查。
5. 具有表2.1.16-3中一项的特别不规则情况（不论房屋高度是否超过表2.1.16-1），应进行抗震设防专项审查。
6. 对表2.1.16-2及表2.1.16-3中的不规则情况应仔细逐项核查，统计不规则类型时，不是对不规则项的简单叠加，应注意排除同类项。

房屋高度（m）超过下列规定的高层建筑工程　　　　　　　　　　表 2.1.16-1

结构类型		6度	7度 (0.1g)	7度 (0.15g)	8度 (0.20g)	8度 (0.30g)	9度
混凝土结构	框架	60	50	50	40	35	24
	框架-剪力墙	130	120	120	100	80	50
	剪力墙	140	120	120	100	80	60
	部分框支剪力墙	120	100	100	80	50	不应采用
	框架-核心筒	150	130	130	100	90	70
	筒中筒	180	150	150	120	100	80
	板柱-剪力墙	80	70	70	55	40	不应采用
	较多短肢墙		100	100	60	60	不应采用
	错层的剪力墙和框架-剪力墙		80	80	60	60	不应采用
混合结构	钢外框-钢筋混凝土筒	200	160	160	120	100	70
	型钢混凝土外框-钢筋混凝土筒	220	190	190	150	130	70
钢结构	框架	110	110	90	90	70	50
	框架-支撑（剪力墙板）	240	220	200	200	180	160
	各类筒体和巨型结构	300	300	280	260	240	180

注：当平面和竖向均不规则（部分框支结构指框支层以上的楼层不规则）时，其高度应比表内数值降低至少10%；

2 结构设计的基本要求

高层建筑工程的一般不规则情况　　　　　　　　　　　表 2.1.16-2

序号		不规则类型	简要涵义	备注
1	a	扭转不规则	考虑偶然偏心的扭转位移比大于1.2	参见 GB 50011—3.4.3
	b	偏心布置	偏心率大于0.15或相邻层质心相差大于相应边长15%	参见 JGJ 99—3.2.2
2	a	凹凸不规则	平面凹凸尺寸大于相应边长30%（8、9度）、30%（6、7度）等	参见 GB 50011—3.4.3
	b	组合平面	细腰形或角部重叠形	参见 JGJ 3—4.3.3
3		楼板不连续	有效宽度小于50%，开洞面积大于30%，错层大于梁高	参见 GB 50011—3.4.3
4	a	刚度突变	相邻层刚度变化大于70%或连续三层变化大于80%	参见 GB 50011—3.4.3
	b	尺寸突变	竖向构件位置缩进大于25%，或外挑大于10%和4m，多塔	参见 JGJ 3—4.4.5
5		构件间断	上下墙、柱、支撑不连续，含加强层、连体类	参见 GB 50011—3.4.3
6		承载力突变	相邻层受剪承载力变化大于80%	参见 GB 50011—3.4.3
7		其他不规则	如局部的穿层柱、斜柱、夹层、个别构件错层或转换	已计入1~6项者除外

注：深凹进平面在凹口设置连梁，其两侧的变形不同时仍视为凹凸不规则，不按楼板不连续中的开洞对待；
序号a、b不重复计算不规则项；
局部的不规则，视其位置、数量等对整个结构影响的大小判断是否计入不规则的一项。

高层建筑工程的特别不规则情况　　　　　　　　　　　表 2.1.16-3

序号	不规则类型	简要涵义
1	扭转偏大	裙房以上的较多楼层，考虑偶然偏心的扭转位移比大于1.4
2	抗扭刚度弱	扭转周期比大于0.9，混合结构扭转周期比大于0.85
3	层刚度偏小	本层侧向刚度小于相邻上层的50%
4	高位转换	框支墙体的转换构件位置：7度超过5层，8度超过3层
5	厚板转换	7~9度设防的厚板转换结构
6	塔楼偏置	单塔或多塔合质心与大底盘的质心偏心距大于底盘相应边长20%
7	复杂连接	各部分层数、刚度、布置不同的错层 连体两端塔楼高度、体型或者沿大底盘某个主轴方向的振动周期显著不同的结构
8	多重复杂	结构同时具有转换层、加强层、错层、连体和多塔等复杂类型的3种

注：仅前后错层或左右错层属于表2.1.16-2中的一项不规则，多数楼层同时前后、左右错层属于本表的复杂连接。

其他高层建筑的不规则情况　　　　　　　　　　　　　表 2.1.16-4

序号	简称	简要涵义
1	特殊类型高层建筑	抗震规范、高层混凝土结构规程和高层钢结构规程暂未列入的其他高层建筑结构，特殊形式的大型公共建筑及超长悬挑结构，特大跨度的连体结构等
2	超限大跨空间结构	屋盖的跨度大于120m或悬挑长度大于40m或单向长度大于300m，屋盖结构形式超出常用空间结构形式的大型列车客运候车室、一级汽车客运车楼、一级港口客运站、大型航站楼、大型体育场馆、大型影剧院、大型商场、大型博物馆、大型展览馆、大型会展中心，以及特大型机库等

注：表中大型建筑工程的范围，参见《建筑工程抗震设防分类标准》GB 50223

2.1 结构抗震设防要求

【问题分析】 结构设计时,应准确把握不规则类型,对上述各表的补充说明如下:
1. 应用表 2.1.16-1 时,应注意以下问题:

1)当遇有表注情况时,应注意对房屋高度限值的折减,一般情况下,可比表中数值降低 10%。

2)"框架结构"包含以下情况:

(1)纯框架结构。

(2)框架和剪力墙组成的结构中,在规定的水平力作用下,当结构底层(当为复杂结构时,宜取结构底部加强部位楼层)框架部分承受的地震倾覆力矩,大于结构总地震倾覆力矩的 80%时的情况(注意:当去除剪力墙后计算的结构弹性层间位移角大于 1/550 时,房屋的最大适用高度应比框架结构适当降低,一般情况下,可比表中数值降低 10%)。

(3)框架和剪力墙组成的结构中,在规定的水平力作用下,当结构底层(当为复杂结构时,宜取结构底部加强部位楼层)框架部分承受的地震倾覆力矩,大于结构总地震倾覆力矩的 50%但不大于 80%时,房屋的最大适用高度应比框架结构适当增加,一般情况下,可根据结构底部倾覆力矩比值按线性内插确定。计算房屋最大适用高度限值 [H] 时,框架的结构底部倾覆力矩比数值 [M_f]:对框架结构可取 80%,对框架-剪力墙结构可取 50%,按框架承担的结构底部倾覆力矩数值 M_f,在框架结构房屋的最大适用高度 [H_f] 及框架-剪力墙结构房屋的最大适用高度 [H_{f-w}] 之间内插,举例说明如下:7 度区,某框架-剪力墙结构,当 $M_f=65\%$ 时,[H] $=50+(120-50)\dfrac{80\%-65\%}{80\%-50\%}=85\mathrm{m}$。

3)"框架-剪力墙结构",指在框架和剪力墙组成的结构中,在规定的水平力作用下,当结构底层(当为复杂结构时,宜取结构底部加强部位楼层)框架部分承受的地震倾覆力矩,不大于结构总地震倾覆力矩的 50%(包括不大于结构总地震倾覆力矩的 10%)时的情况。

4)"剪力墙结构"包含以下情况:

(1)剪力墙结构。

(2)个别框支墙的剪力墙结构,指中部的个别墙体不落地(注意,不落地剪力墙不能在平面的周边),且不落地墙的截面面积不大于落地墙和不落地墙截面面积之和的 10%的情况。(注意,本条仅用于确定房屋最大适用高度,对框支墙的设计仍应符合规范对框支剪力墙结构的设计规定)。

5)对"板柱-剪力墙结构"房屋适用的最大高度,2001 版《抗震规范》限制较为严格,而 2010 版《抗震规范》将其允许的最大高度做了大幅度调整,尤其是 6、7 度地区,其允许高度成倍增加。考虑到板柱-剪力墙结构房屋实际工程经验相对较少、未经受过强烈地震的考验且板柱-剪力墙结构多用于办公楼、商场等公共建筑,因此,建议在实际工程中对板柱-剪力墙结构房屋适用的最大高度应严格控制,一般情况下,可比表中数值作较大降低(如降低 20%)。

6)"较多短肢剪力墙结构",指在规定的水平力作用下,短肢剪力墙承担的结构底部(当为复杂结构时,宜取结构底部加强部位楼层)倾覆力矩不大于结构总地震倾覆力矩的 50%时的情况。应设置适当数量的一般剪力墙,任何情况下(抗震或非抗震),不应采用全部为短肢剪力墙的结构。

7)"错层剪力墙和框架-剪力墙结构",指《高规》第10.4节的复杂高层建筑结构,相邻楼盖高度超过梁高范围的,宜按错层结构处理,结构中仅局部存在的错层构件不属于错层结构(对结构水平传力路径影响不大的错层可不确定为错层结构)。

8)"型钢混凝土外框",指柱采用型钢混凝土柱或钢管混凝土柱,梁采用钢梁或型钢混凝土梁的情况。柱采用型钢混凝土柱或钢管混凝土柱,而梁采用钢筋混凝土梁时,不属于型钢混凝土外框(仍归类为钢筋混凝土外框)。

2. 应用表2.1.16-2时,应注意以下问题:

1)扭转位移比取用在规定水平力作用下,考虑偶然偏心的计算数值,采用程序计算时应注意合理取用。同时有主楼和裙房时,主要取用与主楼结构相对应的扭转位移比数值进行判别,扭转不规则的程度与房屋高度、结构的复杂程度及计算的弹性层间位移角的大小有关,当计算的弹性层间位移角数值较小时,说明扭转不规则的程度较不严重(见第2.1.9条)。

2)"偏心率"指本楼层刚心和质心的距离与结构相应边长的比值,偏心布置(楼层刚心和质心偏差、相邻楼层质心偏差等)是造成结构扭转的重要原因,因此,与扭转不规则项可合并考虑。

3)对"凹凸不规则"可依据《高规》第3.4.3条把握,区分不同抗震设防烈度,6、7度时大于35%,8、9度时大于30%。

4)对"细腰形或角部重叠形"可按图2.1.16-1、图2.1.16-2把握。

(1)结构设计中,应避免采用连接较弱、各部分协同工作能力较差的结构平面。

(2)当平面重叠部位的对角线长度 b 小于与之平行方向结构最大有效楼板宽度 B 的1/3时,可判定为"角部重叠"(见图2.1.16-1)。

(3)当平面连接部位的宽度 b 小于典型平面宽度 B 的1/3时,可判定为"细腰形平面"(见图2.1.16-2)。

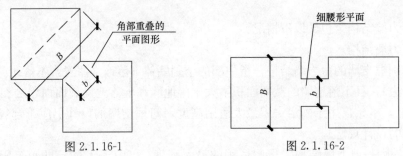

图2.1.16-1   图2.1.16-2

5)楼板"有效宽度"、典型楼板宽度可按图2.1.16-3确定。

图2.1.16-3 有效楼板宽度及楼板典型宽度的确定

6)"错层大于梁高"时,属于楼板不连续,此处的"梁高"指楼层梁的典型高度,如当柱网为8.4m×8.4m,梁的截面高度为650mm时,则楼层梁的典型高度为650mm。

7)"相邻层刚度变化大于70%或连续三层变化大于80%",可理解为:本层侧向刚度小于相邻层上层侧向刚度的70%或小于相邻上部三层侧向刚度平均值的80%。

8)"尺寸突变"主要着眼点在于竖向构件布置的变化对结构侧向刚度的影响,"外挑大于10%和4m"指带有竖向构件的外挑大于相应平面尺寸的10%和4m,不包括没有竖向构件的悬挑梁(实际工程中,悬挑长度大于4m的一般悬挑构件,其悬挑对结构的规则性影响不大,其影响的范围主要在构件层面,故可不计入不规则项。构件设计时采取相应的结构措施,如考虑竖向地震影响等)。

9)"其他不规则"已计入第1~6项时,不再单独计算不规则项。如:

(1) 由于楼板开洞形成的局部穿层柱已计入"楼板不连续"不规则时,可不再单独计入不规则项;

(2) 由斜柱造成的刚度变化,已计入"刚度突变"不规则时,可不再单独计入不规则项;

(3) 个别构件的转换已计入"构件间断"不规则项中时,可不再单独计入不规则项。

3. 应用表2.1.16-3时,应注意以下问题:

1)"裙房以上较多楼层"一般可按1/3楼层把握。

2)"单塔或多塔合质心与大底盘的质心偏心距大于底盘相应边长的20%","合质心"指单塔或多塔楼在裙房顶以上各楼层全部质量的综合质量。依据《高规》第10.6.3条的规定,本条不规则主要适用于多塔楼高层建筑结构,而"单塔楼与大底盘的质心偏心"是造成结构扭转不规则的主要原因,已在表2.1.16-2中考虑过,并已计入"扭转不规"则,故不应再计入此项特别不规则项。

2.2 结 构 分 析

【要点】

1. 结构分析包括对结构的整体分析,局部补充分析和对构件的验算分析。一般情况下,对结构进行整体分析时,重点应放在对结构体系等控制指标的把握上,如:结构抗震设计时的弹性位移角控制、结构扭转位移比的控制、结构楼层地震剪力系数的控制及结构底部第一振型的倾覆力矩比控制等;而对结构局部的补充分析,多用在结构的关键部位及复杂受力区域,或整体分析时计算模型不完全适应的部位及构件中,如:对转换结构的二次计算、对剧场等空旷结构的补充计算等,把握的是结构关键部位及结构分析中需要予以额外关注的区域;对构件的验算分析,多用在大跨度、大悬臂等特殊受力构件,主要是对构件承载能力极限状态及正常使用极限状态的验算等。

2. 结构分析是结构设计的前提,是结构设计的重要依据性工作,采用合理的计算模型,合理的计算假定,合理选用计算程序,必要时的多模型多程序比较分析等对结构设计关系重大。

3. 结构计算中各主要参数对结构计算影响很大,相关参数的取值均有一个合理的区间,往往没有绝对的对与错,而参数取值是否合理主要取决于设计者的工程经验和对结构设计关键点的把握能力,合理确定计算参数是结构计算的前提。工程经验不同、把握尺度的不同,将直接影响结构计算的准确性,本节中各主要计算参数取值的不同,其计算结果也必不相同。由此也再次说明:在结构的抗震设计中,由于设计计算的前提比较粗糙、计算参数众多、且计算参数的取值偏差较大,因此从工程设计角度看,追求过高的计算精度没有实际意义,而注重概念设计则是抗震设计的根本问题。

4. 结构设计中经常采用"包络设计"的方法,结构的包络设计就是对工程中可能出现的情况分别计算,取不利值设计。注意:这里指的是"可能出现"的情况,不是任意夸大,要有必要的分析和判断。要做好结构的包络设计工作必须注重结构概念设计,注重工程经验的积累。

1) 工程设计问题千变万化,影响结构效应的因素很多,有时问题盘根错节非常复杂,现有条件下难以准确分析,需要进行不断研究分析并逐步加以解决。但工程问题和科研活动的本质区别在于工程问题不能等,必须及时加以处理。实际工程要求结构设计人员化繁为简,能具备清晰的结构概念和丰富的工程经验,能以最基本的结构理念解决最复杂的工程问题,寻求的是以最低代价、最快速度解决复杂工程问题的简单而有效的方法。

2) 实际工程中的包络设计方法,可以是对构件的包络设计、对局部区域的包络设计,也可以是对整个结构的包络设计等。应根据工程的实际情况灵活掌握,针对不同情况,可以采用不同的包络设计原则。包络设计方法是结构设计解决复杂问题的基本方法,合理使用包络设计方法,对解决工程设计中的疑难问题大有益处,应引起每位结构设计者的重视。

5. 结构抗震设计时,地震作用的主要计算方法如下:

1) **底部剪力法** 根据地震反应谱,以工程结构的第一周期和等效单质点的重力荷载代表值求得结构的底部总剪力,然后以一定的法则将底部总剪力在结构高度方向进行分配,确定各质点的地震作用。

2) **振型分解法** 根据结构动力学原理,结构的任意振动状态都可以分解为许多独立正交的振型,每一个振型都有一定的振动周期和振动位移,利用结构的这一振动特性,可以将一个多自由度体系的结构分解成若干个相当于各自振周期的单自由度体系结构,求得结构的地震反应,然后用振型组合法求出多自由度体系的地震反应。

3) **振型分解反应谱法** 采用反应谱求各振型的反应时,称振型分解反应谱法。

4) **时程分析法** 结构地震作用计算分析时,以地震动的时间过程作为输入,用数值积分求解运动方程,把输入时间过程分为许多足够小的时段,每个时段内的地震动变化假定是线性的,从初始状态开始逐个时段进行逐个积分,每一时段的终止作为下一时段积分的初始状态,直至地震结束,求出结构在地震作用下,从静止到振动,直至振动终止整个过程的反应(位移、速度、加速度)。主要的逐步积分法有:中点加速度法、线性加速度法、威尔逊 θ 法和纽马克 β 法等。关于时程分析及静力弹塑性分析方法见第 2.4.5 条。

2.2.1 关于刚性楼板假定

【问】 什么是刚性楼板假定?为什么要采用刚性楼板假定?对刚性楼板有无量化标准?

【答】 理论上讲,任何刚度的结构和构件,受力后都会有变形,结构中没有绝对刚性的楼板,所谓"刚性楼板"只是工程中的一种简化和假定,当楼板的面内刚度足够大(注意:楼板的面外变形也应满足正常使用要求,且楼板面外变形对楼板面内的刚度没有明显影响），其变形小到从工程角度可以忽略不计的程度时，也就是说本层楼盖范围内各构件的水平变形符合同一规律（平动时一起平动，扭转时共同扭转），就可以认为是满足"刚性"要求，可以采用"刚性楼板"假定。

刚性楼盖指楼盖周边两端位移不超过平均位移2倍的情况，并不意味着刚度无穷大。注意，这里的"两端位移"和"平均位移"均为平动时的位移。

采用"刚性楼板"假定，每一楼层结构构件的自由度大大减少，各构件的变形具有简单明确的相互关系，可大大提高结构计算的效率。

【问题分析】

1. 结构抗震分析时，应按照楼、屋盖在平面内变形情况确定为刚性、半刚性和柔性的横隔板，再按抗侧力系统的布置确定抗侧力构件间的共同工作并进行各构件间的地震内力分析。

2. 柔性的横隔板指在平面内不考虑刚度的楼、屋盖，习惯上称作为零刚度楼板。

3. 除刚性和柔性的横隔板以外的楼、屋盖习惯上称其为弹性楼板，需考虑楼、屋盖平面内的变形。

4. 对特殊平面的结构应根据实际情况，对楼板采用不同的计算假定进行比较分析，详见第2.2.2条。

5. 工程设计中，在水平地震作用下，当楼板的面内变形不大于1/12000时，一般可确定为符合刚性楼板的假定。梁板结构中的现浇钢筋混凝土楼板一般均能满足楼板面内刚性楼板的假定。

2.2.2 关于空间分析模型

【问】 对具体工程如何确定结构分析时采用空间结构模型还是平面结构模型？

【答】 质量和侧向刚度分布接近对称且楼、屋盖可视为刚性横隔板的结构，可采用平面结构模型进行抗震分析。其他情况，应采用空间结构模型进行抗震分析。

【问题分析】

1. 由于计算机的应用和普及，采用空间结构模型进行抗震分析已相当普遍，故建议有条件时均可采用空间分析程序计算。

2. 选择计算程序要注重适用性，最适合工程实际情况的计算模型和软件才是工程应采用的计算软件。

3. 所有软件都不是万能的，都需要其他分析软件的对比和验证，软件只有适应和不适应的区别，没有先进与落后之分。在空间结构模型面前，平面结构模型也不一定没有用处，关键要结合工程实际情况合理选用，相互取长补短。必要时，对空间分析程序不完全适用的工程可考虑采用平面结构模型进行抗震分析的补充计算。如：

1) 剧场类框架结构，由于其观众厅及舞台一般比较空旷，而周边框架及附属用房等结构的侧向刚度相对较大（见图2.2.2-1），当采用空间分析程序计算时，观众厅及舞台的短框架（框架跨数较少）有"偷懒"现象（实际分摊的地震作用很小），为此，可采用平面模型将其中的短框架单独比较计算（图2.2.2-1中，除周边框架和台口框架外，其他框架均应进行补充计算，可采用PK程序对平面中具有"偷懒"可能的框架进行剖切计算），并对其进行包络设计。

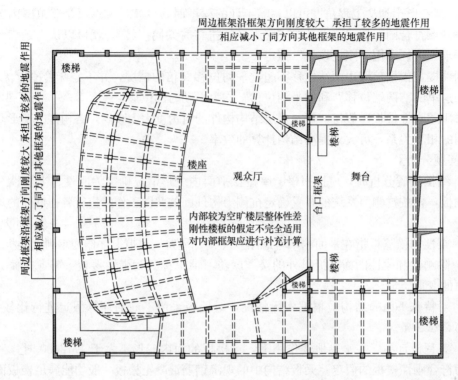

图 2.2.2-1 空旷结构

2) 采用空间结构模型计算时,主梁悬臂和次梁悬臂的计算差异较大,这是由于悬臂梁根部的竖向变形不同而造成的。因此,地震区建筑当悬臂较大时,应注意对次梁悬臂的再验算,必要时可采用手算或用 PK 程序进行补充验算,并对其进行包络设计,以弥补采用空间结构模型计算时次梁悬臂承载力的不足(见图 2.2.2-2)。

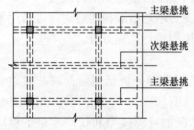

图 2.2.2-2 主梁悬臂与次梁悬臂

2.2.3 关于计算程序的合理选用

【问】 实际工程中如何合理选用符合工程特点的计算程序?

【答】 实际工程情况千变万化,程序选用应符合工程特点,采用合理的计算模型、计算假定,应注意程序的技术条件和适用范围,选择最适合工程的计算程序。

【问题分析】

1. 对商业程序应有充分的认识,应特别注意:商业程序不承担由于程序错误或不完善引起的法律责任。一切责任由程序的使用者承担。未经验证之前,不要轻易相信商业程序的广告宣传。

2. 程序的选用,合适是第一位的,选择的是最适合工程的计算程序,而不一定是最新的、功能最齐全的程序;任何程序都不能包打天下,所谓通用程序也只是在某一范围内的通用。

3. 应注意程序的基本假定是否符合工程具体情况,刚性楼板假定应结合工程具体情况灵活运用，对不完全适合采用刚性楼板假定的工程，应根据具体情况，采用刚性楼板假定、分块刚性楼板假定、弹性楼板假定等多模型分析比较，合理设计。

4. 利用计算机进行结构抗震分析时，应符合下列要求：

1）计算模型的建立，必要的简化计算与处理，应符合结构的实际工作状况。

2）计算软件的技术条件应符合规范及有关标准的规定，并应阐明其特殊处理的内容和依据。

3）复杂结构进行多遇地震作用下的内力和变形分析时，应采用不少于两个不同的力学模型，并对其计算结果进行分析比较。

4）所有计算结果，应经分析判断确认其合理、有效后方可用于工程设计。

5. 结构分析时应注意：

1）采用计算机进行结构分析时，应对软件的功能有切实的了解，计算模型的选取必须符合结构的实际工作情况。

2）计算软件的技术条件应符合国家规范的要求，即应选用合法有效的结构计算软件。

3）强调对计算结果的判别，对所采用的计算结果应先判别，并在确认合理有效后方可在设计中采用。

4）对复杂结构应采用多模型分析，避免单一计算模型带来的模型化差错。

6. 总信息是影响结构计算全局的参数，应在正确理解各参数物理概念基础上，注意对程序计算总信息的把握，及其对计算结果影响的判别。

2.2.4 关于填充墙刚度对结构计算周期的影响

【问】 多层建筑中如何考虑填充墙对结构周期的影响，是否可参考《高规》确定？

【答】 多层建筑中填充墙对结构计算周期的影响，应根据工程经验参考《高规》的规定确定。

【问题分析】

1. 周期折减的根本目的是为了在结构计算中充分考虑填充墙刚度对计算周期的影响，因此，主体结构的类型及填充墙的类别和填充墙的多少决定了折减系数的大小，取值见表 2.2.4-1。

周期折减系数表 表 2.2.4-1

结 构 类 型	填 充 墙 较 多	填 充 墙 较 少
框架结构	0.6~0.7	0.7~0.8
框架-剪力墙结构	0.7~0.8	0.8~0.9
剪力墙结构	0.8~0.9	0.9~1.0

2. 填充墙对结构周期的影响与填充墙的类型、填充墙与主体结构的位置等密切相关，表 2.2.4-1 按填充墙为实心砖墙确定，对其他各类填充墙（空心砖砌体、混凝土砌块砌体等）可依上表酌情调整确定。

3. 填充墙对主体结构周期的折减，实际上就是考虑填充墙刚度对主体结构刚度的影响程度，主体结构刚度越大填充墙对结构周期影响越小，反之，则越大；填充墙的自身刚度越大，对主体结构周期影响也越大，反之，则越小。

4. 有的地区限定周期折减系数不得超过某一数值，以此作为增大地震作用的一种途径，尽管最终结果与调整地震作用的放大系数相近，但概念混淆，不建议推广。

5. 多层建筑的周期折减系数，可参考表 2.2.4-1 结合多层建筑墙体布置的具体情况综合确定。

6. 填充墙对结构的其他影响

1)《抗震规范》第 3.7.4 条规定："**框架结构的围护墙和隔墙，应估计其设置对结构抗震的不利影响，避免不合理设置而导致主体结构的破坏**"。

2)《高规》第 6.1.3 条指出框架结构设置砌体填充墙时，应注意：

(1)"避免形成上、下层刚度变化过大"。

(2)"避免形成短柱"。

(3)"减小因抗侧刚度偏心而造成的结构扭转"。

3) 实际工程中，由于填充墙设置多由建筑专业完成，因此，结构设计常忽视填充墙布置对结构的影响，如填充墙设置引起的上、下层侧向刚度的突变、填充墙设置引起的短柱问题、及填充墙设置引起的结构扭转问题等，而上述问题仅靠结构计算时的周期折减是难以考虑的。

4) 填充墙刚度对结构的影响只是其对结构众多影响中的一小部分，实际工程中更应重视填充墙布置的不均匀性，注意其对结构扭转的影响、对结构刚度影响的不均匀性及短柱问题等。

2.2.5 关于框架-剪力墙结构中框架部分地震力调整系数

【问】 如何判断框架-剪力墙结构中框架部分地震力调整系数是否合理？

【答】 一般情况下，程序都有自动调整的功能，在特殊情况下，当调整区段选取不合理或框架柱数量变化太大时，常出现框架柱剪力调整系数过大的情况，此时应加强计算校核，必要时应进行分段调整。

【问题分析】

在框架-剪力墙结构中，由于剪力墙刚度远大于框架部分，剪力墙承担大部分地震力，框架按其刚度分担的地震作用很小，若直接按此计算结果进行框架设计，则在设防烈度地震及罕遇地震作用下，在剪力墙开裂后很不安全。因此，规范要求当框架-剪力墙结构中各层框架总剪力（即第 i 层框架柱剪力之和）$V_{fi} < 0.2V_0$ 时，取下列两式的较小值 $V_{fi}^c = 1.5V_{fmax}$，$V_{fi}^c = 0.2V_0$，以增加框架的强度储备（图 2.2.5-1）。调整时应注意：

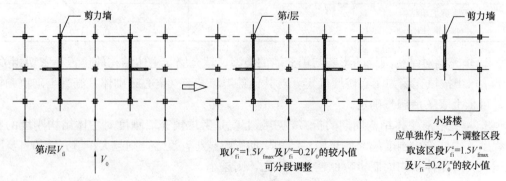

图 2.2.5-1 框架的强度储备

2.2 结构分析

1. 对框架剪力的调整，《高规》第 8.1.4 条采取可沿建筑高度分段调整的方法（图 2.2.5-2），其中 V_{fmax} 和 V_0 可理解为在建筑高度的某一分段内，框架部分的楼层剪力最大值和该区段底标高处结构的总剪力值。这使得框架柱数量沿建筑高度有规律变化的结构，可以进行分段调整，避免老规范采用单一调整区段带来的计算畸形（调整系数忽高忽低，变化无规律）。但对于体型过于复杂的结构，其框架部分的调整仍应专门研究。

2. 在对框架进行调整时，有时调整系数很大，有的高达数十倍。造成这一结果的主要原因是由于调整区段划分的不合理，以平面及框架布置沿房屋高度不均匀变化的结构为例（对应图 2.2.5-2），当全楼只划分为一个调整区段时，若以 $0.2V_0$ 控制，则，要使平面面积和框架数量均较少的上部楼层框架满足基底 $0.2V_0$ 的要求，其剪力调整的系数一定很大。因此，应根据工程的具体情况，合理确定调整区段，相关程序采取限制剪力调整系数的办法（如限制调整系数不大于 2）并不合理，一般只适用于全楼平面及框架布置较为均匀的结构，对平面及框架布置沿房屋高度变化较大的结构要慎用此调整系数。当调整系数很大时，应注意对结构体系进行重新判别，举例说明如下：

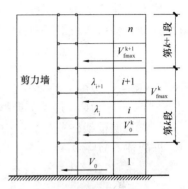

图 2.2.5-2 对结构的分段调整

例 2.2.5-1 某框支剪力墙结构，为控制刚度比，下部剪力墙较厚，剪力墙承担的地震剪力高达 90%，从而导致框架的剪力调整系数很大，最大达 17，按此系数调整，框架柱及框架梁配筋明显增加，甚至超筋并需加大截面。

从上例中可以发现，框支层与以上楼层采用同一调整系数是不合理的，应分段调整。而对框支层，剪力墙承担的地震剪力很大，已明显不属于双重抗侧力结构，对其框架进行剪力调整也显得很勉强，此时若考虑由剪力墙承担框支层的全部地震剪力，再对框架柱进行适当的剪力放大，很显然这样做既可靠又合理，也完全符合抗震性能设计要求。

对小塔楼（见图 2.2.5-1），因其平面尺度与大屋面变化较大，可将小塔楼单独作为一个调整区段处理。

3. 框架剪力调整应在满足楼层最小剪力系数（见《高规》第 4.3.12 条）即剪重比的前提下进行。

4. 非抗震设计时，框架剪力不调整；

5. 对框架梁弯矩、剪力，及对框架柱的弯矩调整，取用与框架柱剪力调整相同的系数，不调整轴力。注意：按"中震"或"大震"设计时，对框架梁的内力不调整。

6. 计算各层框架内力的增大系数

框架内力的增大系数取下列两式中的较小值：

$$\lambda_i = 1.5 \frac{V_{kfmax}}{V_{fi}}; \lambda_i = 0.2 \frac{V_{0k}}{V_{fi}}$$

式中：λ_i——第 i 层框架的剪力增大系数；

V_{fi}——增大前第 i 层框架部分的楼层总剪力；

V_{0k}——对框架柱数量从下至上基本不变的规则建筑，为对应于地震作用标准值的结构底部总剪力；对框架柱数量从下至上分段有规律变化的结构，为第 k 段最下层结构对应于地震作用标准值的总剪力；

V_{kfmax}——对框架柱数量从下至上基本不变的规则建筑，为对应于地震作用标准值且未经调整的各层框架承担的地震总剪力中的最大值；对框架柱数量从下至上分段有规律变化的结构，为第 k 段中对应于地震作用标准值且未经调整的各层框架承担的地震总剪力中的最大值。

按上式计算 λ_i 时，关于 V_{0k}、V_{fi}、V_{kfmax} 的取值，当采用底部剪力法计算时，可直接取其计算结果；当采用振型分解反应谱法计算时，应采用振型组合后的剪力，即

$$V_{0k} = \sqrt{\sum_{j=1}^{m} V_{0kj}^2}\,;\quad V_{fi} = \sqrt{\sum_{j=1}^{m} V_{fij}^2}$$

式中：V_{0kj}——为第 j 振型第 k 段的分段底部剪力；

V_{fij}——为第 i 层第 j 振型框架部分的楼层总剪力。

7. 第 i 层框架柱及框架梁的内力增大值

框架柱：$M_{c2}^i = \lambda_i M_{c1}^i$，$V_{c2}^i = \lambda_i V_{c1}^i$，$N_{c2}^i = N_{c1}^i$（轴力不增大）

框架梁：$M_{b2}^i = \dfrac{\lambda_i + \lambda_{i+1}}{2} M_{b1}^i$，$V_{b2}^i = \dfrac{\lambda_i + \lambda_{i+1}}{2} V_{b1}^i$

上式中内力符号的下标 1 及 2，分别表示增大前、后的内力。框架梁的内力增大系数取第 i 层和第 $i+1$ 层的平均值。

8. 楼层剪力的调整是对应于地震作用标准值时的单项内力的调整（当采用振型分解反应谱法计算地震作用时，其调整在振型组合之后），不同于对组合内力（地震作用与其他荷载效应组合）的调整。

9. 对重要工程及结构设计中的关键部位，常需要结合抗震性能目标调整框架的剪力分配比例，可根据具体情况确定采用 $0.25V_0$ 及 $1.8V_{\text{fmax}}$ 的较大值、$0.25V_0$ 及 $1.8V_{\text{fmax}}$ 的较小值、$0.2V_0$ 及 $1.5V_{\text{fmax}}$ 的较大值及 $0.2V_0$ 及 $1.5V_{\text{fmax}}$ 的较小值等。

10. 在框架-剪力墙结构中，有的程序将框架柱的剪力调整系数限定为 2，而实际工程中经常出现剪力调整系数大于 2 的情况。有网友提出程序对框架柱的剪力调整系数限值是否合理的问题。一般情况下，框架的剪力调整系数在 2 以内较为合理，但当调整的区段设置不合理或同一调整区段内各层框架柱数量变化比较大时，就会出现调整系数大于 2 的情况，因此，对框架柱的剪力调整系数应根据工程的实际情况加以判断。

11. 有的程序不具有同时对多个分段调整的功能，一般一次计算只限于一个区段，因此对由下而上有多个明显结构分段的结构，需进行多次单段调整，取合理值设计。当只划分一个区段时，往往结构顶部框架柱的剪力调整系数较大，有时达数十倍。

12. 有网友提出端柱是否也要剪力调整的问题。端柱不是柱，是墙，端柱给墙提供平面内的约束及平面外的稳定作用（见本书第 3.4.2 条）。因此，无论是在墙平面内还是在墙平面外，一般情况下对端柱不需要进行剪力调整。

13. 实际工程中，对框架-剪力墙结构（或框架-核心筒结构），为满足框架的剪力要求时，也不能过度减少剪力墙（或核心筒）。

2.2.6 关于地震作用调整系数

【问】 实际工程中地震作用调整系数取何值最为合理？

【答】 地震作用调整系数又称地震力调整系数,此系数可以用于放大或缩小地震作用,一般情况下取 1.0,即不调整,特殊情况下,为提高或降低结构的安全度,可取其他值,一般取值为 0.85~1.50。

【问题分析】

1. 一般工程的地震作用调整系数取 1.0,也就是不需要通过地震作用调整系数来实现对结构地震作用的放大或缩小。但地震作用调整系数一般不宜大于 1.3。

2. 当采用振型分解反应谱法的计算结果略小于弹性时程分析计算结果时,为简化设计,常采用加大地震作用调整系数的办法。但当调整系数大于 1.3 时,应调整结构体系或结构布置或更换地震波。

3. 楼层剪力不满足《抗震规范》第 5.2.5 条规定的剪力系数要求时,也可通过地震作用调整系数加大楼层地震剪力。但当调整系数大于 1.3 时,说明结构体系和结构布置不合理,需采取调整措施,调整结构体系或结构布置。

2.2.7 关于计算振型数

【问】 实际工程中如何确定计算振型数?

【答】 计算振型个数的多少与结构的复杂程度、结构层数及结构形式等有关,多、高层建筑振型数应以保证振型参与质量不小于总质量的 90% 为前提。一般情况下,多、高层建筑地震作用振型数非耦联时 $n \geq 9$ 个,耦联时 $n \geq 15$ 个;对多塔结构振型数 $n \geq$ 塔楼数量$\times 9$。

【问题分析】

1. 结构设计计算一般采用振型分解反应谱法,而振型分解反应谱法的计算精度与振型的参与数有关(见《抗震规范》式(5.2.3-5))。振型数越多,则计算精度越高,当然所需的计算时间和计算资源也越多。在结构计算中要考虑所有振型既不可能也无必要,只要满足工程精度要求即可,因此,需确定恰当的计算振型数。

2. 振型数量的问题,其本质是振型所代表的质量问题,即振型参与质量问题。《抗震规范》第 5.2.2 条规定,振型个数一般取振型参与质量达到总质量的 90% 所需的振型数。振型参与质量与结构分析时采用的计算假定有关。

1) 当采用刚性楼板假定时,自振周期较长的振型通常所代表的质量也大,往往就是结构的主振型,一般情况下,取前 9~15 个振型均能满足振型参与质量的限值要求。对高层建筑尤其是复杂高层建筑,还应适当增加计算振型数,以考虑高振型对结构顶部的影响。

2) 当采用弹性楼板假定时,由于结构的计算质点数量急剧增加,第一振型所代表质量有可能很小,就是常说的局部振动(注意:这与采用刚性楼板假定的计算有很大的不同),这种情况下,要满足规范的振型参与质量要求,往往需要的振型数会很多,有时甚至多达上百个。因此,采用弹性楼板假定计算时,一定要特别注意对振型参与质量的判别。

2.2.8 关于梁端弯矩调幅系数

【问】 梁端弯矩调幅系数如何取值最为合理?

【答】 梁端的调幅系数应根据工程的具体情况综合确定,一般情况下,装配整体式框架梁取 0.7～0.8；现浇框架梁取 0.8～0.9。

【问题分析】

1. 考虑梁在竖向荷载作用下的塑性内力重分布，通过调整使梁端负弯矩减少，相应地增加梁跨中弯矩，使梁上下配筋比较均匀。框架梁端负弯矩调幅后，梁跨中弯矩按平衡条件相应增大。

2. 结构弹性分析计算中，对杆系结构常采用计算跨度，梁端计算弯矩比实际弯矩大得多（见图 2.2.8-1），不利于框架梁延性发展、不利于强剪弱弯、强柱弱梁等抗震设计基本理念的实现。因此，对地震区建筑，更应注意对梁端弯矩的调幅。

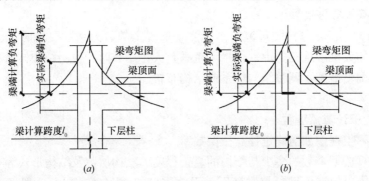

图 2.2.8-1　按弹性方法计算时梁端计算弯矩与实际弯矩的关系
(a) 不考虑刚域时；(b) 考虑刚域时

3. 应注意实际工程中悬挑梁的梁端负弯矩不得调幅。

2.2.9　关于梁跨中弯矩放大系数

【问】 在民用建筑工程中，梁跨中弯矩放大系数取多少合理？

【答】 梁的跨中弯矩放大系数可根据工程中活荷载的大小综合确定，对一般高层建筑取 1.0～1.1；活荷载较大的高层、一般多层建筑取 1.1～1.2；活荷载较大的多层建筑取 1.2～1.3。

【问题分析】

1. 当不计算活荷载或不考虑活荷载的不利布置时，可通过此参数来调整梁在恒载和活载作用下的跨中弯矩（注意：不计算活荷载或不考虑活荷载的不利布置，与梁跨中弯矩放大系数两者同时出现，密不可分）。以弥补不考虑活荷载不利分布时的计算不足；同时也可以发现，只要在活荷载数值不大，活荷载对梁的跨中弯矩影响不大时，采用不考虑活荷载不利分布的简化计算方法，并通过跨中弯矩放大系数进行调整，可满足工程计算精度要求。

2. 考虑活荷载不利分布时，可不考虑梁的跨中弯矩放大。

3. 适当放大梁的跨中弯矩设计值，有利于提高结构承受竖向荷载的能力及提高对偶然荷载的适应能力，采取恰当技术措施（增加的跨中钢筋可不伸入梁端支座）后，不影响结构的抗震性能。同时，对于结构设计时建筑使用功能尚未完全确定、或在设计使用年限内建筑的使用功能有可能有重大调整的工程，适当考虑梁的跨中弯矩放大系数，使结构或构件获得恰当的安全储备，以应付局部超载的情况，是一种更深意义上的节约，也是对结构设计的保护。

2.2.10 关于梁刚度增大系数

【问】 工程中梁的截面尺寸变化很大,边梁和中梁的梁刚度放大系数不同,梁的刚度放大系数究竟应该如何确定?

【答】 结构的弹性分析时,梁的刚度放大系数是一个统计意义上的数值,应根据现浇梁的典型截面及有效翼缘的实际情况(能涵盖大部分框架梁及相应翼缘)计算确定。当梁截面高度及现浇楼板厚度符合一般规律时,边梁可取 1.5,中梁可取 2.0。对其他情况,则可取典型梁及翼缘的截面计算确定。

【问题分析】

1. 由于梁和现浇楼板是连成一体的 T 形截面梁,当采用刚性楼板假定的计算程序计算时,程序在梁的刚度计算时,只能计及无翼缘的矩形截面梁刚度(EI_b),因此,需要采用梁刚度放大系数 C 来近似考虑现浇楼板(及装配整体式楼盖)对梁刚度(EI)的贡献,即考虑现浇楼板影响后梁的刚度 $EI=CEI_b$。

2. 确定梁的刚度放大系数时,应首先根据《混凝土规范》第 5.2.4 条确定受弯构件受压翼缘的计算宽度(注意:用于弹性计算时,受拉翼缘的计算宽度可以与受压翼缘相同取值),按 T 形(或 Γ 形)截面计算带翼缘梁的截面抗弯刚度,并与相应的矩形截面梁的截面抗弯刚度比较,其比值就是梁的刚度放大系数。在结构分析程序中,由于全工程采用统一的梁刚度放大系数,因此,确定该系数时,应取楼层框架梁的代表性截面(所谓代表性截面系指楼层中大部分梁的截面)计算,以免取值不合理造成结构计算较大的误差。举例说明如下:

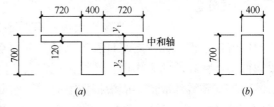

图 2.2.10-1 框架梁刚度放大系数的计算简图
(a) T 形截面;(b) 矩形截面

例 2.2.10-1 某工程的代表性框架梁(见图 2.2.10-1)截面 $b \times h$ 为 400mm×700mm,现浇楼板厚度 $h'_f=120$mm,受压翼缘计算宽度 $b'_f=1840$mm,梁的刚度放大系数计算如下:

带受压翼缘框架梁的截面面积 $A=400\times700+2\times720\times120=452800\text{mm}^2$

梁中和轴距梁顶距离 $y_1=\dfrac{2\times720\times120\times60+400\times700\times350}{452800}=239.3\text{mm}$

带翼缘框架梁的截面刚度:

$$I_b^f = \dfrac{400\times700^3+1440\times120^3}{12}+1440\times120\times(239.3-60)^2$$

$$+400\times700\times(350-239.3)^2$$

$$=1.164\times10^{10}+5.555\times10^9+3.431\times10^9=2.0626\times10^{10}\text{mm}^4$$

矩形截面梁的截面刚度 $I_b=\dfrac{400\times700^3}{12}=1.143\times10^{10}\text{mm}^4$

则梁的刚度放大系数 $C=\dfrac{I_b^f}{I_b}=\dfrac{2.0626E10}{1.143E10}=1.80$

一般情况下现浇楼盖的边框梁取$C=1.5$，中间框架梁取$C=2.0$。有现浇层的装配整体式框架梁刚度放大系数可酌情适当减小。对无现浇层的装配式结构楼面梁、板柱体系的等代梁等取$C=1.0$。梁截面高度越大，C数值越小；现浇楼板越厚，C数值越大。

3. 梁的刚度放大系数只适用于采用刚性楼板假定的计算程序中，采用弹性楼板假定的计算程序，能自动考虑现浇楼板对结构抗弯刚度的贡献，因此不需要采用梁的刚度放大系数，即梁刚度增大系数对按弹性楼板假定计算的梁不起作用。

4. 梁刚度增大系数对连梁不起作用。

5. 在现浇混凝土空心楼板中，应注意采用单向填充空心管引起的楼板各向异性，在平行和垂直于填充空心管方向，宜取用不同的梁刚度放大系数。

6. 梁刚度放大系数影响的只是梁的内力（即只在效应计算时考虑），构件的配筋仍按矩形截面计算。

7. 一般情况下，不宜采用程序自动计算的梁刚度放大系数。

2.2.11 关于梁扭矩折减系数

【问】 什么情况下才可以考虑扭矩折减？

【答】 当计算程序中没有考虑现浇楼板（或装配整体式楼板）对梁抗扭转的约束作用时，梁的计算扭矩偏大，在计算时应予以折减，一般可取梁扭矩折减系数为0.4。

【问题分析】

1. 现浇楼板（或装配整体式楼板）有利于提高梁的抗扭能力，而采用杆系模型的计算程序时，杆件与杆件之间只有节点联系（即空间杆件模型），没有考虑实际楼板对防止梁构件扭转存在的约束作用，计算扭矩偏大。因此，要采用扭矩折减系数将计算扭矩进行折减。折减系数的取值，应根据楼板对梁的实际约束情况确定，梁两侧均有现浇楼板时，可取0.4，当为独立梁（两侧均无楼板）时，应取1.0计算。

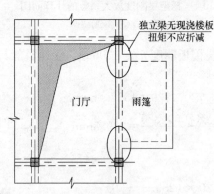

图 2.2.11-1 结构布置不合理造成的扭矩计算失真

2. 对悬臂梁根部的主梁应特别注意梁扭矩的折减，调整结构布置，避免由主梁直接悬挑（见图2.2.11-1），对重要构件或采取扭矩折减明显不合理时，应取扭矩折减系数为1.0进行复核验算，并包络设计。

3. 还应注意：扭矩折减系数和弯矩调幅系数不同，程序对扭矩折减后一般都没有进行节点扭矩和弯矩的平衡验算，也就是说，被折减下来的扭矩实际是被"扔掉"了。如某梁在扭矩折减前的梁端计算扭矩为100kN·m，取扭矩折减0.4后，梁端计算扭矩为40kN·m，而折减掉的60kN·m并没有进行节点平衡处理，被直接"扔掉"了。因此，对特殊情况（如悬挑梁根部的主梁等）应特别注意。

4. 对结构和构件而言，抗扭一般是最薄弱的环节，因此，结构设计中应采取措施避免结构或构件承担过大的扭矩，充分发挥构件的承载能力特点（如：钢筋混凝土构件以承压、受弯为主，钢结构构件以抗剪、抗弯、抗拉为主），实现结构设计的最优化。

2.2 结构分析

2.2.12 关于连梁刚度折减系数

【问】 为什么要对连梁进行刚度折减？对连梁进行刚度折减是否可理解为连梁失效？

【答】 当梁的一端（或两端）与剪力墙相连，且梁跨高比小于5的非悬臂梁称为连梁。抗震设计的连梁由于其跨高比小、刚度大，常作为主要的抗震耗能构件，在地震作用下（有时甚至在多遇地震作用下），连梁产生很大的塑性变形，刚度退化严重，而连梁的刚度退化加大了剪力墙的负担，因此，在结构分析中应适当考虑连梁刚度过早退化的工作特点，加大墙肢的设计内力。对连梁的刚度折减是考虑连梁梁端出现的塑性变形，但不是连梁的失效。

【问题分析】

1. 连梁常被称为结构抗震设计中的"保险丝"，它可以起到耗散地震能量的作用，伴随着连梁梁端产生塑性变形（直至产生塑性铰），结构刚度退化，变形加大，结构出现内力重分布，剪力墙墙肢内力加大，故内力和位移的计算中对连梁刚度应予折减，连梁刚度折减系数可取0.5。当结构位移由风荷载控制时，连梁刚度折减系数宜不小于0.8。

2. 连梁刚度的折减系数应取值合理。当考虑过大（连梁刚度考虑过大）时，连梁吸收的地震作用过多，在设防烈度地震或罕遇地震作用下，一旦连梁产生塑性铰甚至连梁失效，剪力墙则无法承担由于连梁刚度退化或失效而转嫁的地震作用，将难以确保结构安全；而当取值过小（连梁刚度考虑过小）时，连梁的刚度得不到充分发挥，在多遇地震或风荷载作用下，结构的正常使用和舒适度降低，同时，结构设计的经济性也差。

3. 对复杂结构常被要求按"中震"设计，目前采用的"中震"设计方法不是真正意义上的"中震"设计，而是借助于小震弹性的计算方法，是对小震弹性计算的简单放大，属于概念设计的估算范畴，此时，连梁的刚度折减系数可取不小于0.3的数值。

4. 结构设计中，连梁超筋现象普遍，《高规》第7.2.26条中提出了对连梁设计的三大原则，相关讨论见资料[13]、[15]、[17]及见本书第3章相关内容。

2.2.13 结构的包络设计方法

【问】 什么是结构设计中的包络设计方法，在实际工程中如何合理采用包络设计法？

【答】 包络设计方法常用来解决结构设计中的疑难问题，实际工程中可以是对构件的包络设计、对局部区域的包络设计，也可以是对整个结构的包络设计等。应根据工程的实际情况灵活掌握。

【问题分析】

1. 包络设计法就是对工程中可能出现的情况分别计算，取不利值设计。注意：这里指的是"可能出现"的情况，不是任意夸大，要有必要的分析和判断。要做好结构的包络设计工作必须注重结构概念设计，注重工程经验的积累。

2. 工程设计问题千变万化，影响结构效应的因素很多，有时问题盘根错节非常复杂，现有条件下难以准确分析，需要进行不断研究分析并逐步加以解决。但工程问题和科研活动的本质区别在于工程问题不能等，必须及时加以处理。实际工程要求结构设计人员能具备清晰的结构概念和丰富的工程经验，能以最基本的结构理念解决最复杂的工程问题，寻求的是以最低代价解决复杂工程问题的简单而有效的方法。

3. 针对不同情况，可以采用不同的包络设计原则。

1) 对结构的包络设计

结构体系是影响结构设计的重要因素,然而影响结构体系的因素很多(详细分析见本书第3.1.1条),以钢筋混凝土结构为例,剪力墙的多少直接影响到结构体系。如:在少量剪力墙的框架结构(详细分析可见本书第3.2.3条)中,对框架需要按框架与剪力墙协同工作及纯框架结构分别计算,包络设计(取不利值设计)(图2.2.13-1)。其根本的原因在于,在风荷载及多遇地震作用下,结构基本处于弹性阶段,剪力墙虽然数量不多,但由于其自身侧向刚度很大,仍具有很大的抗侧作用,此时框架与剪力墙协同工作,可以把少量剪力墙的框架结构看作和一般框架-剪力墙结构一样,需要按框架-剪力墙结构进行分析计算。而在设防烈度地震及罕遇地震作用下,剪力墙裂缝开展,刚度急剧退化,还由于剪力墙数量很少,根本不可能成为第一道防线(注意:有网友认为"在少量剪力墙的框架结构中剪力墙可作为第二道防线",这是错误的,剪力墙具有侧向刚度大的特点,这就决定其不可能成为第二道防线,要么成为第一道防线,要么不能成为第一道防线),剪力墙所承担的地震作用迅速转嫁给框架结构,此时,少量剪力墙的框架结构可以看作为是纯框架结构,需要按框架结构进行分析,并应验算纯框架结构在罕遇地震作用下的弹塑性位移

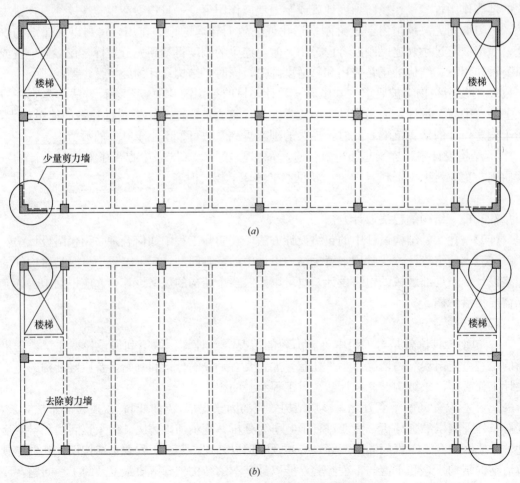

图 2.2.13-1 少量剪力墙的框架结构的包络设计
(a) 框架与剪力墙协同计算;(b) 纯框架计算

（即大震位移）。

上述依据"小震不坏"（含风荷载影响）、"大震不倒"的抗震设计基本要求，围绕着风荷载和多遇地震作用及罕遇地震展开的分阶段计算分析，就是结构包络设计的重要内容，解决的是在不同情况下结构体系的变化所带来的设计难题。

对结构的包络设计还远不止上述的少量剪力墙的框架结构，其他如：少量框架的剪力墙结构、带小裙房的剪力墙住宅、空旷结构中的内部框架按单榀框架进行的补充计算（图2.2.13-2)等。

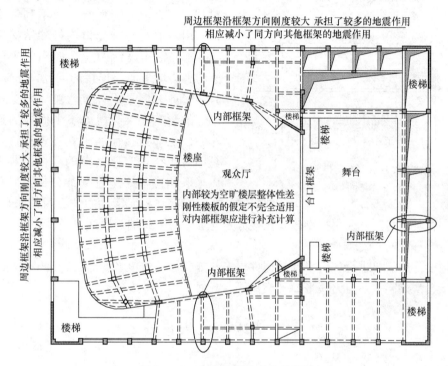

图2.2.13-2 空旷结构的包络设计

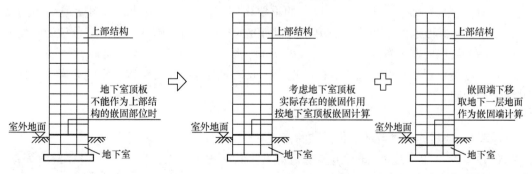

图2.2.13-3 上部结构根部的包络设计

2) 对重要部位的包络设计

对结构重要部位的包络设计是结构设计中常见的包络设计方法，主要根据结构部位的受力复杂程度，对其可能出现的各种情况分别进行分析，取不利值设计，用以解决复杂部位的结构设计问题。如：设置下沉式庭院的结构，由于地下室顶板大开洞而不能作为上部结构的嵌固部位，嵌固端下移至地下一层地面时，应结合工程的具体情况，考虑地下室顶板对上部结构实际存在的嵌固作用（受地下室周边挡土墙及墙外填土的影响），将地下室顶板及地下一层地面分别作为上部结构的嵌固端，进行相应的分析计算，并取不利值包络设计（图 2.2.13-3）。

结构设计中需要进行包络设计的部位还有很多，如转换结构的转换层、连体结构的连接体等。

3）对构件的包络设计

对构件的包络设计是结构设计中最基本的包络设计方法，主要根据构件的受力情况，对其进行补充分析验算，取不利值进行设计，用来解决复杂受力构件的结构设计问题。如：结构设计中经常遇到的主梁端支座与剪力墙平面外连接的问题（图 2.2.13-4），受剪力墙平面外抗弯刚度及主梁抗弯刚度的影响，梁与剪力墙平面外的连接既非刚接也非铰接而属于弹性连接，结构计算中对主梁端支座情况的模拟困难（虽可以采取相应程序进行复杂分析，但费时费工，只有在科研活动中才有可能采用），常

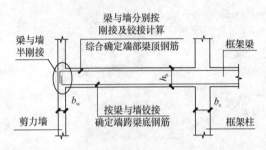

图 2.2.13-4 主梁与剪力墙平面外连接的包络设计

可根据工程具体情况，采用按刚接和铰接分别计算，对主梁端跨底部包络设计，对主梁端支座进行合理配筋。

结构设计中需要进行包络设计的构件很多，如：连梁的包络设计、次梁梁端与主梁的垂直连接、次梁梁端与剪力墙平面外连接等。

2.3 场地、地基基础

【要点】

场地和地基基础是结构抗震设计中的重要内容之一，结构设计者应对地震传播的特点、场地对地震波的滤波和放大作用、地震研究的现状等有足够的了解。充分认识到场地类别、场地特征周期等对结构抗震设计的影响。场地和地基问题属于抗震设计的基本问题，它直接关系到结构设计基本数据的正确选取，同时也是需要结构工程师和岩土工程师密切配合的问题。

2.3.1 地震的传播与地震作用的特点

【问】 2008 年 5 月 12 日四川汶川地区发生特大地震，波及陕西、甘肃、云南等省，地震波究竟是如何传播的，它有什么特点？

【答】 地震波由震源（震中）出发传向四面八方，地震时由震源同时发出两种波，一种是纵波，一种是横波（见图 2.3.1-1）。

纵波也叫压缩波，其能量的传播方向与波的前进方向是一致的，相邻质点在波的传播方向作压缩与拉伸运动，就像手风琴伸缩一样。当纵波垂直向上传播时，物体受到竖向的拉压作用，因此，地面的自由物体会下陷或上抛。

横波也叫剪切波,它使质点在垂直于波的前进方向作相互的剪切运动,就像彩带的质点运动一样,当横波的传播方向与地面垂直时,横波使地面物体做水平摇摆运动。

纵波与横波的传播速度不同,纵波比横波传播的速度快,但衰减也快,因此纵波先到达场地,剪切波随后到达。震中附近的人先感到上下运动,有时甚至被抛起(即地震加速度大于重力加速度 g),尔后才感觉到左右摇晃运动,站立不稳。纵波的衰减较快,因而其影响范围往往不及横波。基于上述情况,除震中外,抗震理论主要考虑横波的剪切作用,而纵波的拉压影响只在某些特定的结构情况下需要考虑。

地震波在基岩和地表土层中的传播和衰减的速度各不相同,因此,地震波首先到达建筑场地下的基岩,再向上传播到达地表(注意,一般情况下,理论和实测表明,地表土对地震加速度起放大的作用,一般土层中的加速度随距地面深度的增加而递减,基岩顶面的覆盖土层越厚、土层越软,地表面处的地震加速度比基岩面的地震加速度放大作用越明显),由于地震波穿过的岩、土层的性质与厚度不同,地震波到达地表时,经过土、岩的滤波作用,地震波的振幅与频率特性也各不相同,因此,地质条件和距震源的远近不同,场地的地面运动也不一样。

由于地震波是在成层的岩、土中传播,在经过不同的层面时,波的折射现象使波的前进方向偏离直线。一般情况下,岩、土层的剪变模量和剪切波速都有随深度增加的趋势,从而使波的传播方向形成向地表弯转的形式,因此,在距地表的相当厚度之内,

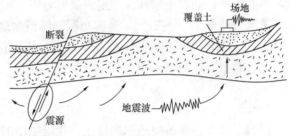

图 2.3.1-1 地震波的传播过程

可以将地震波看成是向上(由基岩向地表,使地面物体做水平摇摆运动)传播的(见图 2.3.1-1),因此,《抗震规范》以地震波垂直向上传播的理论(即水平地震作用)为基本假定。

【问题分析】

1. 地震作用有其特有的规律,掌握其传播的规律对理解地震作用的过程、把握地震作用对建筑物的影响有重要意义。了解地震科学的研究现状和地震作用的复杂性,可以有助于把握结构抗震设计的要点,抓住结构抗震设计的关键。并有助于理解加强建筑抗震概念设计和抗震构造的重要性。

2. 地面以上建筑物的运动实际上是由地面运动(由地面以下地震波引起的地面水平运动)和地面以上建筑的运动(建筑物对地面以下地震波的响应)两部分组成的,地震时人在房间内感觉到的位移是由地面运动的位移 Δ_G 和建筑物的地震位移 Δ_S 的叠加,是绝对位移值。而我们通常所说的结构弹性层间位移角 θ_E 仅是指上部结构的地震位移,把建筑物的下端看成是没有位移的固定端来考虑,比实际位移小许多。

以西安为例,本地区抗震设防烈度为 8 度,汶川地震时西安地区的烈度约为 6.5 度,处在结构抗震设计的多遇地震作用范围内,结构处于弹性状态中,结构的弹性位移角没有超过规范的限值。按计算,位于某剪力墙结构第 20 层处的水平位移最大值为 57000/1000 = 57mm(楼层离地面高度按 57m 计算),而人所感觉到的实际位移要比 57mm 大许多,除因地震时人的恐惧而夸大了地震位移外,还有一个重要的原因就是地震时人们感觉到的

是绝对位移,是地面运动的位移与建筑物弹性位移的叠加。

3. 基岩埋深越大,上覆土层越厚,土质越疏松,则地震动由基岩穿过这种较厚的软弱土层到达地表时,会产生较强的地面震动。实测资料及计算结果表明,场地土对基岩波地震动峰值加速度有明显的放大作用,多遇地震时的放大倍数高达 2 左右。但随着输入地震动峰值加速度的增大,场地土对基岩波地震动的放大作用效应不是线性变化的,峰值加速度到达某一较大值后,受软弱土的非线性变形特性的影响,大量的地震波能量的耗散,使得地表地震动幅值降低,对于发生概率较小的地震动(如罕遇地震),场地放大作用减小,甚至表现为使地震动缩小。但长周期段反应谱放大效应增加,特征周期显著延长。

4. 软厚土层场地的放大作用使从基岩输入的地震动通过各土层时被增强,同时土层的滤波作用可能导致穿过土层的地震波的优势周期与场地以及建筑物的自振周期一致,形成共振,从而加重灾害。1976 年 7.8 级的唐山地震,天津的塘沽、汉沽等滨海地区,由于覆盖土层较厚、淤泥质夹层厚度大且埋深浅,造成地震时震害加重,形成高烈度异常区。抗震设计时,针对软土的放大与滤波作用,可采取适当的措施减弱或避免软土场地对建筑物的危害,如软土地基深开挖,研究表明,实施软土地基深开挖后,水平向地震动峰值加速度可降低 17%～27%,竖向地震动峰值加速度可降低 7%～18%。

5. 对于基础坐落在基岩上的高层建筑,覆土层对地震波的放大作用很小,可按基岩波设计,并留有适当的余地。

2.3.2 关于场地和场地土

【问】 什么是建筑场地和场地土,建筑场地的范围是多大?

【答】 建筑场地指建筑物所在的区域,其范围大致相当于厂区、居民点和自然村的区域,一般不小于 $0.5km^2$。在城市中,大致为 $1km^2$ 的范围,场地在平面和深度方向的尺度与地震波的波长相当。

场地土是指场地区域内自地表向下深度在 20m 左右范围内的地基土。表层场地土的类型与性状对场地反应的影响比深层土大。

【问题分析】

建筑场地和场地土是结构抗震设计中的重要概念,是研究结构抗震设计的基础。相对于建筑物而言,场地是一个较为宏观的范围,它反应的是特定区域内岩土对基岩地震波的滤波和放大作用,是研究场地地面运动的依据,也是研究建筑物抗震设计的基础。

2.3.3 关于建筑场地的有利、不利和危险地段划分

【问】 《抗震规范》表 4.1.1 中将建筑场地划分为有利、不利和危险地段,对于表中未包含的地质、地形和地貌该如何划分?为什么属于岩石地基的"条状突出的山嘴,高耸孤立的山丘"也列为对抗震的不利地段,与此对应的岩石山谷是不是也属于抗震不利地段?

【答】 《抗震规范》表 4.1.1 中只列出了有利、不利和危险地段的划分情况,其他地段可视为可进行建设的一般地段。

资料显示,局部地形条件对抗震有影响。一般情况下,非岩质地形对烈度的影响比岩质地形的影响更为明显,但对于岩石地基的高度高达数十米的条状突出的山嘴和高耸孤立

的山丘，由于鞭梢效应明显，振动有所加大，烈度有所提高。因此，《抗震规范》将属于岩石地基的"条状突出的山嘴，高耸孤立的山丘"也列为对抗震的不利地段，而山谷地区则不存在上述鞭梢效应，因而不属于抗震的不利地段，但应注意地震引起的次生灾害（滑坡、泥石流等）对建筑的影响。

震害调查已多次证实，局部高凸地形对地震动的反应比山脚的开阔地强烈得多，山坡、山顶处建筑物遭受到的地震烈度较平地要高出1～3度，结构设计时应予以充分的重视。

【问题分析】

场地条件是影响地震地面运动的重要因素，震害调查表明，高突地形、条状突出的山嘴等对地震烈度的影响明显（1974年云南昭通地震时，芦家湾大队地形复杂，在不大的范围内，同一等高线上的震害就大不一样。在条形的舌尖端，烈度相当于9度，稍向内侧则为

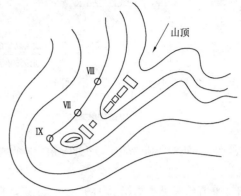

图 2.3.3-1 芦家湾大队地形及烈度示意图
（图中方块为建筑物）

7度，近大山处则为8度，见图2.3.3-1）。因此，当结构设计中遇有山坡、山顶建筑时，应特别注意不利地形对抗震设计的影响，必要时按《抗震规范》第4.1.8条规定对水平地震影响系数进行相应的放大，以确保结构抗震安全。

2.3.4 关于地震区的坡地建筑问题

【问】地震区坡地建筑经常出现三面有土一面空旷的情况，该如何处理？

【答】抗震设计时，应避免在坡地建造高层建筑，不能避免时，应采取措施，形成局部平地（见图2.3.4-1），避免不利情况的发生。局部平地应采用永久性挡土墙及其他护坡措施。

地震区建筑或当风荷载及其他水平荷载作用比较大时，不应在未经局部平地处理后的场地上建造高层建筑。对低烈度区、多层建筑等可适当放松要求。

【问题分析】

1. 坡地上的建筑，受场地约束条件的限制，一般不具备双向均匀对称的条件，在地震作用或风荷载及其他水平荷载作用下，建筑物将产生很大的扭转，属于抗震不规则结构。

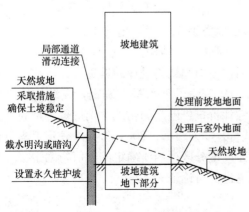

图 2.3.4-1 坡地建筑的结构处理措施

2. 坡地建筑问题在结构设计中屡见不鲜，坡地建筑有其特殊性，其主要问题在于建筑物在地震作用或水平荷载作用下的扭转问题，除建筑物本身的不均匀造成的扭转外，场地对建筑约束的不均匀是造成建筑物扭转的最主要原因，这种先天性的不足使得坡地建筑抗扭能力弱，抗震能力大为降低。

3. 应采取措施营造局部平地环境，使建

筑物获得均匀对称的地面约束，减少建筑物的扭转。不应在未经处理的坡地上直接建造高层建筑。

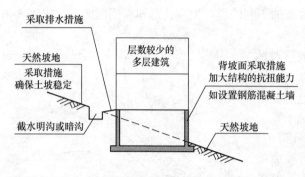

4. 对单层及层数较少的多层建筑（如别墅等），也应首先考虑采取措施，避免由于场地约束的不均匀使结构产生过大的扭转。当无法营造局部平地环境时，应采取切实有效的结构措施（见图2.3.4-2），如适当增加剪力墙以提高结构自身的抗扭能力，并减少结构的扭转位移量值等，同时，还应加强对结构扭转位移的验算，严格控制结构的扭转位移比在规范允许的范围

图 2.3.4-2 单层及层数较少的多层建筑的抗扭措施

内（限值指标见本章第2.1.9条）。注意，此时对结构进行的扭转位移比验算，由于没有考虑场地土对结构约束的影响，因而是粗略的和不全面的，属于对结构扭转效应的大致估算。因此，最大限度地提高结构的抗扭能力，既减少了扭转位移的量值，也由于加大了结构的抗扭刚度，从而可以相对弱化由于地面约束的不均匀对结构扭转的影响。在采取减少结构扭转措施及提高结构抗扭能力后，可在坡地上建造层数较少的多层建筑。

2.3.5 关于场地类别的确定

【问】 场地类别对结构抗震设计影响较大，当场地类别介于两类（如Ⅱ、Ⅲ）之间时，该如何确定？

【答】《抗震规范》第4.1.6条规定，"当有可靠的剪切波速和覆盖层厚度且其值处于表4.1.6所列场地类别的分界线附近时，应允许按插值法确定地震作用计算所用的设计特征周期"。上述规定明确了当有充分依据时，允许使用插入方法（按表2.3.5-1）确定场地类别的边界线附近（指相差15%的范围）的T_g值。注意，《抗震规范》表4.1.6主要适用于剪切波速随深度呈递增趋势的场地，对于有较厚软土夹层的场地，则不太适用，因为软土夹层对短周期地震动有抑制作用，将改变地表地震波的组成成分。因此，宜适当调整场地类别和设计地震动参数。

【问题分析】

1. 场地类别对结构抗震设计影响重大，当场地类别介于两类场地类别的分界线附近时，场地类别不同的结构其计算结果差异很大，因此，在结构抗震设计前就应该予以明确，避免在结构设计完成后或设计过程中的不断调整引起结构设计的返工。

2. 建筑的场地类别一般应根据勘察报告和地震安全性评价报告确定，在结构抗震设计前，结构设计人员应对勘察报告或地震安全性评价报告确定的场地类别进行再判断，必要时可根据《建筑工程抗震性态设计通则》（试行）CECS160：2004附录A确定工程所在地的抗震设防烈度、设计基本地震加速度、特征周期分区。当所确定的数值与勘察报告和地震安全性评价报告的数值相差较大时，应提请进行再论证。

3. 采用插入法确定场地类别的工程实例

例 2.3.5-1 天津某工程，抗震设防烈度7度，设计地震分组为第一组，设计基本地

2.3 场地、地基基础

震加速度为 $0.15g$。场地内 2 个波速孔实测地基土剪切波速统计结果表明,埋深 20m 范围内场地土等效剪切波速 $v_{se}=122.3\sim126.7\text{m/s}$,覆盖层厚度 $d_{ov}=78\text{m}$。按《抗震规范》判定,该场地土的类型属于软弱土,场地类别为Ⅲ类,场地的特征周期 $T_g=0.54\text{s}$(以 $v_{se}=122.3\sim126.7\text{m/s}$,$d_{ov}=78\text{m}$,查表 2.3.5-2)。而《抗震规范》表 5.1.4-2 提供的特征周期 $T_g=0.45\text{s}$,与 0.54s 相差较大。因此,特殊情况下,应对场地特征周期进行细分,并按实际的特征周期进行结构的分析计算。本工程进行了比较计算,按 $T_g=0.54\text{s}$ 计算的地震作用效应值比按 $T_g=0.45\text{s}$ 计算的地震作用效应值增大约 20%。

场地分类和场地特征周期 T_g(单位:s)   表 2.3.5-1

v_{se} (m/s)	d_{ov} (m)											
	<2.0	2.5	3.0	4.0	5.0	6.0	7.0	8.0	10.0	15.0	20.0	30.0
>510	0.25	0.25	0.25	0.25	0.25	0.25	0.25	0.25	0.25	0.25	0.25	0.25
500	0.25	0.25	0.25	0.25	0.25	0.25	0.25	0.25	0.25	0.25	0.25	0.25
450	0.25	0.25	0.25	0.25	0.25	0.25	0.26	0.26	0.26	0.27	0.27	0.28
400	0.25	0.25	0.25	0.25	0.25	0.26	0.26	0.26	0.26	0.27	0.28	0.31
350	0.25	0.25	0.25	0.25	0.25	0.26	0.26	0.27	0.28	0.30	0.32	
300	0.25	0.25	0.25	0.25	0.26	0.26	0.27	0.27	0.28	0.29	0.31	0.33
275	0.25	0.25	0.25	0.25	0.26	0.26	0.27	0.27	0.28	0.30	0.32	0.34
250	0.25	0.25	0.25	0.26	0.26	0.27	0.27	0.27	0.28	0.31	0.33	0.35
225	0.25	0.25	0.25	0.26	0.27	0.27	0.28	0.28	0.29	0.32	0.34	0.36
200	0.25	0.25	0.25	0.26	0.27	0.27	0.28	0.28	0.29	0.32	0.34	0.36
180	0.25	0.25	0.25	0.26	0.27	0.27	0.28	0.28	0.29	0.32	0.35	0.37
160	0.25	0.25	0.25	0.26	0.27	0.28	0.29	0.30	0.31	0.33	0.36	0.38
150	0.25	0.25	0.26	0.27	0.28	0.29	0.30	0.30	0.31	0.34	0.36	0.39
140	0.25	0.25	0.26	0.27	0.28	0.29	0.30	0.30	0.31	0.34	0.36	0.39
120	0.25	0.25	0.26	0.27	0.29	0.30	0.32	0.32	0.33	0.35	0.37	0.40
100	0.25	0.25	0.26	0.28	0.29	0.31	0.33	0.33	0.34	0.36	0.38	0.41
90	0.25	0.25	0.26	0.28	0.29	0.31	0.33	0.33	0.34	0.36	0.38	0.41
85	0.25	0.25	0.26	0.28	0.30	0.32	0.34	0.34	0.35	0.36	0.38	0.42
80	0.25	0.25	0.26	0.28	0.30	0.32	0.34	0.34	0.35	0.36	0.38	0.42
70	0.25	0.25	0.26	0.28	0.31	0.32	0.34	0.34	0.35	0.37	0.39	0.43
60	0.25	0.25	0.26	0.28	0.31	0.33	0.35	0.35	0.36	0.37	0.39	0.43
50	0.25	0.25	0.26	0.28	0.31	0.33	0.35	0.35	0.36	0.38	0.40	0.44
45	0.25	0.25	0.26	0.28	0.31	0.33	0.35	0.35	0.36	0.38	0.40	0.44
40	0.25	0.25	0.26	0.28	0.31	0.33	0.35	0.35	0.36	0.38	0.40	0.44
30	0.25	0.25	0.26	0.29	0.31	0.34	0.36	0.36	0.37	0.39	0.41	0.46
场地类别	Ⅰ			Ⅱ						Ⅲ		

场地分类和场地特征周期 T_g（单位：s） 表2.3.5-2

v_{se} (m/s)	d_{ov} (m)											场地类别
	35.0	40.0	45.0	48.0	50.0	65.0	80.0	90.0	100.0	110.0	≥120.0	
>510	0.25	0.25	0.25	0.25	0.25	0.25	0.25	0.25	0.25	0.25	0.25	Ⅰ
500	0.26	0.26	0.26	0.26	0.26	0.26	0.26	0.26	0.26	0.26	0.26	
450	0.29	0.29	0.30	0.30	0.30	0.31	0.32	0.33	0.33	0.34	0.34	
400	0.32	0.33	0.34	0.35	0.35	0.37	0.38	0.39	0.40	0.41	0.41	Ⅱ
350	0.33	0.34	0.35	0.36	0.36	0.38	0.39	0.40	0.40	0.41	0.42	
300	0.34	0.35	0.36	0.37	0.37	0.39	0.40	0.41	0.41	0.42	0.42	
275	0.35	0.36	0.37	0.38	0.38	0.40	0.41	0.42	0.42	0.43	0.43	
250	0.36	0.37	0.37	0.38	0.39	0.40	0.42	0.43	0.44	0.45	0.45	
225	0.37	0.38	0.38	0.39	0.39	0.41	0.43	0.44	0.45	0.46	0.47	
200	0.37	0.38	0.39	0.40	0.40	0.42	0.44	0.45	0.46	0.47	0.49	Ⅲ
180	0.38	0.39	0.40	0.40	0.41	0.43	0.46	0.48	0.49	0.50	0.51	
160	0.39	0.40	0.41	0.42	0.42	0.46	0.49	0.51	0.53	0.55	0.57	
150	0.40	0.41	0.42	0.43	0.43	0.47	0.51	0.53	0.55	0.57	0.59	
140	0.40	0.42	0.43	0.44	0.44	0.48	0.52	0.54	0.56	0.58	0.60	
120	0.41	0.43	0.44	0.45	0.46	0.50	0.54	0.57	0.60	0.63	0.66	
100	0.43	0.44	0.46	0.47	0.48	0.52	0.57	0.60	0.63	0.66	0.69	
90	0.43	0.45	0.47	0.48	0.48	0.53	0.58	0.62	0.65	0.68	0.71	
85	0.43	0.45	0.48	0.49	0.49	0.54	0.60	0.64	0.67	0.71	0.74	
80	0.44	0.46	0.48	0.50	0.50	0.56	0.62	0.66	0.70	0.74	0.77	Ⅳ
70	0.44	0.46	0.50	0.51	0.51	0.58	0.65	0.70	0.74	0.81	0.83	
60	0.45	0.47	0.51	0.53	0.53	0.61	0.69	0.74	0.79	0.87	0.88	
50	0.45	0.47	0.52	0.54	0.55	0.64	0.72	0.78	0.84	0.94	0.94	
45	0.46	0.48	0.53	0.55	0.56	0.65	0.74	0.80	0.86	0.97	0.97	
40	0.46	0.48	0.54	0.56	0.56	0.66	0.76	0.82	0.88	1.00	1.00	
30	0.48	0.50	0.55	0.57	0.58	0.69	0.79	0.86	0.93	1.00	1.00	
场地类别	Ⅲ					Ⅳ						

2.3.6 关于桩基础（或地基处理）对建筑场地类别的影响

【问】 采用桩基础或地基处理（如CFG桩等）对建筑场地类别是否有影响，该如何考虑？

【答】 采用桩基础（如采用钻孔灌注桩的后注浆技术等）或地基处理（如水泥土搅拌桩等）影响到建筑物的下卧土层，可以改善下卧层地基的性质，使其得到适当的加密处理，但其处理的范围相对较小，属于局部范围地基条件的改善。而建筑场地（见本章第2.3.2条）是建筑群体所在地，场地的尺度比建筑物地基的尺度大得多，因此，场地内局部（建筑物对应区域、有限深度范围）范围内的地基条件的改善，具有减小土层中地震加速度的作用（见本章第2.3.1条），但这种改善对整个场地的地震特性影响不大，因此，一般情况下，可不考虑场地类别的改变（且偏于安全）。

【问题分析】

1. 建筑基桩的施工，使其对建筑物基础下的地基有一定的加固作用，这种对建筑物地基的改善作用是明显存在的，但也应该看到，这种改善是局部的。由于建筑场地考察的是一个相对较大的区域（见第2.3.2条），桩基对建筑场地条件的改善只能是小范围的，因此，在结构抗震设计中常忽略桩基础对场地条件改善的有利影响。

2. 但对大面积超厚度填方的场地，特别是山区岩面埋深较浅的Ⅰ类场地及山谷抛填形成的场地，应按填方（造成覆土层厚度加大，引起场地类别变化）后的情况确定场地类别。遇有大面积深厚填土的工程，应特别注意对勘察报告的再核查，必要时应提请勘察单位对场地类别进行补充判断。

2.3.7 高层建筑深基坑对场地地震加速度的影响问题

【问】 高层建筑尤其是超高层建筑，一般设置多层地下室，地下室的埋深很深，其对地震加速度的影响问题该如何考虑？

【答】 高层建筑常设置多层地下室，在寸土寸金的中心城市，设置4～5层地下室的情况屡见不鲜，地下室埋深一般都在20m以上。地震发生时，由土层传到高层建筑地下室的地震波是由基底处的地震波和地下室外墙接受到的地震波两部分组成的。理论研究和实测表明，一般土层的地震加速度随距地面的深度增加而减小，越接近地表越大。日本规范规定，$-20m$ 时的土中加速度为地面加速度的 $1/2 \sim 1/3$，中间深度的加速度值按插入法确定。国内对此研究尚不充分，同时考虑地震作用的复杂性和不确定性，因此，可不考虑深基坑对地表地震加速度的减小作用（偏安全）。

【问题分析】

图2.3.7-1是5个场地的实测地震加速度随深度变化的关系曲线。我国《抗震规范》

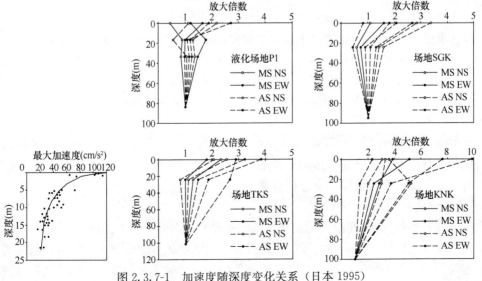

图2.3.7-1 加速度随深度变化关系（日本1995）

（第 5.2.7 条）规定符合其要求的特殊结构（8 度和 9 度时建造于Ⅲ、Ⅳ类场地，采用箱基、刚性较好的筏基和桩箱联合基础的钢筋混凝土高层建筑，当结构基本自振周期处于特征周期的 1.2 倍至 5 倍范围时），当计入地基与结构动力相互作用的影响时，可对刚性地基假定计算的水平剪力进行折减。

2.3.8 关于基础的抗震承载力验算

【问】《抗震规范》第 4.2.1 条规定，对"不超过 8 层且高度在 24m 以下的一般民用框架和框架-抗震墙房屋"及其他特定的建筑可不验算其天然地基及基础的抗震承载力。对其他结构其房屋高度和层数都满足《抗震规范》第 4.2.1 条的规定时，是否也可以不用验算其天然地基及基础的抗震承载力呢？

【答】《抗震规范》规定主要受力层范围不存在软弱黏土层的建筑，可不进行天然地基及基础抗震承载力验算，见表 2.3.8-1。

可不进行天然地基及基础抗震承载力验算的建筑　　　　表 2.3.8-1

序号	结构类别	具体内容
1	砌体结构	全　部
2	钢筋混凝土结构	一般的单层厂房和单层空旷房屋
3		不超过 8 层且高度在 24m 以下的一般民用框架和框架-抗震墙房屋
4		基础荷载与 3 项相当的多层框架厂房和多层混凝土抗震墙房屋
5	其他	《抗震规范》第 5.1.6 条规定的可不进行上部结构抗震验算的建筑

天然地基一般都具有较好的抗震性能，震害调查表明，在遭受破坏的建筑中，因地基失效导致的破坏要少于上部结构惯性力的破坏。《抗震规范》对天然地基及基础的抗震设计采用纯经验的办法，对大多数未发生过震害或震害不严重的天然地基及基础，当天然地基条件比较好（不存在软弱黏性土层）时，规定其不验算的范围。从表 2.3.8-1 中，我们可以发现：

1. 对于以采用抗震构造措施为主的砌体房屋，可不验算。

2. 对刚度相对较小的结构（单层厂房和单层空旷房屋、不超过 8 层且高度在 24m 以下的一般民用框架和框架-抗震墙房屋，及基础荷载与之相当的多层框架厂房和多层混凝土抗震墙房屋），因其地震作用效应相对较小，可不验算。

3. 规范的条文说明中，未提及对基础的抗震承载力验算问题，基础的抗震承载力是否要验算的问题值得思考。

4. 电子计算机的应用和普及给地基基础的抗震验算提供了方便，对《抗震规范》规定可以不进行地基基础验算的结构，有条件时也宜进行验算；对《抗震规范》未规定可以不进行地基基础验算的结构，应进行验算。

【问题分析】

1. 对规范规定可不进行天然地基与基础抗震承载力验算的工程进行验算时可以发现，抗震验算往往起控制作用，而实际震害调查又表明此类工程因地基失效导致的破坏情况较少。这说明采用纯经验的拟静力法进行地基基础的抗震验算，与地基基础的实际受力状况存在差距。因此，应重视地基基础的概念设计，关注上部结构的荷载均匀、承受竖向荷载的结构布置均匀，抗侧力结构布置的均匀、地基及基础的均匀性问题等。有条件时宜加强对天然地基与基础抗震承载力的验算，以确保安全。

2. 目前情况下，只要符合《抗震规范》规定的工程就可以不验算天然地基及基础的抗震承载力。当不完全符合规范规定条件时，如：与规范规定的结构体系不同、规模（房屋高度、层数等）不同、荷载及荷载分布存在明显差异时，应验算天然地基及基础的抗震承载力。

3. 表2.3.8-1中的所有各类结构，其荷载及抗侧力结构分布比较均匀。框架-剪力墙结构虽属于侧向刚度及荷载分布不均匀的结构，但多层框架-剪力墙结构由于其荷重较小，故仍可执行《抗震规范》的此项规定。

4. 对其他条件都满足规范要求的经加固处理后的地基（已不再属于天然地基），应根据不同情况区别对待：

1）当原有天然地基条件（即主要受力层范围内不存在软弱黏性土层）能满足表2.3.8-1的要求时，采用地基加固措施后的地基可认为同样满足规范的要求，可不验算天然地基及基础的抗震承载力；

2）当按原有天然地基条件不能满足表2.3.8-1的要求（即主要受力层范围内存在软弱黏性土层）时，则应理解为不属于规范规定的可不进行抗震承载力验算的建筑，仍应对采用地基加固措施后的地基及基础进行相关抗震验算。

5. 考虑天然地基的抗震承载力潜力较大，并结合震害调查结果，规定特定条件下的天然地基可不进行抗震承载力验算是合理的，但基础抗震承载力与天然地基的抗震承载力有很大的差异。工程实例表明，对层数及高度较大的一般民用建筑，由于未设置地下室，其基础的抗震承载力仍需验算，为此，建议有条件时，应加强对表2.3.8-1中第2、3、4项建筑的基础抗震承载力验算。

6. 天然地基的抗震承载力验算即《抗震规范》第4.2.4条规定的内容。基础的抗震承载力验算包含基础的抗弯、抗剪和抗冲切等计算内容，见《地基规范》第8章的相关规定。

2.3.9 关于基础底面零应力区的问题

【问】《抗震规范》第4.2.4条规定基础底面的零应力区问题，按此规定设计时多层建筑基础面积很大，是否合理？

【答】 对设置单独基础或联合基础的多层建筑，可适当放宽按地震作用效应标准组合计算的基底零应力区面积的限制，一般情况下可限制基底零应力区面积不超过30%，确有依据时，可放宽至不超过50%。

【问题分析】

1. 基底的零应力区控制问题其本质是结构的整体稳定问题，应根据不同建筑结构（高层建筑、多层建筑），不同基础形式（箱基和筏基等整体式基础、单独基础或联合基础）和不同效应（荷载效应、地震作用效应）区别对待。对所有建筑，不加分析地套用《抗震规范》第4.2.4条的规定是不合适的。对多层建筑可适当放宽地震作用组合时基底零应力区的限值。

2. 无地震作用组合时

1) 对整体式基础（如箱基、筏基等），《高规》第12.1.7条及《地基规范》第8.4.2条均明确规定了在作用的准永久组合下的荷载偏心距 e 应满足公式（2.3.9-1）的要求。

$$e \leqslant 0.1W/A \tag{2.3.9-1}$$

式中：e——基底平面形心与上部结构在永久荷载与楼（屋）面可变荷载准永久组合下的重心的偏心距（m）；

W——与偏心方向一致的基础底面边缘抵抗矩（m^3）；

A——基础底面的面积（m^2）。

对矩形基础，式（2.3.9-1）也可以改写成（2.3.9-2）：

$$e \leqslant 0.1W/A = B/60 \tag{2.3.9-2}$$

式中：B——为弯矩作用方向（垂直于弯矩的矢量方向）基底平面的边长（m）。

我们知道，基底反力按直线分布假定计算的基础，其底面边缘具备产生零应力区的条件是 $e>B/6$。比较式（2.3.9-2）可以发现，对整体式基础，在作用的准永久组合下的荷载偏心距 e 的限值要比 $B/6$ 小得多（仅为其的1/10）。

2) 其他基础（单独基础或联合基础等），《地基规范》对基础底面的零应力区没有限制。但应注意，当基础底面产生零应力区后，基础底面边缘的最大压力应按《地基规范》式（5.2.2-4）计算。

3) 当主楼和裙房采用不同基础形式、或基础的刚度明显不同时，对<u>低压缩性地基或端承桩基础</u>（注意：是有条件限制的），<u>裙房与主楼的零应力区可分别控制</u>。

（1）当主楼周边设置小范围裙房且主楼和裙房采用整体式基础时，应验算主楼和裙房共用整体式基础时的基础底面零应力区（见图2.3.9-1a）；

（2）当主楼周边设置较大范围的裙房时，应调整主楼与裙房的基础形式及刚度，主楼采用整体性强的基础形式，裙楼采用整体性较弱的基础形式或独立基础加防水板，此时，对基础底面零应力区可将主楼和裙房分开验算（见图2.3.9-1b、1c）。当裙楼采用整体式基础时，裙楼基础的零应力区验算方法与主楼整体式基础相同；当裙楼采用非整体式基础时，零应力区验算的方法同非整体式基础。

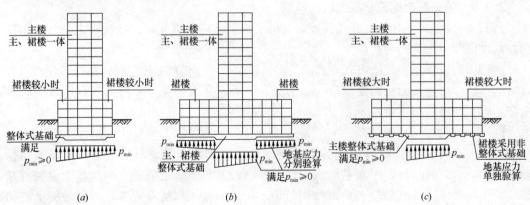

图2.3.9-1 整体式基础的零应力区限值
(a) 小裙房时主楼的整体式基础；(b)、(c) 大裙房时主楼的整体式基础

3. 有地震作用组合时

1)《抗震规范》第 4.2.4 条及《高规》第 12.1.7 条均规定：

（1）对高宽比（H/B）大于 4 的高层建筑，基础底面不宜出现零应力区（见图 2.3.9-2a）；

（2）对高宽比不大于 4 的高层建筑（对比《高规》第 12.1.7 条，可知《抗震规范》第 4.2.4 条规定中的"其他建筑"应理解为高宽比不大于 4 的高层建筑），基础底面与地基土之间零应力区面积不应超过基础底面面积的 15%。质量偏心较大的主楼和裙房可分开计算（参考图 2.3.9-1 原则计算，注意：是无限制条件的）。

2) 对高层建筑，按房屋的高宽比（H/B）确定基础底面的零应力区限值并不妥当。这是因为，基础底面面积的大小不完全取决于房屋高宽比。地下室的扩展及基础周边适量的"飞挑"都有利于房屋的稳定。因此，对整体式基础，按房屋高度 H 与基础底面有效宽度 b 的比值（H/b）来确定应力比的控制要求将更加合理。

3) 可适当考虑规定的连续性，建议当 $H/b>4$ 时，按图 2.3.9-2a 控制基础底面的零应力；当 $H/b\leqslant 3$ 时，按图 2.3.9-2b 控制基础底面的零应力区面积；$3<H/b\leqslant 4$ 时可按线性内插法确定基础底面的零应力区面积。

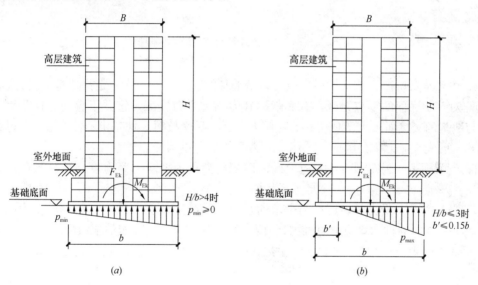

图 2.3.9-2　高层建筑整体式基础的零应力区限值
(a) $H/b>4$ 时；(b) $H/b\leqslant 3$ 时

4) 当高层建筑采用非整体式基础（如单独基础、联合基础等）时，可根据结构的高宽比（H/B）确定基础底面零应力区的限制要求（见图 2.3.9-3a、2.3.9-3b）。

5) 对多层建筑，由于结构的高宽比较小，多数情况下，地震作用下结构的稳定问题并不严重。比较《地基规范》第 5.2.2 条的规定可以发现，在作用的标准组合下基底的零应力区可以不受控制，而对有地震作用组合的基底零应力区面积进行过分严格的限制，就显得没有太多的道理。因此，适当放宽多层建筑在地震作用组合下基底零应力区面积的限制是合理的。一般情况下可限制基底零应力区面积不超过 30%，确有依据且经验算结构的稳定能满足规范要求时，可放宽至不超过 50%（见图 2.3.9-3c）。举例说明如下：

例 2.3.9-1 北京某工程，地上三层，无地下室，采用柱下独立基础（注意：当独立基础承担柱底弯矩时，基础顶面需配置抗弯钢筋。基础顶面宜水平或同一坡度，不宜设计成台阶状），对有地震作用组合的基底零应力区面积按 30% 控制，比基底零应力区面积按 15% 控制时节约 30% 以上。

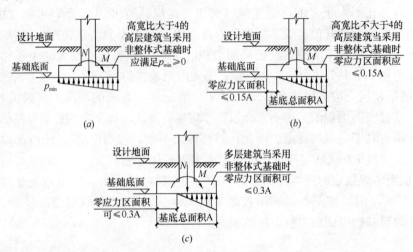

图 2.3.9-3 非整体式基础的零应力区限值
(a) 高宽比大于 4 的高层建筑；(b) 高宽比不大于 4 的高层建筑；(c) 多层建筑

4. 注意本条所述之地基的最小应力是指地基的总应力值，而不是指地基净反力。

5. 对基础底面的零应力区，有文献称其为"拉应力"区，这并不合适。这是因为在基础与地基的交接面很少出现明显的拉应力。当明显受拉时，地基土塑性开展并与基础底面脱开，形成零应力区。因此，采用零应力区的概念更为恰当。

6. 当基础平面为矩形时，零应力区的面积比简化为零应力区宽度与相应基础底面宽度之比。

7. 当基础双向受力时，可按两个单向受力基础分别验算（注意：按单向受力基础验算时，每个方向的轴力均应取总轴力），两向均满足零应力区面积的限值要求。

8. 注意对地震作用效应标准组合的把握，以正确确定上部结构传给基础的内力。

2.3.10 关于地基液化的处理问题

【问】《抗震规范》第 4.4.4 条，处于液化土中的桩基承台周围，宜用密实干土填筑夯实，若用砂土或粉土则应使土层的标准贯入锤击数不小于《抗震规范》第 4.3.4 条规定的液化判别标准贯入锤击数临界值。这里的"桩基承台周围"一般怎样执行？

【答】"桩基承台周围"是一个定性的范围，应根据工程经验确定。原则上不小于承台高度或 1m。

【问题分析】

1. 对桩承台周围采用密实干土夯实回填，可提高地震时桩基的稳定性和承载力，有利于提高结构的抗震性能，且代价不高。本条要求着眼于承台周围局部范围内土层的液化处理，过大的回填范围并无必要。

2.《抗震规范》第 4.4.3 条第一款中提到"承台埋深较浅"，当有地下室时不属于承台埋深较浅范围，即，可考虑地下室周围土体分担建筑物的水平地震剪力。对有地下室的结构，一般情况下考虑由地下室外墙承担水平地震剪力最经济，应作为结构设计的首选方案。不应优先考虑由基桩承担地震剪力。

3. 《抗震规范》第4.4.2条第2款，对承台周围回填土的夯实干密度提出满足《地基规范》对填土的要求，其中的"对填土的要求"可理解为满足《地基规范》第6.3节对压实填土地基的基本要求，其压实系数取不小于0.94。

2.4 地震作用和结构抗震验算

【要点】

地震作用计算和结构抗震验算是结构抗震设计的重要内容，也是结构抗震设计的依据。采用概念清晰、传力合理的结构体系，适合工程特点的计算方法，是确保计算合理的关键。对结构规则性的判别，以及如何判别的问题，关于偶然偏心和双向地震等问题，长期困扰着结构设计，规范规定的不一致和不具体，加大了设计及审查标准把握的随意性，加大了结构设计的难度。

本节将结构抗震设计计算中的重点问题逐一进行剖析，以期有益于结构设计工作。

2.4.1 关于偶然偏心

【问】 结构设计中为什么要考虑偶然偏心？实际工作中如何考虑？

【答】 偶然偏心主要用于结构的扭转不规则判别计算及结构和构件的内力计算。偶然偏心由两部分组成，一是，质量偏心。实际工程都有设计及施工误差，使用时荷载尤其是活荷载的布置与结构设计时的设想也有偏差，因此，实际质量中心与理论计算的质量中心有差异。二是，地震地面运动的扭转分量等因素引起的偶然偏心。计算单向地震作用时，用质心的偏移值来综合考虑上述两项偏心的影响，将各振型地震作用沿垂直于地震作用方向，从质心位置偏移$\pm e_i$来考虑质量偶然偏心的影响，$e_i=5\%L_i$，L_i为第i层垂直于地震作用方向建筑物的总投影长度（m），见图2.4.1-1。

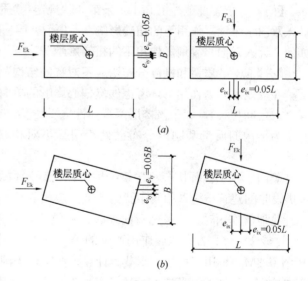

图2.4.1-1 偶然偏心的计算
(a) 水平地震作用方向与房屋边长垂直；
(b) 水平地震作用方向与房屋边长不垂直

【问题分析】

1. 对复杂形状的平面，偶然偏心的数值仍可按规范的规定原则计算，资料[7]提出对其他形式平面，可取$e_i=0.1732r_i$，r_i为第i层楼层平面平行地震作用方向的回转半径。

其实复杂形状的 r_i 与其投影方向的关系不固定，也很难找出统一的规律，相应的计算数值也不见得合理。考虑偶然偏心计算的近似性，可直接按规范的原则，取对应于垂直地震作用方向的建筑物总长度（此处的建筑物总长度，是建筑物在垂直于地震作用方向的总投影长度，见图 2.4.1-1b）。

2. 对多层建筑，也应考虑偶然偏心。

3. 偶然偏心的量值直接与垂直于单向地震作用方向的建筑物总长度挂钩，当建筑物为长宽比较大的长矩形平面时，偶然偏心的计算量值偏大，欠合理。《抗震规范》第 3.4.3 条指出："偶然偏心大小的取值，除采用该方向最大尺寸的5%外，也可考虑具体的平面形状和抗侧力构件的布置调整"，这里的"调整"应根据工程经验结合工程的具体情况确定。实际工程中，当长矩形平面长向计算的偶然偏心数值较大且明显不合理时，也可通过双向地震作用计算比较确定，即调整偶然偏心的数值，使考虑偶然偏心影响的结构扭转位移比数值与考虑双向地震作用的计算结果相近，并将对应的偶然偏心数值确定为该工程长向最后的偶然偏心值。

4. 偶然偏心是一种近似计算，属于估算的范畴。结构设计中，还是应从结构平面布局入手，尽量减少采用长宽比较大的长矩形平面，多采用圆形及正多边形平面，并采取措施加大结构的抗扭刚度（如适当增加外围剪力墙的数量、在结构层间位移有富裕时也可适当减小中部剪力墙的抗侧刚度、加大结构的边榀刚度等），以减小偶然偏心的扭转影响。

2.4.2 什么情况下需要考虑双向地震？

【问】《抗震规范》第 5.1.1 条第 3 款规定："**质量和刚度分布明显不对称的结构，应计入双向水平地震作用下的扭转影响**"，如何界定"质量和刚度分布明显不对称"的结构，如何"计入双向水平地震作用下的扭转影响"？

【答】 对"质量和刚度分布明显不对称的结构"规范没有明确的定量规定，一般情况下，在规定水平力作用下，考虑偶然偏心影响的单向地震作用时，楼层的最大弹性水平位移（或层间位移），大于该楼层两端弹性水平位移（或层间位移）平均值的 1.2 倍时，可判定为结构的质量和刚度分布已处于明显不对称状态，此时，应计入双向地震作用的影响。

美国土木工程师协会《建筑结构设计荷载》（ASCE7-98）第 9.5、2.5、2.2a 款规定 C 类设防的建筑结构（相当于我国 8 度抗震设防）当采用线弹性反应谱按正交主轴方向单向计算地震作用时，应考虑双向地震作用效应，取 A 方向地震作用产生的内力（以弯矩为例：M_A^A）与 B 方向地震作用产生的 A 方向内力的 30% 的内力（即 $0.3M_B^A$）之和（即 $M_A^A+0.3M_B^A$），用于构件的承载力计算。注意，美国规范只在构件的承载力计算时需考虑双向地震，而我国规范未明确这一点，设计人员一般将其用于全部效应的计算中。

双向地震作用多用于结构及构件的内力计算。对结构进行规则性判别时，一般情况下，无需采用双向地震的计算结果。

【问题分析】

1. 结构设计中，经常遇到偶然偏心和双向地震问题，偶然偏心主要用于结构的扭转不规则判别计算及结构和构件的内力计算；双向地震则主要用于结构或构件的内力计算问题。

2. 双向地震作用效应主要用于"质量和刚度分布明显不对称的结构"。实测强震记录表明地震运动从来都是三维运动，三向同时作用，只是它们存在相位差，最大峰值加速度不同时到达，而且三个方向的峰值加速度不等。对震中以外的区域，当一个方向的水平峰值加速度为1时，另一个方向的水平峰值加速度为0.85，而竖向地震的峰值加速度一般为0.65。因此，双向水平地震作用可采用随机振动理论按《抗震规范》式（5.2.3-7、5.2.3-8）计算。

3. 表 2.4.2-1 列出的 S/S_x、S_y/S_x 的关系，其中 S 为考虑双向地震作用后的效应标准值，S_x、S_y 分别为单向水平地震作用下的扭转组合效应标准值，并假设 $S_x > S_y$。由表 2.4.2-1 可以发现，当两个方向水平地震单独作用产生的同一效应相等（即结构的扭转作用很大）时，双向水平地震作用的影响很大，此时双向水平地震作用的效应是单向水平地震作用效应的1.31倍（由此可见受扭转作用影响明显的框架边、角柱，一般双向地震作用影响明显）。随着两个方向水平地震单独作用产生的同一效应之比减少，双向水平地震作用的影响也减小（由此还可以看出，平面的中部框架柱及框架梁的双向地震作用效应影响并不明显）。

S/S_x、S_y/S_x 的关系　　　　　　　　表 2.4.2-1

S_y/S_x	0	0.1	0.2	0.3	0.4	0.5	0.6	0.7	0.8	0.9	1.0
S/S_x	1.00	1.00	1.01	1.03	1.06	1.09	1.12	1.16	1.21	1.26	1.31

4. 应该看到，目前进行的双向地震作用计算，只是在单向地震作用（两个方向分别计算）基础上的简单再组合，不是真正意义上按两个方向地震同时作用的计算。因而属于估算的性质。为避免多重估算引起结构设计的巨大跳跃，在结构设计中往往对双向地震和偶然偏心不同时考虑。一般情况下，双向地震和构件的双向偏心受压计算不同时考虑。

5. 还应注意：结构在两个主轴方向考虑水平地震作用与"计算双向水平地震作用"的区别。结构在两个主轴方向考虑水平地震作用指：应沿结构的主轴方向进行地震作用分析，是单向地震作用的分别计算；而双向地震作用则是在两个单向地震作用的基础上，再采用简单的效应组合的方法（SRSS）以近似考虑双向地震作用的影响。

2.4.3 关于三向地震作用

【问】 什么是三向地震作用？什么情况下需要考虑三向地震作用的影响？

【答】 正如第 2.4.2 条所述，实测强震记录表明地面运动是三维运动，即两个水平运动和一个竖向运动，因此，理论上说来，抗震设计均应考虑三向地震作用效应的组合。对于强震区（本地区抗震设防烈度 8 度及其以上区域）竖向地震作用不可忽视；对于质量和刚度分布明显不对称的结构，应考虑双向地震作用的影响。对上述地区及上述建筑还应考虑三向地震作用效应的组合。

【问题分析】

1. 对三向地震作用，现行规范没有明确要求，可对重要建筑结构考虑三向地震作用效应组合进行抗震设计。

2. 反应谱三向地震作用组合

根据地震加速度峰值记录及对反应谱分析可以发现，当水平与竖向地震作用同时考虑时，竖向地震作用的效应组合比一般为 0.4，因此，三向地震作用效应组合标准值 S_{Ek} 按下列三个公式中的较大值确定：

$$S_{Ek} = \sqrt{S_x^2 + (0.85 S_y)^2} + 0.4 S_z \qquad (2.4.3\text{-}1)$$

$$S_{Ek} = \sqrt{S_y^2 + (0.85 S_x)^2} + 0.4 S_z \qquad (2.4.3\text{-}2)$$

$$S_{Ek} = S_z \qquad (2.4.3\text{-}3)$$

将式（2.4.3-1～2.4.3-3）乘以分项系数 1.3，可得三向地震作用效应组合设计值 S_E，按下列三个公式中的较大值确定：

$$S_E = 1.3 \sqrt{S_x^2 + (0.85 S_y)^2} + 0.52 S_z \qquad (2.4.3\text{-}4)$$

$$S_E = 1.3 \sqrt{S_y^2 + (0.85 S_x)^2} + 0.52 S_z \qquad (2.4.3\text{-}5)$$

$$S_E = 1.3 S_z \qquad (2.4.3\text{-}6)$$

式中：S_x、S_y——按《抗震规范》式（5.2.3-5）计算，分别为 x 向、y 向单向水平地震作用时，在同一效应方向的扭转组合效应标准值；

S_z——竖向地震作用时，在同一效应方向（与 S_x、S_y 同方向）的效应标准值，按《抗震规范》式（5.3.1-1）计算。

竖向地震作用可采用与水平地震作用相同的形式表达：

$$F_{Evk} = 0.65 \alpha_{hmax} \times 0.75 G_E = 0.49 \alpha_{hmax} G_E \qquad (2.4.3\text{-}7)$$

式中：α_{hmax}——为水平地震影响系数最大值，按《抗震规范》表 5.1.4-1 取值。

3. 时程分析三向地震作用效应组合

采用动力方程进行弹性、弹塑性时程分析计算地震反应时，可采用以下两种计算方法：

1）直接采用具有三向地震运动记录的地震波：

$$S_{Ek} = S_x + S_y + S_z \qquad (2.4.3\text{-}8)$$

式中：S_{Ek}——时程分析三向地震作用组合效应标准值；

S_x、S_y、S_z——分别为 x、y、z 三向地震地面运动记录得到的地震波产生的，在同一效应方向的效应标准值。

注意：

（1）采用的地震波应适合场地类别，以使其频谱特性与实际场地情况相符。

（2）应对三向地震波中最大的水平向峰值加速度进行调整，使之符合设防标准及设计使用年限的要求。

（3）另一水平方向和竖向，地震波的峰值加速度采用与最大水平向峰值加速度相同的调整系数。

（4）最大水平向地震波要在结构的两个主轴方向分别输入（即将结构的两个主轴方向调换）计算，取不利值。

2）采用场地地震安全性评价报告提供的人工模拟水平单向场地波，或参考仅有水平单向地震记录的地震波：

沿结构 x 向作用为主时　　$S_{Ek} = S_x + 0.85 S_y + 0.65 S_z$ 　　(2.4.3-9)

沿结构 y 向作用为主时　　$S_{Ek} = S_y + 0.85 S_x + 0.65 S_z$ 　　(2.4.3-10)

式中：S_{Ek}——时程分析三向地震作用组合效应标准值；
S_x、S_y、S_z——分别为 x、y、z 三向输入同一条地震波产生的，在同一效应方向的效应标准值。

注意：按式（2.4.3-9）及式（2.4.3-10）计算时，因三向地震波频谱相同且无相位差，故总的三向地震作用组合效应将有所增大，偏于安全。

2.4.4 关于超长结构的多点激励问题

【问】 什么情况下需要考虑地震的多点激励问题？

【答】 考虑地震动在传播过程中方向、幅值、相位以及频谱特性等随空间的变异性就是地震的多点激励问题（图 2.4.4-1）。一般情况下，结构长度超过 400m 时，宜进行考虑多点地震输入的分析比较。

【问题分析】

1. 多点输入问题是地震工程学中的难点问题。早在 1965 年，Bogdanoff 等人就注意到了地震动传播过程的时滞效应对大跨度结构的影响。阪神地震时，位于震中附近的明石海峡大桥刚挂好钢缆，主梁尚未架设。震后发现，靠神户一侧的主塔和锚台位置没

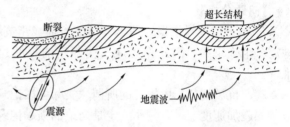

图 2.4.4-1 超长结构的多点激励问题

有发生变化，而淡路岛一侧的主塔和锚台却分别外移了 1m 和 1.3m，使主跨的跨度由原来的 1990m 增加为 1991m。而这是采用单点地震输入模式所无法解释的问题。这说明，对大跨度结构多点输入更为合理、更符合实际的地震输入模式，也是对单点地震输入模式的有益补充。

2. 欧洲桥梁规范在规定地震作用时，考虑了空间变化的地震运动特征，并指出在下列两种情况下应考虑地震运动的空间变化：

1）桥长大于 200m，且有地质上的不连续或明显的不同地貌特征。

2）桥长大于 600m。

3. 我国"超限空间结构工程抗震设防专项审查技术要点"中指出：超长结构应有多点地震输入的分析比较。当结构长度超过 400m 时可确定为超长结构。

4. 由于桥梁结构的跨度要比建筑结构大得多，因此，多点激励地震反应的分析在桥梁领域的研究应用更为广泛。

5. 对超长结构的多点输入问题尚处在研究探索中。结构长度不超过 400m 的一般工程可不考虑多点输入问题。对超长结构宜委托专门机构进行多点地震输入的分析比较。

2.4.5 关于弹性时程分析

【问】 实际工程中如何合理选择地震波进行弹性时程分析？

【答】 采用时程分析法时对地震波的选择应把握住以下两点：一是，地震波的数量，二是，地震波选择的合理性。

1. 地震波的数量：

应按建筑场地类别和设计地震分组选用不少于两组的实际强震记录和一组人工模拟的加速度时程曲线，即地震波不少于两条天然波和一条人工波。

2. 地震波选择的合理性判别：

所选择地震波的平均地震影响系数曲线应与振型分解反应谱法所采用的地震影响系数曲线在统计意义上相符。

选波应遵循"靠谱"原则，每条时程曲线计算所得的结构底部剪力不应小于振型分解反应谱法计算结果的65%，多条时程曲线计算所得的结构底部剪力的平均值不应小于振型分解反应谱法计算结果的80%。

选择输入的地震加速度时程曲线，要满足地震动三要素的要求，即有效加速度峰值、频谱特性和持续时间。

【问题分析】

1. 地震波选择依据的是建筑场地类别（建筑场地类别的确定见第2.3.5条）和设计地震分组确定的，因此作为地震波确定前提的建筑场地类别和设计地震分组必须确定准确。

2.《抗震规范》中规定的所谓"实际强震记录"是指地震波数据库中，按上述原则选取的强震加速度记录，并非一定是当地的强震记录。之所以这样规定，是由于地震是一种小概率的随机事件，在国内外发生过的强地震区域已获取的强地震记录极少，所以不可能要求抗震设计一定要采用当地强震记录。

3.《抗震规范》中也要求采用一组人工模拟的加速度时程曲线，这是因为实际地震加速度是一个随机过程，即使在同一地点，在不同时间发生的地震中所获取的地震加速度记录也不可能完全相同。因此，对一个特定的建设场地，目前还不能预期未来地震发生时的加速度时间过程，从设计角度看，只能制定出一定的规则来选择已有的强震记录或人工合成地震波。

4. 所谓"在统计意义上相符"指输入地震记录的平均地震影响系数与振型分解反应谱法（即规范采用的反应谱）所用的地震影响系数曲线相比，在各个周期点上相差不大于20%（实际应用中，可根据地震波所对应的地震剪力与振型分解反应谱法的地震剪力之比，不相差20%进行近似判别）。

5. 地震加速度时程曲线的有效加速度峰值，按表2.4.5-2中所列地震加速度最大值采用，即以地震影响系数最大值（表2.4.5-3）除以系数（约2.25）得到。当结构采用三维空间模型等需要双向（两个水平方向）或三向（两个水平方向和一个竖向）地震波输入时，其加速度最大值通常按1:0.85:0.65（水平方向1:水平方向2:竖向）的比例调整。

对复杂结构及超限高层建筑常被要求对结构或重要部位按"中震"（即设防烈度地震）进行设计，相应的时程分析所用地震加速度时程的最大值见表2.4.5-2。

6. 地震加速度时程曲线的频谱特性，用地震影响系数曲线表征，依据所处的场地类别和设计地震分组确定。

7. 地震加速度时程曲线的持续时间，不论实际的强震记录还是人工模拟波形，一般为结构基本周期的5～10倍且不小于15s。

2.4 地震作用和结构抗震验算

8. 当没有对工程进行地震安全性评价时,可根据建筑场地类别(特征周期 T_g)和设计地震分组从地震波形库中选取,推荐用于Ⅰ、Ⅱ、Ⅲ、Ⅳ类场地的设计地震动见表2.4.5-4。

采用时程分析的房屋高度范围　　　　　　　　　　　　　　表2.4.5-1

烈度、场地类别	房屋高度范围(m)	烈度、场地类别	房屋高度范围(m)
8度Ⅰ、Ⅱ类场地和7度	>100	9度	>60
8度Ⅲ、Ⅳ类场地	>80		

时程分析所用的有效加速度峰值(cm/s²)　　　　　　　　　表2.4.5-2

地震影响	设 防 烈 度						备注
	6(0.05g)	7(0.10g)	7(0.15g)	8(0.20g)	8(0.30g)	9(0.40g)	
多遇地震	18	35	55	70	110	140	
罕遇地震	125	220	310	400	510	620	
按"中震"设计时	50	100	150	200	300	400	比较用

水平地震影响系数最大值 α_{max}　　　　　　　　　　　　表2.4.5-3

地震影响	设 防 烈 度						备注
	6(0.05g)	7(0.10g)	7(0.15g)	8(0.20g)	8(0.30g)	9(0.40g)	
多遇地震	0.04	0.08	0.12	0.16	0.24	0.32	
罕遇地震	0.23	0.50	0.72	0.90	1.20	1.40	
设防烈度地震	0.11	0.23	0.33	0.46	0.66	0.90	比较用

推荐用于Ⅰ、Ⅱ、Ⅲ、Ⅳ类场地的设计地震动　　　　　　　表2.4.5-4

场地类别	用于短周期结构 (0.0~0.5s)输入		用于中周期结构 (0.5~1.5s)输入		用于长周期结构 (1.5~5.5s)输入	
	组号	记 录 名 称	组号	记 录 名 称	组号	记 录 名 称
Ⅰ	国外	1985,La Union,Michoacan Mexico	国外	1985,La Union,Michoacan Mexico	国外	1985,La Union,Michoacan Mexico
	国外	1994,Los Angeles Griffith Observation,Northridge	国外	1994,Los Angeles Griffith Observation,Northridge	国外	1994,Los Angeles Griffith Observation,Northridge
	国内	1988,竹塘A浪琴	国内	1988,竹塘A浪琴	国内	1988,竹塘A浪琴
Ⅱ	国外	1971,Castaic Oldbridge Route,San Fernando	国外	1979,El Centro,Array#10,Imperial valley	国外	1979,El Centro,Array#10,Imperial valley
	国外	1979,El Centro,Array#10,Imperial valley	国外	1952,Taft,Kern County	国外	1952,Taft,Kern County
	国内	1988,耿马1	国内	1988,耿马1	国内	1988,耿马1

续表

场地类别	用于短周期结构 (0.0~0.5s) 输入		用于中周期结构 (0.5~1.5s) 输入		用于长周期结构 (1.5~5.5s) 输入	
	组号	记 录 名 称	组号	记 录 名 称	组号	记 录 名 称
Ⅲ	国外	1984, Coyote Lake Dam, Morgan Hill	国外	1940, El Centro-Imp. Vall. Irr. Dist, El Centro	国外	1940, El Centro-Imp. Vall. Irr. Dist, El Centro
	国外	1940, El Centro Imp. Vall. Irr. Dist, El Centro	国外	1966, Cholame Shandon Array2, Parkfield	国外	1952, Taft, Kern County
	国内	1988, 耿马 2	国内	1988, 耿马 2	国内	1988, 耿马 2
Ⅳ	国外	1949, Olympia Hwy Test Lab, Western Washington	国外	1949, Olympia Hwy Test Lab, Western Washington	国外	1949, Olympia Hwy Test Lab, Western Washington
	国外	1981, Westmor and, Westmoreland	国外	1984, Parkfield Fault Zone 14, Coalinga	国外	1979, El Centro, Array #6, Imperial valley
	国内	1976, 天津医院, 唐山地震	国内	1976, 天津医院, 唐山地震	国内	1976, 天津医院, 唐山地震

9. 结构设计时,可采用包络设计的方法以简化设计过程:

1) 当多条时程曲线计算所得的楼层剪力的平均值(所有楼层)不大于振型分解反应谱法的计算结果时,可认为时程分析对结构抗震设计不起控制作用,直接取振型分解反应谱法的计算结果设计;

2) 当多条时程曲线计算所得的楼层剪力的平均值大于振型分解反应谱法的计算结果时,则可通过调整程序中的地震力放大系数,使振型分解反应谱法的计算结果与多条时程曲线计算所得的楼层剪力的平均值大致相当,然后,取振型分解反应谱法的计算结果设计。

10. 振型分解反应谱法对高振型及长周期分量考虑不足,而采用弹性时程分析法可弥补振型分解反应谱法的不足。一般情况下,采用弹性时程分析法计算的结构顶部区域地震剪力要明显大于振型分解反应谱法的计算结果。从弹性时程分析的结果中我们可以注意并发现以下可能存在的问题:

1) 从楼层剪力图形中,可以发现楼层剪力的突变位置及量值关系。楼层剪力图形呈近似倒三角形时,说明楼层剪力分布均匀,无明显突变。

2) 从层间位移角图形中,可以发现结构侧向刚度突变的部位及突变的程度。层间位移图形呈明显的"手指"状时,说明结构的侧向刚度存在明显的突变。

通过时程分析的楼层剪力及层间位移角图形,可以发现结构的薄弱部位、不规则的程度等,采取有针对性的加强措施。

同时必须注意,小震弹性时程分析时,由于波形数量较少,因此,计算的位移多数明显小于振型分解反应谱法的计算结果,故,一般不作为设计依据。

11. 弹性时程分析主要反应结构在弹性状态下的地震反应,事实上对复杂结构和超高层建筑结构,更应关注的是结构在弹塑性状态下的动力特性。因此,有条件时对复杂结构及超高层建筑结构,应进行结构的弹塑性分析,以弥补弹性时程分析的不足。

1) 影响弹塑性位移计算结果的因素很多[4],现阶段其计算与承载力计算相比离散性较大。大震弹塑性时程分析时,由于阻尼的处理方法不够完善,波形数量较少,因此,大震弹塑性层间位移的参考数值 Δu_p^a,需借助小震弹性时程分析及小震的反应谱法确定:即,不宜直接把计算的弹塑性层间位移 Δu_p 视为实际位移。需用同一软件计算得到同一波形、同一部位的大震弹塑性层间位移 Δu_p 与小震弹性层间位移 Δu_e 的比值 $\eta_p = \Delta u_p / \Delta u_e$,再将此比值系数 η_p 乘以反应谱法计算的该部位小震层间位移 Δu_e^s,才能视为大震下的弹塑性层间位移的参考值 $\Delta u_p^a = \eta_p \Delta u_e^s$。

2) 大震下结构进入弹塑性工作阶段,结构的阻尼比加大。一般情况下,钢结构可取 0.05;钢筋混凝土结构可取 0.07;混合结构可根据主要抗侧力构件的设置情况,在 0.05~0.07 之间合理取值。

12. 关于时程分析方法

时程分析法是由建筑结构的基本运动方程,输入对应于建筑场地的若干条地震加速度记录或人工加速度波形(时程曲线),通过积分运算求得在地面加速度随时间变化期间的结构内力和变形状态随时间变化的全过程,并以此进行构件截面抗震承载力验算和变形验算。时程分析法亦称数值积分法、直接动力法等。

1) 弹性时程分析法

结构刚度矩阵、阻尼矩阵在不同时刻保持不变的计算,称为弹性时程分析。

弹性时程分析可采用与反应谱法相同的计算模型(平面结构的层间模型、复杂结构的三维空间分析模型等),计算可以在反应谱法时建立的侧移刚度矩阵和质量矩阵的基础上进行,无需重新输入结构的基本参数。当需要考虑双向或三向地震作用时,弹性时程分析应同时输入双向或三向地震地面加速度分量的时程。

2) 弹塑性时程分析法

结构刚度矩阵、阻尼矩阵随结构及其构件所处的变形状态,在不同时刻取不同数值的计算,称为弹塑性时程分析。

结构弹塑性时程分析法在实际应用中正趋向成熟及完善。目前电算程序中所用的计算模型有两类:一类是层模型,包括层剪切模型(图 2.4.5-1)和层弯剪模型(图 2.4.5-2);另一类是较精确的杆系模型,其计算简图基本上同平面结构的空间协同工作法及空间工作法(对剪力墙采用壁式框架柱模拟)。

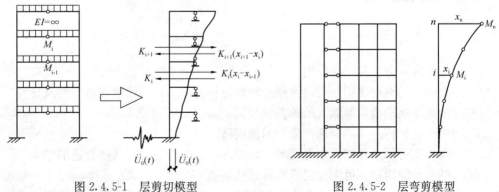

图 2.4.5-1 层剪切模型　　　　图 2.4.5-2 层弯剪模型

(1) 结构计算模型的基本假定及适用范围见表2.4.5-5。

(2) 杆件的恢复力模型及选用

杆件的恢复力是指卸去外荷载后恢复至原有杆形的能力，它反映荷载或内力与变形之间的关系。当结构处于弹性阶段时，刚度矩阵中的系数为常数，它相当于恢复力模型中的初始刚度；当结构构件进入弹塑性阶段后，随着杆件的屈服及伴随的刚度改变，需要对刚度矩阵作相应的修改。

结构计算模型的基本假定及适用范围　　　　表 2.4.5-5

项目	层剪切模型	层弯剪模型	杆系模型
基本假定	1. 楼板在平面内绝对刚性； 2. 框架梁的抗弯刚度远大于框架柱，故可不考虑梁的弯曲变形（图2.4.5-1）； 3. 各层楼板仅考虑其水平位移，不考虑扭转； 4. 每一层间的所有柱子可合并成一根总的剪切杆	1. 楼板在平面内绝对刚性； 2. 各层楼板仅考虑其水平位移，不考虑扭转； 3. 考虑了柱子的剪切变形及梁、柱的弯曲变形	同空间工作法
适用范围	以剪切变形为主的结构，如强梁弱柱的框架结构	框架结构、框架-剪力墙结构及带有壁式框架的剪力墙结构	框架结构、框架-剪力墙结构和剪力墙结构，进行适当处理后也可用于筒体结构

在弹塑性时程分析程序中，可选用的恢复力模型主要有两种，一是二折线型（图2.4.5-3），另一为三折线型（图2.4.5-4）。这两种模型均可用于钢筋混凝土结构构件，其中三折线型能较好地反映以弯曲破坏为主的特性，但要相应地增加输入数据。

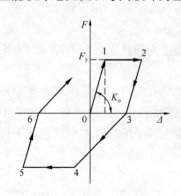
图 2.4.5-3　二折线型

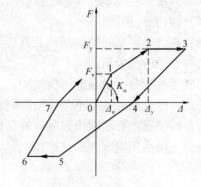
图 2.4.5-4　三折线型

(3) 弹塑性时程分析程序的应用

①宜结合结构的类型选用合适的弹塑性时程分析程序。杆系模型在适应性及计算精度等方面相对地优于层模型，但输入的数据量较大。

②同弹性时程分析一样，要选择适宜的地震波。

③当程序提供可作选择的恢复力模型时，则应进行分析比较，选择合适的结果。

④输入的各楼层质量，可用楼层重力荷载代表值 $G_{Ei}=G_{ki}+\psi Q_{ki}$ 算得（对于一般民用建筑，可取 $\psi=0.5$）。杆件屈服承载力应按混凝土及钢筋的强度标准值进行计算，可根据

弹性计算所得的地震作用组合内力设计值，并经内力调整后所得的实际配筋量及相应杆件的截面尺寸，由程序进行接续运算而得。

⑤弹塑性时程分析程序可输出各楼层水平位移、层间水平位移及层间水平剪力等的包络值（最大值）。其中设计所需的层间水平位移包络值是主要的衡量指标，借助小震弹性时程分析及小震的反应谱法，可确定大震弹塑性位移并判别薄弱层位移角是否满足《抗震规范》的限值$[\theta_p]$。

13. 关于静力弹塑性分析方法

静力弹塑性分析即 Pushover 分析，是一种考虑材料非线性来对建筑物的抗震性能进行评价的方法。

利用静力弹塑性分析法进行结构分析的优点在于：既能对结构在多遇地震作用下的弹性设计进行校核，也能够确定结构在罕遇地震作用下的破坏机制，找到最先破坏的薄弱环节，以便在设计时对局部薄弱环节进行修复和加强，在不改变整体结构性能的前提下，就能使结构达到预定的使用功能。而采用弹性分析方法时，对不能满足使用要求的结构，一般采取增大新的构件或加大原结构构件截面尺寸的办法，其结果是增加了结构的刚度，不仅造成一定程度的浪费，也可能存在新的薄弱环节和隐患。

对多遇地震的计算，可以与弹性分析的结果进行验证，主要查验总侧移和层间位移角，除连梁以外的其他各杆件是否满足弹性极限状态要求；对罕遇地震的计算，可以检验总侧移和层间位移角，各杆件是否超过弹塑性极限状态，是否满足大震不倒的要求。

1) 静力弹塑性分析方法的基本假定

(1) 实际结构的地震反应与等效单自由度体系相关，也就是假定结构的地震反应仅由第一振型控制。

(2) 结构沿高度的变形由形状向量表示，即假定在整个地震作用过程中，无论结构变形的大与小，其形状向量（即变形规律）始终保持不变。

应特别注意：基本假定认为结构的反应仅由第一振型控制以及结构沿高度的变形形状向量不变，而实际结构的相对位移向量是由所有振型共同决定的，且各阶振型也随结构刚度的不同而变化。在强震地面运动作用下，结构将进入弹塑性工作状态，结构的刚度不断改变，尤其当结构薄弱层进入屈服阶段后，整个结构的性能会发生根本性的变化，而此时若仍然采用弹性阶段的变形形状向量，其分析结果显然是有误差的。因此，一定要注意静力弹塑性分析方法的适应性问题。对于短周期或层数不多的结构，其最大反应受加速度控制，Pushover 分析法对以第一振型为主的结构反应的评估较为准确。当高振型（或较高振型）较为重要时，如较高的高层建筑和具有局部薄弱部位的建筑，采用非线性静力分析其准确性将难以保证。

2) 静力弹塑性分析方法的原理

(1) 建立结构分析模型（二维或三维模型）。

(2) 将地震作用简化为倒三角形（基于底部剪力法）或与第一振型等效的水平荷载模式（基于振型分解反应谱法），并将其作用在结构的计算模型上。

(3) 采用荷载增量或以增量控制的方法进行结构的非线性静力分析，直到结构顶点位移达到目标位移值（结构分析计算设定的弹塑性位移值）。

(4) 在推覆过程中及时找出塑性铰，并不断修改总刚度矩阵。

(5) 达到目标位移时,结构的内力和变形可作为结构的承载力和变形要求,依次求出各结构构件的承载力和变形要求,并与容许值进行比较,从而评估结构的抗震性能。

3) 目前程序常用的计算方法和步骤

以 SAP 和 ETABS 程序中的 Pushover 分析方法为例,程序提供的 Pushover 分析方法主要基于两本手册:美国应用技术委员会编制的《混凝土建筑抗震评估和修复》(ATC-40)、美国联邦紧急管理局出版的《房屋抗震加固指南》(FEMA 273/274)。FEMA 273/274 采用"目标位移法(Target Displacement Method)",用一组修正系数,修正结构在"有效刚度"时的位移值,以估计结构的非线性非弹性位移。ATC-40 采用"承载力谱法(Capacity Spectrum Method)",先建立 5%阻尼的线性弹性反应谱,再用能量耗散效应降低反应谱值,并以此来估算结构的非弹性位移。

混凝土塑性本构关系、性能指标和分析采用的能力谱法来自于 ATC-40,钢结构塑性本构关系和性能指标来自于 FEMA 273/274。

程序计算的主要步骤如下:

(1) 用单调增加水平荷载作用下的静力弹塑性分析,计算结构的基底剪力 V_b-顶点位移 Δ_n 曲线(见图 2.4.5-5)。

(2) 建立能力谱曲线

对不很高的建筑结构,当地震反应以第一振型为主时,可用等效单自由度体系代替原结构。因此,可将剪力 V_b-位移 Δ_n 曲线转换为谱加速度 S_a-谱位移 S_d 曲线(也称作 ADRS 谱,Acceleration Displacement Response Spectrum),即承载力谱曲线,习惯上称其为能力谱曲线(见图 2.4.5-6)。

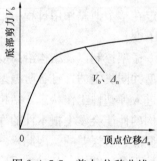
图 2.4.5-5 剪力-位移曲线

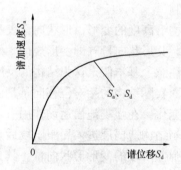
图 2.4.5-6 能力谱曲线

(3) 建立需求谱曲线

需求谱曲线分为弹性需求谱和弹塑性需求谱两种。对弹性需求谱,可以通过将典型(阻尼比为 5%)加速度反应谱 S_a 与位移反应谱 S_d 画在同一坐标上(图 2.4.5-7)根据弹性单自由度体系在地震作用下的运动方程可知,S_a 与 S_d 之间存在如下关系:

$$S_d = \frac{T^2}{4\pi^2} S_a \tag{2.4.5-1}$$

从而得到 S_a 与 S_d 之间的关系曲线,即 ADRS 格式的需求谱(图 2.4.5-8)。

对弹塑性结构,ADRS 格式的需求谱的求法,一般是在典型弹性需求谱的基础上,通过考虑等效阻尼比 ξ_e 或延性比 μ 两种方法得到折减的弹性需求谱或弹塑性需求谱。ATC-

40 采用的是考虑等效阻尼比 ξ_e 的方法（即采用的是折减的弹性需求谱）。

4）性能点的确定

将能力谱曲线和某一水准地震的需求谱画在同一坐标系中（图 2.4.5-9），两曲线的交点称为性能点，性能点所对应的位移即为等效单自由度体系在该地震作用下的谱位移。

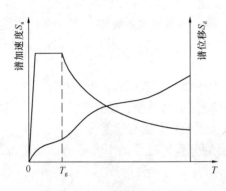

图 2.4.5-7 典型的需求谱曲线

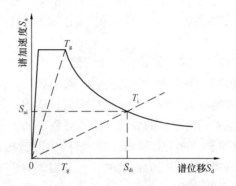

图 2.4.5-8 ADRS 格式的需求谱曲线

将谱位移转化为原结构的顶点位移，根据该位移在原结构 $V_b - \Delta_n$ 曲线的位置，即可确定结构在该地震作用下的塑性铰分布、杆端截面的曲率、总侧移及层间侧移等，综合检验结构的抗震能力。

若两曲线没有交点，说明结构的抗震能力不足，需要重新设计。

因为弹塑性需求谱、性能点、ξ_e 之间相互依赖，所以确定性能点是一个迭代的过程。只要已知参数输入正确，性能点、ξ_e、需求谱等可由程序自动算出。

输入已知条件时，需要注意的是：程序中的地震反应谱与《抗震规范》的地震反应谱表达方式略有不同，需经等效变换成程序中的参数。

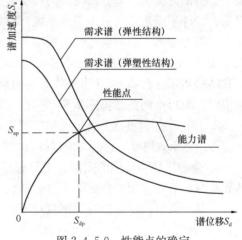

图 2.4.5-9 性能点的确定

2.4.6 关于结构共振问题

【问】 所做结构的自振周期与场地的卓越周期接近，是不是容易发生共振？《抗震规范》在 5.1.5 条的 α 曲线上给定的最大周期为 6s，限制最大周期是否也是为了限制共振？

【答】 结构自振周期与场地卓越周期相近时，易引起类共振。限制最大周期 6s，是因为振型分解反应谱法对长周期结构适应性降低的缘故（见 2.4.5 条）。

【问题分析】

1. 当结构的自振周期与场地的卓越周期相近时，容易发生类共振。但应注意到结构有多个振型，这里所讨论的是结构的主振型，对采用刚性楼板假定计算的结构一般就是 T1 所对应的振型，该振型代表的质量大；而对于采用弹性楼板假定计算的结构，要特别注意区分局部振型和主振型之间的关系，可将楼层参与质量最大的振型确定为主振型。之所以说会产生类共振而不是完全共振，是因为，仅主振型与场地的卓越周期相近，而其他周期则与场地卓越周期相差较远。因此，在结构设计中应尽量避免结构自振周期与场地卓越周期相近的问题，但也没有必要刻意去做。

2. 对于周期大于 6s 的长周期结构，规范未规定其水平地震影响系数曲线，需专门研究。一般情况下，也可将 $T=6s$ 以后的水平地震影响系数曲线确定为 $T=6s$ 的直线段。

2.4.7 关于结构剪重比问题

【问】 关于剪重比的问题，若不满足规范对于最小剪重比的要求，程序会考虑一个地震剪力的放大系数，这个系数多大合适呢？某30层剪力墙结构的住宅，其1-17层均不满足规范对于剪重比的要求，均需要程序调整放大系数，是否合适？

【答】 一个不是特别高的结构大部分楼层的剪重比过小是不合适的，应调整结构布置，适当加大结构的抗侧刚度。

【问题分析】

1. 水平地震作用时，结构任一楼层的地震剪力系数应满足《抗震规范》表 5.2.5 的要求。当部分楼层计算分析得到的楼层地震水平剪力的标准值小于规范规定的最小楼层水平剪力（即不满足楼层最小剪力系数）时，可采用加大地震力调整系数的办法，对全部楼层进行剪力放大，使相应部位的楼层剪力满足规范要求。但增大系数不宜大于 1.2，不应大于 1.3。若需要调整的楼层超过楼层总数的 1/3 或增大系数大于 1.3 时，则应对建筑布置和结构体系进行调整。（当按放大后的地震剪力计算的弹性层间位移角仍能满足规范的限值时，也可不调整结构体系和结构布置）。

2. 当结构的剪重比不满足《抗震规范》表 5.2.5 的要求时，减小周期折减系数及加大地震力调整系数均可达到提高地震剪力的目的，编者建议宜采用后者，以明确结构概念。

3. 受程序使用功能的限制，当除底层以外的部分楼层的最小地震剪力系数不满足规范要求时，只可采用全楼地震力放大系数，使各楼层的最小地震剪力系数满足规范要求。当程序具有分层调整功能时，可只对不满足楼层最小地震剪力系数的楼层进行调整。

2.4.8 关于"中震"、"大震"设计问题

【问】 "中震"的设计参数是如何确定的？

【答】 按"中震"设计是工程中对重要结构或特殊构件的实用处理方法之一。考虑到我国《抗震规范》实行的是多遇地震作用下的弹性计算，因此，对重要部位可采用"中震弹性"或"中震不屈服"的设计措施。"中震"设计要求一般多出现在特殊工程的抗震超限审查文件中，属于结构性能设计方法。注意：这是一种近似的考虑方法，基本属于概念设计的范畴。

【问题分析】

1. 对抗震薄弱部位采取加强措施和提高结构或构件的承载力水平，这两者都是结构抗震设计的重要手段。我国规范主要采用的是前者。而对复杂工程及超限建筑工程，采用"中震"设计方法就是在对结构抗震薄弱部位采取了加强措施的基础上，再适当提高关键部位结构或构件的承载力水平，实现结构或构件延性及承载力水平的更大提高，以改善结

构的抗震性能，提高结构的抗震能力。

2. 按"中震"设计时应注意以下两点：

1）应注意区分"中震弹性"设计和"中震不屈服"设计的差别。

2）中震设计时，只对地震作用进行放大调整，其抗震措施可不调整（即仍按小震时采取抗震措施）。

3. "中震弹性"——指在设防烈度地震时，结构基本完好，即结构构件基本保持弹性状态，各种承载力设计值基本满足规范对抗震承载力的要求。设计时取表 2.4.5-3 中设防烈度地震的水平地震影响系数，计算地震作用效应和其他荷载效应的基本组合，地震作用效应比小震弹性时放大 2.8 倍。

1）基本表达式为：

$$S \leqslant R/\gamma_{RE} \qquad (2.4.8-1)$$

式中：S——构件在中震作用下的内力组合设计值，为避免程序根据不同抗震等级对构件内力设计值再次放大，计算时可取抗震等级为四级。

2）连梁的刚度折减系数可取小于 0.5（但不小于 0.3）的数值。

4. "中震不屈服"——指在设防烈度地震时，结构轻微破坏，即结构构件可能出现轻微的塑性变形，但不达到屈服状态，按材料强度标准值计算的承载力大于地震作用标准组合的效应。设计时取表 2.4.5-3 中设防烈度地震的水平地震影响系数，计算地震作用效应和其他荷载效应时采用标准组合，对钢结构地震作用效应的计算结果比小震弹性约放大 2.5 倍。

1）基本表达式为：

$$S_k \leqslant R_k \qquad (2.4.8-2)$$

式中：S_k——构件在中震作用下的内力组合标准值，采用地震作用和其他荷载作用的标准组合，即 $\gamma_G = \gamma_{Eh} = 1.0$，以及 $\psi_w \gamma_w = 0.2 \times 1.0 = 0.2$；为避免程序根据不同抗震等级对构件内力设计值再次放大，计算时可取抗震等级为四级。

R_k——构件截面承载力标准值，即取材料强度标准值 f_y（钢材的屈服强度）f_{yk}、f_{ck}、f_{tk} 算得的承载力。

2）连梁的刚度折减系数可取小于 0.5（但不小于 0.3）的数值。

3）应注意，按"中震不屈服"进行设计计算时，由于效应系数及材料强度系数的多项调整，可能导致其计算结果不一定大于"小震弹性"的计算结果，故应加强对"中震不屈服"计算结果的判别，以不小于"小震弹性"为原则。

4）简化计算方法

（1）简化计算公式

目前多数程序都具有中震不屈服计算功能，在方案及初步设计阶段也可以套用多遇地震计算方法进行简单换算。对式（2.4.8-2）进行相关变换简化：

$$S_k \approx S/1.25 \qquad (2.4.8-3)$$

即有 $S/1.25 \leqslant R_k$，两边同除以 γ_{RE} 后得：

$$\frac{S}{1.25\gamma_{RE}} \leqslant \frac{R_k}{\gamma_{RE}} \qquad (2.4.8-4)$$

一般情况下 γ_{RE} 数值在 0.8 左右，式（2.4.8-4）又可改写为：

$$S \leqslant R_k/\gamma_{RE} \qquad (2.4.8-5)$$

采用式（2.4.8-5），通过将程序中材料强度设计值调整为材料强度标准值的办法，可以直接用程序的计算结果。

（2）材料强度标准值的确定

材料强度标准值与材料设计值的比值，钢材为：1.11，对混凝土为 1.40。

当程序具有可调整材料强度数值的功能时，采用直接输入材料强度标准数值的办法计算，如：将 HRB 400 级钢筋的材料强度用其标准强度 400N/mm^2 输入计算；当程序不具有调整材料强度数值的功能时，也可以通过调整材料强度等级（同一等级有多个强度指标时，按较小值确定）的近似办法实现，如 C35 级混凝土按 C45 混凝土计算。

5. 需要说明的是，按"中震"设计是一种近似的计算方法，强调以概念设计为主，不必追求过高的计算精度。当以"中震不屈服"为计算目标时，也可以采用"中震弹性"的计算方法，在构件的应力控制上适当放松，如：对钢桁架结构计算时，可按"中震弹性"方法计算，其构件应力比控制在不大于 1.1。

6. 对"大震弹性"及"大震不屈服"可参照上述中震设计方法，注意下列问题：

1) 设计时取表 2.4.5-3 中罕遇地震的水平地震影响系数。

2) 取与大震对应的结构阻尼比。钢结构可取 0.05；钢筋混凝土结构可取 0.07；混合结构可根据主要抗侧力构件的设置情况，在 0.05~0.07 之间合理取值。

2.4.9 关于地震作用方向问题

【问】 实际水平地震对建筑物的作用方向应该是任意角度都有可能发生。但在计算时，一般只要求计算两个主轴（0°，90°）方向（当有斜交构件且大于 15°时，才另附加作用角），对矩形建筑，0°、90°的地震作用效应是否都大于其他角度的地震作用效应。另外，在用软件建模时，人们往往是把建筑"摆正"建模计算，如果把模型旋转任意角度其计算结果和"摆正"建模有区别吗？

【答】 对建筑物而言，地震作用的方向是任意的，但是地震作用具有矢量可分解的特征，所以，一般情况下按两个主轴方向计算是可行的。当然，对于不是由主轴方向地震作用控制的建筑，本来就应该进行地震作用最不利方向的计算。

建筑物摆正建模计算与任意角度建模计算，其计算结果有一定的差异，主要是坐标系的不同造成的，同时与位置有关的参数取值不同（如第 2.4.1 条的偶然偏心计算中与地震作用方向垂直的建筑物长度取值问题等）造成的，但计算的误差在工程允许的范围内。

【问题分析】

1. 结构设计计算中要注意对最不利作用方向的判别与把握，两个主轴方向不一定是最不利的作用方向。

2. 应注意对有斜交抗侧力构件的结构和斜交结构的判别。见图 2.4.9-1。斜交抗侧力构件如斜向布置的框架梁、剪力墙等，不包括次梁。

3. 对斜交抗侧力构件应按《抗震规范》第 5.1.1 条的要求进行计算。

4. 风荷载对结构也存在不利作用方向问题，但和地震作用不同，风荷载有较为明确的作用方向，一般为主导风向。对风荷载起控制作用的结构，当风荷载的作用方向无法确定时，可参考地震作用最不利方向的确定原则计算。

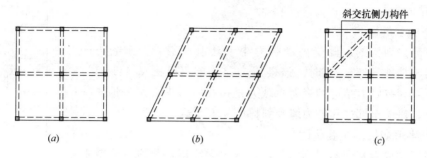

图 2.4.9-1 有斜交抗侧力构件的结构和斜交结构
(a) 正交结构；(b) 斜交结构；(c) 有斜交抗侧力构件的结构

2.4.10 关于地震倾覆力矩比的取值问题

【问】 在框架-剪力墙结构中，规范规定可以根据框架的倾覆力矩比来确定框架的抗震等级，但不同楼层倾覆力矩比也不相同，是否需要每层都考虑？

【答】 倾覆力矩的比值原则上取用底层数据，对复杂结构及超限建筑工程可取用底部加强部位的数据。对房屋的每层进行倾覆力矩的判别没有意义也无必要。

【问题分析】

1. 现行规范将结构底层的倾覆力矩比作为确定结构体系及抗震等级的重要依据，倾覆力矩比按在规定水平力作用下和结构底部及规范方法确定。当为复杂结构或超限建筑工程时，可考虑取结构的底部加强部位。

2. 倾覆力矩比为判别结构体系的重要计算指标，实际工程中对倾覆力矩比的计算，应注意以下几点：

1) 应注意结构底层框架和剪力墙倾覆力矩计算模型与其限值的对应关系，即规范对倾覆力矩比的划分原则，是建立在《抗震规范》对结构底层框架和剪力墙倾覆力矩的简化计算的基础之上的，也即是结合抗震经验确定的指标。因此，实际工程中应以"规范算法"为主，必要时可采用"轴力算法"进行补充及比较计算。

2) 影响框架-剪力墙结构体系的因素很多，有框架和剪力墙的倾覆力矩比、框架和剪力墙的剪力分摊比等，而倾覆力矩比只是其中一个较为主要的因素。

3) 对倾覆力矩比的计算部位也应灵活掌握，对一般结构（竖向规则）可只考察其底层，而对复杂结构、超限建筑工程等，宜核查其底部加强部位的每一层。

4) 当结构底层框架和剪力墙的倾覆力矩比处在结构体系的分界线附近时，应采取措施加以避免，以减少结构体系的飘忽给结构设计带来的困难。

2.4.11 关于薄弱层的效应增大问题

【问】 《抗震规范》第 3.4.4 条规定，对侧向刚度小的楼层地震剪力要乘以 1.15 的增大系数，底框砖房的底层、《高规》第 10 章的复杂高层建筑加强层，是否也要乘以 1.15 的系数？

【答】 当侧向刚度变化不规则、楼层受剪承载力变化不规则、竖向抗侧力构件连续性不规则时，规范规定其地震剪力要乘增大系数 1.15《高规》规定为 1.25。对底框砖房的底层及复杂高层建筑的加强层，因已采取了相应的结构措施，所以不再放大。

【问题分析】

1. 薄弱层的概念

当抗侧力结构的层间受剪承载力小于其上一层受剪承载力的80%（但不应小于65%）时，该楼层为薄弱层（见图2.4.11-1）。其中楼层层间抗侧力结构的受剪承载力是指在所考虑的水平地震作用方向上，该层全部柱和剪力墙及斜撑的受剪承载力之和。

2. 产生薄弱层的主要原因

薄弱层主要由竖向不规则引起，包括侧向刚度不规则（有软弱层）、竖向抗侧力构件不连续等。

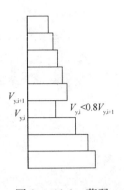

图2.4.11-1 薄弱层的概念

1) 软弱层概念：楼层侧向刚度小于相邻上一层的70%（依据《超限高层建筑工程抗震设防专项审查技术要点》建质［2010］109号规定，对高度不超过A级高度限值的高层建筑，楼层侧向刚度不应小于相邻上一层的50%，否则应进行超限审查），或小于其上相邻三个楼层侧向刚度平均值的80%（见图2.4.11-2），或除顶层外局部收进（指与抗侧力构件有关的收进，不包括平面中纯悬挑梁的悬挑变化）的水平向尺寸大于相邻下一层的25%，为软弱层。

2) 竖向抗侧力构件不连续：竖向抗侧力构件（柱、剪力墙、抗震支撑等）的内力由水平转换构件（如梁、桁架等）向下传递。

3. 对薄弱层的处理

规范规定，对薄弱层的地震剪力应乘以1.15《高规》为1.25的增大系数，采用弹塑性静力或动力分析方法验算薄弱层的弹塑性变形。对薄弱部位采取有效的抗震构造措施。

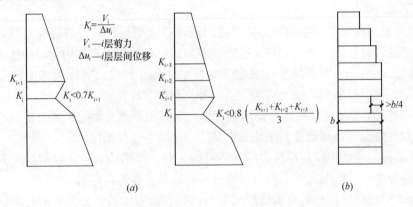

图2.4.11-2 软弱层的概念
(a) 侧向刚度变化；(b) 平面收进

4. 设计建议

1) 结构设计中应采取措施，减少结构的不规则情况，尤其是竖向不规则，避免软弱层及薄弱层的出现。

2) 特殊情况下，当结构设计中无法避免侧向刚度突变（如：设备层，层高一般不大于2.2m，一般楼层尤其是裙房层层高较大，引起结构侧向刚度突变；转换层，转换构件的截面很大，转换层刚度突变）时，应采取相应的结构措施，控制结构的上、下侧向刚度比，减少薄弱层及软弱层的数量（使薄弱层转化为软弱层，软弱层转化为非软弱层）。可

区分不同情况采取下列措施:

(1) 当上部结构的侧向刚度足够(刚度突变层以上结构的弹性层间位移角 θ_E 比规范限值 $[\theta_E]$ 小很多,即 $\theta_E \ll [\theta_E]$)时,可采取减小上部结构侧向刚度的办法,如:减少剪力墙数量、减小剪力墙厚度、或对剪力墙进行开洞处理等,以减小结构的上、下侧向刚度比。

(2) 当上部结构的侧向刚度不富裕(刚度突变层以上结构的弹性层间位移角 $[\theta_E]$ 接近规范限值 $[\theta_E]$,即 $\theta_E \approx [\theta_E]$)时,可采取加大下部结构侧向刚度的办法,如适当增加下部剪力墙数量或加大剪力墙的墙厚,同样可以减小结构的上、下侧向刚度比。

(3) 当 θ_E 在上述(1)、(2)之间时,可采取综合措施,即适当减小刚度突变层以上的结构侧向刚度、适当加大刚度突变层以下结构的侧向刚度,实现对刚度突变层上、下结构侧向刚度的合理控制。

3) 在软弱层上下侧向刚度比的计算过程中,应注意对侧向刚度计算模型的合理选用,对转换层应采用《高规》附录 E 规定的方法计算。对其他情况,应采用地震剪力比层间位移的侧向刚度计算方法(详见本书第 3.6.1 条)。

4) 实际工程中,宜按《高规》第 3.5.8 条的规定乘以 1.25 的增大系数,并应先增大后再与规范规定的楼层最小地震剪力系数比较。

2.4.12 关于大跨度长悬臂问题

【问】 规范提出了大跨度和长悬臂结构,实际工程中如何把握大跨度和长悬臂?

【答】 大跨度和长悬臂可按表 2.4.12-1 确定。

大跨度和长悬臂结构的综合确定原则   表 2.4.12-1

设防烈度	大跨度屋架	长悬臂梁	长悬臂板	简化计算时重力荷载代表值增大系数
7 度(0.1g)	>24m	>6m	>3m	5%
7 度(0.15g)	>20m	>5m	>2.5m	7.5%
8 度(0.2g)	>16m	>4m	>2m	10%
8 度(0.3g)	>14m	>3.5m	>1.75m	15%
9 度(0.4g)	>12m	>3m	>1.5m	20%

【问题分析】

1. 大跨度和长悬臂结构主要考虑的是竖向地震的影响问题。要注意区分长悬臂梁和长悬臂板。

2. 竖向地震可通过重力荷载代表值增大系数进行简单计算,当初步设计或结构估算时,也可以直接将重力荷载效应乘以表 2.4.12-1 中的增大系数。

2.5 防止结构连续倒塌设计

【要点】

近年来,建筑防连续倒塌问题在欧美国家得到广泛关注,我国防止结构连续倒塌的设计刚刚起步,在一些特殊的工程中也常有考虑。此处结合防止结构连续倒塌设计的工程实例，比较国外一些相关设计规范和标准之间的相互关系，提出防止连续倒塌设计计算方法，并将其与正常情况下的结构计算进行比较，找出其中带规律性的问题。以期有益于特殊结构的防倒塌设计。

本节涉及的主要概念有：结构的整体牢固性、构件的需供比、转变途径法、局部抗力增强法等，目的是使读者对防止结构连续倒塌设计有接触性了解。

2.5.1 什么是结构的防连续倒塌设计

【问】 什么是结构的防连续倒塌设计？与抗震设计中的"大震不倒"原则有什么关系？

【答】 结构的倒塌分为两类：一是，在地震（尤其是罕遇地震或极罕遇地震）作用下，结构产生非弹性的大变形，构件失稳，传力途径失效而引起结构的连续倒塌；二是，由于撞击、爆炸、人为破坏及地基塌陷等造成承重构件的失效，传力途径被阻断而发生连续倒塌。结构的防连续倒塌问题主要研究的是后者，抗震设计中的"大震不倒"只是防止结构连续倒塌问题的一部分工作。

【问题分析】

1. 国外防止结构连续倒塌研究大致分为以下三个主要阶段：

1) 1968年，英国Ronan Point公寓（22层的装配式钢筋混凝土大板结构）由于局部住宅单元的煤气爆炸引起房屋的连续倒塌。此后，英国BRE（建筑研究院）进行了相关的试验研究，对改进后的装配式大板结构模型进行局部爆炸试验及房屋底部受汽车撞击试验。之后，在有关房屋设计管理文件中提出考虑意外荷载的要求，但不具体。

2) 1995年，美国Oklahoma联邦大厦遭受爆炸并发生倒塌，此事件后，开始对一些重要建筑设计中考虑防止结构连续倒塌问题，同时在抗震设计中也引入了一些重要的概念。美国共用事务局（General Service Administration）2000年制订了一个"连续倒塌的分析与设计导则"（GSA Progressive Collapse Analysis and Design Guidelines）。

3) 2001年9月11日美国世贸中心大楼由于遭受飞机撞击，发生灾难性的连续倒塌，防止结构连续倒塌的问题引起了工程界的严重关注。

2. 国内防止结构连续倒塌研究的现状及严峻的反恐形势

1) 国内防止结构连续倒塌的研究主要集中在防地震倒塌（即在遭受罕遇地震时不致倒塌，或简称"大震不倒"）。《抗震规范》从抗震验算、变形控制及构造措施来保证这一目标的实现；但（胡庆昌教授指出）"国内对不同体系的倒塌机制，特别是对部分构件遭受严重破坏，如何避免引起连续倒塌方面还缺乏深入研究"，相关研究资料不多。

2) 近年来，高层建筑尤其是超高层建筑及重要工程的防止连续倒塌问题在欧美国家得到了广泛的关注。我国处在的国际恐怖势力的包围之中，还由于"东突"和"藏独"等恐怖势力的存在，国内反恐形势也渐趋严峻。我们的重大建筑正面临前所未有的挑战。在高层或超高层建筑及重要工程中考虑建筑的防倒塌设计，正成为结构设计不可回避的问题。

3. 防止结构连续倒塌的主要内容

1) 防止意外事故（自然紧急状态——源自气候条件或地质变化等，如地基塌陷；或人为紧急状态——建筑内部或外部由于火灾或其他灾难性情况发生时，如爆炸、撞击等人为破坏——造成部分承重构件的失效，阻断传力途径）引起的结构连续倒塌问题（是本节的重点问题）。

2）防止地震作用（在地震作用尤其是在极罕遇地震作用下，结构进入非弹性的大变形阶段，构件失稳、传力途径失效）引起的结构连续倒塌问题（在结构的抗震设计中详细阐述，本节不再讨论）。

2.5.2 关于结构的整体牢固性

【问】 什么是"鲁棒性"？结构的整体牢固性与"鲁棒性"是什么关系？

【答】 在关于防止结构连续倒塌的文献资料中经常看到"鲁棒性"的要求，"鲁棒性"是外来语，即 Robustness，就是结构的整体牢固性，是防止结构连续倒塌设计的重要概念。

【问题分析】

1. 结构的整体牢固性对防止结构连续倒塌意义重大

1）整体牢固性好的结构，如：剪力墙结构、筒中筒结构、剪力墙较多的框架-剪力墙结构、型钢混凝土结构、钢管混凝土结构等，一旦个别结构构件破坏，其附近的结构仍可以弥补结构因局部破坏引起的传力构架的变化，保持承受竖向荷载的能力，防止结构发生连续破坏和倒塌。

2）整体牢固性差的结构，如：框支结构、各类转换结构、板柱结构、单跨框架结构、装配式结构、楼梯等，一旦个别结构构件破坏，随即引起其附近结构的破坏，引发大范围的结构连续破坏和倒塌。

2. 结构整体牢固性的主要特性（强调结构整体的牢固问题）：

1）提高结构的冗余度，增加结构构件之间的刚接连接，尽量减少静定结构构件。

2）结构应具有多道传力途径，作为应对意外事故发生时的储备（即一旦主要传力途径受到破坏，其他传力途径仍然有效）。

3）某一关键构件破坏后，结构还能形成承受竖向荷重的构架。

4）防止结构构件发生剪切破坏，提高构件的延性。

5）在大弹塑性变形情况下，结构承受竖向荷重的能力下降幅度不大于20%，关键部位梁、板和柱等构件能承受一定比例的与正常使用状态相反的内力作用。

3. 结构的整体牢固性是抗震设计和防止结构在突发事件下连续倒塌设计追求的共同目标（2008年5月28日中国工程院关于"四川地震灾后重建中的工程建设问题"大会上，清华大学钱稼茹教授作了题为"整体牢固性——结构抗地震倒塌的关键"的报告）。

4. 关于"Robustness"的中文翻译问题，陈肇元院士曾为此撰写专门文章予以阐述，不应译为"鲁棒性"，翻译为"结构的整体牢固性"概念更加清晰明了。

2.5.3 国外防止结构连续倒塌设计的要求

【问】 国外防止结构连续倒塌设计都有哪些具体的要求？

【答】 "911"以来，紧急情况（如：地基失效、风灾、爆炸、撞击和高温等）下结构的防止连续倒塌设计正受到更多的关注，美国、俄罗斯等国家相继制定有相关的法律法规，并应用于防止结构连续倒塌设计中。

【问题分析】

1. 俄罗斯防止结构连续倒塌的相关规定[11]

1）高度超过 75m 的高层建筑，均应进行结构的防止连续倒塌验算。验算的目的是为了防止高层建筑在自然紧急状态（源自气候条件或地质变化等）或人为紧急状态（建筑内部或外部由于火灾或其他灾难性情况发生）下，一旦部分承重结构受到破坏后，破坏会逐步扩大，使建筑发生连续倒塌。

2）建筑物防止连续倒塌的整体牢固性（Robustness），应根据结构计算确定。

3）当发生局部破坏时，建筑的整体牢固性计算应考虑相应的荷载组合（含永久荷载和活荷载等）要求。局部破坏应满足下列要求见表 2.5.3-1：破坏发生在墙肢上，且从两组墙的交接点到最近的洞口或下一个交接点的距离小于 10m 时；局部破坏发生在柱上或与同层墙体相连的柱上；局部破坏发生在同一层楼板上；以上局部破坏的受荷面积均不应超过 80m²。对建筑抗连续倒塌整体坚固性的评估，应根据上述局部破坏的最大效应确定。

结构局部构件破坏的情况　　　　　　表 2.5.3-1

序号	破坏构件	局部破坏情况		局部破坏面积
1	同一楼层两片相交的剪力墙	有洞口	从墙交接处到离最近的洞口边	且墙长≤10m
		无洞口	从墙交接处至下一墙肢相交处	
2	柱	柱子破坏，与之相连的梁失效，失去相应的支承作用		≤80m²
3	梁	梁破坏，失去相应的支承作用		
4	楼板	楼板的破坏，考虑楼板的悬挂作用		

4）对于紧急状态，需根据规范要求验算承载能力极限状态，抗力计算采用标准值。不要求验算裂缝、变形等正常使用极限状态。

5）效应计算应采用空间计算模型，将所有结构构件考虑在内，模拟建筑投入使用后局部承重构件发生损害时荷载的重分布及破坏情况。

6）防止建筑发生连续破坏的主要措施有：结构应有较多的冗余度，以保障柱、横梁、隔板、节点的承重能力；连续加强配筋；提高结构构件和节点的延性。在允许范围内提高结构的延性可有效阻止结构破坏的继续扩大，即当某些承重构件发生破坏时，可以有较大的变形而不至于立刻失去所有的承载能力。因此，在设计时应增加配筋或采用其他延性材料，加大连接件强度及韧度。高层建筑应尽量采用现浇结构，当采用非承重预制构件时，应采用与承重结构连接牢固性好、可靠性高的预制板材。楼板与柱、梁、隔板的相连处应能保证上层楼板坍塌时支撑住上层楼板（即楼板的悬挂作用——编者注），而不掉到下层楼内。连接处的承重能力应为半个跨度的楼板与结构构件的重量（$D+0.25L$，D 为永久荷载标准值，L 为活荷载标准值）。

2. 美国防止结构连续倒塌的相关规定[10]

1）GSA 导则，美国公共事务管理局（General Service Adminstration）于 2000 年制订了连续倒塌的分析与设计导则（GSA Progressive Collapse Analysisand Design Guidelines）。

（1）要求多层房屋的设计应进行以下突发事件的检验：即多层房屋在首层去掉一个主

要支承（注意：每次计算全楼只考虑一个主要支承失效）后，不应导致上部结构的倒塌。这个主要支承包括：框架及无梁板柱结构的地面以上一层房屋的任意一根柱，承重墙结构的地面以上一层房屋的周边任意一段9m的承重外墙（即当墙长超过9m时，失效墙的长度只计算9m，9m以外的墙不失效，与墙肢长度方向垂直的墙肢不失效，不考虑内部墙肢的失效问题——编者注），或沿房屋转角各4.5m（即当墙长超过4.5m时，失效墙的长度只计算4.5m，4.5m以外的墙不失效——编者注）的两段外承重墙；地下车库中一根柱或一段9m的承重外墙（即当墙长超过9m时，失效墙的长度只计算9m，9m以外的墙不失效。地下室角部墙肢不失效——编者注）（见图2.5.3-1）。

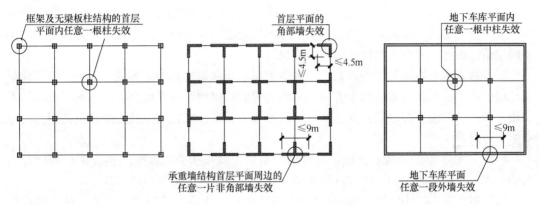

图 2.5.3-1　主要支承的确定

（2）对延性差的结构，考虑动力系数2，按 $2(D+0.25L)$ 进行验算（其中：D 为永久荷载标准值，L 为活荷载标准值）。

（3）强调结构设计应使结构具有更好的牢固性，以减少连续倒塌的可能性。结构应具有多赘余度和多传力途径（包括竖向荷载及承载力）；构件应具有良好的延性，保证变形远远超过弹性极限时还能有一定的承载能力；要考虑相邻构件的破坏，应有足够的反向受力承载力；构件应具有足够受剪承载力，保证不产生剪切破坏。

2）NYC规定，美国NYC建筑法规第18章提出两种防止结构连续倒塌的途径：

（1）转变途径法（Alternate Path Method）。即当结构失去某一关键构件时，通过转变受力途径仍能承受相应的荷载组合（即能确保结构的稳定，而不发生连续倒塌。工程设计中应优先考虑采用此方法——编者注）。这里的关键构件指：一个单独楼板或两个相邻墙段形成的墙角，一根梁及其从属范围的楼板，一根柱或其他影响结构稳定的结构构件。计算要考虑的荷载组合为 $1.0D+0.25L$ 和 $1.0D+0.25L+0.2W$，其中：W 为风荷载标准值。

（2）局部抗力增强法（Specific Local Resistance Method）。即对结构设计中不能破坏的结构构件（即结构设计中的关键部位及构件，采用此方法——编者注），控制构件的需供比DCR（Demand-Capacity Ratio）≤2，并采用增加构件承载力的方法，确保在紧急情况下构件具有较大的强度储备，以保证结构的稳定。

$$DCR=\frac{Q_{UD}}{Q_{CE}}\leqslant 2 \tag{2.5.3-1}$$

式中：Q_{UD}——在紧急情况下按弹性静力分析求得的构件或节点承受的内力；

Q_{CE}——构件或节点预期的极限承载能力，计算 Q_{CE} 时，考虑瞬时作用对材料强度的提高系数（钢材取 1.05，钢筋混凝土取 1.25）。

此时荷载组合取 2（$D+0.5L+0.2W$）。构件的荷载总值（2（$D+0.5L$））不应小于 36kN/m² （采用局部抗力增强法有构件承受荷载最小值的限制，对于屋顶附近的结构构件应特别注意——编者注）。

3）DOD 导则[10]，美国国防部（DOD）于 2001 年发表了防连续倒塌暂行设计导则：

（1）要求进行去掉一个主要承重构件或一个主要抗力构件的结构反应分析。对于一般住宅类建筑，去掉的限于房屋周边的主要承重构件；考虑有可能在房屋内部发生爆炸时，要去掉的构件包括外部及内部的主要承重构件。

（2）对于框架结构，去掉任一层的一根柱，则与该柱相接的所有填充墙和梁均被去掉；去掉任一层的一根梁，则被去掉梁上部的填充墙均被去掉。对于无梁楼盖体系，去掉整跨楼盖（也就是去掉四根柱所包围的楼盖）。

（3）对于承重墙结构，去掉长度为两倍墙高（墙高定义为水平方向支承之间的竖向距离）的一段墙。在转角处沿两个方向承重墙去掉的长度均取一倍墙高。当采用墙支承的无梁楼盖时，去掉楼盖的面积：其宽度为被去掉墙的长度，其长度为从去掉墙段到相邻内承重墙的距离。

（4）对支撑-框架结构，去掉一根柱或一根梁，其做法类似框架结构。沿柱列设置赘余的支撑，当在某跨失去一根柱或梁将不会导致房屋其余部分建筑的倒塌。

（5）对框架-剪力墙结构，参照以上框架及承重墙体系，适当地去掉墙、柱、梁或板进行分析。

4）防止结构连续倒塌的分析方法：

（1）DOD 导则规定，防止连续倒塌设计计算可采用二维或三维静力、线弹性或非线性结构分析。

（2）采用线弹性方法时，如构件的受弯承载力超限，则认为该处出现塑性铰，放松其转动自由度，塑性铰处弯矩保持不变，修正结构刚度重新进行计算分析。若构件的受剪承载力超限，即认为该构件失效，失效构件在新的模型中去掉。当某一失效构件去掉后，与该构件有关的静荷载或活荷载必须重新分配给同一层的其他构件，其他荷载如冲击力等还应分配到下一层构件中。

（3）非线性分析只需要一次完成，当超过构件的受剪承载力或超过了构件的变形极限时，认为构件失效，在继续分析之前将失效构件从模型中去掉。

2.5.4 防止结构连续倒塌设计实例

【问】在防止结构连续倒塌的设计过程中应注意哪些具体问题？

【答】为说明防止结构连续倒塌设计的具体过程，此处以莫斯科中国贸易中心工程为例。

【问题分析】

1. 工程概况

莫斯科中国贸易中心工程，位于俄罗斯联邦莫斯科市（抗震设防烈度与我国 6 度相当），横跨威廉匹克大街，紧邻规划四环路和城市轻轨及地铁 6 号线的 BOTANI-CHESKYSAD 站，是集办公、商业、公寓及中国园林为一体的综合建筑群，总建筑面积

20万m^2。按功能和区域将总平面划分为三个地块,其中2#地块地下2层、地上40层,建筑高度180m,钢筋混凝土框架-核心筒结构(结构平面示意见图2.5.4-1);3#地块地下2层,地上22层,建筑高度87m,钢筋混凝土框架-剪力墙结构。工程按俄罗斯规范要求需采取防止连续倒塌措施。

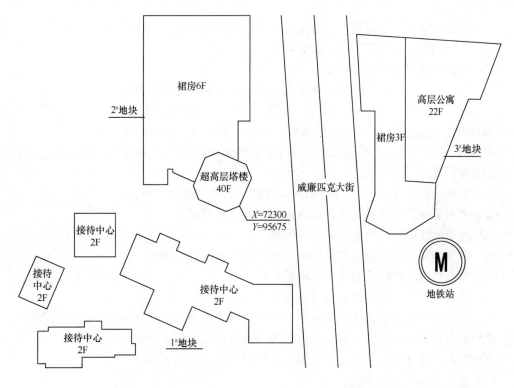

图2.5.4-1 总平面布置图

2. 莫斯科中国贸易中心防连续倒塌设计

工程防止连续倒塌的基本要求参考第2.5.3条,对工程设计提出以下要求:

(1)采用抗连续倒塌性能比较好的钢筋混凝土框架-剪力墙(或框架-核心筒)结构体系;

(2)采取周边支承的钢筋混凝土现浇楼板、楼板钢筋采用机械连接或焊接等加强连接措施、钢筋采取有效锚固措施、加强梁柱节点连接等,当发生紧急情况时,具有很好的悬挂作用,抗连续倒塌性能好;

(3)对不利于抗连续倒塌的转换桁架及其支承柱采用牢固性较强的钢结构和钢骨混凝土结构,对角柱采取加强措施,确保当发生紧急情况时,具有很好的抗连续倒塌作用;

(4)采用ETABS程序进行结构的防连续倒塌计算;

(5)控制构件的需供比$DCR \leqslant 2$;

(6)结构构件的配筋(或钢构件的截面),取正常情况下($1.2D+1.4L+0.2W$或$1.35D+0.98W$)与紧急情况下防连续倒塌计算的较大值;

(7)根据勘察报告提供的资料,工程设计可不考虑由于气候条件或地质变化而引起的自然紧急状态。

3. 防连续倒塌计算方法

1) 对于角柱、2#地块塔楼的6层以下钢转换桁架及支承转换桁架的8根大柱等结构设计中不可局部破坏的重要部位和构件,应采用局部抗力增强法进行防倒塌计算。要点如下:

(1) 特殊情况下的荷载组合,取 2 $(D+0.5L+0.2W)$;

(2) 构件的竖向总荷载不小于 $36kN/m^2$;

(3) 材料强度仍采用设计强度;

(4) 考虑梁柱节点影响,可取支座边缘截面进行结构的强度计算;

(5) 核心柱或SRC柱的型钢,按承受框架角柱(或底层大柱)的全部重力荷载($1.0D$)计算(考虑材料强度的提高系数,钢筋、钢板及混凝土均取 1.1)。

2) 对于采用局部抗力增强法进行设计以外的其他所有区域和构件,采用转变途径法进行防倒塌计算。要点如下:

(1) 荷载组合按 $(D+0.5L+0.2W)$ 考虑,不考虑地震作用;

(2) 采用荷载效应的标准组合(含永久荷载和活荷载);

(3) 抗力计算中,材料强度取用标准值;

(4) 结构计算采用空间计算模型的线弹性分析方法;

(5) 考虑结构及构件的塑性内力重分布;

(6) 只进行结构或构件的承载力计算,不考虑挠度及裂缝问题;

(7) 构件失效的位置取可能破坏的平面中的最下面楼层(即竖向荷载最大的楼层);

(8) 考虑梁柱节点影响,取支座边缘截面进行结构的强度计算;

(9) 防倒塌计算中需要考虑的结构局部构件破坏情况见表 2.5.3-1。

4. 转变途径法应用举例

以2#地块塔楼为例(见图2.5.4-2),说明考虑防倒塌设计时结构构件的设计计算

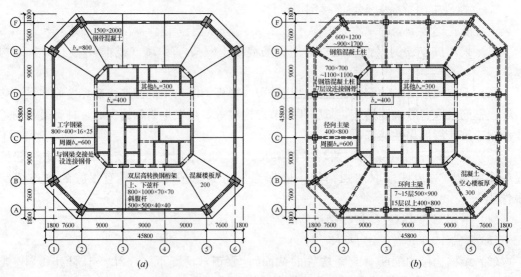

图 2.5.4-2 2#地块塔楼结构布置平面图
(a) 转换层顶平面;(b) 转换层以上平面

2.5 防止结构连续倒塌设计

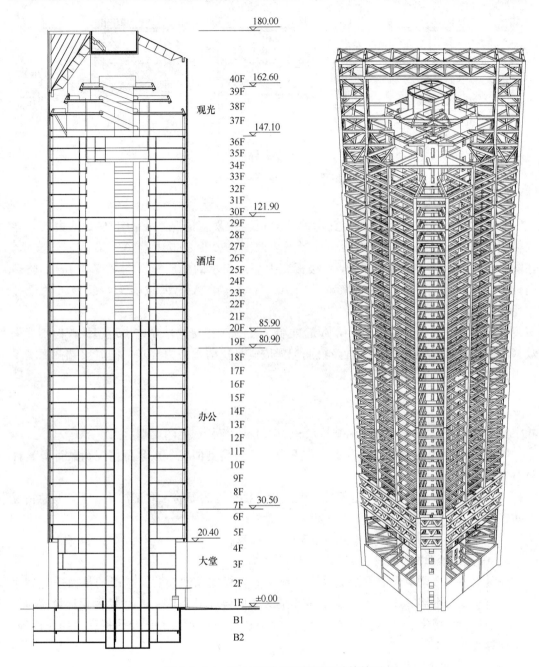

图 2.5.4-3 2#地塔楼结构剖面及计算简图

要点。

1) 楼板失效

楼板失效时,考虑楼板的悬挂作用,楼板的通长配筋应满足:

$$A_{sb} \geqslant 0.5P/f_y \qquad (2.5.4\text{-}1)$$

式中:P——阴影区楼板总荷载(见图 2.5.4-4a),按 $(D+0.5L)$ 计算;

f_y——钢筋强度设计值。

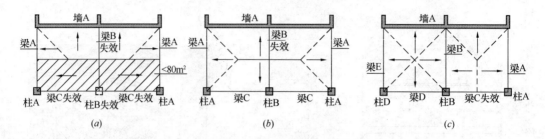

图 2.5.4-4 构件失效后的楼板传力途径
(a) 边柱失效；(b) 中梁失效；(c) 边梁失效

2) 周边框架柱（柱 B）失效

在正常情况下，楼板为周边支承的双向板。在紧急情况下，由于柱 B 的失效，导致相应梁支承的缺失，楼板的传力途径发生改变，楼板变成由墙 A、梁 A 三边支承，在阴影范围内（影响面积≤80m²）楼板变为短边支承的单向板（图 2.5.4-4a）。防倒塌计算应重点考察结构的整体稳定、墙 A、柱 A、梁 A 的承载能力，及楼板的悬挂作用等。

(1) 考虑柱 B 失效时，框架梁 A 的梁端（与柱 A 相交处）允许出现塑性铰但不能失效（不发生剪切破坏），梁端截面及箍筋配置应满足抗剪承载力要求，同时梁端截面满足锚固长度的全部纵筋应满足下式要求：

$$V \leqslant 0.75 f_y A_s \quad (2.5.4\text{-}2)$$

式中 V 为考虑柱 B 失效由相应荷载（$D+0.5L+0.2W$）产生的梁端剪力。

(2) 框架梁 A 的跨中设计弯矩，均不得小于按简支情况（按紧急情况荷载计算）计算弯矩的 80%。

(3) 钢筋混凝土剪力墙、框架柱、框架梁、楼板等的配筋，取正常情况下与紧急情况下防连续倒塌计算的较大值。

(4) 考虑楼板的悬挂作用按式（2.5.4-1）计算。

3) 中梁（梁 B）失效

在紧急情况下，由于梁 B 的失效，导致相应楼板支承的缺失，楼板的传力途径发生改变，楼板变为由墙 A、梁 A 和梁 C 支承的大双向板（图 2.5.4-4b）。防倒塌计算应重点考察结构的整体稳定、墙 A、柱 A、柱 B、梁 A、梁 C 的承载力，及楼板的悬挂作用等。相关计算要求同上。

4) 边梁（梁 C）失效

在紧急情况下，由于梁 C 的失效，导致相应楼板支承的缺失，楼板的传力途径发生改变，楼板变为由墙 A、梁 A 和梁 B 支承的三边支承板（图 2.5.4-4c）。防倒塌计算应重点考察结构的整体稳定、墙 A、柱 A、柱 B、梁 A、梁 B 及楼板的悬挂作用等。相关计算要求同上。

5) 剪力墙失效参照上述方法计算。

5. 防连续倒塌设计计算结果的比较及结论

1) 紧急情况下与正常设计情况下相关构件的承载力需求比较见表 2.5.4-1。

2.5 防止结构连续倒塌设计

紧急情况下与正常设计情况下相关构件的配筋比较　　　表 2.5.4-1

计算方法及模型			紧急情况下与正常设计情况下相关构件的配筋或截面比较
转变途径法	边柱（柱B）失效	梁A	配筋基本不增加
		柱A	柱稳定有保障，配筋没有增加
		楼板	紧急情况下不起控制作用
	中梁（梁B）失效	梁A、梁C	配筋没有增加
		柱A、柱B	柱稳定有保障，配筋没有增加
		楼板	紧急情况下不起控制作用
	边梁（梁C）失效	梁A、梁B	配筋没有增加
		柱A、柱B	柱稳定有保障，配筋没有增加
		楼板	紧急情况下不起控制作用
	剪力墙局部失效	剪力墙	由于剪力墙分布较均匀，局部破坏对其影响不大
局部抗力增强法		转换层以上的角柱	配筋约增加30%（设置型钢后可相应减小）
		桁架上弦	边弦杆增加27%，中弦杆增加31%
		桁架下弦	边弦杆增加62%，中弦杆增加27%
		转换层以下的角柱	增加不明显

2) 比较分析

(1) 对一般结构构件采用转变途径法进行防止结构连续倒塌设计是可行的，就该工程而言，考虑各种局部破坏情况时，基本不增加费用（增加的仅是防止结构连续倒塌的构造费用）；对结构设计中不能破坏的特殊结构构件（如部分角柱、框支柱、框支梁等），可采用局部抗力增强法，其结构的单位费用相对增加较多，但此类构件数量较少，总费用增加不大；工程初步统计结果表明，防止结构连续倒塌设计增加的费用不超过结构费用的5%。

(2) 对于不同的结构形式，防止结构连续倒塌设计所增加的费用各不相同，采用受力简单明确的结构体系，能极大增强结构的防止连续倒塌能力，减少结构费用。合理确定柱间距（不能太大，但太小时也易造成多根柱同时失效），剪力墙应尽量设置翼墙，避免采用孤独墙肢，同时还应避免出现大跨、框支等结构形式。

(3) 防止结构连续倒塌费用增加的幅度还与原结构的设计标准有关，原结构的设计标准越高（如为强震区建筑时），则增加费用越低或基本不增加。

(4) 对重要的高层建筑，建议应考虑结构的防止连续倒塌设计。

(5) 防止结构连续倒塌设计还需在工程实践中不断补充完善。

(6) 对大跨钢结构可参考上述设计方法，优先考虑采用转变途径法，确定失效杆，进行分别计算，包络设计。对结构设计中不允许失效的构件，可采用局部抗力增强法设计。

2.5.5 我国防止结构连续倒塌设计的要求

【问】《高规》新增了防连续倒塌的设计要求，实际工程中应注意哪些具体问题？

【答】 抗连续倒塌设计是《高规》新增加的内容，包括抗地震（《房屋建筑防倒塌设计规程》提出极罕遇地震的概念）连续倒塌和抗偶然事件连续倒塌。结构的抗连续倒塌应注重抗倒塌概念设计，注意采取提高结构整体牢固性的措施，防止因偶然事件造成的结构局部破坏而导致的结构整体倒塌。《荷载规范》的相关内容见其第10章。

2 结构设计的基本要求

极罕遇地震水平地震影响系数最大值　　　　　　表 2.5.5-1

设防烈度					
6度	7度		8度		9度
	0.10g	0.15g	0.20g	0.30g	
0.50	0.81	1.05	1.20	1.46	1.54

极罕遇地震时程分析所用地震加速度时程的最大值（cm/s^2）　　表 2.5.5-2

设防烈度					
6度	7度		8度		9度
	0.10g	0.15g	0.20g	0.30g	
220	356	453	532	622	682

【问题分析】

1. 结构抗连续倒塌的基本要求

1）安全等级为一级的高层建筑结构应满足抗连续倒塌概念设计的要求；有特殊要求时，可采用拆除构件方法进行抗连续倒塌设计。

2）高层建筑结构应具有在偶然作用（指：爆炸、撞击、火灾、飓风、暴雪、洪水、地震、设计施工失误、地基基础失效等）发生时适宜的抗连续倒塌能力。

(1) 结构连续倒塌是指结构因突发事件或严重超载而造成局部结构破坏失效，继而引起与失效破坏构件相连的构件的连续破坏，最终导致相对于初始局部破坏更大范围的倒塌破坏。

(2) 结构局部构件失效后，破坏范围可能沿水平方向和竖直方向发展，其中破坏沿竖向发展影响更为突出（如911灾难中，世贸大楼受飞机撞击的楼层结构丧失竖向承载力，上部结构的重力荷载对下部楼层产生巨大的冲击力，导致下部楼层乃至整个结构的连续倒塌），高层建筑结构抗连续倒塌更显重要。造成结构连续倒塌的原因可以是爆炸、撞击、火灾、飓风、地震、设计施工失误、地基基础失效等偶然因素。当偶然因素导致局部结构破坏失效时，整体结构不能形成有效的多重荷载传递路径，破坏范围就可能沿水平方向或者竖直方向蔓延，最终导致结构发生大范围的倒塌甚至是结构的整体倒塌。

3）国内抗连续倒塌的相关要求

(1) 我国《建筑结构可靠度设计统一标准》GB 50068 第 3.0.6 条对结构抗连续倒塌也做了定性的规定"对偶然状况，建筑结构可采用下列原则之一按承载能力极限状态进行设计：

① 按作用效应的偶然荷载组合进行设计或采取保护措施，使主要承重结构不致因出现设计规定的偶然事件而丧失承载能力；

② 允许主要承重结构因出现设计规定的偶然事件而局部破坏，但其剩余部分具有在一段时间内不发生连续倒塌的可靠度"。

(2)《高规》规定，安全等级一级时，应满足抗连续倒塌概念设计的要求（见《高规》第 3.12.2 条）；有特殊要求时，可采用拆除构件方法（见《高规》第 3.12.3 条）进行抗连续倒塌设计；这些是结构抗连续倒塌的基本要求。

2. 抗连续倒塌概念设计

1) 抗连续倒塌概念设计的基本要求

(1) 采取必要的结构连接措施，增强结构的整体性。

(2) 主体结构宜采用多跨规则的超静定结构。

(3) 结构构件应具有适宜的延性，避免剪切破坏、压溃破坏、锚固破坏、节点先于构件破坏。

(4) 结构构件应具有一定的反向承载能力。

(5) 周边及边跨框架的柱距不宜过大。

(6) <u>转换结构应具有整体多重传递重力荷载途径</u>。

(7) 钢筋混凝土结构梁柱宜刚接，梁板顶、底钢筋在支座处宜按受拉要求连续贯通。

(8) 钢结构框架梁柱宜刚接。

(9) 独立基础之间宜采用拉梁连接。

2) 抗连续倒塌概念设计的基本做法

(1) <u>结构的防连续倒塌设计应特别注意提高结构的整体牢固性</u>，不允许采用摩擦连接传递重力荷载，应采用构件连接（刚接或铰接）传递重力荷载，具有适宜的多余约束性（构件间宜采用刚接）、整体连续性（增加多余约束）、稳固性和延性（和一般工程设计不同，应特别注意结构构件支座底钢筋受拉锚固的有效性，确保结构的有效拉结，提高结构的整体牢固性及构件的反向承载力，提高结构"抗意外作用"的能力）。

(2) 有效拉结是防止结构连续倒塌的最有效办法，包括水平拉结、竖向拉结和楼板拉结（见图 2.5.5-1）：

① 水平拉结指水平构件（如框架梁等）对所有竖向构件（如框架柱等）的拉结，要求节点按受拉锚固设计，当某一竖向构件（如框架柱）失效时，水平构件及其连接节点应能承受相应的悬挂拉力。

② 竖向拉结指竖向构件（如框架柱等）应按竖向受拉构件（一般情况下为偏心受压构件）设计，并沿全高连续，沿两个方向均匀分布。当某一竖向构件（如框架柱）失效时，上层竖向构件及其节点应能承受相应的悬挂拉力，竖向拉结及其连接的最小拉力值可按拉接构件承受楼层（竖向构件下端楼层）的竖向荷载计算（按竖向构件的受荷范围计算）。

③ 楼板拉结，要求楼板支座钢筋按受拉锚固设计并具有足够的抗拉能力，当某一竖向构件（如框架柱）失效时，上层楼板应能承受相应的悬挂拉力，并将悬挂力传递至两端稳定结构。确保结构不发生连续倒塌。

(3) 水平构件应具有一定的反向承载能力，如连续梁边支座、非地震区简支梁支座顶面及连续梁、框架梁梁中支座底面应有一定数量的配筋及满足受拉锚固要求的连接构造，以保证偶然作用发生时，该构件具有一定的反向承载力，防止结构连续倒塌。

(4) 房屋的边、角部属于结构抗连续倒塌的薄弱环节，跨度越大，结构的抗连续倒塌能力越差，实际工程中应尽量避免在房屋边、角部的大柱距，宜采用较小的柱网布置。

(5) "转换结构应具有整体多重传递重力荷载的途径"指转换结构应形成空间多重传力体系，即至少在转换结构的两个主轴方向应形成各自独立完整的传递重力荷载的途径，以确保当一向传力途径失效时，另一向传力途径承受重力荷载的有效性，确保结构不发生

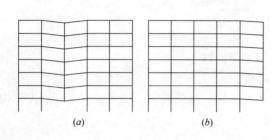

图 2.5.5-1
(a) 一根内柱失效；(b) 一根边柱（或角柱）失效

连续倒塌。

3. 抗连续倒塌的拆除构件方法（拆杆法）

1）拆杆法的基本要求：

（1）<u>逐个分别拆除结构周边柱、底层内部柱以及转换桁架腹杆等重要构件</u>。

（2）可采用弹性静力方法分析剩余结构的内力与变形。

（3）剩余结构构件承载力应符合下式要求：

$$R_d \geqslant \beta S_d \tag{2.5.5-1}$$

式中：S_d ——剩余结构构件效应设计值，可按《高规》第 3.12.4 条的规定计算；

R_d ——剩余结构构件承载力设计值，可按《高规》第 3.12.5 条的规定计算；

β ——效应折减系数。对中部水平构件取 0.67，对其他构件取 1.0。

2）拆除构件方法主要内容引自美国、英国有关规范。其中关于效应折减系数 β，主要是考虑偶然作用发生后，结构进入弹塑性内力重分布，对中部水平构件有一定的卸载效应（即可考虑周边构件的架越作用）。

3）拆杆法的本质是转变传力途径，当构件失效（构件被拆除）时，正常的传力途径被破坏，要求结构具有足够的空间作用能力，具有多重传力途径，当一个方向的传力途径失效时，另一方向的传力途径应能保证结构最基本的传力要求。构件拆除法可适用于一般结构构件（如框架梁和中部框架柱等），而对结构的关键构件（如角柱、转换梁等）则适应性较差，必要时应按第《高规》3.12.6 条进行计算。

4）拆杆法是对结构构件的逐一拆除（一次只拆除一根），也即，对拆除一根杆件（假定的失效杆件）后的计算模型进行一次计算分析，判断剩余结构的整体稳定性，并按此方法对需要拆除的杆件（如结构周边柱、底层内部柱以及转换桁架腹杆等重要构件）进行逐一拆除，并对相应的剩余结构进行整体稳定性分析。

4. 结构抗连续倒塌设计时，荷载组合的内力设计值可按下式确定：

$$S_d = \eta_d (S_{Gk} + \sum \phi_{qi} S_{Qi,k}) + \psi_w S_{wk} \tag{2.5.5-2}$$

式中：S_{Gk} ——永久荷载标准值产生的效应；

$S_{Qi,k}$ ——第 i 个竖向可变荷载标准值产生的效应；

S_{wk} ——风荷载标准值产生的效应；

ϕ_{qi} ——可变荷载的准永久值系数；

ψ_w ——风荷载组合值系数，取 0.2；

η_d ——竖向荷载动力放大系数。当构件直接与被拆除竖向构件相连时取 2.0，其他构件取 1.0。

1）"标准值产生的效应"均指效应标准值。

2）结构抗连续倒塌设计时，荷载组合的内力设计值，实际就是在荷载效应的准永久组合基础上，考虑竖向荷载动力放大系数及风荷载的影响。

3）构件截面承载力计算时，混凝土强度可取标准值；钢材强度，正截面承载力验算时，可取标准值的 1.25 倍，受剪承载力验算时可取标准值。抗连续倒塌设计，属于一种偶然作用的设计状况，可考虑构件的材料强度标准值及材料超强系数，以保证最基本的承载力要求。

5. 当拆除某构件不能满足结构抗连续倒塌设计要求时，在该构件表面附加 $80kN/m^2$ 侧向偶然作用设计值，此时其承载力应满足下列公式要求：

$$R_d \geqslant S_d \quad (2.5.5\text{-}3)$$

$$S_d = S_{Gk} + 0.6 S_{Qk} + S_{Ad} \quad (2.5.5\text{-}4)$$

式中：R_d——构件承载力设计值，按《高规》第 3.8.1 条采用；

S_d——作用组合的效应设计值；

S_{Gk}——永久荷载标准值的效应；

S_{Qk}——活荷载标准值的效应；

S_{Ad}——侧向偶然作用设计值的效应。

1) 参考美国国防部（DOD）制定的《建筑物最低反恐怖主义标准》（UFC4-010-01），侧向偶然作用进入整体结构计算，复核满足该构件截面设计承载力要求。

2) 着眼于在偶然作用（如爆炸等）下结构抗倒塌能力的验算（注意：结构仍需要承担重力荷载，也就是说对于所选定的结构构件除应承担规定的竖向荷载外，还受到侧向偶然作用）。

（1）对梁，当楼板整体性较好时，其侧向偶然作用（$80h$，其中 h 为包含楼板高度的梁高度，单位 m，见图 3.12.6-1）可认为由该楼层所有梁共同承担，对每根梁的影响不大；

（2）对于柱，作用于该柱的侧向偶然作用（$80b$，其中 b 为柱子在垂直于侧向荷载作用方向的截面宽度，单位 m，见图 2.5.5-2。注意柱子的侧向偶然作用仅在该层、该柱有，也就是与拆除构件法相同，采用一柱一计算方法，对选定的柱子作用一个一层高的侧向线荷载）由该柱承担，柱在侧向偶然作用下将产生侧向位移（整体结构的侧向位移 Δ 和柱自身的位移 δ），由于主体结构的侧向刚度较大，故 Δ 值较小，而柱自身的 δ 较大，在竖向荷载和侧向偶然作用下，柱子的 $P-\delta$ 效应明显，应验算柱子的抗倒塌能力。

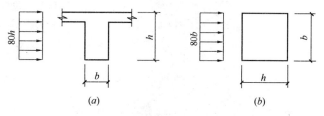

图 2.5.5-2
(a) 梁的侧向偶然作用；(b) 柱的侧向偶然作用

6. 还应注意：地震区结构的抗连续倒塌设计，不得改变或破坏结构抗震设计的强弱（如强剪弱弯、强柱弱梁、强柱根等，还不应改变结构的侧向刚度、抗剪承载力等）比例关系。

参考文献

[1] 《建筑抗震设计规范》GB 50011—2010. 北京：中国建筑工业出版社，2010

[2] 《高层建筑混凝土结构技术规程》JGJ 3—2010. 北京：中国建筑工业出版社，2011

[3] 《建筑工程抗震性态设计通则》（试用）CECS160：2004. 北京：中国计划出版社，2004

[4] 国家标准《建筑抗震设计规范》管理组.《建筑抗震设计规范》GB 50011—2010（征求意见稿）.2009.5

[5] 龚思礼主编.《建筑抗震设计手册》（第二版）. 北京：中国建筑工业出版社，2002

[6] 王亚勇、戴国莹.《建筑抗震设计规范疑问解答》. 北京：中国建筑工业出版社，2006

[7] 徐培福主编.《复杂高层建筑结构设计》. 北京：中国建筑工业出版社，2005

[8] 广东省实施《高层建筑混凝土结构技术规程》JGJ 3—2002补充规定（DBJ/T 15-46-2005）. 北京：中国建筑工业出版社，2005

[9] 江苏省房屋建筑工程抗震设防审查细则. 北京：中国建筑工业出版社，2007

[10] 胡庆昌等.《建筑结构抗震减灾与连续倒塌控制》. 北京：中国建筑工业出版社，2007

[11] 俄罗斯防止连续倒塌措施（MTCH-19-05，附件6.1）.

[12] 朱炳寅.《建筑抗震设计规范应用与分析》. 北京：中国建筑工业出版社，2011

[13] 朱炳寅.《高层建筑混凝土结构技术规程应用与分析》. 北京：中国建筑工业出版社，2013

[14] 朱炳寅、娄宇、杨琦.《建筑地基基础设计方法及实例分析》（第二版）. 北京：中国建筑工业出版社，2013

[15] 朱炳寅."混凝土剪力墙连梁的设计计算及超筋处理". 建筑结构. 技术通讯，2007，3

[16] 朱炳寅."《建筑抗震规范》第6.1.14条规定的理解与应用". 建筑结构. 技术通讯，2006，9

[17] 朱炳寅."对双连梁的认识"建筑结构. 技术通讯，2008，11

[18] 朱炳寅等."莫斯科中国贸易中心工程防止结构连续倒塌设计"建筑结构.2007，12. vol.37No.12 p6-9

[19] 《天津市滨海新区中心商务区建设项目结构设计通则（试行）》. 中国建筑工业出版社.2009

3 钢筋混凝土结构设计

【说明】

钢筋混凝土结构以其良好的抗震性能、成熟的施工技术、较强的经济性等优点在民用建筑中占有相当大的比重，同时也是民用建筑结构设计的重点问题。钢筋混凝土结构类型众多，且体系变化多端，相互之间既有联系又有区别，尤其是复杂高层建筑结构和超限高层建筑结构的采用，钢筋混凝土结构与钢结构的混合使用，型钢混凝土结构、钢管混凝土结构等结构体系的采用，更加大了结构设计的复杂性。同时钢筋混凝土结构采用以抗震等级为主线的设计方法，也有别于钢结构和砌体结构。

钢筋混凝土结构（以框架-剪力墙结构为例）在地震作用下结构塑性发展过程如下：连梁→剪力墙→框架梁→框架柱。构件的弯曲变形特征明显，并主要通过构件的弯曲变形耗散地震能量。钢筋混凝土结构的抗震设计遵循"五强四弱"的原则：强柱弱梁、强剪弱弯、强节点弱杆件、强压弱拉、强柱根。结构破坏时，其连接不失效、剪切不失效，节点不破坏。

在多高层钢筋混凝土结构中，以性能设计为主要抗震设计方法的采用，拓展了结构抗震设计的理念和方法，对复杂高层建筑结构及超限高层建筑结构的发展起了很大的推动作用。

本章着重对钢筋混凝土结构设计中的基本问题进行分析，力求使读者对相关问题有深入的了解，并能触类旁通。

钢筋混凝土结构的非抗震设计相对抗震设计而言问题比较简单，可借鉴抗震设计的基本理念，同样要注重结构的规则性、对称性。

本章主要涉及的结构设计规范有：

[1]《建筑抗震设计规范》GB 50011——以下简称《抗震规范》；
[2]《高层建筑混凝土结构技术规程》JGJ 3——以下简称《高规》；
[3]《混凝土结构设计规范》GB 50010——以下简称《混凝土规范》；
[4]《建筑地基基础设计规范》GB 50007——以下简称《地基规范》；
[5]《高层建筑筏形与箱形基础技术规范》JGJ 6——以下简称《筏基规范》。

3.1 钢筋混凝土结构设计的基本要求

【要点】

钢筋混凝土结构材料具有拉压性能差异很大的特点，只有采取合理措施才能充分发挥各自的材料特性。正确把握结构体系并采取相应的结构措施是结构设计首先要解决的问题。现行规范对钢筋混凝土结构采用以抗震等级为主线的设计手法（与砌体结构不同），其设计概念清晰、抗震性能指标明确。但在具体执行过程中尚有许多不明确和不易执行的地方，需调整完善。

3.1.1 钢筋混凝土结构体系及房屋的最大适用高度

【问】 钢筋混凝土结构设计中如何确定房屋的最大适用高度?

【答】 钢筋混凝土结构设计中,结构倾覆力矩比是判别结构体系的重要指标,一般情况下,可根据结构底层倾覆力矩的比值确定相应的结构体系(见表 3.1.1-1 及图 3.1.1-1),并按规范(《高规》表 3.3.1-1 和表 3.3.1-2)确定房屋的最大适用高度。平面和竖向均不规则的结构,按减少 10% 控制。

结构体系与 M_{w0}/M_0 的大致关系   表 3.1.1-1

结构体系	纯框架结构	少量剪力墙的框架结构	框架-剪力墙结构		少量框架的剪力墙结构	剪力墙结构
			强框架	弱框架		
M_{w0}/M_0	0	0~0.2	0.2~0.5	0.5~0.9	0.9~1.0	1.0

注:1. M_0:在规定水平力作用下,结构底部地震倾覆力矩的总和;M_{w0}:剪力墙承受的底部地震倾覆力矩;
2. 对应于少量剪力墙的框架结构,上表相应确定少量框架的剪力墙结构。

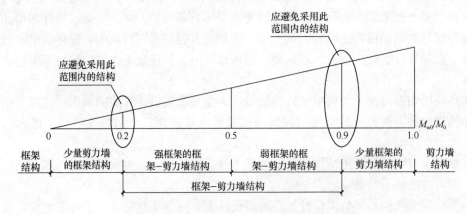

图 3.1.1-1 结构体系与 M_{w0}/M_0 的大致关系

【问题分析】

1. 根据 M_{w0}/M_0 的比值确定结构体系,在对结构体系区分的量值把握上可以有所不同(如图 3.1.1-1 中 0.2 和 0.9),但不影响对结构体系的宏观控制标准,为此在实际工程中应尽量避免采用结构体系分界线附近的结构(图 3.1.1-1 中 $M_{w0}/M_0=0.2$、0.9 附近区域),避免因设计的调整带来结构体系的飘忽不定,给结构设计及施工图审查带来困难。

结构倾覆力矩的取值以规定水平力作用下,结构底部(复杂高层建筑结构或超限建筑结构工程宜为底部加强部位)位置为准。

2. 设置少量剪力墙的框架结构(相关问题讨论见第 3.2.3 条),其房屋的最大适用高度可区分两类不同情况确定:

(1) 在多遇地震作用下,当按纯框架结构计算的弹性层间位移角 θ_e 不能满足规范 $\theta_e \leqslant 1/550$ 的要求时,房屋的最大适用高度宜比纯框架结构适当降低(如降低 10%);

(2) 在多遇地震作用下,当按纯框架结构计算的弹性位移层间角 θ_e 能满足规范 $\theta_e \leqslant 1/550$ 的要求时,房屋的最大适用高度可按纯框架结构确定。

3. 框架-剪力墙结构(相关问题讨论见第 3.4 节),其房屋的最大适用高度也可区分两类不同情况确定：

（1）对弱框架的框架-剪力墙，房屋的最大适用高度可直接按框架-剪力墙结构确定。以抗震设防烈度 7 度为例，查《抗震规范》表 6.1.1，房屋的最大适用高度为 120m。

（2）对强框架的框架-剪力墙结构

①《抗震规范》第 6.1.3 条和《高规》第 8.1.3 条，对"强框架的框架-剪力墙"结构，提出房屋的"最大适用高度可比框架结构适当增加"的要求，体现出规范对"强框架的框架-剪力墙"结构的抗震性能的基本判断，设计概念也较为清晰，但"适当提高"的幅度在实际工程中很难把握，且与《高规》条文说明所推荐的方法相矛盾。

② 实际工程中，对"强框架的框架-剪力墙"的房屋最大适用高度，可按《高规》推荐的方法，视框架承担的地震倾覆力矩比来确定（此方法虽设计概念欠清晰，设计方法也过于机械，但可操作性强），计算房屋最大适用高度限值 $[H]$ 时，框架的倾覆力矩比数值 $[M_f]$：对框架结构可取 80%，对框架-剪力墙结构可取 50%，按框架承担的倾覆力矩数值 M_f，在框架结构房屋的最大适用高度 $[H_f]$ 及框架-剪力墙结构房屋的最大适用高度 $[H_{f-w}]$ 之间内插，举例说明如下：7 度区，某框架-剪力墙结构，当 $M_f=65\%$ 时，$[H]=50+(120-50)\dfrac{80\%-65\%}{80\%-50\%}=85m$。

4. 少量框架的剪力墙结构（相关问题讨论见第 3.3.8 条），其房屋的最大适用高度仍按框架-剪力墙结构确定是规范偏于安全的考虑。

5.《抗震规范》条文说明中规定，框架-剪力墙结构在基本振型地震作用下框架部分承担的地震倾覆力矩 M_c 按式 3.1.1-1 计算。

$$M_c = \sum_{i=1}^{n} \sum_{j=1}^{m} V_{ij} h_i \tag{3.1.1-1}$$

式中：n——结构层数；

　　　m——框架 i 层的柱根数；

　　　V_{ij}——第 i 层 j 根框架柱的计算地震剪力；

　　　h_i——第 i 层的层高。

式（3.1.1-1）为近似计算公式。其中的 h_i 应为 i 层柱反弯点以下至该层柱底端的高度。否则在倾覆力矩的计算中没有考虑柱顶弯矩的影响。作为近似计算，底层 h_1 可取层高的 2/3，其他层 h_i 取层高的 1/2。

6. 计算程序一般能提供按规范算法和按轴力算法的倾覆力矩比数值，结构设计时应相互比较，合理选用。

3.1.2 房屋抗震等级的确定

【问】 影响抗震等级的因素很多，如何准确确定结构的抗震等级？

【答】 本地区抗震设防烈度、房屋的抗震设防标准、结构类型、房屋高度、场地类别等直接影响到钢筋混凝土房屋的抗震等级。在抗震等级的确定过程中，关键要正确把握结构体系，应正确判别框架-剪力墙结构，特别注意少量剪力墙的框架结构和少量框架的剪力墙结构等。

【问题分析】

1. 结构的抗震等级直接决定抗震措施和抗震构造措施，是混凝土结构抗震设计的重要指标，依据结构类型、重要性程度、抗震设防要求及场地条件，对不同建筑物划分为五个抗震等级（含特一级、一级、二级、三级和四级）。根据抗震等级的不同，采取相应的抗震措施和抗震构造措施。

2. 对框架-剪力墙结构，在规定水平力作用下，若框架部分承受的结构底部（注意：当为复杂高层建筑及超限建筑工程时，可取底部加强部位高度范围内）地震倾覆力矩大于结构总地震倾覆力矩的 50％时，其框架部分的抗震等级应按<u>框架结构</u>确定，房屋的最大适用高度可比框架结构适当增加（相关讨论见第 3.1.1 条）。

3. 裙房与主楼相连时，裙房的抗震等级除应按裙房本身确定外，相关范围（主楼周边不小于 3 跨或 20m）不应低于主楼的抗震等级；主楼结构在裙房顶层及相邻上下各一层应适当加强抗震构造措施。裙房与主楼分离时，应按裙房本身确定抗震等级。

1）当主楼为框架-剪力墙结构时，所谓"主楼的抗震等级"是指框架的抗震等级还是指剪力墙的抗震等级，还是框架及剪力墙两者较高的抗震等级。在规范没有明确之前，"主楼的抗震等级"宜理解为主楼框架的抗震等级及主楼剪力墙的抗震等级。也即相关范围内裙房剪力墙（如果裙房有剪力墙）的抗震等级不应低于主楼剪力墙的抗震等级；相关范围内裙房框架的抗震等级不应低于主楼框架的抗震等级。同时应注意，当主楼按性能设计要求，对框架及剪力墙提高抗震等级（如从抗震等级二级提高为一级）时，裙房相关范围内的抗震等级可不提高（即仍取抗震等级为二级）。

2）当主楼为剪力墙结构，裙房为框架结构时，相关范围内裙房框架的抗震等级在规范没有明确之前，可取相关范围内裙房框架的抗震等级不低于主楼剪力墙的抗震等级。

3）主、裙楼不分开，主楼采用剪力墙结构，裙房采用框架结构时，裙房屋顶上一层以上部分可按房屋高度为 H 的剪力墙结构确定剪力墙的抗震等级。确定裙房高度范围内主楼的抗震等级时，应考虑裙房的影响，如：主楼为剪力墙结构、裙房为框架结构，并不能直接按剪力墙结构确定剪力墙的抗震等级，而应根据裙房面积的大小综合确定主楼的结构形式及相应剪力墙的抗震等级。

（1）当裙房面积较小（如主楼周边小于 3 跨或 20m）时，应进行结构的包络设计计算：一是不考虑裙房框架的抗侧作用，可通过调整主楼的重力荷载代表值，由主楼承担全部（主楼＋裙房）地震作用，或是只考虑裙房柱承受竖向荷载，将其设置成特殊构件，EA 不变、EI 充小数（在 SATWE 可直接将其定义为两端铰接柱）；二是按框架-剪力墙结构计算。对框架和剪力墙按上述两次计算的不利值设计（见图 3.1.2-1a）。主楼剪力墙可按房屋高度为 H 的剪力墙结构确定其抗震等级，裙房按房屋高度为 h 的框架结构确定框架的抗震等级。由于全部地震作用均由主楼剪力墙承担，因此，此处裙房的抗震等级无需满足不低于主楼的要求。

（2）当裙房面积较大（如主楼周边不小于 3 跨或 20m）时，主楼按房屋高度为 H 的框架-剪力墙结构确定裙房高度及其以上一层范围内剪力墙的抗震等级（注意：按此原则确定的抗震等级偏高，当存在多重复杂情况时应综合考虑），与主楼相关范围之裙房的抗

3.1 钢筋混凝土结构设计的基本要求

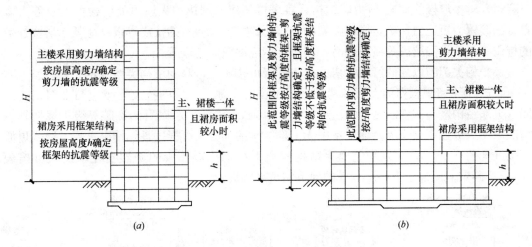

图 3.1.2-1 剪力墙结构带裙房时的抗震等级
(a) 裙房面积较小；(b) 裙房面积较大

震等级不应低于主楼，即裙房框架按房屋高度为 H 的框架-剪力墙结构确定框架的抗震等级，框架的抗震等级还不应低于裙房按房屋高度为 h 的框架结构确定的抗震等级（见图 3.1.2-1b）。

(3) 当裙房面积过大时，宜在裙房范围内设置适量的剪力墙，以控制结构的扭转，同时也能避免裙房由框架结构决定其抗震等级，提高结构设计的经济性（见图 3.1.2-2）此时，裙房框架及剪力墙的抗震等级按上述1)确定。举例说明如下：

例 3.1.2-1 抗震设防烈度 7 度，丙类建筑，主楼为钢筋混凝土剪力墙结构，房屋高度 $H=70\mathrm{m}$；裙房为钢筋混凝土框架结构，房屋高度 $h=24\mathrm{m}$，主、裙楼一体。确定主、裙楼的抗震等级见表 3.1.2-1。

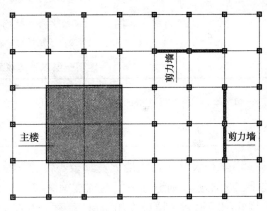

图 3.1.2-2 裙房过大或偏置时的结构措施（平面图）

例 3.1.2-1 中剪力墙及框架的抗震等级　　表 3.1.2-1

情 况			抗 震 等 级	说 明
主楼剪力墙	裙房屋顶上一层以上		三 级	按 $H=70\mathrm{m}$ 的剪力墙结构确定
	下部剪力墙	裙房面积较小时	三级	
		裙房面积较大时	二级	按 $H=70\mathrm{m}$ 的框架-剪力墙结构确定
裙房框架	裙房面积较大时	裙房面积较小时	三级	按 $h=24\mathrm{m}$ 的框架结构确定
		相关范围	二级	按 $H=70\mathrm{m}$ 的框架-剪力墙结构确定
		其他范围	三级	按 $h=24\mathrm{m}$ 的框架结构确定

(4) 对多塔楼的框架-剪力墙结构,各塔楼还应根据裙房大屋顶处塔楼框架及剪力墙自身的倾覆力矩比值,确定塔楼框架的抗震等级。相应裙房的抗震等级不应低于塔楼框架的抗震等级。裙房抗震等级不同时,相关范围应取较高抗震等级。

(5) 相关范围以外的区域裙房的抗震等级可按裙房自身的结构类型确定。

4. 当地下室顶板作为上部结构的嵌固部位时,地下一层的抗震等级应与上部结构相同(上部结构竖向构件的延伸做法见第3.1.4条),地下一层以下的抗震等级可根据具体情况采用三级或更低等级。地下室中无上部结构的部分,可根据具体情况采用三级或更低等级(见图3.1.2-3)。为避免地上结构与地下结构抗震等级的剧烈变化,建议可按表3.1.2-2确定嵌固部位下一层以下的地下室抗震等级。

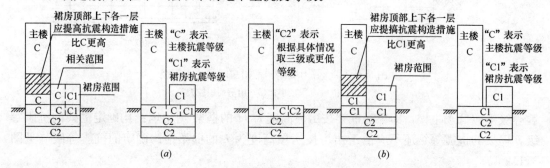

图 3.1.2-3 主楼、裙房、地下室的抗震等级

(a) 主楼抗震等级高于裙房时;(b) 主楼抗震等级低于裙房时

地下一层以下建议采用的抗震等级　　表 3.1.2-2

情况	8度	9度	乙类建筑		
			7度	8度	9度
抗震等级	不低于三级	不低于二级	不低于三级	不低于二级	专门研究

5. 工程设计中,当地下室顶板不能作为上部结构的嵌固部位时,如嵌固部位下移至地下二层顶板,则地下一层的抗震等级应与上部结构相同,地下二层的抗震等级宜与地下一层相同,地下二层以下的抗震等级可根据具体情况采用三级或更低等级。上部结构嵌固部位的确定见第3.1.5条。

6. 8度乙类建筑高度超过《抗震规范》表6.1.2规定的范围时,应经专门研究采取比一级更有效的抗震措施。注意:其中的"专门研究"一般应召开工程抗震设计的专题会议,有抗震审查部门或施工图审查单位参加,并形成会议纪要,或将抗震措施的具体内容报有关审查部门审批后执行。"比一级更有效"指的是高于一级抗震等级要求,但不一定就是特一级,可以根据房屋高度及结构的复杂程度研究确定。

7. 在少量框架的剪力墙结构中,由于框架的数量很少,起不到一道防线的作用,其抗侧力结构仍属于剪力墙结构。因此,剪力墙的抗震等级按剪力墙结构确定;少量框架的抗震等级可按框架-剪力墙结构中的框架确定。相关问题见本章3.3.8条。

房屋高度一定时,剪力墙结构的抗震等级一般不会高于框架-剪力墙结构,因此有网友担心,对少量框架的剪力墙结构中的剪力墙按剪力墙结构确定抗震等级,会不会偏于不安全。其实这种担心是没有必要的,因为,判定是否属于框架-剪力墙结构的关键就是要看两道防线是否能实现，如果不顾工程的实际情况，强行按框架-剪力墙结构设计，不仅大震时结构的安全得不到保证，同时也会造成结构设计的浪费。而按剪力墙结构进行包络设计，考虑剪力墙承担全部地震作用，对框架柱采取适当加强抗震措施，概念清晰，抗震性能目标明确，且结构设计的经济性好。

8. 抗震等级是混凝土结构抗震设计的重要指标，所有的抗震措施与抗震等级联动，抗震等级的高低与结构设计的合理性密切相关。目前在抗震等级的划分中，当结构类型确定后，影响的主要因素是房屋高度，房屋高度超过某一限值后，抗震等级整体提高一级。以本地区抗震设防烈度7度为例，丙类建筑，框架结构，房屋高度35m，按《抗震规范》表6.1.2可知，当房屋高度超过24m时框架的抗震等级为二级，而且是沿建筑物全高都是二级，房屋高度的上部采用与房屋底部相同的抗震

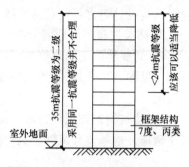

图 3.1.2-4 不合理的抗震等级

等级，明显不合理。见图3.1.2-4。其实房屋顶部不高于24m或更低高度范围内理应可以适当降低抗震等级。<u>若能对钢筋混凝土结构的抗震等级沿房屋高度，由下而上适当分级，逐步降低，则更加合理</u>。

9. 少量剪力墙的框架结构的抗震等级确定见第3.2.3条。

3.1.3 防震缝宽度的确定原则

【问】 防震缝的最小宽度如何确定？

【答】 防震缝的最小宽度应根据房屋高度、结构形式等情况按表3.1.3-1确定。

防震缝最小宽度 δ_{min} 表 3.1.3-1

结构类型	房屋总高 H (m)		δ_{min} (mm)			
			6度	7度	8度	9度
框架结构	H≤15m		C			
	H=15+ΔH	算式	$\delta_{min} \geq C + 20\dfrac{\Delta H}{\Delta h}$			
		Δh	5m	4m	3m	2m
框剪结构	H=15+ΔH		$\delta_{min} \geq 0.7\left(C+20\dfrac{\Delta H}{\Delta h}\right) = 0.7C + 14\dfrac{\Delta H}{\Delta h} \geq C$			
剪力墙结构			$\delta_{min} \geq 0.5\left(C+20\dfrac{\Delta H}{\Delta h}\right) = 0.5C + 10\dfrac{\Delta H}{\Delta h} \geq C$			

注：1. 表中ΔH——房屋高度大于15m后的差值（m），ΔH=H−15；
2. C——为防震缝最小宽度，《抗震规范》为100mm；
3. Δh——对应于不同抗震设防烈度时，计算防震缝最小宽度的基准值（m），H为缝两侧建筑高度的较小值；
4. 中震（抗震设防烈度）下的防震缝宽度（mm）可按下式计算：

$$W = 0.8(3\Delta_A + 3\Delta_B) + 20 = 2.4(\Delta_A + \Delta_B) + 20 \tag{3.1.3-1}$$

式中：Δ_A、Δ_B——分别为多遇地震作用下建筑A、建筑B在较低建筑屋面标高处的弹性侧移计算值；

常数3——中震（抗震设防烈度）下的结构弹塑性侧移与多遇地震作用下结构弹性侧移的比值；

系数0.8——建筑A与建筑B地震侧移最大值的遇合系数。

3 钢筋混凝土结构设计

【问题分析】

1. 设置防震缝，可以将复杂结构分割为较为规则的结构单元，有利于减少房屋的扭转并改善结构的抗震性能。但震害表明，按规范要求确定的防震缝宽度，在强烈地震下仍有发生碰撞的可能，而宽度过大的防震缝又会给建筑立面设计带来困难。因此，设置防震缝对结构设计而言是两难的选择，<u>一般情况下，能不分缝时则不分</u>。

2. 防震缝碰撞的原因分析

1) 防震缝两侧的建筑饰面，尤其是瓷砖及其他硬质饰面实际上减小了防震缝的有效宽度（见图3.1.3-1a），地震发生时房屋的自由变形受到了限制，在大震或较大地震时发生碰撞。

2) 建筑物差异沉降造成防震缝两侧结构"靠拢"，减小了防震缝的有效宽度，大震时发生碰撞。地基差异沉降越大、建筑物越高，"靠拢"效应越大。见图3.1.3-1b。

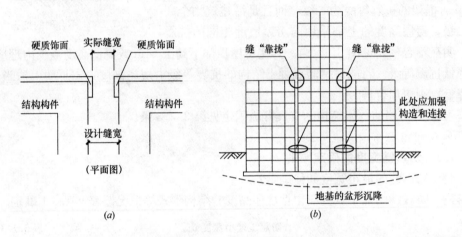

图 3.1.3-1 影响防震缝有效宽度的因素
(a) 建筑饰面的影响；(b) 地基沉降的影响

3) 实际地震时按《抗震规范》确定的防震缝宽度仍显不足，难以避免大震时的碰撞。

3. 对高层建筑宜选用合理的建筑结构方案，避免设置防震缝，采取有效措施消除不设防震缝的不利影响。图 3.1.3-1b 中的"加强构造与连接"处应连接牢固，提高构件的抗剪承载力，提高相关构件抵抗差异沉降的能力。

4. 对防撞墙的设置应慎重。防撞墙的设置应有利于减小结构的扭转。对设置在框架结构中的防撞墙，应注意其少量剪力墙的特点，大震时的限位作用有限。防震缝的宽度仍应满足对框架结构的要求。设置防撞墙的框架结构本质上属于少量剪力墙的框架结构，建议按 3.2.3 条进行设计。

5. 避免防震缝碰撞的设计建议

1) 有条件时应适当加大结构的刚度，以减少结构的水平位移量值；

2) <u>当房屋高度较高时，避免采用结构侧向刚度相对较小的框架结构</u>，可采用框架-剪力墙结构或少量剪力墙的框架结构；

3) 适当加大防震缝的宽度，对重要部位或复杂部位可考虑按中震确定防震缝的宽度，同时注意采取大震防跌落措施；

4) 可结合工程具体情况，设置阻尼器限制大震下结构的位移，减小结构碰撞的可能性。

3.1.4 剪力墙的底部加强部位高度的确定

【问】 当上部结构的嵌固部位在地下一层地面时,剪力墙底部加强部位的高度如何确定?

【答】 当地下一层地面作为上部结构的嵌固部位时,剪力墙加强部位仍然从地下室顶板起算,同时将总加强范围向下延伸两层即可。

【问题分析】

1. 剪力墙底部加强部位的高度,与剪力墙的高度 H_w 有关。在工程设计中,由于剪力墙的高度具有可变性,因此,一般用房屋高度 H 来替代剪力墙高度(偏于安全,也便于操作),而房屋的高度指室外地面到主要屋面的高度,不会因为结构嵌固部位的变化而变化,因此,<u>无论嵌固部位如何变化,地面以上加强部位的高度是不变的</u>。嵌固部位的变化,只影响地面以下剪力墙的加强范围,嵌固部位下移一层,总加强范围也跟着往下延伸一层,其他情况以此类推。

2. 地下室顶板作为上部结构嵌固部位时,剪力墙的底部加强部位及总加强范围见图 3.1.4-1。底部加强部位需要执行《抗震规范》第 6.2 节抗震措施中的内力调整之规定,而其中地下一层的加强范围,则无需进行上述调整,直接将一层墙体的配筋(纵筋及箍筋,箍筋做法可参照图 3.3.2-12)往下延伸即可。

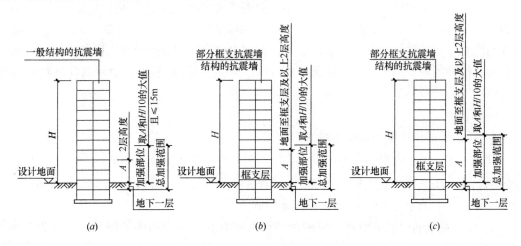

图 3.1.4-1 剪力墙底部加强部位的确定
(a) 一般情况;(b) 框支层在底层;(c) 框支层在二层

3. 当地下室顶板作为上部结构的嵌固部位时,带大底盘的高层建筑结构的剪力墙(包括筒体),其底部加强部位除满足图 3.1.4-1a 的要求外,裙房屋顶上、下各一层应适当加强抗震构造措施。实际设计时,当裙房层数不多时,可直接将底部加强部位直通至裙房上一层。而对于裙房层数较多时,因裙房顶已明显超出结构底部加强部位的范围,可对裙房屋顶上下层单独提高抗震构造措施(即无需执行《抗震规范》第 6.2 节抗震措施中的内力调整之规定,仅执行《抗震规范》第 6.4 节中的抗震构造措施即可),见图 3.1.4-2。

对底部加强部位的以上一层,只是约束边缘构件的向上延伸,和底部加强部位向地下室延伸一样，同样无需执行《抗震规范》第6.2节抗震措施中的内力调整之规定，只需直接将加强部位墙体约束边缘构件的配筋往上延伸一层即可。

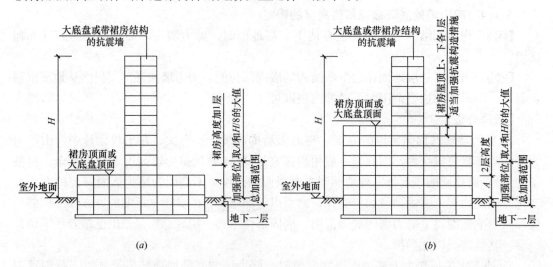

图3.1.4-2 大底盘或带裙房结构的剪力墙底部加强部位的确定
(a) 裙房或大底盘层数较少时；(b) 裙房或大底盘层数较多时

4.《抗震规范》将剪力墙的底部加强部位高度与剪力墙高度联系，工程设计中对剪力墙高度的定义很不准确，也很难操作。如：剪力墙的高度在房屋下部应该算至何处？是室外地面、是固定端还是基础顶面（固定端选取的标准各不相同，如文献[6]），剪力墙的墙顶高度是否包括出屋顶的剪力墙高度等。在剪力墙设置中采用半截高度剪力墙时，明显不合理，但却能得到减少底部加强部位高度的"规范奖赏"。而<u>采用房屋高度</u>替代剪力墙高度确定剪力墙底部加强部位高度，概念清晰，便于操作。

3.1.5 上部结构嵌固部位的确定

【问】 地下室顶板不能作为上部结构嵌固部位时，如何确定新的嵌固部位？不作为上部结构嵌固部位的地下室顶板是否可按一般楼板处理？

【答】 地下室顶板不能作为上部结构嵌固部位时，嵌固部位应下移至具备嵌固必要条件（该楼层的整体性强、楼层无大洞口、楼层的侧向刚度与地上一层的楼层侧向刚度比不小于2.0）的楼层。同时应考虑地下室实际存在的嵌固作用，对地下室顶板仍宜按嵌固部位楼层要求设计，其楼板厚度不宜小于160mm。

【问题分析】

1. 地下室顶板作为上部结构的嵌固部位时，《抗震规范》第6.1.14条提出下列基本要求：

1) "地下室顶板应避免开设大洞口"。此规定的目的就是要确保嵌固层的整体性。常有建筑因设置下沉式广场、商场自动步梯设置等导致楼板开大洞，对楼板整体性削弱太多，迫使嵌固部位下移。

2) "应采用现浇梁板结构，其楼板厚度不宜小于180mm，混凝土强度等级不宜小于C30，应采用双层双向配筋，且每层每个方向的配筋率不宜小于0.25%"。对楼盖结构形

3.1 钢筋混凝土结构设计的基本要求

式、楼板厚度及配筋提出详细要求，其目的就是要通过采取结构措施，加强楼层的平面内和平面外刚度并确保楼层整体性的实现。梁板结构的楼层平面外刚度较大，地震作用下，楼板的面外变形较小，符合刚性楼板的假定，有利于传递水平地震剪力。相对于梁板结构而言，无梁楼盖结构的面外刚度较小，难以符合刚性楼板假定的基本要求（当无梁楼盖的楼板足够厚，如楼板厚度不小于跨度的1/18且不小于180mm时，可认为其属于梁板结构（注意：应与施工图审查单位沟通）。当采用现浇空心楼板时，空腔上、下实心混凝土板的最小厚度均不得小于90mm（并应满足防水要求））、因此，作为上部结构嵌固部位的地下室顶板，主楼范围及与之相连裙房地下室顶板的相关范围应采用现浇梁板结构，裙房地下室顶板的其他范围可采用无梁楼盖结构。其中的"相关范围"指距主楼三跨且不小于20m的范围（见图3.1.5-1d）。

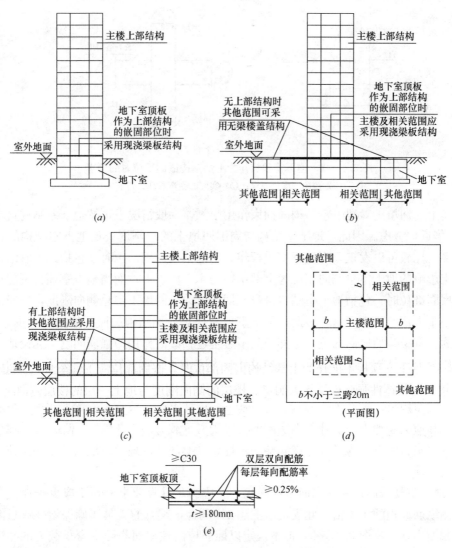

图 3.1.5-1 地下室顶板作为上部结构嵌固部位时的要求
(a)、(b)、(c)、(d) 楼盖结构体系要求；(e) 楼板要求

地下室顶板作为上部结构嵌固部位时，地下室顶板厚度也不宜过厚，否则将导致地下室顶板配筋过大（因要满足每层每个方向的配筋率不宜小于 0.25% 的基本要求）。《抗震规范》指出：当柱网内设置多道次梁时，板厚可适当减小（如至 160mm）。

3）地下室结构的楼层侧向刚度不宜小于相邻上部楼层侧向刚度的 2 倍。注意：对"侧向刚度的 2 倍"的要求可理解为<u>有效数字满足 2 倍</u>，即地下室结构的楼层侧向刚度不小于相邻上部楼层侧向刚度的 1.5 倍，这样与《筏基规范》的规定相吻合。对大底盘多塔楼结构，其中的每一栋塔楼均应满足侧向刚度比的要求（相关问题见第 3.6.4 条）。

还应注意："地下室结构的楼层侧向刚度"指结构自身的刚度，在确定上部结构嵌固部位时，楼层侧向刚度比的计算中<u>不考虑土对地下室外墙的约束作用</u>。见图 3.1.5-2a。

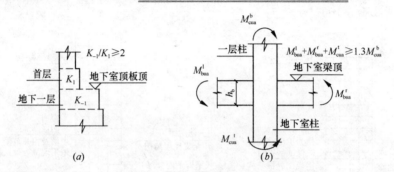

图 3.1.5-2 地下室顶板作为上部结构嵌固部位时的要求
(a) 侧向刚度比要求；(b) 实配的受弯承载力要求

事实上，回填土对地下室结构的约束作用很大，一般情况下可按地下室结构自身刚度的 3~5 倍近似考虑。因此，地下室结构与周围回填土的总刚度要比地下室结构的自身刚度大许多。比较可以发现，当地下室顶板作为上部结构嵌固部位时，包括地下室结构自身及回填土影响的地下室总侧向刚度为上部结构的 4.5 倍以上；而当地下室顶板不能作为上部结构嵌固部位时，包括地下室结构自身及回填土约束的地下室总侧向刚度，一般情况下也不会小于上部结构的 3 倍。因此，地下室顶板处对上部结构的嵌固作用是客观存在的，是否作为上部结构的嵌固部位，考察的只不过是这种嵌固作用的强弱问题。无论地下室顶板是否作为上部结构的嵌固部位，结构设计中均<u>应该考虑地下室顶板处实际存在的嵌固作用</u>，采取相应的加强措施。

4）《抗震规范》第 6.1.14 条规定："<u>地下一层柱上端和节点左右梁端实配的抗震受弯承载力之和应大于地上一层柱下端实配的抗震受弯承载力的 1.3 倍</u>"（见图 3.1.5-2b），本条规定的根本目的就是为了确保嵌固端的塑性铰（上部结构最后出现的柱根塑性铰）出现在上柱的下端。

5）地下室柱截面每侧的纵向钢筋面积，除应满足计算要求外，不应少于地上一层对应柱每侧纵筋面积的 1.1 倍。此规定与上述 4）配合，其目的就是要确保塑性铰只能在上柱底部截面出现，见图 3.1.5-3。但本规定以配筋控制柱截面实际受弯承载力的办法，实际上只适合于嵌固端上下柱截面不变的情况。而通常情况下，地下室柱有条件加大。加大柱截面面积与加大配筋同样可以达到提高地下室柱截面的实际受弯承载力的目的。因此，若能规定<u>地下室柱的实际受弯承载力不应小于相应地上柱的 1.1 倍</u>（见图 3.1.5-4），则概

3.1 钢筋混凝土结构设计的基本要求

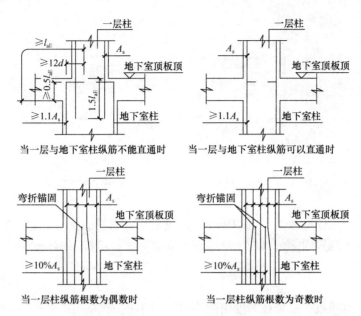

图 3.1.5-3 地下室顶板作为上部结构嵌固部位时地下柱的配筋要求

念更为清晰，也便于操作。

加大地下室柱纵向钢筋时，应将地下室增加的纵向钢筋在地下室顶层梁板内弯折锚固，避免同时对一层柱底截面实际受弯承载力的加大。现有设计单位采用直接将上部结构柱根配筋放大 1.1 倍作为地下一层和其上一层的框架柱配筋，以实现规范对地下室框架柱截面的纵向配筋要求，这种做法与规范的初衷正相反，更加剧了地下室顶层框架柱及框架梁的负担，对嵌固端"强梁弱上柱"机制的实现极为不利。

在柱配筋详图设计中通常用平面绘图法，采用图集如 11G101-1 时，应在柱详图中标注出地下一层增加的钢筋，避免施工时按地面以上柱变配筋的做法（多出的钢筋在不需要的楼层内搭接或锚固），必要时宜在结构设计总说明或柱详图中补充图 3.1.5-3。

有资料指出"地下室顶板作为上部结构的嵌固部位时，地下室层数不宜小于 2 层"。事实上，某些仅一层地下室的结构其上部结构的嵌固部位选择在地下室顶板也是合理的（如：四周具有一层纯地下室的多、高层建筑，其地下室结构的楼层侧向刚度远大于首层），故判别上部结构的嵌固部位的主要指标应是地下室楼层结构的整体性和结构的上下刚度比，在不可能设置多层地下室时一般可不考虑此项要求。

2. 当地下室顶板不能作为上部结构嵌固部位时，对地下室顶板及嵌固部位楼板的要求，规范未作具体规定。应根据工程经验确定，当无可靠工程经验时，可参照以下做法设计：

1）上部结构嵌固部位的确定

按地下室楼层结构的整体性和结构的楼层侧向刚度比来确定上部结构的嵌固部位，即：可依次验算地下二层及以下各层对上部结构首层的楼层侧向刚度比，当满足 $\gamma \geq 2$ 时，便可确定上部结构的嵌固部位（见图 3.1.5-5）。注意：这里考察的是对上部结构的嵌固部位，因此是对"上部结构首层"的刚度比，而不是对地下二层（或以下楼层）的相邻上一层。

3 钢筋混凝土结构设计

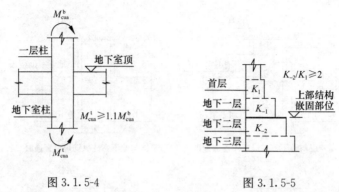

图 3.1.5-4　　　　　　图 3.1.5-5

2）计算要求

当上部结构的嵌固在地下一层的地面时，仍应考虑地下室顶板对上部结构实际存在的嵌固作用，应取不同嵌固部位（地下一层的地面和地下室顶板顶面）分别计算，取不利值设计。

3）构造做法

（1）对地下室顶板，除顶板厚度可适当降低至不小于160mm外；其他均可按《抗震规范》第6.1.14条对楼板的要求设计。

（2）地下室顶板层的梁可不满足规范对嵌固部位梁的要求，按一般楼层的梁进行抗震设计。

（3）地下一层柱的配筋，应不小于地下室顶面作为上部结构嵌固部位计算时，地上一层柱的配筋。

4）当地下二层对首层的楼层侧向刚度比 $\gamma \geqslant 2$ 时

（1）地下二层的顶板应按《抗震规范》第6.1.14条要求设计，即地下二层顶板满足嵌固部位楼板的要求。

（2）地下二层顶板层的梁、柱，应满足规范对嵌固部位梁、柱的要求。

5）当地下一层的地面作为上部结构的嵌固部位时，地下一层及地下二层的抗震等级应与首层相同，地下三层及以下各层的抗震等级可取三级或四级，有条件时可适当提高在嵌固部位以下（尤其是紧邻嵌固部位）楼层的抗震等级。

6）当上部结构的嵌固部位在地下二层顶板以下时，上述1）～5）各步骤相应调整。

3. 关于上部结构嵌固部位的问题讨论

1）上部结构的嵌固部位，理论上应具备下列两个基本条件：

（1）该部位的水平位移为零；

（2）该部位的转角为零。

2）从纯力学角度看，嵌固部位是一个点或一条线（如果拿这一死标准去衡量工程实际中的嵌固部位，显然很难满足），而从工程角度看，嵌固部位是一个区域，只有相对的嵌固，没有绝对的固定（实际工程中不存在纯理论上的绝对嵌固部位）。

3）地下室顶面通常具备满足上述嵌固部位要求的基本条件，一般情况下，应尽量将上部结构的嵌固部位选择在地下室顶面。

地下室顶板作为上部结构的嵌固部位时，结构的加强部位明确，地下室结构的加强范围高度较小，结构设计经济性好。有网友提出为节省工程造价可以采用降低嵌固部位的办法。其理由是降低结构的嵌固部位可以减小地下室的加强区域高度。其实这是错误的,明显没有考虑上述 2 中应采取的相应结构措施,因而是不合适的,也是不安全的。

<u>嵌固部位在地下室顶面是最经济最合理的选择</u>,这也就是为什么一般工程都应该选择地下室顶面作为嵌固部位的原因。<u>嵌固部位越降低,总加强范围越大,因而结构的费用越高</u>。

4) 当地下室顶面无法作为上部结构的嵌固部位时:

(1) 当为一层地下室时,可按《筏基规范》的要求将嵌固部位取在基础顶面;

(2) 当为多层地下室时,可按图 3.1.5-5 的建议确定上部结构的嵌固部位。图 3.1.5-5中的要求,就是在一定区域内满足对上部结构的侧向刚度比要求。而在嵌固端确定后的结构设计时,应考虑地下室外围填土对地下室刚度的贡献及地下一层对上部结构实际存在嵌固作用,对地下室顶板采取相应的加强措施,对首层及地下一层的抗侧力构件采取适当的加强措施,必要时可采取包络设计方法。

5) 当地下室顶面无法作为上部结构的嵌固部位时,对上部结构嵌固部位的确定在工程界争议较大,主要观点如下:

(1) 套用《抗震规范》的规定,当下层的抗侧刚度与上层的抗侧刚度比 $K_{i-1}/K_i \geqslant 2$ 时,则才认为第 i 层为上部结构的嵌固部位。粗看起来上述观点似乎很有道理,其实不然,地下室的抗侧刚度之所以在通常情况下能大于首层许多,是因为,地下室通常设有刚度很大的周边混凝土墙,一般情况下很容易满足 $K_{-1}/K_1 \geqslant 2$ 的要求。但是,在地下室平面没有很大突变、不增加很多混凝土墙的情况下,要实现地下二层或以下各层其下层的侧向刚度大于上层 2 倍,则几乎是不可能的,最后的结果只有一个,那就是嵌固在基础(或箱基)顶面;

需要说明的是,在施工图审查过程中,当地下一层地面作为上部结构的嵌固部位时,被要求验算地下二层与地下一层的楼层侧向刚度比是否满足 $\gamma \geqslant 2$,显然这一要求也是不恰当的。

(2) 套用《筏基规范》的规定,直接将嵌固端取在基础(或箱基)顶面,或采用计算手段考虑土对地下室刚度的贡献。资料 [6] 第 4.3.1 条规定:"进行结构的内力与位移分析时,结构的计算嵌固端宜设于基础面。有地下室时可考虑地下室外墙的影响,用壳元或其他合适的单元模拟地下室外墙。当地下室层数较多时,可于地下二层及以下楼层设置土弹簧考虑土侧向约束的影响。土弹簧刚度的选取宜与室外岩土的工程性质匹配"。上述做法将带来诸多不确定问题:

①结构总的地震作用效应被放大(作为地方标准若其目的就是要高于国家规范,则可以理解);

②嵌固端取在基础顶面,导致上部结构固定端的下移,抗震设计的强柱根在基础顶面位置,极不合理。把地下室对首层的实际约束作用,等同于刚度变化的一般部位,不合理也不安全;

③嵌固端取在基础顶面时,地下室的抗震等级如何合理确定的问题;

④嵌固端取在基础顶面时,对地下室各层的楼板是否应考虑加强问题,加强的原则如何准确确定;

⑤规定过于原则,不方便使用,如:地下一层模拟地下室外墙是否应考虑土对地下室

的约束作用、土体弹簧的刚度取值等；

⑥在转换层结构中，造成对底部大空间层数判别的混乱（见本章第 3.6.1 条分析）。

（3）要求在计算楼层侧向刚度比时考虑地下室外围填土对地下室刚度的贡献，这同样是一个似是而非的问题，若在计算楼层侧向刚度比时考虑地下室外围填土对地下室刚度的贡献（通常取刚度放大系数为 3～5，以考虑回填土对地下室结构的约束作用），则任何时候均能满足 $K_{-1}/K_1 \geqslant 2$ 的要求，而无须进行楼层侧向刚度比的验算。很明显这一观点是有问题的。

因此，在作为确定嵌固部位量化指标的楼层侧向刚度比计算中，只考虑结构自身的侧向刚度比（不考虑地下室外围填土对地下室刚度的贡献）是合理的。而在嵌固端确定后的结构设计中，应考虑地下室外围填土对地下室刚度的贡献，并进行相关的设计计算。

4. 在结构设计计算时应分两步走，第一步（确定嵌固部位时的计算），先假定结构的嵌固部位在基础顶面，不考虑回填土对地下室楼层侧向刚度的贡献，计算基础顶面以上各层结构自身的楼层侧向刚度比（注意：对大底盘、多塔楼结构，应按相关范围考虑）；第二步（嵌固部位确定后的计算），根据上述第一步计算的楼层侧向刚度比值确定上部结构在地下室的嵌固部位，并将计算模型中的嵌固部位调整至已确定的嵌固部位楼层，同时考虑回填土对地下室楼层侧向刚度的影响，进行结构及构件的设计计算。

注意：<u>只有地下室才具备对上部结构嵌固的基本条件。上部其他楼层，即便满足刚度比要求也不能成为其上部结构的嵌固部位，而只能作为刚度突变楼层考虑</u>（如大底盘、多塔楼结构的裙房顶等）。

5. 与嵌固部位有关的问题

规范中只规定了当地下室顶板作为上部结构嵌固部位时的各项具体规定，当上部结构的嵌固部位下移时，相关问题可按如下建议处理：

1) 对应于《抗震规范》第 6.2.3 条关于框架结构的"强柱根"要求，地下室顶板处仍是上部框架结构的"强柱根"，将此"强柱根"由地下室顶板往下延伸至上部结构的嵌固部位。

2) 对应于《抗震规范》第 6.1.14 条关于"强梁弱柱"的位置，由地下室顶板下调至上部结构的嵌固部位。

3) 房屋高度 H 的起算点为室外地面，与"嵌固部位"无关。实际工程中可考虑"嵌固部位"下移导致地震作用加大等不利因素，适当提高结构的性能设计目标。

4) 基础的埋置深度与建筑物高度（即房屋高度）H 有关，与"嵌固部位"无关。实际工程中可考虑地基土对房屋约束作用的降低导致"嵌固部位"下移等不利因素，采取适当的验算及加强措施，以确保建筑物的抗倾覆稳定性。

5) 对应于《抗震规范》第 6.3.9 条关于底层框架柱柱根的箍筋加密问题，地下室顶板（无地下室时为基础顶面或首层刚性地坪）仍是"底层柱柱根"区域。对上部结构的嵌固部位也应按"底层柱柱根"处理。

3.1.6 抗侧力结构布置的基本要求

【问】 结构设计中抗侧力结构的布置应遵循哪些基本原则？结构设计中如何把握？

【答】 对主要抗侧力结构布置应遵循均匀对称的基本原则，并结合房屋的使用功能调整抗侧力结构的布局，使结构的刚度中心与质量中心重合或基本重合，减少结构的扭转。

对超长结构,还应注意温度应力问题。

【问题分析】

1. 抗侧力结构的平面布置宜均匀对称,并应具有良好的整体性;结构的侧向刚度宜均匀变化,竖向抗侧力构件的截面尺寸和材料强度宜自下而上逐渐减小,避免抗侧力结构的侧向刚度和承载力突变。

2. 结构体系应符合下列各项要求:

1) 应具有明确的计算简图和合理的地震作用传递途径。

2) 应避免因部分结构或构件破坏而导致整个结构丧失抗震能力或对重力荷载的承载能力。

3) 应具备必要的抗震承载力,良好的变形能力和消耗地震能量的能力。

4) 对可能出现的薄弱部位,应采取措施提高抗震能力。

5) 抗震结构体系要求受力明确、传力合理且传力路线不间断(以使结构的抗震分析更符合结构在地震时的实际表现,且对提高结构的抗震性能十分有利)是结构选型与布置结构抗侧力体系时应首先考虑的因素之一。

6) 任何情况下都应首先确保结构对重力荷载的承载力。宜有多道抗震防线。

(1) 一个抗震结构体系,应由若干个延性较好的分体系组成,并由延性较好的结构构件连接起来协同工作,如框架-剪力墙体系由延性框架和剪力墙二个系统组成;双肢墙或多肢剪力墙体系由若干个单肢墙分系统组成。

(2) 抗震结构体系应有最大可能数量的内外部赘余度,有意识地建立起一系列分布的屈服区,以使结构能吸收和耗散大量的地震能量,一旦破坏也易于修复。

7) 宜具有合理的刚度和承载力分布,避免因局部削弱或突变形成薄弱部位,产生过大的应力集中或塑性变形集中。

8) 结构在两个主轴方向的动力特性宜相近。结构两个主轴方向动力特性(体系特征、周期和振型等)相近(对周期指相差宜在20%以内)。

3. 因建筑功能要求剪力墙偏置的结构,应通过剪力墙墙厚的变化、洞口的设置等措施,确保结构刚度中心与质量中心基本重合,以减小结构的扭转。在另一方向远离楼层刚心处设置足够数量的剪力墙,也可有效地限制一方向抗侧力构件偏置引起的结构扭转(见图3.1.6-1)。

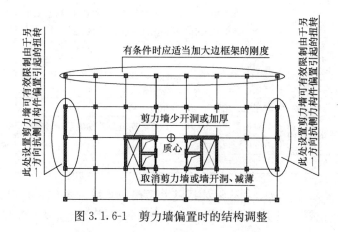

图 3.1.6-1 剪力墙偏置时的结构调整

4. 对超长结构,应注意温度应力的控制,避免在房屋端部设置纵向剪力墙。见图 3.1.6-2。

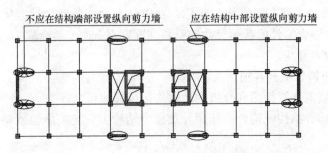

图 3.1.6-2 房屋较长时的剪力墙布置

3.1.7 后浇带的设置

【问】 当房屋长度超出规范规定较多时,是否可只用后浇带来解决结构的温度应力问题?

【答】 不可以。后浇带只能用来消除或减少混凝土的收缩应力,不能直接解决房屋使用过程中的温度应力问题。对温度应力问题应采取综合措施加以解决。

【问题分析】

1. 后浇带的设置

1) 后浇带的主要作用在于减小施工阶段的结构长度,以减少混凝土的收缩应力及消除施工期间的差异沉降等;但其并不直接减少使用期间的温度应力,不宜仅采用施工后浇带来解决结构超长的温度应力问题。习惯上可将后浇带分为沉降后浇带和伸缩后浇带。后浇带的设置要求见表 3.1.7-1。

后浇带的设置要求   表 3.1.7-1

后浇带类型	项目	要求	备 注
伸缩后浇带	间距	30~40m	《高规》第 3.4.13 条、第 12.2.3 条
	位置	贯通基础、顶板、底板及墙板	
		设在柱距等分的中间范围内	
	最小宽度	800mm(《防水规范》为 700mm)	
	混凝土浇灌时间	在其两侧混凝土浇灌完毕两个月以后(《防水规范》要求 42 天,高层建筑在结构顶板浇注混凝土 14 天后进行)	《防水规范》第 5.2.1、5.2.2、5.2.4 条
	混凝土强度	应比两侧混凝土提高一级,且宜采用早强、补偿收缩混凝土	
	钢筋连接要求	板、墙钢筋应断开搭接,梁主筋可直通	
沉降后浇带	位置	在主、裙楼交接跨的裙房一侧	《地基规范》第 8.4.20 条
	混凝土浇灌时间	宜根据实测沉降值并计算后期沉降差能满足设计要求后方可进行浇注	
	其他要求	同伸缩后浇带	

2) 后浇带的平面位置应结合基础及其以上结构布置综合考虑,宜设置在柱距三等分线附近(当后浇带位置可以上、下错开时,基础的后浇带宜设置在柱距的中部),以避开

上部梁板的最大受力部位。后浇带应设置在钢筋布设最简单的部位，避免与梁位置重叠；上部框架结构后浇带可与基础后浇带平面位置错开，但必须在同一跨内（见图3.1.7-1）；可曲折而行；应特别注意地下室与上部结构设缝位置的一致性问题。

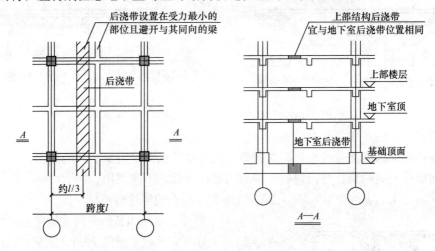

图3.1.7-1 后浇带的设置要点

3）由于后浇带的存在时间比较长，在此期间，施工垃圾进入带内不可避免，因此，施工图设计时，应留出空隙，便于清理（图3.1.7-2）。

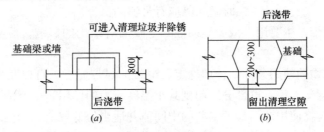

图3.1.7-2 后浇带的清理口设置
(a) 平面图；(b) 剖面图

4）当地下水位较高时，应考虑在基础施工完成后适当减少降水抬高地下水位（以节约降水费用，并减小因降水对周围已有建筑的影响等）的可能性，并在基础后浇带下及地下室外墙后浇带外侧采取加强措施：

（1）以基础底板自重平衡上升的地下水位，当仅考虑基础底板作为地下水平衡重量（基础底板上未采取其他的压重措施）时，其地下水上升的高度 $h_w \leqslant 2h$，其中，h_w 为从基础板底起算的地下水上升高度（m），h 为后浇带两侧基础底板的厚度（m）。

（2）基础底板后浇带下钢筋混凝土抗水板，按两端支承在基础底板上的钢筋混凝土单向板计算，其计算跨度（m）可取后浇带宽度+0.2m，按水头为 h_w 设计计算。

（3）应确定施工期间的安全水位和警戒水位值，施工过程中应加强监测，当遇有突发事件时，应采取相应加大降水或增加基础底板压重的技术措施，确保安全。

（4）后浇带抗水板做法见图3.1.7-3。

5）通过后浇带的板、墙钢筋应断开搭接，以便两部分的混凝土各自自由收缩；梁钢

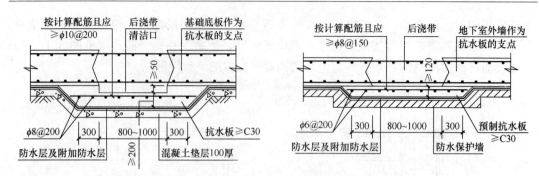

图 3.1.7-3 基础底板及外墙后浇带抗水做法

筋可不断开，见图 3.1.7-4。

注意：在伸缩后浇带内设置附加钢筋（大直径的纵向受力钢筋）的做法，加大了对后浇带两侧混凝土的约束，与设置后浇带的初衷相违背，不应采用。

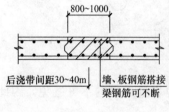

图 3.1.7-4

2. 后浇带混凝土的浇注时机

1）混凝土收缩需要相当长的时间才能完成，在其浇注完 60 天时，大致可完成收缩量的 70%（注意：《防水规范》指出：混凝土的收缩变形在龄期为 6 周后才能基本稳定）；

2）沉降后浇带，主要用以消除施工期间建筑物差异沉降对结构的影响，后浇带混凝土与其两侧混凝土的浇筑时间间隔应有足够的保证。

3）伸缩后浇带，主要用以减少早期混凝土收缩对结构的影响，后浇带的浇筑时间可适当前移；

4）依据建筑物的使用条件，合理确定后浇带的封带温度，可以减少在使用期间结构的温差，从某种意义上说，可部分地起到减小温度应力的作用。一般情况下，后浇带的封带温度，可按建筑物使用期间最大温差的中间值并适当偏低取值，如建筑物在使用期间的最高温度为 35℃，最低温度为 −10℃，则封带温度可取 10℃。环境温度上升时，混凝土受压，而环境温度下降时，则混凝土受拉，故封带温度应适当偏低取值。

3. 当结构区段长度较大时，应采用下列构造措施和施工措施减少温度和混凝土收缩对结构的影响

1）顶层、底层、山墙和纵墙端开间等温度变化影响较大的部位提高配筋率，可执行《混凝土规范》第 8.1 节的规定。

2）顶层加强保温隔热措施，外墙设置外保温层。

3）每 30～40m 间距留出施工后浇带，带宽 800～1000mm，钢筋采用搭接接头，后浇带混凝土宜在两侧混凝土浇筑两个月后浇灌。

4）顶部楼层改用刚度较小的结构形式，如当下部为剪力墙结构或框架-剪力墙结构时，顶部采用框架结构，或适当减少顶部剪力墙（但顶部取消部分剪力墙形成空旷房屋时应符合《高规》第 3.5.9 条的要求）数量等，或顶部设局部温度缝，将结构划分为长度较短的区段。顶层局部设置温度缝做法见图 3.1.7-5。

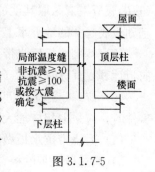

图 3.1.7-5

5) 采用收缩小的水泥、减少水泥用量、在混凝土中加入适宜的外加剂。

6) 提高每层楼板的构造配筋率或采用部分预应力结构。

7) 结构设计中也可采用补偿收缩混凝土技术，在结构收缩应力最大的地方给予相应较大的膨胀应力补偿。一般加强带的宽度约 2m，带之间适当增加水平构造钢筋 15%～20%，具体做法见图 3.1.7-6（但应注意：从实际工程应用情况看，加强带的作用有限）。

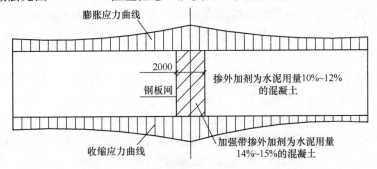

图 3.1.7-6 加强带替代后浇带的示意图

4. 对超长结构应进行结构的温度应力分析，应合理确定环境温度并对计算的温度应力进行折减。

1) 合理设置结构的温度缝以适当减小结构的温度区段长度，对减小结构的温度应力效果明显。

2) 要根据结构的部位及受温度影响的实际情况，合理确定结构的环境温度。不同位置、不同类型的结构构件其环境温度的取值可以不同。如会展中心的屋顶钢结构，由于其对温度的传导性能强，受环境温度的影响明显，可以认为结构的实际温度与环境温度同步。而对于剪力墙住宅，一般均采取了保温隔热措施。外墙混凝土受温度变化影响较大，而内墙及室内其他混凝土构件受室外温度的影响较小，外墙混凝土与室内混凝土之间有一个温度梯度问题，环境温度对室内钢筋混凝土构件的影响有一个滞后的过程，应考虑钢筋混凝土构件不可能同时达到环境温度的可能性，采用合理的环境温度。

3) 混凝土的徐变及钢筋混凝土应力的重分布能力，对最大温度应力有"削峰填谷"的调节作用，应合理取用温度应力折减系数。

4) 影响结构温度应力的因素很多，目前情况下，对结构分析的温度应力计算结果一般都要大于实测结果，温度应力的计算尚处在估算的范围内。应加强结构的概念设计，对受温度变化影响比较大的结构及构件（如钢筋混凝土外墙、外悬挑构件等），应采取结构构造及加强措施（如适当加强钢筋混凝土外墙的水平分布钢筋，楼层靠近外墙处设置适当的水平加强钢筋等）。

5) 温度应力问题是结构设计中的难点问题，应重视概念设计，注意把握结构受温度影响的关键部位（平面的远端、有效楼板宽度较小的部位等）及关键构件（如框架柱、剪力墙等竖向构件），加强结构构造措施。在温度场的确定及温度应力的计算模型选取等方面应注意以下问题：

(1) 温度场的建立

温度场与建筑结构所处的温度环境有关，不仅受环境最高温度、最低温度的影响，而且还与温度场建立的温度（形成整体结构的初始温度，如后浇带混凝土强度形成过程中的封带温度等）有关。

① 结构所处环境的最高温度和最低温度，一般应根据工程的温度环境和使用要求确定，当建筑结构的保温隔热措施有效，建筑物室内温度受外部环境影响较小的冬季采暖、夏季全空调的建筑（如商场、酒店等），以房屋使用阶段的室内温差为基数偏安全地取值（比使用阶段的室内最高温适当增加，比使用阶段的室内最低温适当降低）。

② 温度场建立的温度即建筑结构温度场的初始温度，一般应取混凝土形成整体时的温度（如后浇带的封带温度），是一个温度区间的等效温度（即后浇带混凝土在强度形成过程中的等效温度），一般取比结构所处环境的最高温度和最低温度的平均值偏低的温度值（如当最高温度为30℃、最低温度为0℃时，其平均温度为15°，可取温度场建立的温度为10℃），《荷载规范》第9.3.3条规定："混凝土结构的合拢温度一般可取后浇带封闭时的月平均气温，钢结构的合拢温度一般可取合拢时的日平均温度"，采取有效措施确保混凝土的合拢温度符合预设的温度场建立的温度要求。程序计算时，升温填正值（如升温20℃则填+20），降温填负值（如降温10℃则填-10），填零则表示无温度变化。

（2）温度梯度问题

温度对建筑结构的影响与结构在温度场中的位置有关，建筑物周边的结构受环境温度的影响较为明显，当环境温度改变时，结构的温度也跟随改变，但改变的幅度不同，在建筑物内部离建筑物周边越远，则结构温度改变的幅度越小，这就是温度梯度问题。

（3）温度应力的计算模型

① 温度对构件的影响是不均匀的，但现有程序在温度应力的计算过程中，无法考虑温度梯度的影响，假定建筑结构处在一个均匀的温度场中，建筑结构中的所有构件同时处在同样的升温或降温的环境中，这种均匀膨胀或收缩的温度作用模式，比较适合于钢结构（对钢构件，由于其传热性能好，截面较薄，当环境温度变化时，可以认为截面中的温度是均匀变化的），而对实心混凝土结构计算的温度应力偏大。

② 温度应力计算时，应采用弹性楼板模型，否则，在刚性楼板假定下，梁的膨胀或收缩收到平面内"刚性楼板"的约束，柱内不会产生剪力和弯矩，相应地梁内也不会产生弯矩和剪力，仅有轴力作用，计算结果偏小，偏于不安全。结构设计时，<u>应特别注意对平面纵向端部框架柱柱端内力和配筋的检查，注意对平面端部纵向剪力墙的核查</u>。

③ 目前，程序按线弹性理论计算结构的温度效应，对于钢筋混凝土，考虑到徐变应力松弛特性的非线性因素，实际的温度应力将小于按弹性计算的结果，实际工程计算中一般取徐变应力松弛系数0.3对计算结果进行折减。但对钢结构可不考虑此项折减。

④ 计算程序一般将温度作为一种荷载来考虑，其分项系数与竖向荷载的分项系数一致。对特殊工程可根据工程需要由设计人员设定不同于程序内定的组合方式，并调整分项系数。根据《荷载规范》第9.1.3条规定：温度作用的组合值系数为0.6，频遇值系数为0.5，准永久值系数0.4。

6）实际工程中，超长结构的温度应力问题应主要通过采取恰当的构造措施予以解决，建议如下：

（1）框架梁设计（见图3.1.7-7），梁顶跨中应根据需要设置不少于两根通长钢筋，通长钢筋可以是框架梁两端支座钢筋直通（含机械连接），也可以是跨中钢筋与框架梁两端支座钢筋的受力搭接（满足l_l要求）；梁两侧应设置腰筋，腰筋与主筋及腰筋之间间距

3.1 钢筋混凝土结构设计的基本要求

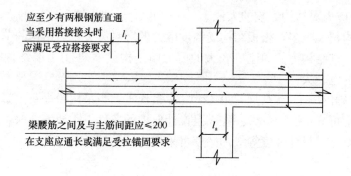

图 3.1.7-7 框架梁抵抗温度应力构造要点

宜 $s \leqslant 200$mm，腰筋在框架梁两端支座应按受拉锚固设计（锚固长度满足 l_a 要求，即腰筋满足抗扭纵筋的锚固要求，在施工图中应将钢筋"G"改为"N"）。

（2）次梁设计，梁顶跨中的架立钢筋与梁两端支座钢筋按受拉搭接设计（搭接长度满足 l_l 要求）；梁两侧应设置腰筋，腰筋与主筋及腰筋间距宜 $s \leqslant 200$mm，腰筋在框架梁两端支座应按受拉锚固设计（锚固长度满足 l_a 要求，即腰筋满足抗扭纵筋的锚固要求，在施工图中应将钢筋"G"改为"N"）；

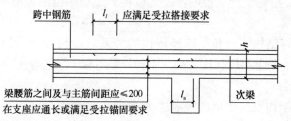

图 3.1.7-8 次梁抵抗温度应力构造要点

（3）楼板设计，楼板的跨中贯通钢筋（或与支座负筋按受拉搭接）的配筋率不应小于《混凝土规范》第9.1.8条的要求，每层每方向的配筋率均不应小于0.10%（建议配筋率见表3.1.7-2）。注意，楼板下铁在支座应尽量拉通，否则，应至少每隔一根在支座按受拉锚固设计。采取上述构造措施后楼板钢筋计算时，一般可不考虑温度应力的影响（相关问题见框架梁）。

超长结构的楼板贯通配筋建议   表 3.1.7-2

结构单元长度超过《高规》表3.4.12的幅度	≤50%	100%	150%	200%	≥250%
沿超长方向每层每方向配筋率	0.10%	0.15%	0.20%	0.25%	0.30%

7）考虑温度应力对结构的影响时应重点关注楼板和主要抗侧力构件（如框架柱或剪

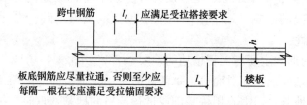

图 3.1.7-9 楼板抵抗温度应力构造要点

力墙等），温度应力对结构影响的大或小，主要取决于结构侧向刚度的大和小，结构侧向刚度越大、结构超长越多，楼板结构受温度应力的影响越大；当结构的单元长度超过规范规定限值较多，且结构为侧向刚度较大的剪力墙结构或框架-剪力墙结构时，楼板结构受温度应力的影响也越大。

8）关于基础混凝土，《高规》第12.1.12条规定：当采用粉煤灰混凝土时，其设计强度等级的龄期宜可60天或90天。在满足设计要求的条件下，地下室内、外墙和柱子采用粉煤灰混凝土时，其设计强度等级的龄期可采用相应的较长龄期。

3.1.8 关于混凝土结构设计的经济指标问题

【问】 结构设计中经常遇到要进行限额设计，或设计完成后建设单位提出用钢量指标及混凝土指标过高的问题。这是结构中很头疼的问题，该如何应对？

【答】 随着市场经济的发展，结构设计竞争越来越激烈。为了获取最大的利润空间，建设单位对结构成本进行严格控制是很自然的事，也是合理要求。结构设计应予以理解和支持。同时，从某种意义上说，对结构用钢量及混凝土用量控制的合理要求也是对结构设计的促进和鞭策。对合理的成本控制要求，结构设计应配合并贯穿于结构设计中，对不合理的成本控制要求，结构设计应说明情况，以得到建设单位的理解和支持。

【问题分析】

1. 应正确处理好结构安全和结构经济性的关系，结构安全是第一位的，在确保结构安全前提下的结构经济性才是有意义的。不得以牺牲结构安全为代价去迎合建设单位的经济指标要求。

2. 建设单位对结构设计指标的控制主要表现在钢筋用量和混凝土用量上，有时是口头约定，有时则在合同中加以规定。遇有这种情况，结构设计应予以充分注意，在约定前应对工程的具体情况进行较为详细的分析，对经济控制指标的可实施性要做到心中有数，同时还要明确合同中用钢量的准确含义，是限制总用钢量还是只限制标准层用钢量，是施工后的实际用钢量还是结构设计的计算用钢量等，各项指标应明确无歧义。

3. 建设单位提出的结构主材用量控制指标，一般根据同类工程的经验数值确定的。然而实际工程情况千变万化，要注意表面相似背后隐藏的不可比性。一般说来，标准层具有较强的可比性，而地下室及非标准层部分的结构用材可比性不强，不同工程的基础也不具明显的可比性。

1）由于标准层量大面广，理应成为结构经济指标控制的重点，控制结构主材用量的主要精力应放在对标准层的控制上。同时，标准层一般变化不大，其建筑布置具有较大的相似性，从而决定了其结构主材用量的可比性。

2）受地下室层数、地下水位、是否设置人防地下室、地面覆土层的厚薄以及是否考虑消防车荷载等情况的影响，地下室结构（不包括地基与基础）设计的主材用量相差很大，往往不具可比性。

3）地基基础的形式主要与工程场地的地质条件密切相关，场地条件好时可采用天然地基或进行局部地基处理，相对而言地基基础的费用较低。而当地质条件很差时，如软土地基或严重不均匀地基，当需采用桩基础或进行严格的地基处理时，结构费用较高。一般情况下，基础设计的结构主材用量不具可比性。

4. 对结构设计主材用量的限制，一般有限定钢筋用量、同时限定钢筋及混凝土用量等。其实限制结构主材的根本目的应该是对结构总造价的限制，应根据钢筋与混凝土的比价关系结合基础对上部荷载的承载情况合理确定。结构设计中经常遇到对混凝土厚度也进行严格限制的做法，这对控制工程总造价并不有利。结构设计人员应与建设单位多沟通，避免为限制而限制。结构设计中应根据不同的限制要求，采取相应的结构设计措施。当只限定钢筋用量时，可适当增加混凝土的用量，以减少设计用钢量，并宜全部采用HRB400级钢筋。

5. 对结构主材的控制，通常有两种核算方法。一是以施工单位的最后决算为准；二是以结构的计算用钢量为准。实际施工的结构主材用量是工程总用材量，其中包括结构的用材量、非结构构件的用材量及施工的损耗量等。

1）结构的用材量为所有结构构件的用材量，是结构设计所需的真实用量。

2）非结构构件用材量包括如建筑的翻板、挂板等建筑处理用的混凝土及钢筋用量，建筑造型越复杂其用量越大。这部分用量不是结构所需的，是建筑及建设单位为追求建筑效果所花费的，结构设计中已经为其承担了荷载，不应该再将材料用量归为结构用量。

3）施工损耗主要取决于施工单位的组织管理能力，管理能力强并精心组织、精心施工，则施工损耗量低，反之则施工损耗量大。这部分用量与结构设计无关，也不应归结为结构用材量。

因此，对结构设计用材量的核算应以结构计算用材量为准。同时，对单位面积材料用量的计算中，应注意建筑面积与结构面积的差别，对建筑夹层、设备夹层、设备转换层等按规定可以不计算建筑面积的地方，应全部计入结构面积之内，以加大用材量计算的基数，降低计算的用材量指标。

6. 影响结构用材量的最主要因素是建筑方案，结构专业作为民用建筑工程设计中的下游专业，对建筑方案很难有话语权，往往在建筑方案确定后才能参与建筑方案的深化工作，而此时主要是在建筑方案大轮廓下的完善工作，也就是所谓的"配结构"，在既有立面及平面的基础上进行结构构件的布置，对由建筑方案不合理而引起的不合理结构方案问题已无力回天。因此，目前情况下，对结构设计用材量的过分限制不尽合理。

图3.1.8-1的正方形平面，两个主轴方向抗侧力结构构件布置均匀，结构的经济性好；而图3.1.8-2的长方形平面，横向结构的侧向刚度较小，而纵向结构的侧向刚度较大，两个主要受力方向动力特性差异较大，需布置较多的横向剪力墙加以弥补。平面的长宽比越大，其结构的经济性也越差。

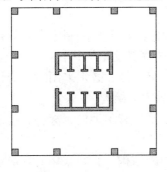

图3.1.8-1 方形平面

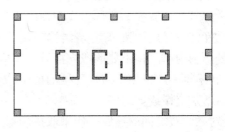

图3.1.8-2 长方形平面

结构抗侧力构件的不对称布置（如建筑立面需要布置单侧斜柱等情况）时，结构的经济性也必然不好，结构设计中应尽量避免。必须设置斜柱时，应均匀对称布置。

3.2 钢筋混凝土框架结构设计

【要点】

钢筋混凝土框架结构大量应用于多高层民用建筑中。框架结构具有结构布置规则、使用灵活等特点，同时其自身的结构侧向刚度较小，在强烈地震作用下结构的变形较大，填充墙及附属结构的破坏严重。因此，对房屋高度较高时，应避免采用纯框架结构，设置适量的剪力墙，改善结构的性能。高层建筑结构不应采用单跨框架结构，不宜采用纯框架结构；多层框架结构不宜采用单跨框架结构，当必须采用时，可设置支撑、柱子翼墙或少量的钢筋混凝土剪力墙。

3.2.1 关于单跨框架问题

【问】 为什么抗震建筑要限制单跨框架的使用？

【答】 震害调查和理论研究证明，单跨框架结构的震害较重，因此，抗震设计的房屋不宜采用单跨框架结构，高层建筑不应采用单跨框架结构。

【问题分析】

1. 单跨框架结构指一个主轴方向全部为单跨的框架结构。当在表3.2.1-1所规定的距离内设置一榀多跨框架时，则可不作为单跨框架结构对待。

多跨框架之间的最大距离　　　　　　表 3.2.1-1

设防烈度	6度及非抗震	7度	8度	9度	B为多跨框架之间无大洞的楼屋盖的宽度
最大间距（m）取小值	3.5B, 50	3.0B, 40	2.5B, 30	2B, 20	

2. 单跨框架的结构冗余度较低，在强烈地震作用下，将出现较大的结构变形，填充墙及其他附属构件易出现较大程度的损坏。因此，在地震区应限制单跨框架结构的使用。对单层及层数不多（房屋高度不大）的多层建筑，不宜采用单跨框架结构；对高层建筑、及甲、乙类建筑的多层框架结构、房屋层数较多（房屋高度较高）的多层建筑，不应采用单跨框架结构。

3. 对层数不多（房屋高度不大）的多层建筑，当必须采用单跨框架时，应设置支撑、柱子翼墙或少量的钢筋混凝土剪力墙，见图3.2.1-1。

4. 单跨框架结构在学校建筑中经常遇到。汶川地震后，国务院制定专门规定加强中小学校舍建筑的抗震安全工作。应重视中小学校建筑的抗震设计，中小学校舍应优先考虑采用抗震性能较好的框架-剪力墙结构，避免采用纯框架结构。必须采用时也应设置少量钢筋混凝土剪力墙、柱子翼墙或支撑等，不应采用单跨框架结构。

1) 教学楼不应采用单跨加悬挑的框架结构。外走廊应有落地的框架柱，使之成为多跨框架、增加支撑或剪力墙。

2) 对教学楼之间的连廊，应采取措施避免成为单跨结构。必须采用时，应加大在单跨方向的柱子截面，提高结构的抗震性能。

3.2 钢筋混凝土框架结构设计

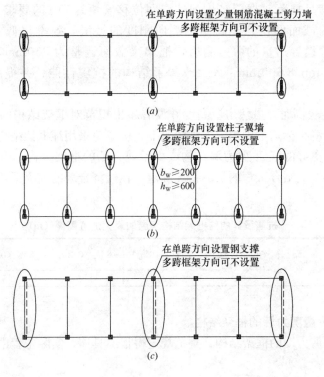

图 3.2.1-1 对单跨框架的加强措施
(a) 设置少量剪力墙；(b) 设置柱子翼墙；(c) 设置钢支撑

3) 应避免局部单跨框架出现在平面的端部。必须采用时，可设置剪力墙、少量剪力墙或支撑。

3.2.2 框架结构房屋的最大适宜高度

【问】《抗震规范》规定了现浇框架结构房屋适用的最大高度，可实际设计中为什么一般很难到达高限数值？

【答】《抗震规范》规定的现浇框架结构房屋适用的最大高度，是从安全、经济等诸方面综合考虑的结果。设计实践表明，当房屋层数较多（房屋高度较高），尤其当房屋高度接近房屋适用的最大高度时，需要对框架结构采取特殊的加强措施，不仅结构设计难度大，而且结构设计的经济性也差。

【问题分析】

1. 对地震区建筑，尤其是高烈度地区建筑结构，应注意采用框架结构的合理性问题，满足《抗震规范》对房屋适用的最大高度限值时，设计合法，但不一定合理。说明见例3.2.2-1。

例 3.2.2-1 某工程，抗震设防烈度为8度（设计基本地震加速度为 $0.3g$），设计地震分组为第一组，场地类别为Ⅲ类，房屋层数四层（局部五层），房屋高度17m（局部21m），柱网 8.4m×8.4m，荷载按一般办公楼取值。采用钢筋混凝土框架结构（房屋的最大适用高度为35m），框架柱截面面积最大达到 900mm×1100mm，框架梁截面为 400mm×800mm。致使房间使用面积减少，楼层净高减小，影响房屋品质。

采用框架结构的主要问题是结构抗侧刚度不足，需要通过加大梁柱截面来提高结构侧向刚度，以满足规范对框架结构弹性层间位移 $\theta_e \leqslant 1/550$ 的要求。实践证明，单纯采用加大构件的截面面积来提高结构侧向刚度的做法，效率很低，应调整结构体系。利用隔墙位置设置适量的剪力墙后，框架梁截面调整为 350mm×650mm，框架柱截面减小为 600mm×600mm，大大改善了结构的抗震性能，并提高了结构设计的经济性指标。

2. 当房屋高度较高时，虽然房屋高度并没有超出规范对框架结构的高度限值，但设计的各项技术、经济指标均不理想。这种情况下，应避免采用纯框架结构，应采用抗侧刚度较大，抗震性能更好的框架-剪力墙结构或少量剪力墙的框架结构。因此，纯框架结构房屋的最大适用高度应结合工程的具体情况确定，在经济合理的前提下，框架结构的最大适宜高度见表 3.2.2-1。

抗震设计的纯框架结构房屋的最大适宜高度（m）　　表 3.2.2-1

本地区抗震设防烈度	6度（0.05g）	7度（0.1g）	7度（0.15g）	8度（0.2g）	8度（0.3g）	9度（0.4g）
高度（m）	35	30	25	20	15	12

3.2.3 关于少量剪力墙的框架结构

【问】 对少量剪力墙的框架结构，规范规定得很不具体，实际工程中对框架及剪力墙的设计应如何把握？

【答】 少量剪力墙的框架结构，其结构主体仍是框架，规范将其归入框架结构的范畴。对框架应采用包络设计原则，对剪力墙可按构造设计处理，同时，应特别强调验算纯框架结构的大震位移，以确保结构"小震不坏，大震不倒"这一基本抗震性能目标的实现。

【问题分析】

1. 规范对布置少量剪力墙的框架结构的设计规定

对布置少量剪力墙的框架结构，《高规》第 8.1.3 条只做了一般性规定，对其中的剪力墙及框架设计未予以细化，未明确提出框架的包络设计及大震位移的验算要求；对剪力墙在这种结构形式中的作用未予以说明，相关文献 [6]、[7] 的规定和解释也各不相同，导致结构设计及施工图审查时无章可循或对布置少量剪力墙的框架结构提出按框架-剪力墙结构设计的混乱局面。这成为布置少量剪力墙的框架结构在实际工程中难以广泛应用的主要原因。

1) 布置少量剪力墙的框架结构与剪力墙较少的框架-剪力墙结构在定量上无明确的界限，如在结构位移仅能满足规范对框架结构限值要求的前提下，可将框架和剪力墙协同工作的结构描述为"配置少量剪力墙的框架结构"，而当结构位移能满足规范对框架-剪力墙结构限值要求的前提下，又可将框架和剪力墙协同工作的结构描述为"框架-剪力墙结构"。这种对结构体系把握的摇摆性加大了结构设计中的随意性。

2) 规范规定了考虑剪力墙与框架的协同工作原则，但未明确对剪力墙和框架的具体设计方法。

2. 对配置少量剪力墙的框架结构的认识

1) 设置少量的剪力墙并没有改变框架结构的结构体系，带有少量剪力墙的框架结构属于一种特殊的结构形式，但仍是框架结构。

注意：明确结构体系的目的在于分清框架及剪力墙在结构中的地位，其中框架是主体，是承受竖向荷载的主体，也是主要的抗侧力结构。

2) 在钢筋混凝土框架结构中，下列两种情况下需要设置少量的钢筋混凝土剪力墙：

(1) 在多遇地震作用下，当纯框架结构的弹性层间位移角 θ_e 不能满足规范 $\theta_e \leqslant 1/550$ 的要求时，通过布置少量剪力墙，使结构的弹性层间位移角满足 $\theta_e \leqslant 1/550$ 的要求。在此，设置少量剪力墙的目的在于满足规范对框架结构的位移限值要求，注意：不是满足框架-剪力墙结构的位移限值要求。

(2) 当纯框架的地震位移满足规范要求，即纯框架结构的弹性层间位移角 θ_e 能满足规范 $\theta_e \leqslant 1/550$ 的要求时，为提高结构的侧向刚度，减小结构在多遇地震作用下的变形，而设置少量钢筋混凝土剪力墙。在这里，设置少量剪力墙的目的在于适当改善框架结构的抗震性能。

3. 对少量剪力墙的框架结构的设计建议见第 2.1.15 条

3.2.4 影响强柱弱梁的主要因素

【问】 影响框架强柱弱梁实现的因素很多，如何在结构设计中加以体现？

【答】 钢筋混凝土框架，由于其自身侧向刚度较小，地震作用引起的侧向位移较大，合理的抗震措施成为框架抗震性能实现的有力保证。汶川地震表明：强柱弱梁是框架抗震设计中不可忽视的重要内容，也是实现梁铰机制的重要结构措施。实际工程中，影响强柱弱梁实现的因素很多，有理论研究的滞后、有设计计算的缺陷和抗震构造的不合理等。加快理论研究的步伐，完善设计计算理论和抗震设计构造，对强柱弱梁的实现具有重大的现实意义。现阶段可从以下几方面着手：

1) 在建筑物的抗震设计中，适当考虑框架梁的塑性内力重分布，采用净跨框架梁单元模型，取用实际梁端（框架柱边）内力进行构件的裂缝宽度验算，不仅可以减少梁端负弯矩的实际配筋，同时还可以提高框架梁的延性，更有利于强柱弱梁结构设计构想的实现。

2) <u>合理控制框架梁的梁端底部钢筋进入框架柱的数量</u>，并在强柱弱梁验算中考虑梁端底部实配钢筋的影响，是确保强柱弱梁实现的重要措施之一，应引起结构设计人员的高度重视。

3) 现浇楼板的实际配筋影响着强柱弱梁的实现，对其影响程度的量化一直困扰着结构设计，建议应加大相应的科研力度。近期内可采取近似方法予以考虑。

4) 控制梁端的实际配筋量在合适的范围内，以符合程序设定的实配钢筋与计算钢筋的比例关系。

【问题分析】

1. 规范的相关规定

《抗震规范》第 6.2.2 条规定：一、二、三、四级框架（注意：此处针对的是所有框架，即框架-剪力墙结构或框架-核心筒结构中的框架、框架结构中的框架等）的梁柱节点处，除框架顶层和柱轴压比小于 0.15 者（注意：柱轴压比很小时可不考虑强柱弱梁要求）及框支梁与框支柱的节点（注意：框支梁与框支柱的节点一般难以实现强柱弱梁，故可不验算，而通过规定相应的抗震措施得以保证）外，柱端组合的弯矩设计值应符合下式要求：

$$\Sigma M_c = \eta_c \Sigma M_b \quad (3.2.4\text{-}1)$$

一级框架结构及9度的一级框架（注意：一级框架结构的框架及9度设防烈度的一级框架不同于一般的一级抗震等级的框架，有特殊的验算要求）时尚应符合

$$\Sigma M_c = 1.2\Sigma M_{bua} \tag{3.2.4-2}$$

式中：ΣM_c——节点上下柱端截面顺时针或反时针方向组合的弯矩设计值之和，上下柱端的弯矩设计值，可按弹性分析分配；

ΣM_b——节点左右梁端截面反时针或顺时针方向组合的弯矩设计值之和，一级框架节点左右梁端均为负弯矩时，绝对值较小的弯矩应取零（注意：对二、三、四级抗震等级，节点左右梁端均为负弯矩时，梁端弯矩按实际情况确定，即，梁端弯矩不同号，设计值有部分相互抵消作用）；

ΣM_{bua}——节点左右梁端截面反时针或顺时针方向实配的正截面抗震受弯承载力所对应的弯矩值之和，根据实配钢筋面积（计入受压筋）和材料强度标准值确定（注意：程序对实配钢筋一般通过实配系数实现，一般情况下取实配系数为1.1，即将计算配筋放大1.1倍作为实配钢筋考虑）；

η_c——柱端弯矩增大系数，对框架结构，一、二、三、四级可分别取1.7、1.5、1.3、1.2；其他结构类型中的框架，一级可取1.4，二级可取1.2，三、四级可取1.1。

当反弯点不在柱的层高范围内时，柱端截面组合的弯矩设计值可乘以上述柱端弯矩增大系数。

《高规》（第6.2.1条）及《混凝土规范》（第11.4.1条）均有相似的规定。

2. 影响强柱弱梁的主要因素

1）梁端负弯矩

由图3.2.4-1可以看出，梁端负弯矩是影响强柱弱梁的重要因素，梁端负弯矩越大，则对框架柱的要求越高；因此，适当降低梁端负弯矩数值，对强柱弱梁的实现具有积极意义。

2）梁端正弯矩

由图3.2.4-1还可以发现，在强柱弱梁验算中，梁端正弯矩与其相邻跨的梁端负弯矩组成强柱弱梁验算中的梁端总弯矩，合理取用梁端正弯矩数值（应特别注意：<u>程序计算的梁端正弯矩与梁端按实配钢筋计算的正弯矩有很大的出入，是影响强柱弱梁实现的最主要原因</u>），同样对强柱弱梁的实现具有积极的意义。

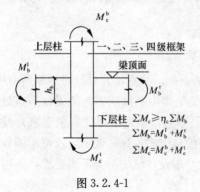

图 3.2.4-1

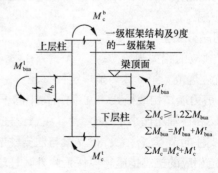

图 3.2.4-2

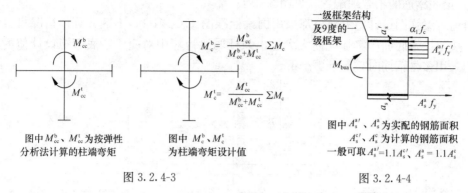

图 3.2.4-3　　　　　　　　　　　图 3.2.4-4

3) 梁端楼板配筋的影响

在现浇结构中，现浇楼板对梁的刚度影响可通过梁刚度放大系数予以近似考虑，但就现浇楼板配筋对梁端实际受弯承载力的影响，其研究和设计措施相对滞后。

4) 梁端实配钢筋

梁端（指梁端的顶部和底部）实配钢筋直接影响梁端受弯承载力，合理控制梁端实配钢筋与计算钢筋的比例关系，对强柱弱梁的实现意义重大。

3. 结构设计中存在的主要问题

1) 弹性计算模型加大了梁端负弯矩（见图 3.2.4-5）

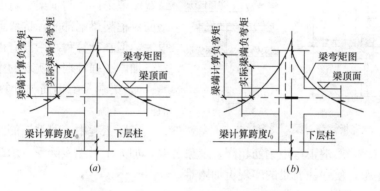

图 3.2.4-5　梁端实际弯矩与计算弯矩的关系
(a) 不考虑刚域时；(b) 考虑刚域时

结构分析计算中，框架梁端部负弯矩按梁的计算跨度 l_0 计算，内力计算位置位于梁柱交点处（即在柱截面中心处，考虑刚域时，梁端计算截面位于柱截面范围内离柱边 $h_b/4$ 处），结构计算没有考虑柱截面尺寸对构件计算内力的影响，而构件抗力计算时采用的是梁端截面，抗力和效应计算分别采用不同截面，造成截面位置的不一致，加大了梁端截面配筋量值，从而加大了强柱弱梁实现的难度。

2) 不合理的构件裂缝宽度验算加大了梁端实际配筋（见图 3.2.4-5）

验算梁端截面的裂缝宽度时，内力取值和实际截面位置不统一（内力取自柱截面范围内的梁计算端部，不是真正的梁端，应取柱边缘处梁的真实截面），这种内力与计算截面的不一致，导致梁端计算弯矩过大，梁端裂缝宽度计算值大于实际值，同时，加大梁端配筋，对强柱弱梁的实现极为不利。

3) 梁底钢筋的不合理配置（见图 3.2.4-6）

目前，梁详图设计绝大部分都采用国家标准图 11G101-1，不区分具体情况盲目套用图集，造成梁端底面的实际配筋大大超出强柱弱梁计算中对应于梁底弯矩设计值的配筋量，当采用多排钢筋时，问题更严重。

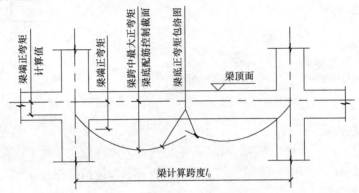

图 3.2.4-6　跨中最大正弯矩与梁端正弯矩的关系

4) 现浇楼板配筋对梁端实际承载力的影响（见图 3.2.4-7）

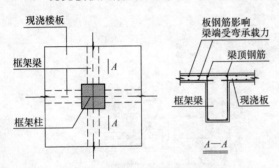

图 3.2.4-7　现浇板钢筋对梁端受弯承载力的影响

现浇楼板的配筋对框架梁实际截面承载力有明显影响，在梁端截面有效受拉翼缘宽度范围内，与框架梁跨度同向的楼板钢筋对框架梁端部实际抗弯承载力的影响很大，但在计算程序中没有得到很好的体现，加剧了强柱弱梁实现的难度。

5) 梁端实配钢筋与计算钢筋量的差值问题

实际工程中，梁端钢筋的超配（梁端负弯矩钢筋超配，梁端正弯矩钢筋超配）现象普遍，加大了梁端实际受弯承载力与计算受弯承载力的差距，使强柱弱梁的实现更加困难。

4. 结构设计建议

1) 抗震设计的结构应尽量考虑结构的塑性内力重分布，采用柱边缘截面处的梁端内力设计值，建议在程序计算中设置梁净跨单元，用于强柱弱梁的计算。

2) 构件的裂缝宽度验算中，宜采用考虑塑性内力重分布的分析方法，采用柱边缘截面处的梁端内力设计值，确保构件的裂缝宽度验算不致给强柱弱梁验算增加新的负担。同时，建议按梁的净跨单元验算框架梁梁端的裂缝宽度。当所选用的程序不能自动取用支座边缘内力时，可根据工程经验，对梁端弯矩进行适当的折减；也可根据框架梁竖向荷载的比值，采用下列近似计算方法将梁端及跨中按弹性方法计算的弯矩均乘以折减系数 C，C 可根据简支梁在集中荷载下的跨中弯矩 M_{p0} 与全部荷载下的跨中弯矩 M_0 的比值 n（$n=M_{p0}/M_0$）按下式确定，$C=[nl_0+(1-n)l_n]l_n/l_0^2$，其中 l_n 为梁的净跨，l_0 为梁的支座中心距；当以均布荷载为主时 $C=(l_n/l_0)^2$，以集中荷载为主时 $C=l_n/l_0$。

3) 应正确区分框架梁跨中截面配筋要求与框架梁端部截面梁底配筋的不同概念，控制梁端下部实际配筋的数量与强柱弱梁计算中梁底配筋的计算值不致相差过大，建议可根据框架梁端部底面配筋要求和框架梁跨中钢筋的差异情况，适当控制梁底钢筋进入支座（框架柱内）的数量（当梁底设置多排钢筋时，一般情况下，可仅考虑第一排钢筋进入支座，其他各排钢筋可不进入支座，即在柱截面外截断。以控制进入框架柱内的梁底钢筋不小于框架梁端部截面梁底配筋的计算值，及满足规范对框架梁配筋的构造要求为原则），既有利于强柱弱梁的实现，同时也可减少过多钢筋在梁柱节点区的锚固，有利于保证节点区混凝土的质量（建议程序在强柱弱梁验算时，增加梁端底部实配钢筋的可调整功能）。

4) 应适当考虑现浇楼板中的钢筋对框架梁端部实际的正截面抗震受弯承载力的影响，建议计算程序在强柱弱梁的计算中应留有开关，以便设计人员可根据楼板负弯矩钢筋的实际配置情况，对用于强柱弱梁验算的梁端组合负弯矩设计值乘以适当的放大系数。当所选用的程序不能近似考虑楼板钢筋对强柱弱梁的影响时，在手算复核中，考虑框架梁有效翼缘宽度范围（考虑楼板受拉，可近似取梁两侧各为 6 倍楼板厚度范围）内，与框架梁跨度同向的板顶钢筋的作用。

5) 应严格控制梁端实配钢筋，对梁端负弯矩钢筋不应超配（控制实配钢筋不超过计算钢筋面积，一般情况下，可取实配钢筋面积为计算钢筋面积的 95%～100%）；对梁端正弯矩钢筋应控制超配比例（一般情况下，可控制超配系数在 10% 以内，注意：不是对跨中正弯矩钢筋而是梁端正弯矩钢筋，是控制对梁端正弯矩钢筋的超配）。

3.2.5 框架柱纵向钢筋的计算与配置

【问】 结构软件可按单方向偏心受压计算方法确定柱的纵向受力钢筋的单侧配筋面积及总面积，也可以按双向偏心受压计算出柱的纵向受力钢筋的角部钢筋的配筋面积及总面积。柱详图设计时是否都要考虑角筋面积？

【答】 关于柱角筋，应根据不同的计算方法区别对待，按双偏压计算的柱，先假定角筋面积后验算，角筋是唯一的；而按单偏压计算的配筋，以配筋均匀布置为原则，角筋共用。

【问题分析】

1. 柱纵向受力钢筋的计算方法应按工程的实际情况确定：

1) 当结构的扭转较大（一般情况下，可把考虑结构偶然偏心时计算所得的楼层扭转位移比 μ>1.2 确定为结构受到的扭转较大），框架柱以双向受力为主时，柱配筋按下列两种方法计算，并取大值：

（1）考虑偶然偏心的地震作用（不考虑双向地震作用），按双向偏心受压方法计算柱配筋；<u>框架角柱应按双向偏心受力构件计算。</u>

（2）考虑双向地震作用（不考虑偶然偏心的地震作用），按单向偏心受压方法计算柱配筋。

2) 当结构的扭转较小，框架柱以单向受力为主时，可按单向偏心受压计算。

2. 柱的双向偏心受压计算过程属于配筋确定后对柱承载力的验算过程，是真正意义上的柱截面抗力验算，这种验算与柱截面的钢筋大小及排列方式一一对应，且角筋共用。不同的角筋、不同的钢筋布置，构件的承载能力也不同。程序计算中先确定角筋的面积，同时按均匀布置原则确定除角筋外的周边钢筋，因此，柱配筋设计时应按照计算结果先确定角筋直径，然后根据总的纵向钢筋面积按角筋共用原则确定除角筋外的其他周边钢筋（见图3.2.5-1）。一般情况下，角筋的直径不应小于柱的其他纵向钢筋直径。

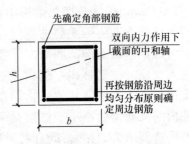

图 3.2.5-1　双偏压柱配筋原则

3. 在柱的单向偏心受压计算中，柱的纵向钢筋按每边均匀布置计算，其计算结果为柱截面单边的钢筋截面面积，计算中不单独考虑角筋。因此，柱配筋设计时应根据总的纵向钢筋面积按角筋共用原则确定柱其他周边钢筋（见图3.2.5-2）。一般情况下，角筋的直径不应小于柱的其他纵向钢筋直径。

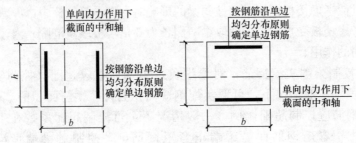

图 3.2.5-2　单偏压柱配筋原则

3.2.6　框架柱的体积配箍率计算

【问】　关于框架柱箍筋的体积配箍率，规范没有具体的计算规定，结构设计中该如何计算？

【答】　对柱箍筋的体积配箍率计算规范没有详细的规定，对混凝土核心区面积的计算，可参考《混凝土规范》间接钢筋的计算公式。其中，受约束混凝土的核心面积应算至箍筋的内表面。

【问题分析】

箍筋的体积配箍率 ρ_v 可按下式计算：

1. 普通箍筋及复合箍筋（图3.2.6-1）

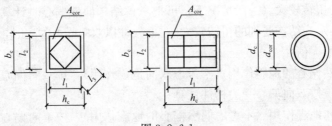

图 3.2.6-1

$$\rho_v = \frac{n_1 A_{s1} l_1 + n_2 A_{s2} l_2 + n_3 A_{s3} l_3}{A_{cor} s} \tag{3.2.6-1}$$

2. 螺旋箍筋

$$\rho_v = \frac{4A_{ss1}}{d_{cor}s} \quad (3.2.6-2)$$

式中：$n_1A_{s1}l_1 \sim n_3A_{s3}l_3$——分别为沿 1～3 方向（图 3.2.6-1）的箍筋肢数、肢面积及肢长（肢长算至中到中，复合箍中重叠肢长扣除）；

A_{cor}、d_{cor}——分别为受普通箍筋或复合箍筋、及螺旋箍筋约束的混凝土核心面积和核心直径，算至箍筋的内表面；

s——箍筋沿柱高度方向的间距；

A_{ss1}——螺旋箍筋的单肢面积。

3. 框架柱体积配箍率计算实例

例 3.2.6-1 某抗震设计的框架柱，截面及配筋如图 3.2.6-2，箍筋混凝土保护层厚度为 25mm，计算该框架柱箍筋的体积配箍率。

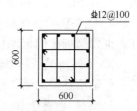

图 3.2.6-2

【解】

1）计算箍筋体积时，箍筋长度算至中到中，箍筋共 8 肢，每肢长度为 $600-2\times(25+6)=538$mm；

2）计算混凝土核心面积时算至箍筋内表面，核心混凝土边长为 $600-2\times(25+12)=526$mm；

3）箍筋的体积配箍率

$$\rho_v = \frac{8\times 113.1\times 538}{526\times 526\times 100} = 1.76\%$$

3.2.7 框架柱的轴压比

【问】 不计算地震作用的抗震建筑，其轴压比为什么会比考虑地震作用时还要大？

【答】 这是由不同情况下轴压比的计算原则不同所造成的。《抗震规范》规定对"可不进行地震作用计算的结构，取无地震作用组合的轴力设计值"。当无地震作用组合的柱轴力设计值大于有地震作用组合的柱轴力设计值时，就出现上述情况。

【问题分析】

1.《抗震规范》第 6.3.6 条规定："轴压比指柱组合的轴压力设计值与柱的全截面面积和混凝土轴心抗压强度设计值乘积之比值"。轴压比 μ_N 按式（3.2.7-1）计算。

$$\mu_N = N/(A_c f_c) \quad (3.2.7-1)$$

式中：N——有地震作用组合的柱轴压力设计值；

A_c——柱的全截面面积；

f_c——柱混凝土轴心抗压强度设计值，强度等级低于 C35 时，应取 C35 计算。

2.《抗震规范》第 6.3.6 条同时还规定："可不进行地震作用计算的结构，取无地震作用组合的轴力设计值"。即对可不进行地震作用计算的结构采用近似计算方法，以无地震作用组合的轴力设计值代替式（3.2.7-1）中的 N 计算。

3. 规范未规定非抗震设计时柱子的轴压比限值，即轴压比限值只适用于抗震设计的

一、二、三级、四抗震等级。对非抗震设计的建筑也宜遵循结构抗震设计的基本准则,适当控制柱子的轴压比,以使结构设计经济合理。非抗震设计时,可取柱子的轴力设计值按式(3.2.7-1)计算轴压比。非抗震时建议采用的轴压比的参考限值见表3.2.7-1。

非抗震设计时柱轴压比的参考限值　　　　　　　表3.2.7-1

结 构 类 型	非 抗 震
框架结构	1.05
框架-剪力墙,板柱-剪力墙及筒体	1.05
部分框支剪力墙	0.8

4. 结构形式和抗震等级是直接影响轴压比限值的主要因素。

5. 框架柱的轴压比因结构体系的不同其限值也不相同,以框架-剪力墙结构中的框架柱、框架结构中的框架柱、框支柱的顺序,其轴压比限值由松到严。

6. 下列情况下,对表3.2.7-1及《抗震规范》表6.3.6中的轴压比限值可进行适当调整,但轴压比最大值不应大于1.05。

1) 对"建造于Ⅳ类场地且较高的高层建筑"的轴压比限值宜适当减小(可按减小0.05考虑)。"较高的高层建筑"指高于40m的框架结构或高于60m的其他结构体系的混凝土房屋建筑。

2) 剪跨比不大于2的柱,轴压比可减小0.05,对于剪跨比小于1.5的超短柱,轴压比限值还应经专门研究并采取特殊构造措施(轴压比限值宜减少0.1)见图3.2.7-1。

7. 不同箍筋方式对轴压比限值的影响见表3.2.7-2。

不同箍筋方式对轴压比限值的影响　　　　　　　表3.2.7-2

沿柱高采用的箍筋配置方式	轴压比限值增加值	对应图号
采用井字复合箍,箍筋间距≤100mm、肢距≤200mm、箍筋直径≥12mm	0.1	图3.2.7-2
采用复合螺旋箍,螺旋间距≤100mm、肢距≤200mm、箍筋直径≥12mm	0.1	图3.2.7-3
采用连续复合矩形螺旋箍,螺旋净距≤80mm、肢距≤200mm、箍筋直径≥10mm	0.1	图3.2.7-4
以上三种配箍类别的配箍特征值应按增大后的轴压比数值取用		

8. 当芯柱(图3.2.7-5)与图3.2.7-2、图3.2.7-3和图3.2.7-4共同采用时,轴压比限值可比《抗震规范》表6.3.7数值增加0.15,其箍筋的配箍特征值仍可按轴压比增加0.1的要求确定(见表3.2.7-3)。注意:设置芯柱增加柱的纵向钢筋,可提高柱的轴压比限值,其道理与上述6之3)相同,且芯柱与上述6之3)不重复考虑。由于芯柱设置在柱截面中部,周围混凝土对其纵向钢筋的约束效果好,故芯柱可不单独配置箍筋。当芯柱截面与柱箍筋位置无法统一而需配置箍筋时,可只配置芯柱外围构造箍筋。框架柱体积配箍率计算时不考虑芯柱箍筋。

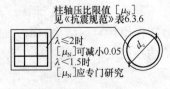

图3.2.7-1

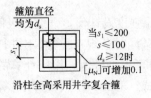

沿柱全高采用井字复合箍

图3.2.7-2

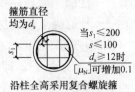

沿柱全高采用复合螺旋箍

图3.2.7-3

3.2 钢筋混凝土框架结构设计

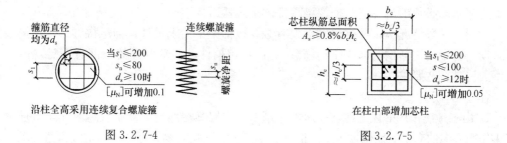

图 3.2.7-4　　　　　　　　　　　　图 3.2.7-5

柱轴压比 μ_N 限值增加 0.15 时箍筋的配箍特征值 λ_v　　表 3.2.7-3

结构形式	抗震等级	轴压比 μ_N	箍筋形式	配箍特征值 λ_v
框架结构	一级	0.80	①	0.185
			②	0.165
	二级	0.90	①	0.180
			②	0.160
	三级	1.00	①	0.185
			②	0.165
	四级	1.05	①	0.200
			②	0.180
框架-抗震墙、板柱-抗震墙、框架-及筒中筒	一级	0.90	①	0.215
			②	0.195
	二级	1.00	①	0.205
			②	0.185
	三级	1.05	①	0.200
			②	0.180
	四级	1.05	①	0.220
			②	0.200
部分框支抗震墙	一级	0.75	①	0.170
			②	0.150
	二级	0.85	①	0.170
			②	0.150

注：1. 箍筋形式①为普通箍、复合箍，箍筋形式②为螺旋箍、复合或连续复合螺旋箍；
　　2. 与本表相对应的体积配箍率见《抗震规范》第 6.3.9 条。

9. 地震作用下构件的轴压力数值有可能小于非地震作用时构件的轴压力，因此，地震作用下与构件轴压比数值相对应的柱轴力不一定就是构件的最大轴力（如：当结构的恒荷载在总荷载中的比值较大或活荷载在总荷载中的比值较大时），这是由于不同的效应组合所造成的。查验柱子的轴压比不一定就能完全了解柱子的最不利情况，必要时还应注意查验柱子的配筋。

10. 荷载作用组合下的柱子轴压比不能过大，从《混凝土规范》式（6.2.15）可以看出当轴压比 $\mu_N \geqslant 0.9\varphi \approx 0.9$（当轴压比较大时，稳定系数 φ 一般接近 1，此处取 1 估算）时，所增加的轴压力将全部由钢筋来承担，很不经济，尤其是地下室柱更应注意对截面尺寸的控制程度。

3.2.8　框架梁悬挑端的抗震构造要求

【问】　程序计算中已经按抗震构造要求输出了悬臂梁底的配筋，是否表明框架梁的悬挑端底部钢筋必须满足规范对框架梁端部的抗震构造要求？

【答】 一般情况下，悬挑梁底部没有必要按框架梁要求设计，当悬挑梁顶部钢筋较多时可设置适量的构造钢筋（受压钢筋）；对长悬挑构件，其悬臂梁的根部宜满足规范对框架梁的抗震构造要求。

【问题分析】

1. 由于地震作用的往复性，在地震作用下，框架梁端部受力复杂且地震作用效应随着地震作用方向的变化而变化，因此，框架梁端部上、下均需要满足一定的抗震构造要求。

2. 在一般情况下，悬挑梁以承受竖向荷载为主，其受力情况比较单一，可不考虑抗震设计构造（注意：这里的抗震构造指的是梁的全部抗震构造，而不仅仅是梁底的抗震构造）。当悬臂梁根部梁顶钢筋较多时，可适当加大梁底构造钢筋（受压钢筋），以提高悬挑梁的承载力并改善悬挑梁根部的延性。

3. 对长悬臂构件（长悬臂的定义见表2.4.12-1），需要考虑竖向地震作用，因此，建议对长悬臂梁根部应考虑抗震构造（同样要注意，此处抗震构造指的是梁的全部抗震构造，而不仅仅是梁底的抗震构造）。

4. 悬臂梁底按框架梁的抗震构造输出配筋，这与程序使用、程序对梁类型的判别、及程序对悬臂梁底部钢筋的输出的编制条件有关，梁底按框架梁输出构造配筋并不代表梁底就一定要满足规范对于框架梁梁底的配筋构造要求。工程设计中应对不同构件进行具体分析，合理配筋。

3.2.9 在抗震房屋中的次梁设计

【问】 在抗震设计的房屋中，次梁属于非抗震构件，其构造要求是否可按非抗震设计确定？

【答】 在抗震设计的房屋中，框架梁以外的梁通常被称作为次梁，属于非抗震构件，可不执行规范对框架梁的构造要求，按非抗震梁设计。

【问题分析】

1. 结构设计中一般把梁分为主梁和次梁，抗震设计的结构中，主梁就是框架梁，次梁一般可按非抗震设计要求设计。注意：结构的抗震设计中，可将结构构件分为"有抗震要求的结构构件"（如框架梁、框架柱、剪力墙、楼梯、嵌固部位的楼板等）和"非抗震的结构构件"（如一般部位的楼板、次梁等）两部分，在抗震结构中，并不是所有的结构构件都需要进行抗震设计的。

2. 应注意，现行结构设计计算中，对次梁有两种处理方法：

1) 在结构分析中不区分主梁与次梁，将次梁与主梁一起输入，即在结构整体计算中既考虑次梁的导荷功能，又考虑次梁对主体结构的刚度贡献，计算中考虑次梁与主体结构的空间作用，考虑主梁对次梁的约束（见图3.2.9-1）。这种情况下，次梁实际上被程序认定为"框架梁"。在SATWE程序中，不与柱、剪力墙相连

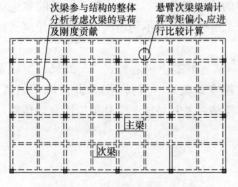

图 3.2.9-1 按主梁输入计算

的梁被认为是"不调幅"的梁,自动把抗震等级确定为"五级",配筋时不受实际抗震等级的限制。实际上SATWE把次梁当作非抗震的主梁计算,执行非抗震梁的构造要求。

2) 直接将楼面次梁定义为结构计算中的"次梁",即在结构整体计算中只考虑次梁的导荷功能,而不考虑次梁对主体结构的刚度贡献,对次梁直接按连续梁计算。这种情况下,次梁可直接按非抗震梁要求设计(见图 3.2.9-2)。

3. 对次梁的不同处理手法在处理结果上有较大区别,但都合理可行。

1) 按"主梁"输入计算时,程序考虑次梁对主体结构的刚度贡献,结构计算刚度合理。在竖向荷载作用下,次梁传至主梁的荷载按结构的空间作用确定,其数值相对较小。主体结构构件的纵向配筋略小;而在次梁计算中由于考虑结构的空间作用,受主体结构竖向变形的影响,其计算内力及配筋相对较小。同时应注意,对主、次梁间隔布置的悬臂梁,其次梁悬臂梁计算结果偏小,设计时应留有适当的余地(相关问题讨论见第 2.2.2 条)。

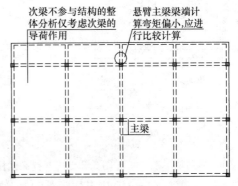

图 3.2.9-2 按次梁输入计算

2) 按"次梁"输入计算时,由于未考虑次梁对主体结构的刚度贡献,结构计算刚度偏小。在竖向荷载作用下,次梁传至主梁的荷载直接按导荷原则确定,其数值相对较大。主体结构构件的纵向配筋略大;而在次梁计算中由于未考虑结构的空间作用,次梁直接按连续梁计算,其纵向钢筋计算结果相对较大。但应注意,对主、次梁间隔布置的悬臂梁,其主悬臂梁的纵向配筋计算结果偏小,设计时应留有适当的余地(相关问题讨论见第 2.2.2 条)。

3.2.10 提高梁柱节点区抗剪承载力的有效途径

【问】 在高层建筑的底部区域,抗震等级一、二、三级的框架节点核心区常出现抗剪承载力不足,验算难以通过,有时框架柱的边、角柱会出现节点抗剪箍筋特别大的情况,远大于柱端箍筋的计算值,如何处理?

【答】 影响框架梁柱节点核心区抗剪承载力的主要因素是核心区截面有效验算宽度 b_j 及梁的约束影响系数 η_j(详见《抗震规范》附录 D),而 b_j、η_j 均与梁柱截面的宽度比值有关。在高层建筑的底部区域,由于框架柱截面面积较大,而当采用的框架梁截面宽度相对较小时,b_j 和 η_j 数值均较小,节点核心区抗剪承载力不足,在结构边、角部位的梁柱节点核心区尤为明显。结构设计中应采取提高 b_j、η_j 的有效措施。

【问题分析】

1. 提高框架梁柱节点核心区抗剪承载力的途径很多,但主要的是加大框架梁对梁柱节点的约束,可直接加大框架梁的截面宽度或在框架梁的端部设置水平加腋(即在框架梁的宽度方向加腋)。

2. 当梁柱节点核心区的实际抗剪承载力与规范要求相差不多,且框架梁截面宽度略小于 1/2 框架柱的截面宽度时,可结合工程实际情况适当加大框架梁的截面宽度,以满足规范对框架梁柱节点核心区的抗剪承载力验算要求。采用此方法结构设计及施工简单,但框架梁全截面加大,结构费用增加较多,效率较低,结构设计的经济指标较差(见图

3.2.10-1a)。

梁柱中线不能重合时，应考虑偏心对梁柱节点的不利影响，梁宽度不满足要求时，应采取加腋措施至满足《高规》第6.1.7条的要求。

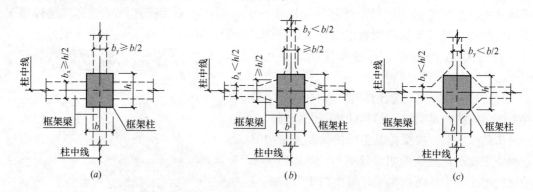

图 3.2.10-1 提高梁柱节点区抗剪承载力的有效途径
(a) 加大梁宽度；(b) 梁端设置水平加腋；(c) 加强节点区域

3. 当梁柱节点核心区的实际抗剪承载力与规范要求相差较多，且框架梁截面宽度远小于1/2框架柱的截面宽度时，可结合工程实际情况，在框架梁端部设置水平加腋，以加大框架梁对梁柱节点的约束宽度，满足规范对框架梁柱节点核心区的抗剪承载力验算要求。采用此方法结构设计及施工复杂，但只是框架梁端部部分截面加大，结构费用增加较少，效率较高，结构设计的经济指标较好（见图 3.2.10-1b）。

当柱混凝土强度等级比梁高较多，且梁柱节点核心区混凝土强度等级随梁板时，结构设计中也可根据工程具体情况，采取综合措施，整体加大梁柱节点区域，既提高框架梁柱节点核心区抗剪承载力，又可满足节点区采用低强度等级混凝土的验算问题（见图 3.2.10-1c）。

4. 提高梁柱节点核心区抗剪承载力的上述方法，适合于抗震等级为一、二、三级的各类框架的梁柱节点，即框架结构、框架-剪力墙结构、框架-核心筒结构等的梁柱节点。

5. 梁、柱混凝土强度等级不同时的节点处理

1) 当梁、柱混凝土强度等级差不超过两级（《混凝土规范》表4.1.4中的两个强度等级差）时，梁、柱节点可按梁的混凝土强度等级施工。

2) 当梁、柱混凝土强度等级差超过两级时，可优先考虑梁、柱混凝土分开浇筑的可能性（图 3.2.10-2）。采用此方法，梁、柱节点区混凝土符合设计要求，实现设计意图所花费的结构费用最小。但应注意，采用图 3.2.10-2 所示的施工方法时，对施工条件要求较高。在大、中城市普遍采用商品混凝土（许多大、中城市已限制自拌混凝土的使用），梁、柱节点核心区少量的高强度等级混凝土与大量的较低强度等级的梁、板混凝土同时浇筑，混凝土运输（对不同等级混凝土需分批运输）、施工组织（对梁、柱节点，梁、板混凝土同时浇筑）、施工质量控制（不同等级混凝土的浇筑时间控制，避免不同强度等级混凝土之间形成施工缝，确保不同等

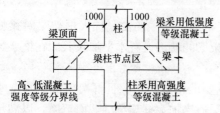

图 3.2.10-2 梁柱节点区与梁板混凝土分开浇筑

级混凝土振捣密实)等方面难度较大(一般情况下,施工单位阻力很大)。因此,方案确定之前,应与施工单位密切配合,对工程施工的具体情况有大致了解。

采用图 3.2.10-2 方法时,节点区混凝土与梁、板混凝土应同时浇筑,并应适当扩大节点区混凝土的范围。否则,由于商品混凝土的坍落度很大,只浇注节点区高强度混凝土而不同时浇筑梁、板混凝土时,支模困难。而采用钢板网隔离措施,既不能确保节点区混凝土浇捣密实,还容易造成钢板网内混凝土中水泥浆的流失,梁端混凝土的质量难以保证。

当采用商品混凝土且施工确有困难时,不宜采用图 3.2.10-2 的节点处理方法。

3) 当梁、柱混凝土强度等级差超过两级且无法采用图 3.2.10-2 的节点混凝土处理方法时,可采用图 3.2.10-1c 的做法,加大节点核心区混凝土的面积(节点核心区的高度取该节点周围各梁的最高点至最低点之间的距离),配置附加纵筋及附加箍筋,形成节点区约束混凝土。结构设计中可按式(3.2.10-1)确定梁、柱节点核心区约束混凝土的强度等级。

$$f'_c = \frac{A_c}{A} f_c^c \qquad (3.2.10\text{-}1)$$

式中:f'_c——节点核心区混凝土轴心抗压强度设计值;

A——节点核心区约束混凝土截面面积(平面面积),按图 3.2.10-3 计算;

A_c——节点核心区上部混凝土柱的截面面积;

f_c^c——节点上部柱混凝土轴心抗压强度设计值。

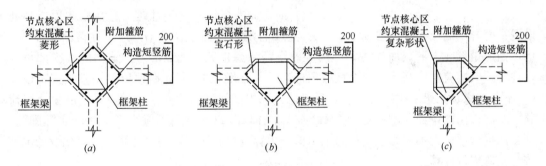

图 3.2.10-3 增强梁柱核心区混凝土约束的途径
(a) 中柱节点;(b) 边柱节点;(c) 角柱节点

(1) 当采用图 3.2.10-3a 所示做法时,节点核心区约束混凝土的面积不小于柱截面面积的 2 倍,相应地,节点区混凝土的强度等级可降低 4 级。

(2) 柱混凝土强度等级一般不宜高于 C60;节点区混凝土的强度等级应与现浇梁、板的混凝土强度等级相同,其与柱的混凝土的强度等级差不应大于 4 级(如:柱采用 C60 混凝土时,核心区混凝土不应低于 C40;柱采用 C50 混凝土时,核心区混凝土不应低于 C30)。

(3) 国内外相关资料对梁、柱节点混凝土提出各种计算公式[8],但可操作性不强。实际工程中以采取构造措施为宜。

3.2.11 基础埋深较大时的地下柱处理

【问】 无地下室的框架结构设计中,经常遇到基础埋深较大导致首层计算高度过大从而引起一系列的设计计算问题,结构设计时该如何考虑地基土对框架柱侧向刚度的贡献,采取什么加强措施,确保设计计算的合理性?

【答】 结构设计中应根据工程的具体情况,采取地面下设置柱墩、首层地面设置拉梁、首层地面设置钢筋混凝土刚性地坪("刚性地坪"指可以协调抗侧力构件之间变形的钢筋混凝土板,其板厚不宜小于150mm,混凝土强度等级不低于C20,板配筋不小于双层双向直径10mm间距200mm的钢筋网)等结构措施,减小首层框架柱的计算高度,增加地下层框架柱的侧向刚度。

【问题分析】

1. 在无地下室的框架结构中,当基础埋置深度较深时,如果直接将首层结构的计算高度取至基础顶面,则首层结构的侧向刚度较小,将出现如:结构的弹性层间位移角计算值过大,不满足规范的限值要求;框架柱的配筋过大等一系列计算问题。

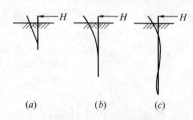

图 3.2.11-1 地下柱的变形形态
(a) 埋深较小时;(b) 埋深较大时;
(c) 埋深很大时

2. 回填土的被动土压力对地下框架柱的侧向刚度贡献较大,一般情况下可使框架柱的侧向刚度提高3~5倍。同时当基础埋深较深时,结构的嵌固端直接取在基础顶面也不完全合理,受刚性地坪及地表回填土的影响,地下柱的弯曲变形一般主要集中在地面下接近地表的一定区域内,如图3.2.11-1。

3. 结构设计中可对地下柱及首层地面进行相应处理,并采取必要的结构措施,建议如下:

1)应优先考虑设置地下柱墩,宜在柱墩顶标高处设置纵横向基础拉梁(见图3.2.11-2)。地下柱墩的截面半径不小于地上柱截面半径的2倍,当为矩形或方形截面柱时,可按等效半径考虑,见表3.2.11-1。结构的嵌固部位取在柱墩顶(即首层柱高下端取至柱墩顶标高,并在墩顶嵌固),墩顶拉梁按基础拉梁设计(可不考虑墩顶拉梁承担柱底弯矩,只考虑其承担框架柱的柱底拉力和拉梁上的填充墙荷载。基础拉梁的设计要求详见第7章),地下柱墩的纵向钢筋不应小于上柱的实际配筋,其截面抗弯承载力不应小于上柱的1.1倍。手算复核时按压弯构件计算,为简化设计也可按纯受弯构件计算。

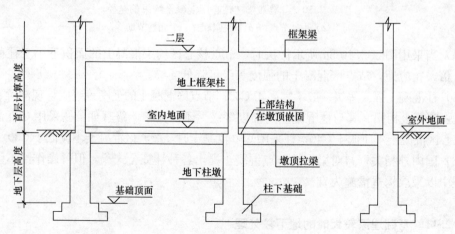

图 3.2.11-2 地下柱墩的设置

3.2 钢筋混凝土框架结构设计

地下柱墩的截面要求　　　　　　　　　　　　　　　　　表 3.2.11-1

地上柱		圆柱（半径 r）	方柱（边长 b）	矩形柱（面积 A）
地下柱墩	圆形截面的半径	$2r$	$1.13b$	$1.13\sqrt{A}$
	方形截面的边长	$3.55r$	$2b$	$2\sqrt{A}$

设置地下柱墩使其满足对上部结构的嵌固要求，结构设计概念清晰，且一般情况下地面下具备设置柱墩的条件，结构设计的经济性也好（结构的强柱根在柱墩顶，地下柱墩的抗震等级取三级或四级），应优先考虑。但应注意：地下柱墩设计时应综合考虑地下管线、管沟的布设。

2) 可考虑在首层地面设置拉梁及钢筋混凝土刚性地坪板（见图 3.2.11-3）。结构采用包络设计原则，取下列 (1)、(2) 的不利值配筋。

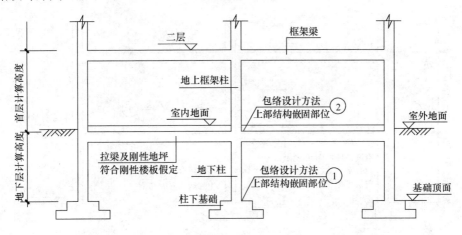

图 3.2.11-3　首层地面设置拉梁及钢筋混凝土刚性地坪板

(1) 地下层按一个结构楼层计算（即在 SATWE 计算中填地下室层数为 1），考虑回填土对地下柱侧向刚度的贡献，取刚度放大系数 3~5，结构的嵌固部位取基础顶。计算结果主要用于对结构弹性层间位移角的判别及地下柱、地下层拉梁的结构设计。注意：此处的地下层拉梁具有拉梁的基本功能及框架梁的属性，应满足拉梁及框架梁的承载要求并符合框架梁的构造要求。

(2) 取嵌固部位在首层拉梁顶面，计算结果主要用于强柱根设计（注意：在无地下室时，《抗震规范》第 6.2.3 条规定的强柱根在基础顶面。此处应把强柱根上提至基础拉梁顶面，即按有地下室进行计算处理）。地下柱截面的每侧配筋除满足计算要求外还不应小于地上柱对应每侧配筋的 1.1 倍。地下柱的抗震等级同地上一层柱。首层地面和基础顶面均为上部结构的强柱根区域，应采取相应的结构措施。

3) 当在首层地面只设置拉梁而没有钢筋混凝土刚性地坪板（见图 3.2.11-4）时，首层地面不符合刚性楼板的假定，梁柱配筋计算时，地面层应采用零刚度楼板假定复核。其他设计要求同上述 2)。

4) 当在首层地面只设置钢筋混凝土刚性地坪板而不设置拉梁（见图 3.2.11-5）时，首层地面符合刚性楼板假定，楼层梁可按虚梁输入，设计要求同上述 2) 此处不再复述。

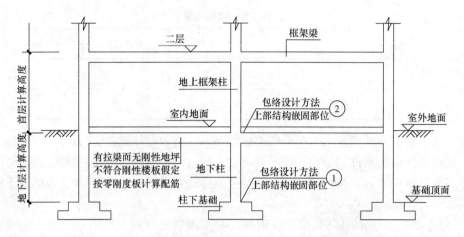

图 3.2.11-4　首层地面设置拉梁而没有钢筋混凝土刚性地坪板

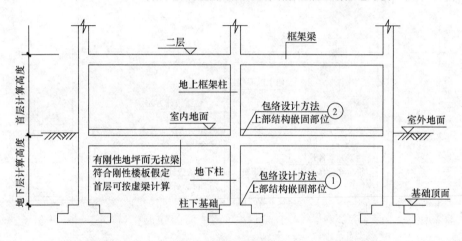

图 3.2.11-5　首层地面设置钢筋混凝土刚性地坪板而无拉梁

3.2.12　框架结构的填充墙

【问】《抗震规范》第 6.3.9 条提及的填充墙主要为何种墙体？空心砖、加气混凝土墙、其他轻质墙体（内嵌、半嵌、外包）是否也算？

【答】　规范主要指实心砖墙，对其他非实心墙体，其对柱子的影响要比实心墙体小，可根据墙体实际刚度的大小，参考《抗震规范》第 6.3.9 条对柱的规定。

【问题分析】

1. 框架结构的填充墙种类很多，有实心砖墙、空心砖墙、加气混凝土砌块墙及其他轻质墙体，现行规范中所考虑的填充墙体主要指内嵌的实心砖墙。随着建筑墙体改革的深入，实心黏土砖的使用正逐步减少，当工程中采用实心砖以外的其他情况时，可结合填充墙与框架柱的砌筑关系（内嵌、半嵌、外包等），参考规范的相关规定确定。

2. 近年来，在公共建筑中经常出现使用现浇钢筋混凝土填充墙的情况（如拉萨火车站工程），钢筋混凝土填充墙尽管采用后施工工艺，但其自身的侧向刚度对框架结构影响巨大，将影响结构体系并改变结构的受力状态。因此，结构设计中应注意钢筋混凝土填充墙与砌体填充墙的不同，考虑填充墙（钢筋混凝土墙）对结构刚度的影响，按纯框架和框

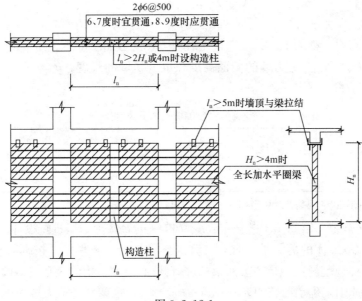

图 3.2.12-1

架与钢筋混凝土填充墙（按剪力墙）共同工作分别计算，包络设计，不能简单地按框架结构计算了之。

3. 考虑填充墙对结构的影响，属于抗震概念设计的内容。设计人员不同，填充墙对结构影响程度的把握也不相同，数值上应允许有一定的偏差，但应该在同一定性标准上（相差不宜大于 20%。关于填充墙刚度对结构计算周期的影响见本书第 2.2.4 条）。

4. 填充墙砌块的强度等级内墙不宜低于 MU2.5，外墙不宜低于 MU3.5。

5. 关于构造柱的设置，仅根据墙长与层高的比值确定，当层高较大时，明显不合理，设计中宜根据工程的具体情况控制构造柱间距（一般可按不大于 4m 考虑）。

3.3 钢筋混凝土剪力墙结构设计

【要点】
由于钢筋混凝土剪力墙可结合建筑隔墙灵活布置，结构侧向刚度大，连梁具有很好的耗能性能，因而在民用建筑（主要用在高层住宅）中广为采用。在剪力墙结构的设计中，应正确把握一般剪力墙、短肢剪力墙及柱形墙肢之间的区别，把握边缘构件及连梁设计计算等要点。

3.3.1 对剪力墙的认识

【问】 规范规定一般剪力墙和短肢剪力墙的主要区别在于墙肢截面的高宽比，可实际工程中严格按墙肢截面的高宽比判别，对较厚剪力墙明显不合理，实际工程中该如何区分一般剪力墙和短肢剪力墙？

【答】 完全按照剪力墙墙肢截面的高宽比来区分一般剪力墙和短肢剪力墙是不全面的，实际工程中应考虑墙的高宽比、墙厚、层高等因素，综合确定。

3 钢筋混凝土结构设计

【问题分析】

1. 对剪力墙的划分

1)依据《高规》第7.1.8条规定,短肢剪力墙的截面厚度不大于300mm,各类墙肢截面高宽比 h_w/b_w(h_w 为剪力墙的截面高度,也就是墙的长度,b_w 为剪力墙的厚度)见表3.3.1-1。

各类剪力墙的墙截面高宽比　　　　表3.3.1-1

剪力墙分类	一般剪力墙	短肢剪力墙 ($b_w \leqslant 300mm$)	柱形墙肢
剪力墙截面高宽比	$h_w/b_w > 8$	$8 \geqslant h_w/b_w > 4$	$h_w/b_w \leqslant 4$

说明:表中"柱形墙肢"是编者为便于区分不同情况而划分的。

2)《混凝土规范》第9.4.1条规定:$h_w/b_w > 4$ 时,按剪力墙进行设计。

3)对于 $h_w/b_w \leqslant 4$ 的剪力墙墙肢,《高规》第7.1.7条规定"按框架柱进行截面设计"。注意:此处规范规定的是"按框架柱进行截面设计",指的是在抗力设计时,采用柱截面计算 h_0 的原则来确定墙肢的 h_{w0}($h_{w0} = h_w - a_s$),框架柱和剪力墙对 a_s 的取值不同。按剪力墙进行截面设计时,一般可取 $a_s = b_w$;在按框架柱进行截面设计时,一般可取 $a_s = 35mm$,只是 h_{w0} 的取值及对纵向钢筋的配置要求同框架柱,其他仍然按剪力墙要求,注意以下几点:

(1)墙肢按剪力墙输入计算时,在效应计算过程中程序始终是按墙元模型计算的。配筋计算时,根据墙肢截面的高宽比分别按剪力墙和框架柱模型计算。

①程序按剪力墙进行配筋计算的墙肢($h_w/b_w > 4$),配筋设计时,按其要求将纵向钢筋配置在墙端部的一定区域内是可行的,没有必要再按框架柱进行复核验算。

②程序按框架柱进行配筋计算的"柱形墙肢"($h_w/b_w \leqslant 4$),配筋设计时,应将纵向钢筋按框架柱钢筋的配置方式配置在墙肢端部(与一般框架柱周边配筋不同,小墙肢按框架柱计算配筋只在墙肢长度方向有计算配筋输出,而在墙肢宽度方向无计算配筋输出)。

③无论是按剪力墙计算配筋还是按框架柱计算配筋,其纵向分布钢筋均应按计算要求(计算设定的纵向分布钢筋配筋率)配置。

(2)"柱形墙肢"按框架柱输入计算时,在效应及配筋计算的全部过程中,程序始终是按框架柱模型计算的。配筋设计时,应将纵向钢筋按框架柱钢筋的配置方式配置在墙肢周边(完全等同于一般框架柱的要求)。其纵向分布钢筋无需再按剪力墙的计算要求(计算设定的纵向分布钢筋配筋率)配置。

(3)有文献将规范对"柱形墙肢"(按剪力墙输入计算时)"按框架柱进行截面设计"的要求扩大到对"柱形墙肢"的轴压比限值,提出墙肢的轴压比也按框架柱要求,认为是从严要求。其实,比较可以发现,在抗震等级相同时,规范对于框架柱的轴压比限值要远大于对剪力墙的轴压比限值(尽管这里有轴压比计算方法的不同)。以抗震等级二级为例,框架结构框架柱的轴压比限值为0.75,而剪力墙的轴压比限值仅为0.6。因此对"柱形墙肢"只按框架柱要求控制其轴压比不一定是合适的。必要时可实行双控,即同时满足剪力墙及框架柱的轴压比限值要求。

4)短肢剪力墙可按如下原则划分:短肢剪力墙($8 \geqslant h_w/b_w > 4$)只出现在墙厚 $b_w \leqslant$

300mm 时，且分为一字形短肢剪力墙和有效带翼墙（翼墙长度≥$3b_w$ 时）短肢剪力墙两种。由表 3.3.1-2 可以发现，一般剪力墙的墙肢长度在墙厚 300mm 上下时将出现较大幅度的跳跃，因此，实际工程中对墙厚 b_w >300mm 的剪力墙，其墙肢长度不宜过小（宜 h_w ≥2000）。

一般剪力墙的定义　　　　表 3.3.1-2

情况	b_w ≤300	b_w >300
条件	h_w/b_w >8	h_w/b_w >4 宜 h_w ≥2000

5）强连梁（连梁的净跨度与连梁截面高度的比值不大于 2.5，且连梁截面高度不小于 400mm）的连肢墙，可不判定为短肢剪力墙。

6）判断是否为短肢剪力墙的基本依据是墙肢的高宽比（h_w/b_w），同时应注意互为翼墙的概念。有效翼墙可提高剪力墙墙肢的稳定性能，但不能改变墙肢的短肢剪力墙属性。以 L 形墙肢为例：

例 3.3.1-1　竖向墙肢（墙肢 A）厚度为 200mm，水平向墙肢（墙肢 B）厚度为 180mm，墙肢 A 总长度 1800mm，墙肢 B 总长度 900mm（见图 3.3.1-1）。判别墙肢是否为短肢剪力墙。

当考察墙肢 A 时，h_w/b_w =1800/200=9>8，墙肢 A 为一般剪力墙墙肢；而在考察墙肢 B 时，h_w/b_w =900/180=5<8，为短肢剪力墙，其翼墙为 1800/180=10>3 为有效翼墙，即墙肢 B 为带有效翼墙的短肢剪力墙墙肢。

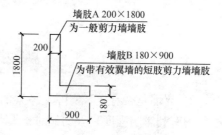

图 3.3.1-1　例 3.3.1-1 图

《高规》第 7.1.8 条规定：按"各肢截面高度与厚度之比的最大值"来判定短肢剪力墙，即当墙肢中一肢为一般剪力墙墙肢（即习惯上的长墙，如例 3.3.1-1 中的墙肢 A）时，另一墙肢（如例 3.3.1-1 中的墙肢 B）就可不认为是短肢剪力墙墙肢。这一规定的合理性值得思考。对短肢剪力墙强调的是"墙肢"的概念，考察的是有效翼墙对墙肢稳定的影响程度。实际工程中，对承受较大作用效应的短墙肢应留有适当的余地。

7）实际工程中，为迎合建设单位控制结构混凝土用量及钢筋用量的要求，常有设计单位不区分工程的具体情况，对较高的高层建筑，机械地控制剪力墙截面的高宽比（h_w/b_w），如将 200mm 厚剪力墙的墙肢长度控制在 1650mm 或 1700mm，以避免出现短肢剪力墙。其实，这种做法不仅违背剪力墙结构设计的基本原则，同时由于墙肢两端需要设置边缘构件，连梁配筋也大于墙体配筋，因此，结构设计的经济性也不见得好（加上墙体开洞处需要采用砌体填充墙）。在剪力墙结构尤其是高度较高（如房屋高度不小于 80m）的剪力墙结构中，应尽量采用一般剪力墙，以提高结构的抗震性能，并降低房屋的综合造价。

8）对地下室墙肢，如果对应的地上墙肢为一般剪力墙（墙厚为 b_w，墙长为 h_w），由于地下室层高的原因而需加厚剪力墙的厚度（至 b_{w0}），导致不满足一般剪力墙的宽厚比要求，此时应根据不同情况区别对待：

(1) 当以墙厚为 b_w、墙长为 h_w 按《高规》附录 D 验算，满足剪力墙墙肢的稳定要求时，该墙肢（墙厚为 b_{w0}，墙长为 h_w，计算墙厚为 b_w）可不按短肢剪力墙设计。

(2) 当以墙厚为 b_w、墙长为 h_w 按《高规》附录 D 验算，不满足剪力墙墙肢的稳定要求时，该墙肢（墙厚为 b_{w0}，墙长为 h_w，计算墙厚为 b_{w0}）应按短肢剪力墙设计。

2. 对有效翼墙的判别

1) 对剪力墙有效翼墙的判定，《抗震规范》第 6.4.5 条规定"抗震墙的翼墙长度小于其厚度的 3 倍或端柱截面边长小于 2 倍墙厚时，视为无翼墙，无端柱"。注意其中的"其厚度"指被考察的墙肢厚度 b_w，而不是翼墙本身厚度 b_f，见图 3.3.1-2。有资料依据规范对剪力墙边缘构件范围的规定，来定义 T 型截面剪力墙的翼墙长度（要求在翼墙宽度每侧不小于 2 倍墙厚时才认定翼墙有效）是不合理的，有效翼墙与边缘构件钢筋的分布范围不是同一概念。任何情况下，当翼墙长度 h_f 不小于墙肢厚度 b_w 的 3 倍时，均可认为翼墙有效，见图 3.3.1-2。

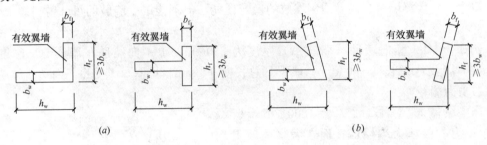

图 3.3.1-2 剪力墙的有效翼墙
(a) 正交墙肢；(b) 斜交墙肢

2) 翼墙是否有效，实际上考察的是翼墙墙肢（b_f 段墙肢）对墙肢本身（b_w 段墙肢）稳定的有利影响程度。很明显对于 L 形墙肢（或 T 形墙肢）具有互为翼墙的特性（对 T 形截面，就腹板墙肢对翼缘墙肢而言，更准确地说应该是侧墙墙肢，其对翼缘墙肢稳定的有利影响与 L 形截面的翼墙墙肢作用相同），即当考察 L 形墙肢（或 T 形墙肢）的其中一肢时，另一与之垂直的墙肢就是其翼墙墙肢；同样，当考察另一墙肢时，相对应的墙肢就是翼墙墙肢（见图 3.3.1-4）。对斜交墙肢，则情况相对复杂，结构设计时可结合上述对有效翼墙的判别原则，当翼墙墙肢（b_f 段墙肢）在垂直于被考察墙肢（b_w 段墙肢）长度方向的投影长度 $\geqslant 3b_w$ 时，可判别为有效翼墙，否则，为无效翼墙（图 3.3.1-3）。注意：这里的"无效翼墙"主要指翼墙墙肢（b_f 段墙肢）对墙肢本身（b_w 段墙肢）稳定的影响小到可以忽略的程度，墙肢（b_w 段墙肢）稳定验算时不考虑无效翼墙的存在。但"无效

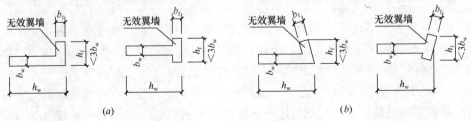

图 3.3.1-3 剪力墙的无效翼墙
(a) 正交墙肢；(b) 斜交墙肢

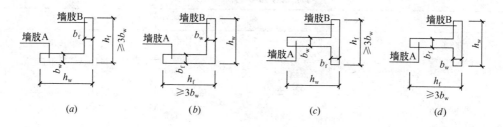

图 3.3.1-4 正交墙肢的互为翼墙
(a)、(c) 墙肢 B 为墙肢 A 的有效翼墙；(b)、(d) 墙肢 A 为墙肢 B 的有效翼墙

翼墙"只是对墙肢稳定的作用较小而被认为"无效"，其仍可以分担墙肢的轴压力，起减小墙肢轴压比的作用。而墙肢端部的配筋可均匀分布在"无效翼墙"范围内，以提高墙肢截面的内力臂长度。

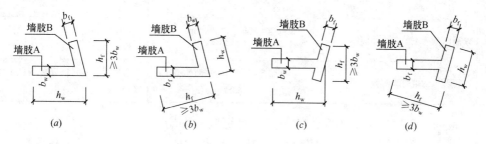

图 3.3.1-5 斜交墙肢的互为翼墙
(a)、(c) 墙肢 B 为墙肢 A 的有效翼墙；(b)、
(d) 墙肢 A 为墙肢 B 的有效翼墙

3. 对短肢剪力墙较多的判别

1)《高规》第 7.1.8 条规定："具有较多短肢剪力墙的剪力墙结构是指，在规定的水平地震作用下，短肢剪力墙承担的底部倾覆力矩不小于结构底部总地震倾覆力矩的 30% 的剪力墙结构"，但从概念上说，还可以从承受竖向荷载的能力及结构的均匀对称性等方面综合确定，当符合下列条件之一时，也可判定为"短肢剪力墙较多"。

(1) 短肢剪力墙的截面面积占剪力墙总截面面积 50% 以上；

(2) 短肢剪力墙承受荷载的面积较大，达到楼层面积的 40%～50% 以上（较高的建筑允许的面积应取更小的数量）；

(3) 短肢剪力墙的布置比较集中，集中在平面的一边或建筑的周边。也就是说，当短肢剪力墙出现破坏后，楼层有可能倒塌。

上述（1）项，其本质是对结构倾覆力矩的判别，比较可以发现：当按（1）要求判别时，短肢剪力墙的倾覆力矩约为结构倾覆力矩的 20%～30%；（2）、（3）项则从短肢剪力墙承受竖向荷载的能力及结构均匀对称的角度来把握。

2) 在剪力墙结构中设置少量的短肢剪力墙是允许的，设置少量的短肢剪力墙并不影响对原结构体系的判别，其结构仍可确定为一般剪力墙结构或可称其为短肢剪力墙不较多的剪力墙结构，对短肢剪力墙应按《高规》第 7.2.2 条规定采取相应措施（见表3.3.1-3）。

对短肢剪力墙的加强措施 表 3.3.1-3

序号	项 目		规 定	理解与应用
1	短肢剪力墙的轴压比 μ_N	带有效翼墙或端柱时	一、二、三级时分别不宜大于 0.45、0.50 和 0.55	非抗震设计时，可不控制
		一字形剪力墙（含无效翼墙）时	一、二、三级时分别不宜大于 0.35、0.40 和 0.45	
2	短肢剪力墙的各层剪力设计值增大系数	底部加强部位	按《高规》第 7.2.6 条规定调整	非抗震设计时可不放大。一级"其他部位"的弯矩按《高规》第 7.2.5 条调整，剪力按本条规定调整
		其他部位	一级 1.4，二级 1.2，三级、四级 1.1	
3	短肢剪力墙的全部竖向钢筋的最小配筋率		底部加强部位：一、二级≥1.2%，三、四级≥1.0%；其他部位：一、二级≥1.0%，三、四级≥0.8%	非抗震设计时可按四级
4	短肢剪力墙的最小截面厚度		底部加强部位≥200mm，其他部位≥180mm	对一字形短肢剪力墙，底部加强部位≥220mm，其他部位≥200mm
5	短肢剪力墙宜设置翼缘		一字形短肢剪力墙平面外不宜布置与之相交的单侧楼面梁	必要时，应采取确保墙肢平面外稳定的措施

3）根据《高规》第 7.1.8 条的规定，对短肢剪力墙较多的剪力墙结构，除应按表 3.3.1-3 对短肢剪力墙采取加强措施外，还应控制短肢剪力墙的倾覆力矩比并控制房屋的最大适用高度：

（1）在规定的水平地震作用下，短肢剪力墙承担的底部倾覆力矩不宜大于结构底部总地震倾覆力矩的 50%；

（2）房屋适用高度：6 度及非抗震设计时，应比《高规》表 3.3.1-1 规定的剪力墙结构的最大适用高度适当降低（如降低 10%）；7 度、8 度（0.2g）和 8 度（0.3g）时分别不应大于 100m、80m 和 60m；9 度时不应采用。

4）抗震与非抗震设计的高层建筑结构均不应采用全部为短肢剪力墙的剪力墙结构。

5）规范没有明确规定单层及多层建筑结构不应采用全部为短肢剪力墙的剪力墙结构，结构设计中可根据工程的具体情况灵活掌握。

3.3.2 剪力墙边缘构件的设置

【问】 地下室顶板作为上部结构嵌固部位时，位于地下室外墙的约束边缘构件与一般约束边缘构件有什么不同？

【答】 当地下室顶板作为上部结构嵌固部位时，地下一层的抗震等级同地上一层，若抗震等级不低于三级时，按规定应设置约束边缘构件，但地下一层的约束边缘构件本质上是对地上一层的延伸，对地下室外墙，有条件时可将一层的约束边缘构件下延一层。

【问题分析】

1. 转角墙（L 形墙）属于有翼墙的剪力墙，且是一种互为翼墙的剪力墙。

2. 对《抗震规范》图 6.4.5-2 中阴影区的"箍筋"可理解为"以箍筋为主"。应优先考虑采用封闭箍筋，最后的一对纵筋之间无法设置箍筋时，可采用拉筋，但该拉筋应远离约束边缘构件的端部，该拉筋计入体积配箍率 λ_v 中，见图 3.3.2-1。

3. 对《抗震规范》图 6.4.5-2 中 $\lambda_v/2$ 范围内的"箍筋或拉筋"可理解为外圈由箍筋组成，内部可采用拉筋，见图 3.3.2-2。

4. $\lambda_v/2$ 范围内的箍筋及拉筋，应结合竖向分布钢筋及水平分布钢筋的排列情况确定，可按图 3.3.2-2 及图 3.3.2-3 设计。在不增加纵向钢筋用量的前提下，适当加密 $\lambda_v/2$ 范围

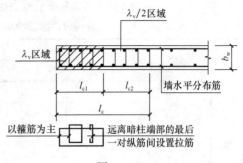

图 3.3.2-1

内纵向钢筋的间距，可减小该区域内箍筋或拉筋的直径。同时应尽量采用 HRB400 级钢筋，以节约钢材。拉筋的单肢截面面积按下式计算：

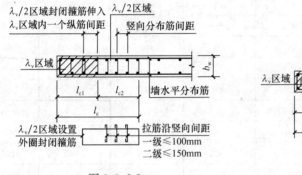

图 3.3.2-2

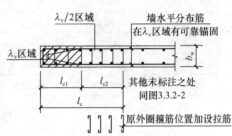

图 3.3.2-3

$$\rho_v = \frac{V_{sv}}{A_{cor}s} \geqslant \rho_{vmin} = \frac{\lambda_v f_c}{2f_{yv}} \tag{3.3.2-1}$$

1) 当拉筋的水平及竖向间距均为 100mm 时（见图 3.3.2-4）：
$V_{sv} = (200 + b_w - 50)A_{sv1}$，$A_{cor} = 100 \times 100(b_w - 50)$，$\lambda_v = 0.2$，则：

$$A_{sv1} = \frac{1000(b_w - 50)f_c}{(b_w + 150)f_{yv}} \tag{3.3.2-2}$$

箍筋及拉筋的单肢截面面积及建议选用的钢筋见表 3.3.2-1。

2) 当拉筋的水平间距为 200mm，竖向间距为 100mm 时（见图 3.3.2-5）：
$V_{sv} = (400 + b_w - 50)A_{sv1}$，$A_{cor} = 200 \times 100(b_w - 50)$，$\lambda_v = 0.2$，则：

$$A_{sv1} = \frac{2000(b_w - 50)f_c}{(b_w + 350)f_{yv}} \tag{3.3.2-3}$$

箍筋及拉筋的单肢截面面积及建议选用的钢筋见表 3.3.2-2。

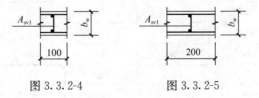

图 3.3.2-4   图 3.3.2-5

抗震墙约束边缘构件 $\lambda_v/2$ 区域内拉筋面积（mm^2）及配筋选用表
（$\lambda_v=0.2$，拉筋的水平及竖向间距均为100mm）

表 3.3.2-1

墙厚 (mm)	钢筋	混凝土强度等级					
		≤C35	C40	C45	C50	C55	C60
160	A_{sv} (mm^2)	22.0	25.1	27.7	30.4	33.3	36.2
	配筋	Φ6	Φ6	Φ6	Φ8	Φ8	Φ8
180	A_{sv} (mm^2)	24.4	27.9	30.8	33.7	36.9	40.1
	配筋	Φ6	Φ6	Φ8	Φ8	Φ8	Φ8
200	A_{sv} (mm^2)	26.5	30.3	33.5	36.7	40.2	43.7
	配筋	Φ6	Φ8	Φ8	Φ8	Φ8	Φ8
220	A_{sv} (mm^2)	28.4	32.5	35.9	39.3	43.1	46.8
	配筋	Φ8	Φ8	Φ8	Φ8	Φ8	Φ8
240	A_{sv} (mm^2)	30.2	34.5	38.1	41.7	45.7	49.6
	配筋	Φ8	Φ8	Φ8	Φ8	Φ8	Φ8
250	A_{sv} (mm^2)	30.9	35.4	39.1	42.8	46.9	50.9
	配筋	Φ8	Φ8	Φ8	Φ8	Φ8	Φ10
300	A_{sv} (mm^2)	34.4	39.3	43.4	47.6	52.1	56.6
	配筋	Φ8	Φ8	Φ8	Φ8	Φ10	Φ10
350	A_{sv} (mm^2)	37.1	42.5	46.9	51.4	56.2	61.1
	配筋	Φ8	Φ8	Φ8	Φ10	Φ10	Φ10
400	A_{sv} (mm^2)	39.4	45.0	49.8	54.5	59.6	64.8
	配筋	Φ8	Φ8	Φ8	Φ10	Φ10	Φ10

注：1. 表中数值按 HPB300 级钢筋计算，适用于一级（9度）$\mu_N \leq 0.2$、一级（7、8度）$\mu_N \leq 0.3$ 及二、三级 $\mu_N \leq 0.4$ 时；

2. 特一级抗震等级时，表中数值需乘 1.2；

3. 当选用 HRB335、HRB400 或 HPB235 级钢筋时，应将表中 A_{sv} 分别乘以 0.9、0.75 及 1.286；

4. 所选用的拉筋还宜满足《抗震规范》表 6.4.5-2 规定的最小直径要求。

抗震墙约束边缘构件 $\lambda_v/2$ 区域内拉筋面积（mm^2）及配筋选用表
（$\lambda_v=0.2$，拉筋的水平间距200mm竖向间距100mm）

表 3.3.2-2

墙厚 (mm)	钢筋	混凝土强度等级					
		≤C35	C40	C45	C50	C55	C60
160	A_{sv} (mm^2)	26.7	30.5	33.7	36.9	40.4	44.0
	配筋	Φ6	Φ8	Φ8	Φ8	Φ8	Φ8
180	A_{sv} (mm^2)	30.4	34.7	38.4	42.0	46.0	50.0
	配筋	Φ8	Φ8	Φ8	Φ8	Φ8	Φ8
200	A_{sv} (mm^2)	33.8	38.6	42.6	46.7	51.1	55.6
	配筋	Φ8	Φ8	Φ8	Φ8	Φ10	Φ10
220	A_{sv} (mm^2)	36.9	42.2	46.6	51.1	55.9	60.8
	配筋	Φ8	Φ8	Φ8	Φ10	Φ10	Φ10

续表

墙厚 (mm)	钢筋	混凝土强度等级					
		≤C35	C40	C45	C50	C55	C60
240	A_{sv}（mm²）	39.9	45.6	50.4	55.1	60.4	65.6
	配筋	Φ8	Φ8	Φ8	Φ10	Φ10	Φ10
250	A_{sv}（mm²）	41.3	47.2	52.1	57.1	62.5	67.9
	配筋	Φ8	Φ8	Φ10	Φ10	Φ10	Φ10
300	A_{sv}（mm²）	47.6	54.4	60.1	65.8	72.1	78.4
	配筋	Φ8	Φ10	Φ10	Φ10	Φ10	Φ10
350	A_{sv}（mm²）	53.0	60.7	67.0	73.4	80.3	87.3
	配筋	Φ10	Φ10	Φ10	Φ10	Φ12	Φ12
400	A_{sv}（mm²）	57.7	66.1	73.0	79.9	87.5	95.1
	配筋	Φ10	Φ10	Φ10	Φ12	Φ12	Φ12

注：同表3.3.2-1。

5. 建议当水平筋的锚固及布置同时满足下列条件时，水平分布筋可替代相同位置（相同标高）处的非阴影区封闭箍筋（见图3.3.2-3）。当墙的水平分布钢筋的竖向间距不满足$\lambda_v/2$区域内箍筋间距时，可另附加最外圈的水平封闭箍筋，即水平分布钢筋与水平封闭箍筋间隔设置。

1) 当墙内水平分布钢筋在阴影区内有可靠锚固时；
2) 当墙内水平分布筋的强度等级及截面面积均不小于非阴影区外圈封闭箍筋时；
3) 当墙内水平分布钢筋的位置（标高）与箍筋位置（标高）相同时。

为什么$\lambda_v/2$区域不利用墙的水平分布钢筋时，该钢筋可放置在边缘构件的保护层中（不是有效锚固），而需要利用墙的水平分布钢筋替代$\lambda_v/2$区域内的箍筋时，该钢筋必须在λ_v区域内可靠锚固呢？要回答这个问题，还要从矩形截面墙受剪时的截面剪应力分布说起，由材料力学知道，矩形截面受剪时，剪应力的分布形状为两头小中间大的抛物线形（图3.3.2-6），截面两端的抗剪作用很小，而截面中部的剪应力很大，因此墙的抗剪主要由墙体中部的水平钢筋承担，这也就是为什么要用墙的水平钢筋来抗剪的主

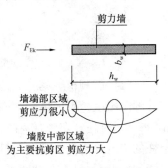

图3.3.2-6 墙的剪应力分布

要原因。截面端部主要是给墙体提供约束，因而并不要求水平钢筋在边缘构件内的有效锚固（这时由墙剪力引起的墙内水平钢筋的拉应力值很小，墙的水平分布钢筋在墙的端部区域没有得到充分利用）；而在需要利用水平钢筋替代$\lambda_v/2$区域的部分箍筋（利用墙端部区域内的水平钢筋）时，则必须确保水平钢筋在λ_v区域内的有效锚固。有效锚固的方法应根据工程经验确定，图3.3.2-7所示的做法可供参考。当水平钢筋的利用率高，钢筋设计拉应力较大时可采用3.3.2-7a的做法。墙水平分布钢筋在λ_v区域内的锚固长度：当采用直线锚固时，不应小于l_{aE}；当弯折锚固时，水平长度应不小于$0.4l_{aE}$，弯折长度为$15d$。

4) 结构设计时还应注意以下问题：

(1) 箍筋体积配箍率的计算要求同公式（3.2.6-1）。体积配箍率的计算中可考虑"符合构造要求的水平分布钢筋"，且规定"计入的水平分布钢筋的体积配箍率不应大于总体积配箍率30%"。

(2) 计算配箍率时，箍筋（拉筋）抗拉强度设计值不再受 360MPa 的限制，有利于采用高强度钢筋。但当混凝土强度等级低于 C35 时，应按 C35 混凝土确定。

(3) 当墙内水平分布钢筋伸入约束边缘构件，且在墙端有 90°弯折后延伸到另一排分布钢筋并钩住其竖向钢筋（做法见标准图 11G101－1 第 72 页），水平钢筋之间设置了足够的拉筋形成复合箍，可以起到有效约束混凝土的作用时，可认为是"符合构造要求的水平分布钢筋"，在配箍率中计入水平分布钢筋（可部分替代 λ_v 及 $\lambda_v/2$ 范围内的箍筋）。

(4) 剪力墙翼墙的长度为包含剪力墙肢厚度 b_w 在内的全部长度，即图 3.3.1-2 中的 h_f。

(5) 剪力墙底部的"总加强范围"由三部分组成：剪力墙的底部加强部位、底部加强部位相邻的上一层、底部加强部位向下延伸至嵌固端的下一层（当嵌固端在基础顶面时至基础）。在剪力墙底部的"总加强范围"内，均应设置约束边缘构件。

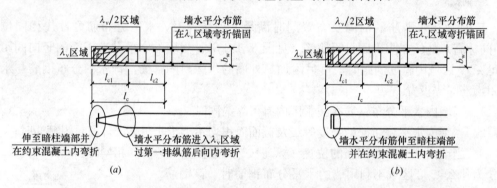

图 3.3.2-7 墙的水平分布钢筋在 λ_v 区域的有效锚固措施
(a) 锚固要求较高时；(b) 一般锚固要求时

6.《抗震规范》第 6.4.5 条规定，抗震等级为一、二、三级的剪力墙，在其约束边缘构件的阴影区范围内体积配箍率 λ_v＝0.12、0.2，纵向钢筋配筋率分别不应小于 1.2% 和 1.0%。同时还规定："端柱有集中荷载时箍筋及纵筋的构造按柱要求"，显然如果仅按框架柱的构造要求配置端柱的箍筋及纵向钢筋，则不能保证满足上述要求。注意：端柱是剪力墙的一部分，只是截面形状像柱，端柱是墙、不是柱。因此，对《抗震规范》图 6.4.5-2 中"端柱有集中荷载时箍筋及纵筋构造按柱要求"可理解为"端柱有集中荷载时箍筋及纵筋还应满足框架柱的构造要求"。见图 3.3.2-8。

对端柱"有集中荷载时"的定量把握规范未明确规定，建议当端柱作为框架梁或普通梁的支座时，可判定为"有集中荷载"而按"还应满足框架柱的构造要求"设计。注意：其中的"柱"指"框架柱"且只是箍筋和纵筋"还应满足框架柱的构造要求"。而当为纯剪力墙结构时，该"框架柱"实际并不存在，可理解为虚拟的"框架柱"，并取该虚拟"框架柱"的抗震等级同相应剪力墙，从而确定端柱的纵筋及箍筋的构造要求。

7. 对十字形剪力墙，可按两片剪力墙分别在各自端部按规定设置边缘构件，交叉部位因不属于剪力墙的边缘，故可设置构造钢筋加强两墙的连接。

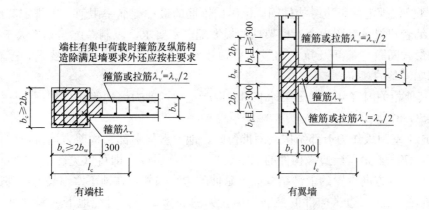

图 3.3.2-8 对《抗震规范》图 6.4.7 的补充

8. 剪力墙约束边缘构件范围 l_c 的取值与墙肢长度 h_w 有关,其 h_w 取值原则如下:

1) 对整体小开口剪力墙(见第 3.3.3 条),墙肢长度取包含洞口在内的墙肢总长度 h_w。相应小洞口两侧可不设置边缘构件。

2) 对其他墙肢,h_w 取墙肢长度(即墙肢被洞口分割后的长度)。

3) 设计中对剪力墙洞口应进行结构的规则化处理(详见第 3.3.3 条)。

9. 关于约束边缘构件箍筋及拉筋的肢距,几本规范均未予明确,编者建议:一般情况下可参照框架柱要求,一级 $s \leqslant 200$mm,二级 $s \leqslant 250$mm;确有依据时,可根据具体情况确定。

1) 箍筋"肢距"与"无支长度"不同。箍筋的"无支长度"指箍筋平面内两个拉结点之间的距离,该拉结点能限制箍筋在平面内的侧向移动(见图 3.3.2-9),而箍筋"肢距"仅指两肢箍筋之间的距离(即不一定能限制箍筋在平面侧向移动)。

2) 为充分发挥约束边缘构件的作用,一字形约束边缘构件(暗柱)箍筋的长边与短边之比不宜大于 3(T 形及 L 形约束边缘构件可适当放宽限值),相邻两个箍筋的搭接长度不宜小于短边长度(见图 3.3.2-10),也可适当设置拉筋,同时勾住箍筋和纵筋。

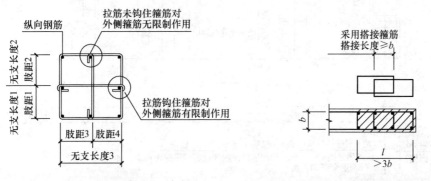

图 3.3.2-9 箍筋无支长度与肢距　　　图 3.3.2-10 箍筋的长短边之比

10. 《抗震规范》表 6.4.5-3 规定:箍筋或拉筋沿竖向的间距,一级不宜大于 100mm,二、三级不宜大于 150mm,应理解为对全部约束边缘构件的要求,即适用于约束边缘构件的阴影区(λ_v 区域)和非阴影区($\lambda_v/2$ 区域)。

11. 规范仅规定约束边缘构件阴影区纵向钢筋的最小配筋率限值,未规定其最大配筋率限值,编者建议可参照规范对框架柱的最大配筋率要求,限制总配筋率不大于5%。纵向钢筋的最大间距与箍筋及拉筋的最大肢距相对应,既满足上述9之要求,也满足《高规》第6.4.4条的规定。

12. 其他相关内容可参考国家标准图《混凝土结构剪力墙边缘构件和框架柱构造钢筋选用》04SG330。

13. 地下室顶板作为上部结构嵌固部位时,地下室与上部结构剪力墙对应位置的约束边缘构件,实际上是首层边缘构件的向下延伸,按首层设计即可(见图3.3.2-11)。而沿地下室外墙长度方向设置的上部结构向下延伸的边缘构件,在地下室墙长的中部远离嵌固部位时,可适当加大边缘构件的箍筋间距,见图3.3.2-12。对纯地下室墙(对应位置无上部结构剪力墙)可按抗震等级为三级或四级设置构造边缘构件。

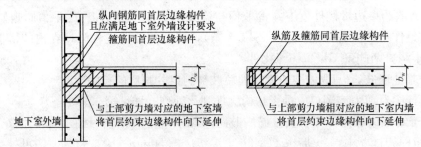

图 3.3.2-11 首层约束边缘构件在地下室的延伸

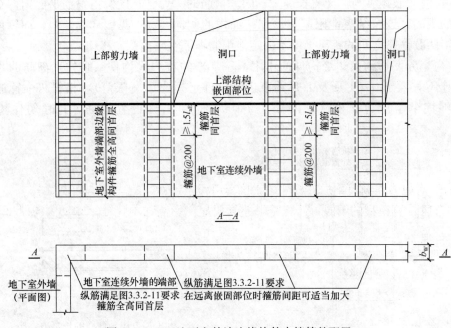

图 3.3.2-12 地下室外墙边缘构件中箍筋的配置

地下室挡土墙设计要点见本书第7.7.2条。

14. 对抗震设防低烈度区的框支结构及复杂高层建筑结构,规范也要求在底部加强部位设置剪力墙端柱、翼墙及约束边缘构件。

3.3.3 对剪力墙的开洞处理

【问】 结构设计中经常遇到对剪力墙的开洞问题，对开洞形成的强连梁与弱连梁应如何把握？对连梁应采用梁元模型还是墙元模型计算？

【答】 应根据不同的结构形式确定剪力墙洞口的大小，一般情况下，连梁的净跨度与连梁截面高度的比值不宜大于5，连梁截面高度不应小于400mm（即采用较强连梁，使连梁具有恰当的刚度和足够的耗能能力）；对连梁应采用剪力墙开洞模型计算，对于弱连梁也可采用梁元模型计算（即连梁按梁输入计算）。

【问题分析】

1. 下列情况需要对剪力墙进行开洞处理：

1）墙长超过8m的剪力墙（属于超长墙肢），由于其单片墙的刚度很大，吸收了大量的地震作用，还由于超长墙肢的延性较差，地震时往往不能充分发挥作用，导致其他墙肢承担比计算大得多的地震作用。为确保结构安全，应对超长墙肢进行开洞处理（注意：对超长墙肢的开洞处理，其真正目的在于确保其他墙肢的安全），墙肢之间设置适当刚度的连梁。

2）为使结构的侧向刚度均匀，减少结构的扭转，需要对剪力墙进行开洞处理。

2. 整体小开口剪力墙可不按开洞剪力墙计算，不考虑小开洞对墙肢长度的影响，h_w取墙肢总长度。注意：当墙的开洞面积不大于墙体总面积的1/16，且开洞位置位于墙长度中部1/3范围内时，可确定为小开口剪力墙（见图3.3.3-1）。整体小开口剪力墙的基本要求有两点：一是"小开口"，二是合适的位置。只有当开洞面积足够小且开洞位置在墙中部规定区域时，开洞对墙的整体刚度及受力特性的影响才足够小，也就才可以按整墙设计。

3. 设计中需要对剪力墙洞口进行结构的规则化处理，使洞口上下对齐，成列布置，形成明确的墙肢和连梁，避免直接采用错洞墙和叠合错洞墙（见图3.3.3-2，结构设计中应以优先采用图3.3.3-2b的处理方法）。对剪力墙洞口不加分析处理直接套用程序计算，是结构设计的大忌。

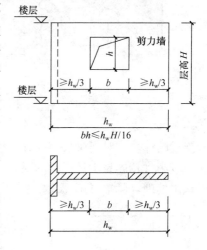

图3.3.3-1 整体小开口剪力墙

4. 连梁计算模型的不同，计算结果差异明显。影响的不仅是结构的侧向刚度，还影响到结构的竖向刚度，将对结构的柱底反力产生较大的影响。对框架-核心筒结构，及剪力墙集中布置的框架-剪力墙结构，应特别注意。

1）对连梁按梁元（即杆元，两节点间布梁形成的梁）模拟，连梁两端与墙肢变形协调，连梁的抗弯刚度计算值要小于按墙元（剪力墙开洞形成的连梁）的计算结果。适合于对弱连梁的计算。对连梁采用此计算模型，结构的抗侧刚度计算值较小，结构的侧向位移计算值较大（较难以满足规范的限值要求）。一般情况下，连梁超筋较少，剪力墙的计算配筋数值较大。

2）对连梁按剪力墙开洞的模拟，连梁实际是墙的一部分，连梁四角与墙肢协调，连梁为墙元模型，连梁的抗弯刚度计算值要大于按梁元（杆元）的计算结果。适合于对大部

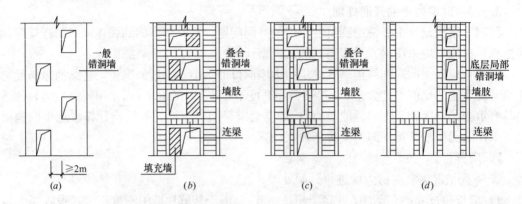

图 3.3.3-2 对剪力墙洞口的规则化处理

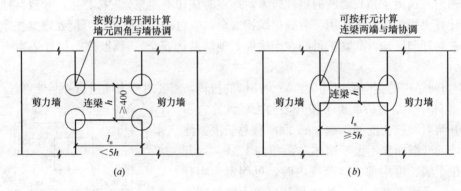

图 3.3.3-3 连梁的计算模型
(a) 墙元模型；(b) 杆元模型

分连梁的计算。对连梁采用此计算模型，结构的抗侧刚度计算值较大，结构的侧向位移计算值较小（较容易满足规范的限制要求）。一般情况下，连梁超筋较多（需对连梁进行超筋超限处理，见本书第 3.3.5 条），剪力墙的计算配筋数值较小。

3）设计中对连梁应进行结构的规则化处理，以优化设计并减少工作量（见图 3.3.3-4）。

(1) 门窗洞顶设备专业需要大量穿越管线时，宜适当减小并统一连梁高度，在门窗顶设置过梁，过梁与连梁之间留出专门洞口供设备管线穿行。这样不仅有利于设备专业设计与施工，而且简化了结构设计，节约造价（可大量减少由于洞口加强处理而增加的结构费用）。

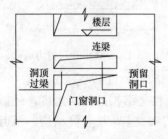

图 3.3.3-4 对连梁的规则化处理

(2) 当结构侧向刚度足够（楼层层间最大弹性位移角离规范限值较远）时，可对连梁的截面高度进行适当归并。洞顶设过梁，过梁与连梁之间必要时可用填充砌体封堵。

5. 对剪力墙及连梁设计还应注意以下问题：

1）实际工程中，应注意剪力墙布置及剪力墙墙肢的均匀性要求，避免平面布置不均匀引起的竖向承载力及侧向刚度的突变。

2）实际工程中，对具有不规则洞口的剪力墙，首先应进行剪力墙开洞的规则化处理

（注意：这一点非常重要，随着程序计算功能日益强大，尽管剪力墙的布置及其洞口位置可以照搬建筑图，且只要有输入就会有"计算结果"，但剪力墙不经规则化处理的计算结果，其结构传力路径不清晰，"计算结果"的可信度低），对必须设置不规则洞口布置的错洞墙，应按弹性平面有限元方法进行应力分析，并按应力计算结果进行截面配筋设计或校核。

3) 在剪力墙结构中，一般结构侧向刚度较大，而延性较差，有条件通过调整剪力墙的连梁并由连梁的变形来耗能，改善剪力墙结构的延性。但连梁的刚度也不是越小越好，过小的连梁刚度，减弱了连梁的耗能能力，使剪力墙结构成为全部为独立墙肢加弱连梁的壁式框架结构。有些工程（尤其是在住宅建筑中），为压低层高，在剪力墙之间的连梁大部分设计成跨高比比较大的弱连梁（当连梁的跨高比不小于5时，如同框架梁），这样的结构虽然剪力墙较多，但受力特性接近框架结构，当房屋高度较高时，对抗震不利。

3.3.4 楼面梁与墙平面外的连接处理

【问】 框架梁与剪力墙平面外连接，当梁钢筋在墙内水平锚固长度不满足规范要求，又不能在梁支承处设置扶墙柱以增加水平段时，如果把这个支座做成铰接，是否可以不按照 $0.4L_{aE}$ 执行？

【答】 一般情况下，为满足梁钢筋在墙内的锚固长度要求，可将梁端（主要是梁顶负筋）采用细而密的钢筋，控制纵筋直径，以满足钢筋的水平锚固长度 $0.4L_{aE}$ 的要求。对梁底钢筋，当由支座截面控制时，做法同梁端负筋；当支座截面不控制时，可按梁底钢筋根数，折算出支座截面需要的计算钢筋直筋，再按计算钢筋直筋满足 $0.4L_{aE}$ 的锚固要求。若工程允许也可按铰接处理，铰接时对梁端构造钢筋仍需执行 $0.4L_{aE}$ 的锚固要求。

【问题分析】

1. 在框架梁与剪力墙平面外连接中，当墙厚度较小时，往往较难直接满足梁端钢筋的直段锚固要求（$0.4L_a$ 或 $0.4L_{aE}$）。此时应采取相应的加强措施，见图 3.3.4-1。

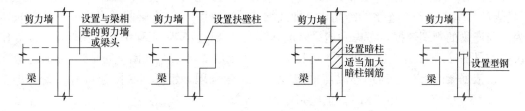

图 3.3.4-1 梁与墙平面外连接的加强措施

2. 工程中当无法采用图 3.3.4-1 的加强措施时，可对梁墙节点进行铰接处理，将梁与墙的连接端按铰接端计算，并考虑工程的实际情况，对铰接端进行构造配筋。梁的铰接端应满足框架梁的构造配筋（即《抗震规范》第 6.3.3 条及第 6.3.4 条）要求，尤其应加强梁端箍筋配置（梁端仍应箍筋加密），确保其强剪弱弯。梁的铰接端的构造配置的纵筋应避免采用粗大直径的钢筋，尽量采用细而密的钢筋，以减少钢筋的直段锚固长度 $0.4L_{aE}$ 对墙厚的要求，梁顶钢筋还应满足《混凝土规范》第 9.2.6 条的要求（对《混凝土规范》第 9.2.6 条规定的理解与应用，详见本书第 3.7.8 条）。梁底跨中钢筋直径较大时，可将其与梁底构造钢筋在墙外机械连接或搭接,其搭接区域内箍筋应加密。

3. 次梁与剪力墙平面外连接时,也可参照图 3.3.4-2 设计。在地震作用下,当梁端不出现正弯矩时,梁底钢筋也可按平直段锚固不小于 l_{as} 设计,即不考虑抗震,只满足承受楼面竖向荷载要求。

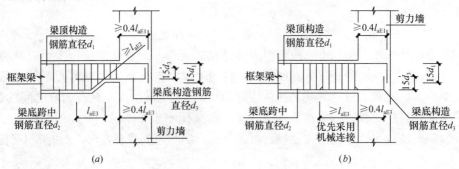

图 3.3.4-2 梁与墙平面外连接的铰接处理
(a) 梁端变截面铰接;(b) 梁端等截面铰接

4. 简支梁端的负钢筋设置见本章第 3.7.8 条。

3.3.5 对剪力墙连梁的处理

【问】 剪力墙连梁的超筋现象明显,实际工程中对连梁超筋如何处理?

【答】 实际工程中对连梁的超筋现象要进行必要的处理,确保连梁的强剪弱弯,确保连梁塑形发展后其他结构构件有足够的抗震能力。

【问题分析】

1. 剪力墙连梁的计算模型

对于剪力墙连梁应根据连梁的强弱采用不同的计算模型,当为较强连梁(连梁的净跨度 l_n 与连梁截面高度 h 的比值 $l_n/h<5$,且连梁截面高度不小于 400mm)时,应采用墙开洞模型计算;当为弱连梁($l_n/h \geqslant 5$)时,可采用梁元模型计算(见图 3.3.5-1)。注意:《高规》第 7.1.3 条以连梁的跨高比(即连梁的计算跨度 l_0 与连梁截面高度 h 的比值)作为强弱连梁的判别依据,考虑到连梁跨度计算的复杂性及实际工程中的可操作性,此处建议以连梁的净跨 l_n 替代连梁的计算跨度 l_0,比规范的要求略严(偏于安全)。同时还应注意:仅依据梁的跨高比判别连梁与框架梁也不完全合理,建议当实际连梁截面高度小于 400mm(连梁跨度也较小)时,也应判定为弱连梁。

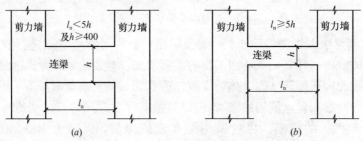

图 3.3.5-1 强弱连梁的实用区分方法
(a) 较强连梁;(b) 弱连梁

2. 规范对连梁超筋的处理要求

剪力墙结构、框架-剪力墙结构中连梁及筒体结构中的裙梁一般较易出现超筋超限现象。有设计人员根据超筋超限的数量来确定是否对连梁进行处理，如控制 10 处，10 处以下就不处理，这是不合适的。对连梁的超筋超限应进行分析判断并应采取适当的处理方法。剪力墙连梁超筋、超限时，可按规范的要求进行如下处理：

1) 连梁调幅处理

抗震设计剪力墙中连梁的弯矩和剪力可进行塑性调幅（注意：对框架梁只能对竖向荷载下的梁端弯矩进行调幅，而对连梁则没有这一限制，也就是说，对连梁弯矩的调幅是对连梁端弯矩组合值的调幅），以降低其剪力设计值。但在结构计算中已对连梁进行了刚度折减时，其调幅范围应限制或不再调幅。当部分连梁降低弯矩设计值后，其余部位的连梁和墙肢的弯矩应相应加大。

一般情况下，经全部调幅（包括计算中连梁刚度折减和对计算结果的后期调幅）后的弯矩设计值不宜小于调幅前（完全弹性）的 0.8 倍（6、7 度）和 0.5 倍（8、9 度）。

采用本调整方法应注意以下几点：

(1) 对连梁的调幅可采用两种方法：一是在内力计算前，直接将连梁的刚度进行折减；二是在内力计算后，将连梁的弯矩组合值乘以折减系数。

(2) 采用对连梁弯矩调幅的办法，考虑连梁的塑性内力重分布，降低连梁的计算内力，同时应加大剪力墙的地震效应设计值。

(3) 本调整方法考虑连梁端部的塑性内力重分布，对跨高比较大的连梁效果比较好，而对跨高比较小的连梁效果较差。

(4) 经本次调整，仍可确保连梁对承受竖向荷载无明显影响。

2) 减小连梁的截面，主要是降低连梁的截面高度，从而达到减小连梁计算内力的目的，同时加大剪力墙的地震效应设计值。

3) 连梁的铰接处理

当连梁的破坏对承受竖向荷载无明显影响（即连梁不作为次梁或主梁的支承梁）时，可假定该连梁在大震下的破坏，对剪力墙按独立墙肢进行第二次多遇地震作用下的结构内力分析（为减小结构计算工作量可将连梁按两端铰接梁计算），墙肢应按两次计算所得的较大内力进行配筋设计（一般情况下，连梁铰接处理后，墙的计算结果较大），以保证墙肢的安全。

采用本调整方法应注意以下几点：

(1) 对剪力墙按独立墙肢进行第二次多遇地震作用下的结构内力分析的方法，是认为连梁对剪力墙约束作用完全失效。事实上，通过采取恰当的构造措施可确保连梁对剪力墙的约束不完全丧失，避免出现"独立墙肢"。

(2) 本调整方法中为减小结构计算工作量而采用的铰接连梁计算模型，就是当采取合理的构造措施（如强剪弱弯）后，在大震时仍能确保连梁对剪力墙的水平约束作用。

(3) 应特别注意本次调整中的连梁是其破坏对承受竖向荷载无明显影响的连梁，即该连梁不能作为次梁或主梁的支承梁。

(4) 还应重视对上述"第二次"的理解，是包络设计的重要步骤之一。

(5) 对连梁两端点铰后，连梁被简化为两端铰接的轴力杆件，其本身截面的大小对剪力墙的内力计算及结构的整体刚度计算影响不大。

(6) 连梁的铰接处理方法只能在"墙+梁"的计算模型中,即连梁为杆元模型。而对于较强连梁计算采用的"墙开洞"模型,对连梁的铰接处理常受连梁计算模型的限制而难以采用。

4) 上述1)、2)的方法相近,应优先考虑。当采用上述两种方法后仍然不能解决连梁的超筋超限问题时,则可采用上述3)的处理方法。

3. 对连梁超筋处理的实用方法

当对连梁进行铰接处理后,剪力墙的配筋会增大,合理利用连梁梁端塑性铰(可以承担相应弯矩,不同于结构力学铰)的工程特性,适当考虑连梁刚度并减小剪力墙配筋,减小结构设计的工作量,是实用设计方法的基本出发点。

1) 计算过程

(1) 通过改变连梁计算截面高度,寻求与实际截面连梁的最大抗剪承载力所对应的截面弯矩设计值,及与之相应的剪力墙内力和配筋。注意:其中对连梁截面高度的减小,是一种计算手段,只是为寻找与连梁最大抗剪承载力相对应的抗弯承载力数值的过程,连梁的实际截面高度并没有减小。

(2) 减小剪力墙的连梁截面高度后,此时,连梁的计算结果可能仍然显示超筋,但其计算剪力 V_2 已不大于实际截面的最大受剪承载力 $[V_1]$,即 $V_2 \leqslant [V_1]$,满足《高规》第7.2.23 条的要求,则计算结束。

2) 剪力墙的配筋设计

对剪力墙应进行包络设计,配筋取第一(即用连梁的实际截面进行的计算,称为第一次多遇地震作用下的结构内力分析)、二次(即用减小了高度的连梁计算截面进行的计算,称为第二次多遇地震作用下的结构内力分析)计算结果的较不利值。

3) 连梁的截面及配筋设计

对连梁取实际截面,即第一次计算的截面,按 V_2 及相应弯矩 M_2 计算连梁配筋,举例如下:

例 3.3.5-1 某连梁截面为 250mm×600mm,抗震等级一级,采用 C30 混凝土,HRB400 级钢筋,连梁的跨高比为 2。该连梁所能承担的最大剪力(按《高规》第7.2.22 条计算,也可从电算结果的超筋信息中直接读取)$[V]=356$kN,初次计算(第一次计算)剪力为 $V=450$kN$>[V]$,需调整。减小连梁的计算截面至 250mm×450mm(第二次计算),此时连梁的计算剪力 $V_2=330$kN$<[V]$,调整计算结束(相应计算弯矩为 $M_2=200$kN·m,计算纵筋为 1682mm^2)。施工图设计时,连梁截面仍取为 250mm×600mm,取用内力 V_2、M_2 计算配筋。过程见表 3.3.5-1。

实际配筋时可进行适当的简化处理,如:

(1) 纵向钢筋配置:根据实际连梁与计算连梁有效高度的比值,对计算的连梁纵向钢筋面积进行调整,并按其配筋(注意:当连梁计算截面减小的幅度过大(从计算结果中表现为 V_2 小于 $[V]$ 过多)时,常出现纵向钢筋的折算值不满足最小配筋率要求,此时应适当加大至满足最小配筋率要求)。当箍筋按下述(2)的方法配置时,连梁仍能满足强剪弱弯的要求;需要说明的是,有文献提出按《高规》第 7.2.21 条公式反算连梁梁端弯矩的方法(以下简称"反算法"),笔者认为"反算法"存在以下问题:

3.3 钢筋混凝土剪力墙结构设计

连梁超筋调整计算过程及配筋要点 表 3.3.5-1

步骤	计算截面 $b \times h$	计算剪力 V (kN)	截面允许剪力 $[V]$ (kN)	计算判别	计算弯矩 M (kN·m)	计算纵筋 (mm²)	实际截面 $b \times h$	实配箍筋 (mm²)	实配纵筋 (mm²)
1	250×600	450>356	356	需调整	350	2122	250×600	127(查表 3.3.5-3)	Max [1682× (450−35)/ (600−35), 0.4%×250 ×600]=1235
2	250×450	330<356		计算结束	200	1682			

①"反算法"假定连梁两端弯矩相等,当连梁两端墙肢截面刚度差异较大时,误差也大;

②采用"反算法"补充计算工作量大,作为一种近似计算方法,意义不大。

(2) 箍筋配置:注意:对抗剪超筋的连梁,程序直接按《高规》第7.2.23条计算的箍筋不能用于设计(因连梁抗剪超筋后公式不再适用)。对连梁箍筋也可以按连梁的截面要求(《高规》第7.2.22条的要求)作为其剪力设计值求出相应连梁的箍筋面积,计算公式如下:

①特久、短暂设计状况:按《高规》式(7.2.22-1)右式与式(7.2.23-1)右式相等:

$$0.25 f_c b h_0 = 0.7 f_t b h_0 + f_{yv} \frac{A_{sv}}{s} h_0 \quad (3.3.5-1)$$

得:

$$A_{sv} = \frac{(0.25 f_c - 0.7 f_t) s}{f_{yv}} b \quad (3.3.5-2)$$

当连梁采用 HRB400 级钢筋、箍筋间距 $s=100$mm 时,非抗震设计的连梁最大箍筋面积 A_{sv}(mm²)见表 3.3.5-2,单肢箍筋的截面面积 $A_{sv1} = A_{sv}/n$,其中 n 为箍筋的肢数。

非抗震设计的连梁最大箍筋面积 A_{sv}(mm²) 表 3.3.5-2

梁宽 mm	非抗震设计						
	C20	C25	C30	C35	C40	C45	C50
200	91	116	143	171	199	234	248
250	113	145	179	214	249	279	310
300	136	174	215	257	298	335	371
350	156	202	251	300	349	391	433
400	181	232	287	342	398	447	495
450	204	261	322	385	448	503	556
500	292	290	358	428	498	558	618
550	249	319	394	471	547	614	680
600	272	348	430	513	597	670	748

注:当采用 HRB335、HPB300 及 HPB235 级钢筋时,表中数值应分别乘以 1.2、1.333 和 1.714。

②地震设计状况

a. 跨高比大于 2.5 时:

按《高规》式(7.2.22-2)右式与式(7.2.23-2)右式相等:

$$0.20 f_c b h_0 = 0.42 f_t b h_0 + f_{yv} \frac{A_{sv}}{s} h_0 \quad (3.3.5-3)$$

得：
$$A_{sv} = \frac{(0.20f_c - 0.42f_t)s}{f_{yv}}b \qquad (3.3.5-4)$$

b. 跨高比不大于 2.5 时：

按《高规》式（7.2.22-3）右式与式（7.2.23-3）右式相等：

$$0.15f_cbh_0 = 0.38f_tbh_0 + 0.9f_{yv}\frac{A_{sv}}{s}h_0 \qquad (3.3.5-5)$$

得：
$$A_{sv} = \frac{(0.17f_c - 0.42f_t)s}{f_{yv}}b \qquad (3.3.5-6)$$

当采用 HRB400 级钢筋、连梁箍筋间距 $s=100mm$ 时，抗震设计的连梁最大箍筋面积 A_{sv}（mm^2）见表 3.3.5-3，单肢箍筋的截面面积 $A_{sv1} = A_{sv}/n$，其中 n 为箍筋肢数。

连梁的最大箍筋面积 A_{sv}（mm^2） 表 3.3.5-3

梁宽 mm	跨高比大于 2.5 时							跨高比不大于 2.5 时						
	C20	C25	C30	C35	C40	C45	C50	C20	C25	C30	C35	C40	C45	C50
200	81	103	125	149	173	193	213	65	82	102	121	140	157	174
250	102	128	157	186	216	241	266	81	103	127	151	176	197	218
300	122	154	188	223	258	289	319	97	124	152	182	211	236	261
350	142	180	220	261	302	337	372	114	145	178	212	246	275	305
400	162	205	251	298	345	385	425	130	165	203	242	281	314	348
450	183	231	282	335	388	433	478	146	186	229	272	316	353	391
500	202	257	314	373	431	481	531	162	207	254	302	351	393	435
550	223	282	345	410	474	530	584	179	228	279	333	386	432	478
600	243	308	377	447	517	577	637	195	248	305	363	421	471	522

注：当采用 HRB335、HPB300 及 HPB235 级钢筋时，表中数值应分别乘以 1、2、1.333 和 1.714。

4）采用本调整方法应注意以下几点：

（1）本次调整中的连梁为其梁破坏对承受竖向荷载无明显影响的连梁，即连梁不作为次梁或主梁的支承梁。

（2）本调整方法不宜作为首选方法，仅适用于确无其他有效手段加大结构的侧向刚度来减小剪力墙过大配筋时的特殊情况。

（3）本调整方法的基本思路是：连梁与剪力墙的连接既不是完全刚接也不是完全铰接，而是期望通过采取合理的抗震措施，实现连梁与剪力墙的半刚接。

（4）本调整方法对剪力墙实行包络设计，对连梁满足强剪弱弯的设计要求，连梁箍筋根据实际连梁截面的最大抗剪承载力确定。

（5）本次调整计算可理解为包络设计的重要步骤之一。

（6）当程序具有"剪力铰"（对应于由截面抗弯承载力控制的一般塑性铰，此处将由截面抗剪承载力控制的塑性铰称之为"剪力铰"）计算单元时，上述计算将变得十分简单。

（7）第二次计算，只是结构的承载能力计算，不需要再验算结构的位移。

5）对超筋连梁处理的小结

（1）处理的根本目的是：在确保连梁强剪弱弯的前提下，尽可能充分利用连梁的有效截面和刚度吸收地震能量并耗能，合理确定墙肢内力及配筋，达到既满足抗震设计要求，又节约投资的目的。

(2) 处理的方法是：依据连梁截面抗剪承载能力反求连梁所能承担的最大弯矩（注意，此处与抗弯承载力控制的梁端塑性铰不同的是：塑性铰是在梁端抗剪承载力足够的情况下，寻求梁端的最大抗弯承载力，形成以梁端抗弯承载力控制的塑性铰，为便于说明问题，此处称其为"弯矩铰"），寻求的则是与连梁梁端最大抗剪承载力相匹配的最大梁端弯矩，形成以梁端抗剪承载力控制的塑性铰——"剪力铰"。

(3) 处理的建议是针对目前程序不具备"剪力铰"计算功能（建议程序中应增加此项实用功能）所提出的变通解决办法即通过采用减小连梁计算截面高度进行试算的办法，寻求在连梁的计算剪力不大于实际连梁截面抗剪承载力的前提下，连梁的最大计算弯矩。当程序具备"剪力铰"功能时，对超筋连梁的处理将变得非常简单。

4. 连梁的抗震等级

一般情况下，净跨度与截面高度的比值不大于5的连梁（即较强连梁）的抗震等级应同剪力墙，其他连梁的抗震等级可同框架梁。

5. 为什么顶层连梁的纵向钢筋在剪力墙内的直线锚固长度范围内需要设置箍筋，而对其他楼层连梁纵筋的锚固范围内不需要设置箍筋（图3.3.5-2）？是因为顶层剪力墙体对连梁纵筋尤其是连梁顶部纵向钢筋的锚固效果差，所以其锚固范围内应设置箍筋，使连梁的纵向钢筋处在箍筋约束的墙体混凝土内，保证连梁纵向钢筋在剪力墙内的锚固效果。对其他楼层，由于剪力墙对连梁纵向钢筋的锚固有可靠保证，因此，锚固范围内可不再需要设置箍筋。

6. 当一、二级剪力墙的墙厚不小于200mm时，对净跨度与截面高度的比值不大于2的连梁，除配置普通箍筋外，还应配置构造交叉钢筋。注意：此处连梁的箍筋是满足计算需要的箍筋，而交叉钢筋为构造设置。规范未规定构造交叉钢筋的根数及直径，建议设置4根直径不小于14mm的钢筋（对核心筒连梁的暗撑设置要求可见本章第3.5.3条）。

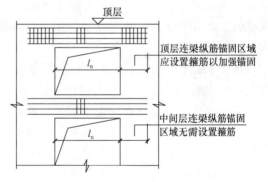

图3.3.5-2 连梁纵向钢筋的锚固要求

7. 当超筋连梁必须承受竖向荷载（即作为楼面梁的支承构件）时，可在超筋连梁内设置抗剪钢板（应沿连梁通长设置），以钢板（或窄翼缘的工字钢梁，注意：不应采用宽翼缘的工字钢梁，以抑制超筋连梁抗弯承载力的增长，有利于实现连梁的强剪弱弯）及外包混凝土共同承担连梁的梁端剪力，或可偏安全地全部由钢板自身承担连梁的全部梁端剪力，钢板梁的外包钢筋混凝土确保钢板的稳定（其做法同型钢混凝土梁）。钢板在剪力墙内应有可靠锚固或与墙内型钢连接。

3.3.6 对双连梁的认识

【问】结构设计中为避免连梁超筋常在连梁截面高度中央设置水平缝，形成两根半高度的连梁，按合并截面宽度的等效截面（截面面积相等）计算，这样处理是否合理？

【答】超筋连梁采用设置水平缝的双连梁，并采用简单等效方法确定连梁的计算截面时，由于在计算假定、截面选取等方面存在诸多困难，实际连梁与等效连梁在设计计算及受力模型上存在很大的差异，且难以确保大震下连梁的强剪弱弯，易造成大震下结构及构件的各个击破，难以实现大震不倒的抗震设计基本要求，因此，不建议在抗震建筑尤其是强震区使用。

超筋连梁采用设置水平缝的双连梁时，应采用合适的程序（如 ETABS 等）以及合理的等效截面进行计算。

有条件时对超筋连梁可采用第 3.3.5 条建议的方法，以最大限度地利用连梁的实际承载力，优化设计。

【问题分析】

1. 对双连梁的等效

所谓"双连梁"指在连梁中部以水平缝隔开的上下两根连梁。对双连梁的设计由来已久，一般用来处理连梁的超筋问题。当连梁超筋时，采取在连梁中部设置水平缝的办法，将整个截面高度的连梁分割成两个截面高度相等（或相近）的小截面连梁，受计算手段的限制，结构设计中通常将开缝双连梁进行简单等效，即按连梁抗剪截面面积相等的原则等效（见图3.3.6-1c），等效连梁的宽度为小截面连梁宽度的 2 倍，高度与小截面连梁相等，按简单等效后的连梁截面进行结构分析计算，再根据计算结果对设置水平缝的连梁进行配筋设计。

2. 简单等效存在的问题

对"双连梁"按连梁抗剪截面面积相等的原则进行简单等效后，其截面的抗剪承载力没有改变，但等效引起了连梁实际抗弯承载力及受力状况的巨大改变。处理不当，连梁的强剪弱弯难以实现，在罕遇地震作用下有可能导致连梁失效，危及剪力墙（甚至整个结构）的安全。

在水平缝上下设置的连梁为一对组合连梁，与并排设置的两根同截面连梁完全不同，两根并排设置的连梁，其截面特性可以是每根连梁的简单叠加（$A=A1+A2$，$EI=EI1+EI2$），而上下并排设置的连梁的截面特性不再遵循两根梁的简单组合原则（$A=A1+A2$，$EI \neq EI1+EI2$），连梁的实际抗弯能力比两根并排设置的单梁有大幅度的提高，其主要原因是上、下设置的连梁承担着附加轴力，轴力形成的内力偶对外力起平衡作用，实际连梁的抗弯刚度与等效连梁之间存在很大的差异，此处以算例（由杨婷工程师完成）比较并说明之。

例 3.3.6-1 某单片钢筋混凝土剪力墙，墙厚 200mm，其他尺寸如图 3.3.6-1a，比较可以发现，按抗弯刚度相等原则等效的连梁截面为 200mm×1460mm，简单等效的连梁截面为 400mm×900mm，前者抗弯刚度是后者的 1.56 倍，是不开缝连梁（200×1900）的 0.454 倍。对连梁抗弯刚度估算的偏差将导致结构计算内力的很大变化：

1）在多遇地震作用下，连梁的超筋多为抗剪截面不够，采用简单等效的小截面高度连梁计算，则连梁抗弯刚度计算值过小，表面的计算结果合理，掩盖了实际连梁抗弯刚度大而引起的连梁抗剪承载力的不足（连梁强弯弱剪）的矛盾。而按小截面连梁计算出的连梁纵向钢筋，配置在实际抗弯刚度较大的双连梁上，将导致实际连梁吸收过多的地震弯矩，使连梁承担比计算大得多的地震剪力，不符合强剪弱弯的基本设计原则，地震作用时，极易出现梁端的剪切破坏，使连梁过早地退出工作；

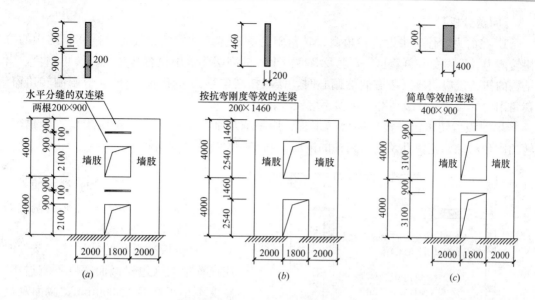

图 3.3.6-1 对双连梁的等效
(a) 等效前；(b) 按抗弯刚度等效；(c) 简单等效

2) 在罕遇地震作用时，由于连梁剪切破坏而退出工作，使连梁两侧的墙肢变成独立墙肢，导致墙肢地震作用效应的急剧增加，由于结构设计时没有按《高规》第 7.2.26 条的规定，未考虑在大震下连梁不参与工作，按独立墙肢进行第二次多遇地震作用下的结构内力分析，墙肢未按两次计算所得的较不利内力进行配筋设计，大震时墙肢存在破坏可能，结构构件的各个击破，给结构的防倒塌带来威胁。

3) 计算连梁的抗弯刚度计算值过小（注意：此处的连梁抗弯刚度计算值过小，与上述 2) 中的剪切刚度过小是不同的两个问题）时，将导致连梁分担的地震作用减小，大大加大了墙肢的负担（但即便如此，墙肢还不足以单独承担连梁剪切破坏时的地震作用），结构设计经济性差。

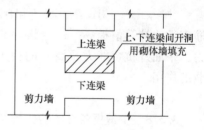

图 3.3.6-2 汶川地震区的双连梁

4) 汶川地震的震害调查发现，震区采用的"双连梁"如图 3.3.6-2，两根连梁之间留有较大的间距并用砌体墙填充。地震作用时，中间的填充墙首先破坏，起到耗能和保护连梁及剪力墙的作用。因此，结构破坏不严重。震害表明设置"双连梁"对抗震耗能有一定的作用，但此双连梁的设计计算方法有待进一步研究和改进，以期符合实际的受力状况。

3. 对超筋连梁可参考本章第 3.3.5 条的方法处理。

3.3.7 剪力墙结构中设置转角窗的处理

【问】 剪力墙住宅中常设置转角窗、转角阳台等，应采取怎样的加强措施？

【答】 设置转角窗、转角阳台等，破坏了墙体结构的连续性和封闭性，使地震作用无法直接传递，对结构抗震不利，尤其当结构的扭转效应明显时，应避免设置。必须设置时应根据工程的具体情况，采取切实有效的结构措施。

【问题分析】

1. 在剪力墙住宅中设置转角窗、转角阳台等破坏了结构的整体性，削弱了结构的抗扭转能力。应避免在强震区（8度及8度以上）的高层建筑中设置转角窗、转角阳台，当结构的扭转效应明显（考虑偶然偏心时，楼层扭转位移比大于1.2）时，应限制转角窗、转角阳台的设置。B级高度的房屋不应设置转角窗。

2. 对设置转角窗、转角阳台的工程，应采取局部加强措施，弥补由于设置转角窗、转角阳台对结构整体性及传力路径的削弱。其主要的结构加强措施有：

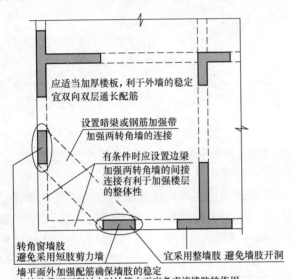

图 3.3.7-1 对设置角窗、角阳台的加强措施

1）在转角窗、转角阳台的上、下楼层应设置梁或暗梁，加强楼板的连接作用，及提高转角窗、转角阳台两侧的墙体稳定性。

2）转角窗所在的楼层，有条件时应设置边梁（边梁截面宽度不宜过小，宽度不小于墙宽及200mm，截面高度不小于400mm）。楼板应适当加厚，并宜双层双向通长配筋。楼板内应设置暗梁或钢筋加强带，加强两转角墙的连接。

3）转角窗、转角阳台两侧的墙体宜采用整肢墙，避免墙肢开洞，不应采用短肢剪力墙。墙肢宜加厚，并应适当加大墙肢的平面外配筋（建议钢筋直径比计算值提高一个等级，或同比增加钢筋的截面面积），提高墙肢的抗扭转能力、平面外抗弯能力及墙肢的稳定性。当墙肢截面面积过小时，计算中不应考虑该墙肢的作用。

3.3.8 少量框架柱的剪力墙结构

【问】 剪力墙结构中只有很少量的框架柱时该如何设计？

【答】 当剪力墙结构中只有很少量的框架柱时，可确定为少量框架柱的剪力墙结构（结构体系的划分原则见本书第3.1.1条），房屋适用的最大高度可按框架-剪力墙结构确定，对剪力墙及框架进行包络设计。

【问题分析】

对少量框架的剪力墙结构进行包络设计时，应注意以下几点：

1. 带少量框架柱的剪力墙结构，其结构体系没有变化，仍属于剪力墙结构，结构的侧向位移限值按剪力墙结构确定。

2. 剪力墙的抗震等级按纯剪力墙结构确定；框架柱的抗震等级可不低于剪力墙，或按框架-剪力墙结构中的框架确定（一般情况下，按框架-剪力墙结构中的框架确定的抗震等级不低于按同等房屋高度确定的纯剪力墙结构的抗震等级，但在少量框架柱的剪力墙结构中，柱的数量少，加强的量有限）。

3. 结构分析分两步（剪力墙及框架的抗震等级按上述 2 确定）。

1）对框架柱按特殊构件处理，不考虑框架柱的抗侧作用，框架柱只承担竖向荷载（在 SATWE 程序中可将柱定义为两端铰接柱）。

2）按框架-剪力墙结构计算，需对框架进行剪力调整。

按上述两步计算的较不利值对剪力墙及框架柱进行包络设计（见图 3.3.8-1）。

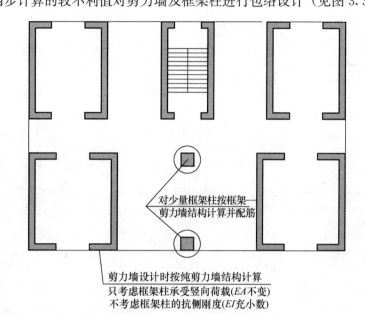

图 3.3.8-1 对少量框架柱的剪力墙结构的包络设计

3.4 钢筋混凝土框架-剪力墙结构设计

【要点】

钢筋混凝土框架-剪力墙结构由框架和剪力墙两部分组成，由于框架和剪力墙自身的侧向刚度差异很大，需要考虑框架和剪力墙的协同工作。同时剪力墙数量的多少直接决定在规定水平力作用下结构底部的倾覆力矩数值，并以此确定其结构体系及结构的动力特性。

框架-剪力墙结构除应分别满足规范对框架及剪力墙的设计要求外，还应符合其特殊的设计规定。

3.4.1 剪力墙周边的边框设置

【问】《抗震规范》第 6.5.1 条要求：抗震墙周边应设置梁（或暗梁）和端柱组成的边框，如果设置暗柱是否可行？

【答】 在框架-剪力墙结构中的剪力墙周边应设置梁（或暗梁）和端柱组成的边框，柱网轴线的剪力墙应设置端柱，其他位置的剪力墙可设置暗柱。

【问题分析】

1. 一般情况下，框架-剪力墙结构中的剪力墙数量较剪力墙结构少，且平面布置或是分散、或是较多地集中在平面的中部区域。框架-剪力墙结构中的剪力墙比剪力墙结构中的剪力墙重要得多，因此，有必要采取措施加强剪力墙的整体性。

2.《抗震规范》规定要求设置边框的剪力墙，主要指与框架相连的剪力墙（一般是柱网位置的剪力墙），该剪力墙属于较重要的剪力墙，且具备设置边框柱的条件。因此，应该设置边框柱与梁（或暗梁）组成的边框。见图3.4.1-1。

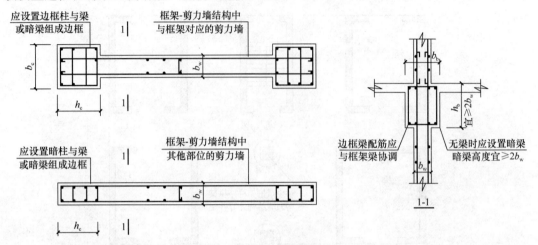

图 3.4.1-1　剪力墙边框的设置要求

这里的边框柱与《抗震规范》第6.4.5条中的端柱不同，《抗震规范》第6.4.5条的端柱主要用来约束墙体并提高墙体的稳定性能，而这里的端柱，主要与梁或暗梁形成闭合的边框，给剪力墙提供约束。因此，不一定要求端柱截面满足《抗震规范》第6.4.5条的规定。为便于与《抗震规范》第6.4.5条的端柱区分，此处定义为边框柱。

3. 其他位置的剪力墙，当端部不具备设置边框柱条件时，可设置暗柱与梁（或暗梁）组成的边框。

4. 暗梁高度一般不宜小于剪力墙厚度的2倍，或500mm。

5. 边框梁截面及配筋应与框架梁相协调，边框梁纵向钢筋宜通长配置。当框架梁配筋较大时，应适当加大边框梁端部的纵向钢筋，并适当加密边框梁的梁端箍筋。当施工图采用平面绘图法时，边框梁宜与框架梁一同绘制，综合配筋。

6. 剪力墙设置边框，提高了剪力墙的整体稳定性，使带边框剪力墙具有更大的抗弯承载力，但单纯加大剪力墙的抗侧刚度，而不注意采取确保剪力墙强剪弱弯的结构措施（如当剪力墙侧向刚度过大时，可采取开竖缝或开计算洞等措施），对结构抗震反而有害。实际工程中应特别注意剪力墙的强剪弱弯问题，在特定情况下（如剪力墙数量足够多时），适当减小各剪力墙的抗弯刚度，提高其变形能力，会更有利于结构抗震。

3.4.2　端柱的设计计算

【问】剪力墙设置端柱时，计算程序可按墙+柱模型计算，是否合理？

【答】墙端设置端柱时，墙采用墙元而端柱采用柱模型，造成对同一结构构件采用不同计算单元进行模拟，由于不同计算单元之间的模型化差异及相互的变形协调问题，常造成计算结果怪异，设计计算时应引起足够的重视。

3.4 钢筋混凝土框架-剪力墙结构设计

【问题分析】

1. 首先应该明确：端柱是剪力墙的一部分，只不过形状像柱，但不是柱，是墙。设置端柱的根本目的在于对剪力墙提供约束作用，并有利于剪力墙的平面外稳定。

2. 有端柱的剪力墙，其竖向荷载往往主要集中在端柱上。依据圣维南原理，在竖向荷载作用点以下足够远处，由于混凝土对竖向荷载的扩散作用（扩散角为45°），其竖向荷载不完全由端柱自己承担，而由墙肢全截面共同承担。端柱与墙体共同承担竖向荷载及由竖向荷载引起的弯矩，在这里墙体始终是承担竖向荷载的主体（见图 3.4.2-1）。

对有端柱的剪力墙，程序建议按墙＋柱模型计算（见图 3.4.2-2），主要出于对墙平面外刚度的考虑，模拟的是有端柱墙的平面外刚度，而这种柱、墙分离式的等效处理方法，存在下列主要问题：

1) 带端柱墙的计算面积误差，端柱与墙的总截面面积比实际情况增加了约 b_w^2，约为 1/4 的端柱面积，直接影响带端柱剪力墙的抗剪承载力（墙肢截面长度越小，其计算误差越大，且偏于不安全）。

2) 墙肢长度缩短了约 b_w，加大了带端柱剪力墙的面内刚度计算误差。

3) 计算的模型化误差。采用柱、墙不同单元计算时，带端柱剪力墙的平面内侧向刚度由柱刚度及剪力墙的面内刚度组成，而剪力墙的面内刚度与剪力墙的有限元划分有关，有限元划分越细，墙的刚度越小，相应地，端柱承担的内力值也大；反之则墙的刚度大，端柱分担的内力份额减少。还由于墙元模型和柱单元模型之间的内力完全取决于柱、墙之间的变形协调（主要是端柱与剪力墙的轴向变形协调问题），而影响结构构

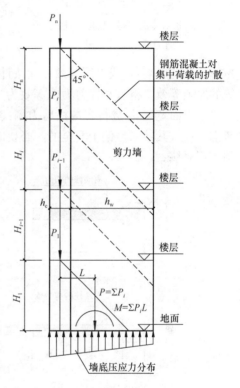

图 3.4.2-1 钢筋混凝土对竖向荷载的扩散

件竖向变形的因素很多（有上部结构自身的原因，也有地基基础的影响等），目前情况下要准确计算端柱与剪力墙肢的变形差异是很困难的，结构计算中也难以考虑图 3.4.2-1 所示的压应力扩散的作用。采用柱、墙分离式计算，常导致同一结构构件内端柱与墙肢的计算压应力水平差异很大。当不考虑结构构件的轴向变形时，往往夸大了柱子承受竖向荷载的能力，造成柱墙轴力的绝大部分由端柱承担，而剪力墙只承担其中的很小部分，端柱配筋过大，计算不合理。而当过多地考虑结构构件的轴向变形时，又常常造成剪力墙墙肢承担的压应力水平高于端柱，计算结果也不合理。

4) 容易产生概念的误区。柱、墙分离式等效处理方法的采用，常使设计者混淆端柱与框架柱的本质区别。应该明确端柱不是柱而是墙，应强调端柱与墙的整体概念。柱、墙分离式等效处理方法可作为设计的辅助计算方法，而不应作为首先推荐的方法。

5) 程序采用墙＋柱的输入模式，会出现端柱的抗震等级同框架的情况（这个问题很

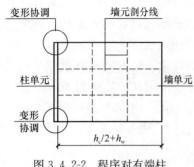

图 3.4.2-2 程序对有端柱剪力墙的计算模型

容易被忽视)。而在框架-剪力墙结构中,框架的抗震等级一般不会高于剪力墙的抗震等级,会出现偏不安全的情况,应人工修改端柱的抗震等级,使其同剪力墙。

3. 当采用墙+柱计算模型的计算结果怪异时,建议可在端柱与墙之间开计算洞(仅为计算需要而设置,实际不开洞),设置刚度很大的短连梁,形成"柱+连梁+墙"的计算模型,也可直接按墙长为 (h_c+h_w),墙厚为 b_w 计算,端柱在构造设计中考虑(边缘构件的配筋计算及墙的平面外稳定验算时,可考虑端柱的影响),或采用等效截面法计算复核(按墙的截面总高度不变,墙截面面积相等的原则等效,将有端柱剪力墙等效为矩形截面剪力墙,见图 3.4.2-3b),并可直接按墙的等效截面宽度 b'_w 进行有端柱剪力墙的平面外稳定验算,此时,由于对端柱的有利作用考虑不足,其结果是偏于安全的。必要时可考虑实际端柱截面对墙肢稳定的有利影响,采用手算复核。

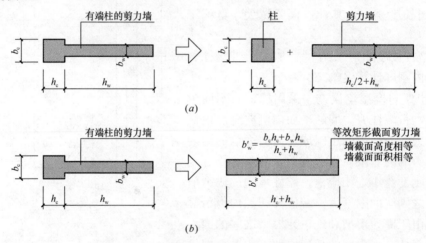

图 3.4.2-3 有端柱的剪力墙
(a) 程序的计算等效;(b) 建议采用的计算等效

3.4.3 框架与剪力墙的基础设计

【问】 框架-剪力墙结构中,剪力墙考虑地震作用组合时其平面内的基础内力很大,基础面积也很大,基础设计困难,而框架柱下基础面积则往往小许多,是否合理?

【答】 在框架-剪力墙结构中,剪力墙作为第一道防线吸收了很大部分的地震作用,同时当剪力墙布置相对集中时,考虑地震作用组合时的基础面积较大(采用桩基时的桩数较多),而框架柱下则基础面积较小,框架柱与剪力墙基础的差异沉降较大,这对框架-剪力墙结构的正常使用极为不利,应采取必要的结构措施,适当减小地震作用下剪力墙的基础面积。

【问题分析】

1. 和少量剪力墙的框架结构中对剪力墙下基础的设计要求(见本章第 3.2.3 条)一样,

框架-剪力墙结构体系中的剪力墙及框架，具有承受竖向荷载不均匀、承担地震作用不均匀的特点。而地基基础设计主要应满足正常使用极限状态的要求，同时兼顾地震作用的影响，避免由于考虑地震作用组合导致剪力墙与框架柱基础的巨大差异，加剧地基的不均匀沉降，影响结构的安全及正常使用。对无地下室的结构，应引起特别注意（见图3.4.3-1）。

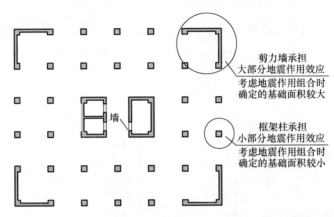

图 3.4.3-1　无地下室时柱、墙下基础的设计要点

2. 还应注意：当按地震作用标准组合效应确定基础面积或桩数量时，应充分考虑地基基础的各种有利因素，以避免基础面积过大或桩数过多。以天然地基为例，确定基础底面积时，应充分考虑地基承载力的深宽修正，必要时甚至可考虑基础垫层对基础面积的贡献，以适当减少剪力墙下的基础面积，并使剪力墙下基础面积与正常使用状态下需要的面积相差不能太多，否则，会加大剪力墙与框架柱的不均匀沉降。

3. 框架-核心筒、板柱-剪力墙等结构体系中，对剪力墙基础及框架柱基础设计时，都应该注意类似的问题。避免不合理的基础设计加剧剪力墙与框架柱的不均匀沉降。

4. 在施工程序及连接构造上，应采取措施减小剪力墙与框架柱的竖向变形差异（参考本书第3.6.2条）。

3.5　框架-核心筒结构、板柱-剪力墙结构

【要点】
钢筋混凝土框架-核心筒结构与板柱-剪力墙结构在结构形式的定义上及典型平面上有较多的相似之处，但两者房屋的最大适用高度却相差甚远（相差2～3倍），结构设计中对结构体系应予以重点把握。同时框架-核心筒结构与框架-剪力墙结构也有相似之处，合理把握它们的区别可以充分利用各结构体系的特点，采取相应的结构措施。

3.5.1　框架-核心筒结构与板柱-剪力墙结构的异同

【问】　框架-核心筒结构与板柱-剪力墙结构在结构定义及典型平面上差别不大，而两者的房屋最大适用高度却相差很大，实际工程中如何把握？

【答】　由于规范对框架-核心筒结构与板柱-剪力墙结构的定义重在定性区别上，没有明确的定量标准，实际工程中把握困难。结构设计中，建议从典型平面出发，把握两种结构体系的差别。当房屋高度较高时，应慎用板柱-剪力墙结构。

3 钢筋混凝土结构设计

【问题分析】

1. 规范对板柱-剪力墙结构与框架-核心筒结构房屋的最大适用高度限值见表 3.5.1-1。结构体系的不同，房屋最大适用高度相差很大。

板柱-剪力墙结构、框架-核心筒结构房屋的最大适用高度（m）　　表 3.5.1-1

结构体系		非抗震设计	抗震设防烈度				
			6度	7度	8度 (0.2g)	8度 (0.3g)	9度
板柱-剪力墙		110	80	70	55	40	不应采用
框架-核心筒	A级高度	160	150	130	100	90	70
	B级高度	220	210	180	140	120	—

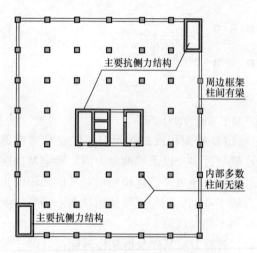

图 3.5.1-1　板柱-剪力墙结构的典型平面

2. 板柱-剪力墙结构与框架-核心筒结构的典型平面见图 3.5.1-1 及图 3.5.1-2，定性把握要点见表 3.5.1-2。

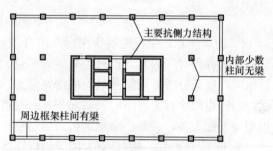

图 3.5.1-2　框架-核心筒结构的典型平面

板柱-剪力墙结构与框架-核心筒结构的异同　　表 3.5.1-2

序号	情况	板柱-剪力墙结构	框架-核心筒结构	比较与把握
1	梁的布置	楼层平面除周边框架柱之间有梁，楼梯间有梁	楼层平面周边框架柱之间有梁	共同点：楼层周边有梁
		内部多数柱之间不设梁	仅有少数主要承受竖向荷载的柱不设梁	共同点是内部有不设梁的柱。不同点在于"多数"与"少数"
2	剪力墙的布置	剪力墙或核心筒按需要布置。无特殊的位置限制，不一定要设置成核心筒	强调剪力墙应设置成核心筒，并布置在平面中部	共同点：均有剪力墙。不同点在于剪力墙位置和剪力墙是否成筒
3	主要抗侧力结构	剪力墙	框架及核心筒	主要抗侧力结构不同

3. 从表 3.5.1-2 可以看出，当板柱-剪力墙结构在平面中部也设置核心筒时，其与框架-核心筒结构的主要区别在于对无梁框架柱"多"与"少"的把握上，两种结构体系之间没有明确的划分界限。以图 3.5.1-2 为例，左右两侧各两根框架柱时，可以认为是无梁框架柱"较少"，如果上下各再增加三根无梁框架柱、乃至核心筒四角以外再增加一根无梁框架柱时，是否还能认为无梁框架柱较少呢？这种结构体系划分的不确定状况，给结构设计及施工图审查带来相当的困难。

4. 建议：在框架-核心筒结构中，周边框架与内部核心筒之间主要承受竖向荷载的无

梁框架柱应控制在核心筒外围一排,见图3.5.1-3。结构设计时,应采取相应的结构措施,对框架-核心筒结构进行包络设计:

1)只考虑无梁框架柱承受竖向荷载的作用,不考虑其抗侧作用,按竖向刚度 EA 不变,EI 为零的特殊构件计算,其计算结果主要用于核心筒及周边框架的结构设计;

2)考虑无梁框架柱的抗侧作用,按框架与核心筒共同工作计算,其计算结果主要用于无梁框架柱的设计。

5. 板柱-剪力墙结构作为一种特殊的结构形式,规范对其结构体系的使用有较多的限制条件,同时也作出了较为详细的构造规

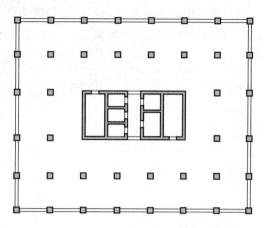

图 3.5.1-3 框架-核心筒结构内部无梁框架柱的数量限值

定。板柱-剪力墙结构中的剪力墙为结构主要的抗侧力构件,规范要求剪力墙承担结构的全部地震作用,各层板柱应能承担不少于各层全部地震作用的 20%。其构造要求可归纳如表 3.5.1-3。

板柱-抗震墙结构的构造要求   表 3.5.1-3

项 目		构 造 要 求
剪力墙	底部加强部位及其上一层的墙体	按《抗震规范》第 6.4.5 条设置约束边缘构件
	其他部位	按《抗震规范》第 6.4.5 条设置构造边缘构件
柱及剪力墙端柱的抗震构造措施		同框架结构中的框架柱
房屋周边和楼、电梯洞口周边		应采用有梁框架
8 度时宜采用有托板或柱帽的板柱节点	托板或柱帽根部厚度(mm)	包含板厚在内的总厚度宜≥16d,d 为柱纵筋直径
	托板或柱帽边长(mm)	宜≥4h+h_c,其中 h 为板厚,h_c 为柱截面相应边长
房屋的屋盖和地下一层的顶板		宜采用梁板结构
无柱帽平板宜在柱上板带中设置构造暗梁	构造暗梁宽度	宜取柱宽加柱两侧各≤1.5h,h 为板厚
	构造暗梁的配筋	暗梁上、下纵向钢筋应分别取柱上板带上、下钢筋总截面面积的 50%
		下部钢筋宜≥50% 的支座上部钢筋面积
		纵筋直径宜大于板带钢筋,(且<b_c/20,b_c 为柱截面边长)
无柱帽柱上板带的板底钢筋的搭接位置		宜在距柱边≥2l_{aE}处,端部宜有垂直于板面的弯钩

注:表中 l_{aE} 为柱上板带纵向钢筋的锚固长度,按《混凝土规范》第 11.1.7 条规定取值。

6. 在板柱-剪力墙结构设计中,应特别注意等代框架的柱上板带钢筋在房屋周边框架梁的锚固问题:

1)等代框架除少量钢筋在边框架柱内有效锚固外,其余钢筋均在边框架梁内锚固(见图 3.5.1-4)。

2)等代框架端支座的弯矩转换为边框架梁的扭矩,需要靠边框架梁的抗扭能力来传递等代框架梁端部弯矩,利用的是混凝土构件的最弱项——抗扭能力,设计不合理。且常由于设计者采用扭矩折减系数(如取 0.4),造成设计内力的丢失。

3)由于等代框架梁端部实际承受的弯矩较小,应相应加大等代框架的边跨跨中及第一内支座的弯矩设计值。

4) 应采取措施提高周边框架梁的抗扭能力,确保等代梁弯矩的有效传递。优先考虑采用抗扭刚度相对较大的宽扁梁,或在边框架梁端部设置水平加腋(见图3.5.1-5)。

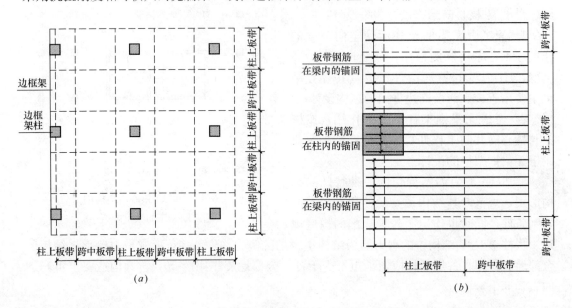

图 3.5.1-4 等代框架钢筋在边支座的锚固
(a) 无梁楼盖结构的等代框架 (b) 钢筋在边框架的锚固

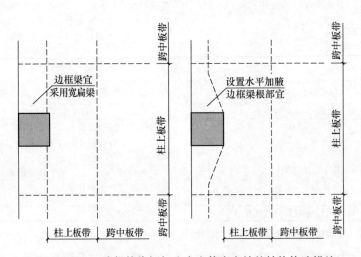

图 3.5.1-5 确保等代框架边支座传力有效的结构构造措施

3.5.2 框架-核心筒结构与框架-剪力墙结构的区别

【问】 当房屋高度没有超过框架-剪力墙结构的最大适用高度时,但采用框架-核心筒结构形式时,核心筒角部边缘构件的要求要比框架-剪力墙结构严格得多,是否可不执行框架-核心筒结构的设计规定?

【答】 框架-核心筒结构与一般框架-剪力墙结构相比,由于核心筒剪力墙形成筒体,其抗震性能要优于分散布置的剪力墙,有条件时,应执行框架-核心筒结构对核心筒角部的边缘构件的设置规定,以获得结构更好的抗震性能。当房屋高度小于框架-剪力墙结构最大适用高度限值较多时，可按框架-剪力墙结构设计。

【问题分析】

1. 规范对框架-核心筒结构与框架-剪力墙结构房屋的最大适用高度限值见表 3.5.2-1。结构体系不同，房屋最大适用高度相差明显（8 度 A 级高度房屋除外）。

框架-剪力墙结构、框架-核心筒结构房屋的最大适用高度（m）　　表 3.5.2-1

情况	结构体系	非抗震设计	抗震设防烈度				
			6 度	7 度	8 度 (0.2g)	8 度 (0.3g)	9 度
A 级高度	框架-剪力墙	150	130	120	100	80	50
	框架-核心筒	160	150	130	100	90	70
B 级高度	框架-剪力墙	170	160	140	120	100	—
	框架-核心筒	220	210	180	140	120	—

2. 之所以框架-核心筒结构的房屋最大适用高度较多地超出框架-剪力墙结构，是因为剪力墙形成筒体后结构的整体牢固性得到很大的加强，结构的抗震性能较框架-剪力墙（剪力墙分散布置，没有形成整体）结构提高很多。结构设计中有条件时应优先考虑将剪力墙围成筒体，以改善结构的抗震性能。

3. 对框架-核心筒结构，除应满足对框架-剪力墙结构的一般要求外，规范对核心筒四角的边缘构件设置提出了具体而明确的要求：

1) 框架-核心筒结构的核心筒筒体底部加强部位及相邻上一层不应改变墙体厚度。

2) 一、二级筒体角部的边缘构件应按下列要求加强（见图 3.5.2-1～图 3.5.2-3）：

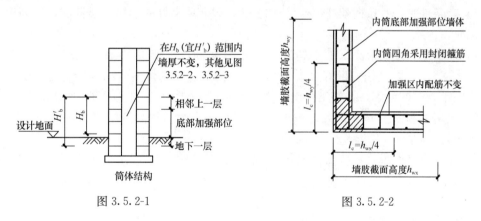

图 3.5.2-1　　　　　　　　　图 3.5.2-2

（1）底部加强部位，约束边缘构件沿墙肢的长度应取墙肢截面高度（对于小开口剪力墙，墙肢截面高度不宜扣除洞口宽度，即按包含洞口在内的整墙计算）的 1/4，且约束边缘构件范围应采用箍筋或以箍筋为主；

（2）底部加强部位以上的全高范围内宜按《抗震规范》第 6.4.5 条的转角墙设置约束边缘构件。

3) 同时可采用框架-剪力墙结构及框架-核心筒结构的工程，采用不同结构体系的最大区别在于：抗震等级的确定及核心筒角部边缘构件的设置要求不同。采用框架-剪力墙结构可以根据房屋的高度确定抗震等级，而采用框架-核心筒结构则根据设防烈度确定抗震等级，且抗震等级不低于框架-剪力墙结构，同时，核心筒角部边缘构件的设置要求要明显高于框架-剪力墙结构。例3.5.2-1的简单比较就可以发现规范规定的存在问题。

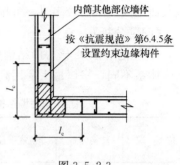

图3.5.2-3

例3.5.2-1 7度抗震设防的某丙类建筑，房屋高度65m，楼、电梯井位于房屋平面中部，周围可设置剪力墙。同时具备采用框架-剪力墙及框架-核心筒结构的条件。当采用框架-核心筒结构（楼、电梯周围的剪力墙形成筒）时，结构整体性强，抗震性能好，按现行规范确定框架及核心筒剪力墙的抗震等级为二级，核心筒角部边缘构件设置要求高；而采用框架-剪力墙结构（楼、电梯周围的剪力墙不形成筒），结构整体性、抗震性能均较差，按现行规范确定框架及剪力墙的抗震等级均为二级。比较可以发现：采用框架-剪力墙结构可以得到降低要求的"规范奖赏"，明显不合理。

《抗震规范》第6.1.2条《高规》第3.9.3条规定：当框架-核心筒结构的高度不超过60m时，其抗震等级应允许按框架-剪力墙结构采用，规范的上述规定实际上只降低了框架-核心筒结构的抗震等级，而对核心筒角部边缘构件的设置要求没有降低，且并没有回答为什么可以同时采用两种结构体系的房屋，而不能完全按框架-剪力墙结构设计的问题。

4. 当房屋高度不超过框架-剪力墙结构房屋最大适用高度限值，结构设计中同时具备采用框架-核心筒结构体系时，可根据房屋高度的具体情况，结合业主对设计经济指标的要求，对结构体系灵活把握。建议如下：

1) 有条件时，宜按框架-核心筒结构设计，以获取良好的结构抗震性能，提高房屋的结构品质。

2) 当房屋高度不很高（如不超过规范对A级高度框架-剪力墙结构最大适用高度限值的80%）时，也可按框架-剪力墙结构设计。为避免结构体系与结构措施之间的差异造成施工图审查时的误解，在施工图设计文件中应将结构体系描述为框架-剪力墙结构。

3) 当房屋高度接近A级高度框架-剪力墙结构最大适用高度限值时，宜按框架-核心筒结构设计。

4) 严格意义上说，规范对框架-核心筒结构的特殊要求，只适用于房屋高度较高而不能采用框架-剪力墙结构的房屋。

3.5.3 核心筒连梁的暗撑设置

【问】 抗震等级一、二级的核心筒连梁应按规范要求设置交叉暗撑，但现场钢筋交叉过多，施工困难，是否可以改为设置交叉钢筋？

【答】 对按规定应设置交叉暗撑的连梁，当施工确有困难时，可改为设置交叉钢筋，但同时应加强对连梁箍筋的验算。

【问题分析】

1.《抗震规范》第6.7.4条规定：一、二级核心筒和内筒中跨高比不大于2的连梁，当梁截面宽度不小于400mm时，可采用交叉暗柱配筋，全部剪力应由暗柱的配筋承担，并按框架梁构造要求设置普通箍筋；当梁截面宽度小于400mm且不小于200mm时，除普通箍筋外，可另加交叉构造钢筋，见图3.5.3-1。

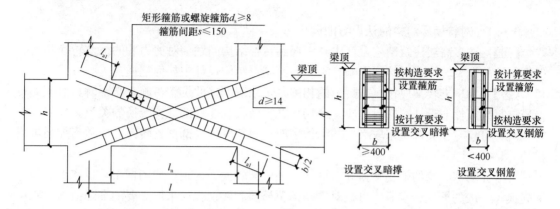

图3.5.3-1 暗撑设置要求

2. 影响暗撑设置与施工的钢筋有：连梁的分布钢筋、箍筋及纵向钢筋、连梁两端剪力墙暗柱的纵向钢筋及箍筋等，扣除钢筋保护层及各钢筋直径后，实际工程中要在宽度400mm的连梁内设置暗撑是十分困难的，即便勉强把暗撑钢筋设置就位也很难保证连梁及其两侧暗柱的混凝土质量。一般情况下，连梁宽度小于500mm时，暗撑很难设置。

3. 连梁暗撑及交叉钢筋的设置应结合工程具体情况确定，并应采取相应的结构措施：

1) 当连梁截面宽度较大时，应按规范要求设置暗撑，连梁的全部剪力由暗撑承担，连梁的箍筋按构造配置（注意：结构计算中暗撑和箍筋的抗剪作用不同时考虑，箍筋按构造要求设置）。其中："连梁截面宽度较大"指：满足暗撑设置及施工对连梁的宽度要求，一般情况下，当连梁截面宽度不小于500mm时，应设置暗撑。暗撑的计算及构造要求见《高规》第9.3.8条。

2) 当连梁截面宽度小于500mm且不小于200mm时，宜设置构造交叉钢筋，连梁的全部剪力由普通箍筋承担（注意：结构计算中箍筋与交叉钢筋的抗剪作用不同时考虑，但此处做法与设置暗撑时不同，交叉钢筋按构造要求设置）。构造交叉钢筋不应少于4根直径14mm的钢筋。

4. 施工过程中由于暗撑设置困难而需改用交叉钢筋时，应注意查验原结构设计时暗撑设置的原则。当原设计中连梁的全部剪力由暗撑承担时，应特别注意改用交叉钢筋后需增配普通箍筋，并符合全部剪力由普通箍筋承担的设计原则。

3.6 复杂高层建筑结构

【要点】

复杂高层建筑结构包含带转换层的结构、带加强层的结构、错层结构、连体结构和多塔楼结构。复杂高层建筑均为不规则结构，受力复杂，应采用两个不同力学模型的计算程序计算，对受力复杂部位应采用有限元等方法进行详细的应力分析，了解应力分布情况，并按应力进行配筋校核。应按双向地震作用及偶然偏心的不利值对结构进行规则性判别（见本书第2.4.2条），并采取合理的抗震构造措施等。

本节内容为结构施工图审查和抗震超限审查的重点内容。

3.6.1 对转换层结构的认识与把握

【问】 在多高层建筑结构设计中经常遇到转换结构问题。对剪力墙的框支转换和对一般框架柱的框架转换，对结构影响有很大的不同，结构设计中如何把握？

【答】 对框支转换应按《高规》的相关要求采取严格的抗震措施，必要时，对框支转换应进行抗震性能设计。同时也应区分局部框支转换和非局部框支转换的关系。局部框支转换时，可仅对相关部位采取必要的结构措施；对特殊的局部框支转换，应适当加强抗震措施。

应区分对剪力墙的框支转换和对框架柱的框架转换，区别一般的框架转换和重要的框架转换。一般的框架转换时，可仅对转换部位楼盖和转换托梁采取必要的加强措施。对重要的框架转换，应根据工程的具体情况，采取高于一般框架转换（而不高于框支转换）的抗震措施，必要时，对重要的框架转换应进行抗震性能设计。

转换结构分类及设计对策汇总见表3.6.1-1。

转换结构的分类及设计对策　　　　　　　表3.6.1-1

转换结构分类		转换结构的特征	设计对策	说　　明
框支转换	一般框支转换	$50\%A_w \geq A_{wc} > 10\%A_w$	按《高规》对框支转换的要求	A_{wc}为需转换的剪力墙面积；A_w为落地与不落地剪力墙的总面积
	局部框支转换 一般的局部框支转换	$A_{wc} \leq 10\%A_w$且楼板对转换构件的约束较强	房屋的最大适用高度可不降低，仅对相关部位采取必要的结构措施	
	特殊的局部框支转换	$A_{wc} \leq 10\%A_w$但楼板对转换构件的约束较差	采取比一般的局部框支转换更有效的结构措施	
框架转换	一般的框架转换	一般结构、被转换的上部柱数量不多、其承受的竖向荷载较小、转换梁的跨度较小、周围楼板对转换构件约束较好、转换层在建筑底部以上区域	仅对相关部位采取必要的结构措施	
	重要的框架转换	重要结构、被转换的上部柱数量较多、其承受的竖向荷载较大、转换梁的跨度较大、周围楼板对转换构件约束较差、转换层在建筑底部区域、被转换的框架柱非常重要	参照框支转换采取适当的加强措施	

【问题分析】

1. 结构的转换分为对上部剪力墙的转换（一般称其为框支转换）和对上部框架柱的转换（一般称其为框架转换）。在框支转换中，转换不仅改变了上部剪力墙对竖向荷载的传力路径，而且将上部侧向刚度很大的剪力墙转换为侧向刚度相对较小的框支柱，转换层上下的侧向刚度比很大，形成结构薄弱层或软弱层，引起地震剪力的剧烈变化，对结构的抗震极为不利，应采取严格而有效的抗震措施。而在框架转换中，转换虽然也改变了上部框架柱对竖向荷载的传力路径，但转换层上部和下部的框架刚度变化不明显，属于一般托换，对结构的抗震能力影响不大，其抗震措施可比框支转换适当降低。

由于《高规》在第10.2节中没有明确区分框支转换和框架转换，加大了对转换结构设计的难度。因此，结合相关规定，明确转换结构的概念，区分并把握好转换结构类型是做好转换结构设计工作的重要前提。

2.《高规》第10.2.1条规定，"在高层建筑的底部，当上部楼层部分竖向构件（剪力墙、框架柱）不能直接连续贯通落地时，应设置结构转换层"。理解上述规定时应注意规范的下列关键用词：

1）"高层建筑的底部"——规范明确了《高规》所涉及转换的位置，就是在高层建筑的底部。对高层建筑的底部可从以下两方面理解：

（1）对剪力墙转换时，可将《高规》第10.2.5条限定的底部大空间层数确定为其底部的范围（见表3.6.1-2），其中，6度区底部大空间的层数可按不超过6层控制。当底部大空间层数超过表3.6.1-2的数值时，应报请进行抗震设防超限审查。

底层大空间部分框支剪力墙高层建筑结构在地面以上的大空间层数 表3.6.1-2

设防烈度	8	7	6	备 注
底层大空间层数	≤3	≤5	比7度适当增加	≥3时属高位转换

注意：表3.6.1-2控制的是"地面以上大空间层数"，一般可不考虑由于上部结构嵌固端下移的影响，如某高层建筑工程，抗震设防烈度为8度，地面以上第1、2层为大空间楼层，由于地下室顶面不能作为上部结构的嵌固部位而导致嵌固端下移至地下一层地面（注意：上部结构的嵌固部位应按图3.1.5-5确定。按文献［6］确定的嵌固部位不是真正意义上的嵌固部位，不能作为判别底部大空间层数的依据），此时，地面以上大空间的层数仍按2层计算（注意：还应根据工程的具体情况，对上部结构及地下室顶面采取相应的结构加强措施，详见本章第3.1.5条）。

（2）对框架柱转换时，由于转换层上下不存在明显的刚度突变问题，因此，对一般框架转换可不限制转换层的位置。可将地面以上1/3房屋高度范围内确定为建筑的底部，此范围内的框架转换应采取适当加强措施。

2）"上部楼层部分竖向构件（剪力墙、框架柱）"——明确了只适用于"上部楼层部分竖向构件"的转换，这也就是我们经常要控制落地剪力墙数量（一般情况下，可控制落地剪力墙的面积不小于全部剪力墙面积的50%）的原因；同时也明确了结构的转换不仅适用于建筑底部的剪力墙，同样也适用于框架柱。当转换构件承托的上部楼层竖向构件为剪力墙时，上部剪力墙被称作为"框支剪力墙"，相应的转换被称作为框支转换；当转换构件承托的上部楼层竖向构件为框架柱时，相应的转换被称作为框架转换。规范对剪力墙的转换有严格的位置（层数）要求，而对框架转换没有明确的层数限制要求。

3）根据转换位置和转换区域的大小，框支转换又可分为一般框支转换和局部框支转换。

4）应避免对边柱、边剪力墙的转换，不应对角柱、角部剪力墙进行转换。

3. 对局部框支转换的把握

1）和一般框支转换不同，局部框支转换的框支剪力墙数量少，且楼面结构对转换层有较强的约束，此类转换，一般不会产生明显的结构薄弱层效应。

2）《抗震规范》第6.1.1条：当剪力墙结构仅少量剪力墙不连续，需转换的剪力墙面积不大于剪力墙总面积的10%时，可仅加大水平力转换路径范围内的板厚、加强此部分的板配筋（图 3.6.1-1），并提高转换结构的抗震等级。框支框架的抗震等级应提高一级，特一级时不再提高。房屋的最大适用高度可按一般剪力墙采用（注意：此时房屋的最大适用高度的限值可不考虑结构的框支问题）。

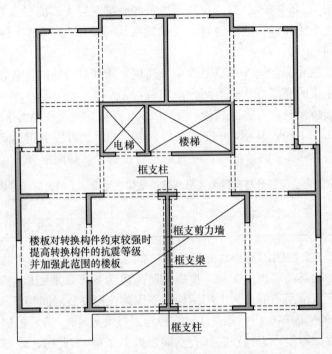

图 3.6.1-1　一般的局部框支转换

3）注意：上述规定仅适用于"剪力墙结构"，是因为，相对于框架-剪力墙或筒体结构中的剪力墙，剪力墙结构中的剪力墙由于其分布更加均匀，各单片剪力墙的重要程度要低于"框架-剪力墙或筒体结构"中的剪力墙。

4）还应注意：转换的平面位置也是影响局部框支转换的重要因素，对位于结构边缘部位的局部框支转换（图 3.6.1-2），除满足上述对局部框支转换的一般要求外，还应适当加强与之相关部位的构造措施，确保转换的合理有效。

4. 对框架柱转换的把握

1）规范对框架柱的转换没有明确的层数限制，结构设计时只需要满足《高规》对框架柱转换的要求，不必执行《高规》对部分框支剪力墙结构的设计要求。

2）广东省[6]和江苏省[7]还规定：对建筑物上部（注意：此处与《高规》第 10.2.1 条的"高层建筑结构的底部"相对应）楼层仅部分柱不连续时，可仅加强转换部位楼盖，但转换托梁的承载力安全储备应适当提高，内力增大系数不宜小于 1.1，托梁的构造按实际的受力情况确定。

3）可根据工程的具体情况，将框架转换分为一般的框架转换和重要的框架转换两部分，当为一般结构、被转换的上部柱数量不多、其承受的竖向荷载较小、转换梁的跨度较小、周围楼板对转换构件约束较好、转换层在建筑底部以上区域时，可确定其为一般的框架转换（见图 3.6.1-3），执行上述 2）的规定；当为重要结构、被转换的上部柱数量较多、其承受的竖向荷载较大、转换梁的跨度较大、周围楼板对转换构件约束较差、转换层

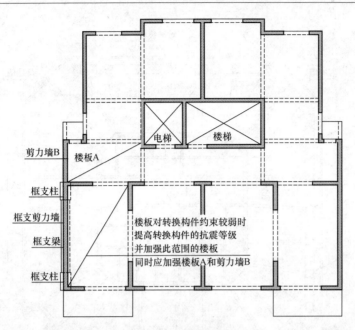

图 3.6.1-2 特殊的局部框支转换

在建筑底部区域、或当被转换的框架柱非常重要（被转换的框架柱失效将导致结构的全部或局部倒塌）时，可确定为重要的框架转换（见图 3.6.1-4），应参照建筑底部范围的框支转换而采取适当的加强措施，必要时应按性能设计要求设计转换构件及相关支承构件。

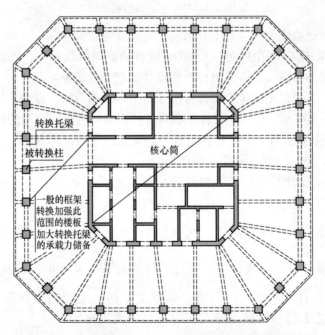

图 3.6.1-3 一般的框架转换

5. 工程设计中为减小上部剪力墙结构的刚度并减小地震作用，对上部剪力墙进行开洞处理，墙肢较短有的甚至为短肢剪力墙。当采用空间分析程序计算时，框支梁的内力及配筋均较小，此时，应注意加强对框支梁的复核验算，有条件时还应加强框支梁以上一层

3 钢筋混凝土结构设计

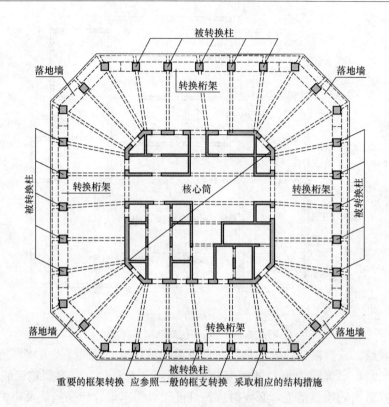

图 3.6.1-4 重要的框架转换

墙体整体性（即该层墙体少开洞或不开洞）。

6. 由于在框架-核心筒结构和外筒为密柱框架的筒中筒结构中，底部大空间一般不涉及对核心筒剪力墙的转换，主要是对外框架及外筒密柱的转换，此类转换从本质上讲属于框架转换的范畴，其侧向刚度突变比部分框支剪力墙结构有很大改善，因此，转换层位置可比表 3.6.1-2 适当提高。当实际工程中确需对核心筒或内筒剪力墙的转换时，仍然需要按表 3.6.1-2 控制转换位置，并严格执行规范对框支转换的设计规定。

7. 转换层上、下结构侧向刚度比的计算

1）结构层刚度比计算中经常需要选择层刚度比的计算方法，目前可采用的方法有三种：

（1）剪切刚度法——即《高规》式（E.0.1-1）中规定的计算方法：$\gamma = \dfrac{G_1 A_1}{G_2 A_2} \times \dfrac{h_2}{h_1}$，考察的是抗侧力构件的截面特性及与层高的关系，属于近似计算的方法。一般适合于剪切变形为主的结构及结构部位，如框架结构、结构的嵌固部位及底部大空间为 1 层的转换层之上层与转换层结构的等效剪切刚度比等。

（2）地震剪力与层间位移的比值法——即《抗震规范》中规定的计算方法：$K_i = \dfrac{V_i}{\Delta u_i}$，按虎克定律确定结构的侧向刚度，理论上适合于所有的结构，尤其适合于楼层侧向刚度有规律均匀变化的结构，适用于对结构"软弱层"及"薄弱层"的判别。但对楼层侧向刚度变化过大时，适应性较差。

(3) 剪弯刚度法——即《高规》式（E.0.3）中规定的计算方法，计算的是转换层下部与转换层及上部结构的等效侧向刚度比：$\gamma_e = \dfrac{\Delta_2 H_1}{\Delta_1 H_2}$，考察的是结构特定区域内结构侧向变形角之间的比值，适合于结构侧向刚度变化较大的特殊部位，如底部大空间层数大于1层时转换层下、上的结构等。

2) 采用"剪弯刚度"法对转换层下、上的结构侧向刚度比计算时应注意，按规范方法进行转换层上部结构的侧向刚度计算时，将转换层顶部作为嵌固端计算，忽略了转换层位置实际存在的转动变形，夸大了转换层上部结构的侧向刚度，转换层上部与转换层及下部结构的等效侧向刚度比（见图3.6.1-5），必要时应采用"地震剪力与层间位移的比值法"进行比较计算。注意：转换层结构中非转换层部位的楼层侧向刚度比，仍应采用地震剪力与层间位移的比值法计算。

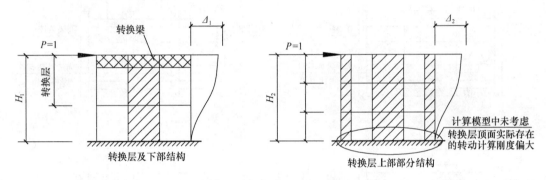

图 3.6.1-5 剪弯刚度的计算

3) 楼层侧向刚度比的计算方法各有其适应性和近似性，采用不同的计算方法其计算结果相差较大，实际工程中对计算方法和计算结果应综合分析。必要时，应采用其他方法进行补充计算。同时对计算结果应结合工程实际情况灵活把握，不应死抠计算数值。

3.6.2 加强层的设置

【问】 在框架-核心筒结构中设置加强层，造成结构刚度和承载力的突变，并易形成薄弱层。地震区建筑，如何处理弹性层间位移角限值与刚度比限值之间的关系？

【答】 在地震作用下，当框架-核心筒结构的侧向刚度不能满足要求时，可设置加强层，但应控制加强层的刚度，宜设置有限刚度加强层。有条件时可设置多个加强层，宜控制每个加强层的刚度不致过大，避免结构刚度和内力的突变。

【问题分析】

1. 钢筋混凝土框架-核心筒结构中，当结构的侧向刚度不能满足设计要求时，可利用设备层及避难层设置结构加强层。加强层的设置可使周围框架柱有效地发挥作用，以增强结构的侧向刚度。设置加强层可有效减小风荷载作用下结构的水平位移，满足高层建筑在风荷载作用下的舒适度要求。但加强层设置引起结构侧向刚度和结构内力的突变，设置不当将形成结构薄弱层，在地震作用下，难以实现"强柱弱梁"和"强剪弱弯"的抗震设计理念。因此，在地震区设置加强层应慎重。在高烈度地区应避免采用加强层，9度时不应设置加强层。

2. 钢筋混凝土框架-核心筒结构的加强层，其水平构件的主要形式有：梁（实体梁或整层箱形梁）、斜腹杆桁架和空腹桁架（见图 3.6.2-1）。

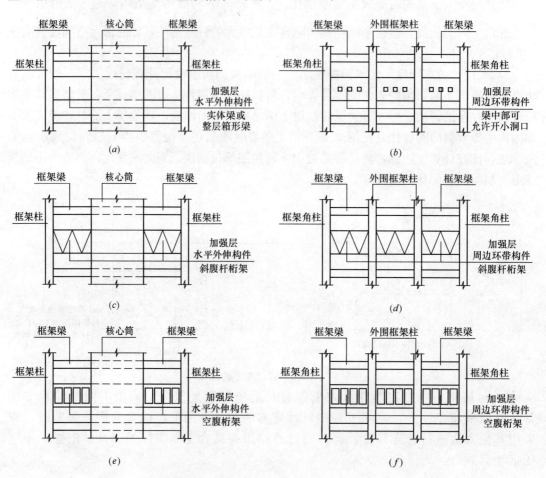

图 3.6.2-1 加强层水平外伸构件的主要形式
(a)、(c)、(e) 水平外伸构件；(b)、(d)、(f) 周边环带构件

3. 加强层引起结构刚度及内力的突变（见图 3.6.2-2～图 3.6.2-4）

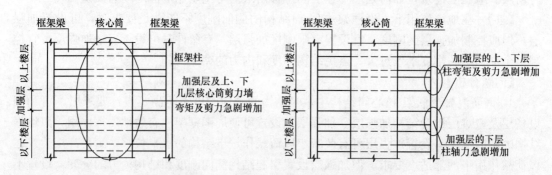

图 3.6.2-2 设置加强层对结构内力的影响

1) 设置加强层，使结构侧向刚度大幅度增加，加强层及其上、下楼层处，结构的整体转动大幅度减小，导致结构变形的突变。

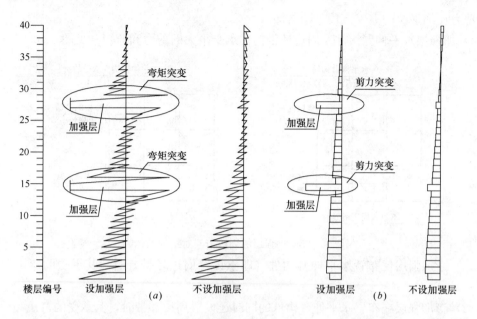

图 3.6.2-3 设置加强层对核心筒墙肢内力的影响
(a) 弯矩图；(b) 剪力图

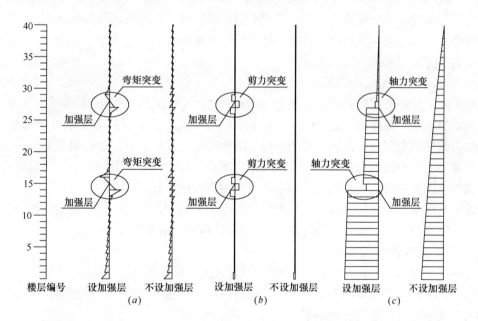

图 3.6.2-4 设置加强层对外围框架柱内力的影响
(a) 弯矩图；(b) 剪力图；(c) 轴力图

2）在地震作用下，核心筒墙肢的内力突变。设置加强层带来的结构刚度的突变，造成结构内力的突变及结构传力途径的改变，在加强层附近较易形成薄弱层。核心筒墙肢沿房屋高度弯矩发生剧烈变化，在加强层的上、下数层弯矩大幅度增加。核心筒墙肢的剪力在加强层的上、下几层也同样有大幅度的增加。

3）在地震作用下，外围框架柱内力突变。柱轴力在加强层的下层突然增大，柱的弯矩和剪力在加强层的上、下均急剧增加。

4）加强层水平伸臂构件及周边环带构件承受很大的剪力和弯矩（见图3.6.2-5）

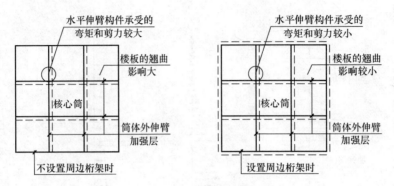

图3.6.2-5　加强层的周边桁架对结构的影响

（1）当加强层仅布置水平伸臂构件（即不设置周边环带）时，其承受的弯矩和剪力最大；

（2）当加强层在布置水平伸臂构件的同时还设置周边环带时，其承受的弯矩和剪力降低较多。

5）加强层上下的楼板，由于翘曲的影响，有些部位承受双向弯矩，其主应力符号发生变化，仅布置水平伸臂构件（即不设置周边环带）时，楼板的翘曲影响较大；在布置水平伸臂构件的同时还设置周边环带时，楼板的翘曲影响较小。

4. 加强层刚度及结构布置要点

1）宜选择有限刚度加强层

理论研究及震害调查表明：在罕遇地震作用下，设置刚度很大的加强层之框架-核心筒结构，当不采取特殊的有效措施时，由于加强层及其上、下层应力集中而形成薄弱层，导致结构破坏甚至倒塌。强调尽可能增强原结构的刚度并设置有限刚度加强层。采用有限刚度加强层的根本目的只是弥补原结构整体刚度的不足，设置有限刚度加强层以满足规范对结构整体刚度的最低要求，从而减小非结构构件的损坏程度。

设置有限刚度加强层，以尽量减少结构刚度的突变和内力的剧增，使结构在罕遇地震作用下仍能实现"强柱弱梁""强剪弱弯"的设计构想，避免形成薄弱层。

2）水平伸臂构件的选择

理论研究及结构试算表明：水平伸臂构件的刚度变化在一定范围内对结构的顶点位移影响明显，刚度过大后影响不明显。结构设计时应合理选择伸臂构件的刚度，以减少对结构侧向刚度的影响，避免内力剧增。

3）有限刚度加强层的布置

（1）沿房屋高度设置加强层时，可不必追求最有效部位，只要建筑允许，可沿高度设置多道加强层，每道加强层的刚度应适当，避免结构侧向刚度的突变。

（2）加强层内桁架或实体梁宜布置在核心筒墙与外围框架柱之间，形成水平伸臂桁架。在外伸臂加强层的周边设置周边环带，虽不能明显地减少结构的整体位移，但可减少水平伸臂构件的剪力和弯矩、减少加强层上下楼板的翘曲影响。

4）加强层宜采用桁架形式，可通过调整桁架腹杆的刚度，使加强层能在一定程度上弥补结构侧向刚度的不足，同时又能最大限度地减少结构的内力突变。在罕遇地震作用下，宜使加强层腹杆先屈服，避免加强层附近的外框架柱和核心筒墙肢发生破坏。也可结合工程需要将伸臂桁架上、下弦杆与外框架柱铰接，采取楼盖混凝土后浇、或桁架下弦后连接等措施，减少重力荷载在核心筒及外围框架柱之间产生的差异沉降引起的内力（图3.6.2-6）。

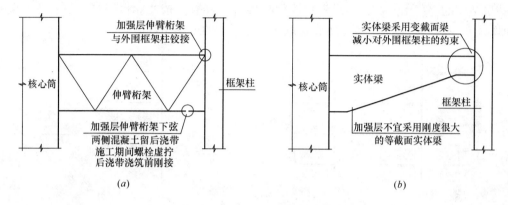

图 3.6.2-6　加强层水平外伸构件的设置
(a) 伸臂桁架；(b) 变截面实体梁

5）加强层不宜设计成刚度很大的实体等截面高度的梁，因为仅仅通过改变梁的宽度调整加强层的刚度，其调整的幅度有限，"强柱弱梁"的要求也很难实现。必要时可考虑采用变截面实体梁（图3.6.2-6）。

5. 结构加强措施

1）应注意加强层上、下的外围框架柱的强度及延性设计要求，必要时可采用钢骨混凝土柱并加设复合螺旋箍筋。

2）加强层及其上下楼层的核心筒墙肢应按底部加强部位的要求设计。

3）当采用梁式水平伸臂构件时，梁应确保强剪弱弯，并加配斜向交叉钢筋。

4）加强层上、下的楼板应适当加厚，并设置双向双层钢筋。

3.6.3　对错层的处理

【问】　结构设计中经常遇到错层，是否对所有错层都要按错层结构处理？

【答】　错层对结构影响很大，尤其对与错层有关的结构构件，但不是所有错层都需要按错层结构计算，应优先采取结构措施，消除错层给结构带来的影响。

【问题分析】

1. 对错层结构规范未予以量化，建议当楼层高度差不小于600mm，且大于楼层梁截面高度时，可确定为错层。此处"楼层梁截面高度"为楼层梁的代表性截面高度 h_b（以柱网 8m×8m 的框架为例，当标准跨的框架梁截面高度取 650mm 时，则楼层梁的代表性截面高度 h_b＝650mm），而非错层处的楼层梁截面高度。见图 3.6.3-1。

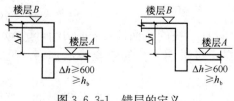

图 3.6.3-1　错层的定义

2. 现有部分结构计算程序，对错层平面可以按整体平面输入，然后通过调整楼面标高的方法形成错层平面布置，通过结构计算的前处理及每榀框架剖切不能发现异常，但计算结果怪异，为避免上述情况的出现，对错层结构应按各自楼层分别输入进行结构的整体计算。设计时应注意对计算结果的核查。

3. 现有结构计算程序，不能区别真实楼层与计算楼层的关系，因而也就无法真实反映错层结构的位移比值，结构设计中应根据楼层位移数值按实际楼层高度进行手算复核（见图3.6.3-2），一般情况下不可直接取用程序输出的位移角数值。

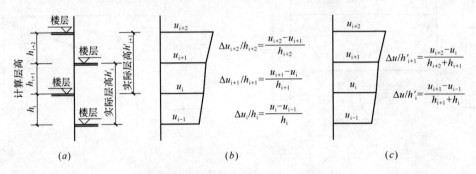

图3.6.3-2 错层结构楼层位移角的计算
(a) 错层结构；(b) 楼层位移角的程序计算；(c) 楼层位移角的手算复核

4. 对错层及局部错层应优先考虑通过采取恰当的综合措施，消除或减轻错层给结构带来的不利影响。当楼面板变标高处合用同一根梁时，可考虑设置梁侧加腋（见图3.6.3-3a）以改善水平力的传力途径，一般不宜直接按错层设计（可按错层与非错层分别计算，合理配筋）。对结构设计中局部降低（或抬高）的楼板，当周围楼板对该下降（或抬高）楼板的约束性强时，可不按错层计算（如同楼板开洞处理），而通过适当的构造处理加强周围楼板（可参考《高规》第3.4.8条的相关规定），改善楼盖的水平传力途径（见图3.6.3-3b）。

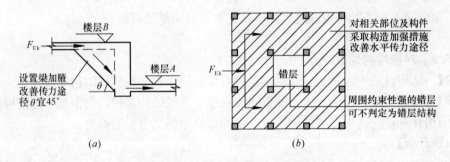

图3.6.3-3 对错层的处理
(a) 设置梁侧加腋 (b) 加强楼板的整体性

5. 错层处框架柱的截面承载力应按"中震"设计，柱的截面高度不应小于600mm，混凝土强度等级不应低于C30，抗震等级应提高一级采用，箍筋应全柱段加密。见表3.6.3-1。

6. 错层处平面外受力的剪力墙，其截面厚度，非抗震设计时不应小于200mm，抗震设计时不应小于 250mm，并均应设置与之垂直的墙肢或扶壁柱；抗震等级应提高一级采用。错层处剪力墙的混凝土强度等级不应低于 C30，水平和竖向分布钢筋的配筋率，非抗震设计时不应小于 0.3%，抗震设计时不应小于 0.5%。见表 3.6.3-2。

错层处框架柱的构造要求　　　　　　　　　　表 3.6.3-1

情　况	截面高度	混凝土强度等级	抗震等级	箍　筋
构造要求	不应小于 600mm	不应低于 C30	提高一级	全柱加密

错层处平面外受力的剪力墙的构造要求　　　　表 3.6.3-2

序号	情　况		要　求	
1	剪力墙截面厚度 b_w	非抗震设计时	应 $b_w \geqslant 200$mm	均应设置与之垂直的墙肢或扶壁柱
		抗震设计时	应 $b_w \geqslant 250$mm	
2	抗震等级		应提高一级	
3	混凝土强度等级		不应低于 C30	
4	水平与竖向分布筋的配筋率	非抗震设计时	不应小于 0.3%	
		抗震设计时	不应小于 0.5%	

3.6.4　对大底盘多塔楼结构的判别

【问】　多栋塔楼共用一个地下室，由于裙房在首层设置下沉式广场，使塔楼在地下室顶面不具备嵌固条件，嵌固端下移至地下一层地面，则工程是否属于大底盘多塔楼的复杂高层建筑结构？

【答】　对由于嵌固端的下移，使塔楼结构演变成带一层裙房的大底盘多塔楼结构的情况，一般可不归类为规范规定的大底盘多塔楼结构。

【问题分析】

实际工程中经常出现多个塔楼共用一个大底盘（纯地下室或带裙房的地下室）的情况，是否属于大底盘多塔楼的复杂高层建筑结构，则应根据工程的具体情况确定：

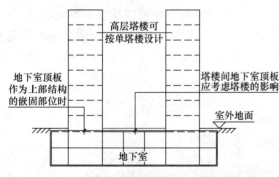

图 3.6.4-1　在地下室顶面嵌固的多塔楼结构设计

1. 当大底盘为纯地下室，且塔楼的嵌固端位于地下室顶板，则工程不属于《高规》第 10.6 节规定的大底盘多塔楼复杂高层建筑，对塔楼可按一般单栋高层建筑设计，但对塔楼之间的地下室，应考虑塔楼的振型差异，参考《高规》第 10.6.2 条的规定，按裙房顶板要求加强。见图 3.6.4-1。

2. 当大底盘为纯地下室，但地下室顶板不能作为上部结构的嵌固部位（如在地下一层地面嵌固）时，一般也可不归类为《高规》规定的大底盘多塔楼复杂高层建筑结构，但应按《高规》第 10.6 节的规定并进行包络设计，见图 3.6.4-2。

3. 当地面以上有与多个塔楼相连的裙房（注意：裙房只与单个塔楼相连时，可不考虑其对其他塔楼的影响)时,无论塔楼的嵌固端是否位于地下室顶板,则工程均属于《高规》规定的大底盘多塔楼复杂高层建筑,也应按《高规》第10.6节的规定设计,见图3.6.4-3。

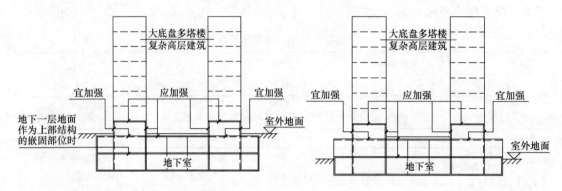

图 3.6.4-2 在地下一层地面嵌固的多塔楼结构的设计

图 3.6.4-3 带裙房多塔楼结构的设计

4.《高规》第10.6.1条要求:多塔楼建筑结构各塔楼的层数、平面和刚度宜接近;塔楼对底盘宜对称布置。塔楼结构的综合质心(指裙房顶以上塔楼各层的全部质量的质心)与底盘结构质心(指裙房顶层包含主楼及裙房范围的层质心)的距离不宜大于底盘相应边长的20%,见图3.6.4-4。

5. 大底盘多塔楼结构设计计算中对楼层侧向刚度的比值计算问题较多,关键是如何考虑裙房结构的刚度。此处提供下列建议供参考:

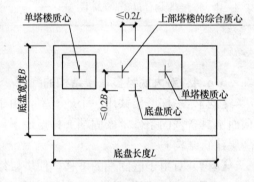

图 3.6.4-4 大底盘多塔楼结构的布置要求

1) 对大底盘多塔楼结构,考察楼层侧向刚度的比值变得意义不大,所采用的是近似计算并只可作为结构设计的参考。

2) 一般情况下,地下室的顶板可作为上部结构的嵌固部位。

3) 对塔楼结构的侧向刚度比值进行估算时,对应的地下室范围按以下原则确定:

(1) 当地下室外墙离塔楼外墙较近(在塔楼相关范围内)时,可直接取全部地下室范围内的梁、柱、剪力墙和地下室外墙计算(见图3.6.4-5)。注意这里的"相关范围"见图3.1.5-1d,取$b \leqslant 3$跨20m。

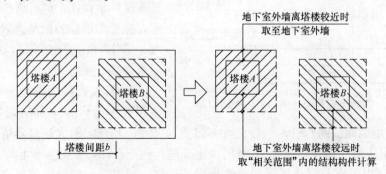

图 3.6.4-5 地下室刚度的近似计算

(2) 当地下室外墙离塔楼外墙较远（在塔楼相关范围以外）时，可取"相关范围"内的地下室的梁、柱及剪力墙计算（见图3.6.4-5）。

(3) 当两个塔楼之间的间距 b 较小（小于两倍"相关范围"宽度）时，可取各自 $b/2$ 范围内的地下室的梁、柱及剪力墙（但不重复）计算。

4) 当地下室混凝土墙（地下室外墙或内部混凝土墙）之间的间距及其与塔楼剪力墙之间的间距不超过规范规定的剪力墙最大允许间距时，即可充分考虑地下室墙（地下室外墙或内部混凝土墙）刚度的影响。

5) 地上结构侧向刚度计算时，取与地下室（侧向刚度计算）范围对应的上部结构（塔楼及裙房）。

3.7 钢筋混凝土构件设计

【要点】

钢筋混凝土楼、屋盖结构设计中主要涉及楼板、梁等基本构件，本节结合《混凝土规范》的要求，对相关构件设计提出建议。供设计参考。

3.7.1 楼屋、盖结构的整体牢固性要求

【问】 汶川地震中，预制楼板损坏及掉落造成的人员伤亡很大，抗震设计中是否还有采用预制楼板的必要？

【答】 抗震设计的建筑应优先考虑采用现浇楼板。地震区建筑采用预制楼板时，应设计成装配整体式楼盖（如设置板顶钢筋混凝土整浇层或钢筋混凝土板缝等），不应采用装配式楼盖。

【问题分析】

1. 汶川地震的震害表明，在地震区采用装配式楼盖是很危险的，预制楼板如果不与圈梁、构造柱形成整体，则预制板如同"棺材板"，不应采用。

2. 理论研究和地震灾害调查都表明，结构的整体牢固性是确保结构抗震性能实现的重要指标，而楼盖结构的整体牢固性对结构的整体牢固性影响重大，尤其是装配整体式楼盖结构，应特别注重对其整体牢固性的把握。

3. 装配整体式楼盖的结构设计应按《高规》第3.6节的要求进行。

3.7.2 楼板的配筋

【问】《混凝土规范》第9.1.1条规定：当长边与短边长度之比大于2.0，但小于3.0时，宜按双向板计算；当按沿短边方向受力的单向板计算时，应沿长边方向布置足够数量的构造钢筋。设计中对"足够数量"如何把握？

【答】 对长边与短边长度之比在2～3之间的板，规范规定可按双向板计算，也可按单向板计算，但需沿长边方向布置足够数量的构造钢筋。由于设计手册没有长短边长度之比在2～3之间双向板的计算图表，因而，一般情况下需要按单向板计算。沿长边方向的钢筋配置量，根据长短边之比为2的双向板及单向板的构造分布配筋（按《混凝土规范》第9.1.7条计算），按实际双向板长短边的比值内插确定。

【问题分析】

1. 两对边支承的混凝土板应按单向板计算。
2. 四边支承的板应按下列规定计算：

1) 当长边与短边长度之比小于或等于 2.0 时，应按双向板计算。

2) 当长边与短边长度之比大于或等于 3.0 时，可按沿短边方向受力的单向板计算。

3) 当矩形板的长边与短边长度之比大于 2.0，但小于 3.0 时，规范规定可采用以下两种方法计算：

（1）按双向板进行计算，由于无相关计算表格故实际很难采用手算法按双向板进行计算。

（2）按沿短边方向受力的单向板计算，在短边（沿长边方向）布置"足够数量"的构造钢筋；对"足够数量"的定量把握规范未予明确，应根据工程经验确定，当无可靠设计经验时，可按下列原则确定：

①按楼板的长宽比为 2 确定楼板在短边的配筋（图 3.7.2-1 中的钢筋①）面积 A'_{s1}；

②按楼板的长宽比为 3 确定楼板在短边的构造分布钢筋（图 3.7.2-3 中的钢筋①）面积 A'_{s2}；

③根据楼板的实际长宽比，在 A'_{s1} 和 A'_{s2} 之间按线性内插法确定楼板在短边的配筋（图 3.7.2-2 中的钢筋①）面积 A'_s。

楼板的配筋做法见图 3.7.2-1～图 3.7.2-3。

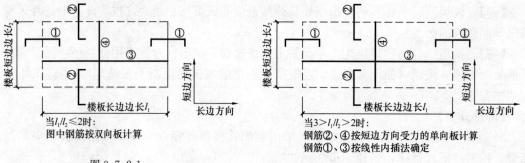

图 3.7.2-1

图 3.7.2-2

3. 对嵌固部位以外的楼层，当楼板（单向板或双向板、单跨或连续多跨板）的活荷载设计值不大于静荷载设计值，跨度不小于 2.5m 且不考虑抵抗温度应力配筋时，板底钢筋可部分进入支座（需满足《混凝土规范》表 8.5.1 的最小配筋率要求），板底附加钢筋的长度应根据楼板受力的实际情况确定（注意，不宜采用等长钢筋交替布置的钢筋布置方式，宜采用通长钢筋与附加短钢筋间隔布置的方法，以增强结构的整体牢固性及抵抗突发事件的能力），以方便施工并节约投资（见图 3.7.2-4）。

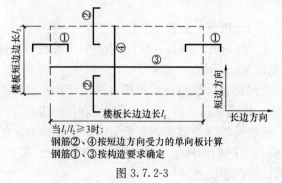

图 3.7.2-3

注意：《混凝土规范》第 9.1.4 规定：当多跨单向板、多跨双向板采用分离式配筋时，跨中正弯矩钢筋宜全部伸入支座。上述规定主要考虑活荷载的不利布置对楼板的影响。对连续支座，板

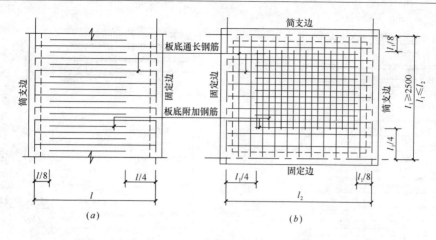

图 3.7.2-4 板底钢筋部分进入支座
(a) 单向板；(b) 双向板

底为受压区，无过多配筋的必要。而对于简支支座则可通过跨中钢筋的断点位置加以控制。

4. 当楼板因抵抗温度应力、混凝土收缩等需要加强配筋时，用于抵抗温度应力及混凝土收缩的板底钢筋应全部进入支座，并在支座有可靠锚固（即满足锚固长度 l_a），有利于钢筋应力的传递。对板顶钢筋可采用以下两种配筋方式：

1) 通长钢筋与附加钢筋间隔布置

板顶通长钢筋与附加钢筋间隔布置，并根据楼层结构的重要性及需要加强的程度，调节通长钢筋与附加钢筋的比例，实现对重要性不同时各楼层的合理配筋（以支座配筋 Φ10@200＋Φ8@200 为例，需要重点加强的重要楼层可采用通长钢筋 Φ10@200，一般重要的楼面可采用通长钢筋 Φ8@200，以实现钢筋配置的平稳过渡）。一般情况下，板顶通长钢筋可不必在施工图中表示，只需在图纸附注中说明，图中只表示板顶附加钢筋。由于附加钢筋的设置与普通楼板配筋形式相同，设计修改非常方便（见图 3.7.2-5）。采用此设计法，钢筋接头减少，传力直接，楼板受力均匀、连贯性好。同时，由于配置了一定数量的板顶通长钢筋，板顶附加钢筋的长度也无需严格满足无通长钢筋时的板顶钢筋长度要求。调配合理时，并不增加施工图绘制工作量，应优先采用此设计法。

2) 支座钢筋与跨中附加钢筋搭接布置

楼板支座钢筋按设计要求布置，楼板跨中的顶部钢筋附加，并与支座钢筋搭接，其搭接长度满足受力搭接 l_l 的要求，见图 3.7.2-6。采用此设计法，施工图设计简单，但钢筋接头多，传力不直接，楼板受力不均匀、连贯性差。一般可在重要性不大的楼层及结构中采用。

5. 楼板（单向板或双向板）上有重隔墙时，应优先考虑设置墙下次梁。当不具备设置次梁条件时，在隔墙下板内（隔墙厚及两侧各一倍楼板厚度范围内）应设置不少于 4 根板底加强钢筋，其钢筋直径应比楼板板底受力钢筋大一级，但不宜采用过大直径的钢筋（注意，工程界对墙下加筋的做法看法不一。由于楼板的厚度较小，故应采用较小直径的钢筋。墙下加筋的作用有限，同时加筋的范围也不应拘泥于墙厚宽度）。对轻质隔墙下可不设梁或板内加强钢筋带。

6. 楼板（单向板或双向板）内设置暗梁，由于暗梁的截面高度与板厚相同，暗梁的

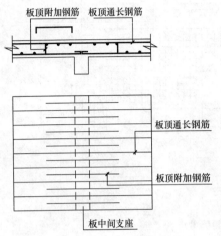
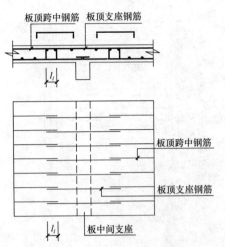

图 3.7.2-5 板顶通长钢筋与附加钢筋间隔布置

图 3.7.2-6 板顶支座钢筋与跨中钢筋搭接布置

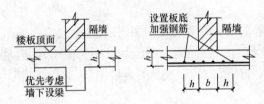

图 3.7.2-7 隔墙下梁及钢筋板带的设置

刚度增加不明显。因此，暗梁一般只可用来强化构件的连接作用，加强结构的整体性，而不宜用来作为楼板的支承构件。当楼板厚度较小（如小于 120mm）或板钢筋与暗梁钢筋斜交时，暗梁的实际高度很小，箍筋设置困难，一般可作为加强连接作用的板带钢筋处理，不再设置箍筋。

3.7.3 考虑塑性内力重分布的分析方法

【问】 按考虑塑性内力重分布的分析方法设计的结构和构件，是否还需要验算构件的裂缝宽度？

【答】 依据《混凝土规范》第 5.4.2 条的规定：按考虑塑性内力重分布的分析方法设计的结构和构件，尚应满足正常使用极限状态的要求或采取有效的构造措施。

【问题分析】

1.《混凝土规范》第 5.4.2 条规定，对考虑塑性内力重分布设计方法设计的结构和构件，仍然需要满足正常使用极限状态的要求，或采取有效的构造措施。所谓有效的构造措施就是满足《钢筋混凝土连续梁和框架考虑内力重分布设计规程》CECS 51（以下简称《规程》）的要求。

1)《规程》的基本要求（表 3.7.3-1）

《规程》的基本要求 表 3.7.3-1

名　　称		基　本　要　求
适用范围	结构及构件类型	钢筋混凝土连续梁、单向连续板、抗震设防烈度 6 度及 6 度以下的一般钢筋混凝土框架
	框架的层数、高度	框架结构层数不宜超过 8 层，高度不宜超过 35m；框架-剪力墙结构中的框架层数和高度可适当增加

3.7 钢筋混凝土构件设计

续表

名　　称	基　本　要　求
不适用的情况	直接承受动荷载的工业与民用建筑；轻质混凝土结构及其他特种混凝土结构；预应力混凝土结构和二次受力的叠合结构
受力钢筋	HPB235 级、HRB335 级和 HRB400 级
混凝土强度等级	C20～C45
截面的弯矩调幅系数 β	$\beta \leqslant 0.25$
截面相对受压区高度系数 ξ	$0.1 \leqslant \xi \leqslant 0.35$（在 ξ 计算中可考虑受压钢筋作用）
调幅后，支座弯矩的平均值与跨中弯矩之和	$\geqslant 1.02 M_0$，M_0 为简支弯矩
各控制截面的弯矩值	$\geqslant M_0/3$
调幅后，箍筋截面面积增加 20% 的区段	对集中荷载，取支座边至最近一个集中荷载之间的区段 对均布荷载，取支座边以外 $1.05h_0$ 的区段，h_0 为梁截面有效高度
调幅后，箍筋的配筋率 $\rho_{sh}=A_{sv}/(bs)$	$\rho_{sh} \geqslant 0.03 f_c/f_{yv}$
调幅后，构件在使用阶段	不应出现塑性铰
调幅后，在正常使用极限状态下的变形和裂缝宽度	应符合《混凝土规范》的规定
在弹性分析的基础上，连续梁、板各支座	调幅系数 $\beta \leqslant 0.2$

2）梁、板的内力、挠度及裂缝宽度验算时，计算跨度按表 3.7.3-2 取值。

计算跨度取值原则　　　　　　　表 3.7.3-2

情　况		支　座　情　况	计算跨度（取较小值）
连　续　梁		两端与梁或柱整体连接时	$l_0=l_n$
		两端搁置在墙（指砖墙——编者注）上时	$l_0=1.05 l_n$；$l_0=l_c$
		一端与梁或柱整体连接，另一端搁置在墙上时	$l_0=1.025 l_n$；$l_0=l_n+b/2$
单向连续板	承受均布荷载的等跨单向连续板	两端与梁整体连接时	$l_0=l_n$
		两端搁置在墙上时	$l_0=l_n+t$；$l_0=l_c$
		一端与梁或柱整体连接，另一端搁置在墙上时	$l_0=l_n+t/2$；$l_0=l_n+b/2$
	按荷载的最不利布置，用弹性分析法计算连续板	两端与梁整体连接时	$l_0=l_c$
		两端搁置在墙上时	$l_0=l_n+t$；$l_0=l_c$
		一端与梁或柱整体连接，另一端搁置在墙上时	$l_0=l_n+b/2+t/2$；$l_0=l_c$

l_0 为计算跨度；l_n 为净跨；l_c 为支座中心线间的距离；b 为支座宽度；t 为楼板厚度

2. 关于裂缝宽度验算

1）裂缝宽度验算时，在确定正常使用极限状态下纵向受拉钢筋的应力时，计算截面取考虑塑性内力重分布影响的弯矩值。

2）连续梁板和单向板，当计算截面的弯矩调幅系数 β 和配置的纵向受拉钢筋直径符合下列情况时，可不作裂缝宽度验算：

（1）混凝土保护层厚度（从最外排纵向受拉钢筋外边缘至受拉底边的距离）$C \leqslant 25mm$ 的连续梁、单向连续板和框架梁，当其纵向受拉钢筋直径不超过图 3.7.3-1 中根据弯矩调幅系数 β 和截面相对受压区高度系数 ξ（$\xi=x/h_0$）查得的钢筋直径时，可不进行裂缝宽度验算。

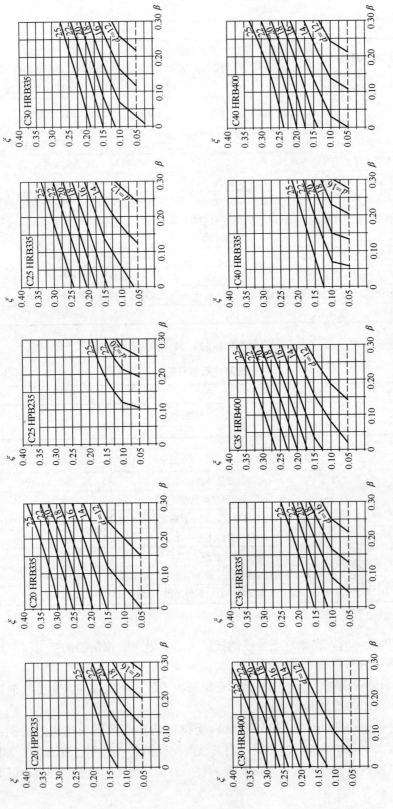

图 3.7.3-1 连续梁、单向连续板和框架梁不需作裂缝宽度验算的钢筋最大直径

(2) 当混凝土强度等级不低于C30，弯矩调幅系数 $\beta \leqslant 0.25$，采用HPB235级钢筋且钢筋直径小于25mm时，可不进行裂缝宽度验算。

(3) 图3.7.3-1中未列出的混凝土和钢筋级别，应按《混凝土规范》进行裂缝宽度验算。

(4) 由于电子计算机的应用，设计人员使用图3.7.3-1的机会越来越少，但是图3.7.3-1中所表达的概念对指导结构设计意义重大。由图3.7.3-1可以发现，截面相对受压区高度系数 ξ 相同（表现为配筋面积相同）时，弯矩调幅系数越大，则受力钢筋的直径应越小；而当弯矩调幅系数相同时，截面相对受压区高度系数 ξ 越大（表现为配筋越多），则受力钢筋的直径可加大。

3. 使用结构计算程序对构件挠度及裂缝宽度验算时的注意事项

1) 现有计算程序可以考虑在竖向荷载下钢筋混凝土框架梁的内力重分布，一般通过梁端负弯矩调幅系数来实现，以适当减小支座弯矩，同时相应增大跨中弯矩，梁端弯矩调幅系数（注意：《规程》与其他规范的调幅系数概念不同。程序采用的调幅系数对应于《规程》的 $(1-\beta)$）可在0.8~1.0范围内取值。

2) 应注意结构分析程序中梁设计弯矩放大系数对梁弯矩计算值的影响，梁弯矩放大系数同时放大梁端负弯矩及梁跨中正弯矩，在挠度及裂缝宽度验算时应取梁设计弯矩放大系数为1.0。

3) 应注意计算跨度的取值。依据《规程》规定，对于两端与柱、墙或主梁整体连接的钢筋混凝土连续梁，在对构件挠度及裂缝宽度验算时，可按梁的净跨计算。

(1) 当所选用的程序有取用支座边缘（注意：支座边缘不是刚域边缘。建议计算程序应设置梁净跨计算单元）内力功能时，应按支座边缘内力设计计算；

(2) 当所选用的程序不能自动取用支座边缘内力时，可按本章第3.2.4条设计建议2)的方法进行折减；

(3) 注意，当程序中考虑梁柱重叠部分的刚域后，输出的梁端弯矩为刚域边缘截面的弯矩值，挠度和裂缝宽度验算时，仍需将其折算成支座边缘截面的弯矩值；

(4) 还应注意，按上述方法调整后应适当控制梁跨中弯矩的折减数值，避免梁跨中弯矩减少过多。注意：此处为求得支座边缘的计算弯矩，而对按计算跨度 l_0 分析的结果进行的折减，与一般弯矩调幅的主要区别在于跨中弯矩折减幅度的控制。

4. 在竖向荷载作用下钢筋混凝土框架梁的内力重分布与构件裂缝宽度验算的关系

梁端内力调幅与裂缝宽度限值是矛盾的两方面，调幅过小则达不到调幅的目的，调幅过大将难以满足规范规定的裂缝宽度限值，因此，合理的梁端弯矩调幅可以恰当地降低梁端的弯矩值，按《混凝土规范》要求"采取有效的构造措施"（即《规程》中对 β、ξ 及纵向受力钢筋直径的控制等），才能从构造上保证梁端调幅的合理有效。

3.7.4 结构构件裂缝宽度的计算与控制

【问】按照混凝土耐久性设计要求加大混凝土保护层后，构件裂缝宽度计算值不易满足规范要求，往往需要额外增加钢筋，是否合理？

【答】当构件保护层厚度超过《混凝土规范》表8.2.1中数值，按《混凝土规范》第7.1.2条计算裂缝宽度时，其计算 c_s 值可取表8.2.1中的数值。

【问题分析】

1.《混凝土规范》对构件裂缝宽度的验算是对构件受拉边缘的验算，对大多数构件（轴心受拉构件除外）限定构件边缘的裂缝宽度有悖于《混凝土规范》的耐久性规定。裂缝宽度验算的根本目的在于限制受力钢筋表面的混凝土裂缝宽度，防止钢筋锈蚀。而构件表面裂缝宽度的大小并不能与受力钢筋表面裂缝宽度画等号。事实上，当混凝土保护层厚度较大时，虽然构件表面的裂缝宽度计算值较大，但受力钢筋表面的混凝土裂缝宽度可能并不大（见图3.7.4-1）。因此，对混凝土保护层厚度较大的构件，当采用《混凝土规范》第7.1.2条计算裂缝宽度时，构件裂缝验算时采用的混凝土保护层厚度计算值 c_s，可按《混凝土规范》表8.2.1规定的最小厚度确定，以完善计算书并有利于通过施工图审查。

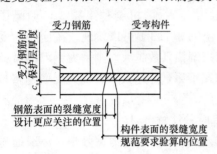

图 3.7.4-1 受弯构件表面裂缝宽度与钢筋表面裂缝宽度

2. 对框架梁端部截面进行裂缝验算时，可考虑构件的塑性内力重分布，按净跨计算。目前采用计算程序进行构件挠度及裂缝验算时，按弹性分析方法计算，采用的是构件的计算跨度（一般为支座的中线到中线距离），而验算的截面是梁的柱边截面，这种计算截面位置与计算内力的不一致性，夸大了裂缝问题的严重性，造成裂缝验算所需钢筋的大量增加（见图3.2.4-5）。梁支座钢筋（负钢筋）的增加不仅造成大量的浪费，而且违背结构抗震设计的基本原则，使结构的强剪弱弯、强柱弱梁难以实现，对结构抗震设计极为不利。

3. 2002版《混凝土规范》第5.2.6条规定，<u>对与支座构件整体浇筑的梁端，可取支座或节点边缘截面的内力值进行设计</u>。注意：此规定不仅适用于梁端的承载能力极限状态而且也适用于正常使用极限状态验算中。因此，可借鉴此规定并可推广至民用建筑工程中所有钢筋混凝土构件（如基础底板、地下室外墙等）的正常使用极限状态的验算中。

4.《混凝土规范》第3.4.5条规定结构构件的裂缝控制等级及最大裂缝宽度限值见表3.7.4-1。

结构构件的裂缝控制等级及最大裂缝宽度限值　　　　表 3.7.4-1

环境类别	钢筋混凝土结构		预应力混凝土结构	
	裂缝控制等级	w_{lim} (mm)	裂缝控制等级	w_{lim} (mm)
一	三	0.3 (0.4)	三	0.2
二	三	0.2	二	—
三	三	0.2	—	—

1) 表3.7.4-1依据结构构件的环境类别区分不同结构构件，对裂缝宽度的限值提出不同要求。要准确执行规范，必须弄清表3.7.4-1中"预应力混凝土结构"的准确定义，以及执行规范规定时，是否应考虑全预应力结构和部分预应力结构的区别，对于以控制挠度为主的预应力构件是否应归类于表中所述之"预应力混凝土结构"。

2) 规范的修订过程中对预应力混凝土结构的裂缝控制，根据工程实际设计和使用经验，主要是最近十多年来现浇后张预应力框架和楼盖结构在我国大量推广应用的经验，并

3.7 钢筋混凝土构件设计

参考国内外有关规范的规定，同时考虑了部分预应力混凝土构件的发展趋势，着重于考虑环境条件对钢筋腐蚀的影响，并考虑了结构的功能要求以及荷载作用时间等因素。

3）在1993年原（1989）规范的局部修订中提出："各类预应力混凝土构件，在有可靠工程经验的前提下，对抗裂要求可适当放宽"。这使得结构设计中可以根据实际情况取用不同的抗裂度要求，由于新规范的修订中未再出现原规范修订的上述内容，导致由混凝土结构构件改用预应力混凝土构件时的裂缝宽度限值的突变，从而引起构件配筋的大量增加。

4）当环境类别为一类且裂缝控制等级为三级时，若采用钢筋混凝土结构时，构件的最大裂缝宽度限制为0.3mm；而当采用预应力混凝土结构时，按规范的上述规定其构件的最大裂缝宽度限制为0.2mm，同时由于不区分全预应力和部分预应力构件，当施加以控制挠度或裂缝控制为主的预应力时，造成构件配筋的急剧增加。

5）对预应力结构构件，为避免构件设计中出现过大的配筋突变，编者建议依据预应力度强度表达式 λ 将预应力结构予以细化，以利于更好地执行规范的本条规定。

结构构件的裂缝控制等级及最大裂缝宽度限值　　表 3.7.4-2

裂缝控制等级	构　件　类　型		w_{lim} (mm)	
三	预应力构件	$\lambda \geqslant 0.50$	0.2	$0 < \lambda < 0.5$ 时见表 3.7.4-3
		以控制挠度为主	0.3	
	钢筋混凝土构件		0.3 (0.4)	

(1) 表 3.7.4-2 中 λ 为截面配筋强度比，可按式（3.7.4-1）计算：

$$\lambda = f_{py}A_p/(f_{py}A_p + f_yA_s) \quad (3.7.4\text{-}1)$$

式中：f_{py}——预应力钢筋抗拉强度设计值（N/mm²）；
　　　A_p——受拉区纵向预应力钢筋的截面面积（mm²）；
　　　f_y——普通钢筋的抗拉强度设计值（N/mm²）；
　　　A_s——受拉区纵向普通钢筋的截面面积（mm²）。

(2) 构件强度计算中需要配置预应力钢筋时，当 $0 < \lambda < 0.50$ 者，w_{lim}（mm）值可按线性内插法确定（见表 3.7.4-3）。

部分预应力结构构件的裂缝宽度限值　　表 3.7.4-3

λ	0	0.1	0.2	0.3	0.4	0.5
w_{lim} (mm)	0.3	0.28	0.26	0.24	0.22	0.2

(3) 对预应力构件，当预应力钢筋仅用来控制构件的挠度和裂缝时，可适当降低裂缝控制等级（取值见表 3.7.4-2）。

5. 构件的裂缝控制等级及最大裂缝宽度与构件的环境类别有关，对地下室构件（如外墙等）进行裂缝宽度验算时，可考虑建筑外防水对构件环境类别有利影响（应在施工图文件中明确提出对防水层应进行定期检查，必要时及时更换的要求），按室内环境确定混凝土构件的环境类别，从而降低构件的裂缝控制标准。

6. 在对结构进行耐久性设计，按《混凝土规范》表 3.5.2 确定混凝土结构的环境类别时，考虑到耐久性设计的重要性及其可实施性，不应该考虑建筑外防水对混凝土耐久性设计之环境类别的有利影响，按钢筋混凝土构件与土直接接触确定相应的环境类别。

3.7.5 局部受压承载力计算

【问】《混凝土规范》第6.6.1条规定，配置间接钢筋的混凝土构件，其局部受压可按其式（6.6.1-1）计算。对于未配置间接钢筋的混凝土构件，该如何验算其局部受压承载力？

【答】 对未配置间接钢筋的混凝土构件，应按《混凝土规范》第D.5.1条的要求，按素混凝土构件验算其局部受压承载力。

工程设计中，配置间接钢筋的情况多出现在预应力混凝土的锚头区域，普通钢筋混凝土构件（如钢筋混凝土柱与基础的交接处等）一般都不配置间接钢筋。

【问题分析】

1. 要进行混凝土构件的局部受压承载力验算，首先要明确什么是"配置间接钢筋"的情况，满足《混凝土规范》图6.6.3要求时，可确定为《混凝土规范》第6.6.1条所规定的"配置间接钢筋"之情况，其中间接钢筋主要指方格网式钢筋网片、螺旋式配筋等。

2. "配置间接钢筋"的混凝土构件，其局部受压区的截面尺寸应符合式（3.7.5-1）的要求：

$$F_l \leqslant 1.35\beta_c\beta_l f_c A_{ln} \quad (3.7.5\text{-}1)$$

$$\beta_l = \sqrt{\frac{A_b}{A_l}} \quad (3.7.5\text{-}2)$$

3. "配置间接钢筋"的混凝土构件，当其核心面积 $A_{cor} \geqslant A_l$ 时，局部受压承载力按《混凝土规范》式6.6.3-1的右端项计算。

4. 当不配置间接钢筋或配置的间接钢筋不符合《混凝土规范》图6.6.3要求时，只可按素混凝土构件验算其局部受压承载力。

当局部受压面上仅有局部荷载作用时：

$$F_l \leqslant \omega\beta_l f_{cc} A_l \quad (3.7.5\text{-}3)$$

当局部受压面上尚有非局部荷载作用时：

$$F_l \leqslant \omega\beta_l (f_{cc} - \sigma) A_l \quad (3.7.5\text{-}4)$$

式中：F_l——局部受压面上作用的局部荷载或局部压力设计值；

$\quad A_b$——局部受压的计算底面积，根据同心对称原则按《混凝土规范》图6.6.2确定；

$\quad A_l$——局部受压面积；

$\quad \omega$——荷载分布影响系数：当局部受压面上的荷载为均匀分布时，取$\omega=1$；当局部受压面上的荷载为非均匀分布（如梁、过梁等的端部支承面）时，取$\omega=0.75$；

$\quad \sigma$——非局部荷载设计值产生的混凝土压应力；

$\quad \beta_l$——混凝土局部受压时的强度提高系数，按式（3.7.5-2）计算；

$\quad f_{cc}$——素混凝土的轴心抗压强度设计值，取 $f_{cc}=0.85f_c$，其中 f_c 按《混凝土规范》表4.1.4确定。

5. 工程设计中，常采用高强度等级的钢筋混凝土柱，而基础或基础梁则通常采用相对较低的混凝土强度等级且不配置间接钢筋，因此，需要进行局部受压承载力的计算。以轴心受压的钢筋混凝土柱、基础交接面为例，说明如下：

1) 取 $\omega=1$，$f_{cc}=0.85f_c$，则式（3.7.5-3）可改写为：

$$F_l \leqslant \omega\beta_l f_{cc} A_l = 0.85\beta_l f_c A_l \tag{3.7.5-5}$$

比较式（3.7.5-5）与式（3.7.5-1）可以发现，不配置间接钢筋时的局部受压承载力仅为配置间接钢筋时的63%。

(1) 当 $\beta_l=1$（如：角柱下平板式基础无挑边）时，不配置间接钢筋的局部受压承载力较低，因此，应特别注意控制边、角柱及其基础设计，控制钢筋混凝土柱的轴压力设计值、适当扩大基础顶面积，以加大混凝土局部承压面积 A_l，提高 β_l 数值。当钢筋混凝土柱底截面的轴压力系数 $\mu_N = \dfrac{N_{max}}{f_c bh} \leqslant 0.85$（应注意：在抗震建筑中，轴压比是结构设计经常提到的概念。而在轴压比的计算中一般不包括非抗震设计的组合，因此与抗震设计中的轴压比最大值对应的轴力，不一定是柱轴力的最大值）时，与钢筋混凝土柱相对应的基础的最低混凝土强度等级要求见表3.7.5-1。

$\beta_l=1$ 时基础混凝土的最低强度等级要求　　　　表3.7.5-1

柱混凝土强度等级	钢筋混凝土柱轴压力系数						
	0.85	0.80	0.75	0.70	0.65	0.60	0.55
C80	C80	C75	C70	C65	C60	C60	C55
C75	C75	C70	C70	C65	C60	C55	C50
C70	C70	C70	C65	C60	C55	C50	C45
C65	C65	C65	C60	C55	C50	C45	C45
C60	C60	C60	C55	C50	C45	C45	C40
C55	C55	C55	C50	C45	C45	C40	C35
C50	C50	C50	C45	C40	C40	C35	C35
C45	C45	C45	C40	C40	C35	C35	C30
C40	C40	C40	C40	C35	C35	C30	C30
C35	C35	C35	C35	C30	C30	C25	C25
C30	C30	C30	C30	C25	C25	C25	C20

(2) 当 $\beta_l=\sqrt{3}=1.732$（如：边柱下平板式基础）时，$F_l \leqslant \omega\beta_l f_{cc} A_l = 1.472 f_c A_l$，当钢筋混凝土柱的轴压力系数 $\mu_N = \dfrac{N_{max}}{f_c bh} \leqslant 1.05$ 时，与钢筋混凝土柱相对应的基础的最低混凝土强度等级要求见表3.7.5-2。

$\beta_l=1.732$ 时基础混凝土的最低强度等级要求　　　　表3.7.5-2

柱混凝土强度等级	钢筋混凝土柱轴压力系数						
	1.05	1.00	0.95	0.90	0.85	0.80	0.75
C80	C60	C55	C50	C50	C45	C45	C40
C75	C55	C50	C50	C45	C45	C40	C40
C70	C50	C50	C45	C45	C40	C40	C35
C65	C50	C45	C45	C40	C40	C35	C35
C60	C45	C40	C40	C40	C35	C35	C30
C55	C40	C40	C35	C35	C35	C30	C30
C50	C35	C35	C35	C30	C30	C30	C25
C45	C35	C30	C30	C30	C30	C25	C25
C40	C30	C30	C30	C30	C25	C25	C25
C35	C25	C25	C25	C25	C20	C20	C20
C30	C25	C25	C20	C20	C20	C20	C20

比较可以看出，表 3.7.5-2 中基础的局部承压问题较表 3.7.5-1 时有明显改善。

(3) 当 $\beta_l=3$（如中柱下基础）时，$F_l \leqslant \omega\beta_l f_{cc} A_l = 2.55 f_c A_l$，基础的局部承压问题更不明显。

$\beta_l=3$ 时基础混凝土的最低强度等级要求 表 3.7.5-3

柱混凝土强度等级	钢筋混凝土柱轴压力系数						
	1.05	1.00	0.95	0.90	0.85	0.80	0.75
C80	C35	C30	C30	C30	C30	C25	C25
C75	C30	C30	C30	C30	C25	C25	C25
C70	C30	C30	C25	C25	C25	C25	C20
C65	C30	C25	C25	C25	C25	C20	C20
C60	C25	C25	C25	C25	C20	C20	C20
C55	C25	C25	C20	C20	C20	C20	C20
C50	C20	C20	C20	C20	C20	C20	C20
C45	C20	C20	C20	C20	C20	C20	C20
C40	C20	C20	C20	C20	C20	C20	C20
C35	C20	C20	C20	C20	C20	C20	C20
C30	C20	C20	C20	C20	C20	C20	C20

2) 从表 3.7.5-1～表 3.7.5-3 不难看出，混凝土构件的局部受压承载力与局部受压时的强度提高系数 β_l 关系最为密切，而由式（3.7.5-2）可知，影响 β_l 的主要因素是混凝土的局部受压面积 A_b，为便于工程应用，工程中各类常见情况的 A_b 见图 3.7.5-1。其他情况可依据同心对称原则参考图 3.7.5-1 确定。

3.7.6 混凝土保护层

【问】《混凝土规范》确定的地下室外墙混凝土保护层厚度与《地下工程防水技术规范》的规定不同，该如何处理？

【答】 民用建筑中的混凝土保护层，应按《混凝土规范》确定，可不执行《地下工程防水技术规范》的规定。

【问题分析】

1.《混凝土规范》第 8.2.1 条规定：构件中普通钢筋及预应力钢筋，其混凝土保护层厚度（钢筋外边缘至混凝土表面的距离）不应小于钢筋的公称直径，且应符合表 3.7.6-1 的规定。

钢筋（包括箍筋）的混凝土保护层最小厚度（mm） 表 3.7.6-1

环境类别	板、墙、壳	梁、柱、杆
一	15	20
二 a	20	25
二 b	25	35
三 a	30	40
三 b	40	50

注：1. 混凝土强度等级不大于 C25 时，表中混凝土保护层厚度数值应增加 5mm。
2. 钢筋混凝土基础宜设置混凝土垫层，基础中钢筋的混凝土保护层厚度应从垫层顶算起，且不应小于 40mm。

3.7 钢筋混凝土构件设计

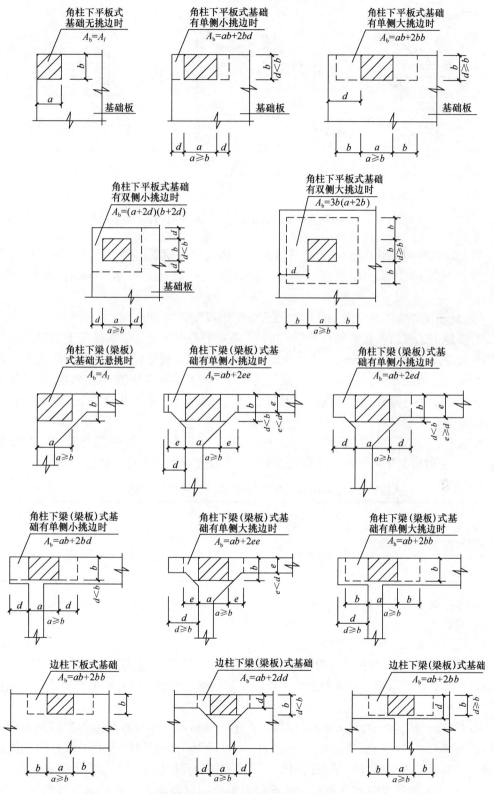

图 3.7.5-1 各种情况下的局部受压的计算底面积 A_b 计算（一）

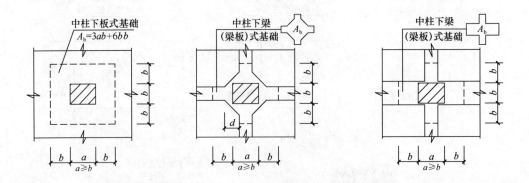

图 3.7.5-1　各种情况下的局部受压的计算底面积 A_b 计算（二）

1) 基础梁、基础拉梁及承台梁等（凡与土体接触的钢筋混凝土构件）的侧面及顶面纵向钢筋的混凝土保护层厚度可取 40mm，底面有垫层时可取 40mm；无垫层时可取 70mm。

2) 地下室外墙的迎土面钢筋的混凝土保护层厚度可取 40mm。

2.《地下工程防水技术规范》GB 50108 第 4.1.7 条规定：防水混凝土结构迎水面钢筋保护层厚度不应小于 50mm。这与《地下工程防水技术规范》所涉及的工程重要性及地下工程的施工方法有关。对一般民用建筑工程（结构及构件有疲劳问题或混凝土环境类别为三、四、五类时除外）建议执行《混凝土规范》的规定，不考虑《地下工程防水技术规范》的此规定。

《人民防空地下室设计规范》GB 50038 第 4.11.5 条规定的混凝土保护层厚度见表 3.7.6-2，一般情况下可取地下室外墙迎土面的混凝土保护层厚度不超过 40mm。

人防规范规定的纵向受力钢筋的混凝土保护层最小厚度（mm）　表 3.7.6-2

外墙外侧		外墙内侧、内墙	板	梁	柱
直接防水	设防水层				
40	30	20	20	30	30

3.《混凝土规范》第 8.2.3 条规定：当梁、柱、墙中纵向受力钢筋的混凝土保护层厚度大于 50mm 时，应对保护层采取有效的防裂构造措施。处于二、三类环境中的悬臂板，其上表面应采取有效的保护措施。

1) 钢筋的混凝土保护层厚度大于 50mm 时，采取防裂构造措施的要求仅针对梁和柱及墙，上部结构的框架柱常常与地下室外墙中的扶壁柱贯通，因此地下室外墙也应执行规范的本条规定。

2) 当梁、柱、墙中钢筋的保护层厚度大于 50mm 时，可在混凝土保护层中离构件表面一定距离处（当保护层厚度大于 50mm 时，可设置在保护层厚度的中部）增配构造钢筋网，一般可采用 Φ4@150 的双层钢筋，网片钢筋的保护层厚度不应小于 25mm。

3) 处于露天环境中的悬挑板，由于受力钢筋因混凝土开裂更容易受到腐蚀，因此，在结构设计中应提出明确的保护措施，有条件时应增大板顶受力钢筋的混凝土保护层厚度,并采取相应的防裂构造措施;当不具备加厚保护层厚度时,应在结构设计中对建筑的防水层提出明确的要求,应定期更换确保防水的效果。

4) 对厚混凝土保护层(厚度大于50mm)中设置钢筋网的做法,工程界看法不一,主要出于对保护层中钢筋网自身锈蚀的担心,当钢筋网锈蚀时,不仅起不到对保护层的保护作用,反而会加速混凝土保护层的剥落。

5) 工程中应避免采用厚度超过50mm的混凝土保护层(基础底面除外)。

3.7.7 悬臂梁的纵向钢筋设置

【问】《混凝土规范》第9.2.4条规定,悬臂梁的顶部钢筋除架立外都要求弯折锚固,当梁顶钢筋较多时施工困难,是否可不弯折?

【答】《混凝土规范》要求,悬挑梁上部钢筋均不应在梁的上表面截断,而应下弯,角筋以外的其他钢筋应在梁底边锚固。按此规定设计,则施工困难。实际工程中常可采用变通方法而将悬挑梁的梁顶负筋(梁顶角筋除外)按图3.7.7-2中钢筋②的做法在梁顶(不需要该钢筋的截面以外满足《混凝土规范》第9.2.3条规定的位置)截断。

【问题分析】

1.《混凝土规范》第10.2.4条的要求见图3.7.7-1,悬臂梁顶钢筋弯折并在受压区的锚固,可以提高悬臂梁的抗剪能力,同时也增加了梁顶受力钢筋的锚固有效性。但此种做法施工复杂,当悬臂梁顶面钢筋较多时,矛盾更加突出。

2. 目前施工中对悬臂梁一般采用分离式配筋(见图3.7.7-2),以方便施工。

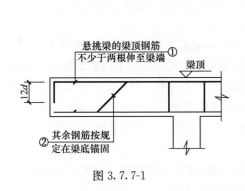

图 3.7.7-1

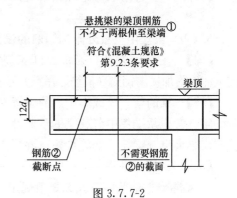

图 3.7.7-2

3.7.8 简支梁端的负钢筋设置

【问】《混凝土规范》第9.2.6条规定:当梁端实际受到部分约束但按简支计算时,应在支座区上部设置纵向构造钢筋,其截面面积不应小于梁跨中下部纵向受力钢筋计算所需截面面积的四分之一。次梁梁端与主梁整浇算不算"梁端实际受到部分约束"?

【答】次梁梁端的转动受到主梁抗扭刚度的约束(尤其当主梁的抗扭刚度较大时),应该属于"梁端实际受到部分约束"之情形。

【问题分析】

1. 一般情况下,当梁端与其支座整浇时,可界定为"梁端实际受到部分约束"的情

3 钢筋混凝土结构设计

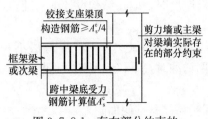

图 3.7.8-1 存在部分约束的梁铰接端纵筋配置要求

况，应执行《混凝土规范》第 9.2.6 条的规定。

2.《混凝土规范》第 9.2.6 条规定："当梁端实际受到部分约束但按简支计算时，应在支座区上部设置纵向构造钢筋，其截面面积不应小于梁跨中下部纵向受力钢筋计算所需截面面积的四分之一"（见图 3.7.8-1）。结构设计中应注意下列问题：

1）应尽量避免采用一端与支座铰接的大跨度梁（在剪力墙住宅中尤其应注意），以减少梁跨中计算的纵向钢筋面积，从而减小梁铰接端顶部的构造钢筋面积。

2）注意对"梁端实际受到部分约束"的把握。一般情况下当梁端为剪力墙（平面外）、框架柱（小截面）或截面抗扭刚度较大的主框架梁时，可确定为"梁端实际受到部分约束"之情形。

3）应注意规范规定的是梁跨中"纵向受力钢筋计算所需截面面积"，而不是实际配筋面积，铰接端梁顶配筋时应注意剔除因构件的挠度裂缝控制等其他因素导致的梁跨中纵向钢筋的增加部分，只考虑其中的强度计算钢筋面积。当梁跨中计算配筋面积较大（一般由跨度及荷载较大引起）时，应采用细而密的多排钢筋。

4）当梁跨度较大时，统一按梁跨中计算钢筋的 1/4 确定为铰接支座梁端构造负钢筋的做法也很值得商榷。应以控制不小于最小配筋率的配筋较为合理。实际工程中可结合支座对梁的实际约束情况，对梁及其支座构件进行包络设计（按梁端简支和梁端刚接分别计算）合理配筋。并采取措施确保梁端强剪弱弯并具有较好的转动能力。

3.7.9 梁集中荷载处附加钢筋的设置

【问】《混凝土规范》第 9.2.11 条规定：位于梁下部或梁截面高度范围内的集中荷载，应全部由附加横向钢筋（箍筋、吊筋）承担。对于现浇结构如何判别集中荷载的作用位置？

【答】 梁的集中荷载作用点的位置对预制装配式结构很明确，但对现浇结构则很难准确确定，考虑承受集中荷载梁的重要性，工程中可不区分集中荷载的作用位置，偏安全地将主次梁节点、梁托柱处等均按《混凝土规范》第 9.2.11 条的规定设置附加钢筋。

【问题分析】

1.《混凝土规范》第 9.2.11 条还规定：附加横向钢筋宜采用箍筋。箍筋应布置在长度为 s 的范围内，此处，$s=2h_1+3b$（图 3.7.9-1）。当采用吊筋时，其弯起段应伸至梁上边缘，且末端水平段长度不应小于《混凝土规范》第 9.2.7 条的规定。

附加横向钢筋所需的总截面面积应符合下列规定：

$$A_{sv} \geq \frac{F}{f_{yv}\sin\alpha} \tag{3.7.9-1}$$

式中：A_{sv}——承受集中荷载所需的附加横向钢筋总截面面积；当采用附加吊筋时，A_{sv} 应为左、右弯起段截面面积之和；

F——作用在梁的下部或梁截面高度范围内的集中荷载设计值；

α——附加横向钢筋与梁轴线间的夹角。

3.7 钢筋混凝土构件设计

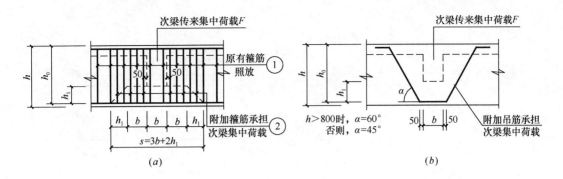

图 3.7.9-1 梁截面高度范围内有集中荷载作用时附加横向钢筋的布置
(a) 附加箍筋；(b) 附加吊筋

2. 可按表 3.7.9-1 选用附加箍筋，按表 3.7.9-2 选用吊筋。

附加箍筋所能承受的集中力设计值（kN）　　　　表 3.7.9-1

箍筋直径	HPB300 F 两侧双肢箍筋总组数 m					HRB335 F 两侧双肢箍筋总组数 m					HRB400 F 两侧双肢箍筋总组数 m				
	2	4	6	8	10	2	4	6	8	10	2	4	6	8	10
6	29	60	91	122	153	34	68	102	136	170	40	81	122	163	203
8	54	108	162	217	271	60	120	181	241	302	72	145	217	289	362
10	84	170	254	338	423	94	188	282	377	471	113	226	339	452	565
12	122	244	366	488	610	135	271	407	543	678	163	325	488	651	814
14	165	331	499	665	830	184	369	554	738	923	221	443	665	886	1108

一根吊筋所能承受的集中力设计值（kN）　　　　表 3.7.9-2

弯起角 α	HRB335 吊筋的直径								HRB400 吊筋的直径							
	14	16	18	20	22	25	28	32	14	16	18	20	22	25	28	32
45°	65	85	108	133	161	208	261	341	78	102	129	160	193	250	313	409
60°	80	104	132	163	197	255	320	418	96	125	158	196	237	306	384	501

注：当梁高 $h>800$ 时，可取 $\alpha=60°$；否则取 $\alpha=45°$。

3. 现浇结构中集中荷载的作用是一个区段，很难用一个具体位置表达清楚（见图 3.7.9-2）。有资料指出，对梁托柱情况，柱的竖向荷载为作用在托梁顶面的荷载，因此对托梁不需要按《混凝土规范》第 9.2.11 条规定设置抗剪用附加横向钢筋。编者认为对集中荷载的作用位置，由于梁柱节点整浇，整个节点高度区域既属于柱也属于梁（即梁中有柱、柱中有梁），都能够传递竖向荷载，其传递的范围是一个区域，而不应该人为地确定为一个点或一个面。同时，托柱梁为重要的结构构件，因此，对此构件设计也没有必要过于"抠门"。对结构设计的重点部位根据构件剪力的实际情况，采取适当的结构措施设置附加钢筋抗剪是合适的。

4. 有资料指出："设置附加钢筋的目的是将集中荷载传递到梁的受压区"。规范及工

3 钢筋混凝土结构设计

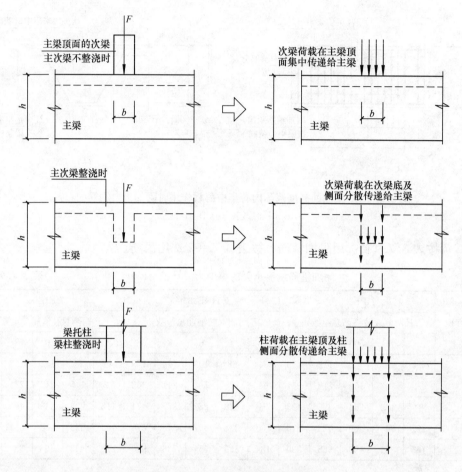

图 3.7.9-2 集中荷载的传递

程中也形象地称其为"吊筋"。似乎附加横向钢筋（附加箍筋及附加吊筋）就是起"吊"的作用。编者认为，设置附加横向钢筋（附加箍筋及附加吊筋）的本质是抗剪，来抵抗由集中荷载作用（并非作用在梁顶面，而是靠次梁的剪压区传递至主梁的腹部）引起的梁的主拉应力及剪应力的突变。否则也无法解释在框架梁支座附近作用有集中荷载（作用在梁底或梁截面高度范围内）时设置附加横向钢筋的问题。

1) 所谓"附加横向钢筋（附加箍筋及附加吊筋）"，指的是承受作用在梁下部或梁截面高度范围内的集中荷载（以下简称"附加集中荷载"）所需的横向钢筋（箍筋及吊筋）。"附加"是用来区别梁承受梁顶荷载（均布荷载及集中荷载）所需的箍筋及吊筋（不属于附加横向钢筋，以下简称"普通横向钢筋"）。

2) 当集中荷载作用在梁顶面（如次梁、预制梁、钢梁、钢柱等搁置在梁顶面）时，梁无须设置附加横向钢筋（附加箍筋及附加吊筋），梁的箍筋及吊筋（即"普通横向钢筋"）应满足承受梁顶荷载（均布荷载及集中荷载）的要求。

3) 当梁下部或梁截面高度范围内作用有集中荷载，或无法确定梁的集中荷载是否完全作用在梁顶面时，梁内应设置承受"附加集中荷载"所需的附加横向钢筋（附加箍筋及附加吊筋），及承受梁顶荷载（均布荷载及集中荷载）的"普通横向钢筋"。

5. 采用附加箍筋承担梁的"附加集中荷载"时,应注意:规范不允许用梁布置在集中荷载影响区 s 范围内的原有受剪箍筋(即"普通横向钢筋")代替附加横向钢筋,"附加集中荷载"应全部由附加箍筋及附加吊筋承担(即在 s 范围内除应配置梁的原有受剪箍筋①外,还应计算配置用于承担"附加集中荷载"的附加横向钢筋②,当附加横向钢筋采用箍筋时,在 s 范围内的箍筋总面积应为①+②,见图 3.7.9-1),当梁宽 b 过大时,s 应适当减小;当主、次梁高差 h_1 过小时,s 应适当增加。

6. 梁在"附加集中荷载"作用宽度范围内仍应配置箍筋,见图 3.7.9-1。

3.7.10 梁宽大于柱宽的宽扁梁钢筋在边柱的锚固

【问】 当采用梁宽大于柱宽的宽扁梁时,梁钢筋如何在边柱锚固?

【答】 梁宽大于柱宽时,梁钢筋在柱内锚固效果差,应控制梁钢筋在柱内锚固的比例不小于全部梁顶钢筋截面面积的 65%,同时对梁柱边节点考虑梁端弯矩调幅,以适当加大梁的边跨跨中及第一内支座弯矩。

【问题分析】

1. 当柱截面宽度大于梁截面宽度时,对柱纵向钢筋在梁内的锚固,《混凝土规范》第 9.3.7 条有明确的规定,见图 3.7.10-1～图 3.7.10-3,其中 d_{cs}、A_{cs} 分别为柱外侧纵向钢筋的直径及柱外侧配筋面积。

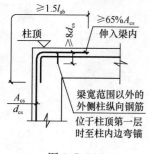

图 3.7.10-1

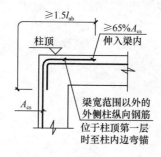

图 3.7.10-2

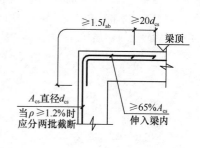

图 3.7.10-3

2. 对梁宽度大于柱宽的宽扁梁梁柱节点的钢筋锚固,规范未作具体规定,应根据工程经验确定,采取确保梁柱钢筋有效传力的措施;必要时考虑宽扁梁钢筋在柱外锚固的实际效果,对梁端弯矩予以相应的折减。建议一般情况下可参考《混凝土规范》第 9.3.7 条的规定,采取以下锚固及结构计算的具体措施:

1) 控制宽扁梁钢筋在边框架柱内的锚固比例不低于 65%,其他钢筋可均匀锚固在边梁内(见图 3.7.10-4)。

2) 与宽扁梁垂直方向的边框架梁,在框架柱两侧宜设置水平加腋,以提高边梁的抗扭能力,提高梁柱节点的整体性(见图 3.7.10-4)。

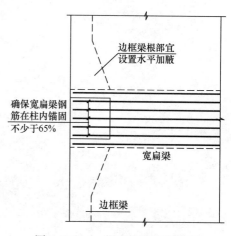

图 3.7.10-4 梁宽大于柱宽时宽扁梁钢筋在边柱的锚固

3）调整结构计算，考虑宽扁梁与框架柱的实际连接效果，对梁边跨梁端弯矩进行调幅，相应增加边跨跨中及第一内支座的内力设计值。

3. 对无梁楼盖结构的边柱节点，除采取上述 2 的结构措施外，还应对等代框架柱上板带边跨的配筋布置进行调整，将纵向受力钢筋尽量集中在框架柱的宽度范围内（见本章第 3.5.1 条）。

参考文献

[1] 《混凝土结构设计规范》GB 50010—2010. 北京：中国建筑工业出版社，2011

[2] 《高层建筑混凝土结构技术规程》JGJ 3—2010. 北京：中国建筑工业出版社，2011

[3] 《钢筋混凝土连续梁和框架考虑内力重分布设计规程》CECS 51：93. 北京：中国计划出版社，1994

[4] 中国有色工程设计研究总院. 《混凝土结构构造手册》（第三版）. 北京：中国建筑工业出版社，2003

[5] 国家标准《建筑抗震设计规范》管理组. 《建筑抗震设计规范》GB 50011—2010（征求意见稿）. 2009.5

[6] 广东省实施《高层建筑混凝土结构技术规程》JGJ 3—2002 补充规定 DBJ/T 15-46-2005. 北京：中国建筑工业出版社，2005

[7] 江苏省房屋建筑工程抗震设防审查细则. 北京：中国建筑工业出版社，2007

[8] 北京市建筑设计研究院. 《建筑结构专业技术措施》. 北京：中国建筑工业出版社，2011

[9] 朱炳寅. 《建筑抗震设计规范应用与分析》. 北京：中国建筑工业出版社，2011

[10] 朱炳寅. 《高层建筑混凝土结构技术规程应用与分析》. 北京：中国建筑工业出版社，2013

4 砌 体 结 构 设 计

【说明】

1. 和混凝土及钢相比，砌体材料的拉压承载力特性相差甚远，因此，严格意义上说砌体不是理想的弹性材料，也不适合作为抗震结构材料。但砌体结构在我国的应用非常普遍，约占民用建筑总量的70%。对砌体结构抗震，规范以抗震构造措施为主，通过对砌体结构的约束实现抗震的目的。也正由于此，砌体规范的规定更多地来自于工程经验及震害调查，规范不明确和不完善的地方相对较多。

2. 砌体结构的问题相对较集中，本章将相似问题归类集中，统一分析。砌体结构设计中问题比较集中在砌体强度的修正及砌体结构的抗震构造等方面。

3. 本章主要涉及主要规范如下：

1) 《建筑抗震设计规范》GB 50011（以下简称《抗震规范》）。

2) 《砌体结构设计规范》GB 50003（以下简称《砌体规范》）。

4.1 砌体结构的非抗震设计

【要点】

在砌体结构的设计中，主要问题有砌体强度的修正、顶层挑梁的倾覆点选取等，这些问题主要是由于规范规定不明确造成的。规范的修订和条文的补充解释对完善规范和统一砌体结构设计标准意义重大。

4.1.1 关于砌体强度设计值的调整

【问】 单排孔混凝土砌块对孔砌筑时，灌孔砌体的抗压强度设计值 $f_g = f + 0.6\alpha f_c$，当为小截面时，γ_a 是修正 f，还是修正 $(f + 0.6\alpha f_c)$？

【答】 对灌孔砌体（单排孔混凝土砌块对孔砌筑）的抗压强度设计值调整时，是调整 f_g 还是调整 f，《砌体规范》第3.2.1条没有说得很明确。在规范没有明确之前，均可只对砌体的抗压强度设计值 f 进行调整。

【问】《砌体规范》对配筋砖砌体构件的受压承载力计算式如：(8.1.2-2)、(8.2.3)、(8.2.4-1) ～ (8.2.4-3) 和 (8.2.7-1) 中，当截面面积较小时，对砌体强度设计值的调整是按小于 $0.3m^2$ 还是按小于 $0.2m^2$ 调整？

【答】 依据《砌体规范》第3.2.3条的规定，配筋砌体构件的砌体强度设计值 f 的调整系数 γ_a，应该按配筋砌体构件中的砌体截面面积（注意：不是配筋砌体构件的总截面面积，而是配筋砌体中的砌体截面面积，即扣除配筋混凝土或砂浆面层后的砖砌体截面面积）是否小于 $0.2m^2$ 进行取值。

【问】 在确定砌体弹性模量 E 时，f 是否考虑 γ_a 调整？

【答】 因为弹性模量是材料的基本力学性能，与构件尺寸等无关，故弹性模量中的砌体抗压强度值不需要调整。

【问题分析】

1. 《砌体规范》第3.2.3条规定，下列情况的各类砌体，其砌体强度设计值应乘以调整系数 γ_a：

①对无筋砌体构件，其截面面积小于 $0.3m^2$ 时，γ_a 为其截面面积加0.7；对配筋砌体构件，当其中砌体截面面积小于 $0.2m^2$ 时，γ_a 为其截面面积加0.8；构件截面面积以 m^2 计；

②当砌体用强度等级小于M5.0的水泥砂浆砌筑时，对《砌体规范》第3.2.1条各表中的数值，γ_a 为0.9；对第3.2.2条表3.2.2中数值，γ_a 为0.8；

③当验算施工中房屋的构件时，γ_a 为1.1。

2. 对规范上述规定解读时应注意以下几点：

1）应特别注意对上述规定中"各类砌体"的理解，强度调整适用于无筋砌体和配筋砌体，即适用于所有各类砌体。

2）影响砌体强度的因素及所涉及的砌体种类分别说明如下：

（1）砌体截面面积过小时，砌体强度应进行调整。对配筋砌体，关注的是配筋砌体中的<u>砖砌体</u>截面面积，对不同的配筋砌体，其中的砖砌体截面面积取值原则不同：对网状配筋砖砌体受压构件采用《砌体规范》式（8.1.2-2）计算时，其砖砌体的截面面积与网状配筋砌体构件的截面面积相同；而对于组合砖砌体构件采用《砌体规范》式（8.2.3）、（8.2.4-1）～（8.2.4-3）计算时，其砖砌体的截面面积应扣除配筋混凝土及砂浆面层的面积（图4.1.1-1a、b中的斜线部分面积）；对于砖砌体和钢筋混凝土构造柱组合墙采用《砌体规范》式（8.2.7-2）计算时，应采用砖砌体的净截面面积 A_n（图4.1.1-1c中扣除构造柱面积后的斜线部分面积）。

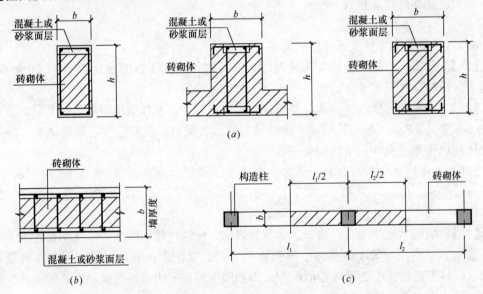

图4.1.1-1 配筋砌体构件截面
(a) 组合砖砌体构件；(b) 混凝土或砂浆面层组合墙；(c) 砖砌体和构造柱组合墙截面

(2) 试验研究表明，中、高强度等级的水泥砂浆对砌体抗压强度和砌体抗剪强度无不利影响，故当砌体用强度等级小于 M5.0 的水泥砂浆砌筑时，应对砌体强度进行调整；注意只是对《砌体规范》表 3.2.1-1～7 和表 3.2.2 中数值的调整；对配筋砖砌体仅是对其中砖砌体抗压强度 f 的调整。

(3) 受多种因素影响时，各系数是否应连乘，规范没有明确。

(4) 对灌孔砌体（单排孔混凝土砌块对孔砌筑时）的调整，是只调整未灌孔砌体的抗压强度设计值 f，还是应调整 f_g，规范没有明确。

(5) 对配筋砌体，规范明确了仅是对其中砌体抗压强度 f 的调整，而其他各款是对砌体强度 f_n 的调整还是仅对砌体强度设计值 f 的调整？规范未予明确。

3. 对砌体强度调整的设计建议

1)《砌体规范》第 3.2.3 条中规定的各项调整，可只对砖砌体强度设计值 f 进行调整（也即见 f 就调整，弹性模量除外）。

2) 多种因素影响时，各系数应连乘。

3) 在规范规定不很明确的情况下，为便于操作而提出上述建议，当规范有新规定时，应以相关规定为准。

4.1.2 带壁柱墙的计算截面翼缘宽度 b_f 的取值

【问】《砌体规范》第 4.2.8 条中，带壁柱墙的计算截面翼缘宽度 b_f 的取值："多层房屋，当有门窗洞口时，可取窗间墙宽度；当无门窗洞口时，每侧翼缘宽度可取壁柱高度（层高）的 1/3"；"单层房屋，可取壁柱宽加 2/3 墙高，但不大于窗间墙宽度和相邻壁柱间距离"，此处壁柱高度、墙高是否就指《砌体规范》第 5.1.3 条的构件高度 H 吗？

【答】 此处壁柱高度及墙高均为《砌体规范》第 5.1.3 条的构件高度 H。

【问题分析】

1. 按《砌体规范》第 4.2.8 条确定带壁柱墙的计算截面翼缘宽度 b_f 可见例 4.1.2-1 及例 4.1.2-2。

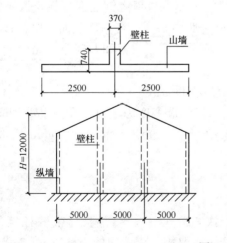 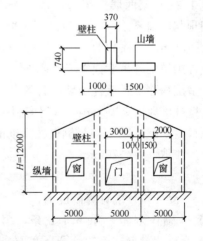

图 4.1.2-1

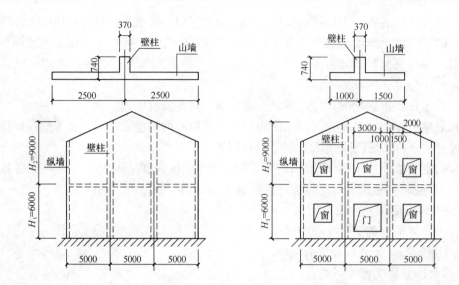

图 4.1.2-2

2. 按《砌体规范》第4.2.8条确定带壁柱墙的计算截面翼缘宽度 b_f 时应注意：对多层房屋，当无门窗洞口时，应限定翼墙宽度不大于相邻壁柱间距离。否则，当房屋层高较大且壁柱间距较小时，按规范的上述规定取值，带壁柱墙的翼缘总宽度（壁柱宽度加两侧翼墙宽度）将有可能超出壁柱间的距离。举例说明见例4.1.2-2。

例 4.1.2-1 某单层房屋的山墙、横墙间距15m，山墙顶与屋盖系统有可靠拉结。带壁柱墙的高度（自基础顶面至壁柱顶面）为12m，壁柱截面为370×740mm，确定当不开门窗和开门窗（见图4.1.2-1）时，带壁柱山墙的计算截面翼缘宽度 b_f。

解：单层房屋，带壁柱山墙的计算截面翼缘宽度 b_f，按《砌体规范》第4.2.8条第2款确定。壁柱间距为5000mm，有门窗洞口时，窗间墙宽度为2500mm。壁柱宽度加2/3墙高=370+12000×2/3=8370mm>5000mm>2500mm。因此，无门窗洞口时 b_f=5000mm；有门窗洞口时 b_f=2500mm。

例 4.1.2-2 某两层房屋的山墙、横墙间距15m，与现浇钢筋混凝土楼层有可靠拉结，山墙顶与屋盖系统有可靠拉结。带壁柱墙的底层高度（自基础顶面至壁柱顶面）为6m、二层为9m，壁柱截面为370×740mm，确定当不开门窗和开门窗（见图4.1.2-2）时，带壁柱山墙的计算截面翼缘宽度 b_f。

解：多层房屋，带壁柱山墙的计算截面翼缘宽度 b_f 按《砌体规范》第4.2.8条第1款确定。壁柱间距为5000mm，有门窗洞口时，窗间墙宽度为2500mm。则 b_f=2500mm；无门窗洞口时，壁柱宽度加每侧壁柱高度的1/3=370+9000×2/3=4370mm<5000mm。因此，此处应取 b_f=4370mm。

4.1.3 受压构件的计算高度 H_0

【问】《砌体规范》第6.1.2条，第1款"按式（6.1.1）验算带壁柱墙的高厚比，……；当确定带壁柱墙的计算高度 H_0 时，s 应取相邻横墙间的距离"；第3款"按式（6.1.1）验算壁柱间墙或构造柱间墙的高厚比，此时 s 应取相邻壁柱间或相邻构造柱间的距离"。同样是带壁柱的墙，两者 s 的数值相差很大（一般横墙间距较大，而相邻壁柱间距较小），对计算高度 H_0 的影响也很大，是否合理？

【答】 虽然都是对带壁柱墙的高厚比验算，但进行的计算各不相同：一是，验算<u>带壁柱墙</u>的高厚比（带壁柱墙是一种变截面的墙，而不是柱，应将壁柱与墙作为一个构件来考虑，并根据《砌体规范》表 6.1.1 确定带壁柱墙的允许高厚比 $[\beta]$），考察的是壁柱与墙的共同作用；二是，验算壁柱间墙的高厚比，将壁柱作为墙的支点，考察壁柱间墙的自身稳定问题。虽然都是墙，但两者差别很大（见图 4.1.3-1）。对应于不同的验算要求，采用不同的 s 取值标准，因而是合理的。

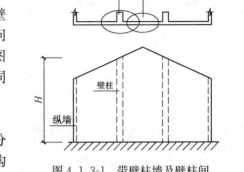

图 4.1.3-1 带壁柱墙及壁柱间墙计算高度的确定

【问题分析】

砌体结构设计中，对受压构件应注意区分下列三个"高度"：一是"层高 h_i"；二是"构件高度 H"；三是"受压构件的计算高度 H_0"。

1. 层高 h_i，就是房屋设计中上部楼层与下部楼层之间的高度，一般为楼层板顶之间的距离，可以从建筑图中直接查找。

2. 构件高度 H，按《砌体规范》第 5.1.3 条的规定确定。

1）在房屋的底层为楼板顶面（注意：有资料取至楼板底面，此处执行《砌体规范》的规定，偏安全地取至楼板顶面）到构件下端支点的距离。

（1）外墙，其下端支点的位置，可取在基础顶面。当埋深较深且有刚性地坪时，可取至室外地面下 500mm 处（见图 4.1.3-2a）。如有管沟时，则算到管沟底。

（2）内墙，其下端支点的位置，可取在基础顶面。当埋深较深且有刚性地坪时，可取至室内地面下 500mm 处（见图 4.1.3-2a）。如有管沟时，则算到管沟底（注意：有资料对首层内墙高度按层高取值，层高取值偏小，不安全。此处根据地面对墙体的实际约束情况，执行《砌体规范》的规定）。

2）在房屋的其他楼层，为楼板或其他水平支点间的距离（一般为层高 h_i）（见图 4.1.3-2c）。

3）对于无壁柱的山墙，可取层高（注意：底层时，下端支点应按上述 1）确定）加山墙尖高度的 1/2（见图 4.1.3-2d）；对于带壁柱的山墙可取壁柱处（注意：对坡屋顶，可取壁柱中心线处的高度）的山墙高度（见图 4.1.3-2e）。

4）单层空旷房屋，外墙高度自大梁梁底（或屋架端支点）算到下端支点，或外墙管沟底。计算稳定时应自屋顶板顶算起。

3. 受压构件的计算高度 H_0，应根据构件高度 H 及房屋类别，按《砌体规范》的表 5.1.3 确定。对壁柱间墙或构造柱间墙可按表中"周边拉结的墙"计算，相应的 s 取壁柱间距离或构造柱间距离。

4.1.4 墙、柱高厚比验算

【问】 在对墙高厚比验算时，《砌体规范》第 6.1.2 条要求进行壁柱间墙的高厚比验

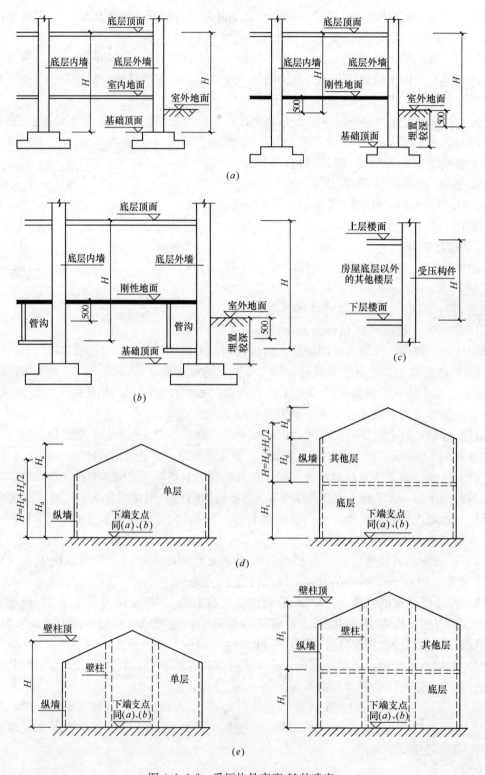

图 4.1.3-2 受压构件高度 H 的确定

(a) 房屋底层；(b) 房屋底层有管沟时；(c) 其他楼层；(d) 无壁柱山墙；(e) 有壁柱山墙

算和带壁柱墙的高厚比验算,是否在满足壁柱间墙高厚比或带壁柱墙高厚比的情况下,整片墙的高厚比就满足了?即不用再把墙作为一个整体验算其高厚比?另外对壁柱是否有尺寸要求?

【答】 目前情况下,带壁柱墙的高厚比验算是通过分别对壁柱间墙的高厚比和带壁柱墙的高厚比的验算实现的,当全部壁柱间墙的高厚比和所有带壁柱墙的高厚比分别满足规范要求时,即可认为带壁柱墙的高厚比满足要求,而无需对带壁柱墙进行整体高厚比验算。对壁柱应满足独立砖柱的截面尺寸要求(见《砌体规范》第6.2.5条)。

【问题分析】

1. 砌体结构以剪切变形为主,对其进行高厚比验算的目的在于避免产生过大的弯曲变形,在结构中不出现弯曲破坏,从而可省略对砌体结构的整体倾覆验算。

2. 应注意规范的下列规定:

《砌体规范》第6.1.2条规定,带壁柱墙和带构造柱墙的高厚比验算,应按下列规定进行:

(1) 按《砌体规范》式(6.1.1)验算带壁柱墙的高厚比,此时式中 h 应改用带壁柱墙截面的折算厚度 h_T,在确定截面回转半径时,墙截面的翼缘宽度,可按《砌体规范》第4.2.8条的规定采用;当确定带壁柱墙的计算高度 H_0 时,s 应取相邻横墙间的距离。

(2) 当构造柱截面宽度不小于墙厚时,可按《砌体规范》式(6.1.1)验算带构造柱墙的高厚比,此时式中 h 取墙厚;当确定墙的计算高度 H_0 时,s 应取相邻横墙间的距离;墙的允许高厚比 $[\beta]$ 可乘以提高系数 μ_c:

$$\mu_c = 1 + \gamma b_c / l \tag{4.1.4-1}$$

式中:γ——系数。对细料石砌体,$\gamma=0$;对混凝土砌块、混凝土多孔砖、粗料石、毛料石及毛石砌体,$\gamma=1.0$;其他砌体,$\gamma=1.5$;

b_c——构造柱沿墙长度方向的宽度;

l——构造柱的间距。

当 $b_c/l>0.25$ 时取 $b_c/l=0.25$,当 $b_c/l<0.05$ 时取 $b_c/l=0$。

注:考虑构造柱有利作用的高厚比验算不适用于施工阶段。

(3) 按《砌体规范》式(6.1.1)验算壁柱间墙或构造柱间墙的高厚比,此时 s 应取相邻壁柱间或相邻构造柱间的距离。设有钢筋混凝土圈梁的带壁柱墙或带构造柱墙,当 $b \geqslant s/30$ 时,圈梁可视作壁柱间墙或构造柱间墙的不动铰支点(b 为圈梁宽度)。如不允许增加圈梁宽度,可按墙体平面外等刚度原则增加圈梁高度,以满足壁柱间墙或构造柱间墙的不动铰支点的要求。

3. 规范解读时应注意:

1) 砌体墙、柱的允许高厚比 $[\beta]$ 与承载力计算无关,主要依据墙、柱在正常使用和施工及偶然情况下的稳定性及刚度要求,由经验确定。高厚比验算是保证砌体结构稳定性的重要构造措施之一。高厚比验算是砌体结构设计的重要内容,结构设计时应引起足够的重视。

2) 设置壁柱有利于保证墙的稳定,带壁柱的墙为梯形截面墙,需考虑带壁柱墙的自身稳定和壁柱间墙的稳定,并分别对其进行高厚比验算。

3)《砌体规范》对带壁柱墙的高厚比验算,实际上是在对带壁柱墙进行简化验算(按《砌体规范》第4.2.8条的规定,取壁柱及其两侧翼缘组成的等效T形截面,并验算其高厚比)的基础上再对壁柱间墙进行补充验算。当各等效T形截面墙的高厚比及各壁柱间墙的高厚比都满足《砌体规范》式(6.1.1)的要求后,即认为带壁柱墙(整体)的高厚比也满足要求。其中,对等效T形截面墙的验算考察的是墙体支承构件的自身稳定性,而补充验算的实质是考察支承结构对壁柱间墙稳定性的影响程度,壁柱间距越大,其对壁柱间墙的稳定作用越小;构件高度越小,对壁柱间墙的稳定作用越大。

4)在墙中设置钢筋混凝土构造柱(宜与圈梁同时设置)有利于提高墙体正常使用阶段的稳定性和刚度(注意:不适用于施工阶段),高厚比验算中仅考虑适当间距(构造柱的间距与构造柱沿墙长度方向的宽度b_c之比$l/b_c \leqslant 4 \sim 20$)的较大截面构造柱(构造柱沿墙长度方向的截面宽度不小于墙厚)的作用,当构造柱截面宽度小于墙厚时,可不考虑构造柱对墙体高厚比的有利影响。

当用构造柱替代壁柱时,构造柱的截面高度(垂直于墙的长度方向)应不小于构造柱高度的1/30,并不小于墙厚。构造柱间墙的高厚比验算同壁柱间墙。

5)可考虑钢筋混凝土圈梁(宜与构造柱同时设置)对壁柱间墙体稳定的有利影响(注意:只考虑其对壁柱间墙体稳定的有利影响,不考虑其对带壁柱墙稳定的有利影响)。并对圈梁截面宽度提出基本要求,但未提出圈梁高度要求,一般情况下,圈梁的截面高度不宜小于180mm。圈梁设置见图4.1.4-1。

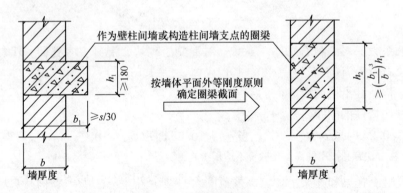

图4.1.4-1 圈梁设置要求

6)《砌体规范》式(6.1.1)中,当为承重墙时取$\mu_1=1.0$。

7)《砌体规范》第6.1.4条规定:对有门窗洞口的墙,允许高厚比修正系数μ_2应按下式计算:

$$\mu_2 = 1 - 0.4 b_s/s \tag{4.1.4-2}$$

式中:b_s——在宽度s范围内的门窗洞口总宽度;

s——相邻横墙或壁柱之间的距离。

(1)当按式(4.1.4-2)算得μ_2的值小于0.7时,应采用0.7。当洞口高度等于或小于墙高的1/5时,可取μ_2等于1.0。

(2) 洞口对墙的稳定性有削弱，应对宽度 s 范围内的门窗洞口总宽度 b_s 进行控制，同时，可不考虑小洞口（洞口高度不大于墙高的 1/5 时）对墙的高厚比影响。对小洞口的判别只控制洞口高度，不合理，应增加对洞宽的限制。建议当洞口高度和宽度分别不大于墙高的 1/5 时，可判别为小洞口，在 μ_2 计算中不考虑。

(3) 高厚比验算中的 s 为墙体稳定的计算距离，类似钢筋混凝土剪力墙的无支长度。实际工作中不少设计人员对 s 的准确取值难以把握，现以例 4.1.4-1 说明之。

例 4.1.4-1 《砌体规范》第 6.1.4 条，计算带洞口的墙时用到参数 s，规范上指"相邻横墙或壁柱之间的距离"。现假如有纵墙长 8m（横墙间距 8m），1m 宽的窗洞 3 个，墙各段长依次为 2m，0.5m，1m，1.5m，则根据《砌体规范》第 6.1.4 条，此时的 b_s/s 应为何值？

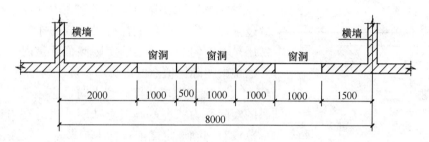

图 4.1.4-2

解： 相邻横墙间距 $s=8000$mm，在 s 范围内洞口总宽度 $b_s=3\times 1000=3000$mm，则 $b_s/s=3000/8000=3/8$。

4.1.5 关于墙梁

【问】 《砌体规范》图 7.3.3 中 h_w 包含了顶梁高度 h_t，而有资料在 h_w 计算中扣除顶梁高度 h_t，是否合理？

【答】 不应扣除，规范定义为"墙体的计算高度 h_w"而不单是墙体的高度。h_w 取托梁顶面上一层层高，包括墙梁的顶梁高度 h_t 在内。当 $h_w > l_0$ 时，取 $h_w = l_0$。

【问题分析】

1. 相关构件定义

1) 由混凝土托梁和托梁上计算高度范围内的砌体墙组成的组合构件，称为墙梁。
2) 墙梁包括简支墙梁、连续墙梁和框支墙梁。可划分为承重墙梁和自承重墙梁。
3) 墙梁中承托砌体墙和楼（屋）盖的混凝土简支梁、连续梁和框架梁，称为托梁。
4) 墙梁中考虑组合作用的计算高度范围内的砌体墙，简称为墙体。
5) 墙梁的计算高度范围内墙体顶面处的现浇混凝土圈梁，称为顶梁。
6) 墙梁支座处与墙体垂直相连的纵向落地墙体，称为翼墙。

2. 墙梁一般适用于承受重力荷载。在地震区应慎用，地震高烈度区不应采用。

4.1.6 关于挑梁

【问】 有资料指出："顶层的挑梁不是埋入砌体内，而是直接浮搁在墙上，所以它的倾覆点位于墙的外表面，不能采用《砌体规范》第7.4.2条的规定"。此说法是否合理？

【答】 将顶层挑梁的倾覆点位置置于墙的外表面，是一种纯理论的看法，与工程实际情况不吻合，按此设计也不安全。在实际工程中适当考虑顶层挑梁倾覆点的内移是合理的。可按《砌体规范》第7.4.2条的要求，确定顶层挑梁的倾覆点位置。

【问题分析】

1.《砌体规范》第7.4节的规定中，没有明确对顶层挑梁倾覆点位置的规定，其中的插图也未涉及，因此，带来对倾覆点位置的诸多疑虑，目前代表性的观点有两种：

1) 顶层挑梁倾覆点位置位于墙外皮；

2) 顶层挑梁倾覆点位置同下层挑梁，位于墙外皮内 x_0；

2. 把顶层挑梁倾覆点确定在墙外皮，这种做法过于理想化，实际上在挑梁荷载的作用下，墙的受压是不均匀的，挑梁的实际倾覆点是内移了，不考虑挑梁实际倾覆点的内移对实际工程偏不安全。

3. 确定顶层挑梁倾覆点时，应考虑工程中挑梁的实际受力状况，倾覆点从墙外皮适当内移，在规范没有明确规定之前，参考规范对一般楼层挑梁倾覆点位置的确定要求（见图4.1.6-1）。

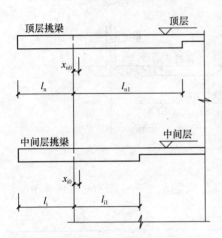

图 4.1.6-1 挑梁的倾覆点位置

4.1.7 关于构造柱的抗剪

【问】 在《砌体规范》第10.2.2条中，关于中部构造柱参与工作系数 ζ，规范注释如下："中部构造柱参与工作系数；居中设一根时取0.5，多于一根时取0.4"。在一段墙体中，如果墙中间布置一根，两端各布置一根共三根构造柱时，其系数应取何值？

【答】 应取0.5，墙端部构造柱主要起约束作用，抗剪构造柱的数量不包括墙端部构造柱。但在墙体面积 A 中应包括两端构造柱的面积。

【问题分析】

1. 力学概念告诉我们，矩形截面构件受剪时，截面剪应力的分布是不均匀的（图4.1.7-1），呈两端小中间大的抛物线形分布；

2. 构造柱的抗剪作用与构造柱的位置有关：

1) 设置于墙体两端的构造柱，处在截面剪应力分布接近于零的区域，其直接抗剪的作用很小，主要作用是对砌体进行约束，构造柱和圈梁（或楼面梁、板）形成对砌体约束边框，其对砌体抗剪作用的提高表现在对砌体的约束作用中。

2) 设置于墙体中部的构造柱，处在截面剪应力分布较大的区域，其直接承担的剪力大。

3) 注意规范用词"中部构造柱参与工作系数 ζ"，对其"中部"的定义，规范没有明确规定。

3. 设计建议

1）当砌体抗剪承载力不足或需提高截面的抗剪承载力时，可在墙体中部设置一定数量的抗剪用钢筋混凝土构造柱（图4.1.7-2）。

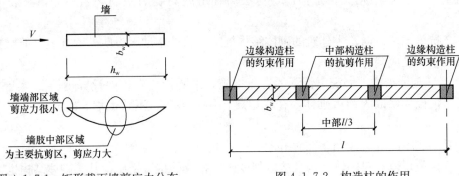

图4.1.7-1　矩形截面墙剪应力分布　　　图4.1.7-2　构造柱的作用

2）可将墙体中间1/3墙长的部位定义为"墙体中部"（图4.1.7-2）。

4.1.8　同一结构单元中上、下楼层采用不同砌体材料

【问】　某小区几栋多层砌体结构，下部四层采用蒸压灰砂砖砌筑，现由于该砖供应不上，上部欲改为页岩空心砖，是否可行？与原来的蒸压灰砂砖存在材料不同的问题，会不会在以后使用中因温度收缩而引起墙体裂缝等问题。

【答】　空心砖不可以作为承重结构材料。可考虑采用多孔砖。裂缝问题不会很大，若有担心可以采取墙体表面防裂措施，如外挂钢丝网等。

【问题分析】

1. 由于材料供应问题或由于限制黏土砖的使用等问题，采用替代材料在工程中经常遇到，应选用《砌体规范》第3.1节所规定的砌体材料作为结构的替代材料，当替代砌体与原设计砌体的强度等级及弹性模量差异不大时，原则上可考虑替换。

2. 可以用页岩多孔砖（注意：不是页岩空心砖）替代蒸压灰砂砖。页岩多孔砖为《砌体规范》第3.1节所规定可采用的结构材料，且两者强度和弹性模量相差不大，因此可以替换。

3. 墙体材料替代时应注意以下几点：

1）替代材料应为《砌体规范》第3.1节所规定的砌体材料。
2）替代砌体与原设计砌体的强度等级及弹性模量差异不大。
3）进行结构材料替代时，应确保结构强度和刚度分布均匀。
4）进行结构材料替代时，应进行结构的复核验算。

4.2　砌体结构的抗震设计

【要点】

由于材料的性质决定了无筋砌体不适合于地震区建筑，但是考虑到我国的国情，取消或淘汰砌体结构是不现实的。砌体结构的抗震设计，主要是抗震构造问题。而砌体结构的抗震构造大多从实际震害中总结得来的。汶川地震后，《抗震规范》对砌体结构的抗震规

定进行了相应的修改，设计时应特别注意。

1. 根据国内震害调查统计并参考国外有关规范，对砌体结构采取以限制层高及房屋高度为基本出发点的相关构造措施，对层高和房屋高度的限制必须遵守，一般不允许超过。

2.《抗震规范》对乙类建筑的砌体结构规定可"按本地区设防烈度查表，但层数应减少一层且总高度应降低3m"。

3. 保证砌体结构"大震不倒"的有效措施，主要指在砌体中设置钢筋混凝土构造柱和圈梁，使砌体墙成为约束砌体，在受地震作用开裂后，不致倒塌。结构设计中应严格遵守。

4. 砌体结构一般不必计算层间位移或顶点位移。

5.《抗震规范》对砌体结构直接按烈度确定相应的抗震措施，其实砌体结构也完全可以和钢筋混凝土结构一样，采用抗震等级为主线的抗震设计方法，以简化并统一结构的抗震设计，也符合抗震性能设计要求。

4.2.1 砌体结构的材料强度、层高及总高度

【问】《抗震规范》第3.9.2条规定，地震区砌体结构材料的最低强度等级要求：砖 MU10、砂浆 M5。此条是要求全楼都要用砖 MU10、砂浆 M5？还是指下部用此强度，上部可以降低强度？

【答】整楼全部都要满足此要求，实际上 MU10 级砖和 M5 级砂浆要求并不太高，尤其是 M5 要求，没有必要降低。

【问】《抗震规范》第7.1.3条规定，"多层砌体承重房屋的层高，不应超过 3.6m；底部框架-抗震墙房屋的底部层高，不应超过 4.5m"。这里的"层高"及"3.6m"和"4.5m"应该从哪开始算起呢，是纯粹的建筑层高还是从基础顶面算起呢？

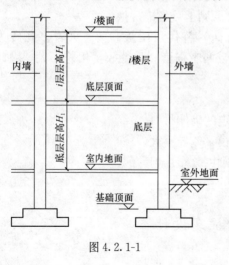

图 4.2.1-1

【答】此处对层高的计算方法，规范没有明确。这里的层高应为建筑层高，对底层为首层地面至上层楼面的高度；对其他层，可取上、下层结构面的距离（见图 4.2.1-1）。由于结构底层的计算高度受基础埋深的影响较大，不应将层高与计算高度混淆。此处对层高不应理解为楼层结构的计算高度。

【问】当砌体结构的房屋局部尺寸不满足规范要求时，除增设构造柱外，还有哪些加强措施？

【答】增设构造柱是最好的办法，其他方法作用不明显。

【问】对底部框架-抗震墙房屋带坡屋面的阁楼层高度是否有限制？

【答】对带坡屋面的阁楼层高规范没有专门规定，可执行《抗震规范》第7.1.3条对层高的限值要求。带坡屋面的阁楼层高可取顶层直段高度+1/2山尖墙高度，其高度不应超过 3.6m，同时还应满足房屋总高度的限值要求。当使用功能确有需要时，在房屋总高

度不超出限值的情况下，阁楼层高度不应超过3.9m，但需按《抗震规范》第7.1.3条要求，采用约束砌体等加强措施。

【问题分析】

1. 注意：《抗震规范》规定："当使用功能确有需要时，采用约束砌体等加强措施的普通砖砌体层高不应超过3.9m"。

2. 关于屋顶局部突出与房屋总高度的关系

1) 房屋的总高度指室外地面至主要屋面板板顶或檐口的高度，不包括局部突出屋面的楼梯间、屋顶构架等的高度。半地下室从地下室室内地面算起，全地下室和嵌固条件好的半地下室从室外地面算起。带阁楼的坡屋面应算到山尖墙的1/2高度处（见图4.2.1-2～图4.2.1-7）。

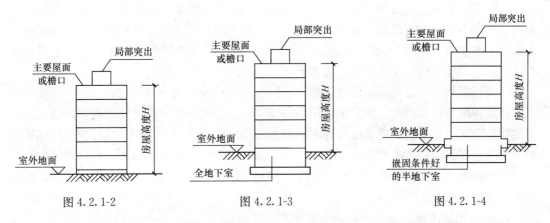

图4.2.1-2　　　　　　图4.2.1-3　　　　　　图4.2.1-4

2) 对"主要屋面"及"檐口"的定义规范未予细化，编者建议可按如下原则确定：

（1）对屋顶层面积与其下层面积相比有突变者，当屋面面积小于其下层面积的40%时，可作为屋顶"局部突出"考虑，房屋高度的计算范围内不包含"局部突出"的楼层；

（2）对屋顶层面积与其下层面积相比缓变者，当屋面面积小于其下缓变前标准楼层面积的40%时，可作为屋顶"局部突出"考虑，房屋高度的计算范围内不包含"局部突出"的楼层（见图4.2.1-7）。

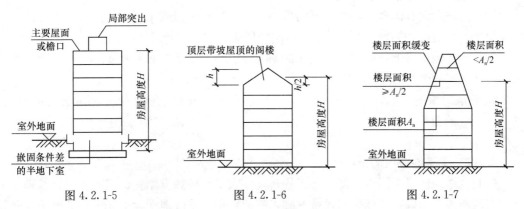

图4.2.1-5　　　　　　图4.2.1-6　　　　　　图4.2.1-7

3. 对地下室可分为"全地下室"、"嵌固条件好的半地下室"及"嵌固条件不好的半地下室"。但无论是全地下室还是半地下室，抗震强度验算时均应作为一层并满足墙体承载力的要求。对半地下室是否应作为一层计算（注意，这里指《抗震规范》第7.1.2条规定应限制的楼层数）需区分下列不同情况：

1) 全地下室指全部地下室埋置在室外地坪以下，或有部分（对"部分"和"大部分"可按1/3及2/3把握）结构露于地表而无窗洞口的情况。按《抗震规范》表7.1.2控制房屋的总层数时，全地下室可不作为一层考虑。但应保证地下室结构的整体性和与上部结构的连续性。

2) "嵌固条件不好的半地下室"[4]作为一层使用，开有门窗洞口采光、通风，半地下室的层高中有大部分埋置在室外地面以下。按《抗震规范》表7.1.2控制房屋的总层数时，此类半地下室应作为一层计算，房屋总高度从地下室室内地面算起。

3) "嵌固条件好的半地下室"[4]又可分为下列两种情况：

(1) 半地下室层高较小，一般在2.2m左右，地下室外墙无窗洞口或仅有较小的通气窗口，对半地下室墙的截面削弱很少。地下室层高大部分埋置于室外地面以下，或高出地面部分不超过1.0m。按《抗震规范》表7.1.2控制房屋的总层数时，此类半地下室可以不算作一层，房屋总高度从室外地面算起。

(2) 当半地下室开有门窗洞口、作为一层使用，且层高与上部结构相当时，一般应按一层计算其层数和总高度。为了争取层数和高度，当地面下开窗洞处均设有窗井墙且每开间的窗井墙又为地下室内横墙的延伸时，窗井周围墙体形成封闭空间，使外窗井形成扩大的半地下室底盘结构，有利于半地下室作为上部结构的嵌固部位。因此，可认为是嵌固条件好的半地下室，按《抗震规范》表7.1.2控制房屋的总层数时，不作为一层看待，房屋总高度从室外地面算起。

4. 对坡屋顶应从层数和层高两个方面加以甄别：

1) 对坡屋顶顶层阁楼的层高，可按《抗震规范》第7.1.3条对"层高"的限值要求设计。

2) 对阁楼是否算作一个楼层（注意，这里指《抗震规范》第7.1.2条规定应限制的楼层数），应根据不同情况区别对待：

(1) 当坡屋面有吊顶，但并不利用吊顶以上空间，吊顶采用轻质材料，水平刚度很小时，此坡屋面可不作为一层。

(2) 当坡屋面有阁楼层，阁楼层的地面为钢筋混凝土板或木楼盖，阁楼层作为储物或居住使用，且最低处高度在2m以上时，阁楼层应作为一层计算[4]。

(3) 当阁楼层最低处高度不超过1.8m，且阁楼层属于"局部突出"时，阁楼层不作为一个楼层限制[4]。

5. 单层房屋的层高可不受《抗震规范》第7.1.3条的限制，但应满足《抗震规范》第9、10章的相关要求。

4.2.2 关于地震区墙梁设计

【问】 本地区设防烈度6度，在工程建设中大量存在如下结构形式的房屋：基础以上为8层普通砖混结构，基础采用单桩基础，部分桩露在室外地面以上3～6m。设钢筋混凝土地梁承受上部荷载，这种做法是否合适？

【答】 本工程的最大问题是结构体系问题。桩露出地面时，结构体系不明确。应采取

措施将基础全部设置于室外地面以下,并满足对上部结构(按室外地面以上的高度计算)嵌固要求。调整可按以下两种途径进行:

1. 将上部墙体直通至基础。注意:此时的房屋层数及总高度由室外地面算起,已超过8层及24m,应调整结构体系。

2. 将室外地面以上3~6m范围内设置成底框层。注意:设置底框层时,应按底框结构的要求限制层数及总高度,层数和总高度均从室外地面算起。很明显也已超出底框结构的限值,同样要调整结构体系。

以上分析可以看出,对原设计桩露出地面的部分,应采取措施调整。当维持房屋层数不变时,则应改用钢筋混凝土结构。如果想继续采用砌体结构,则应减少房屋的层数及房屋总高度至规范允许的范围内。

【问】 如果地梁按墙梁考虑,依据《砌体规范》第7.3.2条,承重墙梁和自承重墙梁墙体高度应≤18m,8层普通砖混结构(层高一般为3m)就超过了规范要求很多,是否应该避免采用这种结构形式,或对这种结构形式的房屋高度做出限制?

【答】 墙梁在地震区应慎用,强震区不应采用。墙高过大主要是墙梁荷载太大,应避免采用。

【问题分析】

1. 上述问题中,当桩高出地面3~6m时,已超出桩基规范的设计范围,桩基已演变为高承台桩。这时应将桩降至地面以下,在地面以下嵌固并设置承台,地面以上的结构体系将需要进行相应的调整。局部桩基问题已演变为结构体系问题。结构设计中应特别注意随工程情况的变化对结构体系的合理性进行及时判别和调整,注重结构的抗震概念设计。

2. 墙梁由砌体墙及墙下的钢筋混凝土托梁组成,托梁上部的砌体墙兼有给墙梁提供刚度和荷载的双重作用。在砌体墙未开裂时,承受竖向荷载的拱的作用明显,当墙体严重开裂时,砌体墙承受竖向荷载的拱的作用削弱,托梁上部的砌体墙将作为荷载直接作用在托梁上。

3. 由于地震作用的往复性,砌体房屋在地震作用下墙体开裂,墙的刚度严重退化,因此,在地震区采用墙梁应慎重。必须采用时,应确保托梁具有足够的承载能力。高烈度地区不应采用墙梁。

4. 在低烈度地区,并不意味着建筑抗震设计不重要。汶川地震及国内几次强烈地震均发生在抗震设防烈度较低的地区,这说明对抗震设防的分区目前还很不科学,还远达不到可以准确划分的程度,也正是由于上述原因,从某种意义上说,对低烈度地区的抗震设计更应该注重概念设计。

4.2.3 关于底框结构

【问】《抗震规范》第7.1.8条,限制底框层的侧向刚度既不能太大也不能太小,与对钢筋混凝土结构的要求不同,为什么?

【答】 底部框架-抗震墙房屋,其底部为钢筋混凝土框架-剪力墙结构(或为钢筋混凝土框架-砖剪力墙),其上为砌体结构。下部结构的延性要比上部结构好得多,因此,规范要求底部框架-抗震墙房屋的底层或底部两层的侧向刚度与相邻上层之比应在合理的范围内,既不能太弱也不能太强。太弱则对底层结构本身不利;过强(当底层的侧向刚度大于上层砌体结构时)则会造成结构薄弱部位的转移(薄弱部位从下部延性较好的钢筋混凝土结构转移至上部延性差的砌体结构),对结构的抗震不利。而在钢筋混凝土结构中,上下楼层结构材料相同,结构延性没有很大的变化,楼层侧向刚度比可以下大上小。

【问】 《抗震规范》表 7.1.2 中规定了底部框架-抗震墙房屋的最大高度和层数,底框层最多为 2 层。现有一工程,底框层数为 2 层,但还有一层为地下室,这种情况是否超出规范限值?是否认为底框层是底部 3 层?

【答】 当地下室顶板作为上部结构嵌固部位时,底框层数为 2 层(不计地下室层数)。当地下室顶板不作为上部结构嵌固部位时,则底框层数为 3 层,超出规范限值。因此,一般情况下,应采取措施(如:在地下室设置适量的钢筋混凝土墙等),确保地下室顶板作为上部结构的嵌固部位,避免问题复杂化。

【问】 在满足使用要求的前提下,地下室外墙采用砌体墙或钢筋混凝土墙,都能满足地下室顶板作为上部结构嵌固部位的刚度比要求,而对嵌固部位规范没有关于材料的要求,是否两种做法都可以?

【答】 地下室的结构形式应根据底框结构的具体情况确定。地下室采用钢筋混凝土墙肯定没有问题。当地下室采用砌体墙时,应注意底框结构采用的是混凝土抗震墙还是砌体抗震墙,由于问题中没有交代,因此无法准确判定。原则是当底框采用混凝土抗震墙时,地下室宜采用钢筋混凝土墙(至少在地下室相应部位也应采用混凝土墙,其他部位可采用砌体墙,但在结构设计中应进行适当归并,以简化设计)。需要加大地下室的侧向刚度时,可以通过增设地下室墙体的数量来实现。

【问】 底层框架-抗震墙房屋,不设地下室,首层为底框层,其上五层砖混住宅。基础持力层为自然地面下 3m 处稍密卵石层,基础形式为柱下独立基础及墙下条形基础。框架柱下设钢筋混凝土双向拉梁,拉梁顶面位于首层地面下 100mm,首层地面下房心土回填夯实。首层层高为 3.9m,其余各层层高均为 3m,室内外高差 300mm。首层计算高度对楼层侧向刚度影响很大,如何确定较为合理?

【答】 一般砌体结构地下墙体的侧向刚度均较首层(墙体常开有洞口)大许多,上部结构通常具备在首层嵌固的条件。当底层的侧向刚度不能满足对上部结构的嵌固要求时,可适当加大地下室砌体墙的宽度。而对底部框架-抗震墙房屋,应采取措施加大地下层对首层的约束刚度,对框架柱可在地面以下设置柱墩(设置要求详见本书第 3.2.11 条),以实现上部结构在首层地面的嵌固。有条件时,可在首层地面设置钢筋混凝土刚性地坪,以增加地下层结构的刚度并提高结构的整体性。

在计算地下层对首层侧向刚度比时(注意:这只是对结构上、下层侧向刚度的计算,其目的就是为了确定结构的嵌固部位),可取嵌固端位于基础顶面,将地下层(首层地面至基础顶面)作为一个楼层计算,不考虑回填土对地下层侧向刚度的有利影响。而在确定地下层砌体墙及柱墩配筋时,回填土对地下层侧向刚度的增大系数应取 3~5。

地下层满足对上部结构的嵌固要求后,首层的计算高度可直接取地下层顶面至二层地面的高度(注意:这里的地下层可等同于地下室,其计算层高为有地下室时结构的计算层高,不要与《砌体规范》第 5.1.3 条中无地下室时的计算高度混淆)。

【问题分析】

1.《抗震规范》第 7.1.8 条规定,**底部框架-抗震墙房屋的结构布置,应符合下列**

要求：

1) 上部的砌体抗震墙与底部的框架梁或抗震墙，除楼梯间附近的个别墙段外均应对齐。

2) 房屋的底部，应沿纵横两方向设置一定数量的抗震墙，并应均匀对称布置。6度且总层数不超过四层的底层框架-抗震墙房屋，应允许采用嵌砌于框架之间的约束普通砖砌体或小砌块砌体的砌体抗震墙，但应计入砌体墙对框架的附加轴力和附加剪力并进行底层的抗震验算，**且同一方向**不应同时采用钢筋混凝土抗震墙和约束砌体抗震墙。其余情况，8度时应采用钢筋混凝土抗震墙，6、7度时应采用钢筋混凝土抗震墙或配筋小砌块砌体抗震墙。

3) 底层框架-抗震墙房屋的纵横两个方向，第二层计入构造柱影响的侧向刚度与底层侧向刚度的比值。6、7度时不应大于 **2.5**，8度时不应大于 **2.0**，且均不应小于 **1.0**。

4) 底部两层框架-抗震墙房屋的纵横两个方向，底层与底部第二层侧向刚度应接近，第三层计入构造柱影响的侧向刚度与底部第二层侧向刚度的比值，6、7度时不应大于 **2.0**，8度时不应大于 **1.5**，且均不应小于 **1.0**。

5) 底部框架-抗震墙房屋的抗震墙应设置条形基础、筏形基础等整体性好的基础。

2. 对规范的上述规定理解见图 4.2.3-1～图 4.2.3-5。

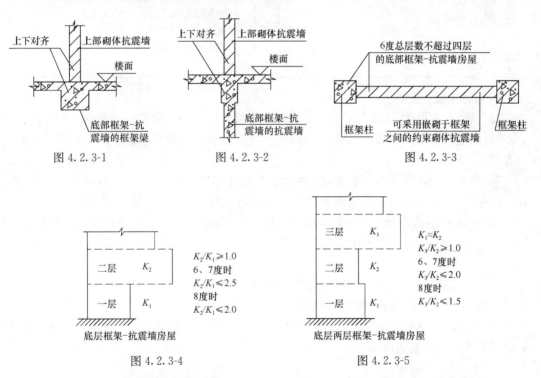

图 4.2.3-1   图 4.2.3-2   图 4.2.3-3

图 4.2.3-4   图 4.2.3-5

1) 在结构设计中，对采用同一结构体系的房屋，一般要求上层的结构侧向刚度不大于下层。在带转换层的钢筋混凝土结构中，常可要求底部框支层的侧向刚度大于其上部楼层，以利于结构的塑性铰在非框支层中出现。

2) 在底部框架-抗震墙房屋中，房屋沿竖向采用两种不同的结构形式，底部采用延性相对较好的钢筋混凝土框架-剪力墙（或在6度区可采用约束砌体剪力墙），而上部结构为延性相对较差的砌体结构,楼层的侧向刚度变化较大,属于竖向不规则结构,应限制结构的上、下层刚度比。

3)在底部框架-抗震墙房屋中,如果底部楼层的侧向刚度过大,大震时,则必然导致结构塑性铰的上移(塑性铰从下部延性相对较好的钢筋混凝土结构上移到延性较差的砌体结构),不合理。而如果底部楼层的侧向刚度过小,必然导致结构底部楼层过早破坏,也不合理。因此,底部楼层的侧向刚度既不能过大(不能大于上部砌体结构的楼层侧向刚度)也不能过小(不能比上部砌体结构的楼层侧向刚度小太多)。

4)底部框架-抗震墙房屋与钢筋混凝土框架-剪力墙结构在剪力调整上的区别见表4.2.3-1。

底部框架-抗震墙结构与钢筋混凝土框架-剪力墙结构在剪力调整上的区别 表4.2.3-1

情 况	房屋结构体系		备 注
	底部框架-抗震墙房屋	钢筋混凝土框架-剪力墙结构	
底部剪力墙承担的剪力	剪力墙承担结构的全部计算剪力	框架剪力不调整时≤80% 框架剪力调整时:<100%	$0.2V_0$ 控制时
底部框架承担的剪力	框架按有效侧向刚度计算确定其承担全部计算剪力的比例	框架剪力不调整时≥20% 框架剪力调整时=20%	
框架及剪力墙承担的结构底部总剪力	结构底部总剪力>100%结构底部计算剪力	1. 框架剪力不调整时,框架和剪力墙承担100%的计算剪力 2. 框架剪力调整时,框架和剪力墙承担>100%的计算剪力	

3. 设计建议

1)在底部框架-抗震墙房屋中,上部砌体抗震墙与框架梁的平面位置应上下对齐。

2)在底部框架-抗震墙房屋中,上部砌体抗震墙与下部剪力墙的平面位置应均匀对称布置。

3)当上部砌体抗震墙与框架梁的平面位置及上部砌体抗震墙与下部剪力墙的平面位置错位在300mm以内时,可忽略其错位,仍可将其判定为上下对齐之情况。

4)底部框架-抗震墙结构底层的全部地震剪力应由抗震墙承担,同时框架承担的地震剪力按有效侧向刚度计算确定。也即框架承担的剪力是在结构总剪力以外人为增加的部分。

5)对"底层与底部第二层侧向刚度应接近"的把握,应根据工程经验确定。当无可靠设计经验时,可按侧向刚度相差不超过20%来控制。

6)对底框柱是否要按框支柱一样箍筋加密,规范没有具体规定,可根据工程的具体情况灵活掌握,宜箍筋加密。

4.2.4 构造柱的抗剪作用

【问】 在砌体结构中为什么只规定设置构造柱抗剪,且限值构造柱的总抗剪承载力,是否可以加设少量的钢筋混凝土墙或柱来弥补砌体抗剪承载力的不足?

【答】 在砌体结构中,当砌体抗剪不足时,可设置适量的钢筋混凝土构造柱(注意:应设置在墙的中部,详见本书第4.1.7条)或采用配筋砌体等措施,提高砌体的抗剪能力。

但是应注意，构造柱的抗剪作用是有限的，规范对其作用有限制（见《抗震规范》第7.2.8条）。

注意：在砌体结构（不是底框层）中不宜加设少量的钢筋混凝土墙或柱，因为钢筋混凝土与砌体的弹性模量差异很大，属于刚度分布不均匀的结构，对抗震不利。

【问题分析】

1. 《抗震规范》第7.2.7条规定，普通砖、多孔砖墙体的截面抗震受剪承载力，应按下列规定验算：

1）一般情况下，应按下式验算：

$$V \leqslant f_{vE} A / \gamma_{RE} \tag{4.2.4-1}$$

式中：V——砌体剪力设计值；

f_{vE}——砖砌体沿阶梯形截面破坏的抗震抗剪强度设计值；

A——墙体横截面面积（注意：应包括墙体两端的构造柱截面），多孔砖取毛截面面积；

γ_{RE}——承载力抗震调整系数，承重墙按《抗震规范》表5.4.2采用，自承重墙按0.75采用。

2）当按式（4.2.4-1）验算不满足要求时，可计入设置于墙段中部、截面不小于240mm×240mm且间距不大于4m的构造柱对受剪承载力的提高作用，按下列简化方法验算：

$$V \leqslant \frac{1}{\gamma_{RE}} [\eta_c f_{vE}(A - A_c) + \zeta f_t A_c + 0.08 f_y A_s] \tag{4.2.4-2}$$

式中：A_c——中部构造柱的横截面总面积（对横墙和内纵墙，$A_c > 0.15$时，取$0.15A$；对外纵墙，$A_c > 0.25$时，取$0.25A$）；

f_t——中部构造柱的混凝土轴心抗拉强度设计值；

A_s——中部构造柱的纵向钢筋截面总面积（配筋率不小于0.6%，大于1.4%时取1.4%）；

f_y——钢筋抗拉强度设计值；

ζ——中部构造柱参与工作系数。居中设置一根时取0.5，多于一根时取0.4；

η_c——墙体约束修正系数；一般情况取1.0，构造柱间距不大于3.0m时取1.1。

2. 对上述规定的理解

1）注意：只有按式（4.2.4-1）验算不满足要求时，才考虑墙中部构造柱的抗剪作用，并按式（4.2.4-2）验算墙的抗剪承载力。

2）抗剪构造柱的位置要求：只有设置在墙体中部区域的构造柱，才考虑其直接抗剪作用；设置在墙体端部的构造柱，不考虑其直接抗剪作用（可见图4.1.7-2）。

3）抗剪构造柱的截面及总截面面积应在合适的范围内：

（1）最小截面240mm×240mm，构造柱的截面长度（沿墙段长度方向）不宜大于300mm（见图4.2.4-1）；

（2）抗剪构造柱截面的总面积：对横墙和内纵墙，$A_c > 0.15A$时，取$0.15A$；对外纵墙，$A_c > 0.25A$时，取$0.25A$；

（3）在房屋中砌体墙段的局部尺寸不能满足《抗震规范》第7.1.6条的要求时，可适当加大构造柱的截面和配筋。但墙段的长度不应小于800mm（小于800时，不应作为承重墙体计算，可不计算但按构造设置，或按填充墙处理）。构造柱设置在墙段中部，其在墙长方向的长度不得大于300mm（见图4.2.4-1）。

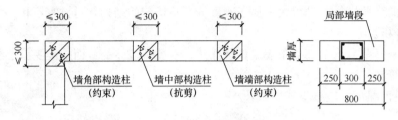

图 4.2.4-1

4）抗剪构造柱纵向钢筋的总配筋率应在合适的范围内：配筋率不小于0.6%；大于1.4%时取1.4%；

5）设置于砌体墙端部及端部区域内的构造柱，对砌体墙的抗剪承载能力有间接提高的作用，主要通过对墙体的约束来实现，其约束作用通过砌体约束系数 η_c 在式（4.2.4-2）中体现。适当加密构造柱的间距，可提高构造柱对墙的约束作用，有利于提高砌体抗剪承载力。

3. 设置构造柱的注意问题及设计建议

1）对抗震承载力调整系数 γ_{RE}，《抗震规范》和《砌体规范》的规定略有不同，一般情况下可按《砌体规范》第10.1.5条的规定取值。

2）设置于墙两端的构造柱对墙体起约束作用（特别是墙体间交接处，如：外墙转角、内外墙交接处、楼梯间墙交接处、内墙交接处以及错层部位的墙体交接处等，更可以对两个方向的墙体起约束作用），属于抗剪墙体的一部分。因此，式（4.2.4-2）中墙体横截面面积 A 为墙体的总面积，即包括端部构造柱在内的所有砌体墙和构造柱的全面积（图4.1.7-1中墙长为 h_w 的全部区域）。

3）一般门窗洞口两侧可不设构造柱，当洞口较大（如洞宽超过2.1m，且洞高超过层高的2/3）时，则应在洞口两侧设置构造柱。

4）一般情况下，当房屋的开间大于4.2m时，可确定为"大房间"，按《抗震规范》第7.3.1条的要求，在"大房间"的内外墙交接处设置构造柱。

5）构造柱主要对墙体起约束作用或提高墙体的抗剪承载力（承受水平剪力），因此，构造柱不是柱，不必单独设置基础，一般只需伸入室外地面下500mm即可，或锚固在浅于室外地面下500mm的基础圈梁中。

6）规范规定只可考虑在砌体墙"墙段中部"构造柱的抗剪作用，"墙段中部"可取墙中部1/3墙长的区域。作为抗剪需要的构造柱，宜配置在上述中部区域内（可见图4.1.7-2）。

7）注意：墙中部设置构造柱后，砌体构件的性质发生了变化，由一般约束砌体变为砖砌体和钢筋混凝土构造柱组合墙，其抗剪承载力采用不同的计算公式。

8）由于钢筋混凝土的弹性模量比砌体墙大许多（接近10倍），因此，不应在砌体墙中设置钢筋混凝土墙及截面很大的钢筋混凝土柱，其根本目的在于避免混凝土墙吸收过多的地震作用，进而被"各个击破"。

9）我们有理由相信，在砌体结构中均匀对称地设置一定数量的剪力墙是可行的，但剪力墙必须分散成诸多细小墙肢（其结构体系更接近于短肢剪力墙结构，砌体填充墙。也许经济性不一定很好），同时还必须采用包络设计的原则。由于涉及体系超规范（注意：无论是砌体结构还是其他结构形式，超规范设计不是不允许采用，只是采用时需经专门审批），一般情况下不建议采用。若必须设置钢筋混凝土墙及柱时，可参考《抗震规范》第7.2.4、7.2.5条的规定，由剪力墙承担全部地震剪力设计值，并按各自侧向刚度进行分配。还应注意，上述做法应事先得到抗震审查部门的认可。

10）关于超规范设计问题。规范没有列入的结构体系，往往实际工程中应用很少，抗震经验不足。只有在进行充分分析计算、必要的试验研究后才可以在实际工程中应用。一般情况下，结构设计应采用规范允许的、相对成熟的结构体系。

4. 砌体结构的墙体是主要的抗侧力构件，因此，墙体的抗侧能力就决定了砌体结构抗震抗剪的承载力能力。各类砌体墙段的抗震抗剪承载力是衡量结构抗震能力的直接指标。在沿结构两个主轴方向分别验算纵、横墙段的抗剪承载力时，更多出现的是纵墙段的抗剪承载力不足的情况。提高砌体抗剪承载力的主要途径如下：

1）增加墙厚——当砌体墙的抗震抗剪承载力不能满足要求时，最简单的办法是增加墙的厚度，尤其是增加外墙的厚度。增加墙厚度还有利于建筑物的保温节能。不利之处在于，增加墙厚带来材料费用的增加，结构自重加大，地震作用也加大，加大墙厚还将减少使用面积。

2）提高砌体的强度等级——当砌体墙的抗震抗剪承载力不能满足要求时，可优先考虑选用高强度块体和砂浆。采用提高砌体强度等级的方法，经济实用，综合效益明显。

3）砌体墙内增设构造柱或芯柱、在砌体的水平灰缝中配置适当数量的钢筋网片等。

5. 设置转角窗、转角门破坏了砌体墙的连续性和整体封闭性，使地震作用无法正常传递，给结构抗震安全留下隐患。因此，除低层房屋（不超过2层）外，砌体结构中<u>应禁止采用转角窗、转角门</u>。

4.3 砌体房屋的裂缝防治措施

【要点】

砌体结构刚度大，抗拉能力及耐受变形的能力差，因而，在砌体结构中出现裂缝的现象较为普遍。在住宅建筑中，砌体结构的裂缝问题长期困扰建筑结构设计，墙体材料的改革也由于房屋裂缝问题受到影响。

裂缝的成因复杂，裂缝的控制也无具体的标准，给结构设计及裂缝纠纷的处理增添了难度。目前情况下，对砌体结构应严格控制房屋长度，避免出现明显裂缝。

4.3.1 砌体房屋的主要裂缝类型

【问】 在砌体房屋中，如何准确判别裂缝的类型及产生的主要原因？

【答】 砌体房屋中最常见的裂缝有温度裂缝、干缩裂缝以及温度干缩裂缝和沉降差异裂缝。引起裂缝的原因很多，有温度变化的影响、砌体干缩的问题及房屋沉降的因素，应根据工程的实际情况综合判别。

【问题分析】

1. 温度裂缝——主要由屋盖和墙体间温度差异变形应力过大产生的砌体房屋顶层两端墙体上的裂缝。代表性裂缝有：门窗洞边正八字形斜裂缝、平屋顶下或屋顶圈梁下沿灰缝的水平裂缝及水平包角裂缝（含女儿墙）等。这些裂缝，在各种块体材料的墙上均很普遍，不管是干缩性的烧结块材，还是高干缩性的非烧结类块材，裂缝形态无本质区别，仅是程度上的不同。

砌体结构中受温度变化影响比较大的区域是钢筋混凝土屋盖及外墙。温度的变化使钢筋混凝土楼盖产生伸缩变形，钢筋混凝土楼盖本身对温度变化有一定的承受能力，由于钢筋混凝土楼盖在其平面内刚度很大，常引起顶层钢筋混凝土楼盖下墙体的裂缝。

2. 干缩裂缝——主要由干缩性较大的块材（非烧结砖和混凝土砌块，如蒸压灰砂砖、粉煤灰砖、混凝土砌块等）随着含水率的降低而产生较大的干缩变形。尤其在冬季采暖的北方地区，夏秋季节空气湿度大，冬春季节空气干燥，年干湿变化大，干缩变形更为明显。干缩变形早期发展较快，以后逐步变慢。但干缩后遇湿又会膨胀，脱水后再次干缩，但干缩值较小，约为第一次的 80%左右。这类干缩变形引起的裂缝分布广、数量多，开裂的程度也比较严重。最有代表性的裂缝如下：

1）在建筑物底部一至二层窗台部位的垂直裂缝或斜裂缝；
2）在大片墙上出现的底部重上部较轻的竖向裂缝；
3）不同材料和构件间差异变形引起的裂缝。

3. 温度和干缩裂缝——在多数情况下，墙体裂缝由两种或多种因素共同作用所致，但在建筑物上仍能呈现出是以温度或是以干缩为主的裂缝特征。

4. 地基沉降不均匀时也导致墙体产生内倾的斜向裂缝（这是由房屋的变形特征所决定的，房屋中间沉降大两侧小，因而墙体裂缝内倾）。

4.3.2 砌体房屋的裂缝控制标准

【问】 规范对混凝土构件制定有明确的裂缝控制标准，但对砌体裂缝则没有详细规定，实际工程中对砌体允许裂缝宽度该如何确定？

【答】 砌体的裂缝宽度应控制在允许裂缝宽度范围内，所谓"允许裂缝宽度"包含下列两层意义：一是指裂缝对砌体的承载力和耐久性影响很小，应不大于钢筋混凝土结构的裂缝限值；二是指裂缝在人的感观可接受的程度。一般情况下允许裂缝宽度不应超过 0.3mm，有特殊要求时，不宜超过 0.2mm。

【问题分析】

1. 由于裂缝成因的复杂性，按目前条件和《砌体规范》提供的措施，尚难以完全避免墙体开裂，而只能使裂缝的程度减轻或无明显裂缝。对于墙体裂缝宽度也没有明确的计算方法，对墙体裂缝的控制采用的是设计及施工的技术措施和适合的裂缝宽度检验。

2. 钢筋混凝土结构的裂缝宽度大于 0.3mm 时，通常人在感观上难以接受，砌体结构也不例外。尽管砌体结构安全的裂缝宽度可以更大些。但砌体房屋主要是住宅建筑，在住宅商品化的今天，砌体房屋的裂缝不论是否为 0.3mm，只要可见，已成为住户判别房屋是否安全的直观标准，常引出许多法律问题，房屋裂缝问题逐渐成为影响社会和谐的重要因素之一。

3. 德国对砌体结构有明确的规定：对外墙或条件恶劣部位的墙体，裂缝宽度不大于 0.2mm，其他部位裂缝宽度不大于 0.3mm。在实际工程中可参考上述规定控制墙体裂缝宽度。

4. 在砌体房屋中，裂缝的宽度与砌体的材料直接相关，一般情况下，烧结黏土砖房屋的裂缝宽度较小，而非烧结砖和混凝土砌块的裂缝宽度较大。

5. 采用约束砌体和配筋砌体及其他结构措施，可以较好地解决砌体结构的裂缝问题，但建造成本相应提高。

4.3.3 防止或减轻墙体裂缝的主要措施

【问】 砌体房屋中裂缝的种类多，位置不固定，工程中如何对症下药，采取合理有效的措施防止或减轻墙体裂缝？

【答】 墙体裂缝常由两种或多种因素共同作用所致，因此，实际工程中应严格执行《砌体规范》第 6.5 节规定，采取防止或减轻墙体开裂的综合措施。

【问题分析】

1. 防止或减轻墙体裂缝应采取建筑和结构的综合措施，在基本原理上分别属于"防"、"放"和"抗"的范畴。

1) 防——即适用于屋面的构造处理，减少屋盖与墙体的温差，减少墙体的变形，效果最佳，主要为建筑措施：

（1）保证屋面保温层性能，采用低含水或憎水保温材料，防止屋面渗漏（注意：年降雨量较多的地区屋盖应采用抗渗混凝土，其抗渗等级可取 P6），南方则应加设屋面隔热及通风层；

（2）外表浅色处理，外墙、屋盖刷白色，可使其内表面降温，可显著提高隔热效果；

（3）严格控制块体材料的上墙含水量率。

2) 放——即采取适当措施（建筑、结构综合措施），允许屋面或墙体在一定程度上自由伸缩，如屋面设置伸缩缝、滑动层、墙体设置控制缝等，都能有效降低温度或干缩变形应力。

3) 抗——即通过构造措施（主要是结构措施），如设置圈梁、构造柱、芯柱、提高砌体强度，加强墙体的整体性和抗裂能力，以减小墙体的变形、减少裂缝。属于砌体房屋普遍采用的抗裂构造措施，研究表明各种措施的有效性如下：

（1）提高砌体材料强度等级，不是最有效的防裂措施；

（2）芯柱或构造柱加圈梁能加强整体性，提高抗裂能力；

（3）在关键部位和易开裂部位，或已开裂部位采取下列措施有显著效果：

① 玻璃纤维砂浆能提高墙体的抗裂能力两倍；

② 玻璃丝网格布砂浆加芯柱可使墙体的抗裂能力提高三倍；

③ 玻璃丝网格布砂浆抹面的砌块墙其初始荷载可提高一倍；

④ 开洞墙体设芯柱和钢筋混凝土带形成的封闭框架式墙体的抗裂能力可提高 33%～100%；

⑤ 增加芯柱对门窗洞口的墙体抗裂最有效；增加芯柱的墙体温度应力降低 21%，而用玻璃丝网格布砂浆后使墙体温度应力减少 18%。

4) 使用高弹性涂料也能有效地保护已开裂的墙体不受外界侵蚀。

2. 关于控制缝（Control joint）

控制缝的概念来自欧美，它不同于我国规范规定的双墙伸缩缝。设置控制缝可使该墙沿墙长方向能自由伸缩，而在墙的平面外则能承受一定的水平力（见图 4.3.3-1）。

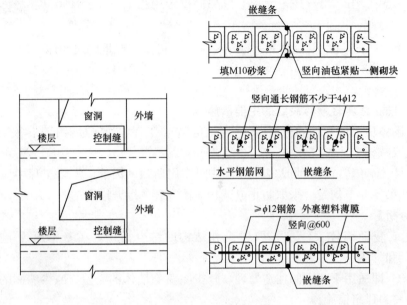

图 4.3.3-1 控制缝的设置

控制缝主要针对的是高收缩率的砌体材料（如非烧结砖和混凝土砌块等，其干缩率为 0.2～0.4mm/m，是烧结砖的 2～3 倍），把较长的砌体房屋的墙体划分为若干个较小的区段（英国规范规定对黏土砖砌体的控制间距为 10～15m，对混凝土砌块蒸压灰砂砖及粉煤灰砖砌体一般不应大于 6m；美国 ACI 规定，无筋砌体的最大控制缝间距为 12～18m，配筋砌体的控制缝间距不超过 30m），这样可使由干缩、温度变形引起的应力或裂缝减小，从而达到可控制的程度。

3. 为了防止或减轻由温差和砌体干缩引起的墙体竖向裂缝的措施，见《砌体规范》第 6.5.1 条。

4. 为了防止或减轻砌体房屋顶层墙体裂缝的措施，见《砌体规范》第 6.5.2 条。

5. 为了防止或减轻砌体房屋底层墙体裂缝的措施，见《砌体规范》第 6.5.3 条。

6. 防止或减轻砌体房屋裂缝的其他措施，见《砌体规范》第 6.5.4～6.5.8 条。

参考文献

[1]《建筑抗震设计规范》GB 50011—2010. 北京：中国建筑工业出版社，2011
[2]《砌体结构设计规范》GB 50003—2011. 北京：中国建筑工业出版社，2012
[3] 苑振芳主编。《砌体结构设计手册》（第三版）中国建筑工业出版社，2002
[4] 北京市建筑设计研究院编《建筑结构专业技术措施》中国建筑工业出版社，2011

5 钢结构设计

【说明】

钢结构的抗震性能优于钢筋混凝土结构，其良好的延性，不仅能减弱地震反应，而且属于较理想的弹塑性结构，具有抵抗强烈地震的变形能力。钢结构适用于高层建筑、超高层建筑及复杂多、高层建筑结构。

钢结构设计的最大问题是稳定问题和节点设计问题。钢结构与混凝土结构、钢管混凝土、钢骨混凝土组合，其结构体系丰富，同时也增加了钢结构设计的复杂性。

钢结构的抗震设计根据烈度、结构类型和房屋高度，采用不同的地震作用效应调整系数，并采取不同的抗震构造措施的方法。钢结构与钢筋混凝土结构一样，采用以抗震等级为设计主线的设计方法，既符合结构性能设计的基本理念，也利于抗震设计标准的统一。

与钢筋混凝土结构不同，钢结构（以钢框架-支撑结构为例）在地震作用下的屈服顺序为：耗能构件→节点域→框架梁→框架柱。构件的剪切变形特征明显，并主要通过构件的剪切变形耗散地震能量。结构破坏时，其连接不失效。

在钢结构中，以性能设计为主要抗震设计方法的采用，拓展了结构抗震设计的理念和方法，对复杂高层建筑结构及超限高层建筑结构的发展起了很大的推动作用。

本章主要涉及的结构设计规范有：

[1]《建筑抗震设计规范》GB 50011——以下简称《抗震规范》；

[2]《钢结构设计规范》GB 50017——以下简称《钢结构规范》；

[3]《高层民用建筑钢结构技术规程》JGJ 99（以下简称《高钢规程》）。

5.1 楼盖结构设计

【要点】

在楼盖结构设计中，要根据工程的具体情况确定楼盖结构形式，并合理选择压型钢板。对多层建筑、有耐腐蚀要求的建筑，应采用钢筋混凝土楼盖。

5.1.1 楼盖结构的选择

【问】《抗震规范》第8.1.8条规定，钢结构的楼盖宜采用压型钢板现浇钢筋混凝土组合楼板或非组合楼板。是否钢结构的楼盖一定要采用压型钢板现浇混凝土楼盖？

【答】 钢结构的楼盖结构应根据工程的具体情况确定，对一般高层建筑可采用压型钢板现浇混凝土楼盖。对使用功能有特殊要求的工程，也可采用普通钢筋混凝土楼盖。

【问题分析】

1. 设置压型钢板

1) 对一般高层建筑钢结构工程，宜采用压型钢板，以减少高空支模工作量，加快工程进度。压型钢板可根据需要选择开口型及闭口型压型钢板：

(1) 闭口型压型钢板（如图 5.1.1-1），一般可考虑压型钢板替代钢筋的作用，节约楼板钢筋。但闭口型压型钢板自身费用较大（比开口型压型钢板费用增加约 30～50 元/m^2），且在板底不采取防火措施时，仅可考虑部分（凹槽内）压型钢板的替代钢筋作用，若板底采取防火措施，则还需增加防火费用。

(2) 开口型压型钢板（如图 5.1.1-1），由于只作为模板使用，不考虑压型钢板替代钢筋的作用。楼板钢筋用量有所增加，但压型钢板自身费用较低，且可节约防火费用。

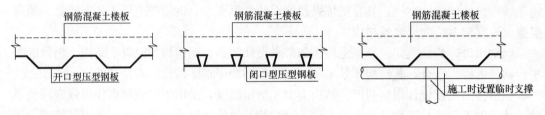

图 5.1.1-1

一般情况下，可选择开口型压型钢板。无论选择开口型还是闭口型压型钢板，应尽量选择肋高相对较小的压型钢板，适当增加压型钢板底面的施工临时支撑，以节约工程造价。

2) 压型钢板与现浇钢筋混凝土组合楼盖及非组合楼盖应有可靠的连接，见图 5.1.1-2。

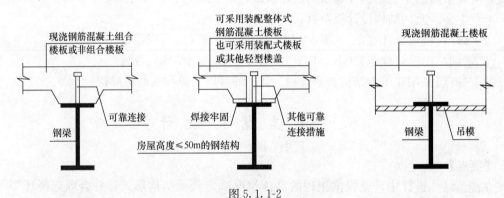

图 5.1.1-2

(1) 钢梁与现浇钢筋混凝土楼板连接时，采用栓钉连接、焊接短槽钢或角钢段连接及其他连接方法。

(2) 钢梁上设置装配整体式楼盖（预制楼板上设置钢筋混凝土整浇层）时，钢梁与预制板应焊接牢固，同时还可采用上述（1）的其他连接方法加强连接。

(3) 钢梁上设置装配式楼盖（预制楼板上不设钢筋混凝土整浇层）时，钢梁与预制板应焊接牢固。

3) 采用压型钢板，两个方向楼板的厚度不同尤其是开口型压型钢板混凝土楼板，楼板的配筋一般按单向板考虑，楼板的较小厚度方向按构造配筋设计。同时，楼板的厚薄不均，楼板各向异性，楼层的隔振、隔音效果较差，用作住宅及公寓楼板时还应采取其他有效措施。

5.1 楼盖结构设计

2. 不设置压型钢板

1）对房屋使用中有特殊要求的楼盖（如游泳池等），可设置普通钢筋混凝土楼盖，以提高楼盖的防腐蚀性能。注意：对钢梁可采用预留腐蚀余量的方法确定截面尺寸，并采取外加防腐蚀措施。

2）对多层建筑及层数不多的高层建筑，为节省结构造价，也可采用普通钢筋混凝土楼板（钢结构中混凝土楼板的模板相对施工简单，可采用直接在钢梁上翼缘下的吊模，一般均低于压型钢板的费用。比采用开口型压型钢板节约 85 元/m² 左右，比采用闭口型压型钢板可节约 120 元/m² 左右，其中尚不包括采用闭口型压型钢板时增加的防火费用）。

3）近年来，钢筋桁架组合模板（将楼板中部分钢筋在工厂加工成钢筋桁架，并将钢筋桁架与钢板底模连成一体（见图 5.1.1-3），用钢筋桁架承受施工荷载，可免去支模、拆模、现场钢筋绑扎等部分工序，减少现场作业量，降低人工成本，缩短工期，但采用钢筋桁架组合模板时钢筋用量较大，对一般楼层，总费用与采用闭口型压型钢板相当。桁架可采用《混凝土规范》第 4.2 节规定的普通钢筋，没有抗震设计要求的楼板也可采用冷轧带肋钢筋）应用正日趋增多，由焊接钢筋骨架提供组合模板的刚度，薄钢板作为模板（不考虑钢板替代钢筋作用）钢板底模外观较好，可免去二次抹灰（板底需装修时，也可将钢板底模拆除）。钢筋桁架组合模板的主要产品参数见表 5.1.1-1。

钢筋桁架组合模板的主要产品参数　　　　　　表 5.1.1-1

序号	名　称	规　格
1	钢筋桁架上、下弦钢筋直径（mm）	6～12
2	楼板厚度（mm）	80～370
3	钢筋桁架的宽度（mm）	600
4	钢筋桁架的长度（m）	1～12
5	底模镀锌钢板厚度、镀锌量	0.4～0.6mm、双面镀锌量 120g/m²

3. 在钢结构当中有特殊要求时也可直接采用钢板楼盖结构，但应注意对钢板设置加劲肋，以确保楼盖平面外的刚度，满足使用要求。同时由于在纯钢结构楼盖中，没有了混凝土楼板对钢构件的整体约束，应采取措施确保楼层平面的整体性及钢构件自身的稳定，如设置楼层水平支撑、梁上、下翼缘均应设置隅撑等。

由于采用钢楼盖费用较高，同时也难以满足民用建筑的使用功能要求，民用建筑中很少采用。钢楼盖一般用于工业建筑的特殊用途中。

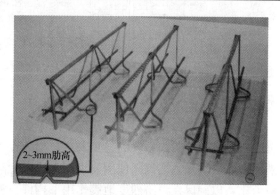

图 5.1.1-3　钢筋桁架组合楼板

5.1.2　楼层水平支撑的设置

【问】　钢结构设计中对楼层开大洞或对传递水平力有特殊需要的地方，常要求设置水

5 钢结构设计

平支撑，水平支撑究竟该如何设置？

【答】 设置水平支撑的目的在于确保楼层水平力的有效传递，水平支撑应根据工程具体情况交圈设置。

【问题分析】

1. 对楼板有较大洞口且对水平剪力的传递有较大影响的楼层，应设置水平支撑，以确保在风荷载及地震（多遇地震及罕遇地震）作用下的楼层剪力传递有效。

2. 结构设计中需传递较大剪力的楼层，如竖向构件有较大折角的楼层及其他需特别加强的楼层等，应设置楼盖水平支撑，见图 5.1.2-1。主要确保在罕遇地震作用下的楼层剪力传递有效。

3. 在多遇地震及风荷载作用下，现浇钢筋混凝土楼盖具有传递楼层剪力的功能，对于受力复杂及受力较大的楼层，当遭受强烈地震作用（如设防烈度地震及罕遇地震）时，楼板的开裂导致楼层混凝土刚度的急剧变化，混凝土楼盖的传力效能大大

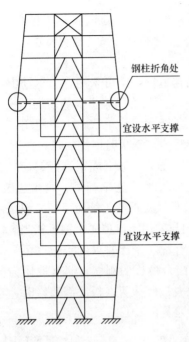

图 5.1.2-1

降低，将难以确保楼层水平剪力有效传递。

4. 楼层水平支撑应设置在混凝土楼板下并靠近钢梁的上翼缘（见图 5.1.2-2），以确保传力直接有效。支撑构件为轴力杆件，宜采用各向同性的圆钢管。当采用 H 型钢时，应使构件的两向截面模量相近，并将强轴平行于楼面设置。

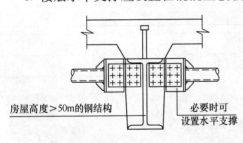

图 5.1.2-2

5.1.3 隅撑的设置

【问】 钢结构隅撑设计时，与建筑使用要求矛盾较多，在难以设置隅撑的地方是否可以采取其他措施而不设置？

【答】 当隅撑设置与建筑使用要求矛盾时，可通过调整隅撑的设置方向，如将水平设置的隅撑调整为竖向布置的三角隅撑、加出设置横向加劲肋等，满足使用功能要求并确保隅撑功能的实现。当确因使用要求而无法设置隅撑时，可调整构件截面形式并控制构件的应力比，以确保在设防烈度地震作用下构件下翼缘不出现塑性铰。

【问题分析】

1. 设置隅撑的目的在于确保钢框架梁端下翼缘不出现塑性铰，解决的是主框架梁下翼缘的局部稳定问题。

2. 隅撑应结合钢梁及消能构件的设置综合确定（见图 5.1.3-1～图 5.1.3-4）。隅撑设置的基本原则如下：

5.1 楼盖结构设计

利用次梁设置消能梁段的侧向支撑

图 5.1.3-1

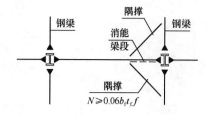

利用隅撑设置消能梁段的侧向支撑

图 5.1.3-2

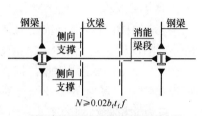

利用次梁设置非消能梁段的侧向支撑

图 5.1.3-3

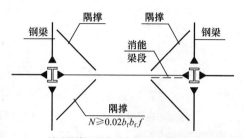

利用隅撑设置非消能梁段的侧向支撑

图 5.1.3-4

1）当钢梁的跨度不小于 8m 时，应设置侧向支撑。
2）有条件（建筑允许）时，应优先按《抗震规范》的规定设置侧向支撑（隅撑）。

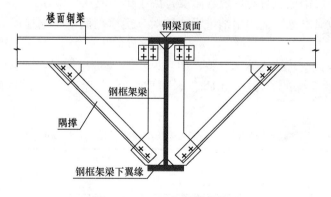

图 5.1.3-5 三角隅撑的设置

3）当不能在梁下翼缘平面设置隅撑时，可考虑结合建筑使用要求设置三角隅撑（图 5.1.3-5）。
4）当特殊部位（如门厅、中庭、共享空间等）确因使用要求不能设置隅撑时：
（1）应采取措施减小柱网至不超过 8m。
（2）优先考虑调整钢框架梁的截面形式，如将抗扭能力相对较小的工字形截面改为抗扭能力相对较大的箱形截面梁。
（3）应严格限制该框架梁翼缘的应力比，当构件的翼缘应力比足够小时（多遇地震作用下的翼缘应力比 $\sigma/f \leqslant 0.4$，可满足中震时翼缘不出现塑性铰，即 $2.8 \times 0.4/1.11 = 1$，其中 2.8 为中震与小震地震作用效应的比值，1.11 为钢材强度标准值与强度设计值的比值），可不设置侧向隅撑。

（4）加强对钢梁的稳定验算。在地震作用下对钢梁的平面外稳定验算时，可取梁净跨度的 1/2 作为其平面外的计算长度（偏安全）。

（5）实际工程中，也可采用横向加劲肋代替隅撑。

5.1.4 钢结构的用钢量估算

【问】 结构设计中常需要对钢结构与混凝土结构进行经济分析，有什么规律可循？

【答】 钢结构房屋中楼面结构与抗侧力结构的用钢量之间存在一定的比例关系，结构方案阶段时，对非抗震结构可按图 5.1.4-1 确定用钢量。抗震结构的用钢量应根据设防烈度、场地条件及结构形式等具体情况确定，一般为非抗震结构的 1.5~2 倍，大致与钢筋混凝土结构的钢筋用量相当。

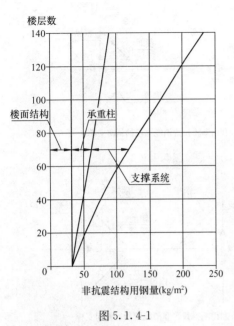

图 5.1.4-1

【问题分析】

1. 图 5.1.4-1 为国外钢结构工程的用钢量统计结果，从中可以看出以下几点：

1) 楼面结构的用钢量受房屋高度的影响不大，一般为 $33kg/m^2$。

2) 承重柱的用钢量与房屋层数（高度）成正比，但几乎成等比例关系。

3) 房屋层数对支撑结构的用钢量影响较大，房屋越高，用钢量越大，表现为明显的非线性增大关系。

4) 结构总用钢量与结构体系有关，如当为框架-支撑结构时，其总用钢量为楼面结构与承重柱及支撑系统的总和。相对于不同层数的房屋，其用钢量的大致关系见表 5.1.4-1。

不同层数的钢框架-支撑结构房屋的估算用钢量（kg/m^2）　　表 5.1.4-1

项　目	楼　层　数												
	20	30	40	50	60	70	80	90	100	110	120	130	140
楼面结构						33							
承重柱	8	13	17	22	26	30	34	38	42	46	50	54	58
支撑系统	13	19	27	36	46	57	69	82	94	106	118	130	144
总用钢量	54	65	77	91	105	120	136	153	169	185	201	217	235

2. 随着科研水平的不断提高、设计经验的逐步丰富，国外高层建筑钢结构的用钢量近期工程低于早期工程。有钢材强度提高的原因以及结构体系不断改进的因素，还有轻型建筑材料的使用等多方面原因。

3. 建筑平面形状（对高层建筑及超高层建筑，纵横两个方向的平面尺寸越接近，结构的经济性越好，平面长宽比越大，结构的费用越高）、结构体系等对结构用钢量影响很大，合理的建筑平面和结构布置是节约工程造价的基础，高层、超高层建筑应特别注意结构的规则性问题。多层结构的平面变化、荷载差异较大，用钢量变化也大，图5.1.4-1仅做参考。

4. 国内超高层钢结构设计尚处在起步和摸索阶段，用钢量的多少还与设计者的技术水平直接相关。

5. 钢结构造价及综合经济效益

1）抗震性能优于钢筋混凝土结构

相对于钢筋混凝土而言，钢材基本上属于各向同性材料，抗压、抗拉和抗剪强度都很高，更重要的是它具有很好的延性。在地震作用下，不仅能减弱地震反应，而且属于较理想的弹塑性结构，具有抵抗强烈地震的变形能力。

2）减轻结构自重，降低地基基础费用

钢筋混凝土高层建筑，当采用框架-剪力墙结构和框架-筒体结构，外墙采用玻璃幕墙或铝合金幕墙板，内墙采用轻质隔墙时，包括楼层活荷载在内的上部建筑结构全部重量约为 $15\sim17kN/m^2$。其中梁、板、柱及剪力墙等结构的自重约 $10\sim12kN/m^2$。相同条件下采用钢结构时，全部重量约为 $10\sim12kN/m^2$。其中钢结构和混凝土楼板的结构自重约 $5\sim6kN/m^2$。可见两类结构的自重比例约为 2：1，全部重量的比值约为 1.5：1，也就是说，75层高的钢结构高层建筑的地上部分重量只相当于50层高的钢筋混凝土结构的重量，荷载减小很多，相应的地震作用也大为减小，基础荷载明显减小，大大降低了基础及地基的技术处理难度，减小了地基处理及基础的费用。

3）减少结构所占的面积

对于地震区30～40层的钢筋混凝土结构的高层建筑，为满足柱子轴压比的限值要求，其截面尺寸有可能达 $1.8m×1.8m\sim2.0m×2.0m$，为满足结构的侧向刚度及层间位移要求，核心筒在底部的墙厚也将达 $0.6\sim0.8m$，这两项结构面积约为建筑面积的7%。若采用钢结构，柱截面面积大为减小，核心筒采用钢柱及钢支撑时，包括外装修的做法，其厚度仍比钢筋混凝土核心筒的墙厚薄很多，相应结构面积一般约为建筑面积的3%，比钢筋混凝土结构减少4%，这将产生不小的经济效益。

4）施工周期短

钢结构构件在工厂制作，然后在现场安装，一般不需要大量的脚手架，同时采用压型钢板作为钢筋混凝土楼板的永久性模板。混凝土楼板的施工可与钢构件安装交叉进行。而钢筋混凝土结构除钢筋可在工厂（或现场）下料外，其余大量的支模、钢筋绑扎和混凝土浇筑等均需在现场进行。因此，一般情况下，只要施工组织得当，高层钢结构的施工速度要快于钢筋混凝土结构20%～30%，相应的施工周期也缩短，可使投资得以早日回报。

5）钢结构的造价要高于同高度的钢筋混凝土结构

不包括基础及地下室构件在内，上部高层钢结构的造价一般为同样高度钢筋混凝土结构造价的1.5～2.0倍，从而增加了上部结构的直接投资。钢结构的造价一般包括三部分：即钢材费用、制作安装费用和防火涂料费用，这三者的大致关系如下：

钢结构的造价＝钢材费用（占45%）＋制作安装费用（占35%）＋防火涂料费用（占20%）

实际工程中钢结构的用钢量虽然大于钢筋混凝土结构的用钢量，但这不是两种结构差价的主要原因，其主要原因在于防火涂料费用所占比例较高，以及钢结构的制作安装技术含量较高，相应的劳务费用较高。而钢结构的制作安装费用及防火费用均与钢结构的用钢量有关，因此，节省用钢量对降低工程造价意义重大。

6) 上部结构造价与全工程造价的比例关系

全部工程的造价除包括上部钢结构外还包括对工程造价影响较大的基础和地下室造价。基础造价与地基条件有很大的关系，软土地基时对高层建筑一般需采用桩基，因而基础费用较高。对一般高层建筑，上部钢结构的造价约为全部结构造价的60%~70%。工程造价除包括结构造价外还包含费用相对很高的建筑装饰及电梯、机电设备等费用，粗略估算，一般全部结构造价约为工程总造价的20%~30%，相应的上部钢结构的造价约为工程造价的15%~20%。

7) 采用钢结构的综合经济效益

由以上分析可知：上部钢结构的造价约为工程造价的15%~20%。而一般工程造价约为工程总投资（包括拆迁、购地及市政增容费用等）的50%~70%，相应地上部结构的造价约为工程总投资的8%~15%。因此钢结构与钢筋混凝土结构之间的差价约为工程总投资的3%~7%。这种差价常可由于采用钢结构后，因自重减轻

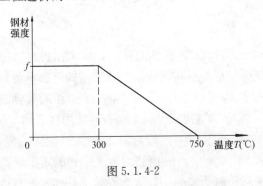

图 5.1.4-2

而降低地基处理及基础造价、增加建筑使用面积和缩短施工周期等得到相当程度的弥补，从而提高工程的综合经济效益。

8) 钢结构的耐火性能差

钢结构不耐火，在火灾烈焰下，构件温度迅速上升，钢材的屈服强度和弹性模量随温度的上升而急剧下降。当钢材温度超过300℃时，其强度降低而塑性增加，至750℃时，结构完全丧失承载能力（图5.1.4-2），变形迅速增加，导致结构倒塌。因此，《高钢规程》规定对钢结构中的梁、柱、支撑及作承重作用的压型钢板等要喷涂防火涂料加以保护。

9) 吸取震害经验教训完善钢结构设计

由于地震的随机性和实际工程的复杂性，难以避免结构平面和剖面的不规则，以及沿竖向刚度和强度突变的结构方案，存在结构的薄弱层和遭受破坏的可能性。钢结构虽有较好的延性，但还难以避免连接节点的开裂、支撑的压屈，及柱子脆性断裂等震害。因此需再逐步完善钢结构设计。

10) 钢材的供应

目前国内生产的符合设计规范要求的厚钢板仍需改进和研发，H型钢虽已生产，但规格还不齐全，供应还需适应小批量的要求。因此，设计过程中需要为落实钢材供应作深入的调查研究，必要时要考虑采用进口钢材的可能性并落实供应条件，使结构方案和所采用的钢材得到落实。

5.2 主体结构设计

【要点】

本节涉及钢结构的结构体系等问题。和混凝土结构一样，钢结构的体系也很丰富，常

5.2 主体结构设计

用结构体系有钢框架结构、钢框架-支撑结构、筒体和巨型框架结构等。

5.2.1 支撑的设置

【问】 房屋高度＞50m 的钢结构房屋是不是一定要采用偏心支撑？

【答】 房屋高度＞50m 钢结构房屋的支撑设置，应根据本地区设防烈度、房屋高度及房屋的重要性等工程的具体情况综合确定支撑的类型。一般情况下，房屋高度不是很高（如 8 度区不超过 150m）时，也可采用中心支撑。

【问题分析】

1. 中心支撑

1) 中心支撑又可分为各种类型，见图 5.2.1-1。

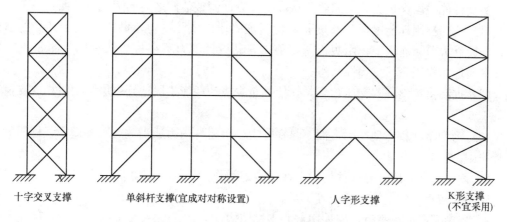

图 5.2.1-1 中心支撑的种类

2) 中心支撑具有抗侧刚度大、加工安装简单等优点，但也有变形能力弱等不足。在水平地震作用下，中心支撑容易产生侧向屈曲，尤其在往复水平地震的作用下，将会产生下列后果：

(1) 支撑斜杆重复压屈后，其受压承载力急剧下降；

(2) 支撑两侧的柱子产生压缩变形和拉伸变形时，由于支撑的端点实际构造做法并非铰接，引起支撑产生很大的内力；

(3) 在往复水平地震作用下，斜杆从受压的压屈状态变为受拉的拉伸状态，这将对结构产生冲击性作用力，使支撑及节点和相邻的构件产生很大的附加应力；

(4) 在往复水平地震作用下，同一楼层框架内的斜杆轮流压屈而又不能恢复（拉直），楼层的受剪承载力迅速降低。

3) 对较为规则的结构、没有明显薄弱层的结构，当房屋高度不很高时，可采用中心支撑结构。

2. 偏心支撑

1) 偏心支撑又可分为各种类型，见图 5.2.1-2。采用偏心支撑的目的在于改变支撑斜杆与梁（耗能梁段）的先后屈服顺序，即在罕遇地震作用时，一方面通过耗能梁段的非弹性变形进行耗能，另一方面是耗能梁段的剪切屈服在先（同跨的其余梁段未屈服），从而保护支撑斜杆不屈曲或屈曲在后。

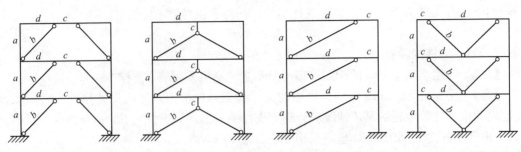

偏心支撑示意图(a—柱；b—支撑；c—消能梁段；d—其他梁段)

图 5.2.1-2 偏心支撑的种类

实现耗能梁段保护支撑不屈曲可从以下几方面调整他们之间的承载力关系：

(1) 适当控制耗能梁段的长度，且使耗能梁段的实际受弯承载力略大于其受剪承载力，即设计成剪切屈服型，由腹板承担剪力，其设计剪力不超过受剪承载力的80%，使其在多遇地震作用下保持弹性状态；

(2) 提高支撑斜杆的受压承载力，使其至少应为耗能梁段达到屈服强度时相应支撑轴力的1.6倍；

(3) 为使塑性铰出现在梁上而不是在柱上，可将柱内力适当放大，并遵循强柱弱梁的设计原则。

2) 偏心支撑利用耗能杆件耗能，在强烈地震作用下具有很好的变形能力，但同时又有抗侧刚度较小、加工安装复杂等不足。

3) 当房屋高度很高时，应采用偏心支撑结构。

4) 对房屋高度＞50m的不规则结构及有明显薄弱层的结构，宜采用偏心支撑结构。

3. 多层框架结构及高度不很高的高层框架结构，应优先考虑设置中心支撑，以增加结构的侧向刚度，改善结构的抗震性能，提高结构设计的经济性。

4. 房屋高度＞50m的钢结构房屋，当抗震设防烈度为8、9度时，还可选择采用带竖缝钢筋混凝土剪力墙板、内藏钢支撑钢筋混凝土墙板或其他消能支撑。

1) 带竖缝的钢筋混凝土墙板（见图5.2.1-3）

带竖缝混凝土剪力墙板式预制板，其仅承担水平荷载产生的水平剪力，不承担竖向荷载产生的压力。墙板的竖缝宽度约为100mm，缝的竖向长度约为墙板净高的1/2，墙板内竖缝的水平间距约为墙板净高的1/4。缝的填充材料一般采用延性好、易滑动的耐火材料（如石棉板等）。墙板与框架柱之间有缝隙，无任何连接，在墙板的上边缘以连接件与钢框架梁用高强螺栓连接，墙板下边缘留有齿槽，可将钢梁上的栓钉嵌入其中，并沿下边缘全长埋入现浇混凝土楼板内。

多遇地震作用时，墙板处于弹性阶段，侧向刚度大，墙板如同由竖肋组成的框架板承担水平剪力。墙板中的竖肋既承担剪力，又如同对称配筋的大偏心受压柱。在罕遇地震作用时，墙板处于弹塑性阶段而产生裂缝，竖肋弯曲后刚度降低，变形增大，起抗震耗能作用。

2) 内藏钢板的混凝土剪力墙板（图5.2.1-4）

内藏钢板的混凝土剪力墙板以钢板支撑为基本支撑、外包钢筋混凝土的预制板。基本

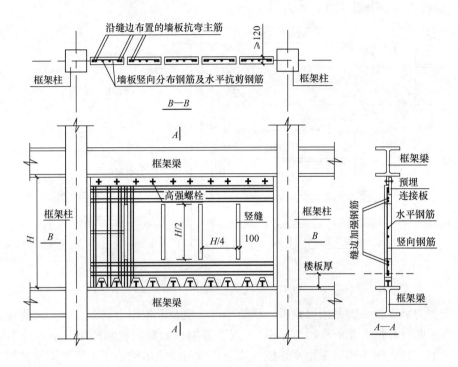

图 5.2.1-3 带竖缝的钢筋混凝土墙板

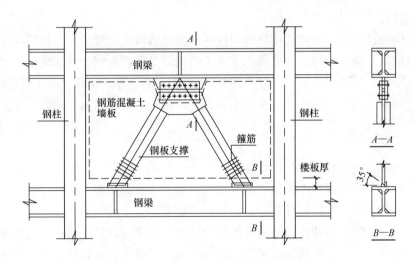

图 5.2.1-4 内藏钢支撑的钢筋混凝土墙板

支撑可以是中心支撑或偏心支撑，高烈度地区宜用偏心支撑。预制墙板仅钢板支撑的上下端点与钢框架梁相连，其他各处与钢框架梁柱均不连接，并留有缝隙（北京京城大厦预留缝隙为25mm）。实际上是一种受力明确的钢支撑，由于钢支撑有外包混凝土，可不考虑其平面内和平面外的屈曲。

墙板仅承受水平剪力，不承担竖向荷载。由于墙板外包混凝土，相应地提高了结构的初始刚度，减小了水平位移。罕遇地震时混凝土开裂，侧向刚度减小，也起到了抗震耗能作用，同时钢板支撑仍能提供必要的承载力和侧向刚度。

3) 钢板剪力墙墙板（图 5.2.1-5）

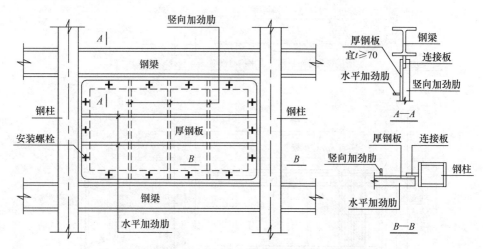

图 5.2.1-5 钢板剪力墙墙板

钢板剪力墙墙板一般采用厚钢板，设防烈度 7 度及 7 度以上时需在钢板两侧焊接纵向及横向加劲肋（非抗震及 6 度时可不设），以增强钢板的稳定性和刚度。钢板剪力墙的周边与框架梁、柱之间一般可采用高强螺栓连接。钢板剪力墙墙板承担沿框架梁、柱周边的剪力，不承担框架梁上的竖向荷载（可采用后连接）。

4) 阻尼器及阻尼器支撑

传统结构的抗震是以结构或构件的塑性变形来耗散地震能量的，而在结构中利用赘余构件设置阻尼器，赘余构件作为结构的分灾子系统，是耗散地震能量的主体，其在正常使用极限状态下，不起作用或基本不起作用，但在大震时，则可以最大限度吸收地震能力，而赘余结构的破坏或损伤不影响或基本不影响主体结构的安全，从而起到了保护主体结构安全的作用。

5.2.2 框架-核心筒结构中的加强层

【问】 规范和相关资料中经常提到设置加强层会导致结构侧向刚度的突变，在高层和超高层建筑中如何合理解决位移控制和结构侧向刚度的突变问题呢？

【答】 设置加强层与结构侧向刚度的均匀性是一对矛盾，结构设计中应判断其相应的利弊关系，抓住工程的主要问题确定加强层的取舍。当解决侧向位移成为工程的主要问题时，应选择设置加强层，但应控制加强层的刚度，宜设置成"有限刚度"加强层。有条件时应根据工程的具体情况设置多道加强层，以降低每道加强层的刚度变化程度，避免结构侧向刚度的突变。

【问题分析】

1. 加强层一般为筒体外伸臂桁架或外伸臂桁架和周边桁架。
2. 在钢框架-核心筒结构中，当结构的侧向刚度不能满足设计要求时，可利用设备层及避难层设置结构加强层。加强层的设置可使周围钢框架柱有效地发挥作用，以增强结构的侧向刚度。设置加强层可有效减小风荷载作用下结构的水平位移，满足高层建筑在风荷

5.2 主体结构设计

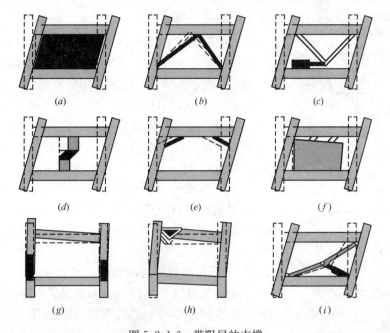

图 5.2.1-6 带阻尼的支撑

(a) 墙体型；(b) 支撑型；(c) 剪切型；(d) 柱间型；(e) 局部支撑型；
(f) 柱墙连接型；(g) 柱型；(h) 梁型；(i) 增幅机构型

图 5.2.1-7 带阻尼的支撑照片

载作用下的舒适度要求。但在地震作用下，设置加强层将引起结构侧向刚度和结构内力的突变，设置不当将形成结构薄弱层。因此，在地震区设置加强层应慎重。在高烈度地区应避免采用加强层。

3. 设置加强层的其他注意事项见钢筋混凝土框架-核心筒结构（本书第3.6.2条）。

5.2.3 钢结构的节点域

【问】 钢框架的梁柱节点的节点板不能太强也不能太弱，与钢筋混凝土结构的梁柱节点核心区要求不同，为什么？

【答】 在钢筋混凝土框架结构中，梁柱节点要求的是强节点。而在钢框架结构中，要求梁柱节点具有剪切变形的能力，因此，对节点域板厚提出要求。

【问题分析】

1. 在钢筋混凝土结构中，梁柱节点主要起传力和协调变形的作用，同时节点区还是

5 钢结构设计

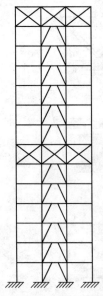

图 5.2.2-1 加强层的设置

梁柱钢筋的搭接及锚固区域，因而，结构设计要求强节点。而钢结构的框架梁柱节点则不同，除完成钢筋混凝土框架梁柱节点的基本功能外，还需要利用节点域的剪切变形耗能，因此，要求其具备一定的剪切变形能力。

2. 研究表明，节点域既不能太厚，也不能太薄。太厚使节点域不能发挥其耗能作用，太薄则将使框架的侧向位移过大；在大震时节点域首先屈服（节点域的屈服应后于消能梁段的屈服），其次才是梁出现塑性铰。

3. 当节点域的体积不满足《抗震规范》第8.2.5条第2、3款的规定时，应优先考虑加厚节点域的腹板厚度，当确有困难或采用轧制型钢时，可采用节点域贴焊补强板加强。

1) 节点域补强板与四周横向加劲板或柱翼缘可采用角焊缝焊接，此焊缝应能传递补强板所分担的剪力，补强板的板面应采用塞焊与节点域腹板连成整体（注意，塞焊是满足节点域钢板整体性的要求，即塞焊是构造要求，计算时不考虑塞焊的作用），塞焊点之间的距离 $s \leqslant 21\sqrt{235/f_y}t_w$，其中 t_w 为相连板件中板件厚度的较小值，其做法可见图 5.2.3-1。

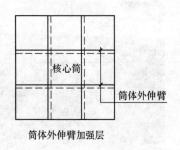

图 5.2.2-2 水平伸臂构件与周边桁架

2) 节点域补强板应充满整个节点域（不得采用局部加强的方法）来满足节点域的体积要求。

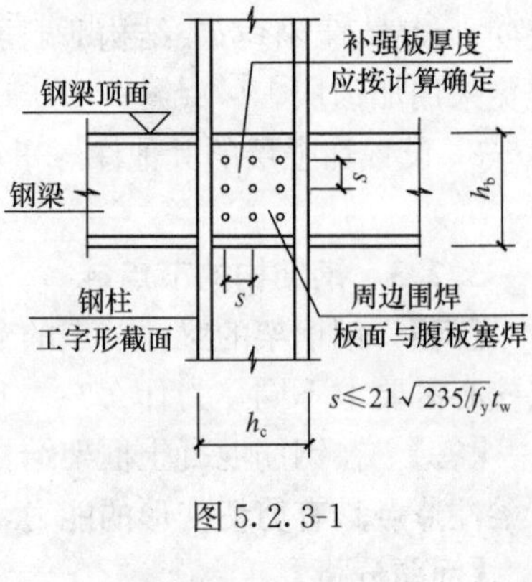

5.2.4 钢结构的阻尼比

【问】《抗震规范》第8.2.2条规定以房屋高度确定钢结构的阻尼比，对于房屋高度50m上下的房屋，阻尼比相差很大，是否合理？

【答】《抗震规范》以房屋高度50m和200m为界限确定结构的阻尼比，实际工程确定钢结构的阻尼比时，可以根据房屋高度进行适当细分。

图 5.2.3-1

【问题分析】

1. 多遇地震下的计算，高度不大于50m时可取0.04；高度大于50m且小于200m

时，可取 0.03；高度不小于 200m 时，宜取 0.02。

2. 当偏心支撑框架部分承担的地震倾覆力矩大于结构总地震倾覆力矩的 50%时，其阻尼比可比本条 1 款相应增加 0.005。

3. 在罕遇地震下的弹塑性分析，阻尼比可取 0.05。

4. 还应注意，对同时采用钢筋混凝土构件及钢构件的混合结构，应根据其主要抗侧力结构的形式确定结构的阻尼比数值。如：采用钢梁（或钢筋混凝土梁）、钢筋混凝土柱及钢筋混凝土剪力墙的结构，其阻尼比应根据钢筋混凝土结构确定；采用钢梁、钢筋混凝土剪力墙及型钢混凝土柱的结构，其阻尼比应根据型钢混凝土结构确定；采用钢梁、钢柱及钢支撑的结构，其阻尼比应根据钢结构确定。

5.3 钢结构的连接设计

【要点】

钢结构中的节点设计是钢结构设计的重要组成部分。连接节点（尤其是关键节点）设计得当与否，对保证钢结构的整体性和可靠性、对制造安装的质量和进度、对工程的建设周期和成本等都有着直接的影响。

本节着重就抗震钢结构的节点设计展开讨论。其他相关内容读者可查阅国家建筑标准设计图集《多、高层民用建筑钢结构节点构造详图》(11SG519)。

5.3.1 钢梁与钢柱的连接

【问】 钢梁和钢柱的柱边连接常难以满足《抗震规范》第 8.2.8 的要求，需设置附加盖板，施工复杂，质量难以保证，是否有其他可靠的连接方法？

【答】 为避免梁柱的柱边连接，可设置悬臂梁段，将柱边连接变为梁与梁的拼接，以简化设计与施工。

【问题分析】

1. 钢梁和钢柱的现场连接常采用翼缘焊接腹板栓接的栓焊连接接头，由于梁翼缘焊缝的极限受弯承载力难以满足连接系数 η_j 倍梁全塑性受弯承载力，因此，多设置悬臂梁段，从而将梁柱的柱边连接转变为梁-梁拼接。

2. 采用悬臂梁段后，悬臂梁段与柱之间采用全焊接连接，工厂焊缝，由于可以采用翻身焊接，焊缝质量有保证，能自动满足《抗震规范》第 8.2.8 的要求；而梁-梁拼接接头，则不属于梁与柱的连接，当然也就不用满足《抗震规范》第 8.2.8 的要求，按梁的等强接头设计。

3. 悬臂梁段的长度一般为柱边外 2 倍梁高及梁跨度 1/10 的较小值。跨度较大时，悬臂长度不宜过大，否则加工运输困难，自柱中心线算起的悬臂梁长度不宜大于 1.6m。综合考虑梁的受力情况及构件运输与现场安装的需要，梁的拼接接头可设置在距柱边 1m 左

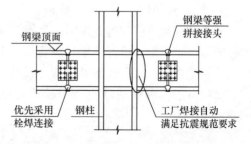

图 5.3.1-1 钢梁与钢柱的悬臂梁段连接

右(柱的接头通常可放在楼板面以上约1.3m处)。

5.3.2 骨形连接

【问】 能将塑性铰自梁端外移的骨形连接有很多优点,《抗震规范》为什么只规定在抗震等级一、二级时才采用呢?

【答】 规定抗震等级一、二级时采用骨形连接,主要考虑的是工程的经济承受能力,只对特殊工程提出使用要求。

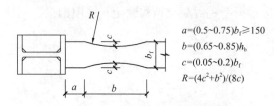

图 5.3.2-1 骨形连接的基本要求

【问题分析】

1. 骨形连接俗称"狗骨式连接",具有概念清晰,塑性铰位置明确,梁铰机制保证率高等优点,其构造基本要求见图 5.3.2-1。

2. 由图 5.3.2-1 可以看出,梁端塑性铰位置是以削弱构件的截面为代价的,翼缘削弱的面积一般占翼缘总面积的比例为 10%～40%,若以钢梁翼缘截面模量占钢梁总截面模量的 70% 计算,则截面模量损失为 7%～27%,平均值达 17%,也就是说钢梁有 17% 的截面模量完全是为确保塑性铰位置而牺牲的,代价很大。因此一般工程较少采用。

5.3.3 对刚接柱脚的把握

【问】 在高层建筑中的刚接柱脚应采用埋入式,采用埋入式柱脚时基础下混凝土板墩该如何配筋?

【答】 应根据设计要求,按埋入式刚接柱脚下的混凝土板墩的作用分别采取相应的设计措施。当基础下混凝土板墩的主要作用是为了固定柱脚的定位螺栓,板墩可构造设置并按构造配筋。当考虑基础下混凝土板墩的承压作用时,则应按计算确定并宜与基础等强设计。

【问题分析】

1. 刚接柱脚可采用埋入式柱脚,6、7度且房屋高度≤50m 时也可采用外包式柱脚及外露式柱脚。

1) 埋入式柱脚(见图 5.3.3-1)

埋入式柱脚指将柱脚直接锚入基础(或基础梁)的柱脚,这种柱脚锚固效果好,但受钢柱的影响,基础(或基础梁)钢筋布置困难,施工难度大。埋入式柱脚可按《高层民用钢结构技术规程》JGJ 99 的相关规定设计,也可采用以下近似计算方法:

(1) 按钢柱翼缘的轴力确定栓钉,钢柱一侧翼缘抗剪栓钉所承担的轴力 N_f 按式(5.3.3-1)计算:

$$N_f = \frac{k \cdot N \cdot A_f}{A} + \frac{M}{h_c} \qquad (5.3.3\text{-}1)$$

式中:N——钢柱轴力;
h_c——钢柱的截面高度;
A——钢柱的全截面面积;

5.3 钢结构的连接设计

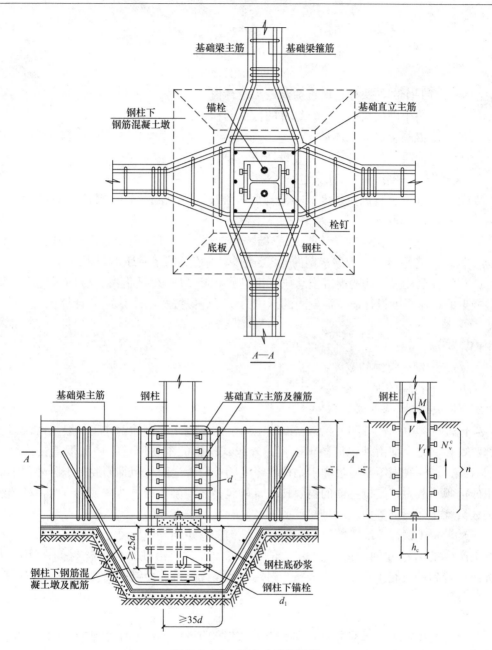

图 5.3.3-1 埋入式刚接柱脚

A_f——钢柱一侧翼缘的截面面积；

k——钢柱栓钉承受柱轴力的比例系数，一般情况下，当柱底混凝土墩与基础底板（或基础梁）等强设计（即混凝土墩的厚度不小于基础、混凝土的强度等级不低于基础、配筋不少于基础）时，可考虑柱轴力全部由柱底板直接传递至混凝土基础底板（或基础梁），取 $k=0$。当柱底混凝土墩仅起固定柱脚的定位螺栓，按构造设置并按构造配筋时，可不考虑柱底面承受柱轴力，取 $k=1$；

N_f——钢柱一侧翼缘抗剪栓钉所能承担的柱轴力，应满足式（5.3.3-2）的要求。

$$N_f \leqslant n \cdot N_v^c \tag{5.3.3-2}$$

$$N_v^c = 0.43 A_s \sqrt{E_c f_c} \tag{5.3.3-3}$$

且 $$N_v^c \leqslant 0.7 A_s \gamma f \tag{5.3.3-4}$$

式中：N_v^c——一个圆柱头栓钉的抗剪承载力设计值；

A_s——一个圆柱头抗剪栓钉钉杆的截面面积；

E_c——混凝土的弹性模量；

f_c——混凝土的轴心抗压强度设计值；

n——柱一侧抗剪栓钉的数量；

γ——栓钉材料抗拉强度最小值与屈服强度之比，当栓钉材料性能等级为 4.6 级时，取 $\gamma=1.67$；

f——栓钉抗拉强度设计值。《钢结构设计规范》GB 50017 指出："圆柱头焊钉性能等级相当于碳素钢的 Q235 钢"，则栓钉的 $f=215\text{N}/\text{mm}^2$。

(2) 验算钢柱翼缘处的混凝土承压，由柱脚弯矩 M 产生的混凝土侧向压应力不得超过混凝土的抗压强度设计值，混凝土的压应力 σ 可近似按式（5.3.3-5）计算：

$$\sigma = M/W \leqslant f_c \tag{5.3.3-5}$$

式中：$W = bh_1^2/6$

b——钢柱翼缘的宽度；

h_1——钢柱的埋入深度。

2) 外包式柱脚（见图 5.3.3-2）

外包式柱脚由钢柱脚和外包钢筋混凝土组成。外包式柱脚的钢柱底一般采用铰接，其底部弯矩和剪力全部由外包混凝土承担。外包式柱脚的轴力通过钢柱底板直接传给基础（或基础梁）；柱底弯矩则通过焊于钢柱翼缘上的栓钉传递给外包钢筋混凝土。外包钢筋混凝土的抗弯承载力、受拉主筋的锚固长度、外包钢筋混凝土的抗剪承载能力、钢柱翼缘栓钉的数量及排列要求等均应满足规范要求。

(1) 设置于钢柱翼缘上的抗剪栓钉（承担钢柱弯矩向外包混凝土传递过程中，在钢柱翼缘上产生的沿钢柱轴向的剪力）起重要的传力作用，沿柱轴向的栓钉间距不得大于 200mm，栓钉的直径不得小于 16mm。钢柱一侧翼缘的抗剪栓钉按式（5.3.3-6）计算：

$$N_f = \frac{M}{h_c - t_f} \quad \text{且} \quad N_f \leqslant n N_v^c \tag{5.3.3-6}$$

式中：M——外包钢筋混凝土顶部封闭箍筋处钢柱的弯矩设计值；

h_c、t_f——钢柱截面的高度和翼缘厚度。

(2) 外包钢筋混凝土的高度与埋入式柱脚的埋入深度相同。

3) 外露式柱脚

外露式柱脚由外露的柱脚螺栓承担钢柱底的弯矩和轴力。采用外露式柱脚，柱脚的刚性难以保证，不应成为结构设计中的首选。必须采用时应注意以下问题：

(1) 底板的尺寸由基础混凝土的抗压设计强度确定，计算底板厚度时，可偏安全地取底板各区格的最大压应力计算。

(2) 由于底板与基础之间不能承受拉应力，拉力应由锚栓来承担，当拉力过大，锚栓直径大于 60mm 时，可根据底板的受力实际情况，按压弯构件确定锚栓。

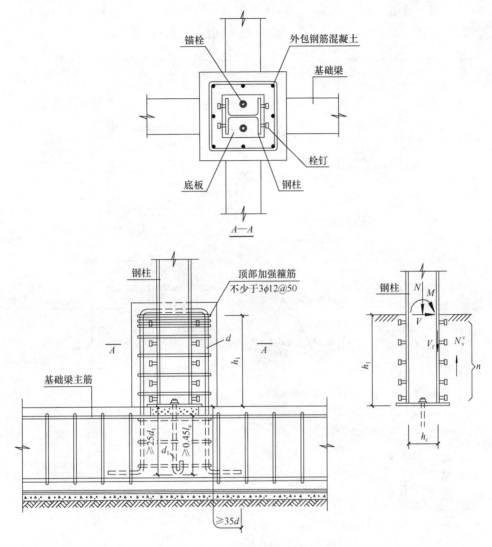

图 5.3.3-2 外包式刚接柱脚

(3) 钢柱底部的水平剪力由底板与基础混凝土之间的摩擦力承受（摩擦系数取 0.4）。当水平剪力超过摩擦力时，可采取底板下焊接抗剪键（由抗剪键承担多余剪力，即 $V \leqslant t_s h_s f_v$，其中 V 为扣除柱底摩擦力后钢柱底部的水平剪力设计值；t_s、h_s 为抗剪件的腹板（可不考虑翼缘的抗剪作用）厚度及沿剪力 V 方向的长度；f_v 为抗剪件所用钢材的抗剪强度设计值）、柱脚外包混凝土（由外包混凝土承担多余剪力，按《混凝土规范》6.3.4 条规定计算）等有效抗剪措施。

(4) 当柱脚底板尺寸过大时，应采用靴梁式柱脚。

(5) 结构设计中应考虑柱脚支座的非完全刚接特性，必要时按刚接和半刚接柱脚采用包络设计方法。当仅采用刚接柱脚计算时，应考虑柱反弯点的下移引起的柱顶弯矩及相关构件的内力增大问题。

(6) 应注意外露式柱脚的结构耐久性设计问题，采取恰当的保护和维护措施并在结构设计文件中明确。

2. 应注意对此处"刚接柱脚"的理解和把握,这里的"刚接柱脚"指的是上部结构的固定端(见图5.3.3-3),实际工程中应针对不同情况加以区分:

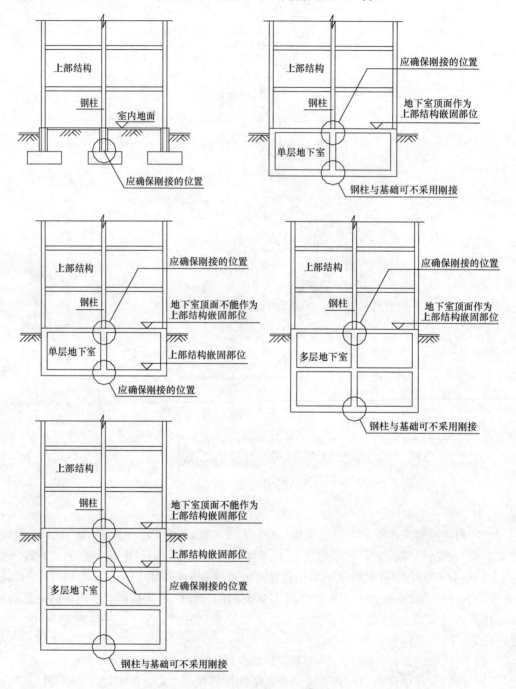

图 5.3.3-3 对刚接柱脚的把握

1)无地下室时,刚接柱脚位于基础顶面。

2)当有地下室且上部结构的嵌固部位在地下室顶面时,"刚接柱脚"可理解为在地下室顶面位置要确保刚接。而在地下室地面处的柱脚,则不属于"刚接柱脚"的范围,更不应该采用"埋入式刚接柱脚"(常有工程将地下室地面按"刚接柱脚"设计,并采用"埋入式刚接柱脚",不仅与规范的精神不符,而且也增加了设计与施工难度),可根据工程具体情况采用外包柱脚或钢筋混凝土柱脚。

3)当有地下室,但地下室的顶面不能作为上部结构的嵌固部位,上部结构的嵌固部位下移时,"刚接柱脚"可理解为在地下室顶面位置至嵌固部位范围内要确保刚接(考虑地下室对上部结构实际存在的嵌固作用)。

3. 无地下室时,对抗震设防烈度为6、7度地区的房屋,应优先考虑采用外包式刚接柱脚,不仅能简化设计与施工,同时也有利于对钢柱的保护。利用基础(或基础梁)埋深设置混凝土柱墩。利用柱墩的外包钢筋混凝土承担柱底弯矩和柱底剪力,柱底弯矩在钢柱翼缘部分产生的拉压力应全部由栓钉(抗剪)传递给混凝土。

4. 有地下室时,上部结构的钢柱在地下室应过渡为型钢混凝土柱或钢筋混凝土柱,有利于地下室结构及基础的设计与施工,也有利于对钢柱的保护。

1)当为一层地下室时,上部结构的钢柱在地下室应设置外包钢筋混凝土柱,钢柱脚在基础顶面采用外包柱脚,利用外包钢筋混凝土承担柱底弯矩和柱底剪力,钢柱在地下室顶面的轴力全部由地下室钢骨混凝土柱的栓钉传递给外包混凝土,柱底做法见图5.3.3-4。

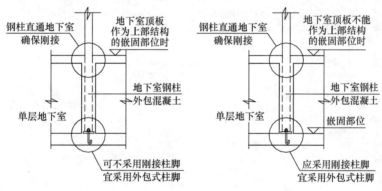

图 5.3.3-4 有单层地下室时钢柱柱脚做法

2)当为多层地下室时,上部结构的钢柱在地下室应过渡为型钢混凝土柱或钢筋混凝土柱。当地下室顶板作为上部结构的嵌固部位时,柱底做法可见图 5.3.3-5a。当地下室顶板不能作为上部结构的嵌固部位时,则刚接柱脚应随嵌固部位下移。当地下二层顶板作为上部结构的嵌固部位时柱底做法可见图 5.3.3-5b。嵌固部位继续下移时,可参考图 5.3.3-5b。

5. 刚接柱脚的埋入深度:对型钢混凝土柱,不小于型钢截面高度的3倍;对钢管混凝土柱不小于钢管直径的2倍。可以看出,钢柱或型钢的埋入深度完全取决于钢管直径或型钢截面高度,而与钢管或型钢的厚度等因素无直接的关系,这种做法其实并不完全合理,尤其当钢管或型钢的截面不完全由柱底内力确定(如工程中经常采用的折型钢框架,钢柱的截面高度常由折点截面的内力确定)时,其不合理性更加明显。对比钢筋混凝土杯口基础(柱的埋入深度一般为一倍柱截面高度),不难看出钢结构柱脚的埋入深度远大于混凝土杯口基础,存在较大的优化空间。

5 钢结构设计

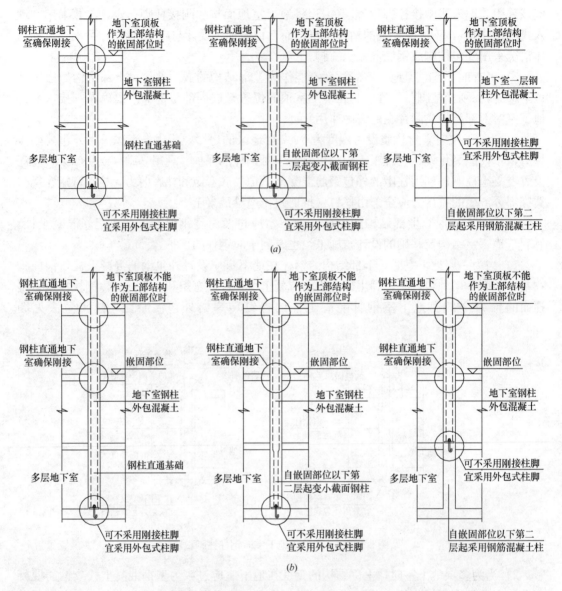

图 5.3.3-5 有多层地下室时钢柱柱脚做法

(a) 地下室顶板作为上部结构嵌固部位时；(b) 地下室二层顶板作为上部结构嵌固部位时

参考文献

[1] 《建筑抗震设计规范》GB 50011—2010. 北京：中国建筑工业出版社，2011
[2] 《高层民用建筑钢结构技术规程》JGJ 99—98. 北京：中国建筑工业出版社，1998
[3] 龚思礼主编.《建筑抗震设计手册》(第二版). 北京：中国建筑工业出版社，2002
[4] 徐培福主编.《复杂高层建筑结构设计》. 北京：中国建筑工业出版社，2005
[5] 陈富生主编.《高层建筑钢结构设计》(第二版). 北京：中国建筑工业出版社，2004
[6] 叶列平"建筑结构消能减震技术"
[7] 国家建筑标准设计图集《多、高层民用建筑钢结构节点构造详图》11SG519

6 钢-混凝土混合结构设计

【说明】

混合结构高层建筑始于 1972 年（美国芝加哥的 36 层 GatewayⅢBuilding），然而，由于混合结构在美国阿拉斯加地震中的严重破坏，工程界对其抗震性能一直有所怀疑，加上西方发达国家人工成本高，混合结构的经济优势不明显，因此在国外应用不多。与西方国家不同的是，由于混合结构的经济优势，混合结构在我国发展迅速。

混合结构的抗震性能一直是人们关注的重点，体系的抗震性能主要取决于钢筋混凝土核心筒，其刚度有余而强度不足，而周边钢框架则与之相反，导致混合结构在抗震性能上不协调，内外筒无法合理地分担地震力，在罕遇地震作用下，内筒会因刚度太大并承担大部分地震作用而首先破坏，外框架则因刚度不足导致结构的变形过大而整体破坏，无法起到二道防线的作用。

近年来，在理论研究和震害调查的基础上，混合结构在体系设置和构造做法等方面的不断改进，对混合结构的应用起到了积极的推动作用。

由于混合结构一般都要进行结构的专项审查或超限审查，本章着重对混合结构概念和结构设计感兴趣的问题进行叙述。

本章主要涉及的结构设计规范有：

[1]《建筑抗震设计规范》GB 50011（以下简称《抗震规范》）；
[2]《高层建筑混凝土结构技术规程》JGJ 3（以下简称《混凝土高规》）；
[3]《高层民用建筑钢结构技术规程》JGJ 99（以下简称《高钢规程》）；
[4]《型钢混凝土组合结构技术规程》JGJ 138（以下简称《型钢规程》）；
[5]《矩形钢管混凝土结构技术规程》CECS 159（以下简称《方钢管混凝土规程》）；
[6]《钢管叠合柱结构技术规程》CECS 188（以下简称《叠合柱规程》）；
[7]《高层建筑钢-混凝土混合结构设计规程》CECS 230（以下简称《钢-混规程》）；
[8]《钢骨混凝土结构技术规程》YB 9082（以下简称《钢骨规程》）。

6.1 钢-混凝土混合结构的特点

【要点】

本节分析钢-混凝土混合结构的特点，与钢筋混凝土结构及与钢结构相比的技术经济优势与不足，便于结构设计人员建立概念并在确定方案时参照。

6.1.1 混合结构的基本类型

【问】 目前采用的混合结构有哪些主要类型？

【答】 混合结构一般由钢筋混凝土核心筒（或钢骨混凝土核心筒）和外围框架组成，外围框架可以是型钢混凝土框架和钢框架。结构形式的变化主要在外围框架结构形式的变化，当外围采用钢框架时，则结构形式为钢框架-钢筋混凝土核心筒结构；当外围框架采用型钢混凝土框架时，则结构形式为型钢混凝土框架-钢筋混凝土核心筒结构。

【问题分析】

1. 钢框架可以有以下几种组合：钢框架柱＋钢梁、钢框架柱＋型钢混凝土梁等。

2. 型钢混凝土框架可以有以下几种组合：型钢混凝土框架柱＋钢梁、型钢混凝土框架柱＋型钢混凝土梁、钢管混凝土柱＋钢梁、钢管混凝土柱＋型钢混凝土梁等。

3. 需要说明的是，由于型钢混凝土梁与一般钢筋混凝土梁相比无明显的承载力优势且施工复杂，因此，实际工程中很少大面积采用（一般仅在某些特殊要求的结构构件中采用）。

6.1.2 混合结构与钢筋混凝土结构

【问】 采用混合结构时，常要求与钢筋混凝土结构进行体系的对比分析，如何进行呢？

【答】 对结构体系的比较应从技术、经济及工程进度等方面入手，方案阶段可以定性分析为主，辅之以必要的图表。技术经济比较要客观，即不能夸大优势也不要隐瞒不足。

【问题分析】

1. 相对于钢筋混凝土结构，混合结构的优势明显，主要表现在以下几方面：

1）梁柱截面面积减小

由于钢的材料强度高于混凝土结构，因此，在同等承载力要求下，可以有效地减小柱子的截面面积，房屋的实际可利用面积加大。采用钢梁使梁截面高度减小，要求的层高降低。在同样的房屋高度内，有利于增加建筑面积或增加房屋的净高，提高房屋的建筑品质。大幅度提高建筑的经济效益。

2）减小结构自重，降低基础费用。

由于结构自重的减小，相应地可减小基础的造价，对软土地基或基础投资比较大的地区及工程，效果更为明显。

3）缩短施工周期

由于钢结构施工先于钢筋混凝土施工，外围钢框架可以作为组合构件混凝土施工模板的支点。内筒混凝土可采用爬模或大模板施工工艺，因此，混合结构的总体施工周期可比混凝土结构缩短，介于钢结构与混凝土结构之间。

4）抗震性能好

混合结构中采用了钢构件及钢-混凝土组合构件，因此其延性要好于钢筋混凝土结构，设计、施工得当，混合结构的抗震性能要好于钢筋混凝土结构。

2. 相对于钢筋混凝土结构，混合结构的不足在于：

1）结构用钢量大

由于采用了较多的钢构件及钢-混凝土组合构件，结构的用钢量要比钢筋混凝土结构高（有时，虽然混合结构的用钢量与钢筋混凝土结构相当，但钢材的单价要明显高于钢筋，且钢结构加工运输费用较高，因此，实际费用还是增加了，不能简单地按每平方米面积的用钢量来比较），混合结构的结构造价要高于钢筋混凝土结构。同时，钢材价格受市场及供应情况的影响较大，价格波动大，直接影响结构的造价。

2) 钢结构增加防火费用

部分外露钢结构构件还需要增加防火费用。

3) 施工要求高

混合结构涉及钢结构、钢筋混凝土结构两种结构体系，施工技术及施工组织上要兼顾混凝土施工与钢结构加工制作和安装工序，比单纯混凝土结构的施工要求高，需要技术能力和管理水平较高的施工单位来完成。从某种意义上说，钢-混凝土混合结构的施工要求，也是对施工技术水平提高的有力推动。

3. 综合比较

采用混合结构增加了上部结构的费用，但由于结构造价占整个建筑造价的比例不大（粗略估计，一般全部结构造价为工程总造价的20%～30%，而上部结构费用约为全部结构费用的60%～70%，相应地上部结构的造价约为工程总投资的15%～20%），因此，结构造价的提高对建筑总造价影响不大。但采用钢-混凝土混合结构不仅提高了结构的抗震性能，还由于结构构件截面面积的减小、结构重量的降低等节约了基础费用（对软土地区的建筑，由于基础费用较高，其节约的幅度更为可观）、缩短了建设周期，增加了建筑面积及提高了建筑品质，其综合效益明显提高。

6.1.3 混合结构与钢结构

【问】 混合结构与钢结构相比，有哪些优点与不足？

【答】 混合结构的特点介于钢结构和钢筋混凝土之间，兼有两者的优点和各自的不足。

【问题分析】

1. 和钢结构相比，混合结构的优点如下：

1) 用钢量少

钢筋混凝土筒体作为主要的抗侧力构件，比钢结构的框架-支撑结构用钢量少。

2) 结构的侧向刚度大于钢结构

钢-混凝土混合结构由于采用钢筋混凝土核心筒作为主要抗侧力结构，其侧向刚度大于一般结构，相应的水平位移也小。

3) 结构防火、防腐性能好

钢筋混凝土筒体的防火、防腐性能明显好于钢框架-支撑结构，同样如果框架采用组合构件，其防火、防腐的性能都将会好于钢结构。

4) 结构造价低于钢结构

钢-混凝土混合结构的钢材用量小于钢结构，又可以节省部分防火涂料费用，因此，钢-混凝土混合结构的造价比钢结构低（介于钢结构与钢筋混凝土结构之间）。

5) 发挥了钢管混凝土的强度和刚度

近年来，国内部分钢-混凝土混合结构工程采用钢管混凝土柱，既提高了柱的承载力，又提高了柱的抗推刚度和相应的结构侧向刚度，也有利于提高柱的防火能力，还可采用国产钢板，避免采用进口厚钢板。

2. 和钢结构相比，混合结构的不足在于：

1) 混凝土用量大，施工速度低于钢结构，结构构件的面积大于钢结构主要抗侧力结构为钢筋混凝土筒体,存在湿作业,结构自重比钢结构自重大。施工速度比钢结构慢。结构构件所占的面积仍大于纯钢结构。

2) 混凝土核心筒的刚度退化将加大钢框架的剪力

在钢框架-钢筋混凝土核心筒结构中,钢筋混凝土核心筒是主要抗侧力结构,钢框架主要承担重力荷载(也承担较小部分的水平剪力)。在水平地震作用下,由于钢框架的侧向刚度远小于混凝土核心筒,钢框架承担的水平剪力在顶部几层可以达到楼层剪力的15%~20%,而在中部及下部约为楼层剪力的10%~15%(某框架-核心筒结构,其外框架与混凝土内筒的水平剪力分配见图6.1.3-1)。在往复地震的持续作用下,结构进入弹塑性阶段时,墙体产生裂缝后,内筒的抗推刚度大幅度降低,而钢框架由于弹性极限变形角要比混凝土核心筒大许多,尽管弹塑性阶段的水平地震作用要小于弹性阶段,但钢框架仍有可能承担比弹性阶段大得多的水平地震剪力和倾覆弯矩。因此,为实现结构裂而不倒的设计要求,需要调整钢框架部分承担的水平剪力,以提高钢框架的承载力,并采取措施提高混凝土内筒的延性。

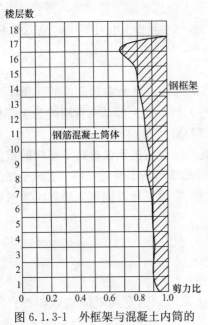

图 6.1.3-1 外框架与混凝土内筒的水平剪力分配

需要说明的是:《高层建筑钢-混凝土混合结构设计规程》CECS 230,对双重抗侧力体系的结构(如:框架-剪力墙结构、框架-核心筒结构等)依据不同抗震设防烈度确定框架部分承担的层剪力(注意:这里只依据楼层地震剪力,并未考虑结构的总底部剪力)最小值(8、9度为18%,7度为15%)的做法与《高规》第11.1.6条的规定不符,结构设计中应予以甄别。框架部分剪力调整的根本目的在于确保双重抗侧力结构的二道防线功能,对于同一双重抗侧力结构体系,外框架与核心筒剪力的相对比例关系应该是一致的,不能因设防烈度的高低而改变。同时还由于目前对抗震设防烈度确定的不科学性,按设防烈度划分框架的剪力比并不恰当。

非双重抗侧力结构体系(如支撑框架体系、钢筋混凝土剪力墙结构体系等)不宜在高烈度区(8、9度)使用,必须采用时,剪力墙应设置成联肢墙。剪力墙或核心筒应承担100%的地震剪力,框架部分承担的层地震剪力不应小于10%。

同时需要说明的是,结构设计中应把握好"大规范"(国家标准 GB、国家行业标准 JGJ 等)与"小规范"(协会标准 CECS 等)的关系。当"大规范"有明确规定时,应按"大规范"要求设计;当"大规范"没有明确规定时,"小规范"可作为对"大规范"的补充。一般情况下"小规范"的要求不应低于大规范的规定。

3) 混凝土内筒的施工误差大于钢结构

在钢框架-钢筋混凝土结构体系中,混凝土内筒的施工进度常先于钢框架。混凝土施工规范规定的误差限值远大于钢结构施工规范的规定,当钢梁与混凝土墙采用预埋钢板连接时,这些钢板埋件在平面和竖向标高的位置,不仅受混凝土墙体偏差的影响,同时还受预埋件位置偏差的制约，其误差值远大于钢梁加工尺寸的允许范围，常需采取不得已的弥补措施。

4) 混凝土核心筒与外框架柱的差异变形问题

在钢-混凝土组合结构中，由于混凝土核心筒与周围钢柱的竖向荷载的较大差异，常导致核心筒与外框柱之间较大的差异变形，因此，在结构设计中钢梁与混凝土核心筒常采用铰接连接，以简化钢梁与混凝土核心筒的连接，并消除由混凝土核心筒与外框柱之间的差异变形引起的附加效应。

6.2 钢-混凝土混合结构的整体设计

【要点】

国外地震区工程很少采用钢-混凝土混合结构，相应地也就缺少这方面的资料，为有利于完善结构设计，需要一定的模型试验并进行弹塑性时程分析和结构抗震性能分析研究。

6.2.1 混合结构体系的设计

【问】 采用钢框架-钢筋混凝土核心筒结构时，外框架与核心筒刚度差异很大，如何确保结构安全？

【答】 对钢框架-钢筋混凝土核心筒结构，可采用两种方法确保结构的安全，一是加强核心筒，使其承担主要的地震作用；二是加强外框架，使其能够起到二道防线的作用。在实际工程中，往往同时采取上述两方面的措施。

【问题分析】

1. 加强外框架实现多道防线的要求

1)《高规》第 11.1.6 条规定，抗震设计时，钢框架-钢筋混凝土筒体结构各层框架部分所承担的地震剪力标准值的最大值，不宜小于结构底部总地震剪力的 10%。

2) 由上述规定可以看出，对钢-混凝土混合结构同样有明确的二道防线要求，相应的要求与钢筋混凝土框架-核心筒结构是一致的。

3) 由于钢框架的侧向刚度较小，要满足规范的要求有一定的困难，需要采取适当的结构措施。

(1) 当建筑立面及使用功能允许时，可在外框架中设置斜撑（或斜柱），形成框架支撑体系，提高结构的侧向刚度并满足规范要求。

(2) 当建筑及使用要求不允许设置斜撑时，可在外框架中采用型钢混凝土或钢管混凝土构件（一般是采用型钢混凝土柱或钢管混凝土柱，较少采用型钢混凝土梁），以提高外框架的刚度。这一做法因对建筑的使用功能影响较小，同时还由于技术经济的原因，在国内工程中大量采用。

4) 为提高结构设计的经济性，应合理控制混凝土核心筒与外框架的刚度比，一般情况下，当外框架实际所承受的地震剪力接近规范规定的剪力最低值时，可避免由于外框架实际承担的计算剪力过小而进行的较大量值的调整，同时也提高了结构设计的经济性。

2. 提高核心筒的抗震性能

1) 在钢框架-钢筋混凝土核心筒结构中,由于钢筋混凝土核心筒的刚度很大,地震发生时,将承担绝大部分的地震剪力,理论上可以由核心筒剪力墙承担全部地震剪力,框架只承担竖向荷载,但这样对结构底部核心筒剪力墙的要求很高。在强烈地震作用下,一旦剪力墙墙体开裂,由于框架无法承担剪力墙开裂后转嫁过来的部分地震剪力,结构的安全将难以保证。由此可见,混合结构的抗震性能很大程度上取决于钢筋混凝土核心筒剪力墙,故应采取措施保证核心筒的延性,可采取以下主要措施实现:

(1) 保证混凝土筒体角部的完整性,并加强角部的配筋,应特别注意对底部筒体角部的加强。

(2) 加大剪力墙的墙厚,控制剪力墙的剪应力水平(即控制剪压比)。

(3) 应设置成带边框(暗梁)剪力墙。

(4) 连梁应按规定设置交叉钢筋或交叉暗撑。

(5) 筒体剪力墙的开洞位置应均匀对称,对复杂洞口应进行归类处理。

2) 钢筋混凝土剪力墙的刚度大,承载力高,但受剪破坏时的延性小,即使采取了上述措施,延性性能仍然有限。可采取在墙内设置交叉暗支撑、型钢支撑或钢板等措施进一步加大结构的延性。

(1) 提高钢筋混凝土剪力墙的延性

带竖缝剪力墙(参见图5.2.1-3)可有效地改善剪力墙的延性,为避免设置带竖缝剪力墙使墙的初始刚度降低过大,可对竖缝采取适当的处理方法:如竖缝两侧墙的水平钢筋不断开、竖缝处设置素混凝土块、竖缝处预埋预制砂浆板或在竖缝两侧设暗柱等。

当剪力墙墙厚较大时,可设置带暗支撑的钢筋混凝土剪力墙,就是在普通钢筋混凝土剪力墙内设置暗撑(加配暗撑纵向钢筋及箍筋)。暗撑的存在可以明显改善剪力墙的抗震性能,提高剪力墙的抗震耗能能力,是改善钢筋混凝土剪力墙抗震性能的有效措施。但对剪力墙墙厚要求较厚,否则施工困难。

(2) 采用型钢混凝土剪力墙

试验研究表明,在钢筋混凝土剪力墙内设置型钢可以极大地改善钢筋混凝土剪力墙的性能。由于型钢骨架的作用,型钢混凝土剪力墙的承载力和变形性能均明显高于同等条件下的一般钢筋混凝土剪力墙,其刚度衰减较为缓慢,滞回环较为饱满,抗震耗能能力显著提高,延性破坏形态明显。但在钢筋混凝土剪力墙内设置型钢,施工复杂。

在剪力墙内设置型钢的方式很多,可以设置在墙的端部暗柱内,以加强剪力墙的边缘构件,也可以由型钢边缘构件和钢梁形成钢框架等。

(3) 采用内藏钢板的钢筋混凝土剪力墙(参见图5.2.1-4)

为改善钢筋混凝土剪力墙的抗震性能,可在钢筋混凝土剪力墙中设置钢板(整块钢板、带竖缝的钢板等)。

3. 采用钢板剪力墙(图参见5.2.1-5)

在钢结构中可采用钢板剪力墙提高结构的刚度,即将厚钢板与周围型钢框架连接,加强框架的抗剪刚度及承载力。钢板两侧设置防屈曲加劲肋。

6.2.2 组合构件的选用

【问】 型钢混凝土柱的形式很多,各种形式有什么优点和不足呢?

【答】 在钢筋混凝土柱中加入型钢，能大幅度提高构件的承载力和延性，相对于钢结构构件，型钢混凝土构件具有侧向刚度大，稳定性好，耐火防腐等优点，但同时也兼有施工复杂等不足。

【问题分析】

1. 型钢混凝土柱

1) 型钢混凝土柱中常见的截面形式见图 6.2.2-1，试验研究表明，格构式型钢混凝土柱的抗震性能较差因而采用较少，工程中以采用实腹式型钢混凝土柱为主。

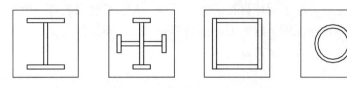

图 6.2.2-1 型钢混凝土柱的常用截面形式

2) 型钢混凝土柱与钢筋混凝土柱的比较

(1) 型钢混凝土柱截面面积小

采用型钢混凝土柱使构件的承载力得到很大的提高，有利于改善结构抗震性能并减小柱截面尺寸。普通钢筋混凝土柱与型钢混凝土柱的截面限制条件差异很大：

①对钢筋混凝土柱，在地震作用下，抗剪截面的限制条件为：

剪跨比大于 2 的柱：

$$V \leqslant \frac{1}{\gamma_{RE}}(0.20 f_c b h_0) \tag{6.2.2-1}$$

剪跨比不大于 2 的柱：

$$V \leqslant \frac{1}{\gamma_{RE}}(0.15 f_c b h_0) \tag{6.2.2-2}$$

②型钢混凝土柱的抗剪截面的限制条件为：

$$V \leqslant \frac{1}{\gamma_{RE}}(0.36 f_c b h_0) \tag{6.2.2-3}$$

比较式 (6.2.2-1～6.2.2-3) 可以发现，型钢混凝土柱截面可以比钢筋混凝土柱截面小许多。还由于钢筋混凝土柱的轴压比计算时不考虑钢筋的作用，而型钢混凝土柱的轴压比计算时可以考虑柱内型钢的作用。在同样柱截面尺寸的情况下，若混凝土的强度等级为 C50，采用 Q345 型钢，型钢的含钢率为 5%，则型钢混凝土柱的计算轴压比仅为钢筋混凝土柱轴压比的 62%，可见设置型钢对柱子截面影响很大。

(2) 具有较大的延性和良好的抗震性能。

3) 型钢混凝土柱与钢柱的比较

(1) 外包混凝土可以防止钢柱的局部屈曲，钢材的强度得到充分的利用，节约钢材。

(2) 提高柱子的抗推刚度，从而提高了结构的侧向刚度。结构具有更大的阻尼，有利于控制结构的变形。

(3) 外包混凝土提高了结构的耐久性和耐火性。

2. 钢管混凝土柱

在钢管中浇筑微膨胀的混凝土而成的组合构件称为钢管混凝土柱，钢管有圆钢管和方钢管之分。

1) 圆钢管混凝土柱

在圆钢管混凝土柱中，当混凝土受压产生横向变形时，外围圆钢管约束混凝土的横向变形，使混凝土处于三向受压状态，混凝土的受压强度得到极大的提高；同时，核心混凝土有利于钢管的稳定，使钢材强度得以充分发挥。因此，钢管混凝土柱是混凝土和钢两种材料的完美组合，充分发挥了两种材料的强度优势，并相互加强提高，使得钢管混凝土柱的实际承载能力比钢管和混凝土材料强度的简单叠加值要高（但要注意：实际工程中通常只将这种提高作为一种储备，未加以利用）。

2) 方钢管混凝土柱

相对于圆钢管混凝土柱，方钢管对内部混凝土及核心混凝土对外围钢管的约束作用相对减弱。但其可方便与钢梁的连接，简化设计与施工。

3) 钢管柱与普通混凝土柱的比较

(1) 钢管替代模板，省时省工，节约模板造价。

(2) 钢管兼作钢筋，便于混凝土浇筑。

(3) 钢管可起骨架作用，先于混凝土施工，加快施工进度。

(4) 耐火性能比钢筋混凝土差，构件表面需要进行防火处理，费用增加。

(5) 钢管的材料费用、加工制作安装费用较大，费用较高。

(6) 钢管内混凝土浇筑不易密实，对施工组织管理的要求高。

4) 圆钢管混凝土柱与方钢管混凝土柱的选用

从材料利用角度看，圆钢管混凝土柱受力最合理，经济性也最好。从建筑设计角度看，在同样侧向刚度的条件下，方钢管混凝土柱的截面宽度要比圆钢管混凝土柱的直径小12%。因此，工程中对竖向荷载很大独立外露的框架柱，常采用圆钢管混凝土柱。而对于其他框架柱，方钢管的使用越来越多。

3. 型钢混凝土梁

型钢混凝土梁的承载力高于普通钢筋混凝土梁，由于型钢外包混凝土，同时还要满足裂缝要求（对于外围混凝土仅作为钢梁的混凝土保护层使用的特殊构件，不属于型钢混凝土梁，相应地可不验算外围混凝土的裂缝宽度），因而实际工程中应用不多，主要适用于对承载力、使用条件等有特殊要求的构件。

4. 型钢桁架混凝土组合梁

型钢桁架混凝土组合梁不同于一般的型钢混凝土梁，它是在混凝土楼板下设置型钢桁架，利用型钢受拉，混凝土受压。与型钢混凝土梁相比，型钢桁架混凝土组合梁减少了受拉区混凝土，自重减轻，在相同荷载条件下梁的截面高度减小，还可以灵活穿越设备管线，增加房屋的净高，特别适合于跨度相对较大的单跨梁。但因钢构件外露需要采取附加防火、防腐措施，同时，施工复杂，因此，型钢桁架混凝土组合梁一般只在有特殊需要的结构构件中采用。

5. 型钢混凝土剪力墙

型钢混凝土剪力墙在工程中应用广泛，它是在钢筋混凝土剪力墙内配置型钢的剪力墙，常见的是在剪力墙周边设置型钢边框（墙两端设置型钢柱，上下楼层处设置型钢梁）的型钢混凝土剪力墙，以及墙内配置实心钢板或钢板支撑的型钢混凝土剪力墙。

设置型钢边框，不仅能大幅度提高剪力墙端部暗柱的承载力和变形能力，同时也有利于钢梁与剪力墙的连接。

6.2.3 混合结构中的框架梁选用

【问】 混合结构中的框架梁，常采用钢梁或型钢混凝土梁，选用不同类型的框架梁对结构的抗震性能有什么影响？

【答】 对混合框架中的框架梁，规范没有严格的限制。在型钢混凝土框架结构中，框架梁一般采用钢梁，除特殊部位外，一般很少采用型钢混凝土梁。而采用不同类型的框架梁，将对结构的抗震性能产生不小的影响。当采用型钢混凝土梁时，结构的抗震性能更趋近于普通钢筋混凝土结构；当采用钢梁时，结构的抗震性能更趋近于钢结构。

【问题分析】

1. 目前在混合结构中，框架柱的形式比较简单，一般选用钢管混凝土柱和钢骨混凝土柱。而框架梁的选择变化较大，主要有钢梁及型钢混凝土梁。

2. 凡采用钢管混凝土柱或钢骨混凝土柱的结构（采用钢梁或型钢混凝土框架梁）均可确定为混合结构（而采用钢管混凝土柱或型钢混凝土柱，在采用钢筋混凝土梁时，则不属于《高规》第 11 章的混合结构）。在型钢混凝土结构中，结构的侧向刚度主要来自框架柱，但框架梁自身的刚度对其影响也不可忽视。

1) 采用钢梁，可减小结构自重，同时增加结构的延性，但结构的阻尼减小，结构变形加大。型钢的加工制作、运输安装成本高，还要增加防火费用，结构造价高。

2) 采用型钢混凝土梁，施工复杂，成本也较高，因此，一般情况下只适合于特殊要求的框架梁。

6.3 钢-混凝土混合结构的节点设计

【要点】

混合结构的节点涉及各种不同形式构件的组合，比钢结构的节点设计更为复杂。理论研究和震害调查表明，正确的节点设计是确保结构抗震性能实现的关键。本节主要介绍型钢混凝土柱与钢梁、型钢混凝土梁及钢筋混凝土梁，钢管混凝土柱与钢梁、型钢混凝土梁及钢筋混凝土梁的连接方法。其他相关内容读者可查阅国家建筑标准设计图集《多、高层民用建筑钢结构节点构造详图》11SG519。

6.3.1 钢管混凝土柱框架节点

【问】 钢管混凝土柱与钢梁、型钢混凝土梁及钢筋混凝土梁的连接应注意什么问题？

【答】 一般情况下，钢管混凝土柱与钢梁、型钢混凝土梁和钢筋混凝土梁应采用刚接，并应采用柱贯通型连接。钢管柱与钢梁、型钢混凝土梁内的型钢连接时，应优先考虑采用环绕钢管的加强环连接，钢管柱与钢筋混凝土梁的连接时，可采用承重销式连接、环形牛腿连接及钢筋混凝土环梁连接等。

6 钢-混凝土混合结构设计

【问题分析】

1. 钢梁与钢管混凝土柱的连接（见图 6.3.1-1）

采用环绕钢管的加强环及焊接腹板（或栓钉）连接。用焊接于钢管上的连接腹板（或栓钉）来传递钢梁的剪力，用加强环传递梁端弯矩。无论中柱、边柱或角柱，加强环均应做成封闭。当钢管直径较大（利于钢管内焊接作业）且建筑效果不允许设置外环板时，可设置钢管柱内环板，内环板与钢管柱的管壁之间应采用坡口满焊（内环板根部应留有直径不小于50mm的气孔，以有利于管内混凝土的浇捣密实）。

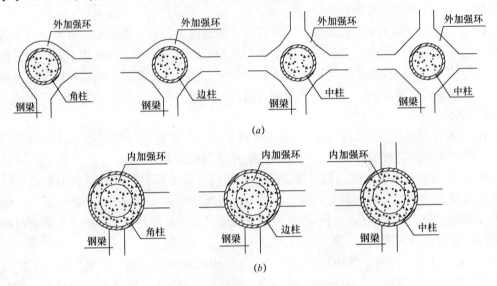

图 6.3.1-1 钢梁与钢管混凝土柱的连接
(a) 外加强环连接；(b) 内加强环连接

2. 钢筋混凝土梁与钢管混凝土柱的连接

1）传递梁的弯矩时可采用钢筋混凝土井字梁连接、梁钢筋绕柱连接、环梁连接及穿筋连接（见图 6.3.1-2）。

（1）有条件时应优先考虑采用钢筋混凝土井字梁连接，尤其是在复杂多层建筑结构中，采取措施确保钢管柱外壁与井字节点混凝土之间的剪力传递有效。

（2）梁钢筋绕柱连接，类似梁端加腋做法，结构传力可靠，施工简单。梁截面宽度变化处，应配置附加加强箍筋。为方便钢筋成型，当钢管直径较小时，应采用较小直径的纵向钢筋。纵向钢筋可合理设置接头并采用机械连接，以方便施工。

（3）环梁连接，施工简单，应注意确保环梁的刚度及传递梁端弯矩的有效性，还应注意确保梁混凝土与钢管外壁剪力传递的有效性，并采取措施确保钢管柱外壁与环梁混凝土之间的剪力传递有效。当梁端弯矩较大时不宜采用此连接方法。

（4）采用穿筋连接时，梁钢筋穿越钢管对钢管削弱较多，（当梁钢筋较多时，可考虑设置并钢筋），影响钢管对节点区混凝土的约束，对管壁应采取补强措施。可焊接内部钢衬管（衬管的截面面积应不小于穿筋削弱的钢管面积）。同时应采取措施确保钢管柱外壁与梁混凝土之间的剪力传递有效。

2）传递梁的剪力可采用环形牛腿、设置栓钉、抗剪环及承重销等方式（见图 6.3.1-3）。

6.3 钢-混凝土混合结构的节点设计

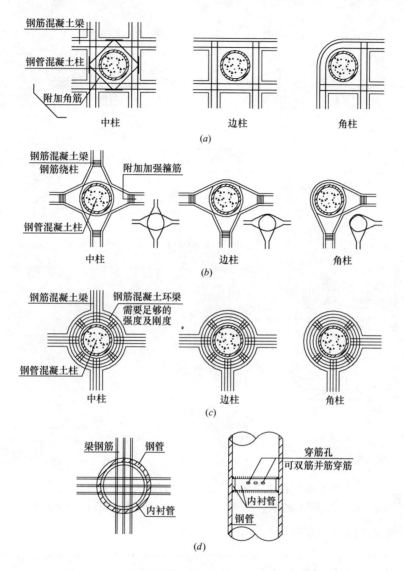

图 6.3.1-2 钢筋混凝土梁与钢管混凝土柱的弯矩传递
(a) 井字梁连接；(b) 梁钢筋绕柱连接；(c) 环梁连接；(d) 穿筋连接

(1) 环形牛腿连接无方向性，没有穿心构件，加工制作方便，利于管内混凝土的浇灌，目前工程中应用较多。

(2) 采用承重销传递剪力，其传力途径清晰，梁的剪力可直达钢管柱内核心混凝土，但需设置穿心部件，不仅制作工艺复杂，焊接质量要求高，而且对浇筑混凝土也有影响。此连接方法一般多见于早期工程中。

(3) 采用抗剪环连接时，抗剪环（不应采用焊接圆钢）应有足够的抗剪承载能力，以确保地震作用时承受竖向荷载的能力。抗剪环式连接可用于抗震设防烈度不高于 7 度地区的工程（注意：抗剪环式连接虽已写入《钢-混规程》，但对其应用应特别慎重）。

3. 型钢混凝土梁与钢管混凝土柱的连接

型钢混凝土梁与钢管混凝土柱的连接做法参考钢梁与钢管混凝土柱的连接做法，型钢

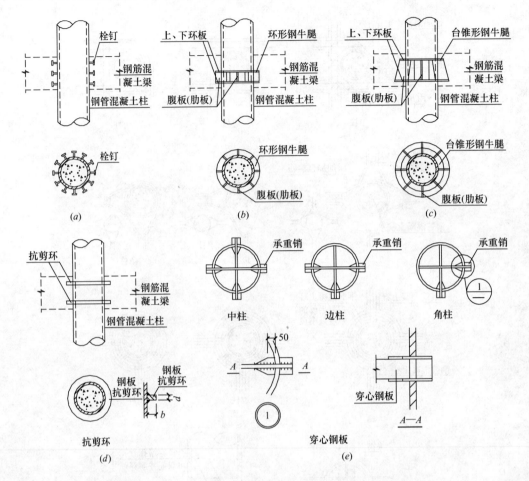

图 6.3.1-3 钢筋混凝土梁与钢管混凝土柱的剪力传递
(a) 栓钉；(b) 环形钢牛腿；(c) 台锥形钢牛腿；(d) 抗剪环连接；(e) 承重销连接

混凝土梁钢筋采用绕行或穿越钢管混凝土柱的做法。

6.3.2 型钢混凝土柱框架节点

【问】 型钢混凝土柱与钢梁、型钢混凝土梁及钢筋混凝土梁的连接应注意什么问题？

【答】 一般情况下，型钢混凝土柱与钢梁、型钢混凝土梁及钢筋混凝土梁应采用刚接，并应采用柱贯通型连接。柱内型钢与钢梁、型钢混凝土梁内的型钢连接时，应优先考虑采用钢（型钢）梁的柱外悬臂梁段连接。型钢混凝土梁及钢筋混凝土梁内的纵向钢筋应在型钢混凝土柱内有可靠锚固，或贯穿型钢腹板。

【问题分析】

1. 钢梁与型钢混凝土柱的连接

1) 采用型钢混凝土柱与钢梁组成的框架结构时，柱内型钢与钢梁的连接和钢结构中钢柱与钢梁的连接要求相同。型钢柱与钢梁采用刚接，采用柱贯通型连接，优先考虑采用钢梁的柱外悬臂梁段连接（见图 6.3.2-1b，注意：确定悬臂梁段长度时，应考虑型钢外包混凝土厚度的影响）。

6.3 钢-混凝土混合结构的节点设计

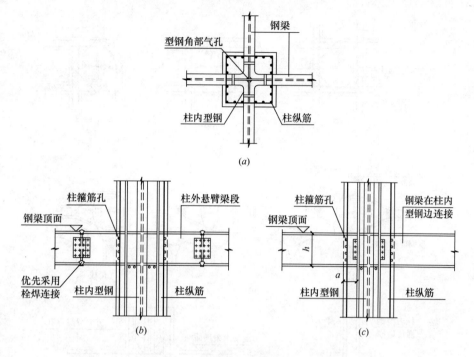

图 6.3.2-1 钢梁与型钢混凝土柱的连接
(a) 平面图；(b) 钢梁的柱外悬臂梁段连接；(c) 型钢柱边与钢梁的连接

2) 当型钢柱的外包混凝土较厚（型钢柱外包混凝土箍筋内的净距应不小于型钢柱与钢梁的连接板宽度）时（见图6.3.2-1c），也可采用在型钢柱边与钢梁的刚接连接（钢梁翼缘与型钢柱焊接，腹板与型钢柱用摩擦型高强螺栓连接）。注意：尽管型钢梁与柱内型钢的连接接头位置完全在型钢混凝土柱内，但由于钢梁与型钢柱连接接头的影响区域较大，因此，一般情况下，该连接仍然需要满足钢柱与钢梁柱边连接的极限受弯承载力要求，即需要满足《抗震规范》第8.2.8条的要求。当 $a \geqslant h/2$ 时，钢梁与型钢柱连接接头可不满足《抗震规范》第8.2.8条的要求。

3) 钢梁内应预留柱箍筋的穿筋孔（箍筋为光圆钢筋时，穿筋孔直径不宜小于钢筋直筋+20mm；带肋钢筋的穿孔直径见表6.3.2-1），对箍筋穿钢梁腹板引起的钢梁截面削弱应进行核算。注意：此处钢梁腹板的截面损失直接影响到钢梁的承载力，与型钢混凝土柱中型钢腹板的损失意义不同。

带肋钢筋穿孔的最小直径（mm）　　表 6.3.2-1

钢筋直筋 d	10~12	14~22	25~36	40~50
穿孔孔径（直径）	$d+4$	$d+6$	$d+8$	$d+10$

4) 注意：型钢柱的水平加劲肋与型钢柱之间应设置混凝土排气孔。

2. 钢筋混凝土梁与型钢混凝土柱的连接

1) 采用型钢混凝土柱与钢筋混凝土梁组成的框架节点时，梁内纵向钢筋应优先考虑绕行型钢柱（尤其是多层复杂结构），或从柱腹板穿过。见图6.3.2-2。

2) 当型钢柱翼缘宽度较大时，可采用型钢柱外短钢梁与梁钢筋焊接或搭接（需加大型钢梁的长度）做法。短钢梁与型钢柱的连接做法同型钢柱与钢梁的连接做法（见图

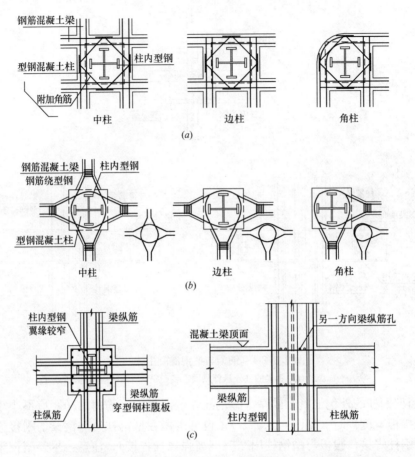

图 6.3.2-2 钢筋混凝土梁钢筋与型钢混凝土柱的连接
（a）井字梁连接；（b）梁钢筋绕型钢柱连接；（c）梁纵筋穿型钢柱腹板连接

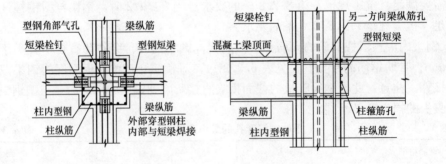

图 6.3.2-3 型钢柱外伸短梁与翼缘宽度范围内梁纵筋的连接

6.3.2-3）。型钢梁高度范围内的型钢混凝土柱外圈封闭箍筋，可采用L形钢筋或钢板与型钢梁横向加劲板焊接。

3. 型钢混凝土梁与型钢混凝土柱的连接（图 6.3.2-4）

型钢柱与型钢梁的连接做法同型钢柱与钢梁的连接要求，型钢梁内纵向钢筋与型钢柱的连接参见钢筋混凝土梁与型钢混凝土柱的连接。

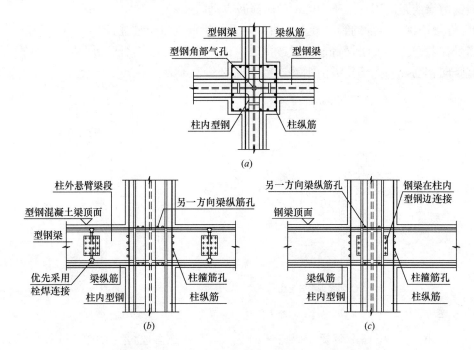

图 6.3.2-4 型钢混凝土梁与型钢混凝土柱的连接
(a) 平面图;(b) 柱外悬臂梁段连接;(c) 型钢柱边与钢梁的连接

6.3.3 型钢混凝土柱与钢柱及钢筋混凝土柱的连接

【问】 结构设计中常需将型钢混凝土柱转变为钢柱或钢筋混凝土柱,其转换连接时应注意什么问题?

【答】 为避免结构侧向刚度的突变,并有利于施工,一般情况下,型钢混凝土柱与钢柱或钢筋混凝土柱的连接时,均应设置过渡层。关于过渡层的做法,几本规程的规定各不相同,设计时应注意把握好"大、小规范"的关系,可参考执行"小规范"的规定。

【问题分析】

1. 型钢混凝土柱与钢筋混凝土柱的连接(见图 6.3.3-1)

1) 当结构下部为型钢混凝土柱、上部为钢筋混凝土柱时,设置过渡层连接,过渡层应满足下列要求[4]:

(1) 从设计计算上确定某层柱可由下部的型钢混凝土柱改为上部的钢筋混凝土柱时,下部型钢混凝土柱应向上延伸一层或两层作为过渡层。

(2) 过渡层柱应按钢筋混凝土柱设计。

(3) 下部型钢混凝土柱内的型钢柱应向上延伸至过渡层顶(过渡层不少于一层),过渡层内的型钢截面根据梁的配筋情况适当调整(如可适当改变型钢柱的翼缘宽度,以利于钢筋混凝土梁钢筋的配置。型钢可按构造型钢设置,型钢配骨率应不小于4%,且不宜小于下部型钢截面面积的1/2)。

(4) 过渡层柱的配筋按过渡层为钢筋混凝土柱计算确定,且不小于上部钢筋混凝土柱的配筋。

(5) 过渡层应设置栓钉,其直径不小于19mm,水平及竖向间距不大于200mm。栓钉至型钢边缘的距离不宜小于50mm。柱箍筋应全高加密。

2）直接连接（下部钢管混凝土柱直接与上部钢筋混凝土柱连接）

当受柱截面影响无法设置过渡层连接时，也可采用直接连接法，即从下部钢管内壁直接焊接竖向钢筋，与上部柱纵向钢筋连接（见图6.3.3-2）。

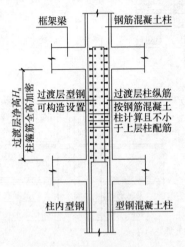

图6.3.3-1 型钢混凝土柱与钢筋混凝土柱的连接

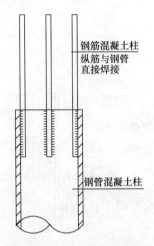

图6.3.3-2 钢管混凝土柱与钢筋混凝土柱的直接连接

2. 型钢混凝土柱与钢柱的连接（见图6.3.3-3）

当结构下部为型钢混凝土柱、上部为钢柱时，应设置过渡层，过渡层应满足下列要求：

1）从设计计算上确定某层柱可由下部的型钢混凝土柱改为上部的钢柱时，则最下层的钢柱应设置外包混凝土作为过渡层。

2）过渡层柱按按钢柱及型钢混凝土柱截面分别计算，包络设计（注意：对过渡层"按钢柱设计，构造设置外包钢筋混凝土"的做法，对过渡层柱的刚度考虑不足，偏不安全）。

3）过渡层中的型钢同上部钢柱截面，并应向下延伸至过渡层地面梁底以下不小于2倍钢柱截面高度处，与型钢混凝土柱内的型钢相连。

4）过渡层及过渡层以下2倍过渡层型钢柱截面高度的范围内应设置栓钉[4]（注意：多本规程对栓钉的设置规定各不相同，《钢-混规程》[7]规定"在过渡层柱伸入范围内"，也即图6.3.3-3中的$2h_s$范围内设置栓钉。实际工程中可根据过渡层的重要性区别对待，当为重要结构的过渡层时，执行规程[4]规定，当为一般结构的过渡层时，可执行规程[7]的规定），栓钉可按满足传

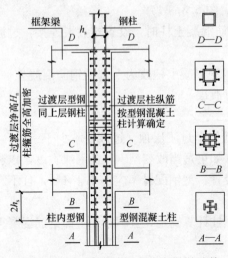

图6.3.3-3 型钢混凝土柱与钢柱的连接

递钢柱翼缘轴力要求（即按栓钉抗剪能力不小于钢柱翼缘轴力来确定栓钉的数量和排列）确定。直径不宜小于19mm，水平及竖向间距不大于200mm，栓钉至型钢板边缘的距离不宜小于50mm（不宜大于100mm）。柱箍筋应全高加密。

5）在过渡层下插钢柱以下可改用十字形截面型钢；十字形钢深入钢柱内的长度不小于钢柱截面高度。

6）过渡层柱纵向钢筋按过渡层柱为型钢混凝土柱计算确定。

3. 钢柱与钢混凝土柱的连接（见图6.3.3-4）

下部钢筋混凝土柱与上部钢柱的连接也应设置过渡层，过渡层应满足下列要求：

1）过渡层应设置在采用钢柱能完全满足计算要求的楼层；过渡层柱应按钢柱及钢筋混凝土柱截面分别计算，包络设计。

2）过渡层的型钢同上部钢柱，并向下延伸至过渡层地面梁顶，其范围内应设置栓钉，栓钉应满足传递钢柱翼缘轴力要求（即按栓钉抗剪能力不小于钢柱翼缘轴力来确定栓钉的数量和排列方式），直径

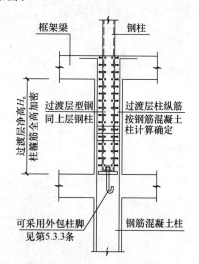

图6.3.3-4 钢筋混凝土柱与钢柱的连接

不小于19mm，水平及竖向间距不大于250mm，栓钉至型钢边缘的距离不宜小于60mm（不宜大于100mm）。柱箍筋应全高加密。

3）过渡层柱的纵向钢筋按钢筋混凝土柱计算确定。过渡层柱底采用外包柱脚时，柱底截面的弯矩和剪力应全部由外包混凝土承担，相应设计要求见本书第5.3.3条。

6.3.4 钢梁与钢筋混凝土剪力墙的连接

【问】 结构设计中常遇到钢梁与钢筋混凝土剪力墙的连接，如何实现刚接或铰接？

【答】 为确保钢梁与钢筋混凝土剪力墙连接的有效性，保证施工质量，一般情况下，应在剪力墙内设置连接型钢柱。对次要的铰接构件也可采用夹板埋件或牛腿连接。

【问题分析】

1. 型钢柱连接

由于钢结构施工与混凝土施工的精度差异，钢梁与钢筋混凝土剪力墙的直接连接时很难满足钢结构的精度要求，因此，为提高连接的可靠性，应在钢筋混凝土剪力墙内设置型钢柱，型钢柱外设置小悬臂梁段，可实现钢梁与钢筋混凝土剪力墙的刚接和铰接（图6.3.4-1）。

2. 当钢梁与钢筋混凝土剪力墙铰接且梁端剪力较小时，可采用牛腿连接及夹板埋件（在钢梁与钢筋混凝土墙及柱的连接中，有资料采用其他埋件（如由锚板和锚筋组成的普通预埋件）直接与钢梁连接，因其可靠性差，此处不建议采用）连接。也可采用牛腿加夹板连接方法，用钢筋混凝土牛腿承担竖向荷载，用夹板承担钢梁的水平力（见图6.3.4-2）。

3. 在框架-核心筒结构中，为解决外框柱与核心筒混凝土剪力墙之间的差异沉降、

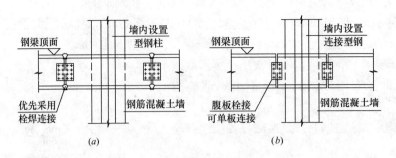

图 6.3.4-1 钢梁与钢筋混凝土剪力墙的连接
(a) 刚接;(b) 铰接

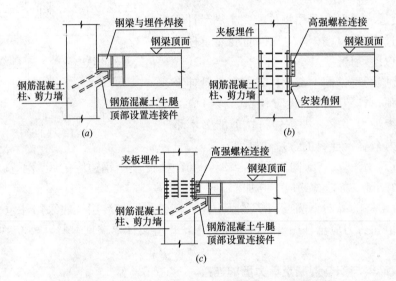

图 6.3.4-2 钢梁与钢筋混凝土剪力墙的铰接连接
(a) 牛腿连接;(b) 夹板连接;(c) 牛腿加夹板连接

楼面梁与核心筒剪力墙平面外连接及降低工程造价等问题，结构设计中通常采用楼面钢梁与混凝土核心筒铰接的设计做法，目前工程设计中常采用夹板连接方法（见图 6.3.4-2）。

参考文献

[1]《建筑抗震设计规范》GB 50011—2010. 北京：中国建筑工业出版社，2011
[2]《高层民用建筑钢结构技术规程》JGJ 99—98. 北京：中国建筑工业出版社，1998
[3]《高层建筑混凝土结构技术规程》JGJ 3—2010. 北京：中国建筑工业出版社，2011
[4]《型钢混凝土组合结构技术规程》JGJ 138—2001. 北京：中国建筑工业出版社，2002
[5]《矩形钢管混凝土结构技术规程》CECS 159：2004. 北京：中国计划出版社，2004
[6]《钢管叠合柱结构技术规程》CECS 188：2005. 北京：中国计划出版社，2005
[7]《高层建筑钢-混凝土混合结构设计规程》CECS 230：2008. 北京：中国计划出版社，2008
[8]《钢骨混凝土结构技术规程》YB 9082—2006. 北京：冶金工业出版社，2006
[9] 龚思礼主编.《建筑抗震设计手册》(第二版). 北京：中国建筑工业出版社，2002

[10] 徐培福主编.《复杂高层建筑结构设计》.北京：中国建筑工业出版社，2005
[11] 陈富生主编.《高层建筑钢结构设计》(第二版).北京：中国建筑工业出版社，2004
[12] 刘维亚主编.《型钢混凝土组合结构构造与计算手册》.北京：中国建筑工业出版社，2004
[13] 国家建筑标准设计图集《多、高层民用建筑钢结构节点构造详图》11SG519

7 建筑地基基础设计

【说明】

地基基础设计是工程设计的重要组成部分，作为建设投资的首要部分，建设方也将投入更多的关注。安全适用、经济合理、确保质量、保护环境是地基基础设计的基本原则。

地基基础设计方案个体差异很大，它与上部结构设计的最大不同点在于没有现成的模式可搬。地基基础的设计过程中应重视工程经验的积累，其设计过程也是工程经验不断总结的过程，只有在工程实践中不断创新和提高，才能设计出符合工程要求的地基基础。

研究建筑工程的地基基础问题主要是研究地基主要受力层范围内的问题，主要受力层不仅直接影响地基承载力，而且还决定着地基的沉降，抓住了地基主要受力层问题，也就抓住了地基基础设计的根本问题。

我国幅员辽阔，地质条件千差万别，不同地区工程地质条件各不相同。因此，在地基基础设计中，形成以国家规范为总纲各地方规范为细则的规范体系。本章以国家规范为依据对相关问题进行分析探讨。本章内容依据的主要结构设计规范、规程如下：

[1]《岩土工程勘察规范》GB 50021——以下简称《勘察规范》；
[2]《高层建筑岩土工程勘察规程》JGJ 72——以下简称《高层勘察规程》；
[3]《建筑地基基础设计规范》GB 50007——以下简称《地基规范》；
[4]《建筑地基处理技术规范》JGJ 79——以下简称《地基处理规范》；
[5]《地下工程防水技术规范》GB 50108——以下简称《防水规范》；
[6]《建筑抗震设计规范》GB 50011——以下简称《抗震规范》；
[7]《高层建筑混凝土结构技术规程》JGJ 3——以下简称《高规》；
[8]《建筑桩基技术规范》JGJ 94——以下简称《桩基规范》。

本章的内容主要适用于各类民用建筑的地基基础，工业厂房类建筑可参考使用。

7.1 建筑工程的地基勘察要求

【要点】

场地勘察资料是建筑物基础设计的依据，在设计前必须充分了解地基状态，尤其是基底土层的受力及变形性能。在设计工作中，结构工程师应按不同的设计阶段，向勘察单位分别提出选址勘察、初勘和详勘的技术要求。应明确提出设计所需的地质资料、钻探点和钻探深度，对重要建筑物的复杂地基，必要时提出补充勘察要求。

勘察方案的确定、勘察及勘察报告的主要工作由勘察单位和具有相应资质的岩土工程师完成，正因为如此，结构设计人员往往不重视地质勘察及勘察过程，致使结构设计不能完全反映勘察报告的意图，或者勘察报告不能完全体现结构设计的特点。因此，结构工程师应对勘察方案提出设计建议并对勘察报告的内容和深度进行复核，作出是否满足结构设计需要的正确判断，并在不满足设计要求时适时提出补充勘察要求。

7.1 建筑工程的地基勘察要求

依据有关规定，结构设计应采用经施工图审查合格的勘察报告。由于施工图审查的滞后性，有条件时结构设计应提请对勘察报告进行先行审查，避免因勘察报告的审查修改引起施工图设计的返工。

勘察的主要任务是摸清地基主要受力层范围内的问题，主要受力层不仅直接影响地基承载力，而且还决定着地基的沉降，抓住了地基主要受力层问题，也就抓住了勘察设计的根本问题。

7.1.1 如何确定场地勘察要求

【问】 结构设计中首先遇到的问题就是确定工程的勘察要求，在不了解工程场地的基本情况下，如何准确提出勘察要求？

【答】 地质勘察一般可分为初步勘察和详细勘察两阶段。在民用建筑工程中常直接进行详细勘察。结构设计人员应结合工程实际情况及工程进度安排，与建设单位协商确定相应的勘察阶段。并按《勘察规范》的相关要求结合工程具体情况提出勘察要求。对结构设计中的抗浮设计水位、地基沉降量值等，结构设计人员要学会借力。

【问题分析】

1. 设计前应事先尽量多了解与拟建工程邻近的已有工程地质情况，以获取对拟建场地地质条件的初步判断。

2. 在对拟建场地地质条件基本了解的情况下，依据拟建工程的结构布置、荷载情况等条件，提出结构设计对勘察孔布置及孔深的基本要求，为岩土工程师确定勘察孔布置及孔深提供设计依据。不同基础形式时的勘探孔深度建议见表 7.1.1-1。

不同基础形式时的勘察孔深度建议　　　　　表 7.1.1-1

序号	基础形式	示意图	z_n (m)	勘察孔深度 h (m)	备注
1	独立基础		式（7.2.1-1）计算值及 $1.5b$ 和 $5m$ 中的最大值	$h=d+z_n$	z_n 除满足式（7.2.1-1）要求外，还应满足图 7.2.1-6 ～ 图 7.2.1-8 的要求
2	条形基础		式（7.2.1-1）计算值及 $3b$ 和 $5m$ 中的最大值	$h=d+z_n$	

续表

序号	基础形式	示意图	z_n (m)	勘察孔深度 h (m)	备注
3	箱基及筏基		式（7.2.1-1）计算值	$h=d+z_n$	
4	桩基		式（7.2.1-1）计算值	$h=d+L+z_n$	同上

3. 当场地的工程地质条件复杂，且事先没有与之相邻的工程勘察报告参考时，宜采取分阶段（初步勘察阶段和详细勘察阶段）勘察。

1）由于场地地质情况涉及基础形式的确定，而不同的基础形式又对勘探提出不同的要求，如采用天然地基和采用桩基础，则勘探孔的布置及孔深要求差异很大，因此，对基础形式难以准确确定或地质条件相对复杂而难以准确把握的工程，应优先考虑分阶段勘察。

2）分阶段勘察可以避免由于对场地条件的不熟悉或不全面了解而引起的勘探不准确问题。通过初步勘察可以对复杂地质条件进行初步摸底，为结构初步设计提供依据，不仅为综合确定地基基础方案提供了第一手资料，而且为详细勘察提供了准确的基础形式，还可以在详细勘察阶段对初步勘察阶段提出的勘探孔布置和深度要求进行适当的修正。

3）当场地的工程地质条件比较复杂，且与之相邻的工程勘察报告资料不足而无法准确判定本工程的地质状况时，应避免采用合阶段（按详细勘察阶段要求）勘察。

4. 当对拟建工程场地情况确有了解，或通过对相邻的已建工程勘察报告的分析判断，确定拟建工程的地质条件比较简单且变化不大时，可采用合阶段（按详细勘察阶段要求）勘探。

5. 由于其他因素的影响，部分工程在提供勘察报告以前，结构设计未能参与，此时，结构设计应根据实际工程的具体情况，仔细研读勘察报告，当勘察报告不满足结构设计要求时，应及时提出补充勘察要求，并要求出具经审查通过的补充勘察报告。

6. 勘察报告的基本要求

1）对重要建筑或结构特别复杂的特殊建筑，应按《地基规范》第3.0.1条要求，根据建筑物地基基础的设计等级提出相应的勘察要求，各类工程的勘察基本要求见《勘察规范》第4.1节，必要时应根据工程的具体情况提出补充勘察要求；

需要说明的是,勘探点布设和勘察方案的经济合理性,很大程度上取决于场地、地基的复杂程度和对其了解及掌握的程度,勘探方案应当由勘察或设计单位的注册岩土工程师在充分了解建筑设计要求,详细消化委托方所提供资料的基础上,结合场地工程地质条件按规范的相关要求布设。设计或委托方提供的布孔图可以作为勘察单位确定勘察方案的参考依据,但不能按设计提供的资料"照打不误"。

2) 对无特殊要求的一般建筑物也可由勘察单位根据建筑平面布置按《勘察规范》的一般要求布点勘察。

3) 勘察报告应包含勘察内容、图表、场地稳定性评价、地质灾害性评价(必要时)、地基基础形式和施工建议等,对有抗浮设计要求的工程,应提供计算水浮力的抗浮设计水位。

4) 结构设计应采用经审查合格的勘察报告。

7. 对勘察报告的检查

结构设计前应检查勘察报告是否满足结构设计的基本要求,大致判断过程如下:

1) 对持力层的判断

根据拟建建筑物基础的底面标高,判断相应标高处土层作为持力层的可行性,核查勘察报告对持力层的选择是否准确;尤其应重视对地基主要受力层范围内的情况分析。

2) 对持力层地基承载力的判断

估算地基承载力是否满足结构设计需要,是否存在软弱下卧层,若有,则应对其进行承载力验算。

3) 对地基变形的判断

根据规范的要求,判断拟建工程是否需要进行地基变形计算,若需要,则与地基变形相关的各土层(地基变形计算深度内)参数(地基变形计算式中涉及的相关计算参数,见《地基规范》式(5.3.5))是否齐全,以及是否提供估算的地基最终沉降量(应重视地基变形的经验值,并将其与理论计算的地基变形值进行对比分析,避免计算值与沉降经验值差异过大)。

4) 对地下水的判断

(1) 应核查有无地下水水质分析报告和相关结论,地下水对混凝土、钢筋及钢结构的腐蚀程度分析与结论。

(2) 根据实际工程有无地下室情况,确定对地下水位、抗浮设计水位的需求。

①当无地下室时,一般可仅考虑地下水对基础施工的影响。

②当有地下室或地下室层数较多,实际工程有漂浮验算可能时,应核查勘察报告是否提供抗浮设计水位及抗浮设计水位(相关问题可见本章第7.5.7)提供的合理性,必要时,可提请建设单位委托勘察方对抗浮设计水位进行专项论证。

5) 地震区建筑的抗震要求

勘察报告应能满足对地震区地质勘察的基本要求,明确对抗震有利、不利和危险地段、划分场地土类型和场地类别,并对饱和砂土及粉土进行液化判别。

6) 勘察点的布置和勘察深度是否满足上述要求,若不满足,则应提出补充勘察要求。

8. 建筑场地的安全性评价

1) 查验地质灾害的危险性评价报告(一般由勘察单位完成)。主要地质灾害一般包括岩溶、土洞、塌陷、滑坡、崩塌、泥石流、地面沉降、地裂缝、活动断裂、斜坡变形等,对于山坡、湖海岸边等建筑应特别注意其可能存在的地质灾害(见《勘察规范》第5章)。

按《抗震规范》第 4.1.9 条的规定，勘察报告应对建设项目的兴建是否存在诱发地质灾害的可能性作出评价。

2）查验地震安全性评价报告（一般由地震部门完成）。对重要工程应按国务院《地震安全性评价管理条例》（中华人民共和国国务院第 323 号令 2001 年 11 月 26 日）及各省、自治区、直辖市人民政府颁布的实施细则的规定进行地震安全性评价。

9. 勘察要求的工程示例可见文献 [24] 第 1.6 节。

7.1.2 对勘察报告的核查

【问】 对勘察报告的审查是在施工图审查阶段才能进行，如何解决勘察报告审查滞后与结构设计的矛盾呢？

【答】 勘察报告是结构设计的依据性文件，对地基基础设计影响重大，结构设计中应采用经审查合格的勘察报告。勘察报告应先于施工图审查，以确保勘察报告这一结构设计的重要依据性文件的准确。

【问题分析】

1. 常有设计单位采用未经审查合格的地质勘察报告作为结构设计的依据，对结构设计而言，不仅存在很大的返工风险，而且也无法实现结构的精细设计。

2. 结构设计人员应仔细查验勘察报告及勘察报告的审查情况，必要时向建设单位提出对勘察报告的审查要求。

3. 勘察报告应先行审查，以确保结构设计基本数据的准确，确保结构设计的安全可靠、经济合理。

7.2 天 然 地 基

【要点】

支承建筑物的那部分天然地层称为天然地基。当天然地基的承载力和地基沉降满足要求时，天然地基是结构设计中首选的地基形式，对其进行深入的理解有利于合理利用天然地基，使地基基础设计达到安全、经济、合理的目的。

应重视对主要受力层范围内地基的研究问题。重视对地基沉降经验的积累。

地基类型不同，结构设计的经济性差别明显，一般情况下，采用天然地基时经济性最好，并以天然地基→地基处理→桩基础的顺序确定地基基础形式。

7.2.1 地基的主要受力层

【问】《地基规范》只规定了独立基础及条形基础的主要受力层范围，对其他基础形式其地基主要受力层深度如何确定？

【答】 研究地基问题其本质就是研究地基主要受力层范围的地基应力和变形问题。地基主要受力层的深度应根据工程经验确定，一般情况下，对条形基础可取基础底面下深度 $3b$（b 为基础底面宽度）；对独立基础可取基础底面下 $1.5b$，且厚度均不小于 5m 的范围；对其他基础形式其地基主要受力层的范围可按地基变形的计算深度 z_n 确定。

【问题分析】

1. 地基土层及基础形式对地基主要受力层的深度有很大的影响，涉及基底压力的分布和影响范围。

2. 关于基底压力的分布

1) 建筑物的荷载通过基础传给地基，在基础底面与地基之间便产生了接触面压力，它既是基础作用于地基的基底反力，同时又是地基作用于基础的基底反力。在进行地基基础设计时都必须研究基底反力的分布规律。

2) 影响基底反力分布的主要因素

基底反力的分布与基础刚度、基础尺寸、作用于基础的荷载大小和分布、地基土的力学性质及基础的埋深等诸多因素有关。

对刚性基础模型在砂土及硬黏土上分有无地面超载情况所做的对比试验结果（见图7.2.1-1）表明，当①基础底面尺寸由小到大、②基础的荷载由大到小、③土的性质由松散到紧密、④基础的埋深（或地面超载）由小到大时，刚性基础的基底反力分布（①～④分别作用或共同作用时）呈现由钟形到抛物线形再到马鞍形的变化规律。

在软土地基上刚性基础的基底反力也遵循以上规律，某高层建筑箱形基础（刚性基础）底面实测的反力分布见图7.2.1-2。

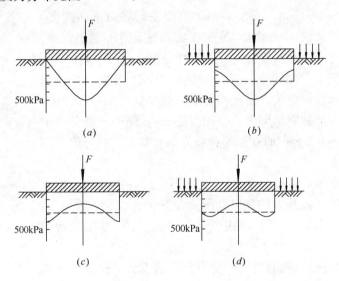

图 7.2.1-1 圆形刚性基础模型底面反力分布图
(a) 在砂土上（无超载）；(b) 在砂土上（有超载）
(c) 在硬黏土上（无超载）；(d) 在硬黏土上（有超载）

对工业与民用建筑，当基础底面尺寸较小（如柱下单独基础、墙下条形基础等）时，一般基底压力可近似按直线分布的图形计算。

3) 基底压力数值为地基基础设计的基本数据，涉及地基承载力验算、地基的变形验算、基础的截面设计及配筋设计等。

3. 基底附加压力的分布

1) 由建筑物建造后的基底反力中扣除基底处原先存在的土体自重应力后，在基础底面处新增加于地基的压力即基底附加压力。

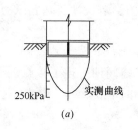

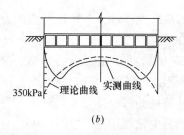

图 7.2.1-2 箱形基础底面反力分布实测资料
(a) 纵剖面；(b) 横剖面

2) 地基附加应力计算的基本假定

(1) 地基是各向同性均质的线性变形体；

(2) 地基在深度和水平方向都是无限延伸的半空间（半无穷体）；

(3) 基底压力是柔性荷载（不考虑地基刚度的影响）。

3) 地基附加应力的扩散规律

地基中的附加压力随深度扩散具有非线性性质，对条形基础大约在相当于一倍基础宽度的范围内，土中压力扩散较慢，当深度为一倍基础宽度时，土中压力将比基础底面压力减少 50% 左右，当深度超过基础宽度以后，土中压力急剧衰减。因此，地基的承载力，主要取决于基础底面下一倍基础宽度以内的土层性质。

(1) 地基附加应力的扩散分布，即地基附加应力 σ_z 不仅发生在基底面积之下，而且分布在基底面积以外相当大的范围之下；

(2) 在离基础底面不同深度 z 处各个水平面上，以基底中心点下轴线处的 σ_z 为最大，距离中轴线越远则 σ_z 越小；

(3) 在荷载分布范围内任意点沿垂线的 σ_z 值，随深度越向下越小。

(4) 比较图 7.2.1-4a 和图 7.2.1-4b 可以发现：方形荷载所引起的 σ_z，其影响深度要比条形荷载小得多（这也就是工程设计中，应尽量采用柱下方形独立基础的重要原因之一），例如方形荷载中心下 $z=2B$ 处 $\sigma_z \approx 0.1 p_0$，而在条形荷载下 $\sigma_z = 0.1 p_0$ 的等值线约在中心下 $z \approx 6B$ 处；

(5) 由图 7.2.1-4 中 σ_x 和 τ_{xz} 等值线图不难发现：σ_x 的影响范围较浅，所以基础下地基土的侧向变形主要发生在浅层；而 τ_{xz} 的最大值出现在基础边缘，所以基础边缘下地基土容易发生剪切滑动而出现塑性变形区。

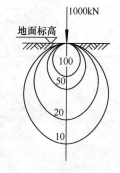

图 7.2.1-3 集中荷载下 σ_z（kPa）分布图

4) 基底的附加应力数值为地基变形验算的主要依据。对浅基础而言，地基变形主要由附加应力引起。

4. z_n 的取值原则如下：

1) 一般情况下 z_n 可按式 (7.2.1-1) 确定（图 7.2.1-5）；

$$z_n = b(2.5 - 0.4 \ln b) \tag{7.2.1-1}$$

2) 在按式 (7.2.1-1) 计算的 z_n 范围内存在基岩时，实际 z_n 取至基岩表面（图 7.2.1-6）；

3) 在按式 (7.2.1-1) 计算的 z_n 范围内存在较厚的坚硬黏性土层（孔隙比 $e<0.5$、压缩模量 $E_s>50$MPa）时，实际 z_n 取至该土层表面（图 7.2.1-7）；

4) 在按式 (7.2.1-1) 计算的 z_n 范围内存在较厚的密实砂卵石层（压缩模量 $E_s>80$MPa）时，实际 z_n 取至该卵石层表面（图 7.2.1-8）。

5) 桩基础的 z_n 为桩底以下的深度。

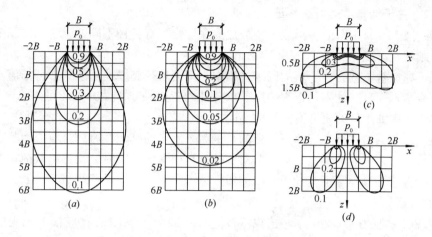

图 7.2.1-4 均布荷载下附加应力分布图
(a) 等 σ_z 线（条形荷载）；(b) 等 σ_z 线（方形荷载）
(c) 等 σ_x 线（条形荷载）；(d) 等 τ_{xz} 线（条形荷载）

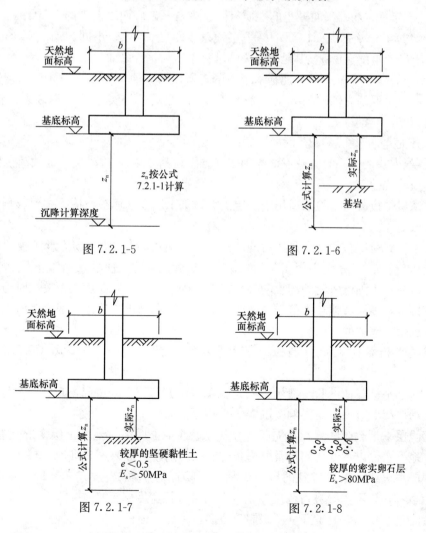

图 7.2.1-5

图 7.2.1-6

图 7.2.1-7

图 7.2.1-8

7.2.2 关于地基承载力的修正

【问】 文献资料中对地基承载力特征值的深度修正有各种不同的说法，实际工程中如何确定基础埋置深度 d 的数值？

【答】 在地基承载力特征值的确定过程中强调变形控制，地基承载力特征值不再是单一的强度概念，而是一个满足正常使用要求（即与变形控制相关）的土的综合特征指标。它与上部结构中的承载力概念有本质的不同。

对地基土承载力进行深度修正的目的，是为了确定地基土在原有自重应力状态下的实际承载力特征值。考虑地下室、裙房等对基础计算埋深的影响时，均可将其荷重等效为计算埋深，但等效计算埋深不应大于基础的实际埋深。

【问题分析】

1. 地基土承载力特征值 f_a 应按式（7.2.2-1）计算，其中的 d 应根据工程的具体情况综合确定，式（7.2.2-1）的相关符号的意义同《地基规范》式（5.2.4）。

$$f_a = f_{ak} + \eta_b \gamma (b-3) + \eta_d \gamma_m (d-0.5) \tag{7.2.2-1}$$

应用式（7.2.2-1）时应注意下列问题：

1) η_b、η_d 只与基础底面处土的性质有关，而与基础底面以上土的性质无关。

2) γ 计算的是基础底面以下的持力层地基土重度，与 γ_m 不同。γ_m 计算的是基础底面以上的土平均重度，由 γ_m 引起的相关问题见本节讨论。

3) 此处的基础埋深 d 是指地基承载力修正所需的数值，不完全等同于基础的实际埋深（注意：与《地基规范》第 5.1.4 条的不同），为便于与实际埋深相区别，将 d 称为"计算埋深"。

2. 关于地基承载力特征值

1) 承载力特征值一般由载荷试验确定（岩石地基另见 3），浅层平板载荷试验和深层平板载荷试验两种。

（1）浅层平板载荷试验，适用于确定浅部地基土层在承压板下应力主要影响范围内的承载力。

浅层平板载荷试验的优点是压力的影响深度可达 $1.5B \sim 2B$（B 为承压板的边长，一般不小于 0.5m，对于软土不小于 0.7m），因而试验成果能反应较大一部分土体的压缩性，比钻孔取样在室内测试所受到的扰动要小得多，土中应力状态在承压板较大时与实际基础情况比较接近，因而《地基规范》强调原位测试。缺点是试验费工、费时，所规定的沉降稳定标准也带有较大的近似性。

按浅层平板载荷试验得到的地基土承载力特征值 f_{ak} 尚需按式（7.2.2-1）进行修正。

（2）深层平板载荷试验，适用于确定深部（一般埋深 $\geqslant$6m）地基土层及大直径桩桩端土层在承压板下应力主要影响范围内的承载力 f_{ak}。

相比浅层平板载荷试验，其优点是可以考虑地基土埋深对地基土层变形性能的影响，但由于在地下水位以下清孔困难及受力条件复杂等因素，成果不易准确。

按深层平板载荷试验得到的地基土承载力特征值 f_{ak}，当按式（7.2.2-1）进行修正时，η_d 应取零，即不需要进行深度修正（但仍可进行宽度修正）。

但应注意，对于挖方工程（即房屋建成后，室外地面标高低于场地原有地面标高，地基持力层的实际埋深减小了,一般常见于山坡、山顶和丘陵地区工程),直接按深层平板载荷试验确定的 f_{ak} 计算地基承载力特征值 f_a,偏于不安全。应根据工程经验,对 f_{ak} 进行适当的调整(调整为相应于浅层平板载荷试验的地基承载力特征值 f'_{ak})。当没有可靠的工程经验时,可依据式(7.2.2-1)计算确定(即①先依据原有场地的地面标高,已知 f_{ak}、d,相应土层的 η_d、γ_m 等参数,按 $f'_{ak} + \eta_d \gamma_m (d-0.5) = f_{ak}$ 计算出相应的 f'_{ak};②再根据房屋建成后实际地面标高确定的基础计算埋深 d',已知 f'_{ak}、d' 等计算参数,分别以 f'_{ak}、d' 代替式(7.2.2-1)中的 f_{ak} 及 d,确定挖方工程的地基承载力特征值 f_a)。

2)图 7.2.2-1 表示由荷载试验得到的两种类型的荷载 p 与沉降 s 的关系。对于中、低压缩性地基(如坚硬的黏性土、密实至中密的砂土等),当荷载大于某一数值时,曲线①有比较明显的转折点。而对于高压缩型地基(如软黏土、松散的砂等),曲线②没有明显的转折点。

对于中、低压缩性地基,在局部荷载的作用下,随着压力的加大,地基的变形基本上可分为三个阶段:第一阶段对应于 $p \sim s$ 曲线的 oa 部分,在此阶段内地基的变形主要由压密变形引起的,压力与沉降基本上呈线性关系,也称为"线性变形阶段",其最大值为比例界限,即图 7.2.2-1 中的 p_{cr} 值,也即《地基规范》所对应的地基承载力特征值 f_{ak}。第二阶段对应于 $p \sim s$ 曲线的 ab 部分,压力与沉降不再呈线性关系,属于局部塑性变形阶段,基础边缘发生剪切破坏。第三阶段对应于 $p \sim s$ 曲线的 bc 部分,在此阶段内地基塑性区已连成一片,地基发生整体剪切破坏。

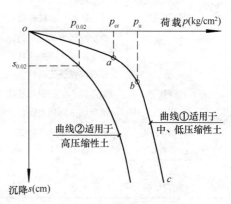

图 7.2.2-1 载荷试验的 $p \sim s$ 曲线

对高压缩型地基,一般取地基沉降为 $0.015B$(B 为载荷板的边长,$B=700mm$,$0.015B=10mm$)所对应的荷载值作为该地基土层的承载力特征值。

3)岩石地基承载力特征值按以下方法确定:

(1)按岩基载荷试验方法(见《地基规范》附录 H)确定,其承载力特征值不需要按《地基规范》式(5.2.4)进行深宽修正。

(2)对完整、较完整和较破碎的岩石地基承载力特征值,可根据室内饱和单轴抗压强度 f_{rk}(见《地基规范》附录 J),按《地基规范》式(5.2.6)$f_a = \psi_r \cdot f_{rk}$ 计算,其承载力特征值不需要按《地基规范》式(5.2.4)进行深宽修正。

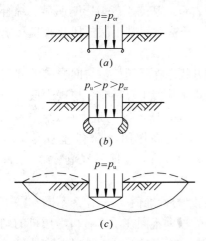

图 7.2.2-2 地基中塑性区的发展
(a)地基中塑性区从边缘发展;
(b)地基中局部范围剪切破坏;
(c)地基中形成连续滑动面

由于岩石小试件的抗压强度不能很好地反映整个岩石地基的状态,天然状态下岩石地基的不均匀性和节理、裂隙、风化程度及遇水后的软化程度等将大大降低岩石地基的承载力,岩石越坚硬,这种影响越大。

因此，折减系数 ψ_r 的取值直接影响到岩石的地基承载力特征值，对岩石成因及完整性的理解不同，其取值也不相同，有时差别很大。

（3）对破碎、极破碎的岩石（指无法进行取样的岩石）地基承载力特征值，可根据地区经验取值，无地区经验时，可根据平板载荷试验确定。当采用浅层平板载荷试验时，其承载力特征值需要按《地基规范》式（5.2.4）进行深宽修正；当采用深层平板载荷试验时，其承载力特征值不需要再按《地基规范》式（5.2.4）进行深度修正（但需要进行宽度修正）。

（4）各种试验方法的综合比较分析见表 7.2.2-1。网友的主要疑问及解答如下：

各种试验方法的综合比较分析 表 7.2.2-1

编号	试验方法	主 要 作 用	注意问题
1	浅层平板载荷试验	确定地基土层的承载力特征值 f_{ak}；确定破碎、极破碎岩石层的地基承载力特征值 f_{ak}	试验按《地基规范》附录 C 要求，需进行深宽修正
2	深层平板载荷试验	确定深部地基土层的地基承载力特征值 f_{ak}；确定桩端土层的地基承载力特征值 f_{ak}；确定破碎、极破碎岩石层的地基承载力特征值 f_{ak}	试验按《地基规范》附录 D 要求，需进行宽度修正
3	岩基载荷试验	确定岩石层的地基承载力特征值 f_a；确定桩基础持力层的岩石地基承载力特征值 f_a	试验按《地基规范》附录 H 要求，不需进行深宽修正
4	岩石单轴抗压强度试验	确定岩石饱和单轴抗压强度标准值 f_{rk}，岩石地基承载力特征值按 $f_a = \varphi_r \cdot f_{rk}$ 确定	试验按《地基规范》附录 J 要求，不需进行深宽修正
5	单桩竖向静载荷试验	确定单桩竖向承载力特征值 R_a	按《地基规范》附录 Q 要求

①【问】为什么"岩基载荷试验"中"极限荷载"是除以 3 的安全系数，而其他试验则是除以 2 的安全系数呢？【答】安全系数的大小是根据岩石地基的特点结合试验统计得出的。岩石地基具有强度高和压缩性低的特点，但岩石易受风化的影响，其强度会降低而压缩性加大，基坑开挖加剧了岩石地基的风化进程，对岩石地基的承载力影响明显。综合考虑各种因素，取安全系数 3。而土质地基则不同，基坑开挖对地基土层的风化程度影响不明显。

②【问】由岩石单轴抗压强度试验确定的岩石地基承载力特征值 f_a 与嵌岩桩的嵌岩段总极限阻力标准值 Q_{rk} 之间有什么关系？【答】岩石地基承载力特征值 f_a 与嵌岩段总极限阻力标准值 Q_{rk} 均与岩石饱和单轴抗压强度标准值 f_{rk} 有关，所不同的是，在 Q_{rk} 中考虑有嵌岩段侧阻力的影响及桩的刺入变形对桩端承载力的提高作用，《桩基规范》式（5.3.9-3）采用综合系数 ζ_r，比较《桩基规范》表 5.3.9 的数值与《地基规范》第 5.2.6 条中 ψ_r 的数值，可以发现两者差异很大。

③【问】深层平板载荷试验确定的 f_{ak} 与桩的极限端阻力标准值 q_{pk} 有什么不同？【答】地基土层的地基承载力特征值与桩的极限端阻力标准值的最大不同在于后者可考虑桩的刺入变形，因而后者的数值要比前者高许多。桩的极限端阻力标准值 q_{pk} 一般根据当地经验确定。

3. 计算埋深 d 的确定

1）在基坑开挖前，受土体自重应力的作用，土样处于三向应力状态，基坑开挖和土样采集过程中，土体受到扰动，改变了其实际的受力状态，为弥补土工试验及现场浅层平板载荷试验与土样实际受力情况的差异，应考虑基础埋置深度对地基承载力的影响，关注的是原状土颗粒所受到的其上土层自重应力的影响（受地下水影响时，应计算土颗粒实际受到的上部的土体自重压力，既按浮重度考虑）。

2）基础的计算埋深见图 7.2.2-3。

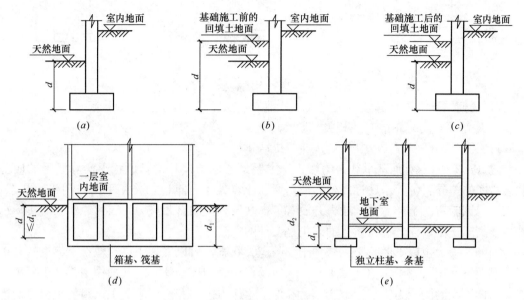

图 7.2.2-3 不同情况下基础的计算埋深

3) 主楼和裙楼一体的结构

(1) 当为超补偿基础（即裙楼基础底面以上的荷载小于土重），且 $B_1+B_2>2B$（对照《地基规范》对浅层平板载荷试验的基坑尺寸要求，可知当 B_1、B_2 不相等时按此规定计算偏于安全），对主楼结构的地基承载力进行深度修正时，可将裙楼基础底面以上范围内的荷载，作为基础两侧的超载考虑并将其折算成等效计算埋深 d_e（$d_e<d$，d 为基础的实际埋深），见图 7.2.2-4。而当 $B_1+B_2 \leqslant 2B$ 时，由于地下室的实际埋深 $d>d_e$，且回填土离主楼距离较近，其计算埋深还可以根据工程经验适当加大，当无工程经验时，可不考虑其有利影响，也可按线性插入（$B_1+B_2=2B$ 时为 d_e，$B_1+B_2=0$ 时为 d）确定。

(2) 当为欠补偿基础（即裙楼基础底面以上的荷载不小于土重），对主楼结构的地基承载力进行深度修正时，可直接取计算埋深等于设计埋深，见图 7.2.2-4。

4) 对于主楼和裙楼之间设沉降缝分开的结构（即主楼和裙楼不为一体的结构），规范未规定主楼基础埋深的计算方法，建议也可按图 7.2.2-4 计算。

5) 当主楼为整体式基础（如筏基等），裙房为非整体式基础（如独立基础或条形基础等，主楼基础的实际埋深不小于裙房基础）时，应根据不同情况确定主楼基础的计算埋深：

(1) 裙房不设地下室时，主楼基础的计算埋深取主楼基础的实际埋深。

(2) 当裙房设置地下室时，可不考虑非整体式基础的基底压力对主楼基础埋深的有利影响，主楼基础的计算埋深取裙房基础由裙房地下室地面算起的实际埋深。

6) 当采用大面积压实填土时，不考虑承载力的宽度修正（注意：仍应考虑深度修正）。

7 建筑地基基础设计

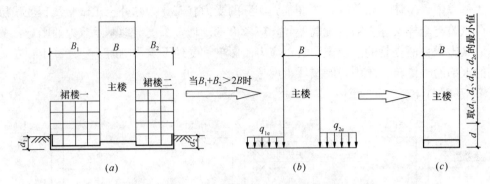

图 7.2.2-4 带裙房的主楼基础埋置深度计算

7) 任何情况下，计算埋深不应大于基础的实际埋深（由天然地面算起）。

4. 地基承载力修正的其他相关问题

1) 关于式 (7.2.2-1) 中 γ_m 的取值问题

式 (7.2.2-1) 对地基承载力的修正，主要是考虑土样与地基原状土实际所受的应力状态之间的差异：位于基底标高处的地基原状土，处于自重应力作用下的三向受力状态，而在土工试验室的土样，其承载力并没有考虑其原状土的自重应力，因此原状土的实际承载力要高于土工试样，进行适当的修正是合理的。

回顾地下水位以下原状土（饱和土）的应力状态，可以发现土体颗粒在上部土的自重压力和地下水压（属于土体孔隙水压，水压反作用于四周土体）的共同作用下处于平衡状态，土体所受到的压力应是上部土压力和地下水压力的总和。由于土工试验的土样也是饱和土样（即土颗粒间的空隙已由地下水填满），因此，当在地下水位以下时，式 (7.2.2-1) 中 γ_m 采用浮重度，从概念上与土样试验不符（但偏于安全）。

2) 关于回填土的回填历史

结构设计中应充分考虑回填土的回填历史（是否真正实现长期压密），同时应将规范的规定理解为适用于适当厚度的填土，对于厚度过厚、回填时间过短的回填土，应慎重考虑其对地基承载力特征值的有利影响。情况不同时，计算结果差异较大，举例说明如下：

例 7.2.2-1 某工程现有地质条件如图 7.2.2-5，①为中砂层厚 1m，$\gamma=2.1\text{t/m}^3$，$f_{ak}=180\text{kPa}$；②为粉土（黏粒含量 $\rho_c<10\%$）层，$f_{ak}=150\text{kPa}$，未见地下水，上部结构荷重为 150kN/m²。结构施工周期 6 个月，比较不同施工方案对土层②地基承载力特征值的影响：方案一，施工前在现有地面上采用级配砂石分层回填碾压（厚度 2m），压实系数 0.95，级配砂石的干密度不小于 2.1t/m³，回填地基的承载力特征值 180kPa；方案二，主体结构施工后回填，级配砂石的其他要求同方案一，比较结果（不考虑基础宽度对地基承载力的修正）见表 7.2.2-2。

不同填土方案时土层②的地基承载力比较   表 7.2.2-2

方案	增加土重 (kN/m²)	土层② f_a (kN/m²)	对上部结构的使用荷载限值 (kN/m²)	比较结果
方案一	42	255	192	满足上部荷重要求
方案二	42	171	108	不满足上部荷重要求

由表 7.2.2-2 可以发现，填土时间相差半年（地基土的压密时间远没有达到表

7.2 天 然 地 基

7.2.3-1的要求），其计算的地基承载力标准值差异很大，由此可见，不加限制地套用规范的本条规定对某些特殊工程是不合适的（施工速度越快，施工周期越短，越要引起重视）。

3）对于地下室底面防水板下有软垫层的基础，其计算埋深应按软垫层下的实际地基反力标准值 q_k（防水板自重、地下室地面建筑做法重及地下室地面的活荷载，其中的活荷载应按《荷载规范》第 4.1.2 条要求折减）来确定基础的等效埋深 d_e，$d_e=q_k/\gamma_m$，见图 7.2.2-6。

4）需要说明的是，式（7.2.2-1）中关于基础计算埋深 d（m）的解释"对于地下室，如采用箱形基础或筏基时，基础埋置深度自室外地面标高算起"是有条件的，只有当基础底面地基反力的平均值不小于挖去的原有土重时，才可以按上述规定计算。当为超补偿基础（即建筑物的重量小于挖去的土重，这种情况一般出现在地基承载力较低的及大面积纯地下室结构中）时，仍应按建筑物重量的等效土层厚度计算基础等效埋置深度 d_e。

对于所有各类带地下室（底面有软垫层的地下室除外）基础的计算埋置深度，均可按基底标高处实际底反力标准值 q_k 来确定基础的等效埋深 d_e，$d_e=q_k/\gamma_m$，需同时满足条件 $d_e \leqslant d_1$，见图 7.2.2-7。

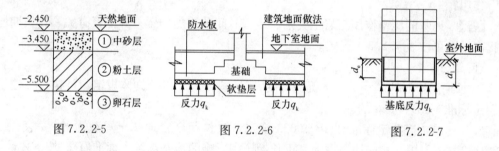

图 7.2.2-5　　　　　图 7.2.2-6　　　　　图 7.2.2-7

5）对地基承载力特征值修正的误区

值得注意的是，有文献依据浅基础的地基极限承载力理论（太沙基 Terzaghi 承载力理论）的整体破坏模式指出：①对地基承载力特征值的深度修正，其本质是基础周边超载的压重作用，在对地基承载力的深度修正时，可直接按等效埋深计算，而可不受基础实际埋深的限制；②基础埋深只考虑基础周边的超载情况，无需考虑基础范围内的实际荷载情况。

编者认为，过分考虑基础周边压重对地基承载力的有利影响，对超补偿基础，不考虑基础以上的实际荷载情况，这些做法对工程设计是有害的，主要理由如下：

(1) 由图 7.2.2-2 可以看出，地基承载力特征值（对应于 p_{cr}）与地基塑性破坏时的极限承载力（对应于 p_u）有本质的区别，工程设计中的地基承载力特征值 f_{ak} 对应于 p_{cr}，远未到达极限承载力 p_u 所对应的受力状态。

(2) 地基的整体剪切破坏模式（主要表征为基础两侧地面隆起）只是诸多破坏模式中的一种（见图 7.2.2-2），且一般只适用于密实的砂及坚硬的黏土等压缩性较小的土。而对于其他土层，由于基础的连续下沉产生过大的沉降，基础就像"切入"土中一样，发生冲切剪切破坏，破坏时地基中没有滑动面，基础四周的地面也不隆起。

(3) 比较《地基规范》对浅层平板载荷试验及深层平板载荷试验中，终止加载的控制条件可以发现，"承压板周围的土明显地侧向挤出"只在浅层平板载荷试验中出现，换言之，在深层平板载荷试验中，一般不发生地面隆起现象，也就是，一定量的地面加载就可以抑制地面的隆起，过多的地面加载只会增加地基的负担。因此，裙房荷载对提高主楼地基承载力的有利影响是有限的，当等效埋深不超过基础的实际埋深时有利，当等效埋深超过基础的实际埋深时，超出部分的重量转变为地基的荷载，而使地基产生附加压力，裙房的附加应力在抑制裙房地面隆起的同时也将使地基产生新的沉降，并加大主楼的沉降。

（4）直观上看，裙房压重越大，主楼的地基承载力特征值越高，也不符合结构设计的基本常识。规范要求对深层平板载荷试验不应进行深度修正的规定就明确了地基承载力特征值修正的意义。因此，在对地基承载力进行深度修正时，任何情况下计算埋深均不应大于基础的实际埋置深度。

（5）超补偿基础的整个基础范围内，地基土所受到的实际压力均未达到地基土原有的自重应力状态，而按基础的实际埋深计算，显然是不合理的。

7.2.3 关于地基的长期压密作用

【问】 地基经长期压密后其承载力特征值可提高，实际工程中如何定量把握"长期压密"作用？

【答】 地基的压密作用与岩土类别、压密时间和施加的压力等因素有关，其长期压密的提高系数可按表7.2.3-1确定。

【问题分析】

1. 长期压密对地基承载力的提高幅度，《地基规范》未予具体规定，可执行《建筑抗震鉴定标准》GB 50023的规定。

2. 《建筑抗震鉴定标准》GB 50023规定，对长期压密地基土承载力的提高系数 ξ_s，按表7.2.3-1取用，相应地考虑地基土长期压密影响的地基承载力标准值 f_{as} 按下式计算：

$$f_{as} = \xi_s f_a \tag{7.2.3-1}$$

式中：f_a——经深宽修正后的地基承载力特征值。

地基土承载力长期压密提高系数 ξ_s　　　　表7.2.3-1

年限与岩土类别	p_a/f_a			
	1.0	0.8	0.4	<0.4
2年以上的砾、粗、中、细、粉砂 5年以上的粉土和粉质黏土 8年以上地基土承载力标准值大于100kPa的黏土	1.2	1.1	1.05	1.0

注：1. p_a 为相应于荷载效应标准组合时，基础底面的实际平均压力（kPa）；
　　2. 使用期不够表中年限或岩土为岩石、碎石土、其他软弱土，其提高系数值 ξ_s 可取1.0。

3. 由表7.2.3-1可以发现，地基土越硬（如砂土），其压密效果越好，所需的压密时间也越短（2年以上即可）。反之，地基土越软（如承载力特征值大于100kPa的黏性土），其压密效果相对较差，所需的压密时间也较长（需要8年以上）。

7.2.4 关于软弱下卧层

【问】 当上、下层土的压缩模量之比不在3~10范围内时，软弱下卧层承载力特征值该如何验算？

7.2 天然地基

【答】《地基规范》第5.2.7条规定的硬土层地基压力扩散角θ见表7.2.4-1。当实际工程的土层压缩模量之比不满足表中要求时，应根据工程具体情况确定是否要进行软弱下卧层地基承载力验算。当地方规范有特殊规定时，执行相关规范。

用于软弱下卧层验算的硬土层地基压力扩散角θ 表7.2.4-1

E_{s1}/E_{s2}	z/b		E_{s1}/E_{s2}	z/b	
	0.25	0.50		0.25	0.50
3	6°	23°	10	20°	30°
5	10°	25°			

注：1. E_{s1}为上层土压缩模量；E_{s2}为下层土压缩模量。
2. $z/b<0.25$时取$\theta=0°$，必要时，宜由试验确定；$z/b\geqslant0.50$时θ值不变。
3. z/b在0.25与0.50之间可插值使用。

【问题分析】

1.《地基规范》第5.2.7条规定：当地基受力层范围（注意：应为主要受力层范围）内有软弱下卧层时，应按式（7.2.4-1）验算下卧层的地基承载力特征值。

$$p_z + p_{cz} \leqslant f_{az} \tag{7.2.4-1}$$

1)《地基规范》的这一规定同时也明确了：当软弱下卧层在主要受力层范围以外时，就可以不用考虑软弱下卧层的影响。

2) 此处应注意：对软弱下卧层可借用《桩基规范》第5.4.1条规定给出定义，即<u>地基承载力低于持力层承载力的1/3时</u>，则该土层为软弱下卧层，并可采用式（7.2.4-1）进行下卧层的地基承载力验算。而对于地基承载力小于持力层地基承载力，但大于其1/3者，仍然需要验算下卧层地基的承载力，但不应采用软弱下卧层的验算式（7.2.4-1），而要采用式（7.2.2-1）验算（一般情况下可只考虑深度增加对地基承载力的影响。确有工程经验时，可适当考虑地基压力扩散角的有利影响，并按式（7.2.4-1）计算）。

3) 工程实际中也可以淡化软弱下卧层的概念，简单地将压缩模量之比符合表7.2.4-1规定者，确定为软弱下卧层。

2. 表7.2.4-1一般只适合于上硬下软的土层分布情况，当分布土层的压缩模量不符合表中规定时，一般情况下可认为其不属于软弱下卧层，也就不需要按式（7.2.4-1）验算（可直接按《地基规范》式（5.2.4）验算下卧地基土层的承载力特征值）。

3. 软弱层顶面处的地基承载力特征值f_{az}只考虑深度修正，即不考虑《地基规范》式（5.2.4）中的宽度修正项。

4. 软土在我国沿海（湖）地区都有分布，其物理力学特性主要表现为以下特点：

1) 天然含水量高（大于或等于液限即$w \geqslant w_L$），孔隙比$e>1$，在土体结构未被破坏时，具有固态特征，而结构一经扰动或破坏后，即转变为稀释流动状态；

2) 高压缩性，并随液限的增加而增加；

3) 抗剪强度低，并与加荷速度及排水条件有关；

4) 渗透性差，在加载初期常易出现较高的孔隙水压，对地基强度影响大；

5）流变性，除了固结引起地基变形的因素外，在剪力作用下的流变性质使地基长期处于变形过程中，对边坡、堤岸、码头甚至有损坏的可能。

5. 关于"地基主要受力层范围"应根据工程经验结合地基土具体情况综合确定，可取地基压缩层下限面的深度，以该深度以下土层的压缩变形小到可以忽略不计为原则，一般情况下可取至地基附加应力 σ_z 等于地基自重应力 σ_c 的20%处，即 $\sigma_z=0.2\sigma_c$ 处，当该深度以下有高压缩性土时，则应继续往下计算至 $\sigma_z=0.1\sigma_c$ 处，"地基受力层范围"也可按式（7.2.1-1）近似确定；

6. 关于 θ 的取值

1）$z/b<0.25$ 时取 $\theta=0°$，这是因为持力层应有相当的厚度才能使压力扩散，一般认为 $z/b<0.25$ 时，便不再考虑压力的扩散作用。必要时，也可由试验确定；

2）$z/b\geqslant0.5$ 取 $z/b=0.5$ 时的 θ 值；

3）E_{s1}/E_{s2} 不为3、5、10时的 θ 取值，规范未作具体规定，当无可靠试验资料时，编者建议取值如下：

(1) $E_{s1}/E_{s2}<3$ 时，取 $\theta=0$，即不考虑地基压力扩散；

(2) E_{s1}/E_{s2} 数值在3~10之间时，可按线性内插法确定 θ 值；

(3) $E_{s1}/E_{s2}>10$ 时，按 $E_{s1}/E_{s2}=10$ 取相应的 θ 值；

4）注意：（表7.2.4-1）为用于软弱下卧层验算的硬土层地基压力扩散角 θ，它由实测的软土层顶地基压力值反算求得，仅适用于进行软弱下卧层地基验算，对其他情况不一定适用。

7.《天津地基规范》规定的用于软弱下卧层验算的硬土层地基压力扩散角 θ 见表7.2.4-2。

天津规范规定的用于软弱下卧层验算的硬土层地基压力扩散角 θ 表7.2.4-2

E_{s1}/E_{s2}	z/b		
	0.25	0.50	≥1
1	4°	12°	22°
3	6°	23°	24°
5	10°	25°	27°
10	20°	30°	30°

7.2.5 关于地基沉降

【问】 结构设计中经常要进行地基的变形验算，可地基沉降的计算与计算假定、采用的程序及其选取的地基土层参数关系很大，且事前无法检验，也较难对计算结果的合理性作出判断，结构设计中该如何找到比较准确的沉降值呢？

【答】 编者认为，地基的沉降量不应该完全依赖于计算。在地基沉降量的确定过程中，工程经验往往比理论计算更重要，有时甚至是决定性的因素。结构设计应学会借力，向勘察报告学，向有工程经验的岩土工程师学，结合工程经验确定合理的地基沉降量。

7.2 天然地基

【问题分析】

1. 《地基规范》第5.3.5条规定,地基变形按式(7.2.5-1)计算,

$$s = \psi_s s' = \psi_s \sum_{i=1}^{n} \frac{p_0}{E_{si}}(z_i\bar{\alpha}_i - z_{i-1}\bar{\alpha}_{i-1}) \tag{7.2.5-1}$$

沉降计算经验系数 ψ_s 表7.2.5-1

基底附加压力 p_0	$\bar{E}_s$ (MPa)				
	2.5	4.0	7.0	15.0	20.0
$p_0 \geqslant f_{ak}$	1.4	1.3	1.0	0.4	0.2
$p_0 \leqslant 0.75 f_{zk}$	1.1	1.0	0.7	0.4	0.2

由式(7.2.5-1)及表7.2.5-1可以发现,沉降计算经验系数 ψ_s 对沉降值影响很大,ψ_s 的变化幅度很大。

2. 按式(7.2.5-1)的沉降计算结果还与实际沉降有较大的出入,影响地基沉降计算的主要因素如下:

1)建筑物地下室基础埋深对地基沉降的影响

(1)高层建筑由于基础埋置较深,地基回弹再压缩变形往往在总沉降中占重要地位,当某些高层建筑设置3~4层(甚至更多层)地下室时,总荷载将有可能等于或小于该深度土的自重压力,这时高层建筑地基沉降变形将由地基回弹再压缩变形决定。

(2)对地下室"埋置较深"的把握,《地基规范》未予具体规定,一般可根据基础埋置深度内的土自重压力与总荷载的比值来确定,当二者数值比较接近,或地下室层数大于两层时,可确定为埋置较深。

(3)考虑回弹影响的沉降计算经验系数 ψ_c 应按地区经验确定,宜取 $\psi_c \leqslant 1.0$。

2)上部结构的架越作用对地基沉降的影响分析

(1)由于上部结构刚度的存在,使其在与基础共同工作中起到了拱的作用,从而减小了基础的内力和变形,工程记录表明:

①施工底部几层时,基础钢筋的应力随楼层同步增长,变形曲率也逐渐加大,施工到基础以上4、5层时,钢筋应力达到最大值;

②施工以上楼层时,在楼层增高及其荷载同步增加的情况下,基础钢筋的应力增长速率反而逐渐减小,变形曲率也趋缓;

③出现上述情况的主要原因是,在施工底部几层时,楼层结构的混凝土强度尚未形成,这时,上部结构的荷载全部由基础来承担;而随着施工过程的不断进行,上部结构的刚度逐渐形成并不断加大,与基础的共同作用增强,产生明显的拱的作用,表明在上部结构与基础共同工作时,结构弯曲变形的中和轴已从基础自身中和轴位置明显上移。

④试算表明,上部结构对基础刚度的贡献与房屋的宽度 B、上部结构选型、基础形式、地基刚度等密切相关。一般情况下,上部结构拱的作用主要在基础以上 $B/2$~B 的范围内(图7.2.5-1)。对框架结构,上部结构的架越作用主要出现在基础以上约8层的高度范围内,而拱的作用主要表现在基础以上约4~8层的高度范围内。

⑤上部结构为钢结构的房屋,其架越作用的原理与混凝土结构相似,由于上部钢结构的刚度较小其影响程度明显小于混凝土结构。

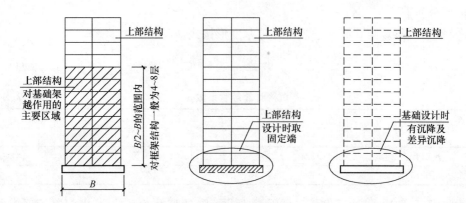

图 7.2.5-1 上部结构的架越作用

(2) 目前的结构设计中，将上部结构的底部取为固定端，没有考虑基础变形对上部结构的影响；而基础设计计算中，常不考虑上部结构对基础刚度的贡献，这种上部结构与地基基础相脱离的设计方法（图 7.2.5-1），主要考虑设计习惯和实际工程的设计效果，同时也受制于对地基基础的研究与认识。

(3) 有条件时，应考虑上部结构和基础的共同工作，但应将上部结构和基础同时成对考虑，不能单方面考虑。

3. 影响地基最终沉降量的因素很多，一般情况下地基的最终沉降量很难通过公式准确计算，应结合工程经验综合考虑，且工程经验往往起决定作用。当预期地基沉降对结构设计影响较大且难以准确计算分析时，在勘察设计阶段应提请勘察单位根据结构设计提供的上部结构布置及荷载分布情况，提供估算的沉降量值。

4. 关于《地基规范》第 5.3.12 条

1)《地基规范》第 5.3.12 条规定："在同一整体大面积基础上建有多栋高层和低层建筑，宜考虑上部结构、基础与地基的共同作用进行变形计算"。

2)《地基规范》第 5.3.12 条的规定过于原则，可操作性不强，对是否可分栋计算还是必须大底盘上所有建筑联合计算、上部结构与地基基础的共同作用如何考虑等关键问题未作规定，事实上计算模型和基本假定的不同将直接影响计算分析的可信度。

3) 就现有计算手段而言，由于地基变形计算的准确性、计算程序的适应性等诸多方面的问题，对大底盘多塔楼建筑采取联合计算，其计算结果的可信度往往不能满足工程设计的需要，某些情况下，采取单栋计算反而概念清晰。

4) 对于整体基础，如交叉地基梁、筏板、桩筏基础等，现有计算软件可采用多种方法考虑上部结构对基础的影响，这些方法包括：上部结构刚度凝聚法，上部结构刚度无穷大的倒楼盖法，上部结构等代刚度法。结构设计时可选用适合实际工程的计算模型和假定。

5) 对特别复杂的大底盘建筑，考虑基础与上部结构共同作用下的变形验算应委托相关权威部门进行。

5. 均布荷载下不同基础形状时的沉降变化规律

在均布荷载作用下，采用角点法很容易求得地基表面任意点的沉降，按基础刚度、基础形状及计算位置确定的沉降影响系数 ω 见表 7.2.5-2。

7.2 天然地基

沉降影响系数 ω　　　　　表 7.2.5-2

基础形状	圆形	方形	矩形									
l/b	—	1.0	1.5	2.0	3.0	4.0	5.0	6.0	7.0	8.0	9.0	10.0	100.0
ω_c	0.64	0.56	0.68	0.77	0.89	0.98	1.05	1.11	1.16	1.20	1.24	1.27	2.00
ω_0	1.00	1.12	1.36	1.53	1.78	1.96	2.10	2.22	2.32	2.40	2.48	2.54	4.01
ω_m	0.85	0.95	1.15	1.30	1.50	1.70	1.83	1.96	2.04	2.12	2.19	2.25	3.70
ω_r	0.79	0.88	1.08	1.22	1.44	1.61	1.72	—	—	—	—	2.12	—

1) 表 7.2.5-2 中，l、b 分别为基础的长和宽；ω_c、ω_0、ω_m、ω_r 分别为基础角点沉降影响系数、中点沉降影响系数、平均沉降影响系数和刚性基础的平均沉降影响系数；对圆形基础 ω_c 为基础边缘的沉降影响系数；

2) 由表 7.2.5-2 可以发现下列规律：

（1）在基础面积相同的情况下，圆形基础的沉降要小于方形基础（表中方形基础的角点离中点距离为等面积圆半径的 1.25 倍，不宜直接比较——编者注）；方形基础的沉降要小于矩形基础；长宽比较小的矩形基础的沉降要小于长宽比较大的矩形基础；

（2）方形和矩形基础的角点沉降为其中点沉降的一半；

（3）对圆形、方形及常用矩形基础（$l/b \leqslant 3.0$），其平均沉降约为中点沉降的 85%；

（4）对圆形、方形及常用矩形基础（$l/b \leqslant 3.0$），按绝对刚性基础计算的平均沉降 ω_r 约为按柔性荷载计算所得中点沉降 ω_0 的 80%；

（5）应优先采用沉降相对较小的圆形基础、方形基础；

（6）矩形基础的沉降随基础长宽比的增加而加大，因此，应避免采用长宽比过大的矩形基础，一般应将基础的长宽比控制在 3 以内，即 $l/b \leqslant 3.0$，以获得比较满意的技术经济效果。

6. 地基回弹再压缩与基坑回弹的实用计算方法

1) 建筑物地基变形的大致过程如下：地基回弹变形 s_c → 地基再压缩变形 s'_c → 地基变形 s。

（1）地基的回弹变形 s_c 一般随基坑开挖产生并随基坑开挖而消除或大部分消除，结构设计一般不关心基坑的回弹变形量值。

（2）地基的再压缩变形 s'_c 是在基础施工后随上部结构的重量的增加而产生，其最大变形量应等同于基坑的回弹变形量值（但方向与之相反，即产生的是地基的压缩变形）。由于基坑的再压缩变形与地基土的回弹再压缩模量有关，在同等压力（如自重压力 p_c）下，基坑的回弹再压缩变形量 s'_c 与基坑的回弹变形量 s_c 不完全一致，即 $s_c \neq s'_c$。因此，采用自重压力 p_c 作为地基再压缩变形 s'_c 的控制指标（《地基规范》第 5.3.11 条）从概念上说并不合理。

（3）结构设计关注的是地基再压缩变形的量值 s'_c，同时考虑到地基变形的复杂性以及地基变形计算的准确性，直接以 $s'_c = s_c$ 作为地基再压缩变形与地基变形 s 的分界线，其概念更容易被接受，实际工程中也更具操作性。

（4）当地基的变形超过地基的回弹变形量 s'_c 时，地基变形 s 的量值可按《地基规范》公式（5.3.5）计算，采用的是地基的压缩模量。

2) 为便于设计，本实用计算方法需作如下假定：

(1) 基坑的回弹仅限基坑范围，基坑回弹 s_c 与基坑土自重应力 σ_c 呈线性关系，即：基坑边缘不受基坑开挖影响，基坑开挖完毕基坑回弹全部完成；

(2) 基坑的回弹再压缩量 s'_c 在回弹量值范围内（即：$s'_c \leqslant s_c$）时，按《地基规范》式 (5.3.10) 计算基坑的回弹变形量，用回弹再压缩模量 E'_{ci} 代替回弹模量 E_{ci}；

(3) 基坑的回弹再压缩超出回弹量值范围（即：$s'_c > s_c$）时，其超出部分 Δs 按《地基规范》式 (5.3.5) 计算；

上述过程说明可见图 7.2.5-2；

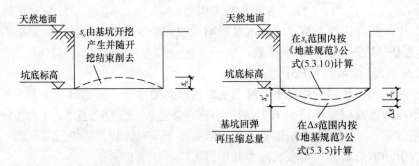

图 7.2.5-2 基坑的回弹再压缩计算假定

(4) 地基土回弹模量及回弹再压缩模量一般应由勘察报告提供，当方案阶段或初步设计阶段需估算地基沉降时，地基土回弹模量及回弹再压缩模量可取同一数值，一般可取土层压缩模量的 2~3 倍。

7. 目前在地基基础设计中普遍采用的地基沉降和地基反力计算方法中，采用各自的计算理论和计算模型，地基的沉降与基础变形从变形规律和量值上均有很大差异，有时分布规律不尽相同，导致板土不"密贴"。

8. 在地基基础的设计计算中，地基基床系数的确定等直接关系到地基的沉降，因此，基础计算的关键问题是地基的沉降问题。在沉降量的确定过程中，工程经验尤为重要，有时可能是决定性的因素。合理的沉降量是结构设计计算的前提，它使得基础计算，变成一种在已知地基总沉降量前提下的基础变形的复核过程，同时也是对基础配筋的确定过程。

9. 天津《岩土工程技术规范》DB 29-20 规定：估计地基最终沉降量时，可采用简化计算方法（见图 7.2.5-3）并按式 (7.2.5-2) 计算。

$$s = \psi_s \frac{p_0}{\overline{E}_s} \left[\frac{z_s}{2} + \frac{b}{8} \right] \qquad (7.2.5-2)$$

式中：$\overline{E}_s$——沉降计算等效深度范围内，地基土层压缩模量的加权平均值，按实际压力范围取值（MPa）。

1) 基础底下的附加压力简化为梯形图形（图 7.2.5-3）。

2) 沉降计算等效深度 z_s 自基础底面算起，计算至附加压力等于土层自重压力 10% 处，可按表

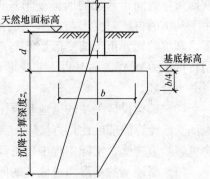

图 7.2.5-3 基础沉降简化计算简图

7.2 天然地基

7.2.5-3 确定。

沉降计算等效深度 z_s (m) 表 7.2.5-3

基础宽度 b (m)	基础长度 l (m)	P_0 (kPa)							
		40	60	70	80	90	100	110	130
1	1	1.55	1.62	1.65	1.66	1.67	1.70	1.72	—
	2	2.15	2.25	2.28	2.30	2.33	2.34	2.36	2.40
	3	2.48	2.58	2.62	2.66	2.69	2.72	2.74	2.77
	5	2.80	2.75	3.02	3.06	3.09	3.13	3.16	3.21
	≥10	3.05	3.30	3.38	3.45	3.50	3.55	3.60	3.67
2	2	2.98	3.12	3.17	3.21	3.24	3.27	3.30	3.34
	4	4.08	4.28	4.36	4.43	4.47	4.51	4.56	4.62
	6	4.63	4.90	4.99	5.06	5.13	5.19	5.25	5.32
	10	5.13	5.52	5.64	5.75	5.83	5.95	5.98	6.09
	≥20	5.48	5.98	6.17	6.33	6.46	6.57	6.66	6.83
3	3	4.30	4.53	4.62	4.68	4.74	4.78	4.82	4.89
	6	5.83	6.18	6.31	6.41	6.49	6.57	6.63	6.73
	9	6.58	7.03	7.18	7.31	7.42	7.51	7.60	7.73
	15	7.23	7.83	8.04	8.23	8.36	8.49	8.60	8.79
	≥30	7.60	8.38	8.66	8.90	9.12	9.29	9.45	9.72
5	5	6.75	7.18	7.34	7.46	7.57	7.65	7.73	7.87
	10	9.05	9.72	9.95	10.14	10.29	10.44	10.56	10.76
	15	10.08	10.93	11.24	11.48	11.68	11.85	12.00	12.27
	25	10.88	12.00	12.39	12.71	12.99	13.23	13.40	13.79
	≥50	11.25	12.58	13.08	13.90	13.88	14.18	14.47	14.95
10	10	12.08	13.12	13.49	13.78	14.02	14.24	14.43	14.73
	20	15.83	17.43	17.99	18.44	18.82	19.16	19.45	19.93
	30	17.28	19.28	20.00	20.56	21.06	21.48	21.85	22.47
	50	18.18	20.63	21.51	22.26	22.89	23.49	23.94	24.76
	≥100	18.48	21.77	22.17	23.04	23.80	24.47	25.07	26.11
20	20	20.48	23.02	23.89	24.60	25.20	25.73	26.18	26.95
	40	25.98	29.80	31.13	32.23	33.16	33.97	34.67	35.85
	30	27.65	32.22	33.86	35.21	36.38	37.39	38.27	39.77
	100	28.45	33.60	35.50	37.12	38.53	39.77	40.82	42.75
	≥200	28.63	33.78	36.00	37.75	39.28	40.64	41.87	44.01
40	40	31.78	37.85	39.97	41.73	43.20	44.47	45.59	47.46
	80	38.43	47.18	50.31	52.93	55.16	57.09	58.79	61.66
	120	39.85	49.68	53.31	56.39	59.03	61.36	63.42	66.92
	200	40.35	50.75	54.68	58.04	61.00	63.36	65.98	70.05
	≥400	40.45	50.98	54.93	58.44	61.49	64.22	66.59	70.98

7.2.6 基础的调平设计

【问】 桩基础中有调平设计，天然地基中是否也可以进行调平设计呢？

【答】 和桩基础一样，天然地基的差异沉降控制及其所采取的措施，其本质就是调平设计的内容。

【问题分析】

1. 调平设计的本质是减少建筑物的差异沉降，在天然地基中采取减少主裙楼差异沉降的措施就是调平设计的内容。

2. 减少主、裙楼差异沉降的主要措施见第7.5.8条。

7.3 地 基 处 理

【要点】

随着地基处理设计水平的提高、施工工艺的改进和施工设备的更新，地基处理技术发展很快。对于各种不良地基经恰当的地基处理后，一般都能满足工程设计的要求。地基处理技术在近年建筑工程设计中应用相当普遍，新技术和新材料的应用，极大地提高了地基处理的效果，达到了安全、经济的目的。

传统意义上的地基处理主要是对软弱地基的处理。近年来，对一般地基采取地基加固的工程屡见不鲜，其根本目的就是提高地基的承载力并减小地基的沉降量，以获得工程对地基承载力和沉降量的更高要求，节约工程费用。

7.3.1 CFG桩的地基承载力

【问】 CFG桩的地基承载力是否需要进行深宽修正？

【答】 CFG桩作为一种地基处理方法，提供的是地基承载力特征值f_{spk}，可按《地基规范》式（5.2.4）进行深宽修正（《地基处理规范》第3.0.4条规定：取$\eta_b=0$，$\eta_d=1.0$）。实际工程中各地把握标准不统一，为避免矛盾，结构设计时，可提出最终承载力特征值f_a要求。由负责CFG桩施工的注册岩土工程师根据工程的地质、上部结构的荷载、基础埋深等具体情况，结合工程经验确定f_{spk}及相应的单桩竖向承载力特征值R_a。

【问题分析】

1. CFG桩属于地基处理方法，因此，对地基承载力特征值f_{spk}进行修正是合理的。

2. CFG桩复合地基设计属于地基加固范畴，应由具有相应资质的注册岩土工程师完成。CFG桩复合地基应能满足上部结构设计所需的地基承载力要求和地基变形控制要求，结构设计人员应为CFG桩的设计提供准确的上部结构荷载分布资料，地基变形控制要求（总变形量控制要求、差异沉降控制要求及高层建筑的倾斜控制要求）等。

3. CFG桩施工完成后，应通过试验对复合地基做出评价，并作为基础设计及施工的依据。

4. CFG桩的复合地基承载力特征值应通过试验确定，这与《地基规范》对地基承载力特征值的要求相同。

5. CFG桩复合地基的压缩模量，采用与地基处理前后承载力提高幅度挂钩的简单计算方法，将复合地基承载力与原天然地基承载力的比值，作为处理后复合地基压缩模量的提高系数。

6. CFG桩与素混凝土桩的区别仅在于桩体材料的构成不同，而在其受力和变形方面

7. CFG桩复合地基具有承载力提高幅度大，地基变形小等特点，并具有较大的适用范围。

1）就基础形式而言，既可适用于条形基础、独立基础，也可适用于箱形基础、筏形基础；

2）就建筑类型而言，既可适用于工业建筑，也适用于民用建筑；

3）就地基土性质而言，适用于处理黏土、粉土、砂土和正常固结的素填土等地基。对淤泥质土应通过现场试验确定其适用性；

4）就地基土承载力而言，CFG桩不仅适合于处理承载力较低的土，也适用于承载力较高（如承载力特征值$f_{ak} \geqslant 200 \text{kPa}$）但变形不满足要求的地基，以减小地基变形满足规范要求。

8. CFG桩的施工工艺决定了其具有较强的置换作用，在其他参数相同时，桩越长、桩的荷载分担比（CFG桩承担的荷载与复合地基总荷载的比值）越高。

7.3.2 CFG桩地基处理中桩顶与基础之间褥垫层的作用

【问】采用CFG桩进行地基处理时为什么在桩顶与基础之间一定要设置褥垫层？

【答】水泥粉煤灰碎石桩是由水泥、粉煤灰、碎石、石屑或砂加水拌和形成的高粘结强度桩（简称CFG桩），桩、桩间土和褥垫层是组成复合地基的三大要素，并共同构成复合地基。此处的褥垫层不是一般意义上的垫层，应将其作为CFG桩复合地基的重要组成部分来重视。

【问题分析】

1. CFG桩顶和基础之间褥垫层的主要作用如下：

1）保证桩、土共同承担荷载，它是CFG桩形成复合地基的重要条件。

2）通过改变褥垫厚度，调整桩垂直荷载的分担比例。一般情况下，褥垫层越薄，CFG桩承担的荷载比越大，反之则越低；调整桩、土水平荷载的分担。褥垫层越厚，土分担的水平荷载占总荷载的比例越大，桩分担的水平荷载占总荷载的比例越小，反之亦然。

3）减少基础底面的应力集中。

2. CFG桩的桩顶和基础之间的褥垫层，宜选用中砂、粗砂、级配砂石和碎石（不宜采用卵石），最大粒径不宜大于30mm。褥垫层厚度宜取150~300mm（桩径大或桩距大时取高值）。

7.4 独立基础及条形基础

【要点】

1. 刚性基础变形能力差，对上部结构的刚度依赖性大，上部结构应提供足够的刚度以保证刚性基础性能的实现，一般用于单层及多层建筑的基础，在砌体承重结构中常有应用。灰土垫层一般仅用于管沟设计中。

2. 钢筋混凝土扩展基础在工程中应用普遍，由于其受力简单明确、方便施工，同时经济效益显著，因此，在工程设计中是首选的基础形式。

3. 近年来独基加防水板基础在工程中得到了广泛应用，拓展了钢筋混凝土扩展基础广阔的应用空间。工程实践表明：独基加防水板基础具有传力明确，构造简单，经济实用等优点。

4. 条形基础的种类很多，如砖墙下混凝土刚性基础、柱（混凝土墙）下钢筋混凝土单向条形基础、柱（混凝土墙）下钢筋混凝土双向条形基础（又称为交叉梁基础）。

5. 钢筋混凝土条形基础的设计计算，涉及上部结构与地基的共同工作，问题比较复杂，目前尚无统一的设计计算方法。工程设计中通常采用下列三种简化计算方法：
1) 不考虑上部结构参与共同工作，按地基上的梁计算理论来分析。
2) 考虑上部结构刚度影响的简化计算方法。
3) 结合经验的设计计算方法。

7.4.1 关于基础的抗剪验算问题

【问】 对独立基础及条形基础是否应进行抗剪验算？如何验算？

【答】《地基规范》第1.0.4条规定得很清楚，对基础应进行抗剪验算，当地基承载力较高（如当地基承载力特征值 f_a>300kPa）时更应注意。在对基础的抗剪验算中建议考虑基础厚度的影响，考虑剪切系数 β。

【问题分析】

1. 经常有网友问起：对钢筋混凝土（或混凝土）独立基础及条形基础是否要进行抗剪验算的问题。表面上看《地基规范》对基础的抗剪验算未作要求，其实《地基规范》总则的要求是很明确的。

2. 还有网友提出，在刚性角范围内的基础是否要考虑抗剪的问题，其实《地基规范》表8.1.1注4的规定同样十分明确："基础底面处的平均压力超过300kPa的混凝土基础，尚应进行抗剪验算"。很显然，在刚性角（或《地基规范》表8.1.1规定的无筋扩展基础台阶宽高比）范围内，同样存在抗剪验算问题。由此，也可以推广到钢筋混凝土基础在刚性角（45°）范围内同样存在基础的抗剪验算问题。之所以一般工程可不进行基础的抗剪验算，是因为在基底反力较小时，基础的抗剪问题不明显，通常可不进行验算。

3. 对素混凝土基础（图7.4.1-1），当基础底面的平均压力（此处可理解为相应于荷载效应基本组合时，基础底面的平均压力——编者注）超过300kPa时，按式（7.4.1-1）验算墙（柱）边缘或台阶处的受剪承载力。

$$V_s \leqslant 0.366 f_t A \quad (7.4.1\text{-}1)$$

式中：V_s——相应于荷载效应基本组合时，地基土平均净反力产生的沿墙（柱）边缘或变阶处（参考广东省地基规范，可取计算截面以外 $h_0/2$ 处）单位长度的剪力设计值；

A——沿墙（柱）边缘或变阶处（垂直于 b 方向）混凝土基础单位长度的面积。

可考虑基础厚度的影响，建议在式（7.4.1-1）的右端项中引入剪切系数 β（β 可按《地基规范》式（8.5.21-2）确定）并取 $\beta=1.4$。则式（7.4.1-1）可改写成：

$$V_s \leqslant 1.4 \times 0.366 f_t A = 0.512 f_t A \quad (7.4.1\text{-}2)$$

4. 对钢筋混凝土基础（图7.4.1-2），按式（7.4.1-3）验算墙（柱）边缘或台阶处的

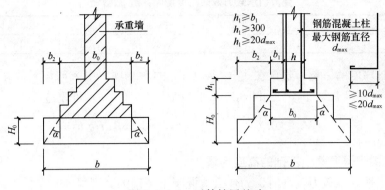

图 7.4.1-1 无筋扩展基础

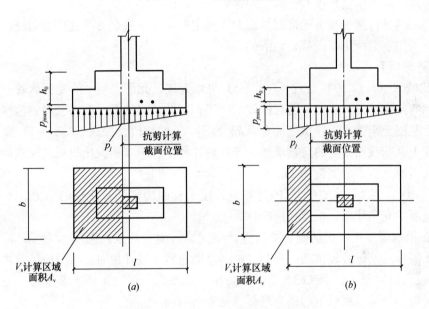

图 7.4.1-2 独立基础受剪承载力计算
(a) 柱根截面；(b) 变阶处截面

受剪承载力。

$$V_s \leqslant 0.7\beta_{hs} f_t b_e h_0 \quad (7.4.1\text{-}3)$$

$$\beta_{hs} = (800/h_0)^{1/4} \quad (7.4.1\text{-}4)$$

式中：V_s——基础剪力设计值，即：柱（墙）边缘处（注意：广东省地基规范规定取计算截面以外 $h_0/2$ 处），地基土净反力设计值，注意：此处对独立基础和条形基础的计算方法不同，条形基础取矩形面积，而独立基础取图 7.4.1-2 中阴影部分面积（A_v）。

b_e——基础的等效计算宽度，可按《地基规范》附录 S 计算。

β_{hs}——受剪切承载力截面高度影响系数（见表 7.4.1-1）。当按式（7.4.1-4）计算时，板的有效高度 $h_0 < 800$mm 时，取 $h_0 = 800$mm；$h_0 > 2000$mm 时，取 $h_0 = 2000$mm。

受剪切承载力截面高度影响系数 β_{hs} 数值　　　　表 7.4.1-1

h_0	≤800	1000	1200	1400	1600	1800	≥2000
β_{hs}	1	0.946	0.904	0.869	0.841	0.816	0.795

考虑基础厚度的影响，建议在式（7.4.1-3）的右端项中引入剪切系数 β（β 可按《地基规范》式（8.5.21-2）确定）并取 $\beta=1.4$。则式（7.4.1-3）可改写成

$$V_s \leqslant 0.7 \times 1.4 \beta_{hs} f_t b_e h_0 = 0.98 \beta_{hs} f_t b_e h_0 \quad (7.4.1-5)$$

7.4.2 关于素混凝土基础的高度问题

【问】当地基承载力较高时，为什么素混凝土基础的高度很高，而采用钢筋混凝土基础则基础高度可大幅度减小？

【答】这是由素混凝土的抗剪承载力所决定的，这里有个方案比较的问题，并不是任何情况下采用素混凝土基础都是经济的。

【问题分析】

1. 比较式（7.4.1-1）与式（7.4.1-3）可以发现，无筋混凝土的受剪承载力约为不配置箍筋和弯起钢筋的一般板类受弯构件的一半。因此，对地基承载力较高的地基或岩石地基上的素混凝土刚性基础，由于地基承载力高，V_s 的取值及按式（7.4.1-1）验算，常引起素混凝土基础截面高度的急剧增加，导致设计极不合理（相关比较见《建筑地基基础设计方法及实例分析》之实例 4.2）。

2. 式（7.4.1-1）左端项 V_s 的计算中，按垂直面确定基础所受的剪力，不考虑基础厚板对抗剪的有利作用，按薄板理论计算。

3. 在钢筋混凝土筏板基础的抗剪设计中（见《地基规范》第 8.4.10 条），可以考虑厚板单元板厚对基础底板抗剪的有利影响（即确定剪力设计值时，可考虑扩散角的有利影响），比较可以发现，对于基础台阶的宽高比满足规范要求的无筋扩展基础，完全不考虑厚板单元板厚对基础底板抗剪的有利影响是不恰当的。

4. 式（7.4.1-1）右端项中 A 为沿墙（柱）边缘或变阶处混凝土基础单位长度的面积，不是该截面处基础的横截面面积，只与该截面处的基础截面高度有关，与该截面处顶部的截面宽度无关。

5. 《地基规范》表 8.1.1 中提供的无筋扩展混凝土基础台阶宽高比的允许值，是根据材料力学、现行混凝土结构设计规范确定的。

6. 在刚性基础的设计中，为满足正常使用要求常加设适量的构造钢筋（或防裂钢筋），这样，常常带来所谓不满足最小配筋率的问题。编者认为，对配置少量钢筋（或拉接筋）的素混凝土基础，不能以钢筋混凝土基础的标准来控制配筋，否则，将造成很大的浪费。

7.4.3 独立柱基加防水板基础

【问】独立柱基加防水板基础的设计应注意哪些问题？

【答】对独基加防水板基础的设计，涉及防水板的内力、考虑防水板影响的独立基础计算、软垫层的设置及结构抗浮设计等问题。当地下水位较高时，忽略防水板对独立基础内力的影响是不安全的。此部分内容是编者对实际工程经验的总结，读者可根据工程的具

体情况参照使用。

【问题分析】

独基加防水板基础是近年来伴随基础设计与施工发展而形成的一种新的基础形式（图7.4.3-1），由于其传力简单、明确及费用较低，因此在工程中应用相当普遍。

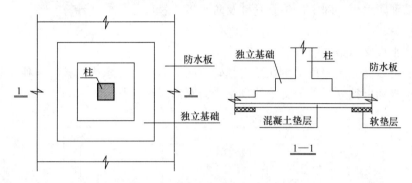

图 7.4.3-1　独基加防水板基础的组成

1. 受力特点

1) 在独基加防水板基础中，防水板一般只用来抵抗水浮力，不考虑防水板的地基承载能力。独立基础承担全部结构荷重并考虑水浮力的影响。

2) 作用在防水板上的荷载有：地下水浮力 q_w、防水板自重 q_s 及其上建筑做法重量 q_a，在建筑物使用过程中由于地下水位变化，作用在防水板底面的地下水浮力也在不断改变，根据防水板所承担的水浮力的大小，可将独立柱基加防水板基础分为以下两种不同情况：

(1) 当 $q_w \leqslant (q_s + q_a)$ 时（注意：此处的 q_w、q_s 和 q_a 均为荷载效应基本组合时的设计值，即水浮力起控制作用时的荷载设计值，而不是荷载标准值），建筑物的重量将全部由独立基础传给地基（图7.4.3-2a）；

(2) 当 $q_w > (q_s + q_a)$ 时（注意：同上），防水板对独立基础底面的地基反力起一定的分担作用，使独立基础底面的部分地基反力转移至防水板，并以水浮力的形式直接作用在防水板底面，这种地基反力的转移对独立基础的底部弯矩及剪力有加大的作用，并且随水浮力的加大而增加（图7.4.3-2b）。

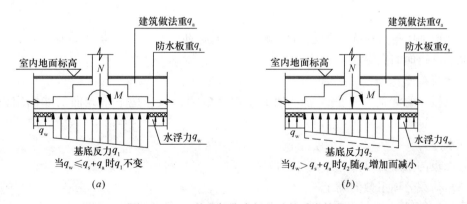

图 7.4.3-2　独基加防水板基础的受力特点

3) 在独基加防水板基础中，防水板是一种随荷载情况变化而变换支承情况的复杂板类构件,当 $q_w \leqslant (q_s + q_a)$ 时(图7.4.3-2a),防水板及其上部重量直接传给地基土,独立基础对其不起支承作用;当 $q_w > (q_s + q_a)$ 时(图7.4.3-2b),防水板在水浮力的作用下,将净水浮力(即 $q_w - (q_s + q_a)$)传给独立基础,并加大了独立基础的弯矩数值。

2. 计算原则

在独基加防水板基础中,独立基础及防水板一般可分开单独计算。

1)防水板计算

(1)防水板支承条件的确定

防水板可以简化成四角支承在独立基础上的双向板(支承边的长度与独立基础的尺寸有关,防水板为以独立基础为支承的复杂受力双向板)(图7.4.3-3);

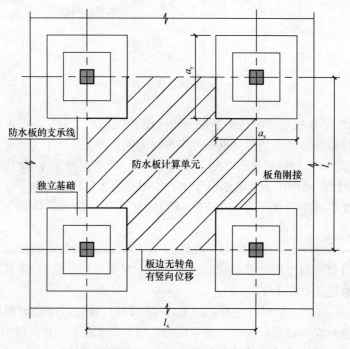

图7.4.3-3 防水板的支承条件

(2)防水板的设计荷载(图7.4.3-2)

①重力荷载

防水板上的重力荷载一般包括:防水板自重、防水板上部的填土重量、建筑地面重量、地下室地面的固定设备重量等;

②活荷载

防水板上的活荷载一般包括:地下室地面的活荷载、地下室地面的非固定设备重量等;

③水浮力

防水板的水浮力可按抗浮设计水位确定。

(3)荷载分项系数的确定

①当地下水水位变化剧烈时,水浮力荷载分项系数按可变荷载分项系数确定,取1.4;

②当地下水水位变化不大时，水浮力荷载分项系数按永久荷载分项系数确定，取1.35；

③注意防水板计算时，应根据重力荷载效应对防水板的有利或不利情况，合理取用永久荷载的分项系数，当防水板由水浮力效应控制时应取1.0。

(4) 防水板应采用相关计算程序按复杂楼板计算。也可按无梁楼盖双向板计算。

(5) 无梁楼盖双向板计算的经验系数法

①防水板柱下板带及跨中板带的划分

按图7.4.3-4确定防水板的柱下板带和跨中板带。

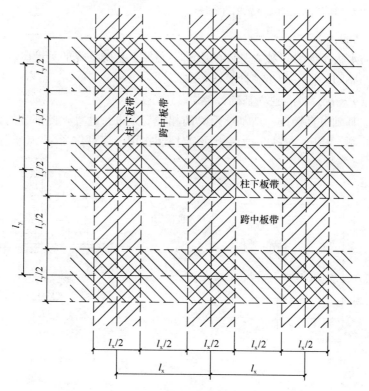

图7.4.3-4 无梁楼盖的板带划分

②防水板柱下板带及跨中板带弯矩的确定

按经验系数法计算时，应先算出垂直荷载产生的板的总弯矩设计值（M即M_x、M_y），然后按表7.4.3-1确定柱下板带和跨中板带的弯矩设计值。

对X方向板的总弯矩设计值，按下式计算：

$$M_x = q l_y (l_x - 2b_{ce}/3)^2 / 8 \quad (7.4.3\text{-}1)$$

对Y方向板的总弯矩设计值，按下式计算：

$$M_y = q l_x (l_y - 2b_{ce}/3)^2 / 8 \quad (7.4.3\text{-}2)$$

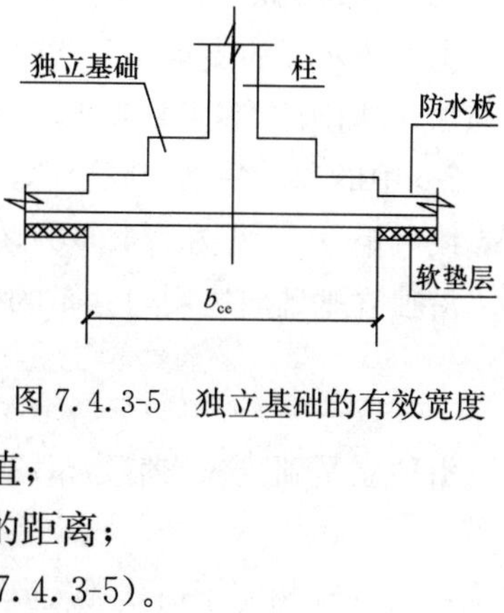

图7.4.3-5 独立基础的有效宽度

式中：q——相应于荷载效应基本组合时，垂直荷载设计值；

l_x、l_y——等代框架梁的计算跨度，即柱子中心线之间的距离；

b_{ce}——独立基础在计算弯矩方向的有效宽度（见图7.4.3-5）。

7 建筑地基基础设计

柱下板带和跨中板带弯矩分配值（表中系数乘 M）   表 7.4.3-1

截面位置		柱下板带	跨中板带
端跨	边支座截面负弯矩	0.33	0.04
	跨中正弯矩	0.26	0.22
	第一内支座截面负弯矩	0.50	0.17
内跨	支座截面负弯矩	0.50	0.17
	跨中正弯矩	0.18	0.15

注：1. 在总弯矩（M）不变的条件下，必要时允许将柱下板带负弯矩的10%分配给跨中板带；
    2. 表中数值为无悬挑时的经验系数，有较小悬挑板时仍可采用，当悬挑较大且负弯矩大于边支座截面负弯矩时，须考虑悬臂弯矩对边支座及内跨的影响。

2）独立基础的计算

合理考虑防水板水浮力对独立基础的影响，是独立基础计算的关键。在结构设计中可采用包络设计的原则，按下列步骤计算：

（1）$q_w \leqslant (q_s + q_a)$ 时的独立基础计算

此时的独立基础可直接按《地基规范》的相关规定进行计算，此部分的计算主要用于地基承载力的控制，相应的基础内力一般不起控制作用，仅可作为结构设计的比较计算。

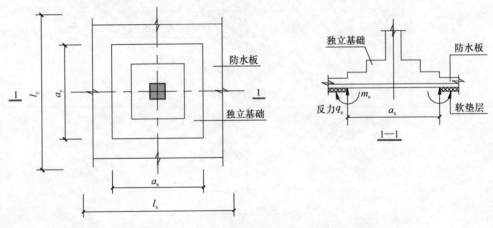

图 7.4.3-6 防水板传给独立基础的等效荷载

（2）$q_w > (q_s + q_a)$ 时的独立基础计算

①将防水板的支承反力（取最大水浮力计算），按四角支承的实际长度（也就是防水板与独立基础的交接线长度，当各独立基础平面尺寸相近或相差不大时，可近似取图7.4.3-6中的独立基础的底边总长度）转化为沿独立基础周边线性分布的等效线荷载 q_e 及等效线弯矩 m_e（见图 7.4.3-6），并按下列公式计算：

沿独立基础周边均匀分布的线荷载：

$$q_e \approx \frac{q_{wj}(l_x l_y - a_x a_y)}{2(a_x + a_y)} \tag{7.4.3-3}$$

沿独立基础边缘均匀分布的线弯矩：

$$m_e \approx k q_{wj} l_x l_y \tag{7.4.3-4}$$

式中：q_{wj}——相应于荷载效应基本组合时，防水板的水浮力扣除防水板自重及其上地面

7.4 独立基础及条形基础

重量后的数值（kN/m²）；

l_x、l_y——x 向、y 向柱距（m）；

a_x、a_y——独立基础在 x 向、y 向的底面边长（m）；

k——防水板的平均固端弯矩系数（见图 7.4.3-7），可按表 7.4.3-2 取值；其中 $a = \sqrt{a_x a_y}$，$l = \sqrt{l_x l_y}$。

防水板的平均固端弯矩系数 k   表 7.4.3-2

a/l	0.20	0.25	0.30	0.35	0.40	0.45	0.50	0.55	0.60	0.65	0.70	0.75	0.80
k	0.110	0.075	0.059	0.048	0.039	0.031	0.025	0.019	0.015	0.011	0.008	0.005	0.003

注：本表按有限元分析（由王奇工程师完成）统计得出。

②根据矢量叠加原理，进行在基底均布荷载及周边线荷载共同作用下的独立基础计算，即在独立基础内力计算公式（即《地基规范》式（8.2.11-1）及（8.2.11-2））的基础上增加由防水板荷载（q_e、m_e）引起的内力，计算简图见图 7.4.3-8，计算过程如下：

独立基础基底反力引起的内力计算，按《地基规范》的相关规定，进行基底均布荷载作用下独立基础的内力计算，注意此处均布荷载中应扣除防水板分担的水浮力（即要考虑防水板承担较大水浮力时，对独立基础基底均布反力的减小作用，注意图 7.4.3-2b 中基底反力 q_2 由虚线位置减小为实线位置），以图 7.4.3-8 柱边缘剖面 A-A 为例，计算弯矩为 M_{A1}、剪力为 V_{A1}；

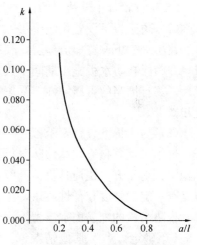

图 7.4.3-7 防水板平均固端弯矩系数 k 与 a/l 的关系

防水板对独立基础的基底边缘反力引起的附加内力计算，根据结构力学原理，结合独立基础底面反力的分块原则，进行周边线荷载作用下独立基础的内力计算；以图 7.4.3-8 柱边缘剖面 A-A 为例，计算弯矩为 $M_{A2} = (q_e (b-d)/2 + m_e) l$、剪力为 $V_{A2} = q_e l$；

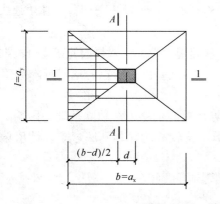
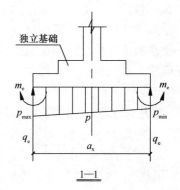

图 7.4.3-8 独立基础计算简图

将两部分内力叠加，进行独立基础的各项设计计算，以图 7.4.3-8 柱边缘剖面 A-A

为例，计算总弯矩为 $M_A=M_{A1}+M_{A2}$、总剪力为 $V_A=V_{A1}+V_{A2}$。

(3) 取上述（1）和（2）的大值进行独立基础的包络设计。

3. 构造要求

1) 为实现结构设计构想，防水板下应采取设置软垫层（见图 7.4.3-1）的相应的结构构造措施，确保防水板不承担或承担最少量的地基反力，软垫层应具有以下两方面的特点：

（1）软垫层应具有一定的承载能力，至少应能承担防水板混凝土浇筑时的重量及其施工荷载，并确保在混凝土达到设计强度前不致产生过大的压缩变形。

（2）软垫层应具有一定的变形能力，避免防水板承担过大的地基反力，以保证防水板的受力状况和设计相符。

2) 工程设计中软垫层的做法大致如下：

（1）防水板下设置焦渣垫层

在防水板下设置焦渣垫层，利用焦渣垫层所具有的承载力承担防水板及其施工荷载重量，并确保在防水板施工期间不致发生过大的压缩变形，同时，在底板混凝土达到设计强度后，具有恰当的可压缩性。受焦渣材料供应及其价格因素的影响，焦渣垫层的应用正在逐步减少。

（2）防水板下设置聚苯板

近年来随着独立柱基加防水板基础应用的普及，聚苯板的应用也相当广泛，由于其来源稳定，施工方便快捷且价格低廉，在工程应用中获得比较满意的技术经济效果。聚苯板应具有一定的强度和弹性模量，至少能承担基础底板的自重及施工荷载。

当防水板的配筋由水浮力控制时，防水板受力钢筋的最小配筋率按《混凝土规范》第 8.5.1 条确定，当为其他情况时，防水板受力钢筋的最小配筋率按《混凝土规范》第 8.5.2 条确定，不小于 0.15%。

4. 结构设计的相关问题

1) 软垫层设计中对聚苯板性能的控制问题是关系独立基础加防水板受力合理与否的关键问题。

（1）软垫层的"软"是相对的。如相对于砂卵石及岩石持力层，其"软垫层"可以是压缩模量相对较低的一般土层或回填土层；而相对于一般地基土层而言，其"软垫层"则应采用聚苯板等压缩模量更低的材料。

（2）防水板下软垫层的铺设范围应沿独立基础周边设置，软垫层的宽度可根据工程的具体情况确定，一般情况下，可取 $20s$ 其中，s 为独立基础边中点的地基沉降数值（mm）且不宜小于 500mm（见图 7.4.3-9）。

2) 需要说明的是，结构设计中常有忽略防水板的水浮力对独立基础的影响，而只按独立基础基底净反力引起的弯矩计算，当地下水位较高时，其基底弯矩设计值偏小，不安全。

3) 采用软垫层后对地基承载力的深度修正影响问题。

5. 设计建议

1) 建议在软垫层设计中，采取控制软垫层强度和变形的结构措施，如根据设计需要提出聚苯板的抗压强度和压缩模量指标（抗压强度一般取压缩量为试件总厚度的 10% 时

7.4 独立基础及条形基础

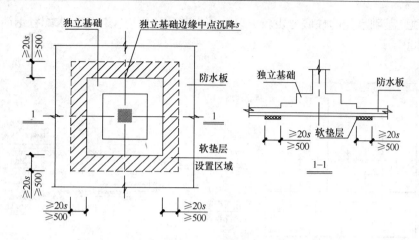

图 7.4.3-9 软垫层的设置

的强度值)。

2) 软垫层的厚度 h 可根据独立基础边缘的地基沉降数值 s (注意：有设计中取 h 的厚度与基础的中点沉降值相同，这没有必要) 确定，且应 $h \geqslant s$。

3) 在独基加防水板基础中，防水板承担地下水浮力，当地下水位较高 ($q_w > (q_s + q_a)$) 时，应考虑防水板承担的水浮力对独立基础弯矩的增大作用，并可采用矢量叠加原理进行简化计算。

4) 在独基加防水板基础设计中，应特别注意对独立基础计算埋深的修正，相关做法可见第 7.2.2 条。

5) 应注意独基加防水板基础与变厚度筏板基础的区别，相关异同分析见本章第 7.5.3 条。

6) 在独基加防水板基础的设计中，当地下水位不高时，应尽量采用较小厚度的防水板，以控制防水板的配筋略大于防水板的构造配筋为宜。

7) 为提高钢筋的使用效率，减少工程投资，一般情况下，独立基础与防水板应优先考虑采用底平形（即独立基础与防水板的底面在同一标高），有的工程将独立基础与防水板设计成顶平形，虽可以减少一定量的挖方量，但基础底部受力钢筋的搭接费用大为增加，常常得不偿失（相关分析本章第 7.5.2 条）。独立基础和防水板的配筋可根据基础设计的实际情况，统一考虑：

(1) 底部钢筋：

①当采用底平形独立基础和防水板时，可考虑将防水板钢筋通长布置，独立基础下配筋不足部分用短钢筋（附加钢筋）配足，见图 7.4.3-10。

②当采用顶平形独立基础和防水板时，可考虑将防水板钢筋在独立基础内锚固，独立基础按计算要求配置底部钢筋（元宝形钢筋）。

(2) 顶部钢筋：

①防水板的顶部钢筋可在独立基础内锚固，锚入独立基础台阶内满足锚固长度 l_a；

②当独立基础不承受柱底弯矩时，独立基础顶面可不配置钢筋；

③当独立基础承受的柱底弯矩较小（如 $e = M/N \leqslant 1/6$）时，独立基础顶面可配置构造钢筋，如 Φ10@200；

④当独立基础承受的柱底弯矩较大时，独立基础顶面应按计算要求配置钢筋，且不小于 Φ10@200。

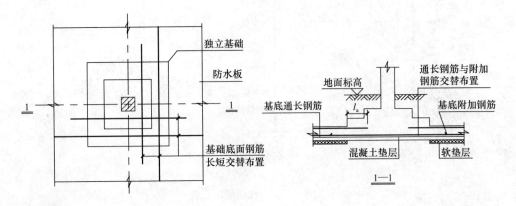

图 7.4.3-10 独立基础与防水板的配筋

8）当防水板较厚（板厚 $t \geqslant 250mm$）时，为了充分利用防水板厚度，每边可将软垫层外移 t。则独立基础的宽度、基底反力的作用范围等均应进行相应的调整（见图7.4.3-11）。

6. 特别说明

1）独基加防水板基础暂未列入相关结构设计规范中，上述结构设计的原则和做法均为编者对实际工程的总结和体会，供读者在结构设计中参考。

2）当可以不考虑地下水对建筑物影响时（独立基础与防潮板不直接接触），对防潮要求比较高的建筑，常采用独立基础加防潮板，防潮板的位置（标高）可根据工程具体情况而定：

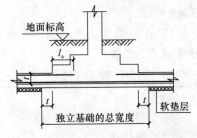

图 7.4.3-11 考虑防水板厚度影响的独立基础总宽度

（1）当防潮板的位置在独立基础高度范围内（有利于建筑设置外防潮层，并容易达到满意的防潮效果）时，上述独立基础加防水板设计方法同样适用；

（2）当防潮板的位置在地下室地面标高处（与独立基础脱离）时，防潮板变成为非结构构件，一般可不考虑其对独立基础的影响，但注意框架柱在防潮板标高处应留有与防潮板相连接的"胡子筋"。

3）关于防水设计水位和抗浮设计水位见本章第7.5.7条。结构构件设计应采用抗浮设计水位而不是防水设计水位。

4）关于结构的抗浮设计

（1）当抗浮设计水位较高时，结构的抗浮设计往往存在较大的困难，尤其是纯地下车库或地下室层数较多而地上层数较少时，问题更为严重。

（2）抗浮设计常用的方法有：

①自重平衡法，即：采用回填土、石或混凝土（或重度 $\geqslant 30kN/m^3$ 的钢渣混凝土）等手段，来平衡地下水浮力；

②抗力平衡法，即：设置抗拔锚杆或抗拔桩，来消除或部分消除地下水浮力对结构的影响；

③浮力消除法，即：采取疏、排水措施，使地下水位保持在预定的标高之下，减小或消除地下水对建筑（构筑）物的浮力，从而达到建筑（构筑）物抗浮的目的；

④综合设计方法，即：根据工程需要采用上述两种或多种抗浮设计方法，采取综合处理措施，实现建筑（构筑）物的抗浮。

上述设计方法①和②，从工程角度属于"抗"的范畴，能解决大部分工程的抗浮问题，但对地下水浮力很大的工程，投资大，费用高。而设计方法③则属于"消"的范畴，处理得当，可以获得比较满意的经济、技术效果。

一般情况下，当地下水位较高，建筑物长期处在地下水浮力作用下时，宜采用自重或抗力平衡法；当地下水位较低，建筑物长期没有地下水浮力作用或水浮力作用的时间很短、概率很小（虽然其有可能在某个时间出现较高的水位）时，宜采用浮力消除法。采用"抗"和"消"相结合的设计方法，对于防水要求不是很高的大面积地下车库等建筑尤为适合。

(3) 采用浮力消除法的相关问题

①地下室底板宜位于弱透水层；

②地下室四周及底板下应设置截水盲沟，并在适当位置设置集水井及排水设备；

③设置排水盲沟，应具有成熟的地方经验，必要时应进行相关的水工试验。应采取确保盲沟不淤塞的技术措施（如设置砂砾反滤层，铺设土工布等），并加以定期监测和维护，保证排水系统的有效运转（相关问题见《建筑地基基础设计方法及实例分析》之实例4.4）。

7.4.4 基础拉梁的设计原则

【问】 基础拉梁的设计计算应考虑哪些荷载组合？

【答】 拉梁荷载大致可分为下列几项：拉梁承担的柱底弯矩；地震作用时，拉梁承担的轴向拉力；拉梁的梁上荷载等。应根据工程的具体情况确定合理的荷载组合原则。

【问题分析】

1. 拉梁分担的柱底最大弯矩设计值可近似按拉梁线刚度（$i=EI/l$）分配；

2. 地震作用时，拉梁承担的轴向拉力；取两端柱轴向压力较大者的1/10；

3. 当需拉梁承担其上部的荷载（如隔墙等）时，应考虑相应荷载所产生的内力（确有依据时，可适量考虑拉梁下地基土的承载能力）；

4. 拉梁配筋时，应将上述各项按规范要求（考虑各荷载同时出现的可能性）进行合理组合；

5. 当表层地基土比较好（承载力特征值高、中低压缩性土、土层较厚等）或梁下换填处理效果较好时，一般均可适当考虑拉梁下地基土对拉梁上部荷载的部分抵消作用（注意不是全部考虑，其考虑的程度应根据工程经验确定，当无可靠工程经验时可不考虑）。

6. 当防水板厚度较大（≥250mm）时，可不设基础梁，必要时在防水板内设置暗梁。

7.4.5 关于独立基础台阶的宽高比问题

【问】 独立基础的台阶宽高比大于 2.5 时会出现什么问题？

【答】《地基规范》规定当独立基础的台阶宽高比不大于 2.5 时，基底反力可按直线分布的假定计算。也即当独立基础的台阶宽高比大于 2.5 时，基底反力不应按直线分布的假定计算，其柱下的地基反力将大于直线分布假定的计算结果，导致柱下地基承载力不足，并加大基础的沉降。但对基础内力计算偏于安全。

【问题分析】

1. 结构设计时，应注意规范对台阶宽厚比的要求（见图 7.4.5-1），确保地基承载力验算的准确性。

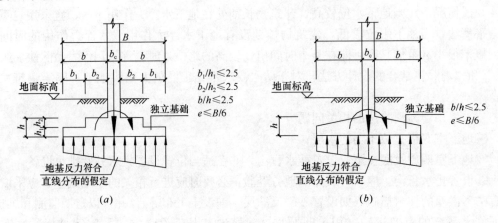

图 7.4.5-1 基底反力分布假定对基础尺寸的基本要求
(a) 阶形截面；(b) 锥形截面

2. 规范不区分地基承载力特征值的高低，而采用统一的宽厚比限制，有欠合理。为此提出如下设计建议：

1) 提出独立基础台阶的宽高比（墙、柱边缘以外的宽度 b 与相应基础高度 h 之比）$b/h \leqslant 2.5$ 的要求，其本质是对地基反力线性分布的要求，当 $b/h > 2.5$ 时，地基反力按线性分布的假定不再适用，按地基承载力特征值确定基础面积时，应留有适当的余地。

2) 当地基承载力特征值 f_a 较小时，独立基础台阶的宽高比不宜 $b/h > 2.5$，不应 $b/h > 3$；

3) 当地基承载力特征值 f_a 较大时，不宜采用基础台阶的宽高比 $b/h > 2.5$ 的独立基础；

4) 当基础台阶宽高比 $b/h > 2.5$ 或 b/h 接近 2.5 且地基承载力特征值 f_a 很大时，由于地基反力不再遵循直线分布的假定，此时，应特别注意对地基反力 f_{kmax} 的验算，尤其是轴向力作用下的验算，并宜按弹性地基板（采用中厚板单元）计算。

3. 条形基础的宽高比也应满足不大于 2.5 的要求。

7.4.6 关于独立基础的最小配筋率问题

【问】 对独立基础是否要控制最小配筋率？

【答】《地基规范》第 8.2.1 条规定独立基础的最小配筋率为 0.15%。

【问题分析】

1. 为适当减少独立基础的配筋，设计时可根据阶形（或锥形）基础的实际面积（图7.4.6-1中阴影区域面积）计算基础受力钢筋的最小配筋量，并将其配置在基础的全宽范围内。

2. 若独立基础的实际配筋量比计算所需多1/3以上，且配筋不小于Φ10@200（双向）时，可不考虑最小配筋率的要求。

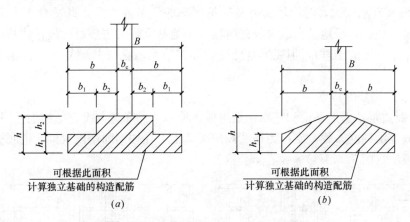

图 7.4.6-1　按实际面积确定独立基础的最小配筋
(a) 阶形截面；(b) 锥形截面

7.5　箱形及筏形基础

【要点】

1. 筏形基础具有整体性好、承载力高、结构布置灵活等优点，广泛用作为高层建筑及超高层建筑基础。筏形基础分为梁板式和平板式两大类。

2. 箱形基础由于设计要求高、施工难度大及受使用功能的限制，目前一般仅用于人防等特殊用途的建筑中。

3. 箱形和筏形基础的地基应进行承载力和变形计算，必要时应验算地基的稳定性。

4. 现阶段，地基沉降计算采用分层计算模型，而基础（筏板或箱基）内力计算常采用文克尔假定，计算模型的不同常造成板土不"密贴"的问题（也就是同一部位地基沉降与结构变形不仅在量值上有较大差异，有时还会出现完全不同的变形规律），因此，规范规定的地基基础计算方法，从本质上说仍是一种估算方法。

5. 防水设计水位和抗浮设计水位，使用中极易混淆，本节予以适当的梳理。

6. 在筏基的设计计算中，基床系数的确定等均与地基的沉降密切相关，因此，基础计算的关键问题是沉降量的确定问题，在沉降量的确定过程中，工程经验尤为重要，有时可能是决定性的因素。合理的沉降量是结构设计计算的前提，它使得基础计算，变成一种在已知地基总沉降量前提下的基础变形的复核过程，同时也是基础配筋的确定过程。

7.5.1 梁板式筏基与平板式筏基的异同

【问】 梁板式筏基与平板式筏基的主要异同有哪些？

【答】 梁板式筏基与平板式筏基在基本组成、受力特性及使用条件等方面有各自不同的特点，根据工程需要及两类基础各自特点适用条件选用合理的基础形式，对结构设计意义重大。

【问题分析】

1. 筏形基础刚度大，对地基反力及地基沉降的调节能力强，既适合于上部荷载较大的高层建筑，也适合于地基承载力较低时以减小地基沉降为主要目的超补偿基础（即建筑物的重量小于挖去的土重），但筏形基础受力和构造均较独立基础复杂，且施工复杂、费用高。

2. 梁板式筏基的特点

1) 梁板式筏基由地基梁和基础筏板组成，地基梁的布置与上部结构的柱网设置有关，地基梁一般仅沿柱网布置，底板为连续双向板，也可在柱网间增设次梁，把底板划分为较小的矩形板块（图 7.5.1-1）。

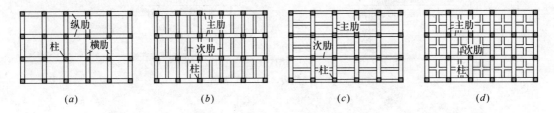

图 7.5.1-1 梁板式筏基的肋梁布置

(a) 双向主肋；(b) 纵向主肋、横向次肋；(c) 横向主肋、纵向次肋；(d) 双向主次肋

2) 梁板式筏基具有：结构刚度大，混凝土用量少，当建筑的使用要求对地下室的防水要求很高时，可充分利用地基梁之间的"格子"空间采取必要的排水措施等优点（图 7.5.1-2a）。但同时存在筏基高度大、受地基梁板布置的影响，基础刚度变化不均匀，受力呈现明显的"跳跃"式（图 7.5.1-2b），在中筒或荷载较大的柱底易形成受力及配筋的突变，梁板钢筋布置复杂、降水及基坑支护费用高、施工难度大等不足。

3) 由于梁板式筏基在技术经济上的明显不足，因此，近年来该基础的使用正逐步减

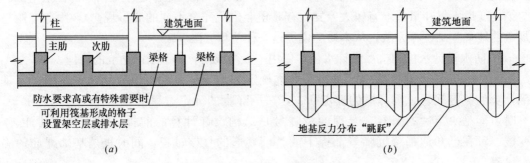

图 7.5.1-2 梁板式筏基的特点

(a) 梁格的利用；(b) 地基反力的突变

少,一般仅用于柱网布置规则、荷载均匀的某些特定结构中。

3. 平板式筏基

1)平板式筏基由大厚板基础组成,常用的基础形式有:等厚筏板基础、局部加厚的筏板基础和变厚度的筏板基础等(图7.5.1-3)。适合于复杂柱网结构。具有基础刚度大、受力均匀等特点,在中筒或荷载较大的柱底易通过改变筏板的截面高度和调整配筋来满足设计要求,同时板钢筋布置简单、降水及支护费用相对较低、施工难度小(超厚度板施工的温度控制除外)等优点。但也存在:超厚度板混凝土的施工温度控制要求高、混凝土用量大等不足。

2)厚筏板基础和桩结合,又可组成桩筏基础。

3)由于平板式筏基良好的受力特点和明显的施工优势,目前在高层和超高层建筑中应用相当普遍。

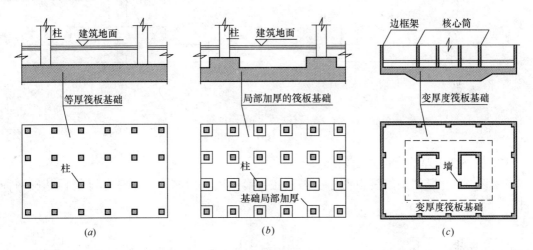

图7.5.1-3 平板式筏基
(a)等厚筏板基础;(b)局部加厚的筏板基础;(c)变厚度的筏板基础

4. 梁板式筏基和平板式筏基的区别

梁板式筏基和平板式筏基的主要性能比较见表7.5.1-1。

梁板式筏基与平板式筏基的主要性能和使用情况比较 表7.5.1-1

筏基类型	基础刚度	地基反力	柱网布置	混凝土量	钢筋用量	土方量	降水费用	施工难度	综合费用	应用情况
梁板式	有突变	有突变	严格	较少	相当	较大	较大	较大	较高	较少
平板式	均匀	均匀变化	灵活	较多	相当	较小	较小	较小	较低	较多

7.5.2 "柱墩"与变厚度筏板的区别

【问】"柱墩"与变厚度筏板形状相似,结构设计中如何把握?

【答】 位于柱(或墙)下的筏板,受力集中且复杂,工程设计中常采用柱(或墙)下局部加厚的办法来满足筏板设计需要,通常有设置"柱墩"和采用变厚度筏板两种方法,"柱墩"一般设置范围较小,主要用来解决筏板在柱(或墙)根部位的抗冲切问题,它的设置对筏板的其他受力性能不产生明显的影响;而变厚度筏板的设置则会对筏板的受力性能产生明显的影响,不应再按"柱墩"计算。

【问题分析】

1. 现有计算程序在进行带"柱墩"筏板的设计计算时,只考虑"柱墩"对柱根部位的抗冲切作用。因此,结构设计中应正确区别"柱墩"与变厚度筏板,一般情况下可按柱(或墙)下加厚板的宽度与其高度的比值(b_1/h_1)来判别,当 b_1 与 h_1 数值相近或变厚度范围较小时,可判定为"柱墩";当 b_1 比 h_1 数值大较多或变厚度范围较大时,可判定为变厚度筏板(图 7.5.2-1)。

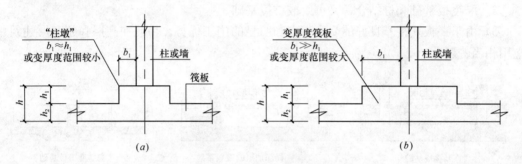

图 7.5.2-1 "柱墩"与变厚度筏板的判别
(a)"柱墩";(b) 变厚度筏板

2. 柱下变板厚的常见做法分析

工程设计中常遇到的筏板变厚度做法主要有:底平形和顶平形变厚度筏板基础两种(图 7.5.2-2)。

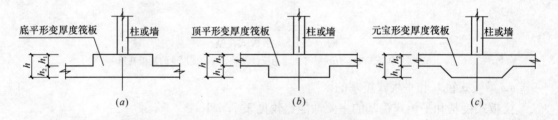

图 7.5.2-2 变厚度筏板基础
(a) 底平形;(b) 顶平形;(c) 元宝形

1) 底平形变厚度筏板基础具有下列特点:当变厚度范围较小(如在柱下设置柱墩)时,有效刚性角范围大;筏板底部钢筋受力直接,利用率高;基础底面建筑防水质量有保证;当顶部设置坡面时可适量节约混凝土;施工难度小;若设备管线可在房间中部穿行时,则相应土方量小,降水费用低。

2) 顶平形变厚度筏板基础具有下列特点:当变厚度范围较小(如在柱下设置柱墩)时,有效刚性角范围小;筏板底部钢筋需多次锚固搭接,钢筋利用率低,受力不直接;基础底面建筑防水搭接量大,施工难度大、质量难以保证;当与底平形顶面标高相同时,混凝土用量及相应土方量可略有减少。

3) 底平形和顶平形变厚度筏板的综合比较汇总见表 7.5.2-1。从结构设计角度(技术、经济）出发，一般情况下不宜采用顶平形变厚度筏板基础。必须采用（当地下室的降水问题成为制约工程设计的突出问题）时，也应采用元宝形变厚度筏板。

底平形和顶平形变厚度筏板的综合比较　　　　　表 7.5.2-1

筏板类型	有效刚性角范围	受力情况	底面钢筋利用率	底面防水效果	施工难度	土方量	降水费用	综合经济指标
底平形	大	直接	高	好	小	略多	略多	相当
顶平形	小	不直接	低	差	大	略少	略少	相当

7.5.3 独基加防水板基础与变厚度筏板基础的区别

【问】 独基加防水板基础与变厚度筏板基础有什么不同？

【答】 独基加防水板基础与变厚度筏板基础虽然形状相同，但工作原理大不相同。由于设置软垫层，独基加防水板基础中独立柱基承担地基反力，防水板不承担（或承担少量）地基反力，只承担水浮力；而在变厚度筏板基础中，所有筏板均承担地基反力及水浮力。

【问题分析】

1. 独基加防水板基础具有传力明确，构造简单，方便施工，经济实用等优点，因此，在工程设计中是首选的基础形式。

2. 变厚度筏板基础与独立基础加防水板基础的异同分析见表 7.5.3-1。

变厚度筏板基础与独立基础加防水板的异同　　　　　表 7.5.3-1

基础类型	组成	承担地基反力	支承关系	基础整体刚度	地基反力分布	设计计算	钢筋用量	混凝土用量	综合经济指标
变厚度筏板	两种不同厚度的板组成	共同承担	无明显支承关系	刚度大	复杂	复杂	配筋复杂且用量大	大	费用高
独立基础加防水板	独立基础+防水板+软垫层	仅独立基础承担	独立基础作为防水板的支承	刚度小	简单、按刚性基础确定	简单、可分别计算	配筋简单且用量小	小	费用低

7.5.4 地下结构的裂缝验算与控制

【问】 地下结构是否需要验算裂缝宽度，如何验算更为合理？

【答】 对地下结构的裂缝宽度验算问题，尽管《地基规范》中没有再做具体规定，但《地基规范》第 1.0.4 条规定"建筑地基基础的设计尚应符合国家现行有关标准的规定"，这就明确了地下结构构件也应满足正常使用极限状态的要求，进行裂缝宽度的验算。

在进行结构构件的裂缝宽度验算时，应根据工程的具体情况，恰当把握内力取值及裂缝宽度的控制标准。

【问题分析】

1. 对使用要求很高的重要地下室（如贵重设备间，使用中严禁进水的场所等），宜采取以下设计措施：

　　1）应严格要求基础及地下室外墙的防水质量；

　　2）控制基础及地下室外墙的裂缝宽度，当按构件边缘内力计算时，裂缝宽度应

≤0.2mm；

3）必要时可设置地下室室内架空层或采取其他内部紧急排水措施，确保使用安全。

2. 对使用要求不高的一般地下室（如地下车库等），可采取以下设计措施：

1）耐久性设计及裂缝控制时，混凝土的环境类别可以不同。

（1）对基础及地下室的混凝土结构进行耐久性设计时，应采用较高的控制标准，在确定混凝土环境类别时，不考虑建筑外防水对混凝土环境类别的有利影响，按与水或土直接接触的环境确定，外墙外表面的混凝土保护层厚度也应按此环境类别确定。

（2）对地下结构进行裂缝宽度验算时，可考虑基础及地下室外墙建筑外防水的作用，按一类环境确定基础及地下室外墙外表面的混凝土裂缝控制标准，裂缝宽度可控制在0.3~0.4mm。

2）基础及地下室外墙等结构构件按考虑塑性内力重分布的设计方法设计（见第3.7.3条）。

3）构件的裂缝宽度验算中，采用支座边缘的内力（在独立柱基加防水板中，防水板的支座为独立基础边缘；独立基础的支座在柱边）。

4）在设计总说明中，应明确提出地下室外墙外表面及地下室顶面防水层的定期检查及更换要求。

3. 需要进行裂缝宽度验算的地下结构构件包括：各类基础（多桩桩承台、筏板基础、箱形基础、独立基础及条形基础等）、防水板、地下室外墙、地下室顶板等。

4. 在特定地区（如地质条件较好）、特定环境（如无地下水或结构构件长期处在实际地下水位以上等）下，当有足够的工程经验时，并采取相应的结构措施（需得到施工图审查单位的认可）后，对地下结构构件（如北京地区工程，其筏板基础的梁与板、厚板基础的板、条形基础的梁等）也可不进行裂缝宽度验算。

7.5.5 箱形基础基底反力的分布规律

【问】 箱形基础的基底反力呈现怎样的分布规律？

【答】 影响箱形基础基底地基反力分布的主要因素有：箱形基础的刚度及上部结构的刚度大、小，箱形基础的长宽比及地基主要受力层土质情况。依据不同情况，基底反力分布呈现明显的规律性。

【问题分析】

1. 矩形基础下黏性土地基的反力系数见表7.5.5-1。

矩形基础下黏性土地基的反力系数 表7.5.5-1

	1.381	1.179	1.128	1.108	1.108	1.128	1.179	1.381
	1.179	0.952	0.898	0.879	0.879	0.898	0.952	1.179
	1.128	0.898	0.841	0.821	0.821	0.841	0.898	1.128
$L/B=1$	1.108	0.879	0.821	0.800	0.800	0.821	0.879	1.108
	1.108	0.879	0.821	0.800	0.800	0.821	0.879	1.108
	1.128	0.898	0.841	0.821	0.821	0.841	0.898	1.128
	1.179	0.952	0.898	0.879	0.879	0.898	0.952	1.179
	1.381	1.179	1.128	1.108	1.108	1.128	1.179	1.381

7.5 箱形及筏形基础

续表

$L/B=2\sim3$	1.265	1.115	1.075	1.061	1.061	1.075	1.115	1.265
	1.073	0.904	0.865	0.853	0.853	0.865	0.904	1.073
	1.046	0.875	0.835	0.822	0.822	0.835	0.875	1.046
	1.073	0.904	0.865	0.853	0.853	0.865	0.904	1.073
	1.265	1.115	1.075	1.061	1.061	1.075	1.115	1.265
$L/B=4\sim5$	1.229	1.042	1.014	1.003	1.003	1.014	1.042	1.229
	1.096	0.929	0.904	0.895	0.895	0.904	0.929	1.096
	1.081	0.918	0.893	0.884	0.884	0.893	0.918	1.081
	1.096	0.929	0.904	0.895	0.895	0.904	0.929	1.096
	1.229	1.042	1.014	1.003	1.003	1.014	1.042	1.229
$L/B=6\sim8$	1.214	1.053	1.013	1.008	1.008	1.013	1.053	1.214
	1.083	0.939	0.903	0.899	0.899	0.903	0.939	1.083
	1.069	0.927	0.892	0.888	0.888	0.892	0.927	1.069
	1.083	0.939	0.903	0.899	0.899	0.903	0.939	1.083
	1.214	1.053	1.013	1.008	1.008	1.013	1.053	1.214

由表 7.5.5-1 可以看出，黏性土地基，其地基反力分布为抛物线形，即中间小、四角最大。L/B 增加（即基础由方形变成长条形）时，中部反力变大，角部反力变小，反力抛物线趋于平缓。反力分布图形见 7.5.5-1a。

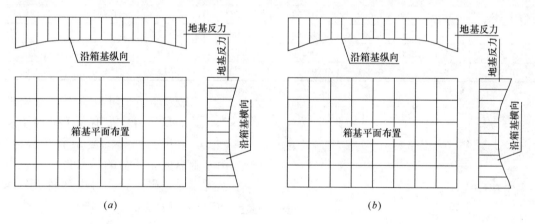

图 7.5.5-1　箱基的地基反力分布规律
(a) 黏性土地基；(b) 砂土地基

2. 矩形基础下砂土地基的反力系数见表 7.5.5-2。

矩形基础下砂土地基的反力系数　　　　　表 7.5.5-2

$L/B=1$	1.5875	1.2582	1.1875	1.1611	1.1611	1.1875	1.2582	1.5875
	1.2582	0.9096	0.8410	0.8168	0.8168	0.8410	0.9096	1.2582
	1.1875	0.8410	0.7690	0.7436	0.7436	0.7690	0.8410	1.1875
	1.1611	0.8168	0.7436	0.7175	0.7175	0.7436	0.8168	1.1611
	1.1611	0.8168	0.7436	0.7175	0.7175	0.7436	0.8168	1.1611
	1.1875	0.8410	0.7690	0.7436	0.7436	0.7690	0.8410	1.1875
	1.2582	0.9096	0.8410	0.8168	0.8168	0.8410	0.9096	1.2582
	1.5875	1.2582	1.1875	1.1611	1.1611	1.1875	1.2582	1.5875

续表

	1.409	1.166	1.109	1.088	1.088	1.109	1.166	1.409
	1.108	0.847	0.798	0.781	0.781	0.798	0.847	1.108
$L/B=2\sim3$	1.069	0.812	0.762	0.745	0.745	0.762	0.812	1.069
	1.108	0.847	0.798	0.781	0.781	0.798	0.847	1.108
	1.409	1.166	1.109	1.088	1.088	1.109	1.166	1.409
	1.395	1.212	1.166	1.149	1.149	1.166	1.212	1.395
	0.922	0.828	0.794	0.783	0.783	0.794	0.828	0.922
$L/B=4\sim5$	0.989	0.818	0.783	0.772	0.772	0.783	0.818	0.989
	0.922	0.828	0.794	0.783	0.783	0.794	0.828	0.922
	1.395	1.212	0.166	1.149	1.149	0.166	1.212	1.395

由表 7.5.5-2 可以看出，砂土地基，其地基反力分布也为抛物线形，即中间小、四角最大。但反力变化的幅度较黏性土地基明显增加，L/B 增加（即基础由方形变成长条形）时，中部反力变大，角部反力变小，反力抛物线趋于平缓。反力分布图形见图 7.5.5-1b。

3. 矩形基础下软土地基的反力系数见表 7.5.5-3。

矩形基础下软土地基的反力系数　　　　表 7.5.5-3

0.906	0.966	0.814	0.738	0.738	0.814	0.966	0.906
1.124	1.197	1.009	0.914	0.914	1.009	1.197	1.124
1.235	1.314	1.109	1.006	1.006	1.109	1.314	1.235
1.124	1.197	1.009	0.914	0.914	1.009	1.197	1.24
0.906	0.966	0.811	0.738	0.738	0.811	0.966	0.906

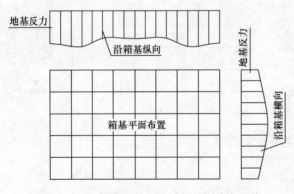

图 7.5.5-2　箱基下软土地基的反力分布规律

由表 7.5.5-3 可以看出，软土地基，其地基反力分布不同于黏性土及砂土，表现为明显的复杂分布规律，沿基础纵向呈明显的马鞍形分布，沿基础横向呈碟形分布，中部较大、四角较小，最大反力不出现在中间也不出现在边角部，而出现在基础纵向对称轴的边缘内部部位。反力变化的幅度较黏性土及砂土地基明显减小，受 L/B 的影响不大，反力分布图形见图 7.5.5-2。

4. 箱形基础的地基反力系数的适用条件
1) 上部结构与荷载比较均匀的框架结构；
2) 地基土比较均匀；
3) 底板悬挑部分不宜超过 0.8m；
4) 不考虑相邻建筑物的影响；
5) 满足《箱筏规范》构造规定的单栋建筑物的箱形基础；
6) 基底为均布荷载、基础刚度完全一致、未考虑 L 及 B 以外的其他因素。

7.5.6 关于地下工程的混凝土抗渗等级问题

【问】 民用建筑工程的防水混凝土抗渗等级,实际工程中该如何确定?

【答】 在基础混凝土抗渗等级、钢筋混凝土保护层厚度等设计参数的确定过程中,凡相关结构设计规范有规定者,宜按《混凝土规范》及《高规》确定。

【问题分析】

1.《高规》第 12.1.10 条、《地基规范》第 8.4.4 条、《筏基规范》第 6.1.7 条规定,高层建筑基础的混凝土强度等级:筏形基础和桩箱、桩筏基础不应低于 C30,箱形基础不应低于 C25。当有防水要求时,混凝土抗渗等级应根据地下水最大水头与防水混凝土厚度的比值按表 7.5.6-1 采用。必要时可设置架空排水层。

基础防水混凝土的抗渗等级   表 7.5.6-1

基础埋置深度 H (m)	$H<10$	$10 \leqslant H<20$	$20 \leqslant H<30$	$H \geqslant 30$
抗渗等级	P6	P8	P10	P12

2. 关于地下室防水混凝土的抗渗等级,《地基规范》、《高规》及《防水规范》等相关规范的要求相同(见表 7.5.6-1),但按表 7.5.6-1 确定混凝土抗渗等级时存在以下问题:

1) 防水混凝土的抗渗等级,只与基础的埋深有关而与混凝土构件收到的实际水压力无关,不合理。基础的埋深不能等同于地下水压力。

(1) 在丰水地区(如我国南方地区),需要考虑洪水水位的影响,抗浮设计水位将有可能超过自然地面,混凝土构件的防水设计水位将大于基础埋深的数值;

(2) 在缺水地区(如我国的北方及西北地区),地下水位很低,有时在整个地下室深度范围内未见地下水,地下室混凝土的真正作用是防潮而不是防水。

2) 防水混凝土的抗渗等级,只与基础的埋深有关而与混凝土构件的实际厚度无关,也不合理。不考虑混凝土构件的实际厚度而确定的混凝土抗渗等级,适合于如地下管线、地铁等工程,对民用建筑的地下工程显得过于粗放。

3. 民用建筑工程的防水混凝土抗渗等级,除按表 7.5.6-1 确定外,对特殊工程宜按表 7.5.6-2 复核。

基础防水混凝土的抗渗等级   表 7.5.6-2

最大水头 H 与防水混凝土厚度 h 的比值	$\dfrac{H}{h}<10$	$10 \leqslant \dfrac{H}{h}<15$	$15 \leqslant \dfrac{H}{h}<25$	$25 \leqslant \dfrac{H}{h}<35$	$\dfrac{H}{h} \geqslant 35$
设计抗渗等级	P6	P8	P12	P16	P20

4. 按《高规》规定,表 7.5.6-1 仅适用于基础,对除基础以外的其他防水混凝土的抗渗等级,规范未予以明确,建议可参照表 7.5.6-1 确定。

5. 在地下防水工程钢筋土保护层等确定过程中,凡相关结构设计规范有规定者,不宜按《防水规范》选用。

7.5.7 关于地下室的抗浮验算

【问】 对结构的抗浮验算,《荷载规范》第 3.2.4 条规定,按相关的结构设计规范采用,实际工程中如何进行结构的抗浮验算?

【答】 在民用建筑工程地下室的抗浮验算中,应结合国家规范及地方标准的不同要求进行结构抗浮验算。

【问题分析】

1. 抗浮水位的确定

1) 在结构设计中,经常会遇到防水设计水位和抗浮设计水位,其定义和适用范围及相互之间的关系见表 7.5.7-1。

防水设计水位和抗浮设计水位的定义及相互关系　　表 7.5.7-1

序号	名称	定义	使用范围	备注
1	防水设计水位	地下水的最大水头,可按历史最高水位+1m 确定	建筑外防水和确定地下结构的抗渗等级	主要用于建筑外防水设计
2	抗浮设计水位	结构整体抗浮稳定验算时应考虑的地下水水位,国家规范没有明确规定	用于结构的整体稳定验算及结构构件的设计计算	抗浮设计水位对结构设计影响大

2) 防水设计水位(也称设防水位)应综合分析历年水位地质资料、根据工程重要性、工程建成后地下水位变化的可能性等因素综合确定,对附建式的全地下或半地下工程的抗渗设计水位,应高出室外地坪标高 500mm(其中的 500mm 和表 7.5.7-1 中的 1m 为毛细水上升的高度)以上,其目的是为确保工程的正常使用。

(1)《北京地区建筑地基基础勘察设计规范》DBJ 01—501 第 4.1.5 条规定:对防水要求严格的地下室或地下构筑物,其设防水位可按历年最高地下水位设计;对防水要求不严格的地下室或地下构筑物,其设防水位可按参照 3~5 年的最高地下水位及勘察时的实测静止地下水位确定。

(2)《北京市建筑设计技术细则》(结构专业)第 3.1.8 条规定:凡地下室内设有重要机电设备,或存放贵重物质等,一旦进水将使建筑物的使用受到重大影响或造成巨大损失者,其地下水位标高应按该地区 71~73 年最高水位(包括上层滞水)确定;凡地下室为一般人防或车库等,万一进水不致有重大影响者,其地下水位标高可取 71~73 年最高水位(包括上层滞水)与最近 3~5 年的最高水位(包括上层滞水)的平均值。

(3) 防水设计水位主要用于建筑的外防水和确定地下结构的抗渗等级,重在建筑物的防渗设计,与抗浮设计及结构构件设计无关。

3) 抗浮设计水位(也称抗浮水位),国家规范没有明确规定,一般可按当地标准确定。在我国长江以南的丰水地区,地下水位高,对重要工程的抗浮设计应予以高度的重视。福建省防洪设计的暂行规定要求,对重大工程按室外地面以上 500mm 高度确定地下室的抗浮设计水位;而在我国北方的广大缺水地区,应根据水文地质情况及其地下水位的变化规律综合确定抗浮设计水位。对重大工程,一般宜进行抗浮设计水位的专项论证。

(1) 抗浮设计水位重在结构整体的稳定验算及结构构件的设计计算,是影响结构设计的重要条件。

(2)《北京市建筑设计技术细则》(结构专业)第 3.1.8 条规定:地下室外墙、独立基础加防水板基础中的防水板等结构构件进行承载力计算时,结构设防水位(即抗浮设计水位)取最近 3~5 年的最高水位(包括上层滞水)。

2. 关于设计水位的合理优化

1) 设计地下防水结构所考虑的地下水压(浮)力是根据地质勘察资料,并结合工程所在地的历史水位变化情况确定的。换言之,结构设计中用于计算地下水浮力的设计水位,是勘察单位根据已有水文地质资料,对结构使用期内(如未来 50 年或未来 100 年等)工程所在地的地下水浮力设计水位做出的判断;设计水位数据的准确与否直接影响到结构投资,同时,设计水位可研究深化的余地较大。

2)对重大工程或抗浮设计水位对结构投资影响较大的工程,可建议建设单位委托勘察单位对抗浮设计水位进行专项分析研究,应进行必要的水文试验并经专家论证后确定,以提高抗浮设计水位的准确性,减少投资。

3)南水北调工程对地下水位的影响分析

(1)我国水资源总量约为 28000 亿 m³,居世界第六,但人均占有量仅为世界平均数的 1/4,在世界排名第 88 位,属于缺水国家。我国水资源分布很不均匀,长江流域及其以南地区水资源占全国的 80% 以上,耕地面积不到全国的 40%,属富水区;而黄河、淮河、海河三大流域耕地面积占全国的 45%,人口占 36%,水资源量只占全国的 12%,属缺水区。

(2)南水北调工程分东、中、西线,调水的主要目的是解决北方地区工业与生活用水,兼顾生态和农业用水。相关资料表明,工程投资(按 2000 年物价计算)对水成本的影响很大(见表 7.5.7-2),因此,从经济角度看,南水北调的水资源不可能直接用于回灌,因此不会引起北方地区地下水位的明显改变。

南水北调工程中线一期沿线平均水价(人民币元/m³)　　　表 7.5.7-2

地区	河南省	河北省	北京市	天津市
水价	0.529	1.241	2.324	2.358

3. 地下室的抗浮验算

关于地下室的抗浮验算,国家规范和各地方规范及相关专门规范提出了不同的要求,应根据工程所在地和工程的具体情况执行相应的规定。当工程所在地无具体规定时,可执行国家《地基规范》的规定。

1)(《地基规范》第 5.4.3 条)规定:建筑物基础存在浮力作用时应进行抗浮稳定性验算,并应符合下列规定:

(1)对于简单的浮力作用情况,基础抗浮稳定性应符合公式(7.5.7-1)的要求:

$$\frac{G_k}{N_{w,k}} \geq K_w \qquad (7.5.7\text{-}1)$$

式中:G_k——建筑物自重及压重标注值之和(kN);

$N_{w,k}$——浮力作用标准值(kN);

K_w——抗浮稳定安全系数,一般情况下可取 1.05。

(2)抗浮稳定性不满足设计要求时,可采用增加压重或设置抗浮构件等措施。在整体满足抗浮稳定性要求而局部不满足时,也可采用增加结构刚度的措施。

2)广东省标准的规定:

广东省标准《建筑地基基础设计规范》DBJ 15—31 第 5.2.1 条规定,地下室抗浮稳定性验算应满足式 7.5.7-2 的要求:

$$\frac{W}{F} \geq 1.05 \qquad (7.5.7\text{-}2)$$

式中:W——地下室自重及其上作用的永久荷载标准值的总和(kN);

F——地下水浮力标准值(kN)。

3)《北京地基规范》第 8.8.1 条及第 8.8.2 条的规定

(1) 当建筑物地下室基础位于地下含水层中时,应按下式进行抗浮验算:

$$N_{wk} \leqslant \gamma_G G_k \tag{7.5.7-3}$$

当不满足式(7.5.7-3)时,应按下式设计抗浮构件:

$$T_k \geqslant N_{wk} - \gamma_G G_k \tag{7.5.7-4}$$

式中:N_{wk}——地下水浮力标准值(kN);
　　　G_k——建筑物自重及压重标准值之和(kN);
　　　γ_G——永久荷载的影响系数,取 0.9~1.0;
　　　T_k——抗拔构件提供的抗拔承载力标准值(kN)。

4) 水池设计规程的规定
《给水排水工程钢筋混凝土水池结构设计规程》(CECS138:2002)第5.2.4条规定:当水池承受地下水(含上层滞水)浮力时,应进行抗浮稳定性验算。验算时作用均取标准值,抵抗力只计算不包括池内盛水的永久作用和水池侧壁上的摩擦力,抗力系数不应小于1.05。

7.5.8 减少主、裙楼差异沉降的技术措施

【问】 在主、裙楼建筑中,减少主裙楼差异沉降的主要技术措施该如何确定?

【答】 主、裙楼一体(或主、裙楼脱开但相距很近)的建筑,主楼一般为欠补偿基础,基底压力大,地基沉降量也大。裙房一般为超补偿基础,或基底附加压力很小的欠补偿基础,地基沉降量较小。主裙楼差异沉降大。可采取减小主楼沉降、适当加大裙楼沉降的相应技术措施,减小主、裙楼的差异沉降;技术措施围绕影响沉降的几大因素(如:调整基底面积从而调整基底附加压力,调整或改变地基土的压缩模量等)展开。

【问题分析】

1. 减小主楼沉降的技术措施有:

1) 采用压缩模量较高的中密以上砂类土或砂卵石作为基础持力层,其厚度一般不小于4m,并均匀且无软弱下卧层;

2) 主楼采用整体式基础,并通过采取"飞边"等技术措施,适当扩大基础底面积,减小基底总压力,从而减小基底附加压力;

3) 当采用天然地基效果不明显或经济性不好时,主楼可采用地基加固方法,以适当提高地基承载力和减小沉降量;

4) 当采用地基加固方法效果仍不理想时,主楼可采用桩基础(如钻孔灌注桩,并采用后压浆技术,当仅为减少主楼沉降时,也可采用减沉复合疏桩基础等),以提高地基承载力和减小沉降量。

2. 适当加大裙楼沉降的技术措施有:

1) 裙楼基础采用整体性差、沉降量大的独立基础或条形基础,不宜采用满堂基础;

2) 当地下水位较高时,可采用独立基础加防水板或条形基础加防水板,防水板下应设置软垫层;

3) 应严格控制独立基础或条形基础的底面积不致过大;

4) 裙楼部分的埋置深度可以小于主楼,以使裙楼基础持力层土的压缩性高于主楼基础持力层的压缩性;

5) 裙楼可以采用与主楼不同的基础形式,如主楼采用地基处理或桩基础,而裙楼采

用天然地基(注意:《抗震规范》第3.3.4条规定为"不宜",此处可不执行该规定,以满足沉降要求为第一需要)。

3. 差异沉降的控制

1)结构设计中可根据工程的具体情况,采取减小主楼沉降的技术措施,或采取适当加大裙楼沉降的技术措施,或同时采取减小主楼沉降及适当加大裙楼沉降的技术措施,以控制主、裙楼的差异沉降。

2)差异沉降的允许值见《地基规范》表5.3.4。一般情况下,对框架结构可取柱距的1/500;对剪力墙结构可取墙间距的1/1000;对框架-核心筒结构中核心筒与外框架之间的差异沉降允许值可取1/750。其他结构可参照相应的结构体系确定,不同部位可根据对差异沉降的敏感程度灵活掌握。

3)设置沉降后浇带可以消除建筑物在施工期间的沉降差,建筑物在施工期间完成的沉降量应根据工程经验确定。当无可靠工程经验时,也可按《地基规范》第5.3.3条确定(见表7.5.8-1)。地基土的压缩性可按 p_1 为100kPa(100kPa=1kg/cm^2),p_2 为200kPa时相对应的压缩系数 a_{1-2} 划分为低、中、高压缩性,并按表7.5.8-1进行评价。

建筑物在施工期间完成的沉降量占总沉降量的比值　　　　表7.5.8-1

地基土的类别	砂土	其他低压缩性土	中压缩性土	高压缩性土
	$a_{1-2}<0.1\text{MPa}^{-1}$	$0.1\text{MPa}^{-1}\leqslant a_{1-2}<0.5\text{MPa}^{-1}$		$a_{1-2}\geqslant 0.5\text{MPa}^{-1}$
沉降比值	>80%	50%~80%	20%~50%	5%~20%

4)基础设计过程中,应按沉降后浇带封带前后的不同情况(沉降后浇带划分引起的不同结构分区、不同沉降情况)分别计算(沉降后浇带封带以前,各结构分区互不相关;沉降后浇带封带以后,结构联为整体,将承受建筑物的剩余差异沉降所产生的应力),取不利值设计(尤其是沉降后浇带两侧相关范围内,此处的"相关范围"一般指后浇带两侧各两跨或不大于15m的范围)。

4. 裙房基础埋深大于主楼时的设计处理

1)《地基规范》第8.4.20条第1款指出:"当高层建筑与相连的裙房之间设置沉降缝时,高层建筑的基础埋深应大于裙房基础埋深至少2m"。因此,对房屋高度较高的高层建筑(如房屋高度超过50m),不应突破规范的本条规定。

2)结构设计中经常遇到裙楼埋深大于主楼的情况,对房屋高度不太高的高层建筑,应根据工程的具体情况采取如下技术措施:

(1)优先考虑裙房基础避让措施,就是裙房基础远离主楼基础,两基础之间的净距应根据地基条件及上部结构的荷载差异情况,并结合当地经验综合确定。当无可靠工程经验时,一般不宜小于基础高差的2倍,见图7.5.8-1。

(2)当主楼与裙楼基础之间净距较小(不满足基础避让要求)时,对裙房地下室及地下室挡土墙应采取相应的加强措施(图7.5.8-2):

① 裙房地下室结构应有足够的整体性,应

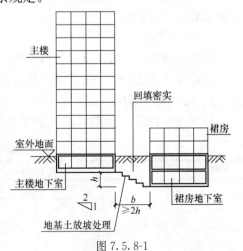

图7.5.8-1

7 建筑地基基础设计

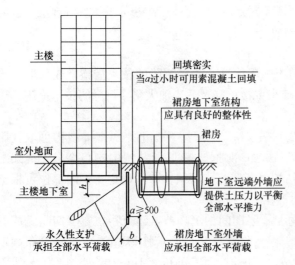

图 7.5.8-2

能承担全部荷载（地面荷载、墙外填土、主楼基础底面的附加压力）引起的水平推力，并由另一侧地下室挡土墙的土压力平衡全部水平推力。

② 裙房地下室外墙的设计时，应考虑全部荷载引起的土压力，应按静止土压力计算，土压力系数不应小于0.5。

③ 应控制裙房地下室挡土墙在全部荷载引起的土压力作用下的侧向变形，侧向变形不应大于其计算跨度的1/400。

④ 主楼与裙楼之间应设置永久性锚杆（注意：永久性锚杆指使用年限超过2年的锚杆，而非长期有效）及护坡，支护设计应由注册岩土工程师完成。当主楼与裙楼基础之间的高差不大（一般不大于3m）时，也可采取主楼放坡，并设置素混凝土垫层的做法（见图7.5.8-3）。

3）当不满足要求时必须采取有效措施，其中的"有效措施"指为确保主楼稳定（施工及使用期间）的有效措施，其中包括对裙房地下室的加强措施，以满足主楼的侧限要求。

4）《地基规范》第8.4.20条第3款指出：当高层建筑与相连的裙房之间不允许设置沉降缝和后浇带时，应进行地基变形验算。事实上，无论高层建筑与相连的裙房之间是否允许设置沉降缝和后浇带，都应进行地基变形验算，并考虑其对结构的影响。

5. 沉降观测

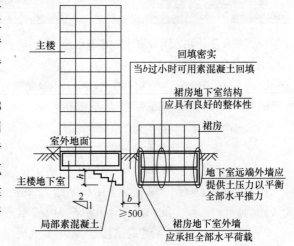

图 7.5.8-3

沉降观测是验证沉降设计计算准确与否的最有效方法，也是完善设计方法和提高施工水平的重要手段。

1）建筑物沉降观测应包括从施工开始的整个施工过程和使用期间。

2）观测的日期与次数，应根据工程进度确定，一般要求见表7.5.8-2。

建筑物沉降观测的一般要求   表 7.5.8-2

阶段	施工阶段				使用阶段	
	第一次	第二次	第三次	以后	第一年	以后
观测时机	垫层施工前	基础完成后	±0完成后	每四层或两月	2～3月一次	4～6月一次至沉降稳定

3) 需要指出的是，在±0完成后开始的沉降观测是不完全和不准确的。

4) 对一般工程，可从基础完成后开始沉降观测。

7.6 桩基础及墩基础

【要点】

1. 由于桩基础具有整体性好、承载力高和沉降量小、结构布置灵活等优点，因而在结构设计中广为采用，尤其在高层建筑中应用更为普遍。按桩的受力情况可分为摩擦桩（桩顶竖向荷载主要由桩侧阻力承受）和端承桩（桩顶竖向荷载主要由桩端阻力承受），按施工工艺分为预制桩和灌注桩。近年来，钻孔灌注桩后压浆技术的逐步成熟和推广，拓展了钻孔灌注桩广泛的使用空间。

2. 《桩基规范》在桩基设计计算中同样存在计算公式烦琐（如《桩基规范》中式（5.5.14-2）等）不易执行的问题，和对地基基础设计的认识相同，编者认为，桩基设计计算也应该重概念，轻计算精度，相应的设计计算公式以能体现主要影响因素为宜，以简化设计过程，也有利于建立桩基设计的总体概念。

3. 应重视对桩基沉降经验的积累。编者认为，桩基的沉降不应该完全依赖于计算，在桩基沉降的确定过程中，工程经验往往比理论计算更重要，有时甚至是决定性的因素。

4. 对地下水位较高且相对稳定的地区及工程，确定桩数时可适当考虑稳定地下水位的有利影响，以适当减少桩数。

7.6.1 嵌岩灌注桩的桩身尺寸效应问题

【问】 嵌岩灌注桩是否要考虑桩身的尺寸效应？

【答】《桩基规范》式（5.3.9-2）及式（5.3.9-3）中并没有明确规定要考虑大直径灌注桩的桩侧及桩端的尺寸效应。建议对大直径嵌岩灌注桩也应考虑桩端及桩侧的尺寸效应，以策安全。

【问题分析】

1. 砂、土中的大直径灌注桩成孔后产生应力释放，孔壁及孔底均出现松弛变形，导致侧阻力及端阻力有所降低，侧阻力及端阻力随桩径增大呈双曲线型减小。

2. 对嵌岩桩，其桩侧的工作状态与一般灌注桩并无区别，因此，在式（5.3.9-2）中应按《桩基规范》表5.3.6-2考虑大直径灌注桩的侧阻力尺寸效应。

3. 对嵌岩灌注桩的桩端，影响嵌岩段极限侧阻力及端阻力大小的主要因素有：嵌岩段的岩性、桩体材料和成桩清孔情况等，与桩径大小关系不明显，同时岩石的应力松弛现象也较砂、土层轻微的多。因此，一般情况下，可不用考虑大直径灌注桩的桩端尺寸效应。而对极软岩、软岩及强风化岩也可偏安全地在式（5.3.9-3）中，按《桩基规范》表5.3.6-2考虑大直径灌注桩的端阻力尺寸效应。

4. 按《桩基规范》确定嵌岩桩的单桩竖向极限承载力标准值并应用式（5.3.9-2）时应注意：Q_{sk}为土的总极限侧阻力标准值，对不扩底的等直径嵌岩桩，不包括嵌岩段的侧阻力。《桩基规范》采用综合系数ζ_r来考虑嵌岩段的侧阻力及端阻力。而对于嵌岩扩底桩，不应考虑扩底桩变截面高度及以上2d范围内的侧阻力。桩的嵌岩深度h_r取扩大头的

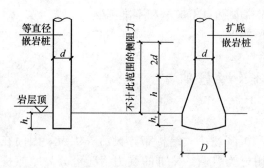

图 7.6.1-1 嵌岩桩

全截面(直径为 D)的入岩深度,根据嵌岩深径比(为 h_r/D)的数值,按《桩基规范》表 5.3.9 确定桩嵌岩段侧阻和端阻综合系数 ζ_r,见图 7.6.1-1。

7.6.2 墩的概念及设计

【问】 什么是墩?墩与桩有什么区别?

【答】 桩的长度或有效长度(指减去桩侧有负摩擦力区段的相应桩长后的实际长度)小于 6m 或 6d(当桩长虽大于 6m,但 $L/D<3$ 时,也按墩设计。其中 d 为桩的直径,D 为扩底直径)的桩称其为墩。桩的承载力按试桩或《桩基规范》式(5.3.6)确定,而墩则属于深基础,其承载力一般按《地基规范》式(5.2.4)确定。

【问题分析】

1. 墩属于深基础,是介于天然地基与桩之间的一种特殊形式,墩的承载力应结合工程实际情况按深基础确定。当墩长介于墩与桩界限处时,墩的承载力确定困难,可取深基础及桩承载力的较小值:

1) 按深基础计算时,不考虑墩身周围的摩擦力,按《地基规范》式(5.2.4)计算经深度修正后的,墩底持力层的地基承载力特征值 f_a:基础的计算埋深 d 算至墩底,取墩底持力层的地基承载力特征值 f_{ak}(注意:是地基承载力特征值 f_{ak},而不是桩的极限端阻力标准值 q_{pk}),按墩底面积考虑墩自重(注意:在桩设计计算中,一般不考虑桩身自重,主要因为桩的承载力特征值由试桩或经验公式确定。由试桩确定时,桩的承载力特征值中不包括桩身重量;由经验公式计算时,桩的极限侧阻力标准值和极限端阻力标准值均已考虑桩身自重的因素)及相应土重。

当按深层载荷板试验确定 f_{ak} 时,则取 $\eta_d=0$。

2) 按《桩基规范》式(5.3.6)计算时,考虑墩身周围的摩擦力,按桩的极限侧阻力 q_{sik} 计算,但墩长小于 6m、或在有效墩长范围内人工回填土厚度超过有效墩长的 60% 时,可不考虑墩身周边的摩擦力,也不考虑扩大头高度及其以上 $2d$ 范围内的墩侧阻力(见图 7.6.2-1)。

3) 支承于强风化基岩上的扩底墩(嵌岩墩)的承载力计算:由于强风化岩体压缩性较大,因此可按大直径扩底桩计算其承载力,侧阻力和端阻力值可参照砂、砾层的经验值确定。

4) 桩端土极限端阻力标准值 q_{pk} 与地基承载力特征值 f_{ak} 的关系

从勘察报告中经常发现,地基承载力特征值 f_{ak} 与桩端土极限端阻力标准值 q_{pk} 在数值上有很大的差异,其实这是不同试验方法所造成的。

(1) 桩端承载力按深层平板载荷试验确定,指桩入土深度大于 6m、桩端面积为 $0.5m^2$ 时的容许承载力,考虑了桩端的刺入变形及深基坑对基础下地基土侧向变形的约束。

(2) 而地基承载力一般根据浅层平板载荷试验确定(岩石地基承载力特征值的确定方法见本章第 7.2.2 条),未考虑基础埋深对基础下地基土侧向变形的约束。

(3) 当采用深层平板载荷试验时,地基承载力特征值应与桩端承载力特征值相当。有网友指出:在这种情况下应该 $f_{ak}=q_{pk}$,但按《桩基规范》式(5.3.6)的计算值反而会偏小,因为桩端阻力及侧阻力需考虑有尺寸效应系数。其实,在按《地基规范》式(5.2.4)计算时需考虑桩身重量,综合比较其结果出入不大。

2. 当前多、高层建筑中大直径扩底墩应用较为广泛,设计时,需注意大直径扩底墩支承于黏性土、粉土、砂土及卵石层上的下列基本特性:

1) 扩底部分压力相同时,扩底面积愈大,沉降量愈大;

2) 扩底面积愈大,其承载力值小于按线性比例的增大关系;

3) 和大直径扩底桩不同,扩底墩的承载性能更接近于天然地基基础。

3. 采用一柱一墩时,当墩的直径 d 不小于柱直径 d_c(当柱为矩形截面时,可按面积相等原则等效)的2倍(即 $d/d_c \geqslant 2$,墩的截面抗弯刚度(EI)不小于柱截面抗弯刚度的16倍)时,可认为柱在墩顶嵌固。

4. 墩顶弯矩的分配

1) 符合下列条件之一时,可只考虑墩顶轴向力和水平力作用,不考虑弯矩分配。

(1) 底层柱下有基础梁,且基础梁的截面抗弯刚度(EI)大于墩的截面抗弯刚度5倍以上时;

(2) 底层为箱形基础时;

(3) 底层为剪力墙时。

2) 当不符合上述1)时,可采用近似计算方法,即将柱子传来的弯矩在墩和基础梁之间按抗弯刚度进行分配。一般情况下,可偏安全地考虑由基础梁承担全部柱底弯矩,并按基础梁的线刚度分配。

5. 大直径扩底墩的设计要求

1) 大直径扩底墩的基本尺寸及进入持力层深度

大直径扩底墩的基本尺寸、中距及墩底进入持力层的深度需符合下列要求(图7.6.2-1):

(1) 扩底墩的直径 d 宜为:采用机械成孔时 $d=0.8\sim1.0\mathrm{m}$,采用人工挖孔时 d

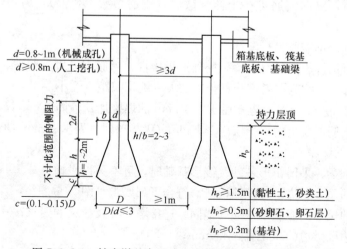

图 7.6.2-1 扩底墩基本尺寸、中距及进入持力层深度

≥0.8m；

(2) 扩底墩底部的钢底深度 $c=(0.1\sim0.15)D$；

(3) 扩底部分的高度 h，应考虑竖向压力的刚性扩散角和施工安全的要求，可取 $h=1\sim2$m；

(4) 扩头高度 h 与宽度 b 之比应 $h/b=2\sim3$，砂土取大值，黏性土取小值；

(5) 扩大头直径 D 与墩身直径 d 之比 $D/d\leqslant3$；

(6) 扩底墩的墩间中距应 $\geqslant 3d$，两墩底之间的净距应 $\geqslant 1.0$m；

(7) 扩底墩进入持力层的深度 h_p，应根据土质按下列要求确定：

① 黏性土和砂类土：$h_p\geqslant1.5$m；

② 砂卵石或卵石层：$h_p\geqslant0.5$m；

③ 基岩：$h_p\geqslant0.3$m；

④ 需要抗震设防而持力层以上为可液化土层时，墩底进入持力层的深度：对于碎石土、砾、粗、中砂，密实粉土，坚硬黏性土尚不应小于 $2\sim 3d$，对其他非岩石土不宜小于 $4\sim 5d$。

2) 扩底墩的配筋

扩底墩的混凝土及配筋应符合下列要求（图 7.6.2-2）：

(1) 墩身混凝土强度等级应 $\geqslant$C20；

(2) 墩身纵向钢筋配筋率 $\rho\geqslant 0.4\%$，钢筋根数 $\geqslant 8$ 根；

(3) 抗震设计或风荷载较大、或墩长 <15m 时，纵向钢筋应直伸到墩底；非抗震设计且风荷载较小

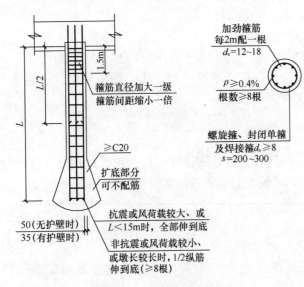

图 7.6.2-2 扩底墩的配筋

以及墩长较长时，纵向钢筋可一半伸到墩底（钢筋根数 $\geqslant 8$ 根），另一半可伸至 1/2 墩长处；

(4) 扩底部分不需要另行配筋；

(5) 箍筋可用螺旋封闭箍，宜采用环形焊接箍，箍筋直径宜 $\geqslant 8$mm，间距可为 200～300mm；墩顶 1.5m 的范围内箍筋直径宜加大一级，间距宜缩小一半；

(6) 每隔 2m 左右设置一道直径 12～18mm 的焊接加劲箍筋；

(7) 墩身钢筋混凝土的保护层应 $\geqslant 50$mm（无护壁时）及 $\geqslant 35$mm（有护壁时）。

3) 扩底墩的墩帽

(1) 有基础梁、采用箱形基础及筏形基础时，可不另设墩帽。

(2) 墩帽的尺寸、边距及配筋构造需符合下列要求（图 7.6.2-3）：

(3) 墩帽的尺寸应能满足钢筋的锚固、连接墩和柱及拉梁的要求；

(4) 墩帽边至墩边的净距宜 $\geqslant 200$mm；

(5) 墩顶上、下均配置双向钢筋，其直径 $\geqslant 12$mm，间距宜 $\leqslant 150$mm。

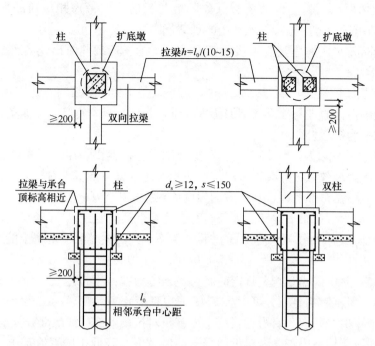

图 7.6.2-3 单柱及双柱下的墩帽构造

4）墩顶拉梁设置见第 7.6.3 条。

7.6.3 桩基础拉梁的设计原则

【问】桩基础拉梁设计应注意哪些问题？

【答】桩基础拉梁设计时应区分不同情况，确定是否需要拉梁承担柱底弯矩。其他要求同第 7.4.4 条。

【问题分析】

1. 桩承台拉梁的设计要求见图 7.6.3-1。

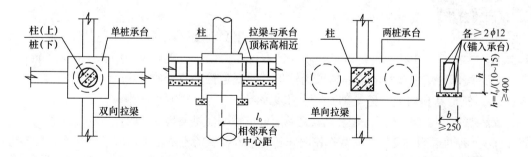

图 7.6.3-1 承台拉梁的布置、截面及配筋

2. 桩基础应优先考虑由桩承担柱底弯矩（由桩产生的力偶平衡柱底弯矩）。而对单桩承台、两桩承台的宽度方向应考虑基础拉梁承担柱底弯矩，拉梁分担的柱底最大弯矩设计值可近似按拉梁线刚度分配。

3. 地震作用时，拉梁承担的轴向拉力取两端柱轴向压力较大者的 1/10。

4. 当拉梁需要承担其上部的荷载（如隔墙等）时，应考虑相应荷载所产生的内力（确有依据时，可适量考虑拉梁下地基土的承载能力）。

5. 拉梁配筋时，应将上述各项按规范要求（考虑各荷载同时出现的可能性）进行合理组合；

6. 当防水板厚度较大（≥250mm）时，可不设基础梁，必要时在防水板内设置暗梁。承台加防水板的设计原理与独立基础加防水板设计相同，见本章第7.4.3条，只需将其中的独立基础改换为桩承台即可。

7. 当采用桩基础且表层地基土比较好（承载力特征值高、中低压缩性土、土层较厚等）或梁下换填处理效果较好时，一般均可适当考虑拉梁下地基土对拉梁上部荷载的部分抵消作用（注意不是全部考虑，其考虑的程度应根据工程经验确定，当无可靠工程经验时可不考虑）。考虑承台拉梁下地基土承载力时应注意下列问题：

1) 桩基沉降量 s_p 与拉梁沉降量 s_b 的相互关系，是考察拉梁下地基土能否抵消拉梁上部荷载的主要依据。

2) 当 $s_b \leqslant s_p$ 且沉降满足规范规定时，可适当考虑拉梁下地基土对拉梁上部荷载的部分抵消作用（一般不宜用足，如可考虑 $f_a/2$ 或更低值）。

3) 当 $s_b \geqslant s_p$ 时，一般不宜考虑拉梁下地基土对拉梁上部荷载的部分抵消作用。

4) 设计中可采取适当加大拉梁下混凝土垫层宽度、降低拉梁下地基土抵消上部荷载的幅度等技术措施，以减小拉梁的沉降量。

5) 重要建筑、软土地区的建筑、拉梁有高大填充墙或作为幕墙基础时，不应考虑拉梁下地基土对拉梁上部荷载的抵消作用。

7.6.4 桩基础的调平设计原则

【问】 桩调平设计的关键是什么？

【答】 桩调平设计的基本原则是控制沉降，调平设计没有什么深奥的东西，地基基础设计中的减小地基沉降的措施都是调平设计的内容。对桩基础而言，调平设计可以通过调整桩距、改变桩长、桩径等多种措施实现。

【问题分析】

1. 《桩基规范》明确了在基础设计中可以采用变刚度设计的概念，是对传统基础设计理念的一大突破。在特殊条件下，基础设计中可不遵循《抗震规范》第3.3.4条"同一结构单元不宜部分采用天然地基部分采用桩基"的规定。

2. 天然地基和均匀布桩基础的受力和变形特点

天然地基和均匀布桩的桩基础，其初始竖向支承刚度是均匀分布的，当基础（承台）（设置在桩顶且刚度有限）受均布荷载作用时，随着基础荷载的不断增加，由于土与土、桩与桩、土与桩的相互作用导致地基或桩群的竖向支承刚度分布发生内弱外强的变化，沉降变形出现内大外小的碟形分布，基底反力出现内小外大的抛物线形分布。对框架-核心筒结构，其上部结构的荷载和刚度呈现明显内大外小分布规律，碟形沉降更趋明显。（图7.6.4-1a）

3. 变刚度调平设计的主要目的

为避免出现上述2的情况，在基础设计中通过调整基桩的布置或采取地基处理手段，实现对地基和基础刚度的调整，最大限度地减小差异沉降，使基础或承台的内力显著降低

（图 7.6.4-1b）。

4. 实现变刚度调平设计的主要方法（图 7.6.4-2）

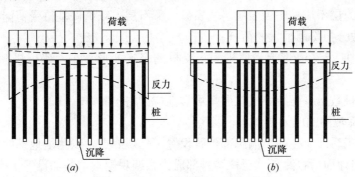

图 7.6.4-1　均匀布桩与不均匀布桩的变形与反力示意
(a) 均匀布桩；(b) 不均匀布桩

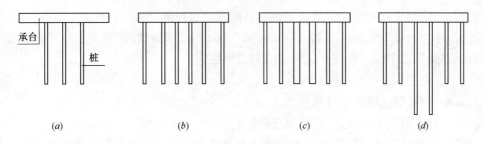

图 7.6.4-2　变刚度布桩
(a) 局部增强；(b) 变桩距；(c) 变桩径；(d) 变桩长

1）局部增强

采用天然地基时，不应拘泥于纯天然地基的传统概念，对荷载分布比较集中的区域（如核心筒附近等）实施局部增强处理，可采用局部桩基或采用局部刚性复合地基。

2）变刚度桩基

采用桩基时，对荷载分布比较集中的区域可采取变桩距（局部加密布桩）、变桩径（局部区域采用较大桩径的桩）、变桩长（多持力层）布桩，同时可适当弱化外围桩基或按复合桩基设计。

3）主、裙楼连体变刚度

对主、裙楼连体的建筑，基础应按增强主楼（如采用桩基等）弱化裙房（如采用天然地基、疏短桩、复合地基等）的原则设计。

7.6.5　关于减沉复合桩基

【问】　减沉复合桩基与普通桩基有什么不同？

【答】　顾名思义，减沉复合桩基的目的就是为了减小沉降（在承载力基本满足要求的前提下），采用的是梳桩基础（桩距不小于 $5d\sim6d$ 的摩擦桩），单桩承载力应控制在较小的范围内，桩的截面尺寸也应控制在 $200\sim400$ mm 之间，确保由桩和桩间土共同承担荷载，且桩间土荷载分担的比例足够大，采用最少量的桩，以获得最大的经济效益。而普通桩基础则用来解决承载力及沉降问题，桩作为承载力和减小沉降的主体。

7 建筑地基基础设计

【问题分析】

1. 减沉复合疏桩基础应用中的三大关键技术

1）桩端持力层不应是坚硬岩层、密实砂、卵石层，以确保基桩受荷能产生刺入变形，承台底土能有效分担份额很大的荷载；

2）桩距应在 $5d \sim 6d$ 以上，使桩间土受桩的牵连变形最小，确保桩间土较充分发挥承载作用；

3）由于基桩数量少而疏，成桩质量可靠性应严格控制。

2. 系统沉降观测的四大要点

1）桩基完工后即应在柱、墙脚部位置设置沉降观测点，以测量地基的回弹再压缩量，待地下室建造出地面后将测点移至柱墙脚部成为长期观测点，并加设保护措施。

2）对于框架-核心筒、框架-剪力墙结构，应于内部柱、墙和外围柱、墙上设置沉降观测点，以获取建筑物内、外部的沉降和差异沉降值。

3）沉降观测应委托专业单位负责进行，施工单位自测自检平行作业，以资校对。

4）沉降观测应事先制订观测间隔时间和全程计划，观测数据和所绘曲线应作为工程验收内容移交建设单位，并按相关规范观测直至稳定。

7.6.6 钻孔灌注桩的后注浆技术

【问】 什么情况下可考虑桩底、桩侧注浆？

【答】 一般情况下，需要提高单桩承载力并减小基桩沉降的工程，当地质条件满足后注浆的必备条件（具备可注浆的土层及确保注浆不流失）时，均可考虑采用后注浆技术。

【问题分析】

1. 后注浆灌注桩的单桩竖向极限承载力应通过静载试验确定，在符合《桩基规范》第 6.7 节后注浆技术实施规定的条件下，也可按《桩基规范》式（5.3.10）计算，其中后注浆竖向增强段的厚度可按表 7.6.6-1 及图 7.6.6-1 确定。

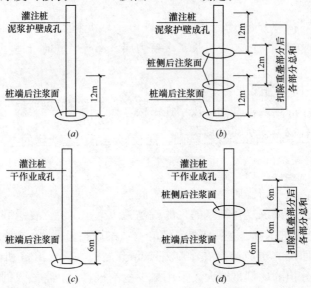

图 7.6.6-1 后注浆竖向增强段内第 i 层土厚度 l_{gi} 计算原则

7.6 桩基础及墩基础

后注浆竖向增强段内第 i 层土厚度　　　　表 7.6.6-1

序　号	成桩条件	注浆情况	竖向增强段 l_{gi}（m）
1	泥浆护壁成孔灌注桩	单一桩端后注浆	桩端以上 12m（图 7.6.6-1a）
2		桩端、桩侧复式注浆	桩端以上 12m 及各桩侧注浆面以上 12m 之和，应扣除重叠部分（图 7.6.6-1b）
3	干作业灌注桩	单一桩端后注浆	桩端以上 6m（图 7.6.6-1c）
4		桩端、桩侧复式注浆	桩端以上 6m 及各桩侧注浆面上、下各 6m 之和，应扣除重叠部分（图 7.6.6-1d）

2. 钻孔灌注桩的后注浆的过程见图 7.6.6-2。

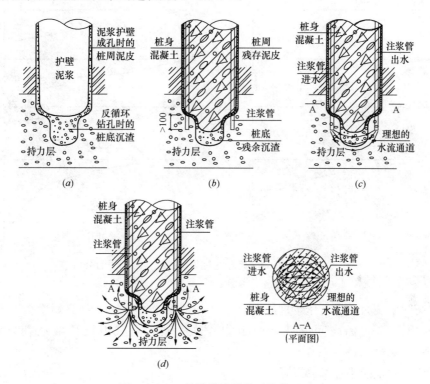

图 7.6.6-2　钻孔灌注桩的后注浆过程
（a）桩周泥皮及桩底沉渣形成图；（b）注浆前桩周泥皮及桩底沉渣现状图
（c）注浆前洗井的理想水流通道；（d）桩底后注浆时的浆液通道

3. 采用钻孔灌注桩的后注浆技术的主要技术经济分析

1）采用经桩底压浆的钻孔灌注桩基础，能较好地解决建筑物的差异沉降问题，同时也能较好地适应上部建筑的荷载分布特点及地基反力不均匀的特性。还能较好地满足建筑的使用功能对结构不留防震缝的要求。

2）采用后注浆的钻孔灌注桩基础，能解决在城市中心地区，打入式预制桩施工所带来的噪声扰民问题，也能解决钻孔灌注桩桩底沉渣难以检测和处理的问题，提高单桩的承载力，产生了明显的技术经济效益。（以北京名人广场写字楼工程为例）分述如下：

（1）能大幅度提高灌注桩的承载力

根据中国建筑科学研究院地基基础研究所对工程桩所做的对比试验结果，桩底压浆使

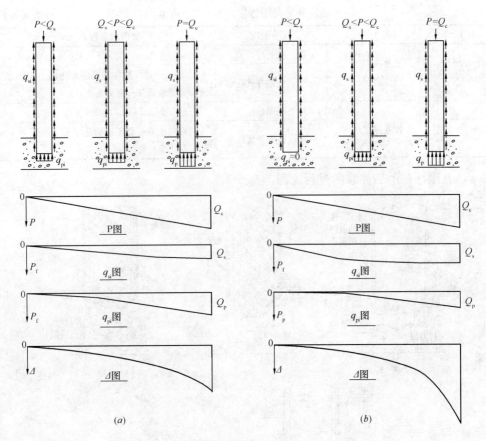

图 7.6.6-3　桩底后注浆灌注桩与普通灌注桩的受力分析
(a) 桩底后注浆灌注桩；(b) 普通灌注桩

单桩竖向极限承载力，由不压浆桩的 6900kN，提高到 10200kN，提高幅度达 48%，扣除试桩在桩顶至基底标高间的残余摩阻力，单桩竖向承载力特征值从 3000kN 提高到 4500kN。

（2）能有效地减小桩基的沉降

从图 7.6.6-4 可以看出，经桩底压浆后，在同级荷载（Q）下，桩顶沉降（s）远小于不压浆桩，桩顶残余变形也大为减小。

（3）采用后注浆技术能消除了人们对钻孔灌注桩孔底沉渣的忧虑

普通钻孔灌注桩，在地下水位较高时通常采用泥浆护壁，孔底沉渣难以准确检测和清除，桩底压浆的过程从这个意义上讲，正是对桩底沉渣的处理和对桩底持力层的加固过程，从图 7.6.6-4 的试桩结果不难看出这一点。

（4）采用后注浆技术改善了钻孔灌注桩的受力机理

普通钻孔灌注桩钻孔取土的过程，也正是桩周及桩底土体应力释放的过程，这一施工工序，降低了桩与土体的摩擦力和端承力，这也是普通钻孔灌注桩承载力低，沉降量大的根源。而采用压力灌浆，利用桩身自重，使桩身周边及桩底的土体得到预压，回到（或接近）它原有的应力状态，从而大大改善了桩与土体的咬合性能。此外，压浆后桩承载力的离散性远小于不压浆的桩，桩的沉降减小，桩端沉渣得到处理，桩底持力层得到加固（见

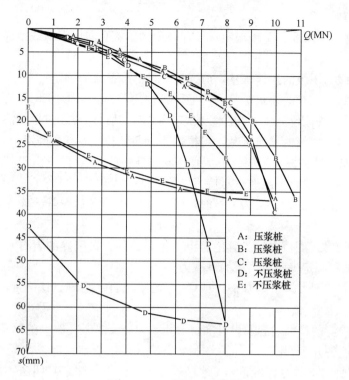

图 7.6.6-4 桩的 Q-s 曲线

图 7.6.6-4）。这些都说明，经压力灌浆的钻孔灌注桩，其受力机理已不同于普通意义上的钻孔灌注桩，而具有明显的预制桩的特性，同时，又克服了挤土桩的某些缺点，它集钻孔灌注桩与预制桩的优点于一身，既解决了施工扰民问题，又达到近乎于预制桩的理想的桩基效果，为受预制桩施工扰民，普通钻孔灌注桩承载力低、孔底沉渣难以检测和处理而长期困扰的结构设计，走出了一条新路。

（5）产生明显的经济效益

采用后压浆钻孔灌注桩与普通钻孔灌注桩的主要经济指标比较见表 7.6.6-2。

后压浆钻孔灌注桩与普通钻孔灌注桩的主要经济指标比较　　　表 7.6.6-2

桩基类型	桩数（根）	筏板厚度（m）	筏板配筋面积（cm^2/m）	压浆量	挖方深度	节约投资
普通灌注桩	494	3.5	269	—		
后压浆灌注桩	333	2.5	180	400～600kg/桩	减少 1m	≥300 万元

7.6.7 单桩竖向极限承载力标准值的确定

【问】 对所有基桩包括人工挖孔扩底墩，确定单桩竖向承载力标准值时，是否都要求进行单桩静载荷试验？

【答】 确定单桩竖向极限承载力标准值时，应按《桩基规范》第 5.3.1 条规定设计原则进行。对人工挖孔灌注桩、人工挖孔扩底墩、人工挖孔嵌岩灌注桩等特殊桩（墩），当其承载力很大时，可只对桩底持力层进行验证，并采取措施确保桩身质量。

【问题分析】

1. 《桩基规范》第5.3.1条规定：设计采用的单桩竖向极限承载力标准值应符合下列规定：

1）设计等级为甲级的建筑桩基，应通过单桩静载荷试验确定；

2）设计等级为乙级的建筑桩基，当地质条件简单时，可参照地质条件相同的试桩资料，结合静力触探等原位测试和经验参数综合确定；其余均应通过单桩静载荷试验确定；

3）设计等级为丙级的建筑桩基，可根据原位测试和经验参数确定。

2. 对人工挖孔灌注桩（扩底或不扩底、嵌岩桩、扩底墩等），由于其承载力较大，通常不进行单桩静载试验，一般通过对持力层的验证确认即可。

1）当桩（或墩）底持力层为岩石时，可通过桩底的岩基载荷试验确定岩石持力层的承载力；

2）当桩（或墩）底持力层为其他岩土（包括破碎、极破碎的岩石）时，可通过桩底的深层载荷板试验确定桩底持力层的承载力。

3. 对承载力特别大的重要基桩（或墩），可采用自平衡测试法[21]确定单桩竖向极限承载力标准值。

4. 关于桩检测的详细内容及设计实例分析，可查阅文献[24]的第7.8节。

5. 需要说明的几个问题：

1）对单桩竖向承载力标准值，《地基规范》与《桩基规范》叫法不同，但本质是一致的。

2）《建筑基桩检测技术规范》JGJ 256第4.1.4条规定："对工程桩抽样检测时，加载量不应小于设计要求的单桩承载力特征值的2.0倍"。当桩的承载力由桩身强度控制（如桩长较长、采用后注浆技术等使桩的承载力较大）时，执行此规定，将造成桩身混凝土强度等级及配筋的急剧增加，不合理。此时，可参考天津市工程建设标准《建筑基桩检测技术规程》DB 29-38第4.1.2条规定："当桩的承载力以桩身强度控制时，可按设计要求的加载量进行"。设计要求的加载量不应小于$1.6R_a$。

3）地下水位较高的地区的有多层地下室的桩基工程，在基坑底部进行工程桩的试验无实施的可能，工程桩的试桩多改为在天然地面进行，导致工程桩抽样检测的随机性丧失。

7.6.8 预应力混凝土管桩作为抗拔桩使用时应采取的措施

【问】 预应力混凝土管桩作为抗拔桩使用时，常出现抗拔失效的工程事故。预应力管桩是否还可以作为抗拔桩使用？

【答】 预应力混凝土管桩出现抗拔失效的主要原因是，管桩与承台的锚固失效及当采用接桩时管桩接头失效所致。实际工程中应优先考虑采用钢筋混凝土灌注桩或钢筋混凝土预制桩作为抗拔桩使用。必须采用预应力混凝土管桩作为抗拔桩时，应采取有效措施确保桩头与承台的锚固有效。在受地下水长期侵蚀的环境下，不应采用多节预应力混凝土管桩作为抗拔桩。

【问题分析】

预应力混凝土管桩包括：预应力高强混凝土管桩（简称"PHC桩"）、预应力混凝土管桩（简称"PC桩"）和预应力混凝土薄壁管桩（简称"PTC桩"）等。由于预应力混凝土管桩具有供应充足、施工速度快、经济性好等优点，因而在工业与民用建筑工程中应用相当普遍。但预应力混凝土管桩使用不当（如作为抗拔桩使用）时，常出现抗拔失效的工程事故；在软弱土层中使用时，存在管桩剪切破坏的危险。上海的倒楼事件，敲响了采用预应力混凝土管桩的警钟。实际工程中，应根据工程具体情况，结合预应力混凝土管桩的受力特点，合理选用预应力混凝土管桩，确保工程安全。

1. 预应力混凝土管桩的受力特点见表 7.6.8-1。

预应力混凝土管桩的受力特点　　　　　　　　　表 7.6.8-1

序号	情况	受力特点	应用分析
1	桩身采用高强混凝土	抗压强度高	适用于作为受压桩
2	桩身采用预应力钢筋	管桩的抗拉承载力高，抗裂性能好	具备作为抗拔桩的基本条件
3	管壁较薄	管桩的抗弯、抗剪能力较低、耐腐蚀能力差	不适用于软土地基工程、基桩承受地基土压力差较大的工程和处于腐蚀环境的基桩
4	采用离心式生产工艺	混凝土骨料分布不均匀，粗骨料较多地集中分布在管壁的外侧，内侧粗骨料较少，内表面光滑，摩擦系数降低	填芯混凝土与管壁摩擦力降低，抗拔性能差
5	多节桩采用焊接接头或机械快速接头连接	接头的耐腐蚀处理困难	受地下水的长期腐蚀，易造成多节抗拔桩的接头失效
6	管桩与承台的受拉锚固	受多种因素影响，锚固效果差	常导致桩与承台受拉锚固失效

2. 采用预应力混凝土管桩的工程事故分析

实际工程中采用预应力混凝土管桩应警惕下列工程事故的发生：

1）预应力混凝土管桩的抗拔失效

预应力混凝土管桩出现抗拔失效的主要原因是，管桩与承台的锚固失效及当采用多节桩时管桩接头失效。

（1）管桩与承台的锚固失效

预应力混凝土抗拔桩与承台的连接包括：管桩的桩顶填芯混凝土钢筋在承台的锚固和预制管桩的预应力钢筋在承台的锚固两部分。工程事故表明，导致预应力混凝土管桩与承台锚固失效主要情况如下：

① 当桩顶不截桩时（见图 7.6.8-1），直接在管桩顶面的端板上焊接普通钢筋并将其锚入承台，导致抗拔失效的主要原因有：桩顶端板的厚度不足，导致端板拉脱失效；锚入承台的普通钢筋，其焊缝（与桩顶端板的焊缝）长度方向与钢筋的受力方向垂直，导致焊缝撕裂失效；桩身预应力钢筋在桩顶端板的锚固失效等。

② 当桩顶截桩时（见图 7.6.8-2），桩与承台通过管桩填芯钢筋混凝土连接，填芯混凝土长度不足或填芯混凝土与管桩之间摩擦力不足而拔出，导致桩与承台连接失效。

7 建筑地基基础设计

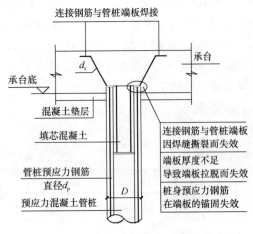

图 7.6.8-1 桩顶不截桩时

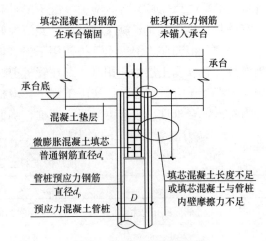

图 7.6.8-2 桩顶截桩时

（2）多节桩接头的失效

管桩接长时，多采用桩顶端板的直接焊接接头或机械快速接头连接，管桩与管桩的连接焊缝或机械快速接头的连接销受腐蚀环境的长期影响而失效，造成下节管桩不起抗拔作用，上节管桩被拔出。

2）预应力混凝土管桩的抗剪失效

预应力混凝土管桩的管壁较薄，以管径 $D=400\mathrm{mm}$ 的 PHC 桩为例（见国家标准图 03SG409 预应力混凝土管桩），管桩的有效截面面积仅为同外径实心桩截面面积的 72.4%，由表 7.6.8-2 可以看出，随桩径的增加，管桩的有效截面面积比不断减小。而桩身的抗剪强度与桩身的截面面积成正比，减小了截面面积，也就降低了管桩的抗剪承载力。还由于管桩为空心薄壁构件，当管桩承受较大水平力或地基发生较大侧向变形时，容易发生剪切破坏。

PHC 桩与实心桩的截面面积比　　　　表 7.6.8-2

桩外径 D (mm)	300	400	500	500	550	550	600	600	800	1000
壁厚 t (mm)	70	95	100	125	100	125	110	130	110	130
面积比（%）	71.6	72.4	64	64	59.5	70.3	59.9	67.9	47.4	45.2

3. 采用预应力混凝土管桩的相应技术措施

应结合工程经验合理使用预应力混凝土管桩。对软土地区工程、深基坑工程及承受较大水平力的基桩应慎用预应力混凝土管桩。此处对预应力混凝土管桩的应用提出以下建议：

1）在民用建筑中不宜采用预应力混凝土薄壁管桩（PTC 桩），对软土地区工程（如IV类场地的工程）、深基坑工程、承受较大水平力的基桩及处在腐蚀环境中的基桩等，严禁采用 PTC 桩。

2）预应力混凝土管桩应优先考虑作为抗压桩使用。

3）实际工程中应优先考虑采用钢筋混凝土灌注桩作为抗拔桩使用。对预应力混凝土管桩应避免作为抗拔桩使用，必须采用时应采取可靠的结构措施：

(1) 加强桩与承台的连接，采取综合措施（填芯及凿出桩头预应力钢筋等），确保桩头钢筋与承台锚固有效：

① 当桩顶截桩时（见图 7.6.8-3），应将桩头预应力钢筋锚入承台（锚固长度按《混凝土规范》式 (8.3.1-3) 确定，且不小于预应力钢筋直筋的 50 倍及 500mm），并采取钢筋混凝土填芯措施，其填芯长度不应小于 8D 且不得小于 3.5m（其中 D 为管桩外径。当基桩不承受拉力时，其填芯长度可取 5D 及 2m 的较大值）。填芯部分的纵向普通钢筋按承担基桩全部拉力计算（对填芯钢筋混凝土可不考虑裂缝宽度的限值要求），填芯混凝土的纵向钢筋在承台的锚固长度按《混凝土规范》式 (8.3.1-3) 确定，且不宜小于纵向钢筋直径的 40 倍。填芯混凝土应采用不低于 C40 的微膨胀混凝土，浇灌前应对管桩内壁进行界面处理，其他做法可参考国家标准图 10SG409。

适当长度的填芯钢筋混凝土，不仅可以加强管桩与承台的连接，同时还能起到强化管桩桩顶，提高管桩抗剪承载力的作用。

② 当桩顶不截桩时（见图 7.6.8-4），除应按上述①设置填芯钢筋混凝土外，还应在桩头端板焊接普通钢筋，并将其锚入承台（在承台的锚固长度按《混凝土规范》式 (8.3.1-3) 确定）。相关做法可参考国家标准图 10SG409。

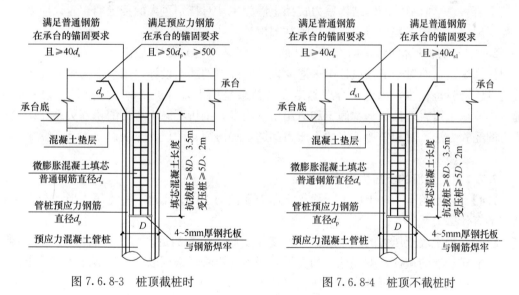

图 7.6.8-3 桩顶截桩时　　　　　图 7.6.8-4 桩顶不截桩时

(2) 采取措施确保多节桩接头的有效性。应按抗拉等强接头设计，并采取有效的防腐蚀措施。当设计中无法确保接头防腐措施的长期（工程设计使用年限内）有效时，对接头的焊缝可参考钢桩的做法，留出适当的腐蚀余量（按等比关系对焊缝强度留有足够的余量）。否则，不应采用多节管桩作为抗拔桩使用，必须采用时，只可考虑最上节管桩的抗拔承载力（即不考虑接头以下管桩的抗拔作用）。

4) 对软土地区工程（如Ⅳ类场地的工程）、深基坑工程、承受较大水平力的基桩等，应避免采用预应力管桩。必须采用时，应由地下室外墙、承台侧面的土压力（垂直于水平力作用方向的承台侧壁被动土压力）承担水平力，同时还应在管桩顶部设置填芯钢筋混凝土，以增加管桩顶部的有效截面面积，提高管桩的抗剪承载力。

7 建筑地基基础设计

5) 对软土地基上较高的高层建筑（如当房屋高度超过 50m 时），不宜采用预应力混凝土管桩。

6) 桩底持力层顶面起伏较大（>5%）的地区，应慎用管桩。

7) 实际工程中宜选用较大直径 D、较大壁厚 t（不宜小于 80mm）的管桩。管桩的长径比不宜超过 60，不应超过 80。

8) 在桩基础设计乃至地基基础的抗震设计中，如何实现"大震不倒"的设防目标，一直是工程界关注的问题。在相关规范没有明确规定之前，应重视大震时的地基基础问题，对基桩设计应留有适当的余地，并采取有效的结构措施，强化桩与承台的连接，确保在大震时连接不失效。

7.7 挡 土 墙

【要点】

1. 挡土墙设计是属于岩土工程问题还是结构工程问题，目前无明确结论，结构工程设计中也无法避免挡土墙的设计问题。民用建筑结构中涉及的挡土墙以地下室的钢筋混凝土挡土墙和总平面中的砌体结构重力式挡土墙为主，对特别重大的挡土墙，建议应由岩土工程师设计或结构工程师与岩土工程师共同设计。

2. 土压力的计算问题是挡土墙设计的主要问题，相关设计规范一般仅给出挡土墙土压力计算规定，而对于工程设计中多遇的地下室外墙的挡土设计，未给出明确的要求，相关的设计资料也很少，因此，合理确定设计荷载是挡土墙（包括地下室外墙）设计的关键。本节从土压力理论的基本假定和适用条件出发，剖析不同土压力的相互关系，确定土压力的经验方法，对相邻地下室的土压力问题，提出简化的设计方法。

7.7.1 挡土墙的土压力及变形特征

【问】 挡土墙有主动土压力、静止土压力和被动土压力，这三种土压力形式与挡土墙的变形有什么关系？

【答】 挡土墙土压力的大小及其分布规律受墙体可能的运动方向、墙后填土的种类、填土的形式、墙的截面刚度和地基的变形等因素的影响。根据墙的位移情况和墙后土体所受的应力状态，土压力可分为以下三种（见图 7.7.1-1）。

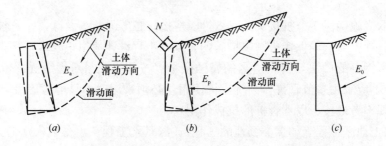

图 7.7.1-1 挡土墙的三种土压力
(a) 主动土压力；(b) 被动土压力；(c) 静止土压力

7.7 挡 土 墙

【问题分析】

1. 主动土压力

当挡土墙在土压力作用下向前（墙胸一侧）移动或转动时，随着位移量的增加，作用于墙后的土压力逐渐减少，当位移达到某一（微小）量值时，墙后土体达到主动极限平衡状态，此时作用于墙背的土压力称为主动土压力，其压力强度以 σ_a 表示（主动土压力的合力为 E_a）。多数挡土墙可按主动土压力计算。

2. 被动土压力

当挡土墙在外力（例如桥墩受到桥上荷载传来的推力）的作用下，推向土体时，随着墙向后（墙背一侧）位移量的增加，墙后土体因受到墙的推压，土体对墙背的反力也逐渐增加，当位移量足够大，直到土体在墙的推压下达到被动极限平衡状态时，作用在墙背上的土压力称为被动土压力，其土压力强度以 σ_p 表示（被动土压力的合力为 E_p）。

被动土压力在民用建筑结构设计中不多见，故不作为讨论的重点。

3. 静止土压力

1) 如果挡土墙在土压力作用下不发生向任何方向的位移或转动而保持原有的状态，则墙后的土体处于弹性平衡状态，此时墙背所受的土压力称为静止土压力，其土压力强度以 σ_0 表示（静止土压力的合力为 E_0）。

2) 地下室的外墙可视为受静止土压力的作用。

4. 变形条件

1) 要使土体产生主动应力状态和被动应力状态，挡土墙必须有位移。相应的位移要求见表 7.7.1-1。

各类土产生主动和被动土压力所需的墙顶位移　　　　　表 7.7.1-1

土　类	应力状态	移动类型	所需墙顶位移	备　注
砂　土	主动	平行于墙	$H/1000$	H 为挡土墙高度
		绕基底转动	$H/1000$	
	被动	平行于墙	$H/20$	
		绕基底转动	$H/10$	
黏　土	主动	平行于墙	$H/250$	
		绕基底转动	$H/250$	

2) 由表 7.7.1-1 可以看出：土压力性质和墙后填土对墙顶的所需位移影响很大，土压力性质不同，对墙顶位移的要求差别很大，产生被动土压力所需的位移要大大超过产生主动土压力的墙顶位移，一般前者为后者的 50～100 倍；墙后填土的类别不同，所需墙顶位移的数值也不一样，墙后填土为黏土时所需的墙顶位移约为墙后砂土时的 4 倍。

3) 当平移达到表 7.7.1-1 中数值时，图 7.7.1-2 中土体 *abc* 处于极限平衡状态，作用在墙背的土压力可按塑性理论计算。

4) 当挡土墙背离填土向外绕基底转动时，墙背离填土向外倾斜，其位移为 Δ_a 时，填土内出现破裂面 *ab*，且 Δ_a 与平移所需的位移值相近（图 7.7.1-3*a*）。当挡土墙朝向填土往里转动时，则需很大的位移才能使土达到剪切破坏状态（图 7.7.1-3*b*）。对于密实砂土，当顶部位移 $\Delta_p=0.1H$ 时，土的剪切破坏扩展到墙高的中点附近；对于松砂，即使当墙顶的位移 $\Delta_p=0.1H$ 时，也未曾观察到填土出现破裂面。

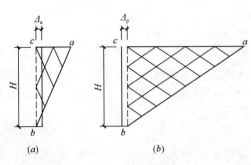

图 7.7.1-2 挡土墙主动和被动应力状态
(a) 主动土压力状态；(b) 被动土压力状态

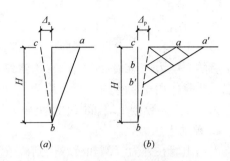

图 7.7.1-3 挡土墙绕基底的转动
(a) 主动土压力状态；(b) 被动土压力状态

5) 大多数挡土墙，包括重力式挡土墙、悬臂式挡土墙和扶壁式挡土墙，顶部都能自由转动。如果挡土墙基础埋置在土内，当墙顶背离填土向外移动时，挡土墙倾斜，通常情况下其位移都能满足产生主动土压力的变形条件。支承在桩基上的挡土墙也类似。

6) 当挡土墙没有位移时，作用在墙背上的土压力将等于土体本身的土压力。

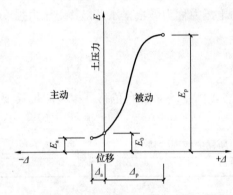

图 7.7.1-4 墙身位移和土压力的关系

5. 实验和研究表明：墙身位移和土压力的关系如下（图 7.7.1-4）：

1) 在相同条件下，主动土压力小于静止土压力，而静止土压力又小于被动土压力，即：$E_a < E_0 < E_p$，且主动土压力 E_a 与静止土压力 E_0 在数值上差异不大，而被动土压力 E_p 与静止土压力 E_0 及主动土压力 E_a 在数值上的差异很大。

2) 产生被动土压力 E_p 所需的位移量 Δ_p 在量值上大大超过产生主动土压力 E_a 所需的位移量 Δ_a。

7.7.2 地下室挡土墙土压力的确定

【问】 地下结构挡土墙的土压力如何确定？

【答】 结构设计中土压力计算的相关技术参数一般可执行《全国民用建筑工程设计技术措施》（结构）的相关规定：地下室侧墙承受的土压力宜取静止土压力系数 k_0 计算；当采用护坡桩护坡时，其土压力系数可取 $0.67k_0$。

【问题分析】

1. 地下室挡土墙的变形特征

1) 地下室挡土墙，其顶部因受到楼板的限制而不能产生明显的水平位移，其变形特征见图 7.7.2-1。

2) 在楼板支承处，地下室外墙没有水平位移，但可绕楼板支承点转动；

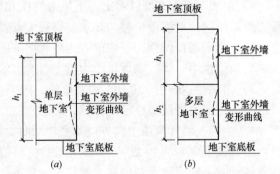

图 7.7.2-1 地下室挡土墙的变形特征
(a) 单层地下室；(b) 多层地下室

3) 在楼层中部，则由于土压力的作用，墙体发生弯曲变形，楼层中部的变形量一般控制在 $(1/400\sim1/250)h_i$，满足产生主动土压力的变形条件（表7.7.1-1）；

4) 受上下支承处不产生水平位移的影响，支承点上下墙体的水平位移大为减小，一般不具备产生主动土压力的变形条件。

2. 地下室挡土墙的土压力变化规律

依据挡土墙的变形特征（见图7.7.2-1），其可能出现的土压力系数曲线如图7.7.2-2，土压力系数随挡土墙的变形大小而变化，其规律如下：

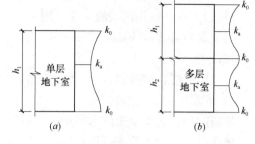

图 7.7.2-2 土压力系数沿挡土墙竖向的变化规律
(a) 单层地下室；(b) 多层地下室

1) 在基础、楼层和地下室顶板处的挡土墙，由于其侧向位移受到结构构件的限制，其与土体无相对侧移，此处可取静止土压力系数 k_0。

2) 在楼层中部，墙外土体对挡土墙产生水平推力，使墙体产生相应的水平位移，而墙体的变形又使土压力减小（此处土压力系数为 k_a），达到土体对墙体作用力和墙体对土体反作用力的暂时平衡。注意到受挡土墙墙外填土施工顺序的影响，填土对墙体的土压力随墙外填土的不断加高而不断增大，同时，墙的变形也不断加大，当挡土墙外回填结束，土体对墙体作用力和墙体对土体反作用力达到最后的平衡，此时挡土墙竖向的土压力系数见图7.7.2-2。

3) 假设土压力系数的分布曲线与地下室外墙在土压力作用下的变形规律相同，土压力系数曲线可简化为：两端 k_0，中间 k_a，其间按曲线分布，则作用在挡土墙上的土压力系数（为便于说明问题，此处简化为四段圆弧曲线）总值比全部按 k_0 计算减小的幅度为

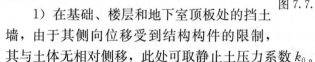

$\Delta=\frac{1}{2}\left(1-\frac{k_a}{k_0}\right)\times100\%$。对不同的土压力数值，其减小的幅度各不相同，若取 $k_0=0.5$，$k_a=0.3$，则地下室的总土压力系数减小的幅度为20%；对顶部有转动的顶层挡土墙，其土压力系数减小的幅度将大于20%。

3. 关于静止土压力

1) 静止土压力系数 k_0 与墙后填土的类型有关，并随土体密实度、固结程度的增加而减小（由此可见，结构设计中要求地下室外墙肥槽采用较好的回填土，对减小土压力是有益的），对正常固结土取值见表7.7.2-1。

静止土压力系数 k_0　　　　　表 7.7.2-1

土　类	坚硬土	硬—可塑黏性土、粉质黏土、砂土	可—软塑黏性土	软塑黏性土	流塑黏性土
k_0	0.2~0.4	0.4~0.5	0.5~0.6	0.6~0.75	0.75~0.8

2) 自然状态下的土体内水平向有效应力，可以认为与静止土压力相等，土体侧向变形会改变其水平应力状态，地下室外墙的土压力随着变形的大小和方向而呈现出主动极限平衡和被动极限平衡两种极限状态。

3) 目前在地下室挡土墙结构设计中，将静止土压力系数 k_0 统一取0.5的做法，适用

7 建筑地基基础设计

于墙后填土较好的情况,对于如可塑、软塑及流塑的黏性土等特殊土体($k_0>0.5$)取值偏小,不安全,故应区别填土的不同情况,合理取值。

4. 地震作用对土压力的影响

1)岩土在地震作用下的主要作用

岩土为地震波的传播介质并对其起放大与滤波作用后,将震动传到建筑物上,使结构产生惯性力。

2)高层建筑深基坑对场地地震加速度的影响分析见本书第2.3.7条。

3)地震时的土压力估算

地震时地面运动使土压力增加,超过静态土压力。

地震时土压力可按式(7.7.2-1)估算:

$$E_e = (1 \pm 3k) E \qquad (7.7.2\text{-}1)$$

式中:E_e、E——分别为有地震作用时、无地震作用时作用在挡土墙墙背上的土压力,对于计算主动土压力,式中取正号;计算被动土压力时取负号。

k——水平地震系数,即地震时地面最大加速度与重力加速度的比值,见表7.7.2-2。

水平地震系数 k　　　　表7.7.2-2

抗震设防烈度	7度	8度	9度
k	0.025	0.05	0.10

资料[19]表明,对于具有水平填土面的挡土墙,如按静荷载进行设计,并具有1.5倍的富裕度,则可以预计其能承受不超过$0.2g$的水平加速度。

4)综合考虑地下室外墙土压力的分布规律、地震作用对地表土压力的增强作用及地震加速度随地下室深度变化的规律,以及地下室肥槽回填土的施工情况,地下室的土压力可按以下原则确定:

(1)地下室顶面取k_0(一般情况下可取$k_0=0.5$),地下一层以下取k_a(一般情况下可取$k_a=0.33$)(图7.7.2-3a)。

(2)对采用护坡桩护坡的地下室外墙,其土压力可取上述(1)的0.67倍计算(图7.7.2-3b)。

5. 当地下室挡土墙作为上部剪力墙的延伸时,则地下室挡土墙具有双重功能,应分别计算,综合配筋。

1)作为上部剪力墙的延伸,其主要功能是对上部剪力墙边缘构件及墙体钢筋的锚固,因此,地下室墙体与上部剪力墙对应部位的配筋不应小于上部剪力墙(注意,此处上部延伸的钢筋可作为地下室挡土墙的受力钢筋使用),详见本书第3.3.2条。

2)作为地下室挡土墙,承受土压力及其他荷载。对挡土墙可按纯弯构件

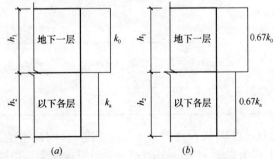

图7.7.2-3 地下室外墙土压力综合系数
(a)—一般地下室外墙;(b)采用护坡桩护坡的地下室外墙

进行简化计算（一般无需按压弯构件计算），挡土墙的计算简图应根据工程具体情况确定：

（1）一般情况下墙顶与地下室顶板交接处可按简支端计算。

（2）挡土墙下端支座应根据基础情况确定：

①当基础底板厚度不小于挡土墙厚时，可按固结计算；

②当基础底板厚度小于挡土墙厚度（或当地下室采用独立基础加防水板或条形基础）时，可按铰接计算。

（3）多层地下室挡土墙的中间支座按连续板计算。

按相应的计算简图确定挡土墙的竖向钢筋及水平钢筋。注意：挡土墙的配筋计算时，可考虑上部剪力墙延伸钢筋的作用，还应注意对挡土墙墙底截面处基础底板配筋的核算，避免分离式配筋设计引起的挡土墙与基础底板抗弯承载力不连续问题。

3）挡土墙的承载力计算时，计算跨度可按地下室净高（下层板顶到上层板底）计算；裂缝宽度验算时，可考虑基础顶面建筑面层（厚度不小于150mm的混凝土做法）的作用，取计算跨度为上层板底到建筑面层底面的距离，见图7.7.2-4。

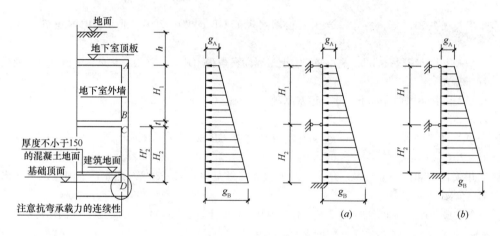

图 7.7.2-4 地下室外墙的计算简图
（a）承载力计算时；（b）裂缝宽度计算时

6. <u>地下室外墙的裂缝宽度验算时，宜按主动土压力及净跨计算。</u>

7.7.3 有限土压力的简化计算

【问】 相邻两地下室外墙之间因设缝引起的土压力如何计算？

【答】 相邻地下室之间的土压力可按有限土压力理论进行近似计算，也可参考地下室基坑采用护坡桩护坡时的情况确定土压力。

【问题分析】

1. 对地震区墙背直立的相邻地下室挡土墙，考虑墙间填土的作用主要为保证地下室的侧限并传递水平力，建议其土压力系数按图7.7.2-3取值。

2. 对墙背直立的相邻地下室挡土墙，可将填土等效为顶部2倍墙净距的等腰三角形，按《地基规范》式（6.7.3-2）计算k_a，同时应使$k_a \leqslant 0.5$，见图7.7.3-1。需要说明的是，本方法的提出，目的在于解决工程实践中经常遇到的问题，有条件时，还应采用其他有效方法进行辅助计算。

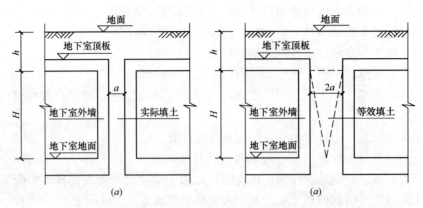

图 7.7.3-1 墙背直立相邻地下室挡土墙的有限土压力计算
(a) 墙背直立的相邻地下室挡土墙；(b) 有限土压力的简化计算

参考文献

[1] 中华人民共和国国家标准. 岩土工程勘察规范 GB 50021—2001. 北京：中国建筑工业出版社，2002
[2] 中华人民共和国国家标准. 高层建筑岩土工程勘察规程 JGJ 72—2004. 北京：中国建筑工业出版社，2004
[3] 中华人民共和国国家标准. 建筑地基基础设计规范 GB 50007—2011. 北京：中国建筑工业出版社，2012
[4] 中华人民共和国国家标准. 建筑抗震设计规范 GB 50011—2010. 北京：中国建筑工业出版社，2011
[5] 中华人民共和国行业标准. 建筑地基处理技术规范 JGJ 79—2002. 北京：中国建筑工业出版社，2002
[6] 中华人民共和国行业标准. 冻土地区建筑地基基础设计规范 JGJ 118-98. 北京：中国建筑工业出版社，1998
[7] 中华人民共和国国家标准. 湿陷性黄土地区建筑规范 GB 50025—2004. 北京：中国建筑工业出版社，2004
[8] 中华人民共和国国家标准. 膨胀土地区建筑技术规范 GBJ 112—87. 北京：中国计划出版社，1989
[9] 中华人民共和国行业标准. 高层建筑筏形与箱形基础技术规范 JGJ 6—2011. 北京：中国建筑工业出版社，2011
[10] 中华人民共和国行业标准. 建筑桩基技术规范 JGJ 94—2008. 北京：中国建筑工业出版社，2008
[11] 中华人民共和国行业标准. 复合载体夯扩桩设计规程 J 121—2001. 北京：中国建筑工业出版社，2001
[12] 中华人民共和国行业标准. 建筑基桩检测技术规范 J 256—2003. 北京：中国建筑工业出版社，2003
[13] 中国工程建设标准化协会标准. 挤扩支盘灌注桩技术规程 CECS 192：2005. 北京：中国建筑工业出版社，2005
[14] 中国工程建设标准化协会标准. 钢筋混凝土连续梁和框架考虑内力重分布设计规程 CECS 51：93. 北京：中国计划出版社，1994
[15] 北京市标准. 北京地区建筑地基基础勘察设计规范 DBJ 01-501—2009. 北京：2009
[16] 全国民用建筑工程设计技术措施（结构）. 北京：中国计划出版社，2009

[17] 华南工学院等四校合编. 地基及基础. 北京：中国建筑工业出版社，1981
[18] 龚思礼主编. 建筑抗震设计手册（第二版）. 北京：中国建筑工业出版社，2002
[19] 邹仲康、莫沛锵. 建筑结构常用疑难设计. 长沙：湖南大学出版社，1987
[20] 黄熙龄、秦宝玖. 地基基础的设计与计算. 北京：中国建筑工业出版社，1981
[21] 龚维明、戴国亮. 桩承载力自平衡测试技术及工程应用. 北京：中国建筑工业出版社，2004
[22] 朱炳寅. 《建筑抗震设计规范应用与分析》. 北京：中国建筑工业出版社，2011
[23] 朱炳寅. 《高层建筑混凝土结构技术规程应用与分析》. 北京：中国建筑工业出版社，2013
[24] 朱炳寅等. 《建筑地基基础设计方法及实例分析》（第二版）. 北京：中国建筑工业出版社，2013

附 录 A

中国地震局文件

(中震防发〔2009〕49号)

关于学校、医院等人员密集场所建设
工程抗震设防要求确定原则的通知

各省、自治区、直辖市地震局，国务院各部委和直属机构防震减灾工作管理部门，新疆生产建设兵团地震局：

修订的《中华人民共和国防震减灾法》（以下简称《防震减灾法》）将于2009年5月1日正式施行。《防震减灾法》对新建、改建、扩建一般建设工程中的学校、医院等人员密集场所建设工程的抗震设防要求作出了特别规定，为保证该项法律制度的有效实施，在广泛调研和咨询论证的基础上，中国地震局依法确立了学校、医院等人员密集场所建设工程抗震设防要求的确定原则。现将有关要求通知如下：

一、合理提高抗震设防要求，是保证学校、医院等人员密集场所建设工程具备足够抗震能力的重要措施

学校、医院等人员密集场所建设工程一旦遭遇地震破坏，将会造成严重的人员伤亡；同时，在抗震救灾中，医院承担着救死扶伤的重要职责，学校可作为应急避险安置的重要场所。党中央、国务院高度重视学校等人员密集场所的地震安全，明确要求把学校建成最安全、家长最放心的地方。做好学校、医院等人员密集场所建设工程的抗震设防是落实科学发展观、坚持以人为本的具体体现。

抗震设防要求贯穿建设工程抗震设防的全过程，直接关系建设工程抗御地震的能力，合理提高学校、医院等人员密集场所建设工程的抗震设防要求，是保证建设工程具备抗御地震灾害能力的重要措施。

二、学校、医院等人员密集场所建设工程抗震设防要求的确定原则

为了保证学校、医院等人员密集场所建设工程具备足够的抗御地震灾害的能力，按照《防震减灾法》防御和减轻地震灾害，保护人民生命和财产安全，促进经济社会可持续发展的总体要求，综合考虑我国地震灾害背景、国家经济承受能力和要达到的安全目标等因素，参照国内外相关标准，以国家标准《中国地震动参数区划图》为基础，适当提高地震动峰值加速度取值，特征周期分区值不作调整，作为此类建设工程的抗震设防要求。

学校、医院等人员密集场所建设工程的主要建筑应按上述原则提高地震动峰值加速度取值。其中，学校主要建筑包括幼儿园、小学、中学的教学用房以及学生宿舍和食堂，医院主要建筑包括门诊、医技、住院等用房。

提高地震动峰值加速度取值应按照以下要求：

位于地震动峰值加速度小于 $0.05g$ 分区的，地震动峰值加速度提高至 $0.05g$；

位于地震动峰值加速度 0.05g 分区的，地震动峰值加速度提高至 0.10g；
位于地震动峰值加速度 0.10g 分区的，地震动峰值加速度提高至 0.15g；
位于地震动峰值加速度 0.15g 分区的，地震动峰值加速度提高至 0.20g；
位于地震动峰值加速度 0.20g 分区的，地震动峰值加速度提高至 0.30g；
位于地震动峰值加速度 0.30g 分区的，地震动峰值加速度提高至 0.40g；
位于地震动峰值加速度大于等于 0.40g 分区的，地震动峰值加速度不作调整。

建设、设计、施工、监理单位应按照《防震减灾法》的要求，各负其责，将抗震设防要求落到实处；各有关部门应当按照职责分工，加强对抗震设防要求落实情况的监督检查，切实保证学校、医院等人员密集公共场所建设工程达到抗震设防要求。

中国地震局

二〇〇九年四月二十二日

附 录 B

国务院办公厅文件

(国办发 [2009] 34 号)

国务院办公厅关于印发全国中小学校舍安全工程实施方案的通知

各省、自治区、直辖市人民政府，国务院各部门、各直属机构：

《全国中小学校舍安全工程实施方案》已经国务院同意，现印发给你们，请认真贯彻执行。

校舍安全直接关系广大师生的生命安全，关系社会和谐稳定。国务院决定实施全国中小学校舍安全工程。要突出重点，分步实施，经过一段时间的努力，将学校建成最安全、家长最放心的地方。各级政府和各有关部门要充分认识实施这项工程的重大意义，切实加强组织领导，建立高效的工作机制，扎实推进工程实施。要借鉴1976年唐山地震后实施的建筑设施抗震加固、近年来一些地区实施抗震安居工程、提高综合防灾能力的经验，发挥专业部门技术支撑优势，科学制订校舍安全标准，深入细致进行校舍排查鉴定，依法依规拟定工程规划和具体实施方案，精心做好技术指导，严格落实施工管理和监管责任，确保工程质量。各地要加大投入力度，列入财政预算，确保资金及时到位，规范资金管理，确保资金使用效益，防止学校出现新的债务。要加强宣传引导，营造工程实施的良好社会氛围。各级政府和各有关部门要切实履行职责，真正把校舍安全工程建成"阳光工程"、"放心工程"。

中华人民共和国国务院办公厅
二〇〇八年四月八日

全国中小学校舍安全工程实施方案

为保证全国中小学校舍安全工程（以下简称校舍安全工程）顺利实施，保障师生生命安全，借鉴唐山地震后建筑设施抗震加固及近年来一些地区实施抗震安居工程、提高综合防灾能力的经验，特制定本方案。

一、背景和意义

2001年以来，国务院统一部署实施了农村中小学危房改造、西部地区农村寄宿制学校建设和中西部农村初中校舍改造等工程，提高了农村校舍质量，农村中小学校面貌有很大改善。但目前一些地区中小学校舍有相当部分达不到抗震设防和其他防灾要求，C级和D级危房仍较多存在；尤其是20世纪90年代以前和"普九"早期建设的校舍，问题更为突出；已经修缮改造的校舍，仍有一部分不符合抗震设防等防灾标准和设计规范。在全国范围实施中小学校舍安全工程，全面改善中小学校舍安全状况，直接关系广大师生的生命安全，关系社会和谐稳定。

二、目标和任务

在全国中小学校开展抗震加固、提高综合防灾能力建设，使学校校舍达到重点设防类抗震设防标准，并符合对山体滑坡、崩塌、泥石流、地面塌陷和洪水、台风、火灾、雷击等灾害的防灾避险安全要求。

工程的主要任务是：从2009年开始，用三年时间，对地震重点监视防御区、七度以上地震高烈度区、洪涝灾害易发地区、山体滑坡和泥石流等地质灾害易发地区的各级各类城乡中小学存在安全隐患的校舍进行抗震加固、迁移避险，提高综合防灾能力。其他地区，按抗震加固、综合防灾的要求，集中重建整体出现险情的D级危房、改造加固局部出现险情的C级校舍，消除安全隐患。

三、工程实施范围和主要环节

校舍安全工程覆盖全国城市和农村、公立和民办、教育系统和非教育系统的所有中小学。

（一）对中小学校舍进行全面排查鉴定。各地人民政府组织对本行政区域内各级各类中小学现有校舍（不含在建项目）进行逐栋排查，按照抗震设防和有关防灾要求，形成对每一座建筑的鉴定报告，建立校舍安全档案。2008年5月以后已经排查并形成鉴定报告的校舍，可不再重新鉴定。

（二）科学制定校舍安全工程实施规划和方案。根据排查、鉴定结果，结合中小学布局结构调整和正在实施的农村寄宿制学校建设、中西部农村初中校舍改造等专项工程，科学制定校舍安全工作总体规划和具体的实施计划与方案。

（三）区别情况，分类、分步实施校舍安全工程。对通过维修加固可以达到抗震设防标准的校舍，按照重点设防类抗震设防标准改造加固；对经鉴定不符合要求、不具备维修加固条件的校舍，按重点设防类抗震设防标准和建设工程强制性标准重建；对严重地质灾害易发地区的校舍进行地质灾害危险性评估并实行避险迁移；对根据学校布局规划确应废弃的危房校舍可不再改造，但必须确保拆除，不再使用；完善校舍防火、防雷等综合防灾标准，并严格执行。

新建校舍必须按照重点设防类抗震设防标准进行建设，校址选择应符合工程建设强制性标准和国家有关部门发布的《汶川地震灾后重建学校规划建筑设计导则》规定，并避开有隐患的淤地坝、蓄水池、尾矿库、储灰库等建筑物下游易致灾区。

四、工作机制

校舍安全工程实行国务院统一领导，省级政府统一组织，市、县级政府负责实施，充分发挥专业部门作用的领导和管理体制。

国务院成立全国中小学校舍安全工程领导小组，统一领导和部署校舍安全工程。发展改革、教育、公安（消防）、监察、财政、国土资源、住房城乡建设、水利、审计、安全监管、地震等部门参加领导小组。

领导小组办公室设在教育部，由领导小组部分成员单位派员组成，集中办公。办公室设若干专业组，由有关部门司局级干部担任组长，具体负责：组织拟订校舍安全工程的工作目标、政策；按照目标管理的要求，整合与中小学校舍安全有关的各项工程及资金渠道，统筹提出中央资金安排方案；结合抗震设防和综合防灾要求，综合衔接选址避险、建筑防火等各种防灾标准，组织制订校舍安全技术标准、建设规范和排查鉴定、加固改造工作指南；明确有关部门在校舍安全工程中的职责，将中小学校舍建设按照基本建设程序和工程建设程序管理；制订和检查校舍安全工程实施进度；设立举报电话，协调查处重点案件；协调各地各部门支持重点地区的校舍安全工程，协调处理跨地区跨部门重要事项；编发简报，推广先进经验，报告工作进展。

各省（区、市）成立中小学校舍安全工程领导小组，统一组织和协调本地区校舍安全工程的实施，并在相关部门设立办公室。办公室负责制订并组织落实工程规划、实施方案和配套政策，统筹安排工程资金，组织编制和审定各市、县校舍加固改造、避险迁移和综合防灾方案；落实对校舍改造建设收费有关减免政策；按照项目管理的要求，监督检查工程质量和进度。

省级人民政府要组织国土资源、住房城乡建设、水利、地震等部门为本行政区域内各市县提供地震重点监视防御区、七度以上地震高烈度区及地震断裂带和地震多发区、洪涝灾害易发区及其他地质灾害分布情况，提出安全性评估和建议。市县专业力量不足的，省级政府要组织勘察设计单位、检测鉴定机构和技术专家，帮助市县进行校舍地质勘察和建筑检测鉴定。

市、县级人民政府负责校舍安全工程的具体实施，对本地的校舍安全负总责，主要负责人负直接责任。要在上级政府和有关部门的指导下，统一组织对校舍的逐栋排查和检测鉴定，审核每一栋校舍的加固改造、避险迁移和综合防灾方案，具体组织工程实施，落实施工管理和监管责任，按进度、按标准组织验收，建立健全所有中小学校、所有校舍的安全档案。市级人民政府要统筹协调本地区各县勘察鉴定和设计、施工、监理力量，加强组织调度，规范工程实施，严格工程质量安全管理。

五、资金安排和管理

资金安排实行省级统筹，市县负责，中央财政补助。中央在整合目前与中小学校舍安全有关的资金基础上，2009年新增专项资金80亿元，重点支持中西部地震重点监视防御区及其他地质灾害易发区，具体办法由全国中小学校舍安全工程领导小组研究制订。各省（区、市）工程资金由省级人民政府负责统筹安排。各地要切实加大对校舍安全工程的投入，列入财政预算，确保资金及时到位，防止学校出现新的债务。鼓励社会各界捐资捐物支持校舍安全工程。

民办、外资、企（事）业办中小学的校舍安全改造由投资方和本单位负责，当地政府给予指导、支持并实施监管。

四川、陕西、甘肃省地震灾区的校舍安全工程纳入当地灾后恢复重建规划，统一实施。

健全工程资金管理制度，工程资金实行分账核算，专款专用，不能顶替原有投入，更不得用于偿还过去拖欠的工程款和其他债务。资金拨付按照财政国库管理制度有关规定执行。杜绝挤占、挪用、克扣、截留、套取工程专款。保证按工程进度拨款，不得拖欠工程款。校舍安全工程建设执行《国务院办公厅转发教育部等部门关于进一步做好农村寄宿制学校建设工程实施工作若干意见的通知》（国办发［2005］44号）有关减免行政事业性和经营服务性收费等优惠政策。

六、监督检查和责任追究

全国中小学校舍安全工程领导小组和地方各级人民政府要加强对工程建设的检查监督，对工程实施情况组织督查与评估。校舍安全工程全过程接受社会监督，技术标准、实施方案、工程进展和实施结果等向社会公布，所有项目公开招投标，建设和验收接受新闻媒体和社会监督。

建立健全校舍安全工程质量与资金管理责任追究制度。对发生因学校危房倒塌和其他因防范不力造成安全事故导致师生伤亡的地区，要依法追究当地政府主要负责人的责任。改造后的校舍如因选址不当或建筑质量问题遇灾垮塌致人伤亡，要依法追究校舍改造期间当地政府主要负责人的责任；建设、评估鉴定、勘察、设计、施工与工程监理单位及相关负责人员对项目依法承担责任。要对资金使用情况实行跟踪监督。对挤占、挪用、克扣、截留、套取工程专项资金、违规乱收费或减少本地政府投入以及疏于管理影响工程目标实现的，要依法追究相关负责人的责任。

附 录 C

住房和城乡建设部文件

(建质 [2009] 77 号)

关于切实做好全国中小学校舍安全工程
有关问题的通知

各省、自治区住房和城乡建设厅，直辖市、计划单列市建委及有关部门，新疆生产建设兵团建设局：

最近，国务院办公厅下发了《关于印发全国中小学校舍安全工程实施方案的通知》(国办发 [2009] 34 号)，明确提出要突出重点，分步实施，经过一段时间的努力，将中小学校建成最安全、家长最放心的地方。各地住房和城乡建设主管部门要充分认识实施这项工程的重大意义，认真做好各项工作。现就有关问题通知如下：

一、高度重视校舍安全工程工作

校舍安全直接关系广大师生的生命安全，关系社会和谐稳定。实施校舍安全工程意义重大，影响深远。把中小学校舍建成最安全、最牢固、让人民群众最放心的建筑，住房和城乡建设系统有义不容辞的责任。住房和城乡建设系统广大干部职工，一定要从贯彻落实科学发展观的高度，从对党、对人民、对历史负责的高度，认真做好全国中小学校舍安全工程的各项工作。

二、严格程序标准，加强技术指导，强化监督检查，确保质量安全

确保质量安全是中小学校舍安全工程的核心。要严格执行工程建设程序和标准，加强技术指导，强化监督检查，确保中小学校舍安全工程质量和建筑施工安全。

(一) 严格执行法定建设程序和工程建设标准

实施校舍安全工程要认真执行基本建设程序，严格执行工程建设程序，要坚持先勘察、后设计、再施工的原则，建设、鉴定、检测、勘察、设计、施工、监理等单位都必须严格执行《建筑法》、《城乡规划法》、《防震减灾法》、《建设工程质量管理条例》、《建设工程安全生产管理条例》等有关法律法规。要实行项目法人责任制、招投标制、工程监理制和合同管理制。鉴定、检测、勘察、设计、施工、监理等单位以及专业技术人员，应当具备相应的资质或资格。

实施校舍安全工程的建设单位和鉴定、检测、勘察、设计、施工、监理等各方责任主体，要严格遵守工程建设强制性标准，全面落实质量责任。施工图审查单位要严格按照工程建设强制性标准对校舍加固改造或新建施工图设计文件进行审查。

(二) 积极做好技术指导和技术支持

各地住房和城乡建设主管部门要切实加强对本地区校舍排查鉴定、加固改造以及新建工程的技术指导和技术支持。要针对校舍建筑结构类型、当地工程地质条件和房屋加固改造工程的特点，积极开展对本地区工程技术人员和一线管理人员的培训和指导。要分别制定校舍排查鉴定、加固改造和新建工程的技术指导及技术培训的工作方案。特别要做好技术力量不足或边远落后地区的技术培训和技术指导工作。

（三）强化工程质量安全监督检查

各地住房和城乡建设主管部门及其委托的工程质量安全监督机构，要把校舍安全工程作为本地区工程质量安全监督的重点，加大监督检查力度，督促各方责任主体认真履行职责。要制定具体质量安全工作方案，建立有效工作机制，依法加强对本地区校舍新建和加固工程各个环节建筑活动的监督管理。要切实加强对校舍新建和加固工程的建设、鉴定、检测、勘察、设计、施工、监理等各方主体执行法律法规和工程建设标准行为的监督管理，严肃查处违法违规行为。要督促相关单位认真做好施工安全工作，特别重视校舍加固改造时学校师生的安全，制定详细的教学区与施工区隔离等安全施工方案，确保师生绝对安全。

三、加强领导，落实责任

做好校舍安全工程，使命光荣，任务艰巨，责任重大，必须切实加强组织领导、落实责任。各地住房和城乡建设主管部门要把校舍安全工程作为当前和今后一个时期的一项重点工作，列入重要议事日程，按照当地人民政府的统一部署和安排，与当地教育、发展改革、财政、国土资源、水利、地震等部门加强沟通和协作，加强住房和城乡建设系统内部的协调配合，精心组织，周密安排，加强人员配备，层层落实责任，把工作做细做实，真正把校舍安全工程建成"放心工程"、"安全工程"。

中华人民共和国住房和城乡建设部
二〇〇九年五月三日

附 录 D

山东省人民政府令
（第 207 号）

《山东省地震重点监视防御区管理办法》已经 2008 年 12 月 24 日省政府第 31 次常务会议通过，现予公布，自 2009 年 3 月 1 日起施行。

省长 姜大明
二○○九年一月六日

山东省地震重点监视防御区管理办法

第一条 为了加强地震重点监视防御区的管理，提高防震减灾综合能力，保护人民生命和财产安全，根据《中华人民共和国防震减灾法》、《山东省防震减灾条例》等法律、法规，结合本省实际，制定本办法。

第二条 本办法适用于本省地震重点监视防御区内的地震监测预报、地震灾害预防、地震应急与救援等防震减灾工作。

第三条 本办法所称地震重点监视防御区，是指存在发生破坏性地震危险或者受破坏性地震影响，可能造成严重地震灾害损失，需要强化防震减灾工作措施的地区和城市。

第四条 地震重点监视防御区分为国家地震重点监视防御区和省地震重点监视防御区。

国家地震重点监视防御区由国务院批准。省地震重点监视防御区由省地震行政主管部门提出意见，报省人民政府批准。

第五条 地震重点监视防御区的防震减灾工作，实行预防为主、防御与救助相结合的方针。

第六条 地震重点监视防御区内的县级以上人民政府，应当加强对防震减灾工作的领导，将防震减灾工作纳入国民经济和社会发展规划、计划，健全地震监测预报、地震灾害预防和地震应急与救援工作体系，及时研究、组织、协调和解决防震减灾工作中遇到的重大问题，严格履行防震减灾管理职责。

地震重点监视防御区内的地震行政主管部门和发展改革、经贸、公安、财政、建设、交通、水利、民政、卫生、国土资源、教育、广播电视、通讯、气象、电力等其他有关部门、单位，应当按照各自的职责，明确分工，密切配合，强化责任，抓好落实，共同做好防震减灾工作。

第七条 地震重点监视防御区内的县级以上人民政府，应当建立、完善防震减灾联席会议制度和地震工作体制，并建立、健全与防震减灾事业发展需要和当地经济社会发展水平相适应的投入机制，将防震减灾工作经费列入同级财政预算，保障防震减灾工作的正常开展。

第八条 地震重点监视防御区内的县级以上人民政府及地震行政主管部门和其他有关部门，应当采取下列措施，建立和完善与震情形势相适应的地震监测设施和技术手段，提高地震监测能力和预报水平：

（一）制定并组织实施地震监测预报方案，强化短期与临震跟踪监测措施；

（二）编制地震监测台网规划，优化台网布局，提高台网密度，消除地震监测弱区和盲区，提高地震实时监控和速报能力；

（三）建立大中城市地下深井观测网、近海海域地震监测台网，完善卫星定位观测系统，形成立体监测体系；

（四）加强地面强震动监测设施建设，提高地震灾情速报和评估能力，为抗震救灾决策提供依据；

（五）加强核设施、超限高层建筑、特大型桥梁、大型水库大坝等特定建（构）筑物和生命线工程的强震动观测与建（构）筑物健康诊断研究，为重大建设工程地震安全和次生灾害预报预警提供服务；

（六）完善流动式地震监测手段，根据震情形势扩大动态监测范围，加密观测次数，提高地震短期与临震跟踪监测能力；

（七）健全短期与临震震情跟踪会商制度，建立适应本地区特征的地震预测判定指标体系；

（八）建立地震预报风险决策机制；

（九）加强地震监测设施与地震观测环境保护，划定保护范围，设置保护标志，落实保护措施。

第九条 地震重点监视防御区内的县级以上人民政府及地震行政主管部门，应当建立和完善地震宏观测报网、地震灾情速报网、地震知识宣传网，在乡镇人民政府和街道办事处配备防震减灾助理员，提高依靠社会力量捕捉地震短期与临震宏观异常的能力。

地震重点监视防御区内的县级以上人民政府，应当建立稳定的群测群防工作队伍和经费渠道，加强群测群防工作；省地震和财政等部门负责制定社会地震观测员补助标准。

第十条 任何单位和个人观察到与地震有关的现象，应当及时向所在地的地震行政主管部门报告。地震行政主管部门接到报告后，应当立即派出人员进行勘察并在24小时内鉴别落实。

第十一条 地震重点监视防御区内的县级以上人民政府及地震行政主管部门和其他有关部门，应当加强下列工程性防御措施，提高本地区抗御地震灾害的综合能力：

（一）将地震安全性评价工作依法纳入基本建设管理程序。重大建设工程和可能发生严重次生灾害的建设工程，必须在建设项目可行性研究阶段进行地震安全性评价，并根据评价结果审定抗震设防要求；

（二）将位于地震动参数 0.05g 区内的学校、医院、商场等人员密集场所建设工程的抗震设防要求提高至 0.10g 以上；

（三）对新建、改建、扩建的建设工程，必须严格按照抗震设防要求和抗震设计规范进行设计，严格按照抗震设计进行施工，并严格监督检查和竣工验收，确保建设工程质量；

（四）在城市规划区域以及占地面积超过 10 平方千米的企业内，开展地震小区划工作；

（五）在存在地震活动断层的城市规划区域内开展地震活动断层探测与地震危险性评价，并在规划建设时采取必要的避让措施；

（六）对城市和已建成的生命线工程以及大中型企业、存在次生灾害源的企业，进行震害预测，并建立震害预测数据库及其评估系统；

（七）对既有的建（构）筑物进行抗震性能普查和鉴定，并对未采取抗震设防措施或者抗震性能达不到抗震设防要求的建（构）筑物进行加固、改建或者拆除；

（八）组织开展减震、隔震、抗震等新技术研发推广，鼓励采用节能、环保、抗震等新型建筑材料，提高建设工程抗震性能；

（九）加强对建设工程抗震设防要求落实情况的监督检查。

第十二条 地震重点监视防御区内的县级以上人民政府，应当将农村民居的抗震设防纳入村镇建设规划，组织开展农村民居建筑地震安全试点，推广试点经验，全面提高农村民居抗震性能，保障农民的居住环境安全。

地震、建设等部门应当组织设计并推广使用地震安全农村民居建筑设计与施工图集，提供抗震技术指导和咨询服务，培训建筑工匠，宣传普及农村民居建筑防震抗震知识。

第十三条 地震重点监视防御区内的县级以上人民政府及地震行政主管部门和其他有关部门，应当采取下列措施，加强地震应急与救援体系建设，提高地震应急与救援能力：

（一）健全地震应急预案体系，建立应急联动协调机制；

（二）组织、指导机关、学校、企业、社区定期开展地震应急疏散和自救互救演练；

（三）完善地震应急基础设施，建立地震应急指挥系统及信息传递与处置、灾情速报、基础数据库等辅助决策技术系统；

（四）建设地震现场应急指挥系统，并配置卫星通讯、卫星定位、自备电源、信息实时采集与传输设备和越野交通工具等；

（五）组建地震灾害紧急救援队伍和地震应急救援志愿者队伍，配备救援技术装备并进行培训和演练；

（六）在高速铁路、城市轻轨、枢纽变电站、燃气站（线）等生命线工程以及可能发生严重次生灾害的重大建设工程中，设置地震紧急自动处置技术系统；

（七）安排地震应急救援专项资金，建立地震应急物资储备库和应急物资储备与调用机制；

（八）在发布地震短期与临震预报的地区，组织落实地震应急储备专项资金、应急救援设备和专用救生用血、医疗器械、药品、饮用水、食品等应急必需品；

（九）组织开展铲车、挖掘机、吊车等大型机械设备调查登记，建立地震应急救援装备数据库与紧急征用机制；

（十）完善地震应急监督检查制度，组织开展地震应急监督检查。

第十四条 地震重点监视防御区内的各级人民政府及地震行政主管部门和其他有关部门，应当充分利用学校操场、体育场馆、广场、公园、绿地等场所，设置地震应急避难场所，配置避难救生设施，规划地震应急疏散通道；安装指示引导标志。

地震避难场所、应急疏散通道的产权人，应当保持地震避难场所的完好和疏散通道的畅通。任何单位和个人不得占用地震避难场所和应急疏散通道。

第十五条 地震重点监视防御区内的各级人民政府及地震、教育、广播电视等部门，应当采取下列措施，加强防震减灾宣传教育，增强全社会防震减灾意识，提高公众的防震避震和自救互救能力：

（一）加强防震减灾宣传教育制度建设，推进防震减灾宣传教育的规范化；

（二）建立组织协调机制，充分发挥广播、电视、报纸、网络等新闻媒体在防震减灾宣传教育方面的作用；

（三）继续推进防震减灾宣传教育进学校活动，将防震减灾知识纳入中小学课外读物，加强地震科普示范学校建设；

（四）利用社会资源，加强防震减灾科普教育基地建设；

（五）加强社区、企业的防震减灾宣传教育，组织开展防震减灾宣传教育示范社区、示范企业活动；

（六）加强农村防震减灾宣传教育，组织开展防震减灾宣传教育进村入户活动。

第十六条 地震重点监视防御区内的县级以上人民政府，应当建立地震信息报道和地震事件新闻发布制度与协调机制，及时发布与报道地震相关信息，正确处置地震谣传、误传事件，维护社会稳定。

第十七条 破坏性地震发生后，地震重点监视防御区内的各级人民政府和有关部门、单位，应当依照《中华人民共和国防震减灾法》、《山东省防震减灾条例》的规定以及破坏性地震应急预案的要求，依法组织实施地震应急、救援和恢复重建工作。

第十八条 地震重点监视防御区内的各级人民政府及地震行政主管部门和其他有关部门，未按照本办法的规定采取防震减灾措施或者有其他玩忽职守、滥用职权、徇私舞弊行为的，对直接负责的主管人员和其他直接责任人员，依法给予处分；构成犯罪的，依法追究刑事责任。

第十九条 地震重点监视防御区之外的县级以上人民政府及有关部门，应当依法履行防震减灾法定职责。

第二十条 本办法自 2009 年 3 月 1 日起施行。

附 录 E

关于学校医院等人员密集场所抗震设防的复函

(建标标函 [2009] 50号)

北京市规划委员会:

你委《关于加强学校、医院等人员密集场所建设工程抗震设防要求有关问题的函》(市规函 [2009] 801号)收悉。经研究,答复意见如下:

一、根据《建筑法》、《防震减灾法》、《建设工程质量管理条例》、《汶川地震灾后恢复重建条例》等规定,以及国务院办公厅《关于印发全国中小学校安全工程实施方案的通知》(国办发 [2009] 34号)的要求,学校、医院等人员密集场所建设工程应当执行工程建设标准。

二、现行的《建筑工程抗震设防分类标准》、《建筑抗震设计规范》贯彻了《防震减灾法》第三十五条的规定,要求"学校、医院等人员密集场所建设工程"应按"高于当地房屋建筑的抗震设防要求进行设计和施工",即抗震设防要求不低于重点设防类,并给出了相应的定量要求,以及如何达到这些要求的技术措施,是学校、医院等人员密集场所建设工程实现抗震设防目标的技术依据。

中华人民共和国住房和城乡建设部标准定额司
二〇〇九年六月二十九日

附 录 F

超限高层建筑工程抗震设防专项审查技术要点

(建质〔2010〕109号)

第一章 总 则

第一条 为做好全国及各省、自治区、直辖市超限高层建筑工程抗震设防专家委员会的专项审查工作,根据《行政许可法》和《超限高层建筑工程抗震设防管理规定》(建设部令第111号),制定本技术要点。

第二条 下列高层建筑工程属于超限高层建筑工程:

(一)房屋高度超过规定,包括超过《建筑抗震设计规范》(以下简称《抗震规范》)第6章现浇钢筋混凝土结构和第8章钢结构的最大适用高度、超过《高规》(以下简称《高层混凝土结构规程》)第7章中有较多短肢墙的剪力墙结构、第10章中错层结构和第11章混合结构最大适用高度的高层建筑工程;

(二)房屋高度不超过规定,但建筑结构布置属于《抗震规范》、《高层混凝土结构规程》规定的特别不规则的高层建筑工程;

(三)房屋高度大于24m且屋盖结构超出《网架结构设计与施工规程》和《网壳结构技术规程》规定的常用形式的大型公共建筑工程(暂不含轻型的膜结构)。

超限高层建筑工程的主要范围参见附录一。

第三条 在本技术要点第二条规定的超限高层建筑工程中,属于下列情况的,建议委托全国超限高层建筑工程抗震设防审查专家委员会进行抗震设防专项审查:

(一)高度超过《高层混凝土结构规程》B级高度的混凝土结构,高度超过《高层混凝土结构规程》第11章最大适用高度的混合结构;

(二)高度超过规定的错层结构,塔体显著不同或跨度大于24m的连体结构,同时具有转换层、加强层、错层、连体四种类型中三种的复杂结构,高度超过《抗震规范》规定且转换层位置超过《高层混凝土结构规程》规定层数的混凝土结构,高度超过《抗震规范》规定且水平和竖向均特别不规则的建筑结构;

(三)超过《抗震规范》第8章适用范围的钢结构;

(四)各地认为审查难度较大的其他超限高层建筑工程。

第四条 对主体结构总高度超过350m的超限高层建筑工程的抗震设防专项审查,应满足以下要求:

(一)从严把握抗震设防的各项技术性指标;

(二)全国超限高层建筑工程抗震设防审查专家委员会进行的抗震设防专项审查,应会同工程所在地省级超限高层建筑工程抗震设防专家委员会共同开展,或在当地超限高层建筑工程抗震设防专家委员会工作的基础上开展;

（三）审查后及时将审查信息录入全国重要超限高层建筑数据库，审查信息包括超限高层建筑工程抗震设防专项审查申报表项目（附录二）和超限高层建筑工程抗震设防专项审查情况表（附录三）。

第五条 建设单位申报抗震设防专项审查的申报材料应符合第二章的要求，专家组提出的专项审查意见应符合第六章的要求。

对于本技术要点第二条（三）款规定的建筑工程的抗震设防专项审查，除参照本技术要点第三、四章的相关内容外，应按第五章执行。

第二章　申报材料的基本内容

第六条 建设单位申报抗震设防专项审查时，应提供以下资料：

（一）超限高层建筑工程抗震设防专项审查申报表（申报表的项目见附录二，至少5份）；

（二）建筑结构工程超限设计的可行性论证报告（至少5份）；

（三）建设项目的岩土工程勘察报告；

（四）结构工程初步设计计算书（主要结果，至少5份）；

（五）初步设计文件（建筑和结构工程部分，至少5份）；

（六）当参考使用国外有关抗震设计标准、工程实例和震害资料及计算机程序时，应提供理由和相应的说明；

（七）进行模型抗震性能试验研究的结构工程，应提交抗震试验研究报告。

第七条 申报抗震设防专项审查时提供的资料，应符合下列具体要求：

（一）高层建筑工程超限设计可行性论证报告应说明其超限的类型（如高度、转换层形式和位置、多塔、连体、错层、加强层、竖向不规则、平面不规则、超限大跨空间结构等）和程度，并提出有效控制安全的技术措施，包括抗震技术措施的适用性、可靠性，整体结构及其薄弱部位的加强措施和预期的性能目标。

（二）岩土工程勘察报告应包括岩土特性参数、地基承载力、场地类别、液化评价、剪切波速测试成果及地基方案。当设计有要求时，应按规范规定提供结构工程时程分析所需的资料。

处于抗震不利地段时，应有相应的边坡稳定评价、断裂影响和地形影响等抗震性能评价内容。

（三）结构设计计算书应包括：软件名称和版本，力学模型，电算的原始参数（是否考虑扭转耦连、周期折减系数、地震作用修正系数、内力调整系数、输入地震时程记录的时间、台站名称和峰值加速度等），结构自振特性（周期，扭转周期比，对多塔、连体类含必要的振型）、位移、扭转位移比、结构总重力和地震剪力系数、楼层刚度比、墙体（或筒体）和框架承担的地震作用分配等整体计算结果，主要构件的轴压比、剪压比和应力比控制等。

对计算结果应进行分析。采用时程分析时，其结果应与振型分解反应谱法计算结果进行总剪力和层剪力沿高度分布等的比较。对多个软件的计算结果应加以比较，按规范的要求确认其合理、有效性。

（四）初步设计文件的深度应符合《建筑工程设计文件编制深度的规定》的要求，设计说明要有建筑抗震设防分类、设防烈度、设计基本地震加速度、设计地震分组、结构的抗震等级等内容。

（五）抗震试验数据和研究成果，要有明确的适用范围和结论。

第三章　专项审查的控制条件

第八条　抗震设防专项审查的重点是结构抗震安全性和预期的性能目标。为此，超限工程的抗震设计应符合下列最低要求：

（一）严格执行规范、规程的强制性条文，并注意系统掌握、全面理解其准确内涵和相关条文。

（二）不应同时具有转换层、加强层、错层、连体和多塔等五种类型中的四种及以上的复杂类型。

（三）房屋高度在《高层混凝土结构规程》B级高度范围内且比较规则的高层建筑应按《高层混凝土结构规程》执行。其余超限工程，应根据不规则项的多少、程度和薄弱部位，明确提出为达到安全而比现行规范、规程的规定更严格的针对性强的抗震措施或预期性能目标。其中，房屋高度超过《高层混凝土结构规程》的B级高度以及房屋高度、平面和竖向规则性等三方面均不满足规定时，应提供达到预期性能目标的充分依据，如试验研究成果、所采用的抗震新技术和新措施以及不同结构体系的对比分析等的详细论证。

（四）在现有技术和经济条件下，当结构安全与建筑形体等方面出现矛盾时，应以安全为重；建筑方案（包括局部方案）设计应服从结构安全的需要。

第九条　对超高很多或结构体系特别复杂、结构类型特殊的工程，当没有可借鉴的设计依据时，应选择整体结构模型、结构构件、部件或节点模型进行必要的抗震性能试验研究。

第四章　专项审查的内容

第十条　专项审查的内容主要包括：
（一）建筑抗震设防依据；
（二）场地勘察成果；
（三）地基和基础的设计方案；
（四）建筑结构的抗震概念设计和性能目标；
（五）总体计算和关键部位计算的工程判断；
（六）薄弱部位的抗震措施；
（七）可能存在的其他问题。

对于特殊体型或风洞试验结果与荷载规范规定相差较大的风荷载取值以及特殊超限高层建筑工程（规模大、高宽比大等）的隔震、减震技术，宜由相关专业的专家在抗震设防专项审查前进行专门论证。

第十一条　关于建筑结构抗震概念设计：

（一）各种类型的结构应有其合适的使用高度、单位面积自重和墙体厚度。结构的总体刚度应适当（含两个主轴方向的刚度协调符合规范的要求），变形特征应合理；楼层最大层间位移和扭转位移比符合规范、规程的要求。

（二）应明确多道防线的要求。框架与墙体、筒体共同抗侧力的各类结构中，框架部分地震剪力的调整应依据其超限程度比规范的规定适当增加。主要抗侧力构件中沿全高不开洞的单肢墙，应针对其延性不足采取相应措施。

（三）超高时应从严掌握建筑结构规则性的要求，明确竖向不规则和水平向不规则的程度，应注意楼板局部开大洞导致较多数量的长短柱共用和细腰形平面可能造成的不利影响，避免过大的地震扭转效应。对不规则建筑的抗震设计要求，可依据抗震设防烈度和高度的不同有所区别。

主楼与裙房间设置防震缝时，缝宽应适当加大或采取其他措施。

（四）应避免软弱层和薄弱层出现在同一楼层。

（五）转换层应严格控制上下刚度比；墙体通过次梁转换和柱顶墙体开洞，应有针对性的加强措施。水平加强层的设置数量、位置、结构形式，应认真分析比较；伸臂的构件内力计算宜采用弹性膜楼板假定，上下弦杆应贯通核心筒的墙体，墙体在伸臂斜腹杆的节点处应采取措施避免应力集中导致破坏。

（六）多塔、连体、错层等复杂体型的结构，应尽量减少不规则的类型和不规则的程度；应注意分析局部区域或沿某个地震作用方向上可能存在的问题，分别采取相应加强措施。

（七）当几部分结构的连接薄弱时，应考虑连接部位各构件的实际构造和连接的可靠程度，必要时可取结构整体模型和分开模型计算的不利情况，或要求某部分结构在设防烈度下保持弹性工作状态。

（八）注意加强楼板的整体性，避免楼板的削弱部位在大震下受剪破坏；当楼板在板面或板厚内开洞较大时，宜进行截面受剪承载力验算。

（九）出屋面结构和装饰构架自身较高或体型相对复杂时，应参与整体结构分析，材料不同时还需适当考虑阻尼比不同的影响，应特别加强其与主体结构的连接部位。

（十）高宽比较大时，应注意复核地震下地基基础的承载力和稳定。

第十二条 关于结构抗震性能目标：

（一）根据结构超限情况、震后损失、修复难易程度和大震不倒等确定抗震性能目标。即在预期水准（如中震、大震或某些重现期的地震）的地震作用下结构、部位或结构构件的承载力、变形、损坏程度及延性的要求。

（二）选择预期水准的地震作用设计参数时，中震和大震可仍按规范的设计参数采用。

（三）结构提高抗震承载力目标举例：水平转换构件在大震下受弯、受剪极限承载力复核。竖向构件和关键部位构件在中震下偏压、偏拉、受剪屈服承载力复核，同时受剪截面满足大震下的截面控制条件。竖向构件和关键部位构件中震下偏压、偏拉、受剪承载力设计值复核。

（四）确定所需的延性构造等级。中震时出现小偏心受拉的混凝土构件应采用《高层混凝土结构规程》中规定的特一级构造，拉应力超过混凝土抗拉强度标准值时宜设置型钢。

（五）按抗震性能目标论证抗震措施（如内力增大系数、配筋率、配箍率和含钢率）的合理可行性。

第十三条 关于结构计算分析模型和计算结果：

（一）正确判断计算结果的合理性和可靠性，注意计算假定与实际受力的差异（包括刚性板、弹性膜、分块刚性板的区别），通过结构各部分受力分布的变化，以及最大层间位移的位置和分布特征，判断结构受力特征的不利情况。

（二）结构总地震剪力以及各层的地震剪力与其以上各层总重力荷载代表值的比值，应符合抗震规范的要求，Ⅲ、Ⅳ类场地时尚宜适当增加（如10%左右）。当结构底部的总地震剪力偏小需调整时，其以上各层的剪力也均应适当调整。

（三）结构时程分析的嵌固端应与反应谱分析一致，所用的水平、竖向地震时程曲线应符合规范要求，持续时间一般不小于结构基本周期的5倍（即结构屋面对应于基本周期的位移反应不少于5次往复）；弹性时程分析的结果也应符合规范的要求，即采用三组时程时宜取包络值，采用七组时程时可取平均值。

（四）软弱层地震剪力和不落地构件传给水平转换构件的地震内力的调整系数取值，应依据超限的具体情况大于规范的规定值；楼层刚度比值的控制值仍需符合规范的要求。

（五）上部墙体开设边门洞等的水平转换构件，应根据具体情况加强；必要时，宜采用重力荷载下不考虑墙体共同工作的手算复核。

（六）跨度大于24m的连体计算竖向地震作用时，宜参照竖向时程分析结果确定。

（七）错层结构各分块楼盖的扭转位移比，应利用电算结果进行手算复核。

（八）对于结构的弹塑性分析，高度超过200m应采用动力弹塑性分析；高度超过300m应做两个独立的动力弹塑性分析。计算应以构件的实际承载力为基础，着重于发现薄弱部位和提出相应加强措施。

（九）必要时（如特别复杂的结构、高度超过200m的混合结构、大跨空间结构、静载下构件竖向压缩变形差异较大的结构等），应有重力荷载下的结构施工模拟分析，当施工方案与施工模拟计算分析不同时，应重新调整相应的计算。

（十）当计算结果有明显疑问时，应另行专项复核。

第十四条 关于结构抗震加强措施：

（一）对抗震等级、内力调整、轴压比、剪压比、钢材的材质选取等方面的加强，应根据烈度、超限程度和构件在结构中所处部位及其破坏影响的不同，区别对待、综合考虑。

（二）根据结构的实际情况，采用增设芯柱、约束边缘构件、型钢混凝土或钢管混凝土构件，以及减震耗能部件等提高延性的措施。

（三）抗震薄弱部位应在承载力和细部构造两方面有相应的综合措施。

第十五条 关于岩土工程勘察成果：

（一）波速测试孔数量和布置应符合规范要求；测量数据的数量应符合规定。

（二）液化判别孔和砂土、粉土层的标准贯入锤击数据以及粘粒含量分析的数量应符合要求；水位的确定应合理。

（三）场地类别划分、液化判别和液化等级评定应准确、可靠；脉动测试结果仅作为参考。

（四）处于不同场地类别的分界附近时，应要求用内插法确定计算地震作用的特征周期。

第十六条 关于地基和基础的设计方案：

（一）地基基础类型合理，地基持力层选择可靠。
（二）主楼和裙房设置沉降缝的利弊分析正确。
（三）建筑物总沉降量和差异沉降量控制在允许的范围内。

第十七条 关于试验研究成果和工程实例、震害经验：
（一）对按规定需进行抗震试验研究的项目，要明确试验模型与实际结构工程相符的程度以及试验结果可利用的部分。
（二）借鉴国外经验时，应区分抗震设计和非抗震设计，了解是否经过地震考验，并判断是否与该工程项目的具体条件相似。
（三）对超高很多或结构体系特别复杂、结构类型特殊的工程，宜要求进行实际结构工程的动力特性测试。

第五章　超限大跨空间结构的审查

第十八条 关于可行性论证报告：
（一）明确所采用的大跨屋盖的结构形式和具体的结构安全控制荷载和控制目标。
（二）列出所采用的屋盖结构形式与常用结构形式在振型、内力分布、位移分布特征等方面的不同。
（三）明确关键杆件和薄弱部位，提出有效控制屋盖构件承载力和稳定的具体措施，详细论证其技术可行性。

第十九条 关于结构计算分析：
（一）作用和作用效应组合：
设防烈度为 7 度（0.15g）及以上时，屋盖的竖向地震作用应参照时程分析结果按支承结构的高度确定。

基本风压和基本雪压应按 100 年一遇采用；屋盖体型复杂时，屋面积雪分布系数、风载体型系数和风振系数，应比规范要求增大或经风洞试验等方法确定；屋盖坡度较大时尚宜考虑积雪融化可能产生的滑落冲击荷载。尚可依据当地气象资料考虑可能超出荷载规范的风力。

温度作用应按合理的温差值确定。应分别考虑施工、合拢和使用三个不同时期各自的不利温差。

除有关规范、规程规定的作用效应组合外，应增加考虑竖向地震为主的地震作用效应组合。

（二）计算模型和设计参数：
屋盖结构与支承结构的主要连接部位的构造应与计算模型相符。
计算模型应计入屋盖结构与下部结构的协同作用。
整体结构计算分析时，应考虑支承结构与屋盖结构不同阻尼比的影响。若各支承结构单元动力特性不同且彼此连接薄弱，应采用整体模型与分开单独模型进行静载、地震、风力和温度作用下各部位相互影响的计算分析的比较，合理取值。

应进行施工安装过程中的内力分析。地震作用及使用阶段的结构内力组合，应以施工全过程完成后的静载内力为初始状态。

除进行重力荷载下几何非线性稳定分析外，必要时应进行罕遇地震下考虑几何和材料非线性的弹塑性分析。

超长结构（如大于 400m）应按《抗震规范》的要求考虑行波效应的多点和多方向地震输入的分析比较。

第二十条 关于屋盖构件的抗震措施：

（一）明确主要传力结构杆件，采取加强措施。

（二）从严控制关键杆件应力比及稳定要求。在重力和中震组合下以及重力与风力组合下，关键杆件的应力比控制应比规范的规定适当加严。

（三）特殊连接构造及其支座在罕遇地震下安全可靠，并确保屋盖的地震作用直接传递到下部支承结构。

（四）对某些复杂结构形式，应考虑个别关键构件失效导致屋盖整体连续倒塌的可能。

第二十一条 关于屋盖的支承结构：

（一）支座（支承结构）差异沉降应严格控制。

（二）支承结构应确保抗震安全，不应先于屋盖破坏；当其不规则性属于超限专项审查范围时，应符合本技术要点的有关要求。

（三）支座采用隔震、滑移或减震等技术时，应有可行性论证。

第六章 专项审查意见

第二十二条 抗震设防专项审查意见主要包括下列三方面内容：

（一）总评。对抗震设防标准、建筑体型规则性、结构体系、场地评价、构造措施、计算结果等做简要评定。

（二）问题。对影响结构抗震安全的问题，应进行讨论、研究，主要安全问题应写入书面审查意见中，并提出便于施工图设计文件审查机构审查的主要控制指标（含性能目标）。

（三）结论。分为"通过"、"修改"、"复审"三种。

审查结论"通过"，指抗震设防标准正确，抗震措施和性能设计目标基本符合要求；对专项审查所列举的问题和修改意见，勘察设计单位明确其落实方法。依法办理行政许可手续后，在施工图审查时由施工图审查机构检查落实情况。

审查结论"修改"，指抗震设防标准正确，建筑和结构的布置、计算和构造不尽合理、存在明显缺陷；对专项审查所列举的问题和修改意见，勘察设计单位落实后所能达到的具体指标尚需经原专项审查专家组再次检查。因此，补充修改后提出的书面报告需经原专项审查专家组确认已达到"通过"的要求，依法办理行政许可手续后，方可进行施工图设计并由施工图审查机构检查落实。

审查结论"复审"，指存在明显的抗震安全问题、不符合抗震设防要求、建筑和结构的工程方案均需大调整。修改后提出修改内容的详细报告，由建设单位按申报程序重新申报审查。

第七章 附 则

第二十三条 本技术要点由全国超限高层建筑工程抗震设防审查专家委员会办公室负责解释。

超限高层建筑工程主要范围的参照简表
（技术要点附录一）

表1 房屋高度（m）超过下列规定的高层建筑工程

结构类型		6度	7度 (0.1g)	7度 (0.15g)	8度 (0.20g)	8度 (0.3g)	9度
混凝土结构	框架	60	50	50	40	35	24
	框架-抗震墙	130	120	120	100	80	50
	抗震墙	140	120	120	100	80	60
	部分框支抗震墙	120	100	100	80	50	不应采用
	框架-核心筒	150	130	130	90	90	70
	筒中筒	180	150	150	120	100	80
	板柱-抗震墙	80	70	70	55	40	不应采用
	较多短肢墙		100	100	60	60	不应采用
	错层的抗震墙和框架-抗震墙		80	80	60	60	不应采用
混合结构	钢外框-钢筋混凝土筒	200	160	160	120	100	70
	型钢混凝土外框-钢筋混凝土筒	220	190	190	150	130	70
钢结构	框架	110	110	90	90	70	50
	框架-支撑（抗震墙板）	240	220	200	200	180	160
	各类筒体和巨型结构	300	300	280	260	240	180

注：当平面和竖向均不规则（部分框支结构指框支层以上的楼层不规则）时，其高度应比表内数值降低至少10%。

表2 同时具有下列三项及三项以上不规则的高层建筑工程（不论高度是否大于表1）

序号	不规则类型	简要涵义	备注
1a	扭转不规则	考虑偶然偏心的扭转位移比大于1.2	参见 GB 50011—3.4.3
1b	偏心布置	偏心率大于0.15或相邻层质心相差大于相应边长15%	参见 JGJ 99—3.2.2
2a	凹凸不规则	平面凹凸尺寸大于相应边长30%等	参见 GB 50011—3.4.3
2b	组合平面	细腰形或角部重叠形	参见 JGJ 3—3.4.3
3	楼板不连续	有效宽度小于50%，开洞面积大于30%，错层大于梁高	参见 GB 50011—3.4.3
4a	刚度突变	相邻层刚度变化大于70%或连续三层变化大于80%	参见 GB 50011—3.4.3
4b	尺寸突变	竖向构件位置缩进大于25%，或外挑大于10%和4m，多塔	参见 JGJ 3—3.5.5
5	构件间断	上下墙、柱、支撑不连续，含加强层、连体类	参见 GB 50011—3.4.3
6	承载力突变	相邻层受剪承载力变化大于80%	参见 GB 50011—3.4.3
7	其他不规则	如局部的穿层柱、斜柱、夹层、个别构件错层或转换	已计入1~6项者除外

注：深凹进平面在凹口设置连梁，其两侧的变形不同时仍视为平面轮廓不规则，不按楼板不连续的开洞对待；序号a、b不重复计算不规则项；
局部的不规则，视其位置、数量等对整个结构影响的大小判断是否计入不规则的一项。

表3 具有下列某一项不规则的高层建筑工程（不论高度是否大于表1）

序号	不规则类型	简要涵义
1	扭转偏大	裙房以上的较多楼层，考虑偶然偏心的扭转位移比大于1.4
2	抗扭刚度弱	扭转周期比大于0.9，混合结构扭转周期比大于0.85
3	层刚度偏小	本层侧向刚度小于相邻上层的50%
4	高位转换	框支墙体的转换构件位置：7度超过5层，8度超过3层
5	厚板转换	7～9度设防的厚板转换结构
6	塔楼偏置	单塔或多塔与大底盘的质心偏心距大于底盘相应边长20%
7	复杂连接	各部分层数、刚度、布置不同的错层或连体两端塔楼显著不同的结构
8	多重复杂	结构同时具有转换层、加强层、错层、连体和多塔等复杂类型的3种

注：仅前后错层或左右错层属于表2中的一项不规则，多数楼层同时前后、左右错层属于本表的复杂连接。

表4 其他高层建筑

序号	简称	简要涵义
1	特殊类型高层建筑	抗震规范、高层混凝土结构规程和高层钢结构规程暂未列入的其他高层建筑结构，特殊形式的大型公共建筑及超长悬挑结构，特大跨度的连体结构等
2	超限大跨空间结构	屋盖的跨度大于120m或悬挑长度大于40m或单向长度大于300m，屋盖结构形式超出常用空间结构形式的大型列车客运候车室、一级汽车客运候车楼、一级港口客运站、大型航站楼、大型体育场馆、大型影剧院、大型商场、大型博物馆、大型展览馆、大型会展中心，以及特大型机库等

注：表中大型建筑工程的范围，参见《建筑工程抗震设防分类标准》GB 50223。

说明：1. 当规范、规程修订后，最大适用高度等数据相应调整。
2. 具体工程的界定遇到问题时，可从严考虑或向全国、工程所在地省级超限高层建筑工程抗震设防专项审查委员会咨询。

超限高层建筑工程抗震设防专项审查申报表项目
（技术要点附录二）

1. 基本情况（包括：建设单位，工程名称，建设地点，建筑面积，申报日期，勘察单位及资质，设计单位及资质，联系人和方式等）。

2. 抗震设防标准（包括：设防烈度或设计地震动参数，抗震设防分类等）。

3. 勘察报告基本数据（包括：场地类别，等效剪切波速和覆盖层厚度，液化判别，持力层名称和埋深，地基承载力和基础方案，不利地段评价等）。

4. 基础设计概况（包括：主楼和裙房的基础类型，基础埋深，地下室底板和顶板的厚度，桩型和单桩承载力，承台的主要截面等）。

5. 建筑结构布置和选型（包括：主楼高度和层数，出屋面高度和层数，裙房高度和层数，特大型屋盖的尺寸；防震缝设置；建筑平面和竖向的规则性；结构类型是否属于复杂类型；特大型屋盖结构的形式；混凝土结构抗震等级等）。

6. 结构分析主要结果（包括：计算软件；总剪力和周期调整系数，结构总重力和地震剪力系数，竖向地震取值；纵横扭方向的基本周期；最大层位移角和位置、扭转位移比；框架柱、墙体最大轴压比；构件最大剪压比和钢结构应力比；楼层刚度比；框架部分承担的地震作用；时程法的波形和数量，时程法与反应谱法结果比较，隔震支座的位移；大型空间结构屋盖稳定性等)。

7. 超限设计的抗震构造(包括：结构构件的混凝土、钢筋、钢材的最高和最低材料强度；关键部位梁柱的最大和最小截面，关键墙体和筒体的最大和最小厚度；短柱和穿层柱的分布范围；错层、连体、转换梁、转换桁架和加强层的主要构造；关键钢结构构件的截面形式、基本的连接构造；型钢混凝土构件的含钢率和构造等)。

8. 需要重点说明的问题(包括：性能设计目标简述；超限工程设计的主要加强措施，有待解决的问题，试验结果等)。

注：填表人根据工程项目的具体情况增减，自行制表，以下为示例。

超限高层建筑工程初步设计抗震设防审查申报表（示例）

编号： 申报时间：

工程名称		申报人 联系方式	
建设单位		建筑面积	地上 万m² 地下 万m²
设计单位		设防烈度	度（ g），设计 组
勘察单位		设防类别	类
建设地点		建筑高度 和层数	主楼 m（n= ）出屋面 地下 m（n= ）相连裙房 m
场地类别 液化判别	类，波速 覆盖层 液化等级 液化处理	平面尺寸 和规则性	长宽比
基础 持力层	类型 埋深 桩长（或底板厚度） 名称 承载力	竖向规则性	高宽比
结构类型		抗震等级	框架 墙、筒 框支层 加强层 错层
计算软件		材料强度 （范围）	梁 柱 墙 楼板
计算参数	周期折减 楼面刚度（刚□弹□分段□） 地震方向（单□双□斜□竖□）	梁截面	下部 剪压比 标准层
地上总重 剪力系数 （%）	$G_E=$ $X=$ $Y=$ 平均重力	柱截面	下部 轴压比 中部 轴压比 顶部 轴压比
自振周期 (s)	X: Y: T:	墙厚	下部 轴压比 中部 轴压比 顶部 轴压比
最大层间 位移角	$X=$ （n= ）对应扭转比 $Y=$ （n= ）对应扭转比	钢梁柱 支撑	截面形式 长细比

续表

扭转位移比 （偏心5%）		$X=$ （$n=$ ）对应位移角 $Y=$ （$n=$ ）对应位移角	短柱 穿层柱	位置范围　剪压比 位置范围　穿层数
时程 分析	波形 峰值	1　　2　　3	转换层 刚度比	位置 $n=$ 　转换梁截面 X　　　Y
	剪力 比较	$X=$ （底部），$X=$ （顶部） $Y=$ （底部），$Y=$ （顶部）	错层	满布　局部（位置范围） 错层高度　平层间距
	位移 比较	$X=$ （$n=$ ） $Y=$ （$n=$ ）	连体 含连廊	数量　　　支座高度 竖向地震系数　跨度
弹塑性位移角		$X=$ （$n=$ ） $Y=$ （$n=$ ）	加强层 刚度比	数量　位置　形式（梁□桁架□） X　　　Y
框架承担的比例		倾覆力矩 $X=$ 　$Y=$ 总剪力　$X=$ 　$Y=$	多　塔 上下偏心	数量　形式（等高□对称□大小不等□） X　　　Y
大型屋盖		结构形式　　尺寸　　支座高度　　支座连接方式　　最大位移 竖向振动周期　　　竖向地震系数　　构件应力比范围		
超限设计 简要说明		（性能设计目标简述；超限工程设计的主要加强措施，有待解决的问题等等）		

超限高层建筑工程专项审查情况表
（技术要点附录三）

工程名称				
审查主持单位				
审查时间			审查地点	
审查专家组	姓名		职称	单位
组长				
副组长				
审查组成员 （按实际人数增减）				
专家组审查意见				
审查结论	通过□　　修改□　　复审□			
主管部门给建设 单位的复函	（扫描件）			

丛 书 介 绍

朱炳寅　编著

建筑结构设计规范应用书系（共四个分册）

为便于建筑结构设计人员能准确地解决在结构设计过程中遇到的规范应用过程中的实际问题，本套丛书就结构设计人员感兴趣的相关问题以一个结构设计者的眼光，对相应规范的条款予以剖析，将规范的复杂内容及枯燥的规范条文变为直观明了的相关图表，指出在实际应用中的具体问题和可能带来的相关结果，提出在现阶段执行规范的变通办法，其目的拟使结构设计过程中，在遵守规范规定和解决具体问题方面对建筑结构设计人员有所帮助，也希望对备考注册结构工程师的考生在理解规范的过程中以有益的启发。

1.《建筑抗震设计规范应用与分析 GB 50011-2010》

中国建筑工业出版社2011年出版，16开，征订号：(21103)，定价：83元

《建筑抗震设计规范》GB 50011-2010 颁布施行以来，在规范的应用过程中往往需要结合其他相关规范的规定采用相应的变通手段，以达到满足规范的相关要求之目的。为便于结构设计人员系统地理解和应用规范，编者将在实际工程中对规范难点的认识和体会，结合规范的条文说明（必要时结合工程实例）及其他相关规范的规定加以综合，形成一本（建筑抗震设计规范）应用与分析，以有利于读者强化并准确应用结构抗震概念设计、把握抗震性能化设计的关键、灵活应用包络设计原则，解决千变万化的实际工程问题。

2.《高层建筑混凝土结构技术规程应用与分析 JGJ 3-2010》

中国建筑工业出版社，2013年1月出版，16开，征订号（22607），定价75元

本书对《高层建筑混凝土结构技术规程》JGJ 3-2010 的相应条款予以剖析，结合其他相关规范的规定，将规范的复杂内容及枯燥的规范条文变为直观明了的相关图表，指出在实际应用中的具体问题和可能带来的相关结果，提出在现阶段执行规范的变通办法，其目的拟使结构设计过程中，在遵守规范规定和解决具体问题方面对建筑结构设计人员有所帮助，也希望对备考注册结构工程师的考生在理解规范的过程中以有益的启发。

3.《建筑地基基础设计方法及实例分析》（第二版）

中国建筑工业出版社，2013年1月出版，16开，征订号：(23000)，定价：69元

本书对多本规范中地基基础设计的相关规定予以剖析，指出在实际应用中的具体问题和可能带来的相关结果，提出在现阶段执行规范的变通办法，并对地基基础设计的工程实例进行解剖分析，其目的拟使结构设计过程中，在遵守规范规定和解决具体问题方面对建筑结构设计人员有所帮助。本书力求通过对地基基础设计案例的剖析，重在对工程特点、设计要点的分析并指出地基基础设计中的常见问题，以有别于一般的工程实例手册，同时也希望对从事结构设计工作的年轻同行们在理解规范及解决实际问题的过程中以有益的启发。

4.《建筑结构设计问答及分析》（第二版）

中国建筑工业出版社，2013年4月出版，16开，征订号：23298，定价：63元

随着编者的几本应用类书籍相继出版发行，作者博客的开通，以及在国内主要城市的巡回宣讲，编者有机会通过博客、邮件、电话与网友和读者交流，就大家感兴趣的工程问题进行讨论，本书将编者对这类问题的理解和解决问题的建议归类成册，以回报广大网友和读者的信任与厚爱，希望对建筑结构设计人员在遵循规范解决实际工程问题时有所帮助，也希望对备考注册结构工程师的考生有所启发。本书可供建筑结构设计人员（尤其是备考注册结构工程师的）和大专院校土建专业师生应用。